ア行 ▶

カ行 ▶

サ行 ▶

タ行 ▶

ナ行 ▶

ハ行 ▶

マ行 ▶

ヤ行 ▶

ラ行 ▶

ワ行 ▶

付録 ▶

索引 ▶

電気設備用語辞典

第3版

一般社団法人 電気設備学会 編

Ohmsha

本書を発行するにあたって，内容に誤りのないようできる限りの注意を払いましたが，本書の内容を適用した結果生じたこと，また，適用できなかった結果について，著者，出版社とも一切の責任を負いませんのでご了承ください．

本書は，「著作権法」によって，著作権等の権利が保護されている著作物です．本書の全部または一部につき，無断で次に示す〔　〕内のような使い方をされると，著作権等の権利侵害となる場合があります．また，代行業者等の第三者によるスキャンやデジタル化は，たとえ個人や家庭内での利用であっても著作権法上認められておりませんので，ご注意ください．
〔転載，複写機等による複写複製，電子的装置への入力等〕
学校・企業・団体等において，上記のような使い方をされる場合には特にご注意ください．
お問合せは下記へお願いします．
〒101-8460　東京都千代田区神田錦町 3-1　TEL.03-3233-0641
株式会社オーム社 編集局　（著作権担当）

第 3 版にあたって

　言葉は生き物である。文学で用いられる言葉は，使われる背景によってさまざまな意味が生じ，背景の文化を映して文学作品を豊かにしている。松尾芭蕉は蛙が池に飛び込んだことを 17 文字にして，古い日本庭園の春宵の静寂を情趣あふれる余韻として表現した。日本語は曖昧な言語であるといわれてきたが，日本語ほど，四季の変化に伴い移ろう自然を，正確に表現できる言葉はない。加えて明治以降，押し寄せてきた欧米文化の侵入を敢然として受け止め，物理・生物・化学・医学・工学すべての分野で，自国語の授業ができるほどに消化吸収した実力を持っている。

　技術上で使用する言葉は多様な解釈を生んでは甚だ迷惑である。近年特に日本語に訳しにくい言葉は，他国の言葉をそのまま音訳して使用するカタカナ言葉が氾濫しているが，言葉に伴う文化を知らない者にとっては混乱が増すばかりである。カタカナ言葉は，外来語をそのまま使用しているわけではなく，実は未消化な日本語なのであり，定義も定かでなく扱いが厄介である。

　金属を接着するのに用いる「ろう材」の中で，融点が 450℃ 以下のものを「はんだ」と言っているが，漢字で表記すると「半田」と書かれることが多い。ところがもともと「半田」は「反田」と書かれていたのであり，英語の "solda" の音訳でカタカナ言葉「ソルダ」の漢字表記だった。「ソルダ」→「反田」→「はんだ」→「半田」の変遷がある。

　また，英語の "flashover" を音訳した言葉に「フラッシオーバ」と「フラッシュオーバ」がある。「フラッシオーバ」は電気現象を説明する場合に使用し，固体表面が絶縁破壊する現象で，「せん絡」と訳している。「フラッシュオーバ」は火災現象などで使用される言葉で，可燃性気体が爆発的燃焼を起こす現象をいう。語源が同じでも日本語になり，使用する技術分野が異なると別の意味になる。

　在来の日本語でもややこしい問題を起こしている。「棟上げ導体」，導体が棟上げをするはずもなく，「棟上導体」を「むねあげどうたい」と読み間違え，おまけに「棟上」と「導体」の間に「げ」と送り仮名までふってしまったのである。本来の意味は「「棟上の導体」で「むねうえの導体」したがって「とうじょうどうたい」と読むべきなのである。しかし「むね上げ導体」が正語として使用されているので，止むを得ず本書ではこれを採録している。

　未消化の技術用語は混乱を引き起こす。進歩の激しい情報通信分野で使用する技術用語には，技術上の定義が曖昧なままカタカナ言葉として拡散している例が多い。特

第3版にあたって

に第3版ではこの分野の用語を大幅に採録し，使用分野で様々な解釈の基に多義性を持った用語を，電気設備で使用する場合に混乱を引き起こさないよう定義した。編集委員の努力の賜として，細部にわたる検討が加えられ，明快で権威のある辞典となった。電気設備に関連する業務に携わる方々や，学会論文を作成する方に利用していただけるよう，電気設備学会に限らず，関連学会や関連団体の財産として，今後とも更なる充実を図ることが望まれる。辞典編集の作業に次世代を担う技術者の積極的な参加を望む。

末筆ながら，本辞典の出版に当たりご指導とご協力をいただいたオーム社の方々に深甚な謝意を表する。

一般社団法人　電気設備学会
電気設備用語辞典改訂版編集委員会
委員長　　岡田　猛彦

編　集　機　関（50音順）

電気設備用語辞典改訂版編集委員会

委員長	岡田　猛彦						
委　員	蒲田　　剛	岸　　克巳	櫻井　義也	徳丸　司郎
	中島　廣一	松本　喜義		
	（前任委員）	石山　壯爾	小林　一美	

第2版　序

　電気設備用語辞典の初版が世に出て7年余が経過した。この間重ねて7刷の発行を数えている。このことは本書が少なからず社会の役に立っていることの現れであると考えている。しかしながらこの間，技術の進展により新しく用いるようになった用語や，電気理論の基礎となる用語も追加収録して，さらに充実した辞典とすべきという声も多数寄せられるようになり，初版の改訂も含めて委員会を発足させることとなった。

　平成19年に電気設備用語辞典改訂編集委員会を発足し，7名の委員で改訂作業に着手した。追加する用語の候補は，電気設備に用いる用語をできるだけ広く収録することを目標にした。また，一般に用いられるようになった新しい用語の中には，責任ある機関が定義をしていない用語もあって，電気設備で取り扱う際，正しく情報を伝達する妨げとなっており，ここで定義を定めておく必要があった。一方，社会の変化によって，対象となる機器や設備がなくなることで，使用しなくなった用語もある。歴史的に見ると，現在使わない用語や過去と現在では定義の異なる用語も存在する。これらの用語も余すことなく取り込むことが望ましいが，今回の改訂ではこれを達成するにいたらなかった。

　新たに採録する用語は，用語原案を各委員が分担して執筆し，委員会で意見の交換及び検討を行い，用語の定義及び解説文を確定した。文章は平易かつ明快であることに心がけ，初版と平仄を合わせた。併せて初版の修正も行い，定義及び解説文の正確さを高めた。編集委員は，学識及び経験豊かな方ばかりであったので，その力を十分に発揮して，原案の執筆から，委員会討議，最終文章の決定にいたる作業を辛抱強く続け，明快な解説の辞典にすることができた。

　電気設備に関連する業務に従事する際や学会論文を執筆する際に，また関連する学会や業界においても利用していただけるよう，細部にわたり検討を加え権威のある辞典となるよう取り組んだ。電気設備学会だけでなく関連学会，関連団体の財産として，電気設備学会の公益性を担う柱の1つとして，今後さらに継続して内容の充実を図ることが望まれる。次世代を担う技術者の積極的な参加により達成できることを期待する。

　末筆ながら，増補改訂の編集に当たり貴重なご意見を寄せて頂いた電気設備学会各位に謝意を表する。特に初版の幹事会委員でもあった山本権一氏から，初版収録用語の定義及び解説について200余の貴重な修正意見を寄せていただいた。芝浦工業大学

第2版　序

　住広尚三名誉教授には，通信関連用語の定義及び解説について貴重な助言をいただいた。オーム社出版局の方々には指導とご協力をいただいた。ここに厚い謝意を表する。

　2010年12月

社団法人　電気設備学会
電気設備用語辞典改訂編集委員会
委員長　　岡　田　猛　彦

編　集　機　関 (50音順)

電気設備用語辞典改訂編集委員会

委 員 長	岡田　猛彦				
委　　員	石山　壮爾	岸　克巳	小林　一美	徳丸　司郎	
	中島　廣一	松本　喜義			
	（前任委員）	小嶋　誠	鈴木　義夫		

初版　序

　学問及び技術の進展によって専門分野の領域が拡大するのに伴い，また，情報化，国際化の時代にあって，次々と新しい用語が使われてきている。これらの用語の意味又は概念を統一することは，技術の相互理解を容易とし，情報を正しく伝達するためにも極めて重要である。

　電気設備学会は，かねてより電気設備用語辞典の編集を重要な事業の一つとして取り組んできた。

　平成5年に電気設備用語委員会を設立し，分科会を含め80数名の委員によって関連用語1万数千語を抽出した。その中から初版の目標として約3000語を選定し，約200名に及ぶ執筆者によって解説原案の作成が行われた。その後，平成11年12月に幹事会を設け，電気設備技術に関連が深いものを厳選し，各用語について正確を基すとともに理解しやすくし，また，文章の調子を合わせるため1語もおろそかにしないで査読推こうを開始し，終了したものから順序不同で学会誌に発表してきた。

　学会誌へは，平成12年4月号から同15年1月号までにわたり連載発表した。その間，学会員諸氏から多くのご意見をいただき厚くお礼を申し上げたい。これらの意見を参考にして検討及び修正を加え，更に若干の用語を追加し，最終的には約2300語となった用語を50音順に並び替えし，付録及び英和索引を付けて「電気設備用語辞典」としてここに発行することができた。

　委員会設立より約10年が経ったわけである。その間の多くの関係者のご努力には深く敬服する次第である。

　用語辞典は，理想的には経験豊かな博学な方が一人でまとめられることが最良で，人海作戦というわけにはいかないものと思う。幸い，多くの委員，執筆者の方々はもちろん，幹事は学識及び経験豊かな方々であったので，一人が作業しているような協調のとれた常識のある議論を進めることができた。

　用語の解説などの編集には，高等学校を卒業して，主として建築電気設備に関連する業務に従事されている方々にも理解されるように作成した。と同時に，学会の論文などを執筆される際に，また，関連業界においても採用できるように権威ある用語辞典として取り組んだつもりである。したがって，熟達の方々にもご自分の参考書の一つとしてご活用され，本辞典をお育ていただければ幸いである。

　今回は，主として建築電気設備関連を中心に作成したものであり，広範な電気設備を網羅したものではなく，なお多くの用語が残されており，また，用語は時代ととも

初版　序

に変遷し，かつ新しい用語が出現することから，近い将来にはこれらの課題について検討されることを期待したい。

　末筆ながら，この辞典の出版に当たり多大なご指導とご協力をいただいたオーム社出版局の方々に深甚な謝意を表すものである。

2003年9月

社団法人　電気設備学会
電気設備用語委員会
委員長　　齋藤　英夫

編　集　機　関（50音順）

電気設備用語委員会

委 員 長	齋藤　英夫				
副委員長	高橋　健彦	中村　守保			
委　　員	赤嶺　淳一	足立　恭二	石山　壯爾	岡田　猛彦	
	勝俣　昌平	下河内　司	田島　耕一	田中　伸亨	
	多山　洋文	中内　安明	中島　廣一	橋浦　良介	
	長谷川　將	布施川敏明	堀井　格	松浦　正博	
	山本　權一	八本　輝			

電気設備用語委員会幹事会

委 員 長	齋藤　英夫			
委　　員	石山　壯爾	岡田　猛彦	中内　安明	中島　廣一
	堀井　格	山本　權一		

凡　　例

1. **採録用語**

    この辞典は，電気設備に関する用語，関連する建築，空気調和・給排水衛生，情報通信（ICT）などの分野の用語合わせて約4 460語を収録し，簡明な定義又は解説を付したものである。ただし，電気工事業の現場及び契約上の用語並びに関連分野の専門用語は収録していない。

2. **表記の方法**

    (1) 文体は簡潔な文章口語体とし，原則として『新訂　公用文の書き表し方の基準（文化庁編）』によった。漢字は『常用漢字表（平成22年内閣告示第2号）』に従い，仮名は平仮名で『現代仮名遣い（昭和61年内閣告示第1号）』によった。ただし，外来語は片仮名とし『外来語の表記（平成3年内閣告示第2号）』によった。

    (2) 外来語で長音を表すには長音符号"ー"を用いたが，英語の語尾の-er, -or, -arなどに由来する場合は表1の原則によって省いた。

    表1　長音符号を省く場合の原則

	原　　則	例
(1)	その言葉が3音以上の場合には，語尾に長音符号を付けない。	エレベータ（elevator）
(2)	その言葉が2音以下の場合には，語尾に長音符号を付ける。	カー（car）　カバー（cover）
(3)	複合語は，それぞれの成分語について，上記(1)又は(2)を適用する。	モータカー（motor car）
(4)	上記(1)～(3)による場合で，(a) 長音符号で書き表す音，(b) はつ(撥)音，及び (c) 促音は，それぞれ1音と認め，(d) よう(拗)音は1音と認めない。	(a)　テーパ（taper） (b)　ダンパ（damper） (c)　ニッパ（nipper） (d)　シャワー（shower）

    (3) 数字は，原則としてアラビア数字を用いた。ただし，数の概念が薄い場合，慣用となっている場合などには漢数字を用いた。

    (4) 単位は，国際単位系（SI）によった。

3. **表記の順序**

    各用語に対し，次の順序で表記した。

凡　例

　　①見出し語　②読み　③対応英語　④解説

4. 見出し語

　　見出し語は，平仮名又は片仮名の読みの 50 音順に配列した。濁音及び半濁音は清音の後に置き，促音及びよう(拗)音は直音の前に置いた。長音符号"ー"は，すぐ前の片仮名の母音（ア，イ，ウ，エ，オのいずれか）を繰り返すものとみなして，その位置に配した。

　　（例）　テーパ　は　"テエパ"　の位置に配した。

5. 読み

　（1）　見出し語の漢字には平仮名で，アルファベットには片仮名で読みを示した。

　（2）　アルファベットが用いられている場合には，アルファベットの読みのままを示したが，慣用の読みが定着しているものはその読みを示した。アルファベットの読み方は表 2，ギリシャ文字の読み方は表 3 のとおりとした。

表 2　アルファベットの読み方

A	a	エー	H	h	エッチ	O	o	オー	V	v	ブイ
B	b	ビー	I	i	アイ	P	p	ピー	W	w	ダブリュー
C	c	シー	J	j	ジェー	Q	q	キュー	X	x	エックス
D	d	ディー	K	k	ケー	R	r	アール	Y	y	ワイ
E	e	イー	L	l	エル	S	s	エス	Z	z	ゼット
F	f	エフ	M	m	エム	T	t	ティー			
G	g	ジー	N	n	エヌ	U	u	ユー			

表 3　ギリシャ文字の読み方

A	α	アルファ	H	η	イータ	N	ν	ニュー	T	τ	タウ
B	β	ベータ	Θ	ϑ, θ	シータ	Ξ	ξ	クサイ	Υ	υ	ユプシロン
Γ	γ	ガンマ	I	ι	イオタ	O	o	オミクロン	Φ	φ, ϕ	ファイ
Δ	δ	デルタ	K	χ	カッパ	Π	π	パイ	X	χ	カイ
E	ε	エプシロン	Λ	λ	ラムダ	P	ρ	ロー	Ψ	ψ	プサイ
Z	ζ	ジータ	M	μ	ミュー	Σ	σ	シグマ	Ω	ω	オメガ

　（3）　用語に平仮名及び片仮名が含まれている場合には，"――"の記号で代用し，見出し語がすべて平仮名及び片仮名から成る場合には，読みを省略した。

6. 対応英語

　（1）　見出し語に対応する英語を原則として英式で示した。英式と米式とで異なる場合にはそれを並記し，それぞれの対訳の末尾に（英）又は（米）を付けて区別した。

　（2）　対応する英語に略語があるときは，それを続けて示した。

　（3）　日本独特の用語であって対応する適切な英語がない場合及び電線など記号

が見出し語である場合には，あえて英語を付けなかった．ただし，法令用語のように英訳する機会が多い用語には，標準的な英訳を示した．

7. 解　説
(1) 解説は，用語の厳密な定義を示すことにこだわらず，その用語のもつ意味を分かりやすく簡潔に示すことに重点を置いた．
(2) 解説は，電気設備の技術にとっての説明を主とし，一般用語として又は他の分野の用語としての説明は，原則として省略した．
(3) 1つの用語に対して2種類以上の概念があるときは，〔1〕，〔2〕，…と分けて解説した．この場合，対応英語が異なるときは，それぞれを〔1〕，〔2〕，…の後に置いた．
(4) 1つの概念を表す用語の中で，種類などに応じて並列に解説する場合には，①，②，…と分けて記述した．
(5) 同じ概念を表現する同義語がある場合は，代表的な用語だけに解説を付し，その他の用語は，見出し語，読み，対応英語を示し，"="印によって解説のある同義語を引用できるようにした．
(6) 解説の中で説明した関連する用語は，できるだけ見出し語として抽出し，読み，対応英語の後に"→"印によって参照すべき用語を示した．
(7) 関連して参照すべき用語がある場合には，解説の後に"⇨"印によって参照すべき用語を示した．
(8) その用語について定義又は規定している法令又は規格などがある場合には，必要に応じてその法令の名称又は規格番号などを示した．
(9) 必要がある場合には，図，表又は写真を示した．配線図の図記号は，JIS C 0617に従って表示した．
(10) 年の表示は，西暦を原則としたが，法令の制定など我が国独特なものは元号とした．

8. 英和索引
対応する英語をアルファベット順に配列し，巻末に英和索引として記載した．

ア 行

ア

アーカイブ archive 古文書，記録文書，記録データ又はそれらを保管する場所。

アーキテクチャ architecture 〔1〕コンピュータシステムの基本構造。ハードウエア，OS，ネットワーク，アプリケーションソフトなどの基本設計や設計思想も含む。〔2〕建築学又は建築様式。建築の思想構造も含む。〔3〕構造，構成，組織。

アーク electric arc 電極間にある気体に持続的に発生する絶縁破壊現象。電弧ともいう。電極間に印加した電圧によって電極間に存在する気体が絶縁破壊して電離することにより，気体がイオン化し電流が持続する。高温とせん光を伴う。

アーク加熱 ──かねつ arc heating 電極間に発生させたアーク放電に伴い生じる発熱を利用した加熱。温度制御がしやすく，加熱雰囲気の汚染が少ない。溶接や電気炉などで用いる。 ⇨アーク

アーク短絡 ──たんらく arcing fault 短絡事故のうち，線間が完全に密着せず，空気層がアーク放電によって短絡状態になること。図のような裸導体間に，金属片の落下などによる短絡がA点で起きた場合，金属片が電磁力により飛ばされたりジュール熱で焼失したりしても，A点においてはアークによる短絡状態となり，アーク自身も電磁力によって，負荷端のB点まで移行してF方向に伸長する。供給電圧が，アーク電圧より低い場合は電磁力による自己吹消効果によってアークは消滅するが，

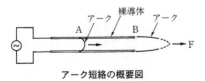

アーク短絡の概要図

供給電圧が高い場合は短絡状態が持続する。この場合の短絡電流は完全短絡電流に比べて小さい。例えば，単相短絡の場合，480 V回路で74％，208 V回路で20％との報告がある。

アーク電圧 ──でんあつ arc voltage 〔1〕アーク放電中の電極間の電圧。陰極電圧降下，アーク電圧降下及び陽極電圧降下の和となる。〔2〕電気溶接機においてアークを開始する電極間の電圧。

アーク放電 ──ほうでん arc discharge 陰極の加熱による熱電子放出又は陰極表面に作用する強力な電界による電子放出による放電。陰極降下は気体の電離電圧の10 V程度と低く，電圧-電流特性は負特性となる。一般の蛍光ランプやHIDランプは熱陰極を用いた熱電子放出によって，スリムライン形蛍光ランプは冷陰極を用いた電界電子放出によるアーク放電の陽光柱からの発光を利用している。大気圧下のアーク放電の利用には，アーク炉，アーク溶接などがある。

アークホーン archorn フラッシオーバ電流の偏熱により，がいし連が破壊するのを防止するために，がいし連の両端に取付けるホーン（角）状又はリング（輪）状の金属製部材。特別高圧送電において，導体を支持するがいし連のがいしが汚染したり，がいし連の両端に雷撃などの異常電圧が生じると，がいし連やがいし沿面にフラッシオーバ電流が流れ，がいしの破損や電線の溶断が生じるのを防止するために用いる。

アーク溶接 ──ようせつ arc welding アーク放電を利用し，同じ金属同士を溶融して一体化する接合。接合すべき金属である母材と溶加剤として用いる溶接棒，溶接ワイヤなどの電極との間に発生させたアークに伴う高熱で溶接する。溶接母材が酸化して溶接強度を損なうステンレスなどで

は，母材の溶融金属を化学的に不活性なガスで空気から遮断するシールド式溶接法を用いる。

アーク溶接機 ——ようせつき arc welder　アーク溶接に使用する電流を供給する装置。アークを安定して発生させるため，電流又は電圧を制御する。電極の溶接ワイヤを自動供給する半自動溶接などに使用する定電圧特性を有するもの及び手動溶接に使用する垂下特性又は定電流特性を有するものがある。

アークランプ arc lamp　アーク放電によるガス又は電極の発光を利用した光源。ガスの発光を利用したものに水銀ランプ，HIDランプ，蛍光ランプ，キセノンランプなどがあり，電極の発光を利用したものに炭素アークランプがある。

アーク炉 ——ろ electric arc furnace　黒鉛電極を用い，電極間に発生させたアーク放電に伴い生じる発熱を利用し，金属などを溶解するために用いる電気炉。電弧炉ともいう。高熱が得やすく温度制御も容易なため融点の高い金属や合金の製造に用いる。電極間に発生させたアークのふく射熱による間接式と，電極間に被加熱物をおいて被加熱物を経由してアークを発生させる直接式とがある。

アーケード照明 ——しょうめい arcade lighting　連続したアーチや半円筒状の天井などで覆った歩道などに施す照明。商店街のアーケード内を照らし，利用客を誘引することを目的とする。

アースクランプ earth clamp（英），ground clamp（米）→クランプ

アースターミナル earth terminal　＝接地端子

アースボンド earth bonding strap　大地と電路の非充電金属部分とを接続すること。電線管，アウトレットボックス，ケーブルラックなどの機械的接続部を電気的に接続する。

アーバンマイニング urban mining　＝都市鉱山

アームズリーチ arm's reach　人が通常立ち又は動き回ることのできる面の任意の点から任意の方向に，補助なしに人の手が届く範囲。この空間は，規約上図のように限定する。同時に接触可能な電圧が異なる部分をアームズリーチ外に設置することは，直接接触保護の手段の1つである。

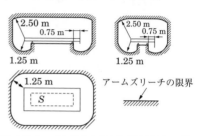

S：人によって占有されることが予想される面

アームズリーチの範囲

アームタイ arm-tie, cross arm brace　→腕金

RAID アールエーアイディー，レイド　redundant arrays of inexpensive disks, redundant arrays of independent disks　信頼性，可用性，冗長性を向上させるために，複数のハードディスクを組み合わせ，仮想的に1台のハードディスクとして運用するディスクアレイの実装形態。

RSTP アールエスティーピー　rapid spanning tree protocol　STPで障害発生時時に行う経路探索の計算をあらかじめ行い，障害発生時に経路切換えを高速で行うためのプロトコル。経路の切換時間を数秒以下に短縮している。

RFID アールエフアイディー　radio frequency identification　＝無線ICタグ

R型受信機 アールがたじゅしんき　R-type control and indicating equipment　感知器又は発信機が発した火災信号を直接又は中継器を介して受信し，火災の発生を関係者に報知する装置。一般にはデジタル伝送を用い，受信した信号を端末個々の固有信号として認識する機能をもつ。必要な機能はP型1級受信機と同等であるが，火災発生の警戒区域又は端末個々の表示はデジタル

値で表示する。P型と異なり固有信号による伝送方式なので信号線を少なくできる特長がある。Rはrecordを示す。

R型発信機　アールがたはっしんき　R-type manual fire alarm box　P型1級発信機と同じものを中継器を介しR型受信機に接続して用いる発信機。

RC構造　アールシーこうぞう　RC structure　＝鉄筋コンクリート構造

RGW　アールジーダブリュー　residential gateway　＝住宅用ゲートウェイ

RGB　アールジービー　red-green-blue　加法混色によって色を表現するために用いる光の三原色。赤，緑，青の3色を指す。

RGB表色系　アールジービーひょうしょくけい　red green blue colorimetric system　＝XYZ表色系

RCフィルタ　アールシー——　resistor-capacitor filter，RC filter　抵抗とコンデンサとで構成した低域又は高域フィルタ。⇒フィルタ

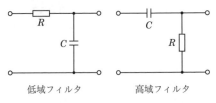

RCフィルタ

RCU　アールシーユー　respiratory care unit　→集中治療室

RJ-45　アールジェーよんごー　registered jack-45　対よりケーブルと通信機器とを接続するインタフェースとして用いる8ピンのモジュラ式コネクタ。10 BASE-Tや100 BASE-Tなどで使用する。

IEC　アイイーシー　International Electrotechnical Commission　＝国際電気標準会議

IEV　アイイーブイ　International Electrotechnical Vocabulary　IEC 60050：International Electrotechnical Vocabulary（IEC規格60050シリーズ：国際電気技術用語）の略称。IEC規格で使用する用語を中心に，第101部から第891部まで全72部で構成する。フランス語及び英語（米語を含む。）による用語と定義のほか，日本語，ロシア語，ドイツ語などの用語を表示する。電気設備に関係している主なものには，第195部：接地及び感電防止，第826部：建築電気設備などがある。

ISO 14000ファミリー　アイエスオーいちまんよんせん——　ISO 14000 family　国際標準化機構（ISO）が制定した環境マネジメントシステムに関する一連の国際規格。一連の規格が14000番台にあるため，この名称を用いる。ISO 14001は要求事項及び利用の手引き，ISO 14004は原則，システム及び支援技法の一般指針，ISO 19011は品質及び／又は環境マネジメントシステムの監査のための指針などを規定している。これらはJIS Q 14000番台及びJIS Q 19011で規格化している。

ISO 9000ファミリー　アイエスオーきゅうせん——　ISO 9000 family　国際標準化機構（ISO）が制定した品質マネジメントシステムに関する一連の国際規格。一連の規格が9000番台にあるため，この名称を用いる。ISO 9000は基本及び用語，ISO 9001は要求事項，ISO 9004はパフォーマンス改善の指針，ISO 19011は品質及び／又は環境マネジメントシステムの監査のための指針などを規定している。これらはJIS Q 9000番台及びJIS Q 19011で規格化している。

ISDN　アイエスディーエヌ　integrated service digital network　電話，データ通信，ファクシミリなどの情報をすべてデジタル信号に統一し，これらサービスを同じ回線で提供する通信網。英文の頭文字をとってISDNと呼ぶ。サービス総合デジタル網ともいう。

ISDB　アイエスディービー　integrated services digital broadcasting　＝統合デジタル放送サービス

ISDB-T　アイエスディービーティー　integrated services digital broadcasting-terrestrial　帯域幅約429 kHzを1単位とし，13

個のセグメントを組み合わせた帯域幅（約 5.75 MHz）を1つのチャンネルに割り当てる日本の地上デジタル放送規格。13セグメントのうち、12セグメントを変調方式 64 QAM を使って固定受信端末向けサービスを行う。残り1セグメントを変調方式 QPSK で携帯端末向けサービス（ワンセグサービス）を行う。マルチパス妨害対策のため、多重方式に直交周波数分割多重を採用している。

ISP アイエスピー internet service provider ＝インターネットサービスプロバイダ

IMAP アイエムエーピー internet message access protocol インターネットのメールサーバのメールボックスで管理する自分宛てのメールを個別に選別してパーソナルコンピュータにダウンロードするときに用いるプロトコル。アイマップともいう。サーバ上にメールボックスを設置し必要なメールだけを選択してダウンロードできる。 ⇒ POP

IMT-2000 アイエムティーにせん international mobile telecommunication 第3世代携帯電話サービスの標準化仕様。日欧方式の W-CDMA と、北米方式の CDMA2000 などがある。

I/O アイオー input output, input output system 電子計算機が外部に接続する機器と情報を送受すること又は送受するインタフェース。

i 形半導体 アイがたはんどうたい i-type semiconductor ＝真性半導体

IKL アイケーエル isokeraunic level ＝年間雷雨日数

アイコン icon 電子計算機やスマートホンなどを操作するための絵記号。処理の内容や対象に応じて設定した絵記号をマウスやタッチスクリーンなどのインタフェースを用いて操作する。

iCONT アイコン intelligent controller BACnet を用いたネットワークとローカルデバイスで構成したネットワークとのインタフェースをするインテリジェントコントローラ。これを用いることにより、異なる

ネットワーク間で相互にデータを交換できる。

IC アイシー integrated circuit ＝集積回路

ICLP アイシーエルピー international conference on lightning protection ＝雷保護国際会議

IC カード アイシー── integrated circuit card, ICC RAM、ROM、EEPROM などの半導体メモリと、制御用の集積回路（IC）とを組み込んだカード。スマートカード（smart card）、チップカード（chip card）ともいう。従来の磁気ストライプカードに比べ情報量は数十倍から数千倍になる。

IC タグ アイシー── IC tag 集積回路（IC チップ）、アンテナなどで構成し、商品 ID などの情報を記録した荷札の機能をもつ非常に小形のタグ。集積回路上の情報は、読取装置との間で RFID 技術を応用して情報交換を行うことができるので、商品ラベル、商品タグ、荷札、キー、カプセルなどの形状に加工し、幅広い用途に対応している。パッシブ形のタグは、読取装置の発する電波を電源として動作するので、小形軽量、安価で大量に供給できかつ繰り返し使用ができる。小さいものでは1 mm 角以下のものもある。アクティブ形のタグは、電源として電池を組み込むため、パッシブ形に比べ重い、大きい、電池に寿命がある、高価などの欠点があるが、読取装置との距離を大きくできるなどの利点もあり、用途を分けて用いる。

ICT アイシーティー informaion and communication technology ＝情報通信技術

IGBT アイジービーティー insulated gate bipolar transistor MOSFET をゲート部に組み込み、電圧信号で動作する自己消弧形のバイポーラトランジスタ。絶縁ゲートバイポーラトランジスタともいう。ゲート−エミッタ間の電圧信号で駆動し、入力信号によってオンオフができるため、大電力の高速スイッチングが可能である。UPS、電動機用インバータ、DC-DC コンバータなどに主回路素子として広く用いる。

ICメモリ　アイシー──　IC memory　集積回路を用いた記憶装置。主に電子計算機の主記憶装置に使用し，電源の供給がなくなると記憶内容を失う揮発性メモリのRAM及び電源の供給がなくなっても記憶内容を失わない不揮発性メモリのROMがある。

ICU　アイシーユー　intensive care unit　＝集中治療室

アイスコア　ice core　＝氷床コア

アイソメ図　──ず　isometrical drawing　＝等角投影図

IT　アイティー　information technology　＝情報通信技術

ID　アイディー　〔1〕identity document：バーコード，ICカードなどに記録し，対象を特定するために用いる記号。インターネットやLAN上では端末などを特定するために，IPアドレスやMACアドレスなどを用いる。〔2〕identification：固体識別，利用者識別及びそのための符号。一般には身分を証明するものを指し，運転免許証や旅券など公的機関が発行する証明書で，氏名，住所，生年月日，性別，顔写真など個人を特定する情報を記載したもの。

ITS　アイティーエス　intelligent transport systems　＝高度道路交通システム

IDS　アイディーエス　intrusion detection system　＝侵入検知システム

IDF　アイディーエフ　intermediate distribution frame　＝中間配線盤

IT系統　アイティーけいとう　IT system　電力系統の全充電部を大地から絶縁又は1点でインピーダンスを介して大地へ接続し，電気機器の露出導電性部分を単独若しくは一括して接地，又は電力系統の接地極へ接続する接地系統。IT系統は，電気機器の1線地絡電流を抑制でき，緊急の自動遮断を要しない。ただし，第2の地絡故障が発生したときには，自動遮断などによって同時に触れるおそれがある導電性部分間に有害な電位が現れるのを防止しなければならない。また，絶縁監視装置を設け第1地絡故障を検出警報し，できるだけ速やかに除去する措置を講じる。

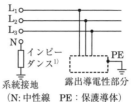

（N:中性線　PE：保護導体）

1) 系統は大地と絶縁する場合がある。中性線を設ける場合と設けない場合とがある。

IT系統

IDC　アイディーシー　internet data center　＝インターネットデータセンタ

ITVカメラ　アイティーブイ──　industrial television camera　容易に人の近づけない場所や人が常駐できない場所の監視，生産状況の記録などを目的として監視システムを構成するために用いるビデオカメラ。主として，ダムサイト，発電所，工業製造ライン，街頭に設置し，状況の監視用，防犯用などに使用している。一般のビデオカメラと異なり，カメラ本体には記録装置を持たないのが一般的で，記録装置は中央に集中して設置する場合が多い。

ITV設備　アイティーブイせつび　industrial television system　テレビカメラを産業用，工業用，業務用などに利用して特定の場所に限って用いるテレビジョン方式。テレビジョン放送に対して，閉回路テレビジョン又はCCTVともいう。

ITU　アイティーユー　International Telecommunication Union　＝国際電気通信連合

ITU-R　アイティーユーアール　ITU-Radio Communication Sector　＝国際電気通信連合無線放送部門

ITU-T　アイティーユーティー　ITU-Telecommunication Standardization Sector　＝国際電気通信連合電気通信標準化部門

ITU-D　アイティーユーディー　ITU-Telecommunication Development Sector　＝国際電気通信連合電気通信開発部門

IP アイピー internet protocol インターネットを構成する通信機器が共通に使用する通信プロトコル。OSI 第 3 層であるネットワーク層に相当し,信頼性を保証しないコネクションレス形プロトコルである。

IP アドレス アイピー—— internet protocol address ネットワーク管理者が,IP を用いてネットワーク上にある電子計算機に,パケットを送受信するために割り当てた固有の識別情報。上位ビット側でネットワークを指定し,下位ビット側でネットワーク内の機器を指定する。インターネット上で用いるものをグローバル IP アドレス,LAN ネットワーク内で用いるものをプライベート IP アドレスという。

IPS アイピーエス intrusion prevention system ＝侵入防止システム

IPM モータ アイピーエム—— interior permanent magnet motor ＝永久磁石同期電動機

IP コード アイピー—— internet protocol code 外郭による電気機械器具の保護構造を等級分類するために,危険な箇所への接近,固形物の侵入,水の浸入に対する外郭の保護等級及びそれらの付加的事項をコード化して表す国際的なシステム。

IPCC アイピーシーシー Intergovernmental Panel on Climate Change 人為起源による気候変化,影響,適応及び緩和方策に関し,科学的,技術的,社会経済学的な見地から包括的な評価を行うことを目的として,1988 年に世界気象機関（WMO）と国連環境計画（UNEP）により設立された組織。

IPTV サービス アイピーティーブイ—— internet protocol television service インターネットプロトコルを利用して映像を配信するサービス。CDN 及びインターネット接続の方式がある。

IP 電話 アイピーでんわ internet protocol phone IP を使用するインターネット網又は専用の回線上で VoIP 技術を用いた電話サービス。一般には,VoIP 技術を利用して公衆交換電話網と相互接続するものを指す。

IPP アイピーピー independent power producer 一般電気事業者以外の発電事業者。独立系発電事業者ともいう。我が国では平成 7 年の電気事業法の改正によって,電力会社に電気を卸売りする発電事業者として登場した。卸電気事業,特定電気事業及び特定規模電気事業に参入できる。

IP-PBX アイピーピービーエックス internet protocol private branch exchange IP ネットワーク内において,IP 電話による内線電話網を実現する目的で,IP 電話端末の回線交換を行う装置及びソフトウエア。公衆電話網（外線網）と IP 電話による内線網の間の中継も行う。専用のハードウエアによるものと,汎用のサーバ上でソフトウエアを動作させるものの 2 種類がある。

IP-VPN アイピーブイピーエヌ internet protocol virtual private network 通信事業者の広域通信網を利用して構築するインターネットプロトコルを用いた VPN。

IPv4 アイピーブイよん internet protocol version 4 現在のインターネットで利用されているアドレス空間が 32 ビットのインターネットプロトコル。識別可能な電子計算機の数は 4.294×10^9（約 43 億）である。インターネットの普及が進み,アドレス資源の枯渇が予想以上に早く生じるとの危惧が関係者の間に高まり,128 ビットでアドレスを管理する IPv6 が開発された。

IPv6 アイピーブイろく internet protocol version 6 アドレス資源の枯渇が心配されるインターネットプロトコル IPv4 をベースに,管理できるアドレス空間の拡大,セキュリティ機能の追加,優先度に応じたデータの送信などの改良を施し,インターネット利用者の増加に対応したインターネットプロトコル。アドレス長を 32 ビットから 128 ビットへと拡張したことにより,識別できる電子計算機の最大数が,4.294×10^9 から 3.402×10^{38} に拡大した。

IV アイブイ ＝ビニル絶縁電線

アウトラインフォント outline font 文字の

形状を，基準になる点の座標と輪郭線の集合として表現する形式のデータ。表示や印刷時にその都度計算を行い文字の形を作るので，拡大や縮小などの変形に自在に対応できるが，ビットマップフォントに比べ処理時間を必要とする。

アウトレット outlet 低圧配線中において，照明器具，電動機又は電熱器，その他の負荷機器に対する電力の供給口（取出口）。負荷機器への接続手段としてコンセントなどの接続器を装備する場合もある。これに対して，引込口はインレットという。通信及び情報の取出口もアウトレットということがある。

アウトレットボックス outlet box 電線管付属品の一種で，電線管工事，ケーブル工事などのアウトレット用として作った箱。電線の接続用に用いることもある。鋼板製及び硬質塩化ビニル製があり，通常はボックスカバーを組み合わせて使用する。

アキュムレータ 〔1〕accumulator 電子計算機の演算回路において，論理演算や四則演算などによるデータの入出力及び結果の保持に用いるレジスタ。他のレジスタとは異なり，演算専用のレジスタとして多様な演算命令に対応できるように構成する。〔2〕hydraulic accumulator 流体の圧力を利用して仕事に供給する高圧流体を蓄えておく装置。蓄圧器ともいう。〔3〕accumulator 工場の生産用コンベアライン上で搬送物の渋滞が生産の流れを障害しないように設ける搬送物の滞留場所。

アクセス access 〔1〕電子計算機をネットワークを経由して他の電子計算機と接続し，定められたプロトコルを用いて，相互にデータの転送ができる状態にすること。〔2〕接近又は接近手段。〔3〕行く手段又は交通の便。

アクセスフロア raised access floor 電子計算機のネットワーク用ケーブルや電源ケーブルなどを収納するためのスペースを設けるために建築構造の床の上に設けた取外し可能な床。フリーアクセスフロアともいう。床下部分は事務所などでは50～300

mm，データセンタ，コンピュータセンタなどでは600～1 200 mm，工場では3～5 mのものもある。

アクセスポイント access point 〔1〕インターネットサービスを行うプロバイダが，利用者のCATV回線，電話回線，光ケーブル回線，ISDN回線又は無線LANを介した接続を受け付け，インターネットに接続するために設けた施設。この施設からは専用回線でインターネットの基幹幹線上にある大容量電子計算機に接続し，これを経由してインターネット網に接続する。〔2〕携帯電話又はPHSの中継アンテナ。

アクセント照明 ――しょうめい accent lighting ある特定の対象物を強調するため又は視野の一部に注意を引くようにするための指向性照明。

アクチノイド actinoids 周期表原子番号89番のアクチニウムAcから103番のローレンシウムLrに至る15元素の総称。いずれも放射性元素であるが，原子番号93番ネプツニウムNp以後の元素は，1939年以降人工的に製造された元素である。

アクティブタグ active tag 電池を内蔵し数十mの距離でデータの交信が可能な無線ICタグ。

アクティブフィルタ active filter ①高調波対策として，発生源の高調波電流と逆位相の高調波電流を系統に注入し，無効電力を補償するフィルタ。応答性の面から自励コ

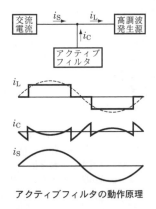

アクティブフィルタの動作原理

ンバータを用い，電流形と電圧形とがあり，その制御動作は PWM（パルス幅変調）方式を基本としている。②演算増幅器を用いて特定の周波数又は周波数帯域を増幅してフィルタの機能を持たせた回路。能動形フィルタともいう。

アスキーコード American national standard code for information interchange 7 桁の 2 進数で表した数値に，ラテン文字や数字を割り当て，コンピュータや通信機器などで使用する文字コード。ISO 標準 7 ビット文字コード ISO/IEC 646 制定時の基準となった。

アストン暗部 ――あんぶ Aston dark space グロー放電において陰極グローと陰極の間に出現する暗い部分。⇨グロー放電

アスファルト防水 ――ぼうすい asphalt membrane waterproofing ビルの屋上などの水平な屋根（陸屋根）などに用い，アスファルトを合成繊維に含ませたシート（ルーフィング）を何枚か重ねて防水層を形成する防水工法。日射や人の歩行から防水層を守るために，薄いコンクリート層をその上に載せるコンクリート押さえを行うのが一般的であるが，コンクリート押さえを行わない場合もある。屋上などにおける電気配線は，この防水処置を破ることのないような配慮が必要である。

アスペクト比 ――ひ aspect ratio ①空調設備に用いる角形ダクト（風洞）の断面の縦横比。② CRT，液晶ディスプレイ，プラズマディスプレイなどの表示装置，映画スクリーンなどで表示する画像領域の縦横比。③プリント基板の板厚とスルーホール径との比。

アセットマネジメント asset management 株式・債券・投資用不動産，その他金融資産などの投資用資産の管理を実際の所有者・投資家に代行して行う業務。不動産業界においては，投資用不動産を投資家に代行して管理・運用する業務を指す。

アセンブラ assembler アセンブリ言語を電子計算機が実行可能な機械語に変換するプログラム。

アセンブリ言語 ――げんご assembly language 機械語の命令やアドレスなどを動作が連想できる機械語と 1 対 1 に対応したニーモニックコードで記述するための言語。電子計算機を直接制御でき冗長性の少ないプログラムができるが，異なる機種間で互換性がない。電子計算機で実行するためには，アセンブラが必要である。より汎用性があり，日常の言語に近い言語にはコンパイラ言語がある。

アダプタ adapter 機能，形状などが異なる機器を相互に接続するために用いる器具。AC アダプタ，プラグアダプタなどがある。

厚鋼電線管 あつこうでんせんかん thick steel conduit 鋼製電線管のうち管の厚さが厚いもの。機械的強度に優れており，主に屋外や工場内の金属管工事に使用する。G管ともいう。呼び方は通常 G を省略して，16，22，28，36，42，54，70，82，92 及び 104 があり，数字は管の内径の概数表示である。また，管の厚さは 2.3～3.5 mm である。

圧縮機 あっしゅくき compressor 羽根車若しくはロータの回転運動又はピストンの往復運動によって気体を圧送する機械。

圧縮工具 あっしゅくこうぐ compression tool ＝電線接続工具

圧縮接続 あっしゅくせつぞく compression connection 対称的なダイスによって圧力を加え，接続部を変形させる接続。

圧縮端子 あっしゅくたんし compression terminal lug 電気機器の端子部に接続するため，電線の終端部に圧縮接続して用いる器材。硬銅より線用，硬アルミより線用及び鋼心アルミより線用のものがある。

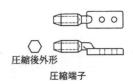

圧縮後外形

圧縮端子

圧縮点火 あっしゅくてんか compression

ignition　内燃機関においてシリンダ内の空気を圧縮して，空気温度を高温にし，この温度を利用してシリンダ中に噴射した燃料に点火する方式。混合気体全体が同時に燃焼するため，燃焼筒の大きさに制限がなく，大容量の機関が製作できる。空気の圧縮方法によって，往復動の機関ではディーゼル機関，焼玉機関などがあり，タービンを用いる機関ではターボジェット，ターボプロップエンジンなどがある。

圧縮より線　あっしゅく――せん　compact stranded-conductor　素線相互間の隙間をなくすように周囲から圧縮加工したより線。より線の外周面が滑らかになることから，SB（smooth body）形より線とも呼ぶ。圧縮円形より線と圧縮成形より線とがある。仕上り外形を小さくし，高電圧用では導体表面の電位の傾きを小さくする効果がある。

圧縮より線

圧着工具　あっちゃくこうぐ　crimping tool　＝電線接続工具

圧着スリーブ　あっちゃく――　crimp-type sleeve, indenter-type joint　電線相互を工具によって圧着接続するために用いるスリーブ。銅電線用とアルミ電線用とがある。銅線用裸圧着スリーブには，直線突合せ用（B形），直線重ね合せ用（P形）及び終端重ね合せ用（E形）の3種類があり，E形はリングスリーブともいう。　⇒電線接続工具

リングスリーブによる接続

圧着接続　あっちゃくせつぞく　crimped connection　非対称的なダイスによって圧力を加え，接続部を変形させる接続。

圧着端子　あっちゃくたんし　crimp-type terminal lug　電気機器の端子部に接続するため，電線の終端部に圧着接続して用いる器材。

銅線用裸圧着端子

アッテネータ　attenator　＝減衰器

圧電効果　あつでんこうか　piezoelectric effect　水晶やロッシェル塩などの結晶に圧力を加えたとき，その応力に比例する電位が発生する現象又はその逆の現象。水晶発振子，マイクロホン，イヤホンなどに用いる。ピエゾ効果ともいう。

圧電セラミックフィルタ　あつでん――　piezoelectric ceramic filter　振動体と，セラミックスの圧電現象を利用して発振及び受振する共振子とを組み合わせ，特定の周波数だけをろ波するように構成したフィルタ。

アッパホリゾントライト　sky cyclorama light　ホリゾント幕の上部を照射するために用いるホリゾントライト。

アップコンセント　pop-up floor outlet-socket（英）　pop-up floor receptacle（米）　使用していないときは，床面から下部に本体を収容し，使用時に床上に飛び出す形式の床面に設置するコンセント。電源やLANなど個別のアウトレット及び一体型のアウトレットを収納したものもある。

アップリンク　uplink　無線通信やADSLで基地局や衛星通信などの，ネットワークの中心部方向に送信する通信経路。一般のパーソナルコンピュータの場合は，データの送信と受信とに使用する周波数を分けて使用し，送信側の周波数帯域又は通信速度を表すときに用いる。　⇒ダウンリンク

圧力継電器　あつりょくけいでんき　pressure relay　気体又は液体の圧力の変化を検出し，接点を開閉動作させる継電器。変圧器の内部故障検出及びガス遮断器のガス漏れ検出などに用いる。

圧力検出器 あつりょくけんしゅつき pressure detector 気体又は液体の圧力の変化を検出する装置。

圧力スイッチ あつりょく—— pressure switch 気体又は液体の圧力の変化により動作する開閉器。圧力上昇で動作し，圧力低下で復帰するが，この動作点と復帰点の間（圧力差）を不感帯といい，使用目的に合わせて動作点と不感帯の幅を設定する。空気槽の圧力を検出し，圧縮機の運転・停止制御（不感帯を利用しての2位置制御）を行い，空気槽の圧力を一定範囲に保つためなどに用いる。

圧力容器 あつりょくようき pressure vessel 大気圧を超える圧力の気体，液体，蒸気を内部に保持するための容器。破裂の危険性があり，ボイラ及び圧力容器安全規則で取扱いを定めている。

圧力容器取扱作業主任者 あつりょくようきとりあつかいさぎょうしゅにんしゃ operation chief of pressure vessel 圧力容器の種別等により，労働安全衛生法に定める各級のボイラー技士免許を受けた者及び所定の技能講習を修了した者，又は他の法令に基づく一定の資格者として特定第一種圧力容器取扱作業主任者免許を受けた者の中から，事業者が選任した者。

後入れ先出しスタック あとい—さきだ—— last in first out stuck ＝スタック

アドオン add-on 主となるソフトウエアが標準で持っていない機能を，拡張するために用いる副次的なソフトウエア。単独で動作することはなく，主となるソフトウエアが呼び出して起動する。呼び出す仕様を公開しているか，統一規格に則り作成してある場合にはプラグインともいう。

アドホックネットワーク ad-hoc network 専用の基地局を用いず，端末装置の中継機能を利用することで一時的に相互接続する端末群で構成した無線ネットワーク。アドホックとは「その場限り」の意味で，事前にインフラを用意しなくても，その場でネットワークを作り上げ，無線通信を使ってデータを端末から端末へバケツリレーのように手渡しで伝送する。マルチホップネットワークともいう。

アドミタンス admittance 交流回路における電流と電圧との比。単位はジーメンス(S)。電流の流れやすさを示す値で，インピーダンスの逆数である。アドミタンスをY，インピーダンスをZとすると$Y=1/Z$であり，コンダクタンスをG，サセプタンスをBとすると，アドミタンスは$Y=G+jB$である。

アナライザ analyzer 〔1〕試料あるいは入力信号やデータを分析，解析するための装置又はソフトウエア。解析器。〔2〕プログラムを解析するためのプログラム。原始プログラムの構文，命令の実行頻度，実行経路などを解析しプログラムの誤り修正に用いる。

アナログ analogue ある量を連続する物理量で表現すること。アルコール温度計では温度を目盛に対する液面の位置で，ばねばかりでは質量を目盛に対する指針で表し，音声信号や画像信号などでは電圧又は電流の変化で表す。

アナログ計器 ——けいき analogue instrument 測定量を連続的な大きさで表示する計器。数字で表示するデジタル計器と対比して，一般には目盛板と指針によって測定量を示す指示計器を指す。測定量を機械的な力（駆動トルク）に変換して指針を移動させて指示する。また，デジタル計器に比べて，読取り誤差を生じやすい欠点はあるが，指針の指示位置によって大まかな測定量を直感的に判断することができる利点があり，配電盤などの盤面計器として古くから用いている。

アナログ交換機 ——こうかんき analogue switching system 共通制御系に電子計算機を用いて蓄積プログラム制御方式とした電話交換機。通話路を通過する信号はアナログ信号であるが，各種の装置類を制御するプログラムや信号はデジタルで動作する。デジタル方式の通信需要の増加とともに，デジタル交換機に切り換わっている。

アナログ式自動火災報知設備 ——しきじど

うかさいほうちせつび analogue type automatic fire alarm system　感知器の温度又は煙濃度の連続量を火災情報として扱う自動火災報知設備。受信機又は中継器で火災信号を分析し，判別を行い注意表示（火災として警報を出す前段階の異常発生を知らせる表示）及び火災表示を行う。一連の経過を記録する機能も有している。感知器の設置場所の環境条件に応じて，注意表示及び火災表示を行う温度値及び煙濃度値の設定が調整できる。そのため，非火災報を低減でき，より信頼性の高い火災情報が得られる。

アナログ式スポット型熱感知器　――しき――がたねつかんちき　spot type analogue heat detector　1局所の温度が一定以上になったとき，火災情報信号を連続して発するアナログ式自動火災報知設備の熱感知器。受信機側では規定値に達すると火災と判断するが，火災発報の前段階で注意警報も発する。

アナログ式制御　――しきせいぎょ　analogue type control　センサの信号を電圧，電流などの基準アナログ値に変換し，制御信号として取り扱う制御。基準アナログ値として，電圧は0～10 mV，0～1 V，0～5 V，±5 V，±10 V，電流値は4～20 mAがある。

アナログ出力　――しゅつりょく　analogue output　電子計算機や制御装置などが演算結果をその値に対応する電流や電圧の大きさで行う信号出力。一般に出力範囲の0～100％をDC 0～5 V，DC 0～10 V，DC 1～5 V，DC －10～＋10 Vなどの電圧又はDC 0～20 mA，DC 4～20 mA，DC －20～＋20 mAなどの電流として出力する。外部への信号はフォトカプラなどで絶縁する。

アナログ信号　――しんごう　analogue signal　音響，画像，通信などの情報を電圧，電流，圧力などの連続的な物理量に変換した信号。

アナログセンサ　analogue sensor　検出，計測した信号を電圧，電流，抵抗値などのアナログ量で出力する検出端。

アナログ調光方式　――ちょうこうほうしき analogue lighting control　調光システムの制御回路をアナログ回路で構成する方式。

アナログ伝送　――でんそう　analogue transmission　情報信号で搬送波を連続して変調し伝送すること。電子計算機などのデジタル信号を電話回線などのアナログ伝送路を介して送るときには，送信側でデジタル信号をアナログ信号に変換し，受信側で元のデジタル信号に戻す。

アナログ入力　――にゅうりょく　analogue input　電子計算機や制御装置などが温度，電圧，電流などの物理量をこれに比例した電圧又は電流の大きさとして受け付ける信号入力。DC 0～5 V，DC 0～10 V，DC 1～5 Vなどの電圧入力又はDC 0～20 mA，DC 4～20 mAなどの電流入力があり，フォトカプラなどで信号を絶縁し内部に取り込んでデジタル変換を行う。

アナログ変換　――へんかん　analogue conversion　電子計算機や制御装置などで内部演算したデジタルの数値を，電圧又は電流の連続した物理量に変換すること。

アナログモニタ　analogue monitor　電圧，電流，抵抗などのアナログ量を解析して動作の監視・記録を行う装置。屋外気象観測，建物内環境や設備の状況・動作の監視，計測，記録や解析用に用いる。指示計器，ペン書き記録計，ペン書きオシログラフ，電磁オシログラフなどがある。

アナンシエータ　annunciator　装置及び機器の異常状態を監視点ごとに区画したランプの点灯又は点滅及びブザー，ベルなどの警報音を用いて報知する集中表示装置。表示パネル又は制御コンソールに監視点に対応するランプを配列し，異常状態が発生したときにランプを点灯し，警報音を発して異常を知らせる。

アノード　anode　電子回路素子，電気分解の対象物などで電流が流入する側の電極。ダイオード，電気分解などの陽極及び電池の負極がこれに当たる。

アノード防食　――ぼうしょく　anodic protection　保護する金属をアノード電極とし

て回路を構成し，アノード電極上の酸化反応によって金属表面に不動態をつくり，金属の溶出を防ぐ電気防食。ステンレス鋼などの不動態をつくる金属に限って用いられる特殊な防食である。

アバランシェダイオード avalanche breakdown diode 特定の逆電圧で雪崩降伏を起こし，大電流を流すように設計したダイオード。ツェナーダイオードに似た動作をするが動作メカニズムが異なり，降伏特性が急しゅんではないが，4 000 Vを超える降伏電圧のものもある。雪崩降伏電圧が一定なので電圧リファレンスとして用いる。

アバランシェブレークダウン avalanche breakdown ＝雪崩降伏

アブソリュート形式プログラム ——けいしき—— absolute format program ＝絶対形式プログラム

アプリケーションストア application store モバイル端末で利用する専用のアプリケーションを提供するための配信チャンネル。モバイルアプリケーションは基本的にプラットフォームに依存するため，プラットフォームごとに異なるアプリケーションストアがある。

アプリケーションプログラム application program 電子計算機を使用して，使用者が直接利用する文書作成，表計算及び音楽映像の作成，再生などのプログラム。ワードプロセッサ，メディアプレーヤなどのほか，エレベータ運行，中央監視システムなどがある。

アベイラビリティ availability 〔1〕電子計算機やネットワークシステムなどが継続して稼働できる能力。可用性ともいう。障害の発生しにくさや，障害発生時の修復の速さなどによって決まり，ある期間中にその機能を維持する時間の割合で表す。〔2〕商品や部品などの入手のしやすさ。

アボート abort ①プログラムの処理を中断して，制御をOSに戻すこと。②プログラム実行中に異常が発生し，正常に終了できない場合，プログラムを強制終了すること。

アメニティ amenity 快適性，快適な環境，魅力ある環境などを意味する概念。住み心地の良さや居住性の良さを表す。

アモルファス amorphous ＝非晶質

アモルファスシリコン太陽電池 ——たいようでんち amorphous silicon photovoltaic cell 非晶質シリコンを用いて作成した太陽電池。結晶シリコンを用いた太陽電池に比べ光電変換効率は劣るが，多層化による効率改善や量産化による製造コスト低減により，設置する場所が十分広くとれる場合の選択肢となる。

アモルファス変圧器 ——へんあつき amorphous transformer 鉄心にアモルファス磁性材料を使用した変圧器。アモルファス磁性材料を使用することにより，磁束が変化する際のヒステリシス損を少なくでき，また，鉄心の板厚を薄くできるため渦電流損も低減できる。

アラームバルブ alarm valve 湿式スプリンクラや泡消火設備の配管に設ける自動警報弁。火災時にスプリンクラヘッドなどが作動し放水すると，流水を検知し，ポンプの始動信号及び警報信号を発する。

アルカリ蓄電池 ——ちくでんち alkaline storage battery 電解液として水酸化カリウム，水酸化ナトリウムなど濃厚なアルカリ性液を用いた蓄電池。正極にニッケル酸化物，負極にカドミウムを用いたニッケルカドミウム蓄電池が代表的なものである。公称電圧は単電池当たり1.2 Vで比較的低いが，充放電の間電解液濃度の変化が少なく，電圧が安定している。据置式では構造によりベント形とシール形があり，極板構造により焼結体基板を電極とする焼結式と多孔鋼板のポケットに電極物質を充填した緩放電向きのポケット式とがある。密閉形は小形で焼結式であり，誘導灯，パーソナルコンピュータ，ポータブル家電機器などに用いる。

アルゴリズム algorithm 問題を解決するための処理手順又は計算方法。アルゴリズムを図形によって視覚的に表現したものがフローチャートであり，プログラミング言

語で表現したものがプログラムである。

アレスタ lightning arrester，LA ＝避雷器

泡消火設備 あわしょうかせつび foam fire extinguishing system 泡の粘着性，燃焼物の表面を覆う特性，障害物をう回して回り込む特性を利用して車火災，油火災に用いる消火設備。燃えている油の表面を覆って酸素の供給を絶ち，更に泡の水分が燃焼部の温度を下げることで消火する。特に駐車場の火災では，泡が車の陰まで回り込むので有効である。

アンカボルト anchor bolt ＝基礎ボルト

暗きょ あん── culvert 地中に施設する洞道。鉄筋コンクリートの現場打ちや鉄筋コンクリート管を接合して敷設する。ケーブル配線，給水配管，排水配管などを敷設するために用いる。

暗号化 あんごうか encryption 文書，画像などのデータを第三者からの改ざんや盗み見から守るため，特別な表記法を用いて行う変換。インターネットや無線通信などの通信路では第三者が容易に入り込めるため，盗み見されてもデータとして判読できないようあらかじめ定めた規則で変換して伝送する。

安全委員会 あんぜんいいんかい safety committee 建設業，製造業など常時一定人数以上の労働者を使用する事業場に設置が義務付けられ，労働者の危険の防止，労働災害の原因及び再発防止対策などを調査審議して事業者に建議する組織。労働安全衛生法。

安全衛生委員会 あんぜんえいせいいいんかい safety and health committee 常時50人以上の労働者を使用する事業場に設ける安全衛生に関する調査審議の組織。労働者の危険防止対策，労働災害の原因及び再発防止対策，健康障害防止対策，健康保持増進対策などの事項を調査審議し，事業者に対して意見の具申を行う。安全事項を調査審議する安全委員会及び衛生事項を調査審議する衛生委員会をそれぞれ設ける場合もある。労働安全衛生法。

安全衛生教育 あんぜんえいせいきょういく safety and health education 建設業，製造業などで一定人数以上を使用する事業者が労働者の雇い入れ時又は作業内容変更時に行う業務に関する安全又は衛生のための教育。この他，危険又は有害な業務で，アーク溶接，研削といしの取替えなどの作業に就労する場合には安全衛生特別教育が必要となる。労働安全衛生法。

安全衛生協議会 あんぜんえいせいきょうぎかい safety and health meeting 特定元方事業者が複数の下請け業者の混在作業による労働災害などを防止するために設置，運営する協議組織。安全計画，作業間調整，パトロール計画，防災訓練などを定期的に協議する。労働安全衛生法。

安全衛生推進者 あんぜんえいせいすいしんしゃ safety and health promoter 安全管理者又は衛生管理者を選任することを要しない事業場で，一定規模の事業場ごとに選任し，労働者の危険又は健康障害を防止するための措置など労働災害を防止するため必要な業務を行う者。労働安全衛生法。

安全衛生責任者 あんぜんえいせいせきにんしゃ safety and health supervisor 特定元方事業者と請負契約を交わしたすべての下請負業者でそれぞれ選任し，自社の作業員を指揮監督し，自らも作業を行う安全衛生の責任者。現場において元請負業者を頂点とした安全衛生体制の一角をなし，職長として現場に常駐する者を選任するのが一般的である。労働安全衛生法。

安全管理者 あんぜんかんりしゃ safety officer 事業所での安全に係る技術的事項を管理する者。建設業，製造業などで常時50人以上の労働者を使用する事業場ごとに，所定の研修を修了し，所定の年数以上の産業安全の実務を経験した者及び労働安全コンサルタント免状を有する者のうちから選任され，労働者の危険防止措置，教育の実施，労働災害の原因調査及び再発防止対策に関することなどを管理する。

安全管理審査 あんぜんかんりしんさ official verification 原子力発電設備を除く事業用電気工作物について，設置者自らが行

った技術基準適合性を確認する自主検査が，適切に行われたかどうかを国が事後的に行う審査。平成11年8月の電気事業法改正によって，設置者自らの保安確保への取組状況が優れ，保安確保能力について客観的に証明することが可能な場合には，国が検査をする必要性は薄いため，国が工作物の技術基準適合性を直接確認する使用前検査制度から変更となった。また，設置者の保安確保能力に応じて，審査の頻度を軽減する仕組み（インセンティブ制度）とすることとし，設置者の安全性向上に向けた取組みを促す制度となっている。　⇒使用前安全管理審査

安全設備　あんぜんせつび　safety services　人の安全及び環境汚染の防止に不可欠な建築物の設備。安全設備の例として，非常用照明，消火ポンプ，非常用エレベータ，火災警報設備，侵入警報設備，避難設備，排煙設備，生命維持に必要な医用機器などがある。

安全帯　あんぜんたい　safety belt　高所作業などで墜落及び転落を防止するための身体に着用する帯。フック付きの綱を付帯し，親綱，命綱などに連結して用いる。胴ベルト形，ハーネス形などがある。

安全電源　あんぜんでんげん　electrical safety source　安全設備に不可欠な電気機器に電気の供給を継続するための電源。建築基準法による予備電源及び消防法による非常電源を指す防災電源と同義語である。

安全特別低電圧　あんぜんとくべつていでんあつ　safety extra-low voltage，SELV　危険な電圧から二重絶縁かそれと同等以上の絶縁によって分離した非接地回路で，単一故障状態においても特別低電圧の範囲を超える電圧を発生することがないもの。公称電圧が交流25 V，あるいは直流60 Vを超える場合には，直接接触に対する保護が必要となる。

安全弁　あんぜんべん　safety valve　装置内の圧力が一定の値に達したとき，自動的に作動して流体を安全に排出する弁。排出が完了し圧力が一定値以下に戻ると弁を閉じ

る機能をもつ。空気圧縮機，ガス絶縁変圧器などに用いる。

安全増防爆構造　あんぜんましほうばくこうぞう　increased safety，type of protection "e"　可燃性のガス又は蒸気が存在する雰囲気の中に施設する電気設備において，絶縁物の許容温度に余裕をもたせ，空間距離，沿面距離などの絶縁特性を強化し，また，容器内部への水及びじんあいの侵入を抑制するなど一般機器より安全度を増した防爆構造。

暗騒音　あんそうおん　background noise　ある音を対象に考えるとき，その場所におけるその対象の音以外にそこに存在するすべての音。例えば，変圧器の騒音を測定するとき，対象とする変圧器以外の音を指す。

アンダカーペットケーブル　under carpet cable　＝フラットケーブル

アンチパスバック機能　——きのう　anti-passback function　機械防犯管理を行っている区域から退出するときに，入室履歴がない人物の退出を禁止する機能。

安定化電源　あんていかでんげん　stabilizing power source　電源電圧の変動に対して負荷の電圧や周波数が一定に保たれるようにした電源設備。単に電圧精度のみを安定させた自動電圧調整器，停電や瞬時電圧低下にも無停電で負荷給電させる無停電電源装置などがある。

安定器　あんていき　ballast　電源と放電ランプとの間に接続して，主としてランプ電流を規定値に保ち安定した放電を維持する装置。そのほかに，電源電圧を上昇させる機能，力率を改善する機能，また，始動装置との組合せで放電ランプを始動させる機能をもつものもある。故障による発煙発火を防止するため，電流ヒューズ，温度ヒューズなどを内蔵し，過熱保護機能を付加した安定器を一般に用いている。

安定器内蔵形水銀ランプ　あんていきないぞうがたすいぎん——　blended lamp（英），self-ballasted mercury lamp（米）　ガラス球（外管）内に発光管とそれに直列に接続したフィラメントとを備えて，フィラメ

ントの発光及び安定器機能を利用し，外部安定器を不要とした高圧水銀ランプ。安定器内蔵形高圧水銀ランプともいう。

アンテナ antenna 電気信号を電磁波として空間に放射する装置，又は放射された電磁波を捕捉する装置。空中線ともいう。

暗電流 あんでんりゅう dark current ①光電素子を組み込んだ回路において，光の照射がない場合に流れる微弱電流。拡散電流及び表面リーク電流によって生じ温度依存性が高く，CCDやCMOS撮像素子などにおいては画像ノイズの要因となる。②気中放電において発光を伴わない範囲の微少な電流。

AND アンド logical conjunction ＝論理積

イ

ERP イーアールピー enterprise resource planning 企業が有する資源（人材，資金，設備，資材，情報など）を統合的に管理，配分し，業務の効率化や経営の全体最適を目指す手法及びそのための統合型業務ソフトウエアパッケージ。

EHF イーエッチエフ extremely high frequency ＝ミリメートル波

EMI イーエムアイ electromagnetic interference ＝電磁障害

EMS イーエムエス electromagnetic susceptibility ＝電磁感受性

EMケーブル イーエム── ＝エコ電線

EMC イーエムシー electromagnetic compatibility ＝電磁両立性

EMTP イーエムティーピー electro magnetic transients program ＝電力系統瞬時値解析プログラム

EM電線 イーエムでんせん eco-material cable ＝エコ電線

EL イーエル electroluminescence ＝電界発光

ELF イーエルエフ extremely low frequency ＝極超長波

ELCB イーエルシービー earth leakage current circuit breaker ＝漏電遮断器

ELV イーエルブイ extra-low voltage ＝特別低電圧

ELランプ イーエル── electroluminescent lamp 気体又は固体物質中で，電界の作用によって生じるルミネセンスにより発光するランプ。

E/O変換器 イーオーへんかんき electro-optic converter ＝電気光変換器

イーサネット Ethernet IEEE規格のCSMA/CDを用いた，論理上はバス型の有線LAN。実用上物理的にはスター形で構成する場合が多い。初期は同軸ケーブルを用いていたが，非シールド対よりケーブルの使用で普及し，高速化に伴い光ケーブルも使用している。→ギガビットイーサネット 元々は1973年にゼロックス社（米国）が基本仕様を開発したバス形LANで，同軸ケーブルを使用するものであった。

EDI イーディーアイ electronic data interchange 商取引上の情報を標準的な形式に統一して，受発注や見積もり，決済，出入荷などに関わるデータをインターネットや専用の通信回線網など通じて企業間で電子的に交換する仕組み。

ETC イーティーシー electronic toll collection system ＝ノンストップ自動料金支払いシステム

EPS イーピーエス electrical piping shaft ＝電気シャフト

EV イーブイ electric vehicle ＝電気自動車

EVT イーブイティー earthed voltage transformer ＝接地形計器用変圧器

硫黄酸化物 いおうさんかぶつ sulfur oxides 硫黄が燃焼するときに酸素と化学的に結合して生成する化合物。一般には，二酸化硫黄（SO_2），三酸化硫黄（SO_3）などを総称して硫黄酸化物（SO_x）という。大気汚染や酸性雨などの原因の1つとなる有毒物質で水と反応して亜硫酸又は硫酸を生じる。人類の社会的及び経済的活動に伴い，石油や石炭などの硫黄分を含む化石燃料を燃焼することで発生するが，自然界においても火山活動における火山ガスなどに含まれて大気中にもたらされる。

イオン化式煙感知器 ──かしきけむりかん

ちき ionization smoke detector 1局所の煙によるイオン電流の変化により火災信号を発する煙感知器。放射線源（アメリシウム241）が放射するα線により2つの電極間の空気分子をイオン化し，2つの電極間に電圧を印加することでイオン電流が流れる。この電極間に煙が流入すると，イオン電流を減少させ電流変化が生じる。感度に応じて1種，2種及び3種があり，非蓄積式と蓄積式とがある。

異種金属接触腐食 いしゅきんぞくせっしょくふしょく bimetallic corrosion, galvanic corrosion 異種金属が直接接触した部分で接触電位が発生し，電池を構成することにより生じる腐食。

異種用途区画 いしゅようとくかく fire preventing separation of heterogeneous application 同一建築物内の用途が異なる特殊建築物の部分ごとに準耐火又は耐火構造の床，壁などで行う防火区画。建築基準法。

異常時制御 いじょうじせいぎょ control for abnormal condition 異常又は故障が生じた場合，その事故の影響で設備の構成変更又は運転内容に変更が必要なときに行う緊急制御。代表的な例として，停復電制御がある。

異常電圧 いじょうでんあつ abnormal voltage 通常の運転電圧に加わり，電気設備に障害を及ぼすおそれのある電圧。通常は，過電圧を指す。

位相 いそう phase 交流の電圧や電流などの周期的現象において，1周期内の進行段階を示す量。例えば，$e = E\sin(\omega t + \phi)$では，$(\omega t + \phi)$が位相である。$\phi$を初期位相といい，位相を角度と見たとき位相角という。

位相角 いそうかく phase angle →位相

位相差給電形アンテナ いそうさきゅうでんがた—— phase difference feeding antenna 正面の送信所方向以外からくる反射波などの妨害波を軽減するためのアンテナ。目的波に対して直角方向に2基の同一特性のアンテナを水平に配置する。一方は移相器を経由して合成器に接続し，もう一方は直接合成器に接続する。このとき，正面方向の目的波に対しては出力端子に誘起される電圧の振幅及び位相は等しいが，正面からこない妨害波に対してはアンテナ間隔のため到達時間に差ができ位相が合わない。この妨害波の位相のずれを移相器で逆相になるように変化させて合成することによって，妨害波を打ち消す。

1次エネルギー いちじ—— primary energy 化石燃料，原子燃料，自然エネルギーなど，加工されずに供給され利用するエネルギー。1次エネルギーを加工，変換して得る電力，都市ガスなどを2次エネルギーといい，2次エネルギーを得るために必要な発生，変成，移送に要するエネルギーを加味したものを1次エネルギー換算値という。例えば，電力の場合，1 kW·h が 3 600 kJ に相当するが，その1次エネルギー換算係数は，日本では一般に 9 970 kJ/kW·h としている。

1次エネルギー換算係数

重　油	41 000 kJ/L
灯　油	37 000 kJ/L
液化石油ガス	50 000 kJ/kg
電　気	9 970 kJ/kW·h
	（一般電気事業者の場合）
	（夜間買電では 9 280 kJ/kW·h）
	9 760 kJ/kW·h
	（一般電気事業者以外の場合）

平成21年経産省・国交省告示第3号

1次記憶装置 いちじきおくそうち primary memory ＝主記憶装置

1次電圧 いちじでんあつ primary voltage 電磁結合した巻線の電源側に印加する電圧。

1次電池 いちじでんち primary battery, primary cell 製造時に充塡した電解質の化学エネルギーを電気エネルギーとして放出する電池。他の電源によって充電はできない。電解質を液状のまま使用する湿電池と固体に含浸させて使用する乾電池とがある。

1次変電所 いちじへんでんしょ primary substation 発電所から送電された275

kV, 500 kV などの電力を 154 kV, 275 kV などに降圧して 2 次変電所に送電するための変電所.

1：1 対向方式 いちたいいちたいこうほうしき　one to one facing system　遠隔集中監視制御システムにおいて，被制御所ごとに制御所側の装置を 1 対 1 で設ける方式．システムの独立性がよく，被制御所単位のシステムは安価であるが，制御所側の装置が被制御所と同数必要となり，経済性とスペースの面で不利な点がある．

1：N 対向方式 いちたいエヌたいこうほうしき　one to N facing system　遠隔集中監視制御システムにおいて，N 個の被制御所に対して制御所側の装置を共通に設ける方式．システムの独立性は損なわれるが，制御所側の装置が共通であるため，マンマシン性や経済性で優れている．

一括移報 いっかついほう　collective signal transmission　火災信号を回線別ではなく，集約した形で他の装置に送ること．信号の集約の仕方によって，火災一括，火災階一括などがある．代表信号と呼ぶこともある．

1 種金属製線ぴ いっしゅきんぞくせいせん――　metal molding, surface metal raceway　壁や天井の表面に取り付けて，屋内配線の増設，変更工事に用いる小形の金属線ぴ．メタルモール又はメタルモールジングともいう．

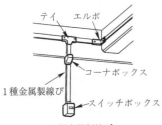

1 種金属製線ぴ

一斉鳴動方式 いっせいめいどうほうしき　all alarm sounding mode　防火対象物に設置した地区音響装置を感知器又は発信機の作動に連動して一斉に鳴動させる方式．全館鳴動方式ともいう．

1 点接地方式 いってんせっちほうしき　one-point earthing system　電気機器の露出導電性部分及び建築物窓サッシなどの系統外導電性部分のボンディング回路網を 1 点のみで接地する方式．接地点が 1 か所のみとすると，ボンディング回路網にループ回路が生じず電磁誘導電流が流れないため，ボンディング回路網を等電位にすることができ，また，流入電流による誘導障害を起こさない．

一般電気事業者 いっぱんでんきじぎょうしゃ　general electric utility　一般の需要に応じ電気を供給する事業を営むことについて許可を受けた者．電力会社がこれに該当する．

一般取扱所 いっぱんとりあつかいじょ　general handling facility　指定数量以上の危険物を取り扱う取扱所のうち，給油取扱所，販売取扱所及び移送取扱所以外の取扱所．保安距離，保有空地など位置，構造及び設備の技術上の基準などを規定している．⇒指定数量

一般廃棄物 いっぱんはいきぶつ　non-industrial waste　家庭，商店，事務所などから出る産業廃棄物以外の廃棄物．自治体などで適正な処理を講ずることとなっている．

一般非常電源 いっぱんひじょうでんげん　general emergency power supply　商用電源が停止したとき 40 秒以内に自動的に負荷に電力を供給するための電源．病院の生命維持装置のうち 40 秒以内に電力供給の回復が必要なもの，病院機能を維持するために必要な照明，医療用冷蔵庫，通信設備，エレベータ，給排水ポンプなどに適用し，40 秒始動ができる自家発電設備を用いる．

一般用電気工作物 いっぱんようでんきこうさくぶつ　general electrical facilities　一般住宅や商店などで 100 V 又は 200 V で受電する電気設備及び小出力発電設備．電気事業法では，次に該当する電気工作物と定義している．①他の者から 600 V 以下の電圧で受電し，その受電の場所と同一の構内においてその受電した電気を使用するもの

で，受電用の引込線以外の電線路によって構外にある他の電気工作物と接続されていないもの。②構内に設置する小出力発電設備で，その発電に係る電気を 600 V 以下の電圧で他の者が構内において受電用の引込線以外の電線路によって構外にある他の電気工作物と接続されていないもの。

移動体通信 いどうたいつうしん mobile communication 自動車や人などの移動体によって行われる通信。無線を使用するもので，携帯電話，PHS，自動車電話，船舶電話，ポケットベル，コードレス電話などがある。また，警察や消防，電気，ガスなどの業種別に構築されているものや，多くの利用者が周波数を共有する MCA システム，パーソナル無線などもある。

移動電線 いどうでんせん movable wiring 可搬形電気機械器具などを使用するために，片端を固定配線に接続し，造営物に固定しないで用いる電線。電球線及び電気使用機器器具内の電線は含まない。コード又はキャブタイヤケーブルを使用する。

移動灯器具 いどうとうきぐ mobile luminaire 電源に接続したまま，1 つの場所から他の場所へ容易に動かすことができる照明器具。電源に接続するための差込プラグをもち，手で容易に取り外せる装置で固定する器具も含む。

イニシャライズ initialization ＝初期化

イニシャルコスト initial cost 電気設備などの製造や建築物の建設時に，構想段階から完成までに掛かる費用。構想，設計，開発製作，据付けなどを含む。初期費用ともいう。⇨ランニングコスト

易燃性 いねんせい flammability 発火点や引火点が特に低いか，又は粉状，繊維状などで体積当たりの表面積が大きいことによって燃焼しやすい性質。

命綱 いのちづな life rope ①高所作業などで墜落及び転落を防止するために安全帯のフックをかけるための綱。②人命の救助又は安全のために使用する綱。救命索ともいう。

イベント駆動 ──くどう event driven ＝イベントドリブン

イベントドリブン event driven マルチタスクオペレーティングシステムにおいて，プログラムが逐次利用者に操作を要求する対話形プログラムと違って，利用者が操作（イベント）を行っていないときは，そのタスクは何もせず待たせた状態で，他のタスクを行うプログラム方式。イベント駆動ともいう。必要以上に利用者を拘束しないため，マルチタスク性に優れ，グラフィック表示やマウス操作を多用するプログラムなどに用いる。

移報信号 いほうしんごう transmission signal 火災発報状態となった受信機から他の装置に送る信号。

移報接点 いほうせってん signal transmission contact 火災受信機などから信号を他の装置へ送信するための接点。一般的には a 接点が多いが，用途によって b 接点又は c 接点の場合もある。

イミュニティ immunity 電磁妨害が存在する環境で，機器，装置又はシステムが性能低下せずに動作することができる能力。

医用コンセント いよう── hospital grade outlet-socket 医用差込接続器のプラグ受け。刃受，配線接続端子，絶縁物の外郭などで構成し，造営材に固定できる。Hマークの表示がある。

医用差込接続器 いようさしこみせつぞくき hospital grade outlet-socket and plug 医用電気機器の電源を接続するための差込接続器。医用コンセント及び医用差込プラグからなる。定格は 100 V，15 A 又は 20 A で接地形 2 極のいわゆる 3 ピン式である。一般の差込接続器に比べ，接地極接続の信頼性が高く，外郭絶縁物の耐衝撃性に優れているなどの特長がある。

医用差込プラグ いようさしこみ── hospital grade plug 医用差込接続器のプラグ。刃及びコード（キャブタイヤケーブルを含む。）の接続部を絶縁物で覆った外郭などで構成する。Hマーク又は緑色の○印の表示がある。

医用接地センタ いようせっち── hospital grade earth center　病院，診療所などにおける感電防止対策用として，同一室内の医用接地端子，医用コンセントの接地極，建物金属サッシ，給水管などを1点で接続して接地するために設ける分岐用端子基板とそれを収容する外箱。分岐用端子基板及びそのリード線などの構成部品を接地センタボディという。

医用接地端子　いようせっちたんし　hospital grade earth terminal　病院，診療所などにおける感電防止対策用として，医用電気機器の接地コードを接続するための端子。特に接地の信頼性を高めたもので，壁内のスイッチボックスに収めて用いる。

医用接地方式　いようせっちほうしき　medical earthing system　病院，診療所などにおける感電防止対策用として，保護接地又は等電位接地を施すための接地設備で，医用のため特に接地の信頼性を向上させた方式。保護接地は医用電気機器の露出導電性部分に施す接地で，医用室ごとに保護接地のための医用接地センタ，医用コンセント及び医用接地端子を設ける。等電位接地は露出導電性部分及び系統外導電性部分を等電位とするために1点へ電気的に接続し，これに施す接地で，心臓に極めて近接した体内又は心臓に直接医用電気機器の電極などを挿入して医療を行う医用室には，等電位接地のための設備を設ける。

医用電気機器　いようでんききき　medical electrical equipment　患者の診断，治療又は監視を目的として，患者と物理的若しくは電気的な接触，患者に対するエネルギーの授受又はそのエネルギーの検出をする電気機器。ME機器ともいう。脳波計，心電図モニタ，人工心肺装置，除細動器，低周波治療器，電気メスなどがある。

異容量V結線　いようりょうブイけっせん　unlike capacity open-delta connection　容量の異なる単相変圧器を用いるV結線。三相負荷（M）及び単相負荷（L）の電力を同時に供給する場合に用いる。

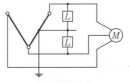

異容量V結線

イルミネーション　illumination　①照明又は照明を施したもの。②建物や樹木に電球，ネオンサイン，発光ダイオード，光ケーブルなどの光源を集めて，電飾看板，風景，人物などを型どり飾ること。最近は，発光ダイオードのイルミネーションが主流になってきている。電飾ともいう。

色温度　いろおんど　colour temperature　与えられた刺激と色度が等しい放射を発する黒体の温度。単位はケルビン（K）。ある光源の放射の色度と等しい色度をもつ黒体の温度をその放射の色温度という。　⇒相関色温度

色再現　いろさいげん　colour reproduction　カラー写真，カラーテレビジョン，カラー印刷などにおいて，オリジナルの被写体や原画の色を再現すること。

引火点　いんかてん　flash point　物質を空気中で加熱したとき発生する可燃性蒸気に点火源が触れて，燃焼を始める最低の温度。一般に，引火点は発火点よりも低い。引火点では，点火源を除けば燃焼はすぐ止むので，燃焼を継続するにはこれより少し高い

<figure>医用接地方式</figure>

温度（燃焼点，fire point）が必要となる。引火点は測定法により値が異なるが，ガソリン−45℃，ベンゼン−11℃，灯油 50℃，ナフタリン 80℃，機械油 200℃ などである。

陰極降下 いんきょくこうか cathode fall, cathode drop 放電ランプなどの陰極近傍の空間電荷による電位降下。

陰極線管 いんきょくせんかん cathode-ray tube 水平及び垂直の 2 つの偏向電極又は偏向コイルにより，画像信号に応じて静電界又は磁界を加え，その間を通過する陰極線（電子ビーム）を曲げ，信号の時間的変化を蛍光スクリーン上に画像表示する電子管。ブラウン管又は CRT ともいう。

陰極線管オシロスコープ いんきょくせんかん── cathode-ray tube oscilloscope 陰極線管を用いて表示するオシロスコープ。

インサートスタッド insert stud フロアダクトとハイテンションアウトレット又はローテンションアウトレットとを接続する高さ調整用の短管。

インジケータ indicator 機械の使用状態を示す表示器。指示器ともいう。

インターネット internet TCP/IP プロトコルを用いたコンピュータネットワークの総称。1969 年に米国政府の援助のもとに開発された軍用のコンピュータネットワークに端を発し，その後学術研究用ネットワークとして米国を中心に発達した。1990 年に入り，利用目的を限定しない商用インターネットが登場し，現在では世界各国に広がっている。

インターネットサービスプロバイダ internet service provider, ISP インターネットに接続するためのサービスを提供する企業又は団体。プロバイダともいう。付帯的なサービスとして電子メールアカウントの提供，ホームページ公開用スペースの提供，ポータルサイトの運営などを行っている。

インターネットデータセンタ internet data center セキュリティや防災対策を完備した建物内に，ネットワーク機器，サーバなどを設置し，インターネット接続などの各種通信網へのアクセスインフラを提供する事業者又は施設。運用や監視業務なども同時に引き受け，障害発生時の通知や対処などシステム運用のサポートを行うサービスも提供する。

インターネット VPN ──ブイピーエヌ internet virtual private network インターネット網を利用して構築する VPN。

インタクーラ inter-cooler ディーゼル機関などに取り付ける過給器によって圧縮した空気を冷却するための熱交換器。空気冷却器ともいう。

インダクタンス inductance コイルの電流の変化に対する誘導起電圧の比を表す比例定数。単位はヘンリー（H）。誘導係数ともいう。自己誘導による自己インダクタンスと相互誘導による相互インダクタンスとがある。起電力を e，インダクタンスを L とすると $e=Ldi/dt$ であり，インダクタンスの大きさは単位長さ当たりの巻数を n，巻線の半径を a，コイル内部の透磁率を μ とすると単位長さ当たり $L=\pi a^2 n^2 \mu$ である。

インタナルエルボ internal elbow →エルボ

インタフェース interface 〔1〕2 種類の物質の境界となっている層又は面。〔2〕異なった機能をもった装置の間の相互接続を行う領域又は装置。〔3〕2 つの情報処理機能をつなぐための装置。計算機と周辺装置，端末機器と通信網などの間で情報コマンドの円滑なやり取りをするための装置，接続仕様，プロトコル，仲介プログラムなどの機能も含まれる。

インタプリタ interpreter プログラミング言語で記述したソフトウエアのソースコードを，コンピュータが実行できる形式であるオブジェクトコードに変換しながら，実行するソフトウエア。インタプリタ型の言語はプログラムを変換しながら実行するためコンパイラ型の言語に比べ処理速度が遅い。

インタホン interphone, intercom 局線接続を目的としない構内専用の通話設備。親

子式，相互式，複合式などがある。

インタレース表示 ——ひょうじ interlace scan　テレビジョン信号などの画像走査で，1枚の画像を分割して走査する方式。飛越走査ともいい，アナログテレビジョン放送で採用している。2回の走査を組み合わせて全体を構成する場合はインタレース比2：1の飛越走査といい，2回目の走査は前の走査線の間を走査する。分割して走査するため走査速度を上げないで伝送でき，周波数帯域幅を広げないで送れる。
⇨プログレス表示

インタロック interlock　前段の制御条件が整わない場合に，次段の制御の遂行を禁止すること。機械的インタロック及び電気的インタロックがある。電気的インタロックでは，前段の制御条件が成立したときに，インタロック用のリレーを励磁し，その接点を次段の制御条件に直列に挿入して回路を構成する。

インチング inching　＝寸動

インディシャル応答 ——おうとう indicial response　→ステップ応答

インテリアゾーン interior zone　外壁からの熱的影響を受けない室内領域。内部ゾーンともいう。一般に外壁から3〜6m以上離れた内側で，インテリアゾーンの熱負荷は主に照明器具，人体，OA機器などの発熱によるものである。　⇨ペリメータゾーン

イントラネット intranet　通信プロトコルTCP/IPをはじめとするインターネット標準の技術を用いて構築された企業内ネットワーク。イントラネット上には電子メールや電子掲示板，スケジュール管理などの基本的なものから，業務情報データベースと連動したWebアプリケーションなどの大規模なものまで，様々な種類のサービスが目的に応じて導入できる。

インナコンセント inner outlet　電力，電話，データなどの取出口にプラグを取り付けた状態で，二重床内に収納できるようにしたコンセント。

インバータ inverter　直流を交流に変換する装置。逆変換装置ともいう。電力用半導体素子のスイッチング動作により周波数，電圧，位相が可変の交流波形を得る。安定化電源として使用される無停電電源装置，電動機の可変速駆動，太陽光発電装置，放電灯用安定器などに用いる。

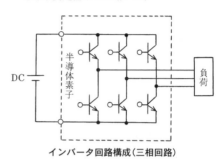

インバータ回路構成（三相回路）

インバータ式安定器 ——しきあんていき inverter ballast　＝電子安定器

インバータ始動 ——しどう inverter starting　インバータを用いた電圧/周波数一定制御による誘導電動機の滑らかな始動。

インバータ制御 ——せいぎょ inverter control　インバータを用いた三相誘導電動機の可変速制御。

インパルス impulse　過渡的に短時間出現する変化。電気設備では過渡的に出現する電流又は電圧で，衝撃電流又は衝撃電圧ともいう。

インパルス応答 ——おうとう impulse response　ある系に過渡的な電流又は電圧を入力信号として加えたとき，出力に現れる応答。インパルス応答を測定することで系の伝達関数を求めることができる。

インパルス耐電圧 ——たいでんあつ impulse withstand voltage　規定試験条件の下で，電気機器などが絶縁破壊を起こさない規定の波形及び極性をもつインパルス電圧の波高値の最大値。

インパルス電圧 ——でんあつ impulse voltage　急激に最高値まで上昇し，それより緩やかに降下する過渡的に短時間出現する電圧。衝撃電圧ともいう。最高値に至るまでの時間が数μs程度のものを雷イン

パルス電圧，数十μs～数msのものを開閉インパルス電圧という。インパルス電圧波形の特定には，図のように規約波頭長 T_1 (μs) 及び規約波尾長 T_2 (μs) によって，$\pm(T_1 \times T_2)$ μs として表す。雷インパルス電圧試験に用いる標準雷インパルス電圧波形は±(1.2×50) μs，開閉インパルス電圧試験に用いる標準開閉インパルス電圧波形は±(250×2 500) μs とそれぞれ規定している。また，インパルス電流試験に用いる標準インパルス電流波形には，±(8×20) μs 及び±(4×10) μs を用いることを規定している。

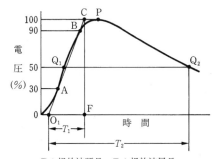

T_1：規約波頭長 T_2：規約波尾長
O_1：規約原点 P：波高点 CF：波高値
雷インパルス電圧波形

インピーダンス impedance 交流回路における電圧と電流との比。単位は，オーム(Ω)。インピーダンスはフェーザ量である。抵抗 R，自己インダクタンス L 及び静電容量 C の直列回路のインピーダンス $\dot{Z}$ は，次式となる。

$$\dot{Z} = R + j\left(\omega L - \frac{1}{\omega C}\right)$$

このとき，インピーダンスの絶対値 $|Z|$ は次式となる。

$$|Z| = \sqrt{R^2 + \left(\omega L - \frac{1}{\omega C}\right)^2}$$

インピーダンスの位相角 θ は，次式となる。

$$\theta = \tan^{-1}\frac{\omega L - \frac{1}{\omega C}}{R}$$

インピーダンス図 ——ず impedance diagram 機器や電線の接続状態を抵抗やリアクタンスに置き換えて表した図。インピーダンスダイヤグラム又はインピーダンスマップともいう。短絡電流や電圧変動率の計算に用いるもので，パーセントインピーダンス又はパーユニットインピーダンスを用い，電源となる箇所をインピーダンスが0の母線（無限大母線という。）に接続して表す。

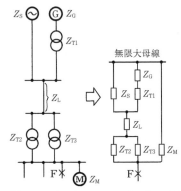

系統のインピーダンス　インピーダンス図

インピーダンス整合 ——せいごう impedance matching 増幅器の出力インピーダンスと負荷の入力インピーダンスを等しくすること。この条件のときに増幅器の出力が最大となる。

インピーダンス電圧 ——でんあつ impedance voltage ＝短絡インピーダンス

インピーダンスマップ impedance diagram ＝インピーダンス図

インフラストラクチャ infrastructure 社会的経済基盤や生産基盤を形成する施設，設備などの社会資本。道路，トンネル，港湾，河川，鉄道，電気，ガス，情報通信，上下水道，学校，病院，公園などがある。これらの施設の整備状況により，国や地方自治体の成熟度が表される。社会基盤とも訳し，インフラと略称することがある。

隠蔽配線 いんぺいはいせん concealed wiring コンクリートスラブ内，天井ふところ，二重床，壁内など，建築物の造営材内部又は造営材で囲まれた空所に施設す

隠蔽場所 いんぺいばしょ concealed space 建築物の造営材内部又は造営材で囲まれた空所。点検できる隠蔽場所は，点検口がある天井裏，戸棚又は押入れのような場所で，点検できない隠蔽場所は，点検口がない天井ふところ，床下，壁内，コンクリート床内，地中のような場所をいう。

インレット inlet →アウトレット

ウ

ウイスカ whisker 針状に成長した微小な金属単結晶又は無機物の化合物結晶。ひげ結晶ともいい，その結晶構造は内部欠陥の非常に少ない繊維状の単結晶である。通常，直径数 μm 程度，長さ数十〜数百 μm 程度。金属の単結晶は金属めっきの表面で成長し，亜鉛，すずなどでは発生部位から室内に飛散し，精密電子機器に障害を与えるので，環境条件等の配慮が必要である。無機化合物の結晶はセラミックスの繊維強化部材として用いる。

ウーハ woofer スピーカユニットの1つで低音域専用のスピーカ。ウーハとは犬のうなり声の意。⇨スコーカ，ツイータ

ウェーバー-フェヒナーの法則 ——ほうそく Weber-Fechner's law 人間の感覚量は刺激量の対数に比例するという法則。音の強さや音圧を表すのに物理量の対数比であるデシベルを用いるのはこのためである。

植込みボルト うえこ—— stud, stud bolt ＝スタッドボルト

ウェザキャップ weather cap ＝エントランスキャップ

Web ウェブ world wide web を縮めた表現。＝WWW（ワールドワイドウェブ）

ウェブアプリケーションプログラム Web application ploglam インターネット上で提供する複数の文書を相互に関連付け，参照先の情報に飛び越すハイパーテキストシステムを利用して構築したアプリケーションプログラム。ワープロソフト，表計算ソフト，画像編集ソフト，ゲーム，電子メールソフト，オンラインショップ，オンライントレード，ウェブブラウザでアクセスする企業の業務ソフトなどのアプリケーションプログラムがある。ウエブサーバ上で動作し，利用者は必要に応じてウエブブラウザや専用のクライアントソフトなどを用いてアクセスし，必要な処理の指示や結果の転送を行う。

ウェブカメラ Web camera インターネットなどを使用して，画像を伝送できるビデオカメラ。ネットワークカメラともいう。住宅，事務所，その他の建築物からのパノラマ風景の提供や，交通，天気，火山の観測などにも使用している。リアルタイムに画像転送の可能な USB, IEEE 1394 コネクタなどのインタフェースをもったカメラを指す。また，ネットワークインタフェースをもち，ITV 設備などの監視カメラに有線や無線の LAN 機能を付けたものもウェブカメラの一形態である。

ウェンナーの四電極法 ——よんでんきょくほう Wenner's resistivity method 大地抵抗率 ρ を測定するための手法の1つ。図1のように C_1, P_1, P_2, C_2 の測定用電極を距離 a(m) を隔てて直線状に配置する。C_1, C_2 の極間に交流電流 I(A) を流し，P_1, P_2 極間に発生する電位差 E(V) を測定する。大地抵抗率が一様であれば，次式となる。

$$\rho = \frac{2\pi aE}{I} \quad (\Omega\cdot m)$$

しかし，大地には地層があるため，前式は見掛け上の大地抵抗率となる。こうした2層以上からなる大地に対し，測定用電極の距離 a を変えて，その結果を，ρ-a 曲線（図

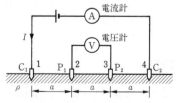

図1 ウェンナーの四電極法の原理図

2) に表す。従来は標準曲線を用いて地層の厚さや大地抵抗率を解析してきたが，近年はコンピュータによる自動解析法によっている。

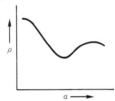

図2 ρ-a 曲線

ウォークイン機能 ──きのう walk in function 無停電電源装置(UPS)において，整流器の出力を徐々に上げていく機能。ソフトスタート機能ともいう。UPS が蓄電池運転状態（交流電源が停電時など）から交流運転（交流電源が復電時）に戻るとき，入力電源側の電圧変動を抑制するため，整流器の電圧を制御することにより徐々に直流運転から交流運転に切り換えるようにする。

ウォータハンマ water hammering ＝水撃作用

ウォールウォッシャ wall washer lighting 壁面を均一に照らすように，ランプ位置や反射板の形状を工夫した壁面演出用照明。壁面を光で洗い流すように均一に明るく照明することで，空間全般の明るさ感を高める効果を狙ったもので，もともとは天井の高い事務所ビルや公共施設のエントランスロビーなどに使用し，空間スケールを強調するために用いる。

受入検査 うけいれけんさ acceptance inspection 納入部品や納入製品などを受け入れる段階で，受入の可否を一定の基準で判定するための検査。納入時に機器及び装置が仕様条件を満たしていることを確認する。受入検査結果と外注先の試験結果とを比較し，確認する場合もある。

受渡検査 うけわたしけんさ shipping inspection 既に型式試験に合格し，品質が確認されているものと同じ設計及び製造に関わる製品の出荷や納入時に行われる検査。形式試験項目のうち必要と認められる試験項目について実施する。

薄形キュービクル うすがた── front maintenance type cubicle 受配電用の主機器，制御器具類を金属箱内に収めたキュービクルのうち，特に奥行寸法を600～900 mm 程度に抑えたもの。点検及び保守が前面側から可能で背面側の点検スペースが不要であり，電気室の壁面にキュービクルの背面を密着して設置できる。盤内機器を横方向に展開して配置するため盤幅寸法が広くなる傾向はあるが，電気室の壁面スペースを有効に活用できる。

薄鋼電線管 うすこうでんせんかん thin steel conduit 鋼製電線管のうち管の厚さが薄いもの。主に屋内の金属管工事に使用する。C管ともいう。呼び方は通常Cを省略して，19, 25, 31, 39, 51, 63 及び 75 があり，数字は管の外径の概数表示である。また，管の厚さは 1.6～2.0 mm である。

渦電流 うずでんりゅう eddy current 導体を貫く磁束の大きさや方向の変化に対し相反する起磁力を生じさせる同心円状に流れる電流。渦電流により鉄心などの磁性体に生じる抵抗損を渦電流損という。変圧器や電動機などでは渦電流損を軽減するためにけい素鋼板の積層鉄心を用いる。また，渦電流の発生が導体の運動を妨げるので制動装置に，渦電流損による発熱は誘導加熱に用いる。

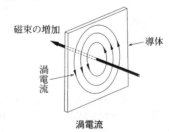

渦電流

渦電流損 うずでんりゅうそん eddy current loss →渦電流

渦巻ポンプ うずまき── centrifugal pump 羽根車（インペラ）の吐出側に直

接渦巻状のケーシングを設けたポンプ。ケーシングの形状がボリュート曲線を成していることからボリュートポンプともいう。

雨線外 うせんがい 建造物の屋外側面において、軒、ひさしなどの先端から鉛直に対して建造物の方向に45°の角度で下方に引いた線より外側の部分。通常の降雨状態において雨の掛かる部分を指す。

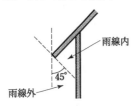

雨線内及び雨線外

雨線内 うせんない 建造物の屋外側面において、軒、ひさしなどの先端から鉛直に対して建造物の方向に45°の角度で下方に引いた線より内側の部分。通常の降雨状態において雨の掛からない部分を指す。

腕金 うでがね arm 架空配電線路において、電線、変圧器、開閉器などを電柱に取り付けるための鋼板製の支持材。がいし、ボルト、U字バンドなどを取り付けるための孔をあらかじめ開けてあり、長さ1.5 m、1.8 m及び2.7 mのものを用いる。電柱に取り付けた腕金が傾くのを防ぐためには、アームタイを用いる。

うなり beat 角速度(周波数)が僅かに異なる2つの波が干渉し、振動数の差の1/2の周期で振幅がゆっくりと変化する合成波を生ずる現象。2つの正弦波の振幅が同じで角速度が2αだけずれた波$\sin(\omega-\alpha)t$と$\sin(\omega+\alpha)t$ (tは時間) を合成すると、合成波は次式のようになる。

$$\sin(\omega-\alpha)t+\sin(\omega+\alpha)t$$
$$=(\sin \omega t \cos \alpha t - \cos \omega t \sin \alpha t)$$
$$+(\sin \omega t \cos \alpha t + \cos \omega t \sin \alpha t)$$
$$=(2\cos \alpha t)\cdot \sin \omega t$$

合成波は角速度ωの波で、2倍の振幅が角速度αで変動するような波形となる。

うなり周波数 ──しゅうはすう beat frequency 僅かに異なる周波数の2つの波の干渉で、周期的な波の強弱を繰り返す現象が生じるときの2つの波の周波数の差。電話のコール音はこの原理を利用したものである。2つの音が干渉して生じるうなりは、あたかもうなり周波数の音を聞いているように感じるが、実際に聞こえているのは元の2つの音である。

うなり発振器 ──はっしんき beat frequency oscillator 周波数が僅かに異なる2つの正弦波を合成して、その周波数の差分を利用する発振器。無線機などで受信した波を復調するため、周波数変換した中間周波数を用いて搬送波の代わりとなる信号を発生し合成する回路に用いる。短波放送やアマチュア無線で簡易的に受信するために用いる。

埋込形照明器具 うめこみがたしょうめいきぐ recessed luminaire 建築物にその全部又は一部を埋め込む照明器具。器具の下面が開放のもの、及び器具の下面にルーバ、又はカバーを取り付けたものがある。

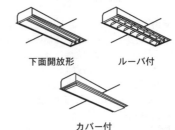

下面開放形　　　　ルーバ付

カバー付

埋込用ボックス うめこみよう── concealed box 金属管工事、合成樹脂管工事などで、直接コンクリートを打設し、そこに埋め込んで用いるボックス。配管工事において、照明器具、コンセント、スイッチなどの取付位置及び配管の分岐位置に設ける。金属製又は合成樹脂製で、スイッチボックス、アウトレットボックス、四角コンクリートボックス及び八角コンクリートボックスがある。

うるう秒 ──びょう leap second 天体の運動による時刻の世界時と原子時計の刻む協定世界時との誤差を少なくするように協定世界時を調整する時間。誤差が0.9秒

を超えないように協定世界時に1秒を加え又は除く操作を行う。1972年7月から2009年1月までに24回実施したが，いずれも1秒を加える操作であった。これは天体の運動が減速していることになる。

運転待機方式 うんてんたいきほうしき operation stand-by system 常時は商用電力を負荷に給電し，瞬時電圧低下や停電時のみインバータから給電する方式。このためインバータは常時無負荷で待機運転している。運転待機方式は無停電電源装置（UPS）の一種であるが，これをSPS（stand-by power supply system）と呼び，UPSと区別することもある。

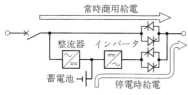

運転待機方式

運転表示灯 うんてんひょうじとう pilot lamp 電路の開閉状態，機器の運転状態を光で表示するもの。光源には，電圧（交流/直流）5～30V，出力1～2W程度の白熱電球，発光ダイオード又はネオンランプを用いる。一般的には運転中は赤，停止中は緑を用いる。

運転ボタン うんてん―― start button switch 機器を始動するために用いるボタン形のスイッチ。

運用コスト うんよう―― running cost ＝ランニングコスト

エ

エアフローウィンド air flow window 二重に設けた窓の間に室内の空気を通過させて，夏は室外に排出し，冬は空調機へ戻すことで窓からの外部熱負荷を軽減する機能を持つ窓。二重窓の間に設けた電動ブラインドを自動制御して，直射日光による冷房負荷を軽減し，室内側の窓が室内温度に近づくことで，窓面からの熱放射を制限できる。

エアキューブ搬送設備 ――はんそうせつび air transport cube 走行レールに取り付けたチューブが圧縮空気の空気圧で膨らむ力を利用して台車を移動する搬送装置。駆動源が圧縮空気のため台車には駆動モータが不要で，病院などの薬品，検体，カルテ，フィルムなど繊細な物品の搬送に用いる。

エアバリア air barrier 建物の窓際部分の室内側ガラス面下部から室内空気を吹き出し，窓面上部からこれを吸い込むことで空気の流れを作り，外部からの熱の影響を緩和する方式。熱の出入りが大きい窓ガラスを全面に使うビルでは空調負荷が大きくなるので，その対策として用いる。窓ガラスに沿って空気の層ができるので，断熱効果があり夏の直射日光や放射熱，冬の外気温，結露などに対応できる。

永久磁石電動機 えいきゅうじしゃくでんどうき direct-current permanent-magnetic motor 界磁巻線の代わりに永久磁石を用いた直流電動機。分巻電動機と同じ特性をもち，始動時及び運転時における回転数によるトルク変化が少ないためトルク変動が少ない負荷の駆動に適する。

永久磁石同期電動機 えいきゅうじしゃくどうきでんどうき permanent magnet synchronous motor けい素鋼板などで作る回転子の内部に磁石を埋め込み，広い速度領域で，省エネルギー，高トルク，高効率運転が可能な，回転界磁形式の同期電動機。磁石を回転子表面に取付けるSPMモータ及び回転子内部に埋め込むIPMモータがある。ブラシ，スリップリングがなく保守性がよい。

衛生管理者 えいせいかんりしゃ health officer 事業所での衛生に係る技術的事項を管理する者。常時50人以上の労働者を使用する事業場ごとに衛生管理者免状，労働安全衛生コンサルタント免状などを有する者のうちから，事業場の業務の区分に応じて選任され，労働者の健康障害を防止するための作業環境管理，健康管理，労働衛生教育の実施などを行う。衛生管理者免状には第1種衛生管理者及び第2種衛生管理

者の2種類がある。第2種衛生管理者は有害業務と関連の薄い情報通信，金融業，保険業，小売業などの事業場においてのみ，衛生管理者となることができる。第1種衛生管理者はすべての業種の事業場において衛生管理者となることができる。労働安全衛生法。

衛星通信　えいせいつうしん　satelite communication　静止衛星を中継器として利用する地球上間の通信。長距離伝送ができるため他の通信手段に比べ安定で高品質な通信ができる，地上の各地点からの多元接続ができる，車載局の使用によって機動力の必要な中継などの需要に対応することができるなどの特長がある。

衛星測位システム　えいせいそくい──global positioning system, navigation satellite system, GPS　複数の人工衛星を用い，位置情報を地上に向けて電波送信し，受信機により地点や進路などを測るシステム。GPSともいう。カーナビゲーション，船舶や航空機の航法支援などに利用する。一地点の測位には，測定用の3機と時間的誤差を修正する1機の可視衛星が必要で，全地球規模の測位を行うために，24機以上の航法衛星を地上2万キロほどの6つの軌道に各4機以上を配置している。

衛星放送　えいせいほうそう　satelite broadcasting　赤道上35 800 kmの静止軌道に打ち上げた衛星によって行う放送。地上テレビ放送と比較して，1つの衛星で日本全国をカバーできる，帯域が広いので伝送できる情報量が多い，電波の到来角度が約30°～60°と高仰角なので建造物の遮蔽障害を受けにくい，受信アンテナの指向性が鋭いので反射波によるゴースト障害が少ないなどの特長がある。一方，降雨による減衰が大きい，豪雨では画質劣化を生じる。日本ではBS放送とCS放送とがある。

AI種工事担任者　エーアイしゅこうじたんにんしゃ　AI installation technician　→工事担任者

ASP　エーエスピー　application service provider　インターネットを介して，ビジネス用アプリケーションソフトを顧客にレンタルする通信事業者。利用者は契約後Webブラウザなどを通じて，ASPの保有サーバの保管アプリケーションソフトを利用する。個々のパーソナルコンピュータにアプリケーションソフトを入れておく必要がなくなるので，サービスの利用者は情報システムの管理費用の削減やソフトウエアの購入費用が軽減できる。

AM放送　エーエムほうそう　amplitude modulation broadcasting　周波数が一定で，電波の振幅が信号の強弱で変化する振幅変調方式を用いた放送。雑音の影響を受けやすいので，音質はFM放送に劣る。

ALCパネル　エーエルシー──autoclaved light-weight concrete panel　＝軽量気泡コンクリートパネル

ALU　エーエルユー　arithmetic logic unit　＝数理演算論理装置

A型接地極　エーがたせっちきょく　A type earth electrode　外部雷保護システムで，放射状接地極，垂直接地極又は板状接地極からなる接地極。

ACアダプタ　エーシー──AC adaptor　変圧回路，整流回路，安定化回路などで構成した電子機器用の外部電源装置。携帯電話，携帯音楽プレーヤ，ゲーム機，ノートパソコンなどの電源に用いる。AC/DCアダプタが多いが，電圧変換を目的としたAC/ACアダプタもある。

ACB　エーシービー　air circuit breaker　＝気中遮断器

A種鋼管柱　エーしゅこうかんちゅう　A grade steel pipe pole　全長が16 m以下で設計荷重が6.87 kN以下のものを所定の根入れ方法で施設した鋼管を柱体とする鉄柱。

A種鋼板組立柱　エーしゅこうはんくみたてちゅう　A grade steel plate assemble pole　全長が16 m以下で設計荷重が6.87 kN以下のものを所定の根入れ方法で施設した鋼板組立柱。

A種接地工事　エーしゅせっちこうじ　A class earthing　高圧又は特別高圧の機械器具の鉄台，金属製外箱，金属管などに施

す接地工事。接地抵抗値は 10 Ω 以下とし，接地線は引張強さ 1.04 kN 以上の金属線又は直径 2.6 mm 以上の軟銅線とする。

A 種鉄筋コンクリート柱　エーしゅてっきん──ちゅう　A grade reinforced concrete pole　全長が 20 m 以下で設計荷重が 14.7 kN 以下のものを所定の根入れ方法で施設した鉄筋コンクリート柱。

A 種ヒューズ　エーしゅ──　type A fuse　定格電流の 1.1 倍の電流で溶断せず，1.35 倍で所定の時間内に溶断する配線用ヒューズ。配線用遮断器に近い特性である。我が国では現在製作されていない。米国ではほとんど A 種ヒューズである。

a 接点　エーせってん　make contact　すべてのエネルギー源を切り離したとき開路している接点。動作時は閉路となる。常時開路接点又は NO 接点ともいう。

ADSL　エーディーエスエル　asymmetric digital subscriber line　既設の対よりケーブルの電話回線を利用し，高速データ通信を可能にする通信手段。非対称デジタル加入者回線の 1 つである。音声伝送用や ISDN よりも高い周波数を利用することによって，高速データ通信を実現している。電話局から端末向けの下りと端末から電話局向けの上りとでは，通信速度が異なり，非対称となる。下りが 8 Mbps，上りが 1.5 Mbps などがある。

ATSC 規格　エーティーエスシーきかく　Advanced Television Systems Committee standards　アメリカで開発した地上波デジタルテレビ放送の標準規格。高度テレビジョンシステムズ委員会ともいう。映像の圧縮方式は MPEG-2，音声圧縮方式は AC-3（ドルビーサラウンド）方式，放送波は 6 MHz の周波数帯域を使用し，米国をはじめカナダやメキシコ，韓国などが採用している。日本では NHK が開発した ISDB-T を採用している。

ATM　エーティーエム　asynchronous transfer mode　＝非同期転送モード

A/D 変換器　エーディーへんかんき　analogue-digital converter　アナログ信号を

デジタル信号に変換する装置。電流，電圧など物理量の形で表されるアナログ信号をコンピュータなどの装置に入力する場合には，0 と 1 の 2 つの値からなる不連続な電気信号の組合せにより処理されるデジタル信号への変換が必要となる。アナログ信号を標本化し，量子化し，符号化するという過程を経て，デジタル信号として出力する。

ABB　エービービー　airblast circuit breaker　→遮断器

AVR　エーブイアール　automatic voltage regulator　＝自動電圧調整器

AV システム　エーブイ──　audio visual system　音響設備及び映像設備が複合的に構成されたシステム。

液化石油ガス　えきかせきゆ──　liquefied petroleum gas, LPG　プロパン，ブタン，プロピレンなどを主成分とする可燃性炭化水素ガスを常温で加圧液化したもの。LP ガス又はプロパンガスともいう。油田，天然ガス田，製油施設などの副生ガスから不純物を取り除き，液化したもので，可燃性に優れ，無味無臭で比重が空気より重く，ガスが漏れると爆発が起きやすく危険なので，ガス漏れを検知しやすくするためメルカプタンなどでにおいをつけて最終消費者に供給している。貯蔵又は輸送には，常温で耐圧容器を用いる加圧式と大気圧で低温（−42℃ 以下）にする冷凍式とがあり，一般に小容量では加圧式，大容量では冷凍式が適している。

液化天然ガス　えきかてんねん──　liquefied natural gas, LNG　メタンを主成分とする天然の可燃性炭化水素ガスを冷却液化したもの。都市ガス，工業用原料などに用いる。天然ガスを産地で −162℃ 以下に冷却液化し，消費地で気化して用いる。揮発性が高く常温では急速に蒸発し，空気より軽いので大気中に拡散するため，液化石油ガスよりは安全性が高い。

液晶　えきしょう　liquid crystal　電気的に永久双極子モーメントをもち，常温近辺（−20〜+80℃）で緩やかな結晶構造である液状分子。電圧を加えると，電界方向に分子

の向きがそろう性質をもつ。

液状化現象　えきじょうかげんしょう　liquefaction　飽和状態に近く水を含んだ地盤が，地震の振動で一時的に泥地化する現象。海岸近くの埋立地など軟弱な砂地盤などに多く起きる。電気設備では，キュービクル基礎，マンホール，電柱などの傾倒，沈下などの被害を受けることがある。

液晶ディスプレイ　えきしょう――　liquid crystal display，LCD　＝液晶表示器

液晶表示器　えきしょうひょうじき　liquid crystal display，LCD　電圧を印加すると分子の配列が変化する液晶の性質を利用した表示装置。液晶ディスプレイ，内照式液晶表示器又は透過形液晶表示器ともいう。液晶物質を2枚の透明電極で挟み，電極間に電圧を印加すると液晶物質が向きを変え，発光ダイオード，冷陰極放電ランプなどのバックライトからの透過光の偏光方向を変化させ，光の透過及び非透過を制御する。一般には，非常に細分化された領域ごとに制御を行い文字や画像を表示する。薄形化が容易で，消費電力が少ないため，ノート形パーソナルコンピュータ，テレビジョン受像機などに用いる。

液晶プロジェクタ　えきしょう――　liquid crystal display projector，LCD projector　液晶（LCD）パネルにメタルハライドランプの光を透過させ，スクリーン上に映像を投影する装置。透過形液晶プロジェクタともいう。透過形液晶を用い，メタルハライドランプの偏光させた光を透過させ，画素ごとに光の透過量の制御を行い映像を表示する。メタルハライドランプが小形であること，投影する平面を選ばないことなどから，他の映写システムよりも小形で持ち運びに適している。良好な画質を得るために，投影面が無地の白又は灰色の表面のスクリーンを用いる。　⇒LCOSプロジェクタ

エキスパンションジョイント　expansion joint　〔1〕長大な又は不整形な建造物の温度変化による伸縮，不同沈下，地震時の震動性状の違いなどを吸収する目的で構造体を切り離し，その間に設ける接続部。また，その部分に設ける変位追従性をもった金物。〔2〕構造体間の微振動や固体伝搬音の伝搬を抑止する目的で，それら相互間に設ける接続部。〔3〕建造物のエキスパンションジョイント部を通過する配管，配線に行う変位追従可能な措置。電線ケーブルは余長を設け，配管は可とう管を用いかつ余長を採ることなどを行う。なお，建築物への地中配線の引込部及び地中管路の途中に行う不同沈下，地震時の変位などに対する損傷防止のための措置及びこれに使用する伸縮管材を指すこともある。

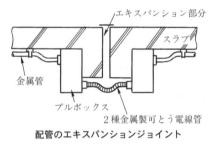

配管のエキスパンションジョイント

液面制御　えきめんせいぎょ　liquid level control　液体容器内の液面を一定の範囲に制御すること。電極棒，電極帯，フロート，レベルスイッチ，定水位弁などを使用する。対象が水の場合は水位制御という。

液面制御継電器　えきめんせいぎょけいでんき　liquid-level relay　容器内の液面の上昇や下降を検出して液体の供給，排出の制御又は警報に用いる継電器。

液面電極棒　えきめんでんきょくぼう　liquid level electrode stick　液体の中に電流を流して液面の上昇下降を検出するための導電性のある電極棒。電動ポンプで高置水槽へ揚水するための自動給水システムなどで，フロートレス液面スイッチの液面検出用として使用する。液体中に設置した2本の電極棒間の導通状態により給水ポンプをオンオフし，導通状態では運転停止，非導通状態では運転（給水）することにより自動給水運転が可能となるが，一般には液面の波立ちにより制御リレーにチャタリングが生じるため，液面の上限及び下限を検出

する3本の電極棒により制御する。

EX-OR　エクスクルーシブオア　exclusive disjunction　＝排他的論理和

エクスターナルエルボ　external elbow　→エルボ

エコーマシン　reverberator　＝残響付加装置

エコ電線　──でんせん　eco-material cable　絶縁体及び外装材に塩素などのハロゲンを含まない耐燃性ポリエチレンを用い，焼却時にダイオキシン，塩化水素などの有害物質を発生させず，難燃化，低発煙性などの性能も向上させた電線。エコマテリアルケーブル，又はEMケーブルともいう。環境に配慮した電線として1998年に日本電線工業会規格で定めた。エコとは，ecology（生態学）の略称で，環境負荷の低減を意図している。

エコノマイザ　economizer　＝給水予熱器

エコマテリアル　environmental concious materials, eco-material　製造時のエネルギーが少なく，二酸化炭素などの排出量が少ない，リサイクルが容易，寿命が長い，自然分解するなどの機能を備えた環境への悪影響が少ない材料の総称。

エコマテリアルケーブル　eco-material cable　＝エコ電線

エコロジー　ecology　環境破壊や資源枯渇の問題に対し，環境保護や自然との調和を重視する考え方を反映した社会的・経済的な思想や行動を指す言葉。本来は，環境と生物との相互関係を研究対象とする生態学を意味する。

エコワッシャ　eco-washer　空気調和機の内部に設ける水槽内の水をポンプで循環させて噴霧ノズルで通過する空気に噴霧する装置。噴霧水は，冷水あるいは温水を用いることができるため，空気の加熱又は冷却及び加湿ができる。

エサキダイオード　Esaki diode　＝トンネルダイオード

江崎ダイオード　えさき──　Esaki diode　＝トンネルダイオード

エジソン口金　──くちがね　Edison base　＝ねじ込口金

エジソンソケット　Edison socket　ねじ込み構造の口金用受口。ダウンライトやスタンドなどの白熱灯で用いる口金表記の「E11」や「E26」などは，ねじの直径をミリサイズで表す数字で，ランプを発明したトーマス・エジソンのエジソンベース（Edison screw）から名付けている。　⇨ランプソケット，エジソンベース

エジソンベース　Edison screw　＝エジソンソケット

エジソン電池　──でんち　Edison battery　電解液にアルカリ溶液を用い，正極に水酸化ニッケル，負極に鉄を用いたアルカリ蓄電池。鉛蓄電池に替わって電気自動車用に使用するため，長時間使用を目的として，1901年にアメリカのエジソンとスウェーデンのユングナーがほとんど同時に発明したが，エジソンが特許を申請し実用化したため，この名がある。

SRC構造　エスアールシーこうぞう　SRC structure　＝鉄骨鉄筋コンクリート構造

SI　エスアイ　System Integration　＝システムインテグレーション

SIS素子　エスアイエスそし　superconductor insulator, superconductor element　2つの超伝導体で薄い絶縁体を挟んだ構造を持ち，超伝導体間のトンネル結合を利用した素子。宇宙からのミリ波，サブミリ波の微弱電波を観測するサブミリ波望遠鏡で収集した電波を数GHz程度の低い周波数に変換するヘテロダイン受信機ミキサに用いる。150GHzにピークを持つ宇宙背景放射（CMB）はミリ波帯にあり，150〜800GHzの幅広い周波数範囲を単一技術で検出できる。

SIサイリスタ　エスアイ──　static induction thyristor　＝静電誘導サイリスタ

SI単位　エスアイたんい　SI units　＝国際単位系

SIT　エスアイティー　static induction transistor　＝静電誘導トランジスタ

SIPサーバ　エスアイピー──　session initiation protocol server　電話サービス機能

を実現するため OSI 基本参照モデルの第 7 層（アプリケーション層）のプロトコルを利用して，電話番号を IP アドレスと対応付け，相手を呼び出し接続するサーバ。IP 電話サービスなどで利用される。SIP サーバには，汎用サーバに実装するソフトウエアタイプと SIP サーバソフトを搭載したハードウエアごとに提供するタイプとがある。

SELV システム　エスイーエルブイ── safety extra-low voltage system　正常状態で，さらに，他の回路の地絡故障を含む単一故障状態で，特別低電圧を超える電圧を発生しない電気方式。SELV システムの要件は，公称電圧が特別低電圧以下，絶縁変圧器を介した非接地回路，他の回路から二重絶縁などで分離，露出導電性部分を接地線へ故意に接続しない，交流 25 V 又は直流 60 V を超える充電部は 500 V 1 分間に耐える絶縁を施すなどである。

SHF　エスエッチエフ　super high frequency　＝センチメートル波

SSL　エスエスエル　secure sockets layer OSI 基本参照モデルの第 4 層であるトランスポート層で，TCP/IP 通信のセキュリティを確保するためのプロトコル。送信先の Web サーバが本物であることを認証し，利用者がデータを送信する前に暗号化を行うことによって，第三者にデータを盗聴される危険を防いでいる。この方式はセキュリティが高い通信手段ではあるが，暗号化された内容を第三者が絶対に解読できないというわけではない。

SNMP　エスエヌエムピー　simple network management protocol　ルータ，ハブなどのコンピュータネットワークを構成する機器がもつネットワーク管理情報をやり取りするためのプロトコル。各ネットワーク機器の製造業者名やインタフェースの動作状態，IP パケットの受信数などの管理情報を読み出すことにより，管理対象の状態の確認又は設定の管理及び変更をすることができる。

SN 比　エスエヌひ　signal-to-noise ratio

信号対雑音比で，信号の値 S と雑音の値 N との比をデシベルで表した値。S/N とも表す。

$$\text{SN 比} = 10\log_{10}\frac{S}{N} \quad (\text{dB})$$

SFD　エスエフディー　smoke and fire damper　＝防煙防火ダンパ

SMES　エスエムイーエス，スメス　superconducting magnetic energy storage equipment　＝超伝導電力貯蔵装置

SMC　エスエムシー　sheet molding compound　低収縮剤などを混ぜた不飽和ポリエステル樹脂を塗布したフィルム上に，ガラス繊維や硬化開始剤などを含んだ不飽和ポリエステルを塗布して，もう 1 枚のフィルムでサンドイッチ状に挟んだ FRP（繊維強化プラスチック）系のシート。SMC を金型によって加熱しながら圧縮成形し，成形品を得る。浴槽や自動車部品などに使用する。

SMTP　エスエムティーピー　simple mail transfer protocol　インターネット上でメールを送受信するためのプロトコル。メールサーバ同士がメールを転送するとき，又はメール利用者がメールサーバへの送信時に用いる。メール利用者のメール受信に使う POP とセットで用いる。

SO$_x$　エスオーエックス　sulfur oxides　＝硫黄酸化物

SOFC　エスオーエフシー　solid oxide fuel cell　＝固体酸化物形燃料電池

S 形埋込形照明器具　エスがたうめこみがたしょうめいきぐ　S type recessed luminaire　白熱電球（ハロゲン電球を含む。），高輝度放電ランプ及び蛍光ランプを光源とする埋込形照明器具で，天井内面の断熱材・遮音材の施工に対して特別の配慮を必要とせずに施設することができるもの。S 形ダウンライトともいう。S 形には S$_B$ 形及び S$_G$ 形があり，S$_B$ 形は施工時にブローイング工法（粒状の断熱材を吹き込む工法）及びマット敷き工法（ロール状，バット状の断熱材を敷き込む工法）に，S$_G$ 形はマット敷き工法に対応できるものである。

S形埋込形照明器具の施工法

施工法 種類	ブローイング工法	マット敷き工法
S_B形	○	○
S_G形	×	○

S形ダウンライト エスがた―― S type small recessed luminaire ＝S形埋込形照明器具

エスケープシーケンス escape sequence 電子計算機システムにおいて，プリンタやディスプレイに制御命令を送るための通常の文字列では表せない特殊な文字や機能を，規定した特別な文字列。狭義では制御コードのEscape（Esc）と制御文字を組み合わせて用いる。文字出力の制御では，位置，色，移動，消去などの操作や指示に用いる。

ESCO エスコ energy service company 省エネルギー改修のためのすべての費用（建設費，金利，ESCO事業者の経費）を，光熱水費の削減分などで賄う事業及び事業者。契約期間終了後の光熱水費の削減分はすべて顧客の利益になる。

S構造 エスこうぞう S structure ＝鉄骨構造

SCM エスシーエム supply chain management 製造業や流通業において，原材料及び部品の調達，製造，流通，販売などの，生産から最終顧客までの供給の流れの情報を関連する部門や企業間で共有し，管理する経営手法。

SD エスディー 〔1〕standard definition テレビジョン映像の標準的な解像度（標準画質，720×480画素）のこと。従来からのアナログ放送（ハイビジョンは除く。）や，BSデジタル，地上デジタルのSD放送などがこれに当たる。〔2〕smoke damper ＝防煙ダンパ

STB エスティービー set top box ＝セットトップボックス

STP エスティーピー 〔1〕shielded twisted pair cable ＝シールド対よりケーブル。〔2〕spanning tree protocol 情報通信ネットワーク線路の冗長化に伴いフレーム送信のループを防止するため，常時使用する経路を固定し障害発生時に経路を切り換えるためのプロトコル。障害発生時に経路の再計算を行うため，40～50秒程度の通信遮断がある。

SPS エスピーエス stand-by power supply system ＝運転待機方式

SPM モータ エスピーエム―― surface permanent magnet motor, SPM motor ＝表面磁石電動機

SB形より線 エスビーがた――せん smooth body type stranded-conductor ＝圧縮より線

SPD エスピーディー surge protection device ＝サージ保護装置

SVケーブル エスブイ―― VVRのこと。⇨ビニル絶縁ビニルシースケーブル

Sより エス―― lay of S type →より合わせの方向

X線CTスキャナ エックスせんシーティー―― X-ray computed tomography scanner 身体を横断する1平面に対し，種々の角度からX線を当て，それをコンピュータ処理により再構成し画像化するX線診断装置。

X線診断装置 エックスせんしんだんそうち X-ray inspection apparatus X線によって物体の透視を行う装置。建築設備では，配管の内部や断面をX線撮影し，残存肉厚やさびこぶの付着状況を観察するのに用いる。この方法により配管の被覆材を解体することなく調査することができる。

XYZ表色系 エックスワイゼットひょうしょくけい CIE 1931 standard colorimetric system 3色の加法混色で色を表示する体系。国際照明委員会（CIE）で定めた表色系の統一基準である。RGB表色系ともいう。色を定量的に表示するためにX（赤），Y（緑）及びZ（青）の3色を変数として

加法混色で1つの色を色度図で表す。

HIDランプ　エッチアイディー——　high intensity discharge lamp, HID lamp　＝高輝度放電ランプ

HIV　エッチアイブイ　＝2種ビニル絶縁電線

HEV　エッチイーブイ　hybrid electric vehicle　＝ハイブリッド電気自動車

HF　エッチエフ　high frequency　＝短波

Hf蛍光ランプ　エッチエフけいこう——　high-frequency fluorescent lamp　高周波電子安定器で点灯したときに、高効率になるように設計した蛍光ランプ。専用の高周波点灯回路又は装置とだけ組み合わせて点灯する熱陰極形蛍光ランプは高周波点灯専用形蛍光ランプともいう。

HHV　エッチエッチブイ　higher heating value　＝高位発熱量

HTML　エッチティーエムエル　hypertext markup language　Webページを作成するために使われる記述言語。画像、音声、動画などを含んだ文書を扱うこともできる。HTMLファイルは、テキストファイルでタグと呼ばれる予約語を用いて文書の構造やデザイン、レイアウト、他の文書へのリンクなどの情報を記述している。

HDLC　エッチディーエルシー　high-level data link control procedure　OSI基本参照モデル第2層（データリンク層）において、符号の制限をなくし任意のビットパターンを送信することができ、CRCによる厳密な誤り検出が可能で、全二重通信が可能などの特徴を有するデータ伝送の制御手順。

HTTP　エッチティーティーピー　hypertext transfer protocol　WWWでHTMLファイルや画像ファイルなどのデータを転送するときに用いるプロトコル。インターネットの標準プロトコルであるTCP/IP上で動作する。

HDTV　エッチディーティーブイ　high definition television　走査線及び画素数の増加によって、画質及び視覚心理効果の大幅な改善を図った高精細度テレビジョン。我が国ではハイビジョンという名称で呼ぶ。

NTSC方式に比べて走査線は2倍の1 125本、画面は縦横比が9：16でワイド化し、高画質化している。

HPF　エッチピーエフ　high pass filter　＝高域フィルタ

HUD　エッチユーディー　head-up display　＝ヘッドアップ表示装置

越流　えつりゅう　inrush current　白熱球を点灯した際、瞬時に流れる定常電流より大きな電流。点灯状態のフィラメントの温度は2 800 K程度であるが、投入時は周囲温度に近く、フィラメントの抵抗が点灯時の1/13～1/16程度と非常に小さいため、大きな過渡電流が流れる。配線用遮断器の規格に越流試験がある。

エディタ　editor　①電子計算機で、データを編集・加工し、ファイルなどに保存するためのアプリケーションソフト。②書籍の出版などを行う編集者。③映画フィルムの編集をする人。

エナメル絹布単巻きニス塗り線　——けんぷたん——ぬ——せん　enamel single silk varnish wire　軟銅線にエナメル絹布を巻き付けワニス塗装した電線。電気機器のコイルなどに用いる。

エナメル線　——せん　enamel varnish wire　軟銅線に絶縁用樹脂塗料を塗布した電線。古くはエナメルを塗装焼き付けしたが現在はポリウレタンなどを使用している。モータや変圧器などの巻線に用いる。

NICU　エヌアイシーユー　neonatal intensive care unit　→集中治療室

NR曲線　エヌアールきょくせん　noise rating curves　国際標準化機構（ISO）で規定する暗騒音などの広帯域の騒音をオクターブ分析し、騒音を評価する目的で表した評価曲線。周波数範囲を中心周波数で31.5～8 000 Hzとし、NC曲線に比べて勾配がやや急な周波数特性である。NC曲線をもとにISOで新たに規格化した。

NR数　エヌアールすう　noise rating number　暗騒音などの広帯域の騒音に対する評価基準。N数ともいう。対象騒音のオクターブ帯域ごとの音圧レベルをNR曲線上

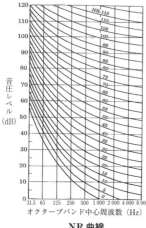

NR 曲線

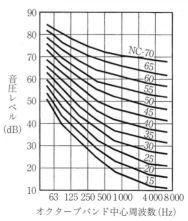

NC 曲線

にプロットし，すべて又はある帯域で最大となる NR 曲線をもって評価指数（NR 数）とする．

NOx　エヌオーエックス　nitrogen oxides ＝窒素酸化物

n 形半導体　エヌがたはんどうたい　n-type semiconductor　最外殻電子の数が 4 の真性半導体に最外殻電子が 4 より大きい不純物を添加して電子をキャリアにした不純物半導体．半導体がシリコンの場合，りん又はひ素を添加して作る．

NC　エヌシー　numerical control　＝数値制御

NC 曲線　エヌシーきょくせん　noise criteria curves　暗騒音などの広帯域の騒音をオクターブ分析し，騒音を評価する目的で表した評価曲線．

NC 値　エヌシーち　noise criteria number　暗騒音などの広帯域の騒音に対する評価基準．対象騒音のオクターブ帯域ごとの音圧レベルを NC 曲線上にプロットし，すべての帯域で，ある NC 曲線を下回るとき，その NC 曲線値をもって評価値（NC 値）とする．

NCU　エヌシーユー　network control unit　電話交換機の起動，復旧，選択信号の送出，呼出信号の検出，ループ保持など通信ネットワークの接続制御の機能をもつ装置．網制御装置ともいう．公衆通信網上でデータ通信を行うときに用いる．多くのパソコン通信用モデムは NCU を内蔵しており，パーソナルコンピュータから自動発信及び自動受信ができる．

N システム　エヌ——　car numberplate auto reading system　＝自動車ナンバ自動読取装置

N 値　エヌち　N-value　地盤の固さを表す指標となる数値．標準貫入試験で地盤にサンプラを 30 cm 貫入させるのに要する試験用ハンマの打撃回数で表す．

NTSC　エヌティーエスシー　National Television System Committee　米国の国家テレビジョン標準化委員会及び同委員会が制定したアナログテレビジョン方式の規格．日本，台湾，韓国，中南米諸国で採用されている．NTSC 規格の画像は総走査線数 525 本で表示しているが，ヨーロッパや中東，ASEAN 諸国の大部分で採用している PAL 規格は 625 本の走査線で表示している．

エネルギー管理　——かんり　energy management　工場やビルなどで使用する電力や燃料を効率的に使用するために，管理すること．最近では地球温暖化防止の観点から環境問題に向けて省エネルギー対策のためエネルギー管理はますます重要となって

いる。エネルギーの年度使用量が一定規模以上の事業所では、エネルギー管理士がエネルギーを消費する設備の維持、エネルギーの使用方法の改善及び監視並びにエネルギー管理の業務を行うことを義務付けている。

エネルギー管理士────かんりし qualified person for energy management　エネルギーの使用の合理化に関する法律（省エネルギー法）に基づき、エネルギー指定管理工場において燃料や電気などを効率的に使用することを監督及び指導する者。経済産業大臣が行うエネルギー管理士試験に合格するか又は認定研修を修了することで資格を取得できる。

エネルギー消費係数────しょうひけいすう coefficient of energy consumption, CEC　建築設備の省エネルギー性能を評価する指標。設備に係るエネルギーの効率的利用を示す判断基準であり、年間エネルギー消費量を年間仮想消費エネルギー量で除したものである。各設備に対する記号は、空気調和設備は CEC/AC、機械換気設備は CEC/V、照明設備は CEC/L、給湯設備は CEC/HW 及び昇降機は CEC/EV を用いる。

エネルギー保存の法則────ほぞん―ほうそく law of energy conservation　＝熱力学第一法則

エピタキシャル接合────せつごう epitaxial junction　半導体の基板上に結晶方位がそろった単結晶の薄膜を成長させる半導体製造技術。この方法で得られる薄膜結晶は、結晶性、純度ともに優れており、極めて薄い結晶膜や複雑な多層結晶構造を作り出せることから、化合物半導体の集積度を高める上で不可欠な技術となっている。

FRT 要件　エフアールティー　fault ride through　＝事故時運転継続要件

FRP　エフアールピー　fiber reinforced plastics　＝繊維強化合成樹脂

FILO　エフアイエルオー　first in last out　＝スタック

FEMS　エフイーエムエス、フェムス factory energy management system　＝工場エネルギー管理システム

FELV　エフイーエルブイ、フェルブ functional extra-low voltage　＝機能的特別低電圧

FELV システム　エフイーエルブイ── functional extra-low voltage system　正常状態及び故障状態で、特別低電圧を超える電圧を発生しない電気方式。FELV システムの要件は、公称電圧が特別低電圧以下、充電部は1次側回路の試験電圧に耐える絶縁を施す、故障時に1次側回路の自動遮断方式を適用するなどである。このシステムは、特別低電圧を使用するが、SELV 又は PELV の要件のすべてには適合しない場合に適用し、より高い電圧回路と十分に絶縁できない機器（変圧器、継電器など）を含む場合を例としている。

FET　エフイーティー　field effect transistor　＝電界効果トランジスタ

FEP　エフイーピー　＝波付硬質合成樹脂管

FA　エフエー　factory automation　＝ファクトリーオートメーション

エフェクトマシン　effect machine　＝効果器

FM 放送　エフエムほうそう　frequency modulation broadcasting　電波の振幅を変えずに信号の強弱で周波数を変化させる周波数変調方式を用いた放送。AM 放送に比べ耐雑音性がよく、信号帯域も広くとれるので音質がよい。ステレオ放送を1つの帯域で伝送できる。

F形コネクタ　エフがた── F type connector　テレビジョンのアンテナ回路に用いる同軸ケーブル用コネクタ。

F形コネクタ

Fケーブル　エフ──　VVFのこと。　⇨ビニル絶縁ビニルシースケーブル

FWA　エフダブリューエー　fixed wireless access　＝加入者系固定無線アクセス

FD エフディー fire damper ＝防火ダンパ

FDM エフディーエム frequency division multiplexing ＝周波数分割多重化

FTTH エフティーティーエッチ fiber to the home 通信回線を利用する家庭まで広帯域の光ファイバケーブルを敷設して，電話，インターネット，CATVなどを含む各種の通信サービスを提供する加入者網。銅線を使った加入電話回線を光ファイバケーブルに置き換え，家庭でも大容量，高速のデータ通信サービスを行えるブロードバンド通信サービスである。ファイバツーザホームともいう。

FTP エフティーピー file transfer protocol 電子計算機，サーバなどの間でネットワークを介してHTML，画像などのファイルを転送するためのプロトコル。インターネットサーバへアップロードするときに用いる。一方ダウンロードはWebブラウザがこの機能を備えているので利用者は特に意識せずにWebブラウザの中で利用することができる。

$1/f^2$ ノイズ エフにじょうぶんのいち―― ＝レッドノイズ

FBR エフビーアール fast breeder reactor ＝高速増殖炉

1/f ノイズ エフぶんのいち―― ＝ピンクノイズ

エミッタカットオフ電流 ――でんりゅう emitter cut-off current ＝エミッタ遮断電流

エミッタ結合増幅器 ――けつごうぞうふくき emitter-coupled amplifier コレクタ接地とベース接地の2つの増幅器がエミッタ抵抗によって結合したトランジスタ増幅器。コレクタ接地とベース接地の両増幅器の特長を持ち出力インピーダンスが高く，高周波増幅器などに用いる。

エミッタ遮断電流 ――しゃだんでんりゅう emitter cut-off current トランジスタ回路でコレクタオープン状態のエミッタとベース間に逆方向電圧を加えたときに流れる逆方向電流。入力信号がないとき出力電流が0となるよう，動作点をこのエミッタ遮断電流点に設定するB級増幅回路などで用いる。エミッタカットオフ電流ともいう。

エミッタ接地回路 ――せっちかいろ common emitter バイポーラトランジスタのベースを入力とし，コレクタを出力とした増幅回路。電圧増幅に使用する。エミッタは入出力共通に使用することからこの名称となった。電界効果トランジスタで構築したものはソース接地回路と呼ぶ。

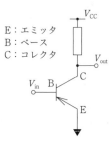

エミッタ接地回路

エミッタフォロワ emitter follower ＝コレクタ接地回路

MRI 装置 エムアールアイそうち magnetic resonance imaging unit 強力な磁石の力と原子核との間に起こる磁気共鳴という物理現象を利用して，体内の様子を映像化する装置。磁気共鳴イメージング装置の略称。人体などの縦，横，斜めなど任意の方向から断層像を得ることができる。

MRP エムアールピー material requirement planning ＝資材所要量計画

MI ケーブル エムアイ―― mineral insulated metal sheathed cable 銅管（外装管）の中に酸化マグネシウムの粉体（絶縁物）

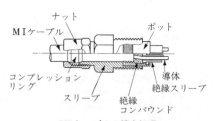

MIケーブルの端末処理

と銅線（導体）を納めたケーブル。ボイラ周辺など高温の場所，船舶，重要文化財などの電気設備配線のほか，フロアヒーティング，ロードヒーティングなどの発熱体として用いる。酸化マグネシウムは吸湿性があり，切断後は速やかに端末処理を行うことが必要である。許容電流は大きいが，高価である。

MEMS　エムイーエムエス，メムス　micro electromechanical systems　センサ，アクチュエータなどの機械部品と電子回路とを1つのシリコン基板上に集積化するか，又は機械部品と電子回路とを異なるチップ上に作製しハイブリッド構成としたデバイス。マイクロマシンともいう。主要部分は半導体を集積化する技術を用いるが，機械部品は立体形状を形成する必要があり，犠牲層エッチングという可動構造を作製するプロセスを用いる。製品として市販されているものに，インクジェットプリンタヘッド，圧力センサ，加速度センサ，ジャイロスコープ，DMDなどがある。

ME 機器　エムイーきき　medical electrical equipment　＝医用電気機器

MAC アドレス　エムエーシー──　media access control address　コンピュータネットワークにおける OSI 基本参照モデルの第1層（物理層）及び第2層（データリンク層）で機能し，LAN に接続するすべての機器に付ける固有の番号。マックアドレスともいう。6バイトの大きさをもち，上位3バイトはその機器のベンダ ID，下位の3バイトはそのベンダで製品ごとに固有の番号を割り振る。機器固有のもので同じ番号は存在しない。ベンダ ID は機器の製造者が IEEE に申請し取得する。下位3バイトは製造者が独自に使用でき，通常機器内部に記憶するので，使用者が変更することはできない。

MS　エムエス　electromagnetic switch　＝電磁開閉器

MSK 震度階　エムエスケイしんどかい　Medevedev-Sponheuer-Karnik scale　地震の揺れの大きさを1〜12の階級に分けて表す指標。改正メルカリ震度階を修正して1964年に発表，ロシア，東欧諸国，イスラエル，インドなどで用いている。地震の規模を示すマグニチュードとは異なる。日本では気象庁による10段階の震度階級を用いている。　⇨震度

MHD　エムエッチディー　magnet hydrodynamics power generation　＝電磁流体発電

MF　エムエフ　medium frequency　＝中波

MOS　エムオーエス，モス　metal-oxide-semiconductor　半導体と金属電極との間にアルミナなどの酸化物の薄膜絶縁体を挿入した構造の半導体素子。金属酸化物薄膜半導体構造素子ともいう。この構造を利用したトランジスタが MOSFET である。

MOF　エムオーエフ　metering outfit　＝計器用変圧変流器

MCA システム　エムシーエー──　multi-channel access system　多くの利用者が周波数を共有して行う無線通信方式。1つの制御局から発信する複数の周波数から空いている周波数を自動的に選び，多数の利用者が使用して周波数の有効利用を図ることができる。主に，物流業界の配送車連絡などに用いる。

MCA 無線システム　エムシーエーむせん──　multi-channel access radio system　＝マルチチャンネルアクセス無線

MCFC　エムシーエフシー　molten carbonate fuel cell　＝溶融炭酸塩形燃料電池

MCCB　エムシーシービー　molded case circuit breaker　＝配線用遮断器

MCDT　エムシーディーティー　double-throw magnetic contactor　＝双投形電磁接触器

MDF　エムディーエフ　main distribution frame　＝本配線盤

MTTR　エムティーティーアール　mean time to repair　＝平均修復時間

MTTF　エムティーティーエフ　mean time to failure　＝故障までの平均時間，平均故障寿命

MTBF　エムティービーエフ　mean time

between failure ＝平均故障間動作時間

MBB エムビービー magnetic blow-out circuit breaker ＝磁気遮断器

MPU エムピーユー micro processing unit ＝マイクロプロセッサ

MPEG エムペグ moving picture experts group 動画や音声などのメディア符号化の世界標準規格。蓄積メディア，放送，通信などのためのマルチメディア符号化の世界標準規格を策定するISO及びIEC合同の技術委員会内のワーキンググループの呼称を規格名として用いている。MPEG 1はビデオ，CDなどの民生品に適用する符号化の規格，MPEG 2はデジタル放送などの高品質画像の同期再生方式の符号化の規格，MPEG 4はテレビ電話や移動体通信，インターネットなど低い伝送速度で高品質な情報に対する符号化の規格，MPEG 7は映像や音声などのデジタルメディア情報を有効に検索するための符号化の規格である。

エリプソイダルスポットライト ellipsoidal spotlight 反射面を回転楕円の凹面鏡として，焦点近傍に取り付けた光源のハロゲンランプを前後に動かして照射範囲の調節を行い，照射範囲の外縁部を明確に照射できるスポットライト。光線を遮断するカッタを用いて照射面を多角形状にしたり，模様を書き込んだ種板を挿入し模様を投影することにも使用する。

LIFO エルアイエフオー，ライフォー last in first out ＝スタック

LEED エルイーイーディー leadership in energy and environmental design, LEED ＝リード

LEMP エルイーエムピー lightning electromagnetic impulse ＝雷電磁インパルス

LED エルイーディー light emitting diode ＝発光ダイオード

LEDダウンライト エルイーディー── light emitting diode downlight 小型の発光ダイオードを光源とした，天井に埋め込んで取り付ける照明器具。

LA エルエー lightning arrester ＝避雷器

LSI エルエスアイ large scale integrated circuit ＝大規模集積回路

LHV エルエッチブイ lower heating value ＝低位発熱量

LF エルエフ low frequency ＝長波

LCX エルシーエックス leakage coaxial cable ＝漏えい同軸ケーブル

LCOSプロジェクタ エルシーオーエス──── liquid crystal on silicon projector シリコン基板と対向する透明基板の間に液晶を挟みこむ構造で，シリコン基板側には液晶駆動回路と画素電極を設け，透明基板と液晶層とを通過した光を，画素電極で反射し，スクリーンに結像させる装置。反射形液晶プロジェクタともいう。透過形液晶プロジェクタでは，透明基板内に回路が作られるため開口率（画素の有効反射面積と占有面積との比）が低下し投影面照度が低くなるが，反射形液晶プロジェクタでは，反射面，つまり画素電極の下に回路を作るため開口率が大きく，投影面照度を高くすることができる。リアプロジェクションテレビとして商品化している。

LCC エルシーシー life cycle costing ＝ライフサイクルコスト

LCCO$_2$ エルシーシーオーツー life cycle CO_2 ＝ライフサイクルCO_2

LCD エルシーディー liquid crystal display ＝液晶表示器

LCフィルタ エルシー──── inductor-capacitor filter, LC filter リアクトルとコンデンサとで構成した低域又は高域フィルタ。低域フィルタと高域フィルタとを組み合わせて帯域フィルタ及び帯域除去フィルタを構成することができる。⇨フィルタ

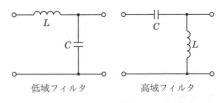

LCフィルタ

LDAP エルダップ lightweight directory

access protocol　インターネットやイントラネットなどの TCP/IP ネットワークで，ディレクトリデータベースにアクセスするためのプロトコル。これを用いて利用者のディレクトリデータベースにアクセスし，利用者名を用いてメールアドレスや電子計算機の環境に関する情報を検索することができる。

LBS　エルビーエス　load-break switch　＝高圧交流負荷開閉器

LPS　エルピーエス　lightning protection system　＝雷保護システム

LPF　エルピーエフ　low pass filter　＝低域フィルタ

LPZ　エルピーゼット　lightning protection zone　＝雷保護領域

エルボ　elbow　1種金属製線ぴの曲がり部分に用いる付属品。内側へ曲がるものをインタナルエルボ，外側へ曲がるものをエクスタナルエルボ，水平に曲がるものをフラットエルボという。

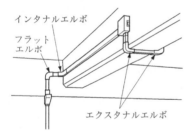

エルボの使用例

エレクトロルミネセンス　electroluminescence, EL　＝電界発光

エレベータ　lift（英），elevator（米）　人又は物を上下方向に運搬する装置でかごの水平面積が 1 m² を超え，又は天井の高さが 1.2 m を超えるもの。用途によって乗用，人荷共用，荷物用，寝台用，住宅用，自動車用，非常用などがある。最近では，超高層建物での大量輸送を可能とする運行速度 1 000 m/min を超える高速エレベータ，階間調整機能付ダブルデッキエレベータ，中間免震構造建物での昇降路つり下げ方式エレベータ及びガイドレール弾性変形方式エレベータ，機械室レスエレベータなどが展開され，高速化，大容量化，耐震化，省スペース，ユニバーサルデザイン化などが進んでいる。

エレベータ群管理制御──ぐんかんりせいぎょ　elevator group control　複数のエレベータを効率良く運転するために用いる運行管理制御。運行効率の向上には待ち時間の最短化，輸送量の最大化，消費電力の削減などがあり，運転時間帯や対象となる利用者に応じて運行方法を変えて対応することができる。

塩害　えんがい　salt pollution　塩水の浸入，潮風などの塩分による電気設備，農作物などの被害。電気設備の塩害としては，高圧がいし，変圧器，開閉器，ケーブルヘッドのブッシング，計器用変成器などの表面に塩分が付着すると，沿面の耐電圧性能が低下して地絡又は短絡事故を発生したり，鉄箱などに著しい腐食を生じる。塩害による汚損度と海岸からの距離の関係を表に示す。

汚損度と海岸からの距離の関係

汚損度 (等価塩分付着量 mg/cm²)	適用区域	海岸からの概略距離(km)	
		台風に対して	季節風に対して
0.03	一般	50 以上	10 以上
0.06	軽塩害	10～50	3～10
0.12	中塩害	3～10	1～3
0.35	重塩害	0.3～3	0.1～1

遠隔試験機能　えんかくしけんきのう　remote inspection function　感知器の機能が適正に維持されていることを感知器の設置場所から離れた位置において確認できる機能。受信機によって自動的に各感知器の作動点検ができるようにしたものと，共同住宅において戸外から人為的に住戸内の感知器の作動点検ができるようにしたものとがある。

遠隔常時監視制御方式　えんかくじょうじかんしせいぎょほうしき　remote continuous supervisory and control system　遠方から現場設備を常時監視しながら運転操作

を行う方式。技術員が常駐しなければならない重要設備に適用する。発変電規程（JEAC 5001）では，「技術員が制御所に常時駐在し，変電所（発電所，開閉所）の監視及び機器の操作を制御所から行うものをいう」としている。

遠隔制御　えんかくせいぎょ　remote control　＝遠方監視制御

遠隔操作　えんかくそうさ　remote operation　＝遠方操作

遠隔測定　えんかくそくてい　remote measuring　＝テレメータ

エンクロージャ　enclosure　全体を鋼，合成樹脂などで囲った電気機械器具の外箱。

エンコーダ　encoder　符号器。⇒符号化

演算増幅器　えんざんぞうふくき　operational amplifier　2つの入力間の電位差によって動作する集積回路で構成した増幅器。オペアンプ又はOPアンプともいう。閉ループ電圧利得は十万倍〜千万倍と非常に高く，接続端子に外部回路を接続し負帰還回路を構成して，適切な利得と動作を設定する。演算増幅器の名称は，かつて自動制御機能を電子回路で構成する際，微分，積分，比較，加算，減算などをアナログ演算によって行うために開発されたことに由来する。演算増幅器に各種外部回路を接続して，微積分，比較，加算，減算などの演算機能をもたせることができる。演算機能を組み合わせて接続し，リアルタイム演算ができるようにした装置がアナログ電子計算機である。

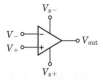

V_+：非反転入力電圧，V_-：反転入力電圧，V_{s+}：電源＋，V_{s-}：電源－，V_{out}：出力電圧

演算増幅器

エンジニアリングワークステーション　engineering workstation　グラフィックス機能や演算機能を強化し，ソフトウエア開発，科学技術計算，CADなどの特定用途に特化した高性能な電子計算機。他の電子計算機とデータを共有できる自律形電子計算機システムで，設計部門や開発部門で用いる。

演色　えんしょく　colour rendering　イルミナント（照明光）がそれで照明した種々の物体の色の見え方に及ぼす効果。特に，光源又はイルミナントの特性と考えたときには演色性という。光源の演色性を表すのに演色評価数がある。

演色評価数　えんしょくひょうかすう　colour rendering index　規定条件のもとで基準光源による物体の色の見え方と，ある光源による物体の色の見え方とを比較し，基準光源と一致する度合いを示す数値。光源の演色性を表す。演色評価数には，平均演色評価数（R_a）と特殊演色評価数（R_i）の2つがある。平均演色評価数は，8種類の規定色に対する演色評価数の平均値をとったもので，光源の演色性の一般的レベルを示す。特殊演色評価数は，赤，黄，緑，青，肌色などの特徴をもつ7種の規定された特殊色を対象として，それぞれに対する演色評価数で示す。

遠心力鉄筋コンクリート管　えんしんりょくてっきん――かん　centrifugal reinforced concrete pipe　遠心力を応用して製造した鉄筋コンクリート管。通称，ヒューム管という。電気設備では，管路式地中電線路の管路材として利用する。内径150 mm以上の製品がある。

遠赤外加熱　えんせきがいかねつ　far infrared radiation heating　電磁波の波長が4 μm〜1 mmの帯域を利用して行う加熱。赤外ヒータなどの発熱体をセラミックスで被覆した遠赤外ヒータを用い，遠赤外放射を被加熱物に直接照射し，吸収させ加熱する。遠赤外放射は，金属などの一部を除きほとんどの物体で反射せずに内部に浸透するため，熱が物体に直接均一に伝達し，物体の均一加熱に適する。セラミックスの温度は，700℃程度までしか上げられないため，高温の加熱には不向きである。

遠赤外放射 えんせきがいほうしゃ far infrared radiation 赤外放射のうち，波長が 2.5 μm～1 mm の電磁波。シーズヒータや面状放射素子による遠赤外加熱に用いる。一般には遠赤外線と呼ぶ。

エンタルピー enthalpy 物体と外部との熱又は仕事量の出入りを表す値。物体が放熱又は外部に仕事をすると値が小さくなり吸熱又は外部から仕事を受けると値が大きくなる。エンタルピーを H，内部エネルギーを U，圧力を P，体積を V とすると，$H=U+PV$ で表すことができる。

鉛直震度 えんちょくしんど vertical seismic coefficient 地震動の鉛直方向成分の震度。建築設備の設計用鉛直震度は，設計用水平震度の 1/2 の値を用いる。

鉛直配光曲線 えんちょくはいこうきょくせん vertical luminous intensity distribution curve 照明器具の光源を含む鉛直面上の光度を方向の関数として表した曲線。通常，光源を原点とする極座標で表す。配光曲線には水平配光曲線もあるが，単に配光曲線といえば一般には鉛直配光曲線を指す。

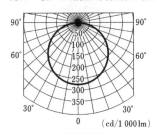

鉛直配光曲線

鉛直面照度 えんちょくめんしょうど vertical illuminance 鉛直面上の照度。⇒法線照度

エンドカバー end cover コンクリートに埋設する電線管の終端に用いる保護カバー。コンクリート埋込工事で，二重天井内に配管を引き出す箇所などに用いる。

エンドカバー（合成樹脂可とう管用）

エンドコネクタ end connector フロアダクトの終端に電線管を接続する場合に用いる付属品。

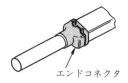

エンドコネクタ

エントランスキャップ service entrance cap, service head 屋外に突き出した電線管端に取り付け，管内への雨水の浸入，電線被覆の損傷を防止する電線管用付属品。ウェザキャップともいう。

金属管用　　　　硬質ビニル管用

エントランスキャップ

エントロピー entropy 原子や分子の取りうる状態の乱雑さの尺度。記号は S。単位はジュール毎ケルビン（J/K）。物質や熱が拡散する程度を表すパラメータでもある。物質が取りうる状態の数を Ω，ボルツマン定数を K_B とすると，$S=K_B \ln \Omega$ と定義する。また，エンタルピー H とエントロピー S の間には，温度を T，圧力を P，体積を V とすると，$dH=TdS+VdP$ の関係がある。

エントロピー増大の法則 ――ぞうだい―ほうそく law of increasing entropy ＝熱力学第二法則

円偏光 えんへんこう circular polarized light 円偏波した光。

円偏波 えんへんぱ circular polarized wave 電界及び磁界の振動面が伝搬に伴って回転する偏波。回転方向により右旋円偏波及び左旋円偏波がある。

遠方監視制御　えんぽうかんしせいぎょ　remote supervisory control　監視制御室などから遠方にある機器，装置などの状態を，監視・計測し，必要に応じて機器，装置などの運転・制御を行うこと．単に遠方制御又は遠隔制御ともいう．

遠方操作　えんぽうそうさ　remote operation　手動又は自動による始動・停止の操作を機器から離れた場所など遠方から行うこと．遠隔操作ともいう．

沿面距離　えんめんきょり　creepage distance　2つの裸充電部間につながる絶縁物の表面に沿った最短距離．

オ

OR　オア　disjunction　=論理和

オイルタンク　oil tank　=燃料槽

応動時間　おうどうじかん　operating time　継電器に設定値以上の入力が加わったときから動作に至るまでの時間．始動時間，動作時間，釈放時間，復帰時間などがある．応動速度を表すのに限時，即時（瞬時），高速度などが用いられる．

応答倍率　おうとうばいりつ　response magnification factor, amplification ratio　入力波に対して質点の変位，速度，及び加速度が何倍になるかを示す指標．主に耐震計算による構造解析などで用いる．

往復動内燃機関　おうふくどうないねんきかん　reciprocating engine　燃料を燃焼させて得た熱エネルギーを機械エネルギーに変換させる機関のうち，往復運動に変換するもの．ディーゼル機関，ガソリン機関が代表的なものである．

横流　おうりゅう　cross current　発電機又は変圧器の並行運転時に，各装置の電気特性が一致しない場合，これを解消するために装置間に流れる循環電流．この電流は無効電流で有効な負荷電流とはならないが，放置すると過電流が流れ過熱の原因となるので，発電機にはこれを防止するための横流補償装置を設置する．

O/E変換器　オーイーへんかんき　opto-electric converter　=光電気変換器

OS　オーエス　operating system　電子計算機システムの中で最もハードウエアに近い位置にあるソフトウエア．入出力機器の管理及び制御，ファイルシステムの運用，複数の利用者間の調整，ネットワークを介したやり取りなどの働きをもつ．電子計算機の利用者は直接ハードウエアを扱うのでなく，OSを介して提供される仮想的な機械を扱うことになる．パーソナルコンピュータの代表的なOSには，UNIX，MS-DOS，OS/2，Windows，Linuxなどがある．

OSI　オーエスアイ　open systems interconnection　電子計算機間の通信方法を規定したプロトコル．1977年にISOによって発表され，1984年にCCITT（国際電信電話諮問委員会，現 ITU-TS）で承認され，開放形システム間相互接続と訳される．OSI基本参照モデルとして，物理的な接続のための規格から業務処理に必要な規格までを7つの階層（レイヤ）に分け，通信に必要な処理機能を体系的にまとめている．TCP/IPが電子計算機間通信の事実上の標準となったが，様々なデータ通信を説明する際にOSI基本参照モデルを用いる．

OSI基本参照モデル

第7層	アプリケーション層	アプリケーション間通信の規定
第6層	プレゼンテーション層	アプリケーションがデータを扱う際の表現方式の規定
第5層	セッション層	プロセス間通信の規定
第4層	トランスポート層	エンド・エンドのシステム間を結ぶチャンネルの規定
第3層	ネットワーク層	経路選択の規定
第2層	データリンク層	経路を構成する個々のリンクで用いる通信手順の規定
第1層	物理層	伝送路上のデータ表現方式とインタフェース形状の規定

OHSAS オーエッチエスエーエス occupational health and safety assessment series ＝労働安全衛生アセスメントシリーズ

OHSMS オーエッチエスエムエス occupational health and safety management system ＝労働安全衛生マネジメントシステム

OHP オーエッチピー overhead projector ＝オーバヘッドプロジェクタ

ONU オーエヌユー optical network unit 光ファイバ加入者通信網において，パーソナルコンピュータなどの端末装置をネットワークに接続するための装置。回線終端装置ともいう。ONU は認証機能を有しており，ONU を機械的にネットワークに接続しても通信ができないように配慮されている。

OFDM オーエフディーエム orthogonal frequency division multiplexing ＝直交周波数分割多重

オーケストラピット orchestra pit 舞台と観客席との間にあるオーケストラ（管弦楽団）が音楽を演奏するために客席の床よりも1段下げて作られた場所。可動式及び固定式があり，その用途は主にオペラやバレエなどでオーケストラが演奏するための場所として使用する。

オーサス occupational health and safety assessment series, OHSAS ＝労働安全衛生アセスメントシリーズ

OCR オーシーアール 〔1〕overcurrent relay ＝過電流継電器。〔2〕optical character reader ＝光学式文字読取装置

OC電線 オーシーでんせん →高圧絶縁電線

OCB オーシービー oil circuit breaker →遮断器

OW電線 オーダブリューでんせん ＝屋外用ビニル絶縁電線

OTDR オーティーディーアール optical time domain reflectometer ＝光ファイバアナライザ

オーディオレベル audio level オーディオ信号の電圧，電力，強さや音量を階層別に表す分類。よく使用されるレベルには，マイクロホンレベル（－40 dBv 以下），楽器レベル（－20～－10 dBv），ラインレベル（－10～＋30 dBv）などがある。

オーバシュート overshoot →ハンチング

オーバフロー overflow 〔1〕水槽などで供給される液体が規定水位を超えて流れ出る現象。〔2〕電子計算機の処理すべき情報量がその処理能力を超えること。

オーバヘッドプロジェクタ overhead projector, OHP 原稿，物体などを光学的にスクリーンに拡大投影する装置。

OVR オーブイアール overvoltage relay ＝過電圧継電器

OVGR オーブイジーアール overvoltage ground relay ＝地絡過電圧継電器

オープンサイクル open cycle 作動流体を循環させず機関外に放出する熱機関の運転方式。ディーゼル機関，ガスタービンなどに用いる。

オープンネットワーク open network 単一メーカに依存せずマルチベンダ構成の利点を生かして，相互運用を可能にし，各設備機器間の通信，監視装置とコントローラ間の接続を行うことができるシステム。BACnet, LonWorks などのオープンプロトコルを利用して初期投資や維持管理費軽減を可能にしている。

オール電化住宅 ――でんかじゅうたく all-electrified house ＝全電化住宅

オーロラマシン aurora machine 放射状の影をホリゾント幕などに投影する舞台効果照明器具。舞台効果照明器具にはその他，波模様を投影する波マシン，6色の放射光を投影する虹マシンなど多種多様のものがある。

屋外配線 おくがいはいせん exteria wiring, outdoor wiring 屋外の電気使用場所において，当該電気使用場所における電気の使用を目的として，固定して施設する電線（屋側配線，電気機械器具内の電線，管灯回路の配線，接触電線，小勢力回路の電線，出退表示灯回路の電線及び電線路の電

線を除く。）。なお，引込線とは区別している。

屋外用ビニル絶縁電線 おくがいよう——ぜつえんでんせん outdoor weatherproof polyvinyl chloride insulated wire 硬銅線を塩化ビニル樹脂コンパウンドで絶縁した単心の絶縁電線。絶縁体の厚さは，ビニル絶縁電線に比べて薄くなっている。主に低圧架空電線として使用する。OW電線ともいう。

屋上電線路 おくじょうでんせんろ electric line installed on roof 建築物の屋上に施設する電線路。1構内だけに施設する電線路の全部若しくは一部，又は1構内専用の電線路中その構内に施設する部分の全部若しくは一部であるものに限られ，工事方法にも制限がある。

屋側電線路 おくそくでんせんろ electric line installed along flank 建築物の外部側面に沿って施設する電線路。1構内だけに施設する電線路の全部若しくは一部，又は1構内専用の電線路中その構内に施設する部分の全部若しくは一部であるものに限られ，工事方法にも制限がある。

屋側配線 おくそくはいせん wiring installed along flank 屋外の電気使用場所において，当該電気使用場所における電気の使用を目的として，造営物の外側面に固定して施設する電線（電気機械器具内の電線，管灯回路の配線，接触電線，小勢力回路の電線，出退表示灯回路の電線及び電線路の電線を除く。）。引込線の一部で屋側に固定するものは，引込線の屋側部と呼んでこれに含まれない。なお，塀のような工作物に固定して施設する配線は，類似の形態であるが屋外配線と呼ぶ。

オクテット octet 8ビットで構成する情報量の単位。同様な単位としてバイトがあるが，これは元来電子計算機の最低処理単位を指すひとまとまりとの意味の単位であり，電子計算機の基本設計に依存するため必ずしも8ビットではない。通信分野では正確を期すためにこの単位を用いる。

屋内配線 おくないはいせん interior wiring 屋内の電気使用場所において，固定して施設する電線（電気機械器具内の電線，管灯回路の配線，エックス線管回路の配線，電線路の電線，接触電線，小勢力回路の電線及び出退表示灯回路の電線を除く。）。なお，配線には移動電線を含むが，屋内配線には屋内の移動電線を含まない。　⇒低圧配線

送りカップリング接続 おく——せつぞく shift coupling connection カップリングを用いた配管の接続作業で，どちらの管も回すことができない場合に用いる接続方法。ねじ式カップリングを用いた金属管工事では，図のように行う。

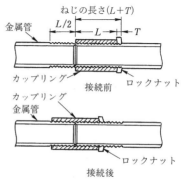

送りカップリング接続

押しボタンスイッチ お—— push button switch ボタンをその軸方向に手で押して回路を開閉するスイッチ。ボタンを押したときその状態を保持するもの，手を放すと直ちに自動復帰するもの，操作1回ごとに入・切を繰り返すもの，押し引きで開閉機構が動作するもの，操作よりも遅れて接点が動作するものなどがある。

オシロスコープ oscilloscope 水平軸を時間軸として，1つ，又はそれ以上の電位差を平面上に表示する2次元グラフ。周期的な信号の表示に適する。　⇒陰極線管

音の大きさ おと—おお—— loudness 人の耳に感じる音の大きさを表す量。その音の強さと40フォンの音の大きさのレベルをもつ標準音の強さとの比で表し，正常な観察者の聴覚による推定値である。単位は

ソーン（sone）．

音の大きさのレベル　おと—おお——
loudness level　正常な聴力をもつ人が，その音と同じ大きさに聞こえると判断した1kHzの純音の音圧レベルと等しい値．単位はフォン（phon）．

音の強さ　おと—つよ——　sound intensity　音場中のある点における音の進行方向に垂直な単位断面積を単位時間に通過する音のエネルギー量．単位は，ワット毎平方メートル（W/m²）．媒質の密度を ρ （kg/m³），音の速度を c （m/s）とすると，音の強さ I （W/m²）とその点の音圧の実効値 P （Pa）との間には，$I=P^2/(\rho c)$ の関係がある．ρc は，固有音響抵抗と呼ばれる量である．

音の強さのレベル　おと—つよ——　sound intensity level　ある音の強さ I と基準値 I_0 との比の常用対数の10倍で表す．音の強さの程度を示す量．単位は，デシベル（dB）．音の強さのレベル L_i は次式で表す．

$$L_i = 10 \log_{10} \frac{I}{I_0}$$

正常聴覚者が聴き得る最も弱い音の強さは 10^{-12} W/m² 程度，耳が痛くなる限界はおよそ100W/m² である．基準値 I_0 は最小可聴値に相当する 10^{-12} W/m² とする．

鬼より銅線　おに——どうせん　素線径が2.0 mmの硬銅線13本を図のようにより合わせた電線．図は2.0 mm 13本よりで40 mm² となるが，その他2.0 mm 19本より60 mm² のものがある．同心より軟銅線に比べ硬くたわみにくいため，美観上から直線状に引き下ろす避雷導線として用いる．

鬼より銅線

オフセットアンテナ　offset antenna　放物面反射鏡からの反射波の通路外に1次放射器を配置したアンテナ．パラボラアンテナなどのように反射波の一部が1次放射器に再入射することがないので，広帯域にわたって良好なインピーダンス特性を得ることができる．

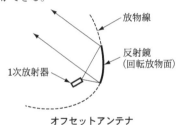

オフセットアンテナ

オフライン　off-line　コンピュータの中央演算処理装置と入出力装置などとが物理的又は論理的に切り離されている状態． ⇨ オンライン

オペレーションガイダンス　operation guidance　中央監視システムにおいて，操作員に対して操作方法，対処方法などを支援する機能．平常時や故障などの異常事態発生時の機器・システムの操作，運転手順，異常時対応などをCRTなどに表示し操作員の操作を支援する．また，音声出力などで報知又は指示する場合もある．

オペレーション増幅器　——ぞうふくき　operational amplifier　=演算増幅器

オペレータコンソール　operator console　=操作卓

親時計　おやどけい　master clock　子時計その他の制御対象機器を駆動するための時計信号発生装置．水晶時計を内蔵し，子時計駆動用のパルス信号間隔は1秒，30秒，60秒などがある．親時計の時刻の積算誤差を除去するため，ラジオ修正方式，JJY校正方式などを用いる．

オリフィス流量計　——りゅうりょうけい　orifice flow meter　管路の直管部分に管路断面を縮小する絞り板（オリフィス）を挿入し，絞り板の前後の圧力差を測定することで管内流量を求める装置．

卸電気事業者　おろしでんきじぎょうしゃ　whole-sale electric utility　一般電気事業者にその一般電気事業の用に供するための電気を供給する事業について許可を受けた者．

音圧　おんあつ　sound pressure　媒質の1

点において，音によって生じる圧力の交流的変化分。単位はパスカル（Pa）。ある時刻におけるその場所の圧力と静圧（音波がないときの圧力）との差である。一般には，実効値で表す。

音圧レベル おんあつ—— sound pressure level 基準音圧に対する音波の圧力変動の大きさを表す物理量。音圧レベル L_p は音圧の実効値 P と基準音圧 P_0（20μPa）との比の2乗の常用対数の10倍として，次式で表す。

$$L_p = 20 \log_{10} \frac{P}{P_0} \quad (\text{dB})$$

オンオフ制御 ——せいぎょ on-off control ＝2位置制御

音響 おんきょう acoustics, sound 音の発生，伝搬及びそれに伴う各種物理現象。人間の聴覚器官に作用して音の感覚を生じる。建築設備で取り扱う分野として，建築音響及び電気音響がある。

音響装置 おんきょうそうち audio device 主音響装置，地区音響装置その他の音響警報装置の総称。

音響調整卓 おんきょうちょうせいたく audio mixing console 拡声・録音装置において，調整・切換えなどの操作を集中的に行うための机形の装置。チャンネルの選択，音量調整，音質調整，残響付加，出力の選択，音量監視などの機能を備える。

オンサイト電源 ——でんげん on-site power source ＝分散形電源

音声ガイダンス おんせい—— audio guidance 機器や装置を運用するときに使用上の操作方法，故障や異常時の対応方法などについて，音声を用いて行う誘導，指導及び助言。音声は合成音声や自然音声を音節に区切り録音したものを状況に応じて組み合わせて出力する。

音声警報装置 おんせいけいほうそうち voice alarm system 警報を音声で知らせる装置。警報の内容は多様で，自動火災報知設備の感知器の作動などと連動するもの，ショベルカーのバック運転時に危険を知らせる装置や回転灯と組み合わせたものなどがある。

音声多重放送 おんせいたじゅうほうそう multichannel television sound 1つの放送波の音声帯域を複数に区切り，異なる複数音声を同時に伝送する技術を利用する放送。日本のNTSC方式のアナログテレビジョン放送では，FM-FM方式で主音声及び副音声搬送波を用いて2か国語放送，解説放送などを行っている。デジタルテレビジョン放送では二重音声放送という。

音声認識装置 おんせいにんしきそうち speech recognition device 音声を入力して，その周波数分布パターンと単語パターン辞書との照合結果から認識出力を得る装置。

音声誘導機能付誘導灯 おんせいゆうどうきのうつきゆうどうとう 自動火災報知設備の感知器の作動と連動して音声誘導する避難口誘導灯。避難上特に重要な最終避難口の位置を明確に指示することを目的とする。視力又は聴力の弱い者が出入りする老人福祉施設，不特定多数の者が出入りする百貨店などで，雑踏，照明，看板などにより誘導灯の視認性が低下するおそれのある部分などに設けることが望ましい。

温度上昇試験 おんどじょうしょうしけん temperature-rise test, heat test 機器及び設備の指定された箇所において，規定の運転条件における周囲温度との温度差を求める試験。

温度センサ おんど—— temperature sensor 物体の温度を測定する検出器。熱膨張を利用した水銀温度計やアルコール温度計，素子の特性を利用した熱電対，白金測温抵抗体，サーミスタやIC温度センサ，水晶のYカットやLCカットを用いた水晶温度計などがある。

温度ヒューズ おんど—— thermal fuse 周囲温度が規定値に達したとき溶断するヒューズ。①電熱器具，蛍光灯用安定器などの保安用として使用するものは，温度ヒューズの溶断によって電路を遮断する。②防火戸，防火ダンパ，スプリンクラなどに使用するものは，温度ヒューズの溶断によっ

て各防災機能を作動させる。
音場 おんば sound field 音が伝搬する空間。

温白色蛍光ランプ おんはくしょくけいこう ── warm white fluorescent lamp 相関色温度が約 3 500 K の蛍光ランプ。やや暖かみのある落ち着いた柔らかな雰囲気を得る光色である。

オンライン on-line 電子計算機の中央演算処理装置と入出力装置などとが物理的又は論理的に接続している状態。 ⇨オフライン

音量測定 おんりょうそくてい measurement magnitude of sound 音の強さ, 音圧レベルなどを測定すること。

カ 行

カ

カーゲート car gate　車の入出管理を行うために設ける開閉装置。ループコイル，光電センサなどと連動して車の入出場を規制する。また，光学系車番認証装置やETC車番認証装置と連動するものもある。

加圧試験　かあつしけん　applied voltage test　電気機器の対象回路と他の回路及び大地との間の絶縁耐力を検証するために行う耐電圧試験。試験回路以外はすべて接地し，正弦波に近い波形で所定の試験電圧を印加して行う。試験時間は，機器の規格で定めているが，一般に1分間としている。

加圧排煙方式　かあつはいえんほうしき　smoke control by pressurization system　建築物の火災時に人の安全な避難を確保するために，階段の付室や廊下などの安全区画を加圧することにより，火災室から安全区画への煙の進入を防ぐシステム。付室を加圧し，火災室は機械排煙をするケースが多い。法的な手続きとしては防災性能評価を受け国土交通大臣の認定が必要である。
⇨機械排煙方式

カーテンウォール　curtain wall　建物の荷重を負担しない非耐力壁。帳壁ともいう。壁表面の材料にステンレス，アルミニウムなどが使用された金属系とプレキャストコンクリートのコンクリート系に大別でき，いずれも工場製作した部材を現場で取り付けるのが特徴である。工場でサッシからガラスまで取り付けて仕上げる。こん包された状態で現場に運搬され，鉄骨の組立てを追ってクレーンで取り付ける。外壁として耐火，耐風圧，断熱，遮音，耐水，耐候性などのほか，地震時の変位に追随する性能が必要となる。

ガードインタバル　guard interval　無線LANや地上波デジタル放送などで使われる変調方式で，データを伝送する際に信号に付加する冗長部のこと。建物や壁に電波が反射して遅延が生じる「マルチパス」という現象を回避し，受信時に正確な信号を復元することができる。

カードキー　card key　カード形式の鍵。カードには接触式（紙カード，磁気カード），非接触式（ICカード）などの種類がある。

カードリーダ　card reader　磁気カード，ICカードなどに記録された情報を読み取り，その情報を電子計算機に入力する装置。

カーボンニュートラル　carbon neutral　生産活動を行う場合に排出される二酸化炭素（カーボン）の量と吸収される二酸化炭素の量が同じ量である状態のこと。バイオマスを燃焼すると二酸化炭素を発生するが，植物は成長過程で光合成により二酸化炭素を吸収しているので，ライフサイクル全体で見ると大気中の二酸化炭素を増加させず，収支はゼロとなる。また，事業活動などで生じる二酸化炭素の排出量を，植林や自然エネルギーの導入などによって実質的に相殺してゼロに近づける取り組みのことも指す。

がい管　──かん　porcelain bushing, hollow insulator　磁器などの絶縁体からなる管状の絶縁物。計器用変成器，避雷器，遮断器，ブッシングなどの外殻絶縁体として，あるいは導体の支持に使用する。

外気取入制御　がいきとりいれせいぎょ　control of outdoor air intake　室内環境指標の1つである室内のCO_2濃度が一定以下になるように，適正量の外気を取り入れる制御。一般には室内のCO_2濃度を検出し，外気取入ダンパの開度を調節する。

外気冷房制御　がいきれいぼうせいぎょ　cooling control with outdoor air　外気が室内を冷房できる状態のとき，室内の冷房負荷に応じて積極的に外気を取り入れ，冷却

熱量として利用し省エネルギーを図る制御。事務所ビルでは，照明やパーソナルコンピュータなど事務機器の発熱のため，室内が冷房モードの場合が多く，外気の有効利用により省エネルギーを図ることができる。

開口補強 かいこうほきょう opening reinforcement 鉄骨造，鉄筋コンクリート造又は鉄骨鉄筋コンクリート造の建物の壁，床又ははりに設ける設備用の開口部分及び窓などの開口部分の強度低下を防ぐために，その周辺部分を鉄筋などで補強すること。

がいし insulator 電気導体を絶縁して支持するための絶縁体と，これと一体に組み立てられた金具とからなる絶縁支持物。懸垂がいし，長幹がいし，ピンがいし，耐張がいし，引留がいし，支持がいし，ノブがいしなどがある。磁器製のほか合成樹脂製のものがある。

改質器 かいしつき reformer 水蒸気改質法によって水素濃度の高いガスを得る反応器。燃料電池で電気を作る過程で，都市ガス，LPガスなどの燃料から水素を取り出すために用いる。

がいし引き工事 ——び—こうじ wiring on insulators 絶縁性，難燃性及び耐水性のがいし（主に陶器製）を用い，絶縁電線を造営材に固定して施設する工事方法。

界磁巻線 かいじまきせん field winding 発電機又は電動機の固定磁界を発生させるための巻線。

回生制動 かいせいせいどう regenerative braking 駆動している電動機を発電機として動作させ，その電気エネルギーを回収する制動。電力回生ブレーキともいう。エレベータ，電車などで用いていたがハイブリッド自動車，電気自動車などでも用いるようになった。

解析器 かいせきき analyzer ＝アナライザ

回線終端装置 かいせんしゅうたんそうち optical network unit ＝ONU

回線接続装置 かいせんせつぞくそうち

digital service unit, DSU ISDN デジタル回線から信号を受け取り，端末アダプタなどのISDN対応機器が扱えるように信号を変換する機能を持った機器。

階層形システム かいそうがた—— hierarchical system 大規模な監視制御システムにおいて，より制御対象に近い下位階層から全体を管理する上位階層までを階層構造に構築するシステム。分散配置された監視制御対象設備を機能，運用，維持管理の面から設備単位ごとに分割し，その単位ごとに監視制御装置を設ける。さらに，これらの装置をいくつかまとめて監視制御する上位の監視制御システムを設け，最上位となる管理システムで全体を総合的に管理する階層構造とする。各階層での機能分散，負荷分散を適切に行うことにより，監視制御機能の高度化，高速化，拡張性，信頼性の高いシステムを実現できる。

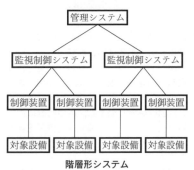

階層形システム

解像度 かいぞうど resolution 画像の細かさを表す値。1画面を表示する画素数又は走査線の本数で表す。テレビジョン系の画像の良さを表す量の1つで，画像の高さ（縦寸法）に含まれる黒と白のしまの総本数で表す。

階段状先行放電 かいだんじょうせんこうほうでん stepped leader →先行放電

階段通路誘導灯 かいだんつうろゆうどうとう luminaire for emergency staircase sign 階段室内に設置し避難上必要な照度を確保するとともに避難方向の確認（当該階の表示）ができる防災用照明器具。 ⇨

誘導灯

回転球体法 かいてんきゅうたいほう rolling sphere method 2つ以上の受雷部に同時に接するように又は1つ以上の受雷部と大地とに同時に接するように球体を回転させたときに，球体表面の包絡面から被保護物側を保護範囲とする方法。球体の半径 R は雷撃距離から導かれ，保護レベルに応じて 20～60 m を適用する。図の斜線部分が保護範囲である。

球体半径

保護レベル	I	II	III	IV
球体半径(m)	20	30	45	60

回転球体法

回転子 かいてんし rotor 発電機及び電動機を固定部分と回転部分とに分けたときの回転部分。ロータともいう。発電機及び電動機の巻線は電機子巻線と界磁巻線とに分けることができ，電機子巻線は変動磁界又は回転磁界を発生し，界磁巻線は固定磁界を発生する。直流機では電機子巻線が回転子となり，交流機では界磁巻線が回転子となる。

外燃機関 がいねんきかん external combustion engine 機関内部にある気体を機関外部の熱源で加熱又は冷却を繰り返して気体を膨張又は収縮させ，熱エネルギーを運動エネルギーに変換する原動機。代表的なものとして，蒸気機関，蒸気タービンがある。⇨内燃機関

外部異常電圧 がいぶいじょうでんあつ external abnormal overvoltage 雷過電圧のこと。この用語は，現在は使われていない。別称として外雷とも呼んでいた。

回復充電 かいふくじゅうでん recovery charge 蓄電池が放電した後，その能力を回復させるため，定められた電圧まで行う充電。均等充電及び急速充電の方法がある。

外部雷保護システム がいぶらいほご── external lightning protection system 受雷部，引下げ導線及び接地極からなる建築物等の雷保護システム。

開閉 かいへい switching 電路を電気的に分離又は接続すること。

開閉インパルス電圧 かいへい──でんあつ switching impulse voltage →インパルス電圧

開閉過電圧 かいへいかでんあつ switching overvoltage 遮断器，断路器などの開閉操作によって系統のある地点の相-大地間又は相間に生じる過渡過電圧。一般には波頭長が 20～5 000 μs，波尾長が 20 ms 以下の波形である。しかし，ガス絶縁開閉装置用断路器の開閉時に生じる過電圧は，波頭長が 0.1 μs 以下，持続時間が 3 ms 未満の波形である。開閉過電圧は真空遮断器による無負荷変圧器の励磁電流遮断の裁断現象で生じることがある。

開閉器 かいへいき switch 電路を開閉する装置。スイッチともいう。平常時の負荷電流を開閉でき，一般的には短絡電流など，異常電流の遮断はできない。高圧用では断路器，高圧交流負荷開閉器，高圧カットアウト，高圧電磁接触器など，低圧用では刃形開閉器，箱開閉器，電磁接触器，交流電磁開閉器，カットアウトスイッチ，スナップスイッチ（タンブラスイッチ，ボタンスイッチ，ロータリースイッチなど），タイムスイッチ，フロートスイッチ，自動点滅器などがある。

開閉サージ かいへい── switching surge 開閉過電圧を進行波として特徴的に捉えた表現。

開放形受電設備 かいほうがたじゅでんせつび open type power substation 変圧器，遮断器，断路器などの主要な回路機器を架台又は基礎上に設置し，主要な機器間を接続する電線，銅帯，銅棒などを鉄構やパイプフレームにがいしなどで支持する受電設備。主要機器や配線の状況，状態を目視確認しやすい構造のため保守点検に便利であ

るが，充電部が遮蔽されていないため小動物の侵入，塩じん害などの外部環境の影響を受けやすく，感電などの安全対策上にも注意が必要である。

開放型特定共同住宅等 かいほうがたとくていきょうどうじゅうたくとう　open type specific apartment house　総務省令で定める特定共同住宅。住戸などで火災が発生した場合，廊下・階段室などのスプリンクラが作動しなくても，出火住戸などの開口部から噴出した熱気流により避難行動や消火活動に支障を生じないように，熱気流を排出するための開放性を十分に有していると判断されるもの。

開放サイクル かいほう──　open cycle　外気を吸入し，燃焼ガスを排気として大気中に開放する熱サイクル。ディーゼル機関，ガス機関，ガスタービンなどの内燃機関はすべて開放サイクルである。

海洋温度差発電 かいようおんどさはつでん　ocean thermal energy conversion　海洋の表層海水と水深600〜1000mの深層海水との温度差を利用した発電。液化アンモニアなどの熱媒体を表層海水で気化させてタービンを駆動して発電し，気化したガスは深海から汲み上げた深層海水で冷却液化する。表層海水と深層海水との温度差10〜20℃程度を利用する。

外雷 がいらい　＝外部異常電圧

解列 かいれつ　parallel off　商用電力系統に系統連系した需要家の発電設備をその系統から切り離すこと。

回路素子 かいろそし　circuit element　電気及び電子回路の構成要素であるダイオード，トランジスタ，IC，抵抗，コンデンサ，コイルなどの部品やデバイスのこと。ダイオード，トランジスタなどのように整流，増幅又はエネルギー変換を行う部品を能動素子，抵抗，コンデンサ，コイルなどのように整流，増幅又はエネルギー変換を行わない部品を受動素子という。

加煙試験器 かえんしけんき　smoke tester　スポット形煙感知器の現場作動確認に使用する試験器。線香の煙を使用するものと，火を使わずにガスを使用して試験を行うものとがある。加煙試験器本体は，日本消防設備安全センターの認定品で10年ごとの校正が必要となる。

過給機 かきゅうき　supercharger　内燃機関の吸込空気の流量を増加するためにエンジンの吸込側に設置する圧縮機。内燃機関の機関出力を増加するために用いる。過給機付機関では，負荷投入率が小さくなる。

架橋ポリエチレン絶縁ビニルシースケーブル かきょう──ぜつえん──　cross-linked polyethylene insulated polyvinyl chroride sheathed cable　絶縁体として架橋ポリエチレンを使用し，シースとしてビニルを被覆した電力ケーブル。一般にCVケーブルという。単心ケーブルを2本よったデュプレックス形のものをCVD，3本よったトリプレックス形のものをCVT，4本よったカドラプレックス形のものをCVQという。性能，コストの両面で優れているので低圧から特別高圧まで広い範囲で用いる。高圧及び特別高圧架橋ポリエチレンケーブルは，絶縁体とシースとの間に金属テープなどの遮蔽層を設けてある。

加極性 かきょくせい　additive polarity　→減極性

架空地線 かくうちせん　overhead earthed wire（英），overhead ground wire（米）　送電線や配電線の直撃雷及び誘導雷を防ぐために，送電鉄塔や配電柱の最上部に架線し接地した線。雷の直撃を防止するとともに静電遮蔽効果によって誘導雷電圧も制限できる。架空地線に吸引された雷撃電流は鉄塔又は接地線を通して大地に放流する。亜鉛めっき鋼より線のほか，送電線では鋼心イ号アルミ合金より線やアルミ覆鋼より線などを用いるほか，通信線の機能を併せ持つ光ファイバ複合架空地線（OPGW）などを使用している。

架空電線路 かくうでんせんろ　overhead electric line　木柱，鉄柱，鉄筋コンクリート柱，鉄塔などの支持物に取り付けたがいしなどを用いて電線を空中に施設した電線路。

架空引込線 かくうひきこみせん　overhead

service drop wire 架空電線路の支持物から他の支持物を経ないで需要場所の取付け点に至る架空電線。

拡散 かくさん diffusion 放射が，その単色放射成分の周波数を変えることなく，ある表面又はある媒質によって多くの方向に散らされて，その方向を変える過程。散乱ともいう。

拡散照明 かくさんしょうめい diffused lighting 作業面又は対象物への光照射に特定の方向性がなく，いずれの方向からもほぼ均等に入射する照明。光源からの光を板状やドーム状の拡散板に反射又は透過して照射角を調整し，均一に明るい照明効果を演出する。

拡散電流 かくさんでんりゅう diffusion current 〔1〕半導体内部のキャリアの濃度差によって生じる電流。キャリアの濃度差と絶対温度に比例する。〔2〕電気分解などで物質の拡散によって生じる電流。

拡散反射 かくさんはんしゃ diffuse reflection 反射の法則と無関係に多くの方向に拡散する反射。乱反射ともいう。艶なし塗料を塗布した物体の表面では拡散反射の割合が強く，艶あり塗料を塗布した物体の表面では正反射の割合が強くなる。

角周波数 かくしゅうはすう angular frequency 円運動などの周期現象の1周期を 2π（rad）とした場合における，1秒間の角度の変化量。記号は ω，単位はラジアン毎秒（rad/s）。等速円運動では周波数を f とすると角周波数は $\omega=2\pi f$ である。

拡声器 かくせいき loudspeaker ＝スピーカ

拡声設備 かくせいせつび loudspeaking equipment 音声を電気エネルギーを用いて大きくする装置。マイクロホン，増幅器，スピーカなどで構成する。

角速度 かくそくど angular velocity 物体及び質点がある中心点の周りを運動するときの回転速度。記号は ω。単位はラジアン毎秒（rad/s）。回転の中心からの距離を r，物体の速度を v とすると角速度は $\omega=(r\times v)/r^2$ である。角速度の大きさが角周波数である。

拡張現実 かくちょうげんじつ augmented reality 人が知覚する現実環境を電子計算機により拡張する技術，及び拡張した現実環境。専用のゴーグルや機器などを通して見た現実の風景に，文字や画像，映像などの電子情報を重ね合わせて表示することで，肉眼では見えない部分を見えるようにし，関連情報を提供する実装例がある。

確度階級 かくどかいきゅう accuracy classification 計器用変成器の確度を示す階級。定格負担のもとで，定格周波数の定格電流又は定格電圧を加えたときの比誤差の限度値で表す。確度とは，指定された条件における誤差限界で表した計測器の精度をいう。例えば，表に示す確度階級1P級の変流器とは，定格負担のもとで，定格周波数の定格電流を通じたときの比誤差の限度が±1%の一般保護継電器用の変流器をいう。

変流器の確度階級

確度階級	用途	比誤差（%）(定格1次電流)
1P級	一般保護継電器用	±1.0
3P級		±3.0
1PS級	低電流域でよい確度を必要とする保護継電器用	±1.0
3PS級		±3.0
PL級	高インピーダンス形差動継電器用	規定しない
1T級	高速度継電器用	±1.0
3T級		±3.0
3G級	地絡継電器用	±3.0
5G級		±5.0
10G級		±10.0

家具用コンセント かぐよう―― furniture outlet-socket 家具に取り付けるコンセント。ホテルでのナイトテーブル，テレビ又は冷蔵庫の組込み台などの据付家具，家庭での学習机などに用いる。

化合物太陽電池 かごうぶつたいようでんち

compound semiconductor cell 複数の元素から成る化合物半導体を用いた太陽電池。構成要素によって、Ⅲ-Ⅴ族化合物太陽電池、Ⅱ-Ⅵ族化合物太陽電池、Ⅰ-Ⅲ-Ⅵ族化合物太陽電池などに分類する。GaAs 太陽電池、InP 太陽電池、CdS 太陽電池、CdTe 太陽電池、CIS 系太陽電池などがある。

仮想水 かそうすい virtual water 輸入する資源生産のために輸出国側で消費された推定水量。輸入する資源は疑似的にその生産のための消費水量も輸入するとみなす。日本では国内の年間実消費水量と同程度である。

かご形誘導電動機 ――がたゆうどうでんどうき squirrel-cage induction motor 2次巻線が回転子のスロット内に収めた棒状の導体と鉄心の両外側でこれらを短絡する端絡環とからなる誘導電動機。回転子導体の抵抗が比較的小さいため、始動電流が大きい（全負荷電流の約6～8倍）、始動トルクが小さい（全負荷トルクの約1.25～1.5倍）という欠点があるが、運転時の効率がよく、構造が簡単で安価であるため小容量のものに多用される。普通かご形のほか、特殊かご形としてかご形巻線を2段にした二重かご形及び溝の深さを幅に比べて大きくした深溝かご形の2種類がある。いずれも漏れリアクタンスを増加させて始動電流を小さくし、始動トルクを大きくしたものである。

火災警報 かさいけいほう fire alarm 感知器又は発信機からの火災信号によって受信機が動作し、火災の発生を防火対象物の関係者又は消防機関へ報知すること。アナログ式受信機における熱又は煙の程度に関する火災情報信号のうち、注意表示は含まない。

火災信号 かさいしんごう fire alarm signal 感知器又は発信機から発する火災発生の信号。アナログ式感知器の場合は、火災によって生じる熱又は煙の程度及びその他火災の程度に関する信号を特に火災情報信号という。

火災断定 かさいだんてい fire judgment 自動火災報知設備において火災発生と判断する状況。発信機の押しボタンスイッチが操作された場合、複合式感知器で2信号が発信された若しくは複数の感知器から信号が発信された場合、感知器から信号が発信されて一定時間が経過した場合、又は受信機の火災断定ボタンが操作された場合をいう。

火災表示装置 かさいひょうじそうち fire alarm display 自動火災報知設備における受信機、副受信機及び表示器の総称。

火災ブロック別信号 かさい――べつしんごう fire signal for each block 警戒区域別ではなく、発報階別、複数の警戒区域別、棟別などに集約した火災信号。信号の用途によってブロックの分け方が異なる。例えば、地区音響装置及び非常放送装置は、階別のブロックに分け、出火階及び直上階への鳴動を行う。

重ね合わせの理 かさ―あ――り principle of superposition 複数の電源が存在する線形回路上の任意の点の電流及び任意の点間の電圧は、各電源が単独に存在した場合の電流の和及び電圧の和に等しい。単独電源の回路を構成するとき、他の電源が電圧源の場合は短絡し、電流源の場合は開放して扱う。

加算器 かさんき adder, accumulator 複数の入力電圧を加算した値を出力する集積回路で構成した増幅器。

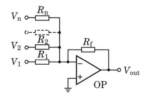

$V_1, V_2 \cdots, V_n$：入力電圧、
$R_1, R_2 \cdots, R_n$：入力抵抗、
R_f：負帰還抵抗、OP：演算増幅器、
V_{out}：出力電圧
$V_{out} = -(V_1/R_1 + V_2/R_2 + \cdots + V_n/R_n)R_f$

加算器

可視光線 かしこうせん visible rays 可視

放射のこと。学術的には用いない。

可視放射　かしほうしゃ　visible radiation　人の眼に入って，直接に視感覚を起こすことができる電磁波。可視放射の波長限界は，一般に短波長側を360〜400 nmの間，長波長側を760〜830 nmの間にとる。人間の眼は，同一エネルギーの光でも波長555 nm付近の黄緑色を明るく，380 nmの紫の部分，780 nmの赤の部分は暗く感じる。一般には可視光線と呼ぶ。

過充電　かじゅうでん　overcharge　蓄電池の実容量を超えて行う充電。この場合の実容量とは，充放電を繰り返すことによって初期容量よりも低下した容量をいう。過充電を繰り返すと，活物質の脱落が起こり，正極板の心金が腐食し寿命が短縮する。

可随電流　かずいでんりゅう　let-go current　→離脱限界電流

ガスエンジン　gas engine　＝ガス機関

ガス機関　――きかん　gas engine　都市ガスなどを燃料とした往復動機関。ガスエンジンともいう。空気及びガスの混合気を吸い込み圧縮し，電気火花によって強制的に点火・燃焼させ，その爆発の膨張力によってピストンを往復運動させる。このピストンの往復運動をクランク軸の回転運動に変え，動力を取り出す。

ガス吸収冷凍機　――きゅうしゅうれいとうき　gas fuel absorption refrigerating machine, gas fuel absorption type refrigerator　燃料ガスを熱源として，冷媒及び吸収剤を用いる吸収冷凍サイクルによって冷却を行い，冷水などを作る装置。燃料ガスは，高温高圧の冷媒蒸気の発生器の加熱に用いる。

ガス緊急遮断弁　――きんきゅうしゃだんべん　gas emergency shut-off valve　建物内でガスの主配管に設け，緊急時に一時的にガスを遮断する弁。地震や火災などの緊急時に手動又は地震計，各種センサなどと連動して自動的にガスを遮断する。

カスケード遮断方式　――しゃだんほうしき　cascade breaking system　＝後備保護方式

ガス遮断器　――しゃだんき　gas circuit breaker, GCB　遮断部の消弧媒体に六ふっ化硫黄（SF_6）ガスを用いた遮断器。SF_6ガスは空気の100倍といわれる消弧能力をもつので，20 kV以上の特別高圧，超高圧分野で広く使用しているが，最近では高圧分野でも使用するようになってきた。SF_6ガス特有の熱化学特性により開極時のアーク電流が弧心部に集中して流れ，電流の増減に応じてアークの断面積が変化し，電流零点に近づくにつれてその断面積は急速に小さくなり，零点通過とともに絶縁耐力が回復し遮断が完了する。

ガス絶縁開閉装置　――ぜつえんかいへいそうち　gas insulated switchgear, GIS　遮断器，断路器などの開閉装置とこれらを接続する母線や変成器，避雷器などを接地した金属製の容器に収納し，六ふっ化硫黄（SF_6）ガスを封入した装置。SF_6ガスを0.3〜0.6 MPaにすることで優れた絶縁性能と消弧性能が得られる。気中絶縁に比べて大幅に機器を縮小化でき，20 kV以上の特別高圧，超高圧分野で広く用いる。

ガス絶縁変圧器　――ぜつえんへんあつき　gas insulated transformer　絶縁及び冷却の媒体として六ふっ化硫黄（SF_6）ガスを用いた変圧器。SF_6ガスは化学的に安定した不活性，不燃性，無色，無臭，生理的に無害で腐食性，爆発性もなく，500℃まで安定であるなど熱安定性にも優れた気体である。0.2〜0.3 MPaまで圧縮すると絶縁油に匹敵する絶縁耐力を得られるが，ガス絶縁変圧器では圧力容器の適用を受けない0.125 MPa（at 20℃）前後を使用圧力に選定している。ただし，SF_6ガスは，地球環境に及ぼす影響を考えた取扱い（改修，廃棄時などのSF_6ガス回収）及び比重が空気より大きいのでガス漏れ時の酸欠に注意が必要である。最近では，高圧窒素を封入した変圧器も用いている。

ガス絶縁母線　――ぜつえんぼせん　gas insulated bus　→絶縁母線

ガスタービン　gas turbine　気体を作動流体とするタービン形式の原動機。基本要素は圧縮機，燃焼器及びタービンの3つで構成

し，圧縮機で加圧した気体を燃焼器で加熱し，発生した高温高圧のガスでタービンを回して，圧縮機の駆動及び外部への有効な仕事を取り出す。出力は普通回転力として取り出し，発電機などの動力源として用いる。航空機のジェットエンジンのように，噴流のもっている運動エネルギーを直接推進力として利用するものもある。ディーゼル機関に比べ，回転数が高く，小形・軽量であり，振動が少なく，冷却水が不要であるが，熱効率が低いため，燃料消費率が高く，燃焼空気量も多い。

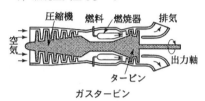

ガスタービン

ガス漏れ火災警報設備 ──もーかさいけいほうせつび gas alarm system 燃料用のガス又は自然発生する可燃性ガスの漏れを検知し，建物内に警報する設備。

ガス漏れ検知器 ──もーけんちき gas detector ガス漏れを検知し，直接又は中継器を介してガス漏れ火災信号をＧ型，ＧＰ型又はＧＲ型受信機に発信する検知器。発信と同時に検知器自体も音響及び音声などにより警報を発する。

風荷重 かぜかじゅう wind load ＝風圧荷重

画素 がそ picture element, pixel, pel 色，輝度などの属性を独立に割り当てることができる表示画像の最小要素。単位はピクセル（pixel）。例えば，デジタルカメラの解像度は，１画面の総画素数で表す。

仮想私設通信網 かそうしせつつうしんもう vertural private network ＝VPN

仮想LAN かそうラン vertural local area network ＝VLAN

カソード cathode 電子回路素子，電気分解の対象物などで電流が流出する側の電極。ダイオード，電気分解などの陰極及び電池の正極がこれに当たる。

カソード防食 ──ぼうしょく cathodic protection 保護する金属を正極として回路を構成し正極上の還元反応によって金属の溶出を防ぐ電気防食。保護する金属よりイオン化傾向の大きい金属を負極として接続し，電池作用により正極から負極へ電流を流し正極へ溶解する犠牲電極法，及び負極にグラファイト，高けい素鋳鉄，磁性酸化鉄などの溶出しにくい電極を用い外部直流電源で防食電流を供給する外部電源防食法がある。電気防食としては一般的な方法である。犠牲電極ともいう。

加速度計 かそくどけい acceleration meter 物体の加速度を測定する計器。重りをばねで支持し加速度の変化量がばねの変位量に比例することを用いて検出する。

片切スイッチ かたぎり── single-pole snap switch 照明器又は小形電気機器などの負荷に電気を供給する，主に100 V回路の配線を１か所で単極単投する場合に用いる低圧屋内配線用スイッチ。

片反射がさ付器具 かたはんしゃ一つききぐ single reflector luminaire 上方へ出る光を不透明の反射材料で覆い配光を変えるために，壁付きの片側部分のみに反射がさを付けた蛍光灯器具。主に，天井が高い場所で天井の反射が期待できない場合に用いる。

型枠 かたわく form, mold コンクリートを所定の形に成形するためのせき板と支保工から成る仮設枠。仮枠ともいう。直接コンクリートに接するせき板には木製（合板）及び鋼製のものがある。

可聴信号 かちょうしんごう audible signal tone 電話交換機から可聴音で利用者にネットワークの接続状態を伝える信号。電話サービスにおける可聴信号の例として，発信者呼出音，話中音，通話中着信表示音などがある。

活線近接作業 かっせんきんせつさぎょう working near live conductor 充電電路の近くで工事，点検修理などを行う作業。⇒低圧活線近接作業，高圧活線近接作業，特別高圧活線近接作業

活線作業 かっせんさぎょう live working

カツセ

充電回路の工事，点検修理などを行う作業。
⇨低圧活線作業，高圧活線作業，特別高圧活線作業

活線作業用器具　かっせんさぎょうようきぐ　portable equipment for live working　握り部分を絶縁材料で作った棒状の器具。断路器操作用フック棒，ホットスティックなどがある。高圧充電回路の点検，修理，絶縁用防具の装着，取外しなどの作業を行う場合に用いる。

活線作業用装置　かっせんさぎょうようそうち　equipment for live working　対地絶縁を施した活線作業車又は活線作業用絶縁台。高圧充電回路の点検，修理などそれら充電回路を取り扱う作業を行う場合に用いる。

滑走路灯　かっそうろとう　runway edge light　離陸又は着陸しようとする航空機に滑走路を示すために設置する航空灯火。

カットアウト風速　——ふうそく　cut-out wind velocity　利用可能な動力を生む風車の軸位置における平均風速の最大値。この風速を超えると風車を保護するために停止させる。小形の風車では 15 m/s，大形の風車では 25 m/s 程度である。

カットイン風速　——ふうそく　cut-in wind velocity　利用可能な動力を生む風車の軸位置における平均風速の最小値。この風速を超えると風車が発電を開始する。小形の風車では 1.5 m/s，大形の風車では 4.0 m/s 程度である。

カットオフ　cut-off　グレアを減らすために，光源及び高輝度面が直接見えないように隠す技法。照明器具の水平方向の配光を制限したものをカットオフ形，制限していないものをノンカットオフ形，その中間のものをセミカットオフ形という。主として道路照明に用いる。

カットオフ形照明器具　——がたしょうめいきぐ　cut-off type luminaire　水平方向に近い配光を制限し，車両の運転者に対するグレアを厳しく制限した照明器具。道路照明に用いる。JIS では配光性能をランプ光束 1 000 lm 当たりの光度が水平角 90° において鉛直角 90° で 10 cd 以下，鉛直角 80° で 30 cd 以下と定めている。

カッドより線　——せん　four-stranded wire　4 本の電線をより合わせて 1 組（カッド）とした通信用ケーブルの構成要素。星形カッドともいう。カッドは quadruple の略。カッドより線を多数より合わせて通信用ケーブルを形成する。対角線上に位置する導体が対となる。

カップリング　coupling　電線管相互を接続するために用いる電線管用付属品。適用する電線管に応じてそれぞれの規格が JIS に定められている。

家庭用電気機械器具　かていようでんききかいきぐ　household electrical appliance　テレビジョン受信機，電気冷蔵庫，電気洗濯機，電気ストーブ，電気スタンド，白熱電灯，放電灯（安定器又は変圧器が別置されているものを除く。）その他これらに類する電気機械器具であって，主として家庭で使用されるもの。

カテナリ照明　——しょうめい　catenary lighting　建築物又は支持柱にカテナリ線を張り，それに高さをそろえて多数の照明器具を取り付ける照明方式。

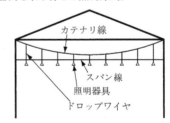

カテナリ照明

過電圧　かでんあつ　overvoltage　〔1〕通常の運転電圧を超える電圧。〔2〕正規運転条件による安定状態での最高電圧に相当するピーク値を超えるピーク電圧（IEC）。〔3〕商用周波数における数秒以上続く高電圧の実効値（IEEE）。〔4〕落雷によって生じる電圧。

過電圧継電器　かでんあつけいでんき　overvoltage relay, OVR　設定値以上の電圧が入力端子に加わったときに動作する保

護継電器。受電設備では，系統からの異常電圧や過大進相容量による母線電圧の上昇を検出するために用いる。

過電圧投入　かでんあつとうにゅう　over-voltage closing control　＝差電圧投入

過電圧保護　かでんあつほご　overvoltage protection　過電圧から電気機器及び電線の絶縁破壊を回避すること。一般的に避雷器，サージ吸収器，過電圧継電器などを用いる。

過電流　かでんりゅう　overcurrent　過負荷電流及び短絡電流の総称。

過電流強度　かでんりゅうきょうど　over-current intensity　変流器の1次巻線に1秒間過電流を流したとき，熱的，機械的損傷に耐える限度を示す数値。一般に定格1次電流に対する倍率で表し，定格過電流強度として40，75，150及び300倍があり，変流器を通過する最大短絡電流に見合ったものを選定する。

過電流継電器　かでんりゅうけいでんき　overcurrent relay，OCR　入力電流が整定値を超える過電流になったときに動作する継電器。過電流には短絡による異常電流と過負荷電流とがある。過電流継電器の機能には，短絡電流に対しての瞬時動作と過負荷電流に対しての時延動作（反限時特性）の2要素がある。なお，動作方式には静止形と誘導形の2種類があり，静止形の場合は過負荷電流に対しても時延をもたずに瞬時動作するものがあるので，負荷設備の保護又は制御目的に合わせて動作方式を選定する。

過電流遮断器　かでんりゅうしゃだんき　overcurrent protective device　過電流が生じたときに電路を自動的に遮断する装置。過電流から電線及び電気機械器具を保護するとともに過電流に起因する火災を防止するために設ける。低圧電路では，ヒューズ，配線用遮断器又は過負荷保護装置と短絡保護専用遮断器若しくは短絡保護専用ヒューズとを組み合わせた装置を用いる。高圧及び特別高圧の電路では，ヒューズ又は過電流継電器で動作する遮断器を用いる。

過電流遮断特性　かでんりゅうしゃだんとくせい　breaking overcurrent characteristic　遮断器が過電流を遮断するときの動作特性。電流の大きさにより過負荷遮断及び短絡遮断特性がある。

過電流定数　かでんりゅうていすう　over-current constant　変流器の過電流領域における特性を表し，定格周波数及び任意の2次負担において，変流器の比誤差が－10％になるときの1次電流を定格1次電流で除した値。定格2次負担（力率0.8遅れ電流）における過電流定数を定格過電流定数といい，$n>5$, $n>10$, $n>20$などと表す。短絡電流のような大きな電流が流れると，変流器の鉄心の飽和によって2次側には1次電流に比例した電流が流れなくなることがあるので，回路の短絡電流に対応する過電流定数をもった変流器を選定しなければならない。過電流定数と負担との積はほぼ一定なので，使用負担が定格負担の1/2であれば，過電流定数は約2倍になる。

過電流保護器　かでんりゅうほごき　over-current protective device　回路の電線に流れる電流が指定の時間に対し指定の値を超えたとき回路を遮断するための器具。過電流遮断器と同義語である。

過電流保護協調　かでんりゅうほごきょうちょう　overcurrent protection coordination　電路に過負荷又は短絡を生じたとき，故障回路の保護装置だけが動作して，他の健全な回路では給電を継続し，保護装置自身及び配線や機器が損傷しないように動作特性を調整すること。高圧需要家における保護装置の時限協調の例を次頁の図に示す。F点の短絡時には，CB_1及びCB_2に短絡電流が流れるが，動作時限を適正に設定することによってCB_2のみを遮断し，CB_1は遮断せず残りの健全回路である負荷Bへの給電を継続する。過電流保護協調を図る場合には遮断器の定格遮断時間並びに保護継電器の動作時間及び慣性特性を考慮しなければならない。

過電流ロック方式　かでんりゅう――ほうしき　overcurrent lock system　開閉器にそ

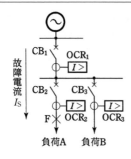

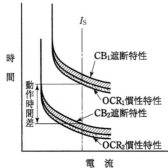

保護装置の時限協調

の開閉能力以上の電流が流れたときに，開路しないようにする方式。例えば，地絡保護継電装置付き開閉器では，地絡故障時に開閉器が動作するが，同時に短絡故障が発生すると，過電流ロック機構が優先的に働き開閉器は動作しない。

可とうケーブル　か――　flexible cable　使用に当たって可とう性をもつように製造されたケーブル。通常，細い素線を束より（集合より）した導体を使用し，絶縁，外装，補強などもそのように配慮される。可とうケーブルは IEC で使用している用語で，我が国ではキャブタイヤケーブル及びコードが該当する。

可動コイル形計器　かどう――がたけいき　moving-coil type instrument　永久磁石のつくる磁界中に配置された可動コイルに測定電流を流し，生じた駆動トルクに比例して指針を動作させる計器。制動ばねによる制御トルクはコイルの回転角に比例する。両方のトルクが釣り合ったときに静止するので，コイルの指示（回転角）が測定電流を示す。直流専用で精度も良く，一般に測定電流は数 mA から数十 mA 程度である。永久磁石可動コイル形計器ともいう。

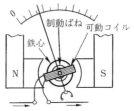

可動コイル形電流計

可とう継手　か――つぎて　flexible joint ＝フレキシブルジョイント

可動鉄心　かどうてっしん　plunger　軸方向に動くピストン形の鉄心。プランジャともいう。応用例には，棒状又は筒状の鉄心に隙間を介してコイルを巻きコイルの内側に作用する電磁力により固定鉄心に吸引するプランジャ形保護継電器がある。

可動鉄片形計器　かどうてっぺんがたけいき　moving-iron type instrument　固定コイルに測定電流を流し，その発生磁界によってコイル中に配置した可動鉄片が磁化され，吸引力又は反発力による駆動トルクに比例して指針を動作させる計器。交直両用であるが，主として商用周波の交流用電圧計，電流計に用いる。構造が簡単で丈夫であり，過電流に対しても強く，取り扱いやすいが，精度は低い。

可動鉄片形計器

可とう電線管　か――でんせんかん　flexible conduit　自在に曲げることができる電線管。金属製及び合成樹脂製がある。鋼製電線管又は合成樹脂管とは異なり，曲げ加工が不要で省力化が図れる。

可とう導帯　か――どうたい　flexible conductor ブスバーやバスダクトの導体と変圧器のブッシングとの接続部など，可とう性を要求される箇所の振動吸収及び長さ調整を目的として使用する導体。細い導線を編み合わせた編組形導帯及び薄い銅板を重ね合わせたコーベル形導帯の2種類がある。

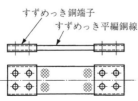

編組形導帯

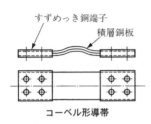

コーベル形導帯

可とうより線 か——せん flexible stranded-conductor ＝集合より線

稼働率 かどうりつ availability ratio 一定の期間内における設備の実稼働時間の最大稼働時間に対する比。

過渡過電圧 かとかでんあつ transient overvoltage 数 ms 以下の振動性又は非振動性で，一般に減衰が大きく継続時間が短い過電圧。開閉過電圧，間欠アーク地絡による過電圧などがある。

過渡現象 かとげんしょう transient phenomena 電気回路において，ある定常状態から別の定常状態に移るまでの短時間に現れる現象。リアクトルやコンデンサを接続した回路を開閉した瞬間に，定常状態に移行するまでに現れる電圧や電流の大きな変化などがある。

過渡短絡電流 かとたんらくでんりゅう transient short circuit current 同期機の三相短絡時に，数サイクルの間に急激に減衰する初期過渡時の短絡電流を除いて，緩やかな減衰曲線を短絡直後に延長した電流。短絡電流は数秒後に定常短絡電流となる。

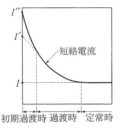

I''：初期過渡短絡電流
I'：過渡短絡電流
I：定常短絡電流

同期機の三相短絡電流

過渡リアクタンス かと—— transient reactance 三相短絡時数サイクル後における同期機のリアクタンス。記号は x_d' で表す。過渡短絡電流を制限する。同期リアクタンス (x_d) の電機子漏れリアクタンス (x_{ad}) に界磁巻線漏れリアクタンス (x_f) が並列に付加される。回路の短絡電流や瞬時電圧変動の計算には，過渡リアクタンス及び初期過渡リアクタンスの平均値を用いる。
⇒同期リアクタンス，初期過渡リアクタンス

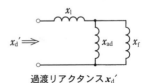

過渡リアクタンス x_d'

かな計り図 ——ばか——ず sectional detail drawing 建物地盤基準点，床高，天井高，軒高，腰高，窓高など高さ関係を示す垂直断面図。矩計（かなばかり）図。通常，材料，施工詳細などが示される。

加入者系固定無線アクセス かにゅうしゃけいこていむせん—— fixed wireless access インターネットに接続するための回線を無線化し，低コストで提供する加入者系のデータ通信サービス。加入者と通信事業者の回線に無線回線を使用するため，ケーブル敷設にかかるコストを削減すること

ができる。日本ではWLLと呼んでいたが，無線通信に関する国際的な標準化団体（ITU-R）の勧告によりFWAに用語を統一した。

加熱温度曲線 かねつおんどきょくせん heating temperature curve 建築物の壁，柱，はり，床（天井を含む），屋根などの構造部分の耐火試験において，加熱炉内温度の時間的経過を示す標準曲線。加熱等級には，30分加熱，1時間加熱，2時間加熱，3時間加熱及び4時間加熱がある。

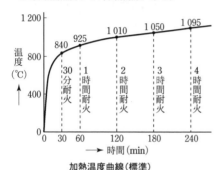

加熱温度曲線（標準）

過熱保護形安定器 かねつほごがたあんていき overheat protection ballast 絶縁不良などで過熱することを防止する機能をもった安定器。温度ヒューズ又は電流ヒューズを内蔵するのが一般的である。

可燃性 かねんせい combustibility 物質がもつ燃焼する性質。所定の試験の結果によって，易燃性，難燃性などに分ける。

カバー付ナイフスイッチ ―――つき――knife switch with cover 台付きのナイフスイッチ前面の充電部をブレードが出入りする溝のある樹脂製のカバーで覆い，カバーを開けることなく電路の開閉操作が手動で安全にできるようにしたもの。主に，屋内の交流250V以下の電路で主幹開閉器，分岐開閉器及び電灯，電熱などの操作開閉器として用いる。

カバー付ナイフスイッチ

ガバナ governor ＝調速機

過負荷運転 かふかうんてん overloading 変圧器の巻線温度上昇が許容値を超えないように，短時間，過負荷で運転すること。例えば，油入変圧器は平均周囲温度を25℃として巻線温度が95℃で連続使用して，30年の寿命をもつように設計されているが，周囲温度が25℃より低い場合や常時軽負荷で短時間のみ過負荷になる場合など条件によって過負荷が可能となる。電気学会技術報告「油入変圧器の過負荷運転指針」参照。モールド変圧器などについても過負荷運転が可能であるが，周囲温度と巻線の温度上昇時定数によって決まってくるので，製造業者の技術資料による必要がある。

過負荷継電器 かふかけいでんき overload relay 負荷電流が予定値以上に達したとき，それを検出して所定の時間でその接点を開路又は閉路する継電器。

過負荷耐量 かふかたいりょう overload capacity 電気機器が定格容量を超えて，異常を生じさせることなく運転できる容量。過負荷運転時の周囲温度，運転時間，初期負荷などの条件により変わる。

過負荷電流 かふかでんりゅう overload current 電気機器の定格電流又は電線の許容電流を超え，その継続時間との関係で機器又は電線を損傷するおそれがある電流。短絡電流は含まない。また，電動機の始動電流や変圧器の励磁突入電流などとは区別して考える。

過負荷特性 かふかとくせい overload characteristic 電気機器が定格容量を超えた負荷で運転したときの特性。変圧器ではその部材が熱容量をもっているので，短時間の過負荷運転を許容している。電動機では過負荷運転を許容しないので，適切な過負荷保護が必要である。

過負荷保護 かふかほご overload protection　電気機器の過負荷状態を検出して，回路から切り離し，機器・電線の過熱・焼損を防止すること。過負荷検出の主な方法には，電気回路の過負荷電流を検出するもの，機器内部に温度検出器を埋め込むものなどがある。電流検出には，熱動形継電器，過電流継電器，配線用遮断器などを用いる。温度検出には，サーミスタ，バイメタルなどを用いる。

壁材一体形太陽電池アレイ　かべざいいったいがたたいようでんち―― facade integrated photovoltaic array　太陽電池モジュールと壁建材とを接着剤，ボルトなどで一体構造にした太陽電池アレイ。モジュールと壁建材とは物理的に分割できる。

壁材形太陽電池アレイ　かべざいがたたいようでんち―― facade material type photovoltaic array　太陽電池自体又は太陽電池モジュールの構成材料が壁建材を兼ねる太陽電池アレイ。モジュールと壁建材とは物理的に分割できない。

壁設置形太陽電池アレイ　かべせっちがたたいようでんち―― facade mounted type photovoltaic array　壁に架台などの支持物を介して太陽電池モジュールを設置する太陽電池アレイ。壁材としての機能はもたない。

可変水量方式　かへんすいりょうほうしき　variable water volume system　空調負荷の変動に対応して，温水や冷水の循環水量を制御する方式。定流量方式より搬送動力を低減することができる。制御方法には，循環ポンプ台数制御，循環ポンプ可変速制御，二方弁制御などがあり組合わせて用いる。

可変速制御　かへんそくせいぎょ　variable speed control　電動機の回転速度又はそれによる動力設備負荷の速度を変化させる制御。直流機は界磁電流，電機子電流又は電機子電圧を，交流機は主に周波数を制御することによって回転速度を変化させることができる。始動電流を小さく抑えることができ，連続的に幅広い範囲で変速ができる。近年，インバータ制御方式が広く普及してきており，省エネルギー効果もある。

可変電圧可変周波数変換装置　かへんでんあつかへんしゅうはすうへんかんそうち　variable voltage variable frequency converter, VVVF converter　電圧と周波数とを可変制御する電力変換装置。誘導電動機の回転速度制御などに用いる。誘導電動機のトルクは電圧/周波数の2乗に比例することから，トルクが一定の運転をするためには電圧と周波数の比を一定とする必要がある。

可変電圧単巻変圧器　かへんでんあつたんまきへんあつき　variable voltage autotransformer　単巻変圧器の出力側の片端を滑り接触させて，変圧比を変え，出力電圧を可変にした変圧器。スライダックともいう。

可変ピッチ装置　かへん――そうち　variable pitch device　飛行機，船，風車などのプロペラの風に対するブレードの角度を変化させる装置。最も適した効率を得るため，又はブレードの回転数が定格を超えないようにするために用いる。

可変風量方式　かへんふうりょうほうしき　variable air volume system, VAV　室の熱負荷に応じて送風量を変えて冷暖房を制御する空調方式。風道に可変風量装置を取り付け吹出口に至る風量を室温により自動制御する。送風温度を一定にして風量を制御する方式と送風温度及び風量を制御する方式とがある。吹出口ごとの個別制御が可能で，送風機の回転数制御などによる風量制御を併用すれば搬送動力を削減できる。

加法混色　かほうこんしょく　additive colour mixing　互いに独立した色である原色の光を組み合わせて色を表現する手法。CRT，液晶ディスプレイ，舞台照明などで光を組み合わせて色を表現する場合に用いる。代表的な三原色として赤，緑，青を用いている。人が知覚できる色の範囲を色度図として表すと，馬てい形の曲線で囲まれた範囲となるが，三原色はこの図上で三角形の頂点となり，三角形の内部が三原色によって表現できる色の範囲となる。XYZ表色系では三原色の波長を赤:700 nm，緑:546.1 nm，青:435.8 nmと定めている。

過放電 かほうでん over discharge 蓄電池が放電終止電圧以下になるまでの放電。過放電をたびたび行うと，活物質が通常の充電では還元できず不活性化した状態となり，劣化又は使用不能となることもある。

火報連動 かほうれんどう fire alarm interlocking 受信機で受けた火災信号を起動信号として防火戸，防火シャッタなどの防排煙設備その他の設備が連動動作すること。

カメラコントローラ camera controller 監視カメラの視野，画角，焦点などを操作する装置。

画面分割装置 がめんぶんかつそうち divided screen device 複数台のカメラ映像を1画面に同時に表示する装置。防犯カメラなどの映像信号をモニタ画面上で2，4，8又は16分割に表示して監視するのに用いる。

可用性 かようせい availability ＝アベイラビリティ

カラースクローラ colour scrawler（英），color scrawler（米） スポットライトの前に取り付け，ロール上のカラーフィルタを制御して投射光の色を変えるカラーチェンジャ。演出照明などに使用し，最大32色のカラーフィルタがセットできる装置がある。

カラーチェンジャ colour changer（英），color changer（米） スポットライトの前に取り付け，投射光の色を変える装置。舞台照明や景観照明に用い，手動式，電動式，デジタル制御式などがある。

ガラス破壊検知器 ——はかいけんちき glass break detector ガラスの切断又は破壊時に発生する振動又は固有周波数を検知し，信号又は警報を発する機器。警戒対象のガラスに直接取り付け，破壊時の振動を検知する接触形と意匠優先で警戒するガラス付近の壁又は天井に取り付け，破壊音を検知する非接触形とがある。非接触形では，飲食店での食器の音，金属音などで誤作動する場合がある。

仮枠 かりわく form, mold ＝型枠

ガル gal センチメートル毎秒毎秒（cm/s²）で表した加速度の単位。単位記号はGalで表す。SI単位では1 Gal＝0.01 m/s²となり，地表における重力の加速度は980.665 Galである。SI単位ではないが，計量法では重力の加速度及び地震の振動加速度の計量に限定して使用を認めている。

カルバート culvert ＝暗きょ

過励磁 かれいじ overexcitation 変圧器や電動機などで印加電圧が規定値を超え励磁電流が規定値以上に増加し鉄心の磁束が大幅に増加すること。騒音や無負荷損が増加し，鉄心の温度が上昇する。

簡易電気工事 かんいでんきこうじ simplified electric work 自家用電気工作物のうち最大電力500 kW未満の需要設備などの電気工事で簡易な工事。電圧600 V以下で使用する電気工作物の電気工事のうち電線路を除く工事である。認定電気工事従事者は，その作業に従事することができる。

感覚温度 かんかくおんど sensible temperature ＝体感温度

環形蛍光ランプ かんがたけいこう—— circle tube fluorescent lamp ガラス製の発光管を円形状にした蛍光ランプ。一般家庭の天井灯などに広く用いる。

換気 かんき ventilation 空気環境を維持するために室内の空気を排出し外気を取り入れること。

換気空気量 かんきくうきりょう ventilation air capacity 発電機室の室温上昇を抑えるために必要な空気量。流水による冷却方式の場合は次式による。

$$Q = \frac{P_e b H f \times 10^{-3} + 3\,600 P(1/\eta - 1)}{60 t c_p \rho}$$

Q：換気空気量（m³/min）
P_e：機関出力（kW）
b：燃料消費率（g/kW·h）
H：燃料の低位発熱量（kJ/kg）（軽油，重油42 700）
f：機関の放熱率（通常 0.02〜0.13）
P：発電機出力（kW）
η：発電機効率
c_p：乾燥空気の定圧比熱（kJ/kg·℃）（1 013 hPa，30℃で 1.0）
t：発電機室の許容温度上昇値（℃）

ρ：空気密度（kg/m³）（1 013 hPa, 30 ℃で1.165）

ラジエータ冷却方式の場合は，ラジエータファンの風量（m³/min）となる。

環境影響評価法 かんきょうえいきょうひょうかほう Environmental Impact Assessment Law 環境に著しい影響を及ぼすおそれのある事業の実施に際して，その環境への影響について事前に調査，予測及び評価を行い，その結果を公表して地域住民などの意見を聴き十分な環境保全対策を講じることを定めた法律。評価を義務付けられる事業は，規模が大きく環境への著しい影響のおそれがあると認められる道路，ダム，鉄道，空港，発電所などがある。

環境負荷低減 かんきょうふかていげん reduction of environmental impact 人の活動により環境に加えられる影響のうち，環境保全上の支障となるおそれのある要因を低減すること。電気設備においては，廃棄時に汚染物質を排出しない資材及び機材を使用する，高効率機器の使用や再生可能エネルギーを利用するなどの対応をしている。建築物においては日本のCASBEEや米国のLEEDなどの建築環境性能評価制度があり，環境負荷低減性を評価している。

環境マネジメントシステム かんきょう―― environmental management system, EMS 環境方針を作成し，実施し，達成し，見直しし，かつ維持するための組織の体制，活動計画，責任，慣行，手順，プロセス及び資源を含む管理手法。企業活動，製品，サービスの環境負荷の低減など環境パフォーマンスの改善を継続的に実施するためのシステムの構築に活用する。

間欠運転制御 かんけつうんてんせいぎょ intermittent operation control 室内環境など所定の条件を維持できる範囲内で，空調機，送風機，排風機，ポンプなどの機器の始動と停止を繰り返す制御。連続運転よりも電力消費量を少なくすることができる。断続運転制御ともいう。

乾式変圧器 かんしきへんあつき dry-type transformer 鉄心及び巻線が空気中で使用される変圧器。保護ケースなし形，保護ケース形，密封形，閉鎖形がある。巻線の全表面を樹脂又は樹脂を含んだ絶縁基材で覆った乾式変圧器をモールド変圧器という。

慣性動作時間 かんせいどうさじかん overtravel operating time →慣性特性

慣性特性 かんせいとくせい overtravel characteristic 保護装置や継電器などにおいて，動作条件が成立して動作が完了する前に動作条件がなくなったとき，可動部の物理的慣性によって動作が成立しない限界時間を示す特性。この限界時間を慣性動作時間という。過電流継電器の限界時間は一般に誘導形で公称動作時間の60%，静止形で90%である。

慣性モーメント かんせい―― moment of inertia 物体の，ある回転軸に関する慣性の大小を示す量で，その物体の微小部分の質量と，それの回転軸からの距離の2乗との積の総和。質量G，直径Dの回転体の慣性モーメントJは，$J=GD^2/4$（kg・m²）となり，GD^2をはずみ車効果という。電動機では，負荷の慣性モーメントが大きなものは始動時間が長くなる。

間接照度 かんせつしょうど indirect illuminance 壁面又は天上面などで反射された光によって得られる照度。

間接照明 かんせつしょうめい indirect lighting 大きさを無限と仮定した作業面に，発散する光束の0～10%が直接に到達するような配光をもった照明器具による照明。広義には，視線から光源を隠して照明するコーニス照明，コーブ照明，バランス照明なども間接照明と呼ぶことがある。

間接接触保護 かんせつせっしょくほご protection against indirect contact 故障時に充電される露出導電性部分へ人又は家畜が接触することによって起きる危険からの保護。間接接触保護の手段には，①SELV及びPELVシステムの使用。②放出エネルギーの制限。③FELVシステムの使用。④電源の自動遮断。⑤クラスⅡ機器又はこれと同等の絶縁。⑥非導電性場所による保護。

⑦非接地局部的等電位ボンディングによる保護，並びに⑧電気的分離がある。このうち①～③は，直接接触保護を兼ねるものである。

間接昼光率 かんせつちゅうこうりつ indirect daylight factor 昼光照明によって得られるある面上にある点の間接照度の，そのときの全天空照度に対する百分率。

幹線 かんせん main line 〔1〕低圧配電盤の遮断器の2次側端子から分電盤又は制御盤の負荷に至る最終の分岐過電流遮断器に至る電路のうち，分岐回路の分岐点から電源側の部分。〔2〕高圧配電線のフィーダ部分に接続される配電線の主要な部分。〔3〕通信線路のうち，主機器から端子盤に至る部分。

完全充電 かんぜんじゅうでん full charge 電解質との化学反応により電子を放出又は取り込む活物質が放電前の状態に戻るまで行う充電。満充電ともいう。定電圧充電では充電電流がほぼ一定となり，定電流充電では充電電圧がほぼ一定となる。

感知器 かんちき detector 火災により生じる熱，煙又は炎を利用して自動的に火災の発生を感知し，火災信号又は火災情報信号を受信機に発信する装置。

感知器の種別

熱感知器…差動式，定温式，補償式，

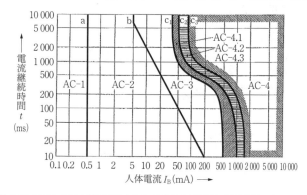

領域	範囲	生理学的影響
AC-1	0.5 mA 以下 直線 a	知覚はあるが，びっくりするような反応はなし。
AC-2	0.5 mA 超過 直線 b 以下	知覚及び不随意の筋肉の収縮はあるが，通常，危険な生理学的影響はなし。
AC-3	直線 b 以上	強い不随意の筋肉の収縮。呼吸困難。心臓機能の回復可能な障害。動けなくなることがある。電流の大きさに従って影響が増加する。通常，器官損傷はない。
AC-4	曲線 c_1 超過	心臓停止，呼吸停止，及びやけど又はその他の細胞障害などの病態生理学的影響が起きることがある。心室細動の確率は，電流の大きさ及び時間と共に増加する。
	c_1～c_2	AC-4.1 心室細動の確率が約5％までに増大。
	c_2～c_3	AC-4.2 心室細動の確率が約50％以下。
	曲線 c_3 超過	AC-4.3 心室細動の確率が約50％超過。

注　心室細動に関しては，左手から両足への経路に流れる電流の影響を示す。その他の電流経路に関しては，心臓電流係数を考慮する。

15～100 Hz の交流電流の影響の規約時間／電流領域（JIS/TR C0023-1：2009）

煙感知器…イオン化式，イオン化アナログ式，光電式，光電アナログ式，熱アナログ式
　炎感知器…紫外線式，赤外線式，紫外線赤外線併用式
　複合式感知器…熱複合式，熱煙複合式，煙複合式，炎複合式
　多信号感知器…熱式，煙式

感知器連動　かんちきれんどう　detector interlocking　感知器の発報を起動信号として機器又は装置が作動すること。アナログ式感知器の火災発報前の注意報として早期に連動させる場合もある。

感知区域　かんちくいき　detection area　感知器が有効に火災を感知できる区域。感知器の種別，取付面の高さ及び防火対象物の構造によって感知区域を定めている。消防法。

感知限界電流　かんちげんかいでんりゅう　perception threshold current　感知できる最小の人体通過電流。接触面積，乾湿，圧力などの接触条件及び個人差によって異なるが，一般に交流では 0.5 mA としている。

貫通形変流器　かんつうがたへんりゅうき　cable through type current transformer　2次巻線及び鉄心を一体成形し，1次導体の貫通孔をもつ変流器。2次巻線は接続端子をもち，貫通孔にケーブル，母線などの1次導体を通して用いる。

貫通コンデンサ　かんつう──　lead-through capacitor, feed-through capacitor　誘電体の周囲を接地電極とし，中心極を貫通させた断面が同心円のコンデンサ。構造上インダクタンス成分がほとんどないので，高周波成分の除去能力が高く，中心極を信号線に使用することでラインフィルタとして用いる。

貫通スリーブ　かんつう──　sleeve　壁，はり又は床に配管，ケーブルなどを貫通させることを目的として，コンクリート打設前に型枠又は鉄骨にあらかじめ仕込んでおく金属製，合成樹脂製又は紙製のさや管。

感電　かんでん　electric shock　人又は動物の体を通過する電流によって引き起こされる生理学的影響。電撃ともいう。感電による危険度は，主に通電電流の大きさ及び通電継続時間に関係する。図（前頁参照）は，電流と時間との関係について国際的に公表しているものである。

乾電池　かんでんち　dry cell battery, dry cell　電解質の液体を固体に含浸して構成し，液漏れなどを防止した1次電池。マンガン電池，アルカリ電池，リチウム電池，ニッケル電池などの種類がある。円筒形の電池として国内では通称単1形〜単5形の規格があり，ほかにボタン形，コイン形，角形，平形などの規格がある。

ガントチャート　Gantt chart　縦軸に作業項目を横軸に作業の達成度又は作業の実施時期をとった工程表。出来高や日程を表すのに便利である。ただし，この表ではある作業に生じた変化が他の作業に与える影響を速やかに把握することが難しく，多くの作業が複雑に関係する工事の工程管理には不向きである。

ガントチャート

作業項目	達成度 (%)				
	20	40	60	80	100
配管布設					
配線接続					
機器取付					
試験調整					

作業項目	4月	5月	6月	7月
配管布設				
配線接続				
機器取付				
試験調整				

感度電流　かんどでんりゅう　residual operating current　規定の条件の下で漏電遮断器が動作する主回路に流れる零相電流の値。

岩綿　がんめん　rock wool　＝ロックウー

ル

管理 かんり management 〔1〕建築物又は設備に対して，運転，監視，維持保全などを行う業務。〔2〕人，物，金及び情報を効率よく計画，運用し，統制する業務。

監理 かんり supervising 工事の施工段階で，発注者の委任を受けて，設計意図を工事契約に従い適正に実現させるために行う業務。

監理技術者 かんりぎじゅつしゃ supervisor 建設業において現場の技術水準を適正に維持するために配置する技術者。建設業法に基づき，特定建設業者が発注者から工事を直接受注し，一定金額以上の下請発注を行う場合には現場に配置しなければならない。

管理サイクル かんり── Deming's cycle ＝デミングサイクル

管理図 かんりず control chart 品質，製造工程のばらつきを管理するグラフ。製品の大きさ，質量などのデータを記録して標準から外れた異常な製品を見い出すために用いる。QC手法の1つである。

管路式 かんろしき duct line system, draw-in duct system 鋼管，コンクリート管，合成樹脂管，陶管などを地中に埋設し，これらの管路にケーブルを挿入施工する方式。ケーブルの引入れ及び引抜きができ，必要に応じて地中箱（一般にマンホール，ハンドホールと呼ぶ。）を設ける。使用電圧7 000 V以下の需要場所の地中に施設する場合については，JIS C 3653に規定がある。

キ

キーソケット socket with key switch 電球などの点滅用スイッチ付きのソケット。

記憶装置 きおくそうち memory, storage 電子計算機がプログラム及びデータをある期間保持するために用いる装置。中央処理装置が直接読み書きする1次記憶装置と入出力ポートを介して読み書きする2次記憶装置とがあり，1次記憶装置には半導体メモリ，2次記憶装置には磁気ディスク，光磁気ディスクなどを用いる。一般に1次記憶装置をメモリ，2次記憶装置をストレージという。

機械換気 きかいかんき mechanical ventilation 送排風機類の機械力を用いた換気方式。①第1種換気法…機械給気と機械排気とを併用する換気法，②第2種換気法…機械給気と適当な自然排気口とによる換気法，③第3種換気法…適当な自然給気口と機械排気とによる換気法がある。

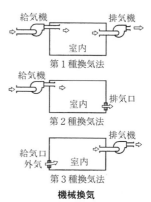

機械換気

機械警備 きかいけいび electronic centralized security system 敷地や建築物に各種の侵入警戒用センサ及び制御装置を設け，中央監視装置と結んだ防犯警報監視システム。

機械駐車設備 きかいちゅうしゃせつび mechanical parking system 地下や地上の立体的駐車スペースに車を移動するために，昇降機又はパレットなどの搬送機械又は装置を用いる駐車設備。スペースの有効利用を図れるが，操作に時間を要し，車の大きさの制限を受ける場合がある。垂直循環式，水平循環式，多層循環式，2段式，エレベータ式，平面スライド式などがある。

機械的強度 きかいてききょうど mechanical strength 機器，部材，材料などの機械的外力に対する強さ。引張強さ，圧縮強さ，曲げ強さ，衝撃強さ，せん断強さなどで表す。電気機器では，短絡電流に起因する電磁力による機械的応力にも耐える必要

がある。

機械排煙方式 きかいはいえんほうしき mechanical smoke exhaust method 火災時に発生する煙を排煙機（排煙ファン）を用いて屋外に排出する方式。吸引排煙方式が一般的であるが加圧排煙方式も用いることがある。

ギガビットイーサネット gigabit Ethernet 最大通信速度を1Gbpsに高めた高速なイーサネット。非シールド対よりケーブルを利用した1000 BASE-Tと光ファイバケーブルを利用した1000 BASE-Xとがある。1000 BASE-Tでは接続する機器同士の自動認識が標準となっており，相互の通信速度及び通信方式（全二重又は半二重）を確認し，通信を行う。また，接続機器が10 BASE-T又は100 BASE-Tの場合には，その信号形式を判別して通信設定を行い，相互通信ができる機能を有する。

機関出力 きかんしゅつりょく engine power 原動機の動力取出し側における出力の総和。軸出力ともいう。実際に有効に用いられる出力のことであり，次に分類できる。①定格出力…所定の条件下でエンジンが出すことのできる軸出力を製造業者が表示する値。②常用出力…エンジンの実用状態で，その効率と保全を考慮して経済的に使用できる出力。③最大出力…エンジンが使用する回転速度範囲内で出すことのできる最大の軸出力。④過負荷出力…所定の条件下で，限られた時間又は回数，運転を許容することができる連続出力より大きい軸出力。

帰還制御 きかんせいぎょ feedback control ＝フィードバック制御

帰還増幅回路 きかんぞうふくかいろ feedback amplifier circuit 増幅回路の出力信号の一部を入力信号に加える増幅回路。出力信号の一部を入力信号と同位相で加える正帰還と逆位相で加える負帰還とがある。

帰還雷撃 きかんらいげき return stroke ＝主放電

器具送り配線 きぐおくーはいせん 照明器具などの内部の送り端子を用いて，器具から器具へと電線を送って接続する配線方法。

危険充電部 きけんじゅうでんぶ hazardous-live-part ある条件のもとで，障害を及ぼす感電を生じるおそれがある充電部。ある条件には，電圧の種類や値，接触部の乾湿，接触持続時間などがある。高圧又は特別高圧では，危険な電圧が固体絶縁物の表面に現れる可能性があり，このような場合，その表面は危険充電部とみなす。

危険物 きけんぶつ hazardous materials 爆発性物質，引火性物質，有毒性物質，放射性物質など社会生活を営む上で常に危険性を有している物質の総称。これらの物質の貯蔵及び取扱いは，消防法などによって規制し，安全の確保を図っている。自家用発電設備に関連する引火性液体の危険物には，ガソリンなどの第1石油類，軽油，灯油などの第2石油類，重油などの第3石油類，ギヤ油，シリンダ油などの第4石油類などがある。

危険物貯蔵所 きけんぶつちょぞうしょ storage facility of hazardous materials 消防法で定められた指定数量以上の危険物を貯蔵する施設。設置に当たっては，危険物取扱者の資格を有する管理者を選任し，市町村長の完成検査及び許可を受けなければならない。

危険物取扱者 きけんぶつとりあつかいしゃ hazardous materials operator 消防法で規定する危険物を取り扱う又は取扱いに立ち会うことができる資格を持つ者。甲種危険物取扱者は全類の危険物，乙種危険物取扱者は指定の類の危険物について取扱い，定期点検及び保安の監督ができる。甲種又は乙種危険物取扱者が立ち会えば危険物取扱者免状を持たない者も危険物の取扱い及び定期点検を行うことができる。丙種危険物取扱者はガソリン，灯油，軽油，重油など第4類の一部の危険物に限り，取扱い及び定期点検ができる。

危険物取扱所 きけんぶつとりあつかいしょ workplace of hazardous materials 危険

の製造以外の目的で政令で定める指定数量以上の危険物を取り扱う施設。給油取扱所，販売取扱所，移送取扱所及び一般取扱所の4種類がある。

技術士 ぎじゅつし professional engineer 科学技術に関する高等の専門的応用能力を必要とする事項についての計画，研究，設計，分析，試験，評価又はこれらに関する指導の業務を行うことができる技術士法に基づく有資格者。電気電子，情報工学，機械，建設など21の技術部門があり，電気電子部門の中に電気設備科目がある。

技術者倫理 ぎじゅつしゃりんり engineering ethics 技術者が研究，開発，実施，利用などに関わる技術的事項の善悪を見分け実行するための規範。日本技術士会では，技術士倫理の基本綱領として以下の10項を定めている。1.公衆の利益の優先，2.持続可能性の確保，3.有能性の重視，4.真実性の確保，5.公正かつ誠実な履行，6.秘密の保持，7.信用の保持，8.相互の協力，9.法規の遵守等，10.継続研鑽。

基準インピーダンス きじゅん―― reference impedance インピーダンスを百分率やパーユニットで表すときの基準とする値。基準電圧をU_0(kV)，基準容量をS_0(kV・A)，基準電流をI_0(A)とすると，基準インピーダンスZ_0(%)は，次式で表す。

$$Z_0 = \frac{U_0 \times 10^3}{I_0} = \frac{U_0^2 \times 10^3}{S_0}$$

基準インピーダンスは，電圧U_0における容量S_0のインピーダンスであるとみることができる。基準電圧は，公称電圧又は変圧器の2次定格電圧を，基準容量は，配電系統では10MV・A，需要設備では1000kV・A又は受電用変圧器容量を用いる。

各種電圧に対する基準インピーダンス
(1000 kV・A 基準)

U_0(kV)	33	22	11	6.6
$Z_0(\Omega)$	1089	484	121	43.56
U_0(kV)	3.3	0.42	0.21	0.105
$Z_0(\Omega)$	10.89	0.1764	0.0441	0.01103

1000kV・A基準における基準インピーダンスは，$Z_0 = U_0^2 \times 10^3/1000 = U_0^2$ となる。

基準地震動 きじゅんじしんどう basic earthquake ground motion 発電用原子炉施設の耐震設計で用いる地震動。

基準衝撃絶縁強度 きじゅんしょうげきぜつえんきょうど basic impulse insulation level, BIL 標準雷インパルス電圧に対する電気機器，装置などの絶縁の強さを示す値。電力系統の機器，装置などの絶縁設計を図るときの基礎とする値で，公称電圧に対応して定めている。⇒インパルス電圧

基準電圧 きじゅんでんあつ reference voltage 〔1〕パーセンテージ法及び単位法において基準容量に対する基準となる電圧。〔2〕電力系統を安定して運用し，供給電圧を適正値に維持するために定めた発変電所母線電圧の上下限値。〔3〕電気回路において電圧変換を行う基準となる電圧。A/D変換やインバータなどに用いる。

基準電流 きじゅんでんりゅう reference current 〔1〕パーセンテージ法及び単位法において基準容量に対する基準電圧で流れる電流。〔2〕電気回路において電圧変換を行う基準となる電圧を発生させるための電流。A/D変換やインバータなどに用いる。

基準容量 きじゅんようりょう reference capacity パーセンテージ法及び単位法において計算の基準となる容量。基準電圧と基準電流との積で表す。

希少金属 きしょうきんぞく minor metal 埋蔵量が少ない又は採取が困難であるなどで，生産量や流通量が希少な非鉄金属。レアメタルともいう。金属材料に微量を添加すると特殊な機能を生じるので，電子材料又は磁性材料，合金の構造材などに用いる。国内ではプラチナ，コバルト，バナジウム，ニッケルなど31種類を資源エネルギー庁で指定している。国内の産出量が少なく，使用削減や代替物質の開発とともに都市鉱山と呼ぶ廃棄家電品などから取り出し，再利用する技術が進んでいる。

起磁力 きじりょく magnetomotive force

空間又は物質中に磁束を発生させる力。単位はアンペア（A）。電磁石では鉄心に巻いたコイルの巻数とコイルに流れる電流との積で表す。

犠牲アノード ぎせい—— sacrificial anode 金属の腐食を防止するために設置する腐食性の電極。保護する金属よりイオン化傾向の高い金属を正極（アノード）として電気的に接続し，正極から溶出する金属イオンが保護金属の腐食を防ぐ。

犠牲電極 ぎせいでんきょく sacrificial electrode →カソード防食

キセノンせん光ランプ ——こう—— xenon flash lamp 付属装置との組合せで，極めて短時間だけ発光するキセノンランプ。数百分の1～数万分の1秒で発光させることができる。ストロボに用いる。

キセノンランプ xenon lamp 主としてキセノンガスの励起によって発光する放電ランプ。色温度は約 6 000 K で，光の分光分布が自然昼光に近似している。始動及び再始動が瞬時にでき，始動には高い電圧を印加する必要がある。ショートアーク形，ロングアーク形及びキセノンせん光ランプがある。

気送管 きそうかん pneumatic dispatch tube 気送管設備でポスト間に敷設する金属製又は合成樹脂製の管。気送子の移動に圧縮空気の圧力を用いるため気密性が必要となる。

気送管設備 きそうかんせつび pneumatic dispatch tube equipment 圧縮空気を用いて気送子を所定のポストから目的のポストまで移送する設備。気送子を挿入又は取り出すポスト間に気送管を敷設し，使用時に送付先を指定することで経路を確立し移送する。病院などでカルテなどの書類搬送に用いる。

気送子 きそうし pneumatic post cylinder 気送管設備おいて気送管内を発送側ポストから到着側ポストまで移動し，物を収納して運ぶ円筒形の容器。

機側操作 きそくそうさ local operation 手動又は自動による始動・停止の操作を機器の近傍で行うこと。

基礎絶縁 きそぜつえん basic insulation 故障のない状態での感電保護を目的として電気機器の危険充電部に施す絶縁。基礎絶縁は，直接接触保護の手段の1つである。

基礎接地極 きそせっちきょく foundation earth electrode 建築物，鉄塔などの鉄骨又は鉄筋コンクリート基礎によって構成する接地極。構造体接地極ともいう。建築物などのコンクリート基礎は大地との接触面積が大きく，また広がりも大きいので，一般に良好な接地抵抗を得ることができる。

基礎ボルト きそ—— anchor bolt コンクリート基礎などに機器を固定するためのボルト。アンカボルトともいう。

気中遮断器 きちゅうしゃだんき air circuit breaker, ACB 開放時に発生するアークを磁界で磁製の積み重ねた消弧板内に押し込み，冷却して消弧する交流低圧用又は直流用遮断器。気中遮断器の構造は開閉接触部，消弧装置，動力操作部，断路接触部からなるが，動力操作部のうち引外し装置として電圧引外し装置及び過電流引外し装置を内蔵しているのが特徴である。また，事故遮断後の接触子，消弧室などの補修が可能な構造となっている。

基底温度 きていおんど basic temperature 絶縁電線やケーブルの許容電流を決めるときの周囲温度。季節や敷設方法によって異なり，一般には，屋内で30℃，地中で25℃，気中及び暗きょで40℃を用いる。

基底負荷 きていふか base load 〔1〕負荷曲線のうち最低部分に相当する負荷。ベースロードともいう。〔2〕電源設備において，新しく負荷を投入しようとするとき，それまで稼働していた負荷。

き電線 ——でんせん feeder 発電所又は変電所から他の発電所又は変電所を経ないで電車線に至る電線。硬銅より線や，硬アルミより線，鋼心アルミより線などを用いる。

き電盤 ——でんばん feeder distribution panel 受電した高圧や特別高圧電路を分岐して，変圧器バンク，コンデンサバンクなどの他の変電設備へ分岐するための盤。

遮断器，継電器，計器などを設置する。

起電力　きでんりょく　electromotive force
電位差を発生させる力。単位はボルト(V)。電位差を発生させる方法には電磁誘導を用いる発電機，熱電効果を用いる熱電対，光電効果を用いる太陽電池，化学反応を用いる蓄電池及び燃料電池などがある。

輝度　きど　luminance　光源又は反射面において，ある方向から見た見掛けの単位面積当たりの光度。単位は，カンデラ毎平方メートル (cd/m^2)。微小面 dA における θ 方向の光度を dI_v とすると，輝度 L_v は，次式で与えられる。

$$L_v = dI_v / (dA \cos\theta)$$

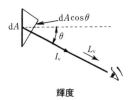

輝度

起動風速　きどうふうそく　start-up wind velocity　〔1〕風力発電機の風車が回転を始め発電を始める風速。カットイン風速ともいう。〔2〕風速計が測定を開始できる風速。⇒風速計

輝度計　きどけい　luminance meter　光源又は反射面の輝度を測定する計器。

希土類元素　きどるいげんそ　rare earth elements　原子番号57のランタン(La)から71のルテチウム(Lu)の15元素に，21のスカンジウム(Sc)と39のイットリウム(Y)を加えた17種の元素。レアアースともいう。特異な光学的特性や磁気的特性がある。他の金属に微量を添加することで，蓄電池や発光ダイオード，磁石などのエレクトロニクス製品の性能が向上する。

機能的特別低電圧　きのうてきとくべつていでんあつ　functional extra-low voltage, FELV　危険な電圧から少なくとも基礎絶縁によって分離された回路で，その公称電圧が特別低電圧の範囲を超えないもの。⇒特別低電圧

機能用接地　きのうようせっち　functional earthing（英），functional grounding（米）　系統，電気設備又は機器の安定した動作を確保するために施す接地。避雷設備，無線設備，情報通信設備などに施す接地がある。

揮発性有機化合物　きはつせいゆうきかごうぶつ　volatile organic compounds, VOC　常温常圧で大気中に揮発する有機化学物質類。ホルムアルデヒド，トルエン，エチルベンゼン，キシレンなどがあり，塗料の溶剤，合板の接着剤などに用い，空気中に放散し健康被害を引き起こすことがある。換気が十分でない室内では，合板を使用した内装材や家具から放散するホルムアルデヒドなどが，シックハウス症候群の原因となる。13種類について有害になる濃度を厚生労働省の指針で定めている。　⇒シックハウス症候群

基本計画　きほんけいかく　schematic design, general plan　建築，電気設備などの基本的な骨格を策定する業務。適用法令，周辺環境，要求事項など計画に対する諸条件を調査検討し，基本計画書としてまとめる。

基本設計　きほんせっけい　preliminary design, basic design　基本計画に沿って計画を図面，仕様概要書などで具体化する業務。基本設計条件の再確認を行いながら基本設計図書にまとめ，設備スペース要求を建築計画へ反映するなど行う。

基本設計図　きほんせっけいず　preliminary design drawing　建築物，工業製品，情報システムなどを計画するときに，要求される条件を満たす基本的な設計の方針や概要を表した図面。実施設計に移行する前段階で作成する。

逆起電力　ぎゃくきでんりょく　counter-electromotive force　回路に流れる電流が変化したとき，自己誘導によって，回路に発生する起電力。起電力はレンツの法則に従って，電流の変化を妨げる方向に生じ，電流の変化に必要な起電力と逆方向になるため逆起電力と呼ぶ。

逆結合損失　ぎゃくけつごうそんしつ　reverse coupling loss　テレビ共同受信設備に用いる分岐器などの方向性結合器で，信号を出力端子側から分岐端子へ送った場合の損失。入力端子から分岐端子へ出力させるときの結合損失より大きい損失となるので，出力側の信号と入力側の信号とが干渉しない。

規約効率　きやくこうりつ　conventional efficiency　発電機の有効出力とその有効出力に無負荷損及び負荷損を加えた値との比。一般に効率といえば，規約効率を指し，定格負荷状態における各部の損失を求め計算する。規約効率 η（%）は，発電機有効出力を P_0，無負荷損を P_1，負荷損を P_c とすると次式で表す。

$$\eta = \frac{P_0}{(P_0+P_1+P_c)} \times 100$$

逆充電　ぎゃくじゅうでん　inverse charging　コージェネレーションシステムなどで，需要家の発電設備が系統連系している場合，停電工事や故障によって系統側が停止したとき，発電機の単独運転により需要家側から充電すること。需要家内で発電機と負荷とが平衡して逆潮流が発生しない状況でも起こり，逆潮流なしの連系では単独運転を防止する対策をとる。

客席誘導灯　きゃくせきゆうどうとう　劇場，映画館等の客席の床面が，避難上有効な照度となるように設けた誘導灯。

逆相　ぎゃくそう　reverse phase　不平衡多相交流を対称座標法で表したとき，相回転が正相と逆向きに回転する成分。相回転の位相図を複素平面上に表したとき時計回りの相順となる。

逆相インピーダンス　ぎゃくそう――　negative-phase-sequence impedance　逆相電圧と逆相電流との比。同期発電機では，正相インピーダンスの10〜30％程度。完全ねん架された送配電線路や変圧器では，正相インピーダンスに等しい。誘導電動機では，逆相分の滑り S_2 は，正相分の滑りを S_1 とすると，$S_2=2-S_1$ となるので，逆相インピーダンスは正相分に比べて非常に小さくなり電圧不平衡率が大きい場合，逆相電流が大きくなる。

逆相制動　ぎゃくそうせいどう　plugging　急停止を行うとき，電動機の回転を逆にする接続に切り替えて行う制動。クレーンなどの電動機に機械的又は電気的負担を掛けるため緊急時だけに使用する。

逆相電圧　ぎゃくそうでんあつ　negative-phase-sequence voltage　三相不平衡電圧を対称座標法で正相分，逆相分及び零相分に分解したときの逆相分の電圧。逆相電圧の相回転は，その三相電圧と逆方向であり，電動機負荷であれば，逆方向にトルクを発生させる成分である。

逆相電流　ぎゃくそうでんりゅう　negative-phase-sequence current　三相不平衡電流を対称座標法で正相分，逆相分及び零相分に分解したときの逆相分の電流。　⇒逆相電圧

逆対数増幅器　ぎゃくたいすうぞうふくき　antilogarithmic amplifier　入力電圧の逆対数値を出力する集積回路で構成した増幅器。バイポーラトランジスタのベースとエミッタ間に印加した電圧はコレクタ電流の逆対数に比例することを用いる。

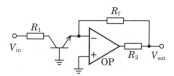

R_1：入力抵抗，R_f：負帰還抵抗，R_2：出力抵抗
OP：演算増幅器，V_{in}：入力電圧，V_{out}：出力電圧

逆対数増幅器

逆潮流　ぎゃくちょうりゅう　reverse power flow　需要家から商用電力系統へ向かう電力潮流。コージェネレーションシステム，太陽光発電などで系統連系を行う場合に，逆潮流の有無によって系統連系の技術要件が決まる。

規約電流　きやくでんりゅう　conventional current　製造業者及び機種によって異なる低圧誘導電動機の全負荷電流値を，設計時における配線及び遮断器を選定するうえで算定に用いるために定めた電流値。内線

規程。

逆電力継電器　ぎゃくでんりょくけいでんき　reverse power relay　電力の流れる方向が逆になったときに動作する保護継電器。電圧端子及び電流端子をもち，電圧を方向識別の基準として，電流の方向が逆で設定値を超えたときに動作する。スポットネットワーク受電設備や自家発電設備などで電源側への電力の逆潮流を防止するために用いる。

逆電力遮断　ぎゃくでんりょくしゃだん　reverse power breaking　ネットワーク母線からネットワーク変圧器に電力が逆流した場合，遮断器を自動遮断する機能。ネットワークの回線で事故が発生したり供給変電所で遮断され停電したりすると，他の回線から充電されているネットワーク変圧器を通じてネットワーク母線側から当該回線の変圧器側へ逆電流が流れるので，これを検出してプロテクタを開放する。スポットネットワーク受電方式の自動開閉制御機能の3要素の1つである。

逆導通サイリスタ　ぎゃくどうつう——reverse conducting thyristor, RCT　サイリスタとダイオードとを逆並列に接続した構造を同一基板上に構成した半導体素子。インバータなどに用いる。

逆ばり　ぎゃく——　reversed beam　コンクリート建築物の床版を下端につけ，その床荷重をつり下げる状態にしたはり。

逆フラッシオーバ　ぎゃく——　back flashover　送電線の鉄塔又は架空地線，建築物などへ雷撃した場合に，その電位上昇が大きくなり，送電線の相導体，建築物の引込線などへ逆に放電する現象。

逆変換装置　ぎゃくへんかんそうち　inverter　＝インバータ

CASBEE　キャスビー　comprehensive assessment system for building environmental efficiency　＝建築物総合環境性能評価システム

キャッツアイ　cat's eye　→ケーブル埋設標

キャットウォーク　catwalk　建築物の屋根下又は上階の床下などの高所に設け，天井構造物や天井部に取り付けた設備の点検整備などに用いる作業用の通路。建築構造の負荷を軽減するため，天井構造物につり下げた金属製のはしご状の枠にパンチングメタルなどを貼って歩行面を構成する。

CAD　キャド　computer aided design　設計製図業務を電子計算機の利用によって行うもの。コンピュータ支援設計ともいう。

キャノピスイッチ　canopy switch　照明器具のキャノピ（器具を天井などに取り付ける部分，フランジ）に取り付ける小形のプルスイッチ。

キャパシタンス　capacitance　＝静電容量

CAB　キャブ　cable box　架空電線の地中化のために道路（通常は歩道）下に施設するふた掛け式のU字形構造物による簡易な暗きょ。一般に電力線及び通信線を併設する。

キャブタイヤケーブル　rubber insulated flexible cable, polyviniyl chloride insulated and sheated flexible cables　低圧移動電線，低圧屋内配線などに使用する可とう性ケーブル。細いすずめっき銅線を所要本数束よりし，ゴム系絶縁をした線心1本又は複数Sよりしたものに，隙間を埋めて強じんなゴム系外装を施す。外装及び補強層などの相違によって1～4種の別がある（1種は通常市場にない。）。塩化ビニルを絶縁及び外装に使用したビニルキャブタイヤケーブルもある。また，ブチルゴム又はEPゴムを絶縁体とする高圧キャブタイヤケーブルがある。⇒可とうケーブル

キャブタイヤコード　rubber insulated flexible cord, polyviniyl chloride insulated flexible cord　ゴムコード又はビニルコードの機械的強度を補完するため，所定の絶縁を施した線心2～4本をZよりにより合わせ又は並列にし，隙間を埋めてから又は埋めるようにゴムコードはゴム系材料，ビニルコードは塩化ビニルの外装を施したもの。家庭用電気器具などの電源コードとして使用する。キャブタイヤケーブルとの主な相違点は，定格電圧がケーブルは600V，コードは300V，線心のより合わせが前者は

Sより，後者はZより，また，前者には長円形断面のものはない，後者は屋内配線には使用できないなどである。　⇨可とうケーブル

ギヤポンプ　gear pump　＝歯車ポンプ

CAM　キャム　computer aided manufacturing　製造工程を自動化するために，工作機械やロボットを制御指示するなどの一連の作業を電子計算機により行うこと。コンピュータ支援製造ともいう。

キャラクタCRT　――シーアールティー　character CRT　→グラフィックCRT

キャリア　carrier　〔1〕半導体素子において電気伝導に寄与する電子又はホール（正孔）。〔2〕＝搬送波

ギャロッピング現象　――げんしょう　galloping phenomenon　送電線に雪や氷が付着した状態で強風が吹いたときに，送電線が上下に激しく振動する自励振動現象。通常と異なる大幅の振動が継続し，送電線同士が接触して短絡するなど，送電設備の破損や停電などの要因となる。

QoS　キューオーエス　quality of service　ネットワークにおける通信の品質を制御し，一定の通信速度を保証する技術。音声や動画の生中継，テレビ電話など通信の遅延又は停止が許されないサービスにとって重要な技術である。ある特定の通信に優先的に帯域を割り当てるなどの制御を行う帯域制御と転送優先順位の指定，IPアドレス，使用プロトコルなどにより優先順位を決める優先制御とがある。その技術評価を通信開始時，通信中及び通信終了時の3つの段階に分け，それぞれに速度，精度及び信頼性の基準を用いて行う。ルータ，レイヤ3スイッチなどに実装している。

吸音材　きゅうおんざい　sound absorbing material　音のエネルギーを熱に変え吸収する材料。形状には多孔質形，膜振動形，貫通孔形などの種類がある。建材ではグラスウール，フェルト，吸音ボード，軟質繊維板，布などがある。

吸音率　きゅうおんりつ　sound absorbing coefficient　材料に入射する音エネルギーに対する吸収透過し反射しない音エネルギーの比。吸音の性能を表す数値で，α を吸音率，E_i を材料に入射する音のエネルギー，E_r を反射する音のエネルギーとすると次式で表す。

$$\alpha = \frac{E_i - E_r}{E_i}$$

QC　キューシー　quality control　＝品質管理

QCサークル　キューシー――　quality control circle, QC circle　同じ職場内で品質管理活動を自主的に行う最小単位のグループ。一般に数人程度でグループを構成する。品質管理活動の一環として自己及び相互啓発を行い，QC手法を活用して職場の管理及び改善を継続的にグループ全員で行う。

QC手法　キューシーしゅほう　QC technique　品質管理及び品質改善を行うときに用いる7つの手法。QC7つ道具ともいう。層別，パレート図，特性要因図，ヒストグラム，散布図，チェックシート及び管理図を指す。

吸収線量　きゅうしゅうせんりょう　absorbed dose　放射線照射により物質の単位質量当たりが吸収したエネルギー量。単位はラド（rad），1 g の物質が 100 erg のエネルギーを吸収したときを1ラドとする。1 rad＝0.01 J/kg＝0.01 Gy

吸収冷凍サイクル　きゅうしゅうれいとう――　absorption refrigeration cycle　圧縮→凝縮→膨張→蒸発の冷凍サイクル過程で，冷媒と吸収剤とを組み合わせ，吸収剤の温度による冷媒吸収能力の差を用いて，冷媒を圧縮することによって冷却を行う冷凍サイクル。冷媒は低温低圧の吸収器で吸収剤に吸収され，高温高圧の発生器で蒸発し高温高圧の蒸気となる。この高温冷媒蒸気を凝縮器で冷却凝縮し液化する。液化した冷媒を低圧の蒸発器で気化させるときに，外部から気化熱を奪うため冷却が行われる。気化した冷媒蒸気は吸収器で再び吸収剤に吸収され,冷凍サイクルが一巡する。水を冷媒，臭化リチウムを吸収剤とする組合せ及びアンモニアを冷媒，水を吸収剤と

する組合せがある。

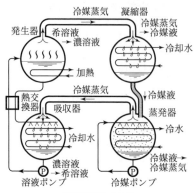

吸収冷凍サイクル

急しゅん波 きゅう——は impulse wave 急激に最高値まで上昇し，それより緩やかに降下する過渡的に短時間出現する電圧又は電流の波形。⇨インパルス電圧

給水予熱器 きゅうすいよねつき feed water preheater ボイラの煙道中に設け，燃焼ガスの廃熱を利用して，ボイラ給水を予熱することでボイラの熱効率を向上させる装置。エコノマイザ又は節炭器ともいう。

急速充電 きゅうそくじゅうでん quick charge 蓄電池が放電したときなど速やかに能力を回復させる必要がある場合に，短時間で行う充電。一般に蓄電池の充電は10～20時間率でゆっくり行うのが望ましいが，鉛蓄電池の急速充電では2時間率を標準とし，最初は定電流80～90％，以後は単電池当たり2.6Vの定電圧充電に切り換えて行う。蓄電池の寿命には好ましくない。

キュービクル cubicle 前後，左右及び上部を鋼板で囲った配電盤などに対する一般的名称。機器を金属箱にコンパクトに収納することによって，開放形に比べ省スペース化を図るとともに，機器の信頼性や安全性を高めることができる。JISに規定するキュービクル式高圧受電設備（定格電圧6.6kV，定格遮断電流12.5 kA以下，受電設備容量4 000 kV・A以下）を指すこともある。JEMに規定するキュービクル形スイッチギヤのうち盤内の各主要機器が相互に仕切板で区分されていないものを，メタルクラッド形やコンパートメント形と対比して指すこともある。

キュービクル式高圧受電設備 ——しきこうあつじゅでんせつび cubicle type high-voltage power receiving unit 金属製箱内に高圧受電設備を構成する機器一式を収納したもの。主遮断装置として，遮断器を用いるCB形及び高圧限流ヒューズと高圧交流負荷開閉器とを組み合わせて用いるPF・S形がある。

球面収差 きゅうめんしゅうさ spherical aberration レンズの表面が球面であるために，光軸から離れた場所を通った光線ほど光線の屈折量が過大になり，集光する位置がずれることに起因する収差。

キューリー温度 ——おんど Curie temperature 強磁性体またはフェリ磁性体が温度上昇によって常磁性体状態へ転移する温度。⇨フェリ磁性

キューリー点 ——てん Curie point ＝キューリー温度

仰角 ぎょうかく elevation 水平面から見上げる角度。⇨方位角

強化絶縁 きょうかぜつえん reinforced insulation 感電に対し，二重絶縁と同等の保護を行う危険充電部の絶縁。強化絶縁は，基礎絶縁又は補助絶縁として単独に試験できない数層から構成されてもよい。⇨二重絶縁

供給電圧 きょうきゅうでんあつ service voltage, supply voltage ①電気事業者が需要家に供給するために標準電圧の中から契約約款で指定した電圧。②電源装置などが負荷となる機器，装置，設備などに供給する電圧。

強磁性 きょうじせい ferromagnetism 磁界を加えると磁界の方向に極めて強く磁化し，磁界を取り去っても磁化を残す性質。

強磁性体 きょうじせいたい ferromagnetic substance 強磁性を示す物質。鉄，ニッケル，コバルト，これらを含む合金や酸化物などがある。電気機械器具の磁性体，

永久磁石などに用いる。

狭照形照明器具 きょうしょうがたしょうめいきぐ　narrow angle luminaire　ランプを装着したとき，比較的小さい立体角内に光を配分する照明器具。

共振 きょうしん　resonance　〔1〕電気回路で誘導性リアクタンスと容量性リアクタンスとが等しくなり，その回路のリアクタンスが最大（並列共振）又は最小（直列共振）になった状態。〔2〕外部からの振動周波数がその物体の固有振動数に等しくなった状態。〔3〕運動している核系が外部からの力又は場に対して固有振動周波数において干渉し合った状態。核磁気共振（共鳴）のこと。〔4〕地震時に地表層の卓越周期と建物の固有周期とが同じ程度であったとき，建築物の振動が大きくなった状態。

共振周波数 きょうしんしゅうはすう　resonance frequency　インダクタンスとキャパシタンスで構成される直列又は並列回路で，合成リアクタンスが0（直列の場合）又は無限大（並列の場合）になる周波数。インダクタンス L とキャパシタンス C による直列回路の合成リアクタンスは，$X=\omega L-1/(\omega C)$ となる。$X=0$ のときを共振といい，そのときの角速度は $\omega=1/\sqrt{LC}$ となり，$\omega=2\pi f$ であるから，共振周波数は $f_0=1/(2\pi\sqrt{LC})$ となる。

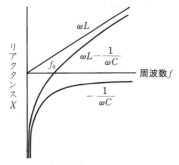

LC直列回路のリアクタンス

強制換気 きょうせいかんき　active ventilation　＝機械換気

狭帯域 きょうたいいき　narrowband　→周波数帯域

強電パッチ方式 きょうでん――ほうしき　skelton drawing line cord patching system　調光器出力と負荷とを接続するためにパッチコードとパッチパネルとを用いる接続方式。調光器が高価であった時代，電流容量の大きな調光器に複数の負荷をグループとして接続するために用いていたが，調光器の入手が容易になったことで，調光回路と負荷回路を直結して使用する方式の採用及び制御方式のデジタル化により次第に使用されなくなった。

共同溝 きょうどうこう　utility tunnel　電力配線，通信線，水道管，ガス管などを一括して収容するために，市街地などの地中に設ける洞道。

共同住宅用自動火災報知設備 きょうどうじゅうたくようじどうかさいほうちせつび　apartment automatic fire alarm system　特定共同住宅等で火災の発生を感知し，及び当該特定共同住宅等に報知する設備。共同住宅用受信機，住棟受信機，感知器，戸外表示器などで構成される。住戸に設置された共同住宅用受信機，感知器及び戸外表示器の機能異常が，自動試験機能又は遠隔試験機能により，当該住戸の外部から容易に確認できるものでなければならない。

共同受電 きょうどうじゅでん　community power receiving system　電力の使用形態や需要場所の状況などにより，複数の需要家が1つの需給地点を設定して電気事業者と1つの需給契約を締結する受電方式。

業務用電力 ぎょうむようでんりょく　commercial power service　電力需給契約の一種。高圧で電気の供給を受けて，電灯若しくは小形機器を使用し，又は電灯若しくは小形機器と動力とを併せて使用する需要に適用する。

鏡面反射 きょうめんはんしゃ　specular reflection　＝正反射

極数 きょくすう　number of poles　交流回転機の磁極数。極数はNとSの1対で2極と数えるので偶数となる。交流回転機の同期速度は次式で求める。

$N_s=120f/p$

N_s：同期速度（min^{-1}）
f：周波数（Hz）
p：極数

極数変換形誘導電動機　きょくすうへんかんがたゆうどうでんどうき　pole change induction motor　回転磁界の角速度を変えるために電機子巻線の接続を変えることのできる誘導電動機。始動時に4極接続で低速始動し，同期速度に近くなった時点で2極接続に切り換え定格速度運転を行う。

極性　きょくせい　polarity　〔1〕正（＋極）又は負（－極）を区別すること。〔2〕変圧器において，基準の巻線に対する他の巻線の誘起電圧の方向。その方向が同一の場合は減極性，逆の場合は加極性という。

局線用端子盤　きょくせんようたんしばん　main distribution frame　＝本配線盤

局部照明　きょくぶしょうめい　local lighting　比較的小面積や限られた場所を照らすようにした照明。全般照明に付加することが多い。

局部的全般照明　きょくぶてきぜんぱんしょうめい　localized general lighting　作業を行う場所などで，ある領域をその周囲に比べてより高照度にするようにした全般照明。

局部電池　きょくぶでんち　local-galvanic cell　金属材質の不均一，接触する電解質の濃度差，温度差などにより金属表面の局部で腐食を生じる電池。腐食電池ともいう。マクロ電池，ミクロ電池などがある。

局部腐食　きょくぶふしょく　local corrosion　金属表面の不均一，環境の不均一などに起因し表面の局部が選択的に溶出して生じる孔状や溝状の腐食。金属材料の表面に生成する酸化物や水酸化物の薄膜による不動態皮膜の一部が破壊した場合，異種金属の接触により局部電池を形成した場合，通気差により酸化還元電位を発生した場合などに生じる。

寄与電流　きよでんりゅう　motor contribution current　回路に短絡が起きたときに，運転中の電動機から供給される故障電流。短絡瞬時には電動機とそれに直結された負荷の回転エネルギーによって，電動機は発電機として働く。電動機のその現象を発電作用といい，その電流を電動機の寄与電流という。同期電動機は励磁装置をもつので寄与電流の減衰は遅いが，誘導電動機は短絡による電圧低下で励磁がなくなり，残留磁束のみとなるので数サイクル程度で減衰する。低圧回路のように事故時の遮断時間が短いときには，その影響を考慮する必要がある。

許容荷重　きょようかじゅう　allowable load, permissible load　構造物に破損や復元不可能な変形などを生ずる直前の荷重に，用途及び形態に対応した安全倍率を乗じて定めた荷重。通常の使用状態で許される最大の荷重を指す。

許容差　きょようさ　allowable tolerance　〔1〕測定値のばらつきの許容限界。〔2〕規定された標準値と規定された限界との差。

許容電流　きょうでんりゅう　current carrying capacity（英），ampacity（米）　導体の定常状態における温度が指定する値を超えない条件で，電線に連続的に通電できる最大の電流。指定する温度は電線の絶縁物の最高許容温度といい，ビニルで60℃，耐熱性のあるビニル又はスチレンブタジエンゴムで75℃，架橋ポリエチレンで90℃，けい素ゴムで180℃である。

許容電流減少係数　きょうでんりゅうげんしょうけいすう　reduction factor to current-carrying capacities　電線の許容電流を周囲温度又は施設方法に応じて減少させるために，基準とする値に乗じる係数。⇨許容電流補正係数

許容電流補正係数　きょうでんりゅうほせいけいすう　correction factor to current-carrying capacities　広義には，電線の絶縁物の種類，周囲温度又は施設方法に応じて，適用する許容電流を求めるために，基準とする許容電流値に乗じる係数。電気設備技術基準の解釈では，絶縁物が一般のビニル及び天然ゴムのものを1.00として各種絶縁物の最高許容温度ごとに定めた数値を許容電流補正係数，周囲温度30℃を超

える場合に適用するもの及び電線管などに収める場合に適用するものを電流減少係数と称している。IEC 60364 では，絶縁物がビニル，架橋ポリエチレンとエチレンプロピレンゴム及び無機物のそれぞれの周囲温度が 30℃ 以外の場合について許容電流補正係数を，また，複数本を管内やトレイに収めたり，束ねて施設したりする場合，複数回路を集合する場合などに適用する許容電流減少係数を示している。

切換開閉器 きりかえかいへいき change-over switch 常時開路接触部と常時閉路接触部とをともに備えた開閉部構造で，可動接点の導電部が共通の開閉器。一方が完全に開状態となった後に他方が閉状態になるものを非オーバラップ切換形，一方が開状態になる前に他方が閉状態になるものをオーバラップ切換形，切換動作の中間に完全停止位置があるものを中間オフ位置付形という。特に，制御回路などに用いるものをチェンジオーバスイッチという。

切換接点 きりかえせってん change-over contact ＝c 接点

切分器 きりわけき isolator 通信設備機器，伝送路などに障害が生じたときに，障害箇所を特定するため機器内や伝送路の各所を機械的・電気的に切り分けるための装置。保安器も切分器の機能をもつ。

キルヒホッフの第一法則 ——だいいちほうそく Kirchhoff's current law 電気回路の任意の節点に流れ込む向きを正（又は負）と統一すると節点を通過する電流の総和は零となる。

キルヒホッフの第二法則 ——だいにほうそく Kirchhoff's voltage law 電気回路の任意の閉路上の電圧の向きを一方向に取ると，閉路に沿った各素子の電圧の総和は零となる。

キルヒホッフの法則 ——ほうそく Kirchhoff's law 電気回路中の任意の節点に流れ込む電流の総和，及び任意の閉路の電圧の総和に関する法則。前者を第一法則，後者を第二法則という。線形回路，非線形回路を問わず成り立つ。物理学者グスタフ・キルヒホッフが発見した。

緊急地震速報システム きんきゅうじしんそくほう—— earthquake early warning, EEW 地震発生後に到達する大きな揺れが起こる前に，気象庁が予報や警報を提供する地震早期警報システム。地震発生時，震源に近い観測点で初期微動の P 波を捉え，発生時刻，震源，規模を推定し，主要動の S 波の到達時刻と震度とを算出し，主要動の到達前に放送，インターネット，携帯端末などに予報や警報を発する。テレビや携帯端末などに推定震度 5 弱以上で発する一般向けの地震動警報，及び，震度や揺れの到達時間など高度利用向けの地震動予報がある。日本放送協会では，気象庁の発表に合わせて，テレビとラジオのすべての放送波で速報するが，放送の際にテレビやラジオのスイッチを自動的に入れる機能はない。

キンク kink of wire 電線を途中に輪ができた状態で引っ張ると，ひもの結び目のようなものができた状態。この状態が生じると被覆が傷んだり，心線が断線しやすくなる。

電線のキンクに至る前の状態

近接効果 きんせつこうか proximity effect 1 つの導体内の電流密度が，近傍の他の導体の電流のために一様でなくなる現象。単一導体の場合よりも交流抵抗が増加する。近接効果は周波数及び導体サイズに比例するが，250 mm^2 で約 0.3%，325 mm^2 で約 0.4% と小さいため，商用周波数の屋内配線では，その影響は通常無視してもよい。

近接スイッチ きんせつ—— proximity switch 物体の接近を機械的接触なしに検知し，動作するスイッチ。機械的接触により動作するスイッチよりも応答性がよく，長寿命である。誘導形，静電容量形，超音波形，光電形などがあり，位置検出，防犯センサなどに用いる。

金属管工事　きんぞくかんこうじ　wiring in conduit　金属管を造営材に固定して施設し，管内に絶縁電線を通線する工事方法。

金属製可とう電線管　きんぞくせいか——でんせんかん　flexible conduit　帯鋼を波形に加工して巻き付けて作る1種金属製可とう電線管と，鉛のめっきを施した帯鋼の内側に更に帯鋼，バルカナイズドファイバなどを重ね合わせて作る2種金属製可とう電線管とがある。1種金属製可とう電線管は乾燥した露出又は点検できる隠蔽場所に使用し，電動機との接続など短小な部分に使用する。2種金属製可とう電線管はコンクリート内埋込工事も可能であり，建築物のエキスパンション部分などにも使用する。

1種金属製可とう電線管

外層：金属の条片
中間層：金属の条片
内層：非金属の条片

2種金属製可とう電線管

金属線ぴ　きんぞくせん——　metal molding, raceway　金属製のとい形の本体に電線・ケーブルを収納し，カバーを取り付けるもの。金属線ぴ工事に使用するものは幅が5cm以下のものをいい，絶縁電線を使用し露出又は点検できる隠蔽場所で，かつ乾燥した場所に施設することができる。電気用品安全法の適用を受ける。通称メタルモールディングといわれる1種金属製線ぴと，レースウエイといわれる2種金属製線ぴとがある。

金属線ぴ工事　きんぞくせん——こうじ　wiring in metal molding　金属線ぴを造営材に固定して施設し，絶縁電線を収納する工事方法。

金属ダクト　きんぞく——　wireway　多数の電線やケーブルを収めるために用いる鋼板製のダクト。ワイヤリングダクトともいう。電気設備技術基準の解釈では，幅が5cmを超えかつ鋼板の厚さが1.2mm以上のものを金属ダクト，幅が5cm以下のものを2種金属製線ぴとしている。また，セルラダクトと接続するなど床に埋め込んだものをトレンチダクトと呼ぶことがある。IECでは，開閉可能なカバーがあるものはcable trunking，カバーがないものはcable ductingとなっている。

均等充電　きんとうじゅうでん　equalizing charge　多数個の蓄電池を一組にして長時間使用している場合，自己放電などで生じる蓄電池の充電状態のばらつきを是正し，充電状態を均一にするために行う充電。通常の充電電流の1/2程度の電流で，30〜50時間行う。

金原現象　きんばらげんしょう　Kinbara's phenomenon　漏電火災における発火機構の1つで，木材表面が炭化し導電状態となり燃焼に至る一連の現象。初期段階ではトラッキング（グラファイトの導電路）が形成され，漏れ電流が流れる。グラファイトの抵抗率は$10^{-5}\Omega\cdot m$程度（ニクロムの約10倍）で，電流が流れるとジュール熱によって高温が発生し隣接部分が新たにグラファイト化する。この拡大したグラファイトの導電路に更に電流が流れ発熱部分が増大し，ついには広い部分で発熱し，発火に至る。トラッキングが発生しグラファイトに至るまでの現象は金原壽郎氏が発表した。

銀ろう　ぎん——　silver brazing filler metal, silver solder　銀，銅，鉛，カドミウム，すずなどを含む，融点がおよそ620〜800℃の合金。硬ろうの一種。電気，電子，車両，造機などの工業部門をはじめ，雑貨，装飾品に至るまで各種金属の接合に広範囲に用いる。

ク

空間距離　くうかんきょり　clearance　絶縁された2つの裸充電部の空間の最短距離。

空気圧縮機　くうきあっしゅくき　air compressor　羽根車又はロータの回転運動若

しくはピストンの往復運動によって気体を圧送する機械。大気圧に対する圧力が200 kPa 未満をブロワ，30 kPa 未満を送風機又はファンという。

空気管 くうきかん pneumatic tube 差動式分布型感知器の検出部に接続する中空の管。銅製の中空細管で天井に取り付け，管内の空気が火災時の熱で膨張することを用いて検出する。

空気極 くうききょく air electrode 空気などの酸化剤を電気化学的に還元する燃料電池の電極。負荷側から見ると正極となる。
⇨燃料極

空気式制御 くうきしきせいぎょ pneumatic control プロセス制御のシーケンスを圧縮空気を用いて実行する制御方式。継電器を使用する電気式及びマイクロプロセッサを用いる電子式に先立って実用化し広く用いていた。温度，圧力，流量などのセンサ類及び PID 制御，タイマ制御などの制御素子も空気式用のものがある。

空気始動 くうきしどう pneumatic start 内燃機関を圧縮空気を用いて始動させること。往復動機関では，圧縮空気をシリンダ内に送り込みピストンを押し下げて始動させる。ガスタービンでは，直接タービン翼に圧縮空気を吹き付け始動させる。エアモータ式もある。

空気絶縁開閉装置 くうきぜつえんかいへいそうち air insulated swichgear 遮断器と断路器とを組合せ空気を消弧及び絶縁媒体とした開閉器。地球温暖化ガスである SF_6 を用いないので環境負荷が小さい。
⇨ガス絶縁開閉装置

空気調和機 くうきちょうわき air conditioner 空気の温度，湿度を調整し，じんあいを除去する装置。温水，冷水の供給を受ける熱交換器を内蔵するファンコイルユニットなどと，送風機，圧縮機などを組み合わせたパッケージ形空気調和機などとがある。

空気冷却器 くうきれいきゃくき intercooler ＝インタクーラ

空心リアクトル くうしん—— air-core inductor コイル巻線の内部を空洞としたリアクトル。リアクタンスはコイルを流れる電流の大きさに関係なく一定値となる。

空中線 くうちゅうせん antenna ＝アンテナ

空調照明器具 くうちょうしょうめいきぐ air-handling luminaire 空調設備と結合して使用するために，特別に設計した照明器具。特に，蛍光ランプは，周囲温度の影響によってランプ光束が変動するため，空気の流れや適切な空気温度によってランプ管壁をより効率のよい温度に近づけることに配慮している。

クーリングタワー cooling tower ＝冷却塔

クールチューブ cool tube 導入外気を，年間変動の小さい地中温度で冷却するための地中に埋設した管。省エネルギーを図れる空調方式で，鉄筋コンクリート管や硬質塩化ビニル管などを用いる。

クーロンの法則 ——ほうそく Coulomb's law 荷電粒子間に働く力は電荷の積に比例し，距離の2乗に反比例する。

クーロン力 ——りょく Coulomb's force ＝クーロンの法則

区間保護継電方式 くかんほごけいでんほうしき zone protection relay system 継電器の保護区間の両端間で電流などの電気量又は継電器の動作状態を伝送し，その区間内で発生した事故を確実かつ高速で検出する保護継電方式。両端の CT や相互の連絡線が必要なため経済的に高価なものとなる。例として，表示線保護継電方式，母線保護継電方式，比率差動保護継電方式などがある。

く体図 ——たいず skelton drawing 建築物の仕上げ及び設備を除いた構造体を表す図。鉄筋コンクリートの形状，寸法などを詳細に示す。電気設備工事では主に施工図で仕上げ面との関係を把握し，埋設管やボックスの位置設定などに用いる。

口金 くちがね cap（英），base（米） ソケット又はランプコネクタによって，電源と電気的に接続し，多くの場合ソケット内で，ランプを保持する役目を果たすランプ

の部品。ねじ込口金，差込口金，ピン口金などがある。

口出線 くちだしせん flying lead 電気機械器具に外部配線を接続するためのリード線。

区分開閉器 くぶんかいへいき switch for property distinction 電気事業者と高圧需要家との保安上の責任分界点に設ける開閉器。地絡継電装置付き高圧交流負荷開閉器を用いる。ただし，電気事業者が自家用引込線専用の分岐開閉器を施設する場合において，断路器を屋内又は金属箱に収めて屋外に施設し，かつ，これを操作するとき負荷電流の有無が容易に確認できるときは断路器を用いることができる。

区分鳴動方式 くぶんめいどうほうしき localized alarm sounding mode 自動火災報知設備又は非常警報設備の地区音響装置において，火災時に一斉に鳴動させることによるパニックを発生させないように，階の区分ごとに限定して鳴動させる方式。地階を除く階数が5以上で延べ面積が3 000 m²以上の防火対象物に適用し，階の区分には①出火階が2階以上の場合では，出火階及びその直上階，②出火階が1階の場合では，出火階，その直上階及び地階，③出火階が地階の場合では，出火階，その直上階及びその他の地階がある。

くま取りコイル ──ど── shading coil 交流磁気回路の主回路の一部に取り付け，主回路の交番磁界による誘導電流を流し，主回路の磁界と$\pi/2$遅れの位相を持つ磁界を発生させるために用いる短絡環。単相電力量計，単相誘導電動機，単相同期電動機などでは回転始動特性を向上させるために，電磁接触器，電磁弁などでは吸引力の変動を少なくするために用いる。

くま取り巻線形単相誘導電動機 ──ど──まきせんがたたんそうゆうどうでんどうき shading coil type induction motor 始動トルクを発生させるため凸極構造の界磁磁極の一部にくま取りコイルを施した単相誘導電動機。くま取りコイルは1回巻きの短絡銅環で主磁束より遅れ位相の磁界を発生し始動トルクを得る。構造は簡単であるが始動トルクが小さく，くま取りコイルにより銅損が発生するため効率が低い。

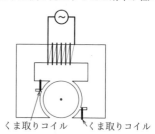

組電池 くみでんち assembled battery 同一の単電池を複数個まとめて構成した電池。

グラインダ grinder 〔1〕円盤状のと石を高速回転させ，物を研削又は研磨に用いる工作機械。硬い金属などの研削や研磨用の仕上げ加工を行う。〔2〕雷など大気中の電気的変動で生じる受信機の雑音となる電波。比較的遠距離の雷又は雷雨によりガラガラという連続性の雑音を生じる。

クラウドコンピューティング cloud computing　ネットワーク上の任意のサーバに処理をさせる電子計算機のサービス形態。ソフトウエア，データなどを，サーバに収納し利用者は，処理システムなどに配慮せずに，インターネットなどのネットワークを介して利用することができる。

クラスⅠ機器　——いちきき　class I equipment　正常状態での感電保護のための基礎絶縁をもち，これが故障したときの保護手段として露出導電性部分を設備の固定配線の保護用接地線に接続する措置を講じた電気機器。電源コードをもつ家庭用電気機器などでは，この措置は接地線を含むコード及び接地極もつ差込プラグを用いなければならない。

クラスⅢ機器　——さんきき　class Ⅲ equipment　感電保護の手段として使用電圧を特別低電圧（ELV）以下に制限する電気機器。クラスⅢ機器は，SELV又はPELVシステムに限り接続でき，また，保護用接地線を接続する手段を備えてはならない。

クラスⅡ機器　——にきき　class Ⅱ equipment　感電保護の手段として二重絶縁又は強化絶縁を施した電気機器。クラスⅡ機器には，保護用接地線を接続する手段を備えてはならない。

クラス０Ⅰ機器　——れいいちきき　class 0 I equipment　電源コードをもつ家庭用電気機器などに適応し，正常状態での感電保護のための基礎絶縁をもち，接地端子又は接地用口出線をもつが接地極のない差込プラグを用いる電気機器。いわゆる２ピンの差込プラクに接地用口出線を設けるコードセットを用いるものは，クラス０Ⅰ機器である。

クラス０機器　——れいきき　class 0 equipment　正常状態での感電保護のための基礎絶縁をもち，これが故障したときの保護手段をもたない電気機器。このことは，基礎絶縁が故障した場合の感電保護は，電気機器を使用する周辺条件（例えば，非導電性環境）に依存する。家庭用電気機器などでは，定格電圧が150V以下の屋内用の機器についてだけ認めている。

クラッカー　cracker　＝ハッカー

クラッド式蓄電池　——しきちくでんち　clad type battery　正極にクラッド式極板，負極にペースト式極板を用いた鉛蓄電池。クラッド式極板は，多孔性のチューブの中央に鉛合金製の心金を通し，その周囲に活物質を充填したもの。短時間放電から長時間放電まで幅広い用途に適している。鉛蓄電池の中では長寿命である。

グラフィック監視制御盤　——かんしせいぎょばん　graphic supervisory control board　＝グラフィックパネル

グラフィックCRT　——シーアールティー　graphic display CRT　平面図，系統図，グラフ，表，文章などが表示できるCRT（cathode ray tube）。文字，記号のみを表示するキャラクタCRTと区別するときにこの言い方を用いた。今日では，CRTといえばすべてグラフィックCRTである。

グラフィックパネル　graphic panel　各種設備の単線結線図，系統図などをわかりやすく図形表示し，表示灯などで設備機器の状態や計測値，計量値などを監視できる表示パネル。パネルは，合成樹脂や鋼板製のパネル上にシルク印刷，彫刻，模擬母線帳付，エッチングなどで図形表示する場合や，図形要素が表示されているモザイクブロックを組み合わせて構成する場合などがある。また，パネル面に直接器具・計器類を取り付ける場合もある。電力設備系統などのように，常時監視表示が必要な設備を対象として設置されることが多い。

グラフィック表示　——ひょうじ　graphic display　設備ごと又は階ごとの系統図・平面図をディスプレイ上に出力し，機器の状態，警報及び計測値をシンボルの色変化又は点滅などで表示する方式。

グランドマスタフェーダ　ground master fader　調光操作卓又は音響調整卓上で操作できるすべての調光回路又は音響増幅回路を一括して制御するフェーダ。このフェーダの下にはクロスフェーダやグループフェーダなどが置かれる。

クランプ　clamp　〔1〕電線，配管などを挟

んで締め付け固定する部材。①送配電用電線をがいしに取り付けるために用いる懸垂クランプ又は耐張クランプ。②母線用銅帯相互又は銅帯と電線との接続に用いる銅帯用三角クランプ又は銅帯用四角クランプ。③電線管と接地線との接続に用いる接地クランプ。アースクランプともいう。④電線の分岐接続に用いるＴ形クランプ。〔2〕増幅回路のある点の電圧を別の基準電位点に対してある値以上に変化しないようにすること。

クランプメータ clamp meter 先端が開閉式（クランプ式）の環状鉄心に変流器又はホール素子を取り付けた低圧電流計。変流器を用いたものは交流測定に，ホール素子を用いたものは交流及び直流測定に用いる。回路の電流を活線のままで測定できる。

クランプメータ

クリート cleat 間隔を置いて配置し，ケーブルなどを挟んで保持する木製，合成樹脂製などの支持材。

クリープ creep 材料に一定方向の応力を加えた場合に，ひずみが時間とともに増加する現象。応力が材料の弾性限界を超えると形状が復元しなくなる。

グリーンIT ──アイティー green information technology 地球環境に配慮したIT（情報技術）製品及びITインフラストラクチャ。環境保護又は資源の有効活用につながるIT利用もグリーンITという。一般にIT機器の省電力化，リサイクル性向上などのITそのものの環境負荷低減をいうが，ITを利用して生産又は物流の最適化などIT活用による環境負荷低減をいうこともある。

グリーン電力証書 ──でんりょくしょうしょ tradable green certificates, renewable energy certificates 風力，太陽光，バイオマス，水力，地熱などの再生可能な自然エネルギーによって発電した電力（グリーン電力）の持つ「環境付加価値」を第三者機関が評価した証書。企業などは，グリーン電力証書を購入することで，環境対策やカーボンオフセットの代替えにできる。

クリーンルーム clean room 空気中に浮遊する粒状物質を使用目的に応じた基準量以下に抑え，温湿度，室内圧力，気流などの環境条件を制御し管理した室。精密機械，医薬品，食品などの工場又は研究所で使用する。クリーンルームの清浄度は一定体積内に浮遊する粒子数により区分する。特に浮遊生物粒子を管理する目的の生物実験施設などで使用するものをバイオクリーンルームという。

グリッド天井 ──てんじょう grid ceiling 単位格子を組み合わせて構成した天井。600 mm，640 mmなどの単位格子があり，格子単位に間仕切りや設備機器を設置する。

クリティカルパス critical path ネットワーク工程表で各作業工程を結ぶすべての経路のうち最も長い経路。工期を定めるこの経路上の作業は重点管理の対象となる。工程管理において，この経路上の作業は総所要時間内に全工程を完了させるために遅れることが許されない。

クリプトン電球 ──でんきゅう krypton lamp アルゴンガスに代えてクリプトンガスを封入した白熱電球。長寿命と効率の向上が図れる。

グループフェーダ grouping fader 調光操作卓又は音響調整卓に組み込み，複数のフェーダを一括操作するためのフェーダ。

グレア glare 視野内に輝度の高い光源や極端な輝度対比があることによって，不快を感じたり対象物が見えにくくなる現象。減能グレアと不快グレアとがある。

グレイ gray 放射線によって1 kgの物質が1 Jの放射エネルギーを吸収するときの吸収線量。単位記号はGy。

グレーデッドインデックス形光ファイバ
——がたひかり—— graded index optical fiber　コアの屈折率分布がコアの中心部を頂点とした2次曲線となっているマルチモード光ファイバ。

グロー現象　——げんしょう　glowing phenomena　電路の接続部において、微小な隙間がある場合、アーク放電によって生じた酸化物上で、アークの断続の後にできる赤熱スポットが強い発光を伴って持続する現象。ねじ止めの施工不良や、電線のクリープなどによって、接触抵抗によるジュール熱やアーク放電などが発生するが、このとき導体材料の熱膨張係数の差によって膨張の度合が異なり、電流がなくなると導体が冷却収縮してねじ部と導体にひずみが生じ、ねじ部と導体間に生じる隙間が原因となる。過熱の発生は導体の材質を問わないが、電線が銅の場合は、亜酸化銅増殖発熱現象と呼んでいる。

グロースタータ　glow starter　＝点灯管

クローズド切換式スターデルタ始動　——きりかえしき——しどう　star-delta starting of closed transition method　かご形三相誘導電動機のスターデルタ始動に当たって、スターからデルタへの切換時に突入電流を抑制する方法。始動中に電源から電動機を切り離すオープン切換式では、多くの場合切換時に残留磁気と電源との位相のずれによって過大な電流が流れる。そこで電磁接触器で抵抗器を介して切り換え、デルタ用接触器の投入後に抵抗器を切り離す。

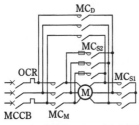
クローズド切換式スターデルタ始動

クローズドサイクル　closed cycle　作動流体を循環させ機関外に放出しない熱機関の運転方式。閉鎖循環方式ともいう。蒸気タービンなどに用いる。

グローバルIPアドレス　——アイピー——　global internet protocol address　インターネット情報センタがIPを用いてインターネットに接続する利用者に割り当てた固有の識別情報。インターネットのIPアドレスやドメイン名などの各種資源は全世界を対象に民間の非営利法人ICANN（The Internet Corporation for Assigned Names and Numbers, アイキャン）が調整管理している。

グローブ　globe　ランプを保護又はランプの光を拡散若しくはランプの光色を変えるために、透明又は拡散透過性の材料で作ったランプを覆う部材。

グロー放電　——ほうでん　glow discharge　陰極降下により加速した正イオンの衝突に伴う2次電子放出による放電。低圧気体放電の一形態である。陰極降下は数十〜数百Vと高く、放電電流は数mA程度以下と少ない。ネオンガスのグロー放電の負グローからの光を利用したネオンランプ、陽光柱からの光を利用したネオン管がある。

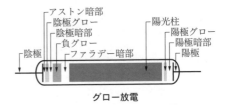
グロー放電

黒ガス管　くろ——かん　carbon steel pipe　亜鉛めっきを施さない配管用炭素鋼鋼管。表面が酸化鉄で覆われ黒いため黒ガス管と呼ぶ。比較的使用圧力が低いガス、蒸気、水、油、空気などの配管に用いる。埋設用ガス管及び建築設備用配管に広く用いる。

クロストーク　crosstalk　＝漏話

クロスフェーダ　crossing fader　調光操作卓又は音響調整卓に組み込み、別々の場面を設定したグランドマスタフェーダの一方から他方に連続的に切り換えるために用いるフェーダ。場面を設定したグランドマスタ

フェーダの0~100%の出力方向を互いに逆になるように平行配列し、同時に操作することで一方の設定が100~0%へと変化するにつれもう一方の設定が0~100%へとなるように構成する。デジタル化した調光操作卓又は音響調整卓においては1本のフェーダでこの機能を果たすものもある。

クロスボンド方式 ——ほうしき cross-bonding method 長距離の交流電力搬送に単心ケーブルを用いるとき、中間接続部でシールドの接続をねん架する方式。シールドの回路損を低減し、片端接地のときのシールドの対地電圧を低くすることができる。

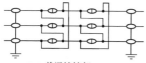

○：普通接続部
◎：絶縁接続部
クロスボンド方式

群管理システム ぐんかんり—— multi-building control system ＝ビル群監視制御システム

ケ

警戒区域 けいかいくいき supervisory zone 自動火災報知設備において、火災の発生した区域を他の区域と区別して識別することができる最小の区域。消防法で、防火対象物の2以上の階にわたらないこと（2の階にわたる警戒区域の面積が500 m² 以下及び階段・パイプシャフトなどに煙感知器を設ける場合を除く。）、1の警戒区域の面積が600 m² 以下とし、その一辺の長さは50 m 以下（光電式分離型感知器の場合100 m 以下）とすることと規定している。

径間 けいかん span 架空電線路の支持物相互間の距離。

景観照明 けいかんしょうめい floodlighting ＝ライトアップ

計器用変圧器 けいきようへんあつき voltage transformer, VT ある電圧値をこれに比例する電圧値に変成する計器用変成器。定格1次電圧と定格2次電圧との関係は、結線方法により、公称電圧/110 V 又は（公称電圧/√3）/(110 V/√3) となる。以前は PT と呼んだことがある。

計器用変圧変流器 けいきようへんあつへんりゅうき instrument voltage current transformer, VCT 計器用変圧器と変流器とを1つにまとめ、箱の中に組み込んだもの。一般的には電気事業者が取引用に電力量や需要電力を計量するために需要家設備の受電点に設置する変成器を指す。以前は MOF 又は PCT と呼んだことがある。

計器用変成器 けいきようへんせいき instrument transformer 電気計器又は測定装置とともに使用する電流及び電圧の変成用機器で、変流器及び計器用変圧器の総称。電気計器や測定装置に高電圧を印加したり、大電流を流したりしないために用いる。

蛍光高圧水銀ランプ けいこうこうあつすいぎん—— fluorescent high pressure mercury (vapour) lamp ガラス球（外管）に蛍光体を塗布した高圧水銀ランプ。光は放電の紫外放射によって励起される蛍光体層及び水銀蒸気から生じる。

蛍光灯 けいこうとう fluorescent luminaire 蛍光ランプを光源とする照明器具。埋込形には下面が開放のもの、じか付け形にはトラフ形、富士形（逆富士形又はV形ともいう）、反射笠付、壁付き形にはブラケット灯、コーナー灯、その他蛍光ランプ光源の光が直接目に入らないようルーバやカバーを付けたものなどがある。

蛍光ランプ けいこう—— fluorescent lamp 内面に蛍光体を塗布したガラス管の両端に熱電子放射物質を塗布した電極を設け、管内に水銀及びアルゴンガスを封入したランプ。ラピッド形などの熱陰極放電とスリムラインなどの冷陰極放電とがある。熱陰極放電では点灯時に電極フィラメントを加熱して熱電子を放出し放電を開始するが、持続放電は電子がフィラメントに衝突し加熱することで維持する。管内を移動する電子は水銀原子と衝突して主に紫外放射を発生

し，蛍光管内部に塗布した蛍光体を照射して可視放射に変える。ランプ効率が高く，一般照明用として最も実用的な光源である。

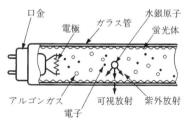

蛍光ランプの発光原理

軽故障 けいこしょう light fault 発電設備，変電設備などの運転や電力供給を直ちに停止させなくても重大な事故に至るおそれのない故障。発生時にはブザーの鳴動で知らせることが多い。 ⇒中故障，重故障

傾斜検知器 けいしゃけんちき tilt-switch detector 一定以上の傾きを検知し，信号又は警報を発する機器。自動販売機，金庫，美術品又はそのケースなどに用いる。容器に封入した水銀又は磁性流体の変位を電極の開閉又は磁力線の変化で検出する。

計装 けいそう instrumentation 測定装置，制御装置などを装備すること。

計測 けいそく instrumentation, measurement 特定の目的をもって，事物を量的に捉えるための方法・手段を考究して実施し，その結果を用い所期の目的を達成させること。建築物での計測対象には，電気設備における電流，電圧，電力，位相，電力量など，空気環境における温度，湿度，静圧，日射量，風量，風力，風速，CO_2，じんあいなど，気象関連では地震震度などがある。

けい素ゴム絶縁ガラス編組電線 ──そ──ぜつえん──へんそでんせん silicone rubber insulated glass braided wire すずめっき軟銅線にけい素ゴムを被覆し，その上にガラス糸で二重に編組を施し耐熱性コンパウンドを含浸し，表面を平滑に仕上げた電線。絶縁物の最高許容温度は180℃。

600Vけい素ゴム絶縁ガラス編組電線ともいう。記号はKGB。耐熱性に優れかつ難燃性であることから，主として屋内の高温場所や耐熱性を必要とする電気機器の配線に用いる。

携帯情報端末 けいたいじょうほうたんまつ personal digital assistants 外出先，移動中など主に所定の場所以外で使用する電子計算機の機能を有する小形の電子機器。インターネット接続機能，スケジュール，住所録などの情報管理機能，電子辞書機能などいくつかの機能を備えている。携帯電話より大量の情報を扱え，パーソナルコンピュータより携帯性がよい。

継電器 けいでんき relay あらかじめ設定した電気，圧力，温度などの物理量に応動し，出力回路に接点の開閉，電気出力の変化を与える機能をもつ装置。

継電器試験器 けいでんきしけんき relay tester 継電器の動作特性を試験する装置。電気設備においては，保護継電器の試験用に電圧計，電流計，サイクルカウンタ，移相器など並びに操作部及び電源装置をセットにしたものを指す場合が多い。

継電器動作時間特性 けいでんきどうさじかんとくせい operating time characteristic of a relay 継電器の入力量の変化と応動時間の関係を表す特性。図は過電流継電器の例であるが，横軸に電流（一般にタップ値の倍数で表す。），縦軸に動作時間をとる。入力量によって動作時間に変化の少ない定限時特性と，入力量が大きくなると動作時間が短くなる反限時特性とがある。

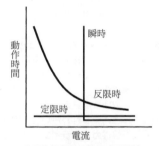

過電流継電器の動作時間特性

系統外導電性部分 けいとうがいどうでんせいぶぶん extraneous-conductive-part 電気設備の部分を構成しない導電性部分で，大地の電位などを伝えるおそれがあるもの。金属サッシ，給水管，ベッドの金属フレームなどがある。

系統接地 けいとうせっち system earthing（英），system grounding（米） 電力系統の1点又は複数点に施す機能用接地及び保護用接地。電路の保護装置の確実な動作の確保，異常電圧の抑制，対地電圧の低下などを図るために電路の中性線又は1線に施す。特に，特別高圧及び高圧から低圧に変成する変圧器の2次側に施す場合は，B種接地工事という。系統接地は，有効接地と非有効接地とに分けることもある。

系統分離遮断方式 けいとうぶんりしゃだんほうしき system splitting breaking 変圧器を並行運転しているとき，短絡時の故障電流を低減するために，系統連絡の遮断器を同時又は早めに動作させる方式。図において，C点の遮断器をA及びB点の遮断器より同時又は早めに動作させることによって故障電流を低減できる。

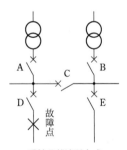

系統分離遮断方式

系統連系 けいとうれんけい interconnection 送電系統間，電気事業者間又は需要家の発電設備と商用系統との間を電気的に連絡して運用すること。一般的には，電力の潮流は双方向であるが，需要家と商用系の場合には逆潮流を行わないことがある。

系統連系技術要件ガイドライン けいとうれんけいぎじゅつようけん—— technical requirements guidelines of interconnection line 電力系統に連系する際，電圧，周波数等の電力品質を確保していくために必要な事項及び連絡体制の要件を資源エネルギー庁が定めた技術要件指針。正式には「電力品質確保に係る系統連系技術要件ガイドライン」という。

系統連系スーパービジョン けいとうれんけい—— super vision equipment of interconnection 連系する発電機の運転，遮断器の開閉，保護継電器の動作などの情報を遠方へ伝送表示する給電情報伝送装置。電力品質確保に係る系統連系技術要件ガイドラインの技術要件として定めている。

経年劣化 けいねんれっか aged deterioration 時間経過に伴って材料の腐食，摩耗などによって物理的性質が低下すること。電気設備では，電気的ストレス，ヒートサイクルなどによって絶縁物の性能が低下する。

警報設備 けいほうせつび alarm system 火災，ガス漏れ，台風などの災害の発生を報知する機械器具又は設備。消防法では，自動火災報知設備，ガス漏れ火災警報設備（液化石油ガスの漏れを検知するためのものを除く。），漏電火災警報器，消防機関へ通報する火災報知設備並びに警鐘，携帯用拡声器，手動式サイレンその他の非常警報器具及び非常ベル，自動式サイレン又は放送設備からなる非常警報設備を警報設備と規定している。

契約電力 けいやくでんりょく contract demand 電気事業者と需要家との間で取り決めた使用可能な最大電力の値で基本料金算定の基礎となるもの。500 kW 未満の高圧需要家では，電力量計に組み込んだ最大需要電力計の値を基に決める。

契約力率 けいやくりきりつ contract power factor 電気供給約款における力率調整条項を適用するときに用いるもので，8時から22時までの1か月間の平均力率。8時から22時までの1か月間の電力量と遅れ無効電力量とを計測して求める。式で表すと次のようになる。

$$\cos\theta = \frac{\int_1^{31}\int_{8:00}^{22:00} P\,dt}{\sqrt{\left(\int_1^{31}\int_{8:00}^{22:00} P\,dt\right)^2 + \left(\int_1^{31}\int_{8:00}^{22:00} Q\,dt\right)^2}}$$

$\cos\theta$：平均力率
P：電力，Q：遅れ無効電力

軽量気泡コンクリートパネル けいりょうきほう―― autoclaved light-weight concrete panel 軽量気泡コンクリートによる建築用材。石灰質系とけい酸質系の材料を主原料とし，発泡剤を加えるか，あらかじめ作った気泡を混入して多孔質化させた後オートクレーブ養生（高圧蒸気養生）して製造され，鉄筋などで補強したもの。ALCパネルともいう。比重は 0.5～0.6 で気孔率は 80% 程度，圧縮強度は $4\sim5\times10^6\,\mathrm{N/m^2}$ で，断熱性，耐火性，遮音性に優れ，切断も容易なことから建築物の壁材などに用いる。

計量法 けいりょうほう Measurement Act 計量の基準を定め，適正な計量の実施を確保し，もって経済の発展及び文化の向上に寄与することを目的とする法律。正確な計量，商品販売に係る計量，計量器等の製造，修理，使用，定期点検などを規定している。電力量計，照度計，騒音計などは検定対象品である。

ゲージ圧――あつ gauge pressure 大気圧を基準としたときの絶対圧力と大気圧との差。タイヤの空気圧や血圧などの測定単位として日常的に使用している。

KGB ケージービー ＝けい素ゴム絶縁ガラス編組電線

ゲートウェイ gateway 通信手段が異なるネットワーク間を相互接続する装置。ネットワーク間の通信速度変換やプロトコル変換を行う。LAN を公衆通信回線網と接続する場合などに用いる。

ゲートターンオフサイリスタ gate turn off thyristor, GTO pnpn 構造で，ゲートに負電流を流すことによってターンオフ（オン状態の半導体をオフ状態にすること。）することができる半導体素子。一般のサイリスタと違いターンオフさせるための転流回路を必要としない。開閉動作が速く，主に高電圧スイッチングや直流の開閉に用いる。

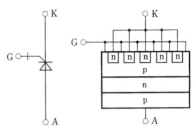

ゲートターンオフサイリスタの構造図

ゲートドライブ信号――しんごう gate drive signal サイリスタ，GTO，パワートランジスタなどの半導体素子をオン又はオフするときにゲートに与える信号。

ケーブル electric cable, insulated cable 導体に絶縁を施した線心（非絶縁導体を含む場合がある。）を複数より合わせ，並列若しくは同心配置したもの又は1本に外装を施して電流の伝送に使用するもの。導体，絶縁，電気的遮蔽，外装，保護被覆，副材料の種類，構成及び用途などによって，製品は多岐にわたっている。電気設備技術基準，電気用品安全法，消防法などで規定している。英語の electric cable は，電線類の総称である場合が多く，IEC ではこれを insulated cable（絶縁ケーブル）という用語で定義している。

ケーブル延焼防止材――えんしょうぼうしざい preventive material against fire spreading 延焼を防止するためケーブル類に塗布する材料。難燃材，可塑材，シリコンなどを混合した材料をスプレーで吹き付け又は刷毛で塗布する。

ケーブルカッタ cable cutter ケーブル又は絶縁電線を切断する工具。手動式，電動式などがある。鉄線の切断には使用しない。

ケーブルドラム cable drum 長尺の電力用又は電気通信用ケーブルを巻き取り，現場で回転させてケーブルを取り出す円筒形又は車輪形のドラム。木製，鉄製などがある。

ケーブルトレンチ　cable trench　＝ケーブルピット

ケーブルピット　cable pit, cable trench　ケーブルの布設に用いるコンクリート構造の溝。ケーブルトレンチともいう。溝の蓋には，しま鋼鈑などを用いる。

ケーブル標識シート　──ひょうしき──　mark sheet for buried cable　地中に埋設したケーブルの掘削作業による不慮の損傷を防止するために，ケーブル上方に埋設するビニル製又はポリエチレン製シート。危険表示，管理者名，電圧，埋設年などを記入し，高圧又は特別高圧ケーブルでは，必ず設ける。

ケーブルヘッド　cable head　高圧又は特別高圧ケーブルの末端において，端部の電界分布を均一にする端末処理部分。ケーブルを他の電線又は機器の導体へ接続するときに端末処理する電力事業者の供給用ケーブルと需要家側の受給ケーブルとの接続部や高圧ケーブルの機器側との接続部をいう。がいし部は，6 kV 一般用がゴム製，6 kV 耐塩用及び特別高圧用は陶磁器製が一般的である。　⇒ストレスコーン

ケーブル保護用合成樹脂被覆鋼管　──ほごようごうせいじゅしひふくこうかん　plastic coated steel pipe for cable-way　ケーブルの保護に用いる表面を合成樹脂で被覆した鋼管。一般のケーブル工事並びに暗きょ式及び管路式地中電線路においてケーブルを保護するために用い，耐食性に富む。ポリエチレンライニング鋼管はその一種である。被覆又は塗装前の鋼管の種類によって厚鋼電線管は G 形，薄鋼電線管は C 形及びねじなし電線管は E 形という。

ケーブル埋設標　──まいせつひょう　mark for buried cable　直接埋設式，管路式などによって施設したケーブル経路を地表面から確認できるように，屈曲箇所に，また直線部では 20 m 程度の間隔で設ける標識。コンクリート製のものを標石柱ともいう。鉄製ピン形のものはキャッツアイともいい，コンクリート又はアスファルト舗装面に埋め込む。電気用，電気通信用などの用途表示又は埋設方向を示す。

ケーブルラック　cable rack, cable ladder, cable tray　ケーブルの布設に用いる金属製，合成樹脂製などのはしご形又はとい形をした支持架。

ケーブルリール　cable reel　ケーブルの引出し又は巻取りを行うドラム状の装置。電動式又はスプリング式があり，クレーン，移動台車，舞台照明具などへの電源供給用ケーブルに用いる。

Ku バンド　ケーユー──　Ku band　主に固定衛星通信用に割り当てられている 12～18 GHz の無線周波数帯の俗称。ITU（国際電気通信連合）が世界を 3 地域に分けて用途別に割り当てている。第 3 地域（アジア，オセアニア）に属す我が国の通信衛星事業者は，一部を除きこの周波数帯でサービスを提供している。地上から衛星への回線（アップリンク）で 14 GHz 帯を，衛星から地上への回線（ダウンリンク）で 12 GHz 帯を使用しているため，Ku バンド（14 G/12 GHz）と表記することが多い。

消し遅れスイッチ　け─おく──　off delay switch　操作部を「切」としても負荷側は一定時間「入」状態を続け，後に自動的に「切」になる延遅スイッチ。延遅動作回路のみの 1 極形のものは玄関や寝室などに用いる。延遅動作回路と一般回路の別機能をもつ 2 極形のものは，2 負荷同時に「入」し，「切」動作はトイレなどで延遅を換気扇用，一般を照明用として用いる。

結合損失　けつごうそんしつ　coupling loss　テレビ共同受信設備に用いる分岐器などの方向性結合器で，信号を入力端子側から出力端子及び分岐端子へ送った場合の損失。

結晶系太陽電池　けっしょうけいたいようでんち　crystalline photovoltaic cell　単結晶又は多結晶を用いた太陽電池の総称。

結晶系シリコン太陽電池　けっしょうけい──たいようでんち　crystalline silicon solar cell　シリコン半導体の単結晶又は多結晶を用いた太陽電池。化合物系や有機系の太陽電池と比較して，変換効率も高く使用実績が多い。単結晶シリコンは変換効率

が高く，高性能であるが高価である，一方，多結晶シリコンは変換効率は劣るが安価なため大量に使用している。

結晶質 けっしょうしつ crystalline material 空間的に周期的な原子配列を持ち立体的格子を形成している固体物質。物質を構成する原子・原子団・分子・イオンが規則正しく配列していて，融点などが明確な値を示す。

欠相運転 けっそううんてん open-phase operation 三相電源の1相の断線，接触不良などが生じた状態での三相誘導電動機の運転。運転中に欠相した場合は，軽負荷であれば滑りが少し増加するが，運転は継続する。理論的には電流は三相運転電流の$\sqrt{3}$倍になるが，実際には逆相分のため更に大きくなる。負荷が大きい場合は，トルク不足のため停止し，過電流保護器が動作するか，電動機が焼損する。

欠相保護 けっそうほご open-phase protection, phase-loss protection 〔1〕三相誘導電動機が欠相運転になったとき，欠相状態を検出し，負荷回路を遮断して電動機の焼損及び電気系統の故障を防止すること。保護装置として欠相継電器を使用するが，低圧の場合は3Eリレーと呼ぶものを用いる。また，電力ヒューズを用いる高圧電路では，その溶断などによる欠相を防止するため，ストライカ機構付負荷開閉器にヒューズを取り付け，溶断時にストライカ機構によって三相全部を開放し，負荷側が欠相になることを防止する。〔2〕多線式電路の中性線の欠落による電圧不平衡に起因する負荷機器の焼損を防止すること。保護装置として過電圧検出機能を付加した漏電遮断器を用いる。

結束線 けっそくせん binding wire 〔1〕電線を束ねるため，ケーブルをラックに固定するためなどに用いる合成樹脂製のひも。〔2〕鉄筋相互を結束するための細い鉄線。2つ折りにした焼鈍鉄線をハッカという工具を用いて結束する。

ケッチヒューズ catch-fuse 低圧架空電線路と低圧引込線との分岐接続部の引込線電圧側電線に設置するヒューズ。ヒューズエレメントを樹脂製のケースで完全に密閉し，電線と直接圧着接続して充電部が露出しない構造となっている。

結露 けつろ dew condensation 水分を含んだ空気が表面温度の低い物体に接触し，その部分で露点温度以下まで冷却され，そこで水分を凝縮，露を結ぶか，ぬれを生じる現象。結露は，表面結露と内部結露とがある。表面結露は，窓ガラスや壁などの表面に発生し，内部結露は，防湿が不十分な天井，壁，床などの構造体内部に発生する。

ケミカルアンカボルト chemical anchor bolt せん孔に挿入して接着剤の化学反応で固着する後付け形式のアンカボルト。コンクリート基礎などにせん孔し，樹脂や硬化促進剤などとともにアンカボルトを挿入して接着固定する。カプセル方式，先充塡方式，後注入方式などがある。

煙感知器 けむりかんちき smoke detector 火災により生じる煙を検出し，自動的に火災信号を発する感知器。1局所の煙又は広範囲の煙の蓄積により作動する。イオン化式スポット型，光電式スポット型，光電式分離型などがある。

煙感知器連動閉鎖戸 けむりかんちきれんどうへいさど fire door interlocking with smoke detector 専用の煙感知器の発報によって連動閉鎖する防火戸。

煙複合式スポット型感知器 けむりふくごうしき——がたかんちき smoke combination spot detector イオン化式及び光電式の性能を併せ持つ複合式感知器。イオン化式スポット型煙感知器及び光電式スポット型煙感知器の性能を組み合わせたものである。

ケルビンダブルブリッジ Kelvin double bridge 4端子測定法により抵抗を精密に測定するためのブリッジ回路。電線などのmΩ単位の抵抗測定にリード線の抵抗，ブリッジ接続部の接触抵抗，熱起電力などの影響を4端子測定法により除去して測定できる。検流器Gが0となる平衡条件から

未知の抵抗値 R_X は次式で求める。

$$R_X = \frac{R_S R_1}{R_2}$$

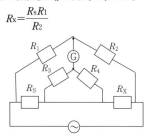

ケルビンダブルブリッジ

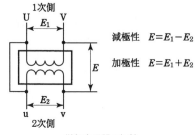

単相変圧器の極性

減圧水槽 げんあつすいそう low pressure water tank 水道水又は高圧水を内燃機関の冷却水として使用する場合に,適当な水圧にするために用いる水槽。内燃機関の冷却方式の1つである清水冷却方式に使用する。一般には,発電機室内に設置し,受水槽や高圧水槽から冷却水を補給するが,ボールタップなどによって水位を一定に保つようにする。

減圧弁 げんあつべん pressure reducer 1次側(高圧側)の供給圧力を2次側(低圧側)の所定の圧力まで下げる弁。流体の圧力を利用して作動させる自力式の自動圧力調整弁である。

減液警報 げんえきけいほう low electrolyte level alarm 充電による水の電気分解や自然蒸発により,蓄電池の電解液が規定値以上に減少した場合に発する警報。ベント形の液式蓄電池に電極を設け,液面がレベル以下になると警報を発して補水の時期を予告する。補水を要しないシール形アルカリ蓄電池や制御弁式鉛蓄電池には設けない。

減極性 げんきょくせい subtractive polarity 単相変圧器の2つの巻線の誘起電圧の方向,すなわち極性が同一であること。加極性に対する語。我が国では減極性が標準仕様である。外観で見分けられるように,U及びuの端子位置が減極性のときは変圧器外箱の同じ側に引き出し,加極性のときは外箱の対角位置に引き出す。

建材一体形太陽電池アレイ けんざいいったいがたたいようでんち── building inte-

grated photovoltaic array 屋根材一体形又は壁材一体形太陽電池アレイ。

減算器 げんさんき substracter 〔1〕アナログ回路で2入力電圧の差を出力する集積回路で構成した増幅器。差動増幅器の原理そのものを用いている。出力は入力1と入力2との差に比例する。〔2〕2進数の減算を行う論理回路で構成した組合せ回路。2進数の減算は減数の補数及び被減数の加算によって行う。2進数の補数は各桁のビットを反転し最下位桁に1を加えて求めることができるので,初期のパーソナルコンピュータでは補数を作るためにプログラムで処理をしていたが,現在では数理演算論理装置(ALU)を実装して処理している。

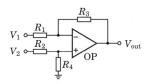

V_1, V_2:入力電圧, V_{out}:出力電圧,
R_1, R_2:入力抵抗, R_3:負帰還抵抗,
R_4:接地抵抗, OP:演算増幅器
$V_{out} = -(V_1 - V_2) R_f / R_1$

減算器

限時継電器 げんじけいでんき time limit relay 予定の時間遅れで動作する継電器で,誤差が小さくなるように特に考慮されたもの。その考慮がないものを時延継電器という。

限時特性 げんじとくせい time limit characteristic 継電器の動作時間特性において,

入力値と動作時間の関係を表す特性。定限時特性, 反限時特性などがある。　⇨継電器動作時間特性

原子時計　げんしどけい　atomic clock　振動周波数の基準として原子又は分子のスペクトル線の振動を利用した時計。標準器としてはセシウム 133 原子の振動周波数 9 192 631 770 Hz を利用している。

原始プログラム　げんし——　source program　高級言語やアセンブリ言語を用いて記述したプログラム。ソースコード, ソースプログラムともいう。電子計算機に実行させるためには, 機械語に変換する必要がある。

検出端　けんしゅつたん　sensor　＝センサ

限時要素　げんじようそ　time limit element　設定値を超えた入力を受けて一定時限後に動作する継電器の機能。　⇨継電器動作時間特性

減衰器　げんすいき　attenator　①電気回路中に設け, 前段の出力を次段の入力信号レベルに合わせるために用いる装置。②抵抗やコイルによってスピーカに加える電圧を変化させ, 音の大きさを調整する装置。ボリュームコントローラともいう。

建設業法　けんせつぎょうほう　Construction Business Act　建設業を営む者の資質の向上, 建設工事の請負契約の適正化等を図ることによって, 建設工事の適正な施工を確保し, 発注者を保護するとともに, 建設業の健全な発達を促進し, もって公共の福祉の増進に寄与することを目的とした法律。建設業の許可, 建設工事現場における主任技術者又は監理技術者の設置などを規定している。

建設廃棄物　けんせつはいきぶつ　construction waste　建設工事に伴って副次的に得られる物品のうち, 再生資源などを除いた廃棄物。再生資源とは, 副産物のうち有用なものであって原材料として利用することができるもの, 又はその可能性のあるものをいう。建設廃棄物としては, コンクリート塊, アスファルト・コンクリート塊, 建設発生木材, 建設汚泥及び建設混合廃棄物があるほか, 飛散性アスベスト廃棄物, コンデンサなどの廃 PCB 及び PCB 汚染物, 廃油などの特別管理産業廃棄物も含む。

建設副産物　けんせつふくさんぶつ　construction by-products　建設工事に伴い副次的に得られる物品。建設発生土, コンクリート塊, アスファルト・コンクリート塊, 建設発生木材（木くず）, 建設汚泥, 紙くず, 金属くず, ガラスくず, コンクリートくず及び陶器くず又はこれらのものが混合した建設混合廃棄物などがある。また, 資源有効利用促進法により再生資源として定義しているものもある。

検相器　けんそうき　phase-sequence indicator　三相交流の相又は相順を調べる器具。低圧用は 3 本のリード線を各相に接続し, 器体の 3 個のランプの点灯順又は円板の回転方向によって相回転の正又は逆を判断するもので, 相合せにも用いる。相回転表示器ともいう。高圧用は表示部をもつ電極棒とこれを結ぶリード線とで構成し, 同相, 異相及び相順を表示できる。

低圧検相器

高圧検相器

原単位　げんたんい　basic unit　生産や販売, 生活などの活動を行うとき, 一定量の活動成果を得るのに使用又は排出される要素（原材料, エネルギー, 各種サービス, 所要時間, 廃棄物など）の数量。活動の効率性を示す指標として用いる。例えば, エネルギー原単位といえば, エネルギー効率

を表す値を意味し，単位量の製品や額を生産するのに必要な電力，熱（燃料）などエネルギー消費量の総量を指し，一般に，省エネルギーの進捗状況を見る指標として用いる。

建築音響　けんちくおんきょう　architectural acoustics　ホールや劇場などの建築物を構成する空間形状や使用部材の物理的特性を考慮し，快適音響空間を創造するための技術。

建築確認申請　けんちくかくにんしんせい　application for building comfirmation　建築工事の工事着工前に建築物が建築基準法に適合しているか審査を受けるために，建築主又は民間の指定確認検査機関に対して確認申請書を提出すること。消防法で定めた防火対象物の場合，消防長による同意を必要とするため，電気設備では非常照明設備，避雷設備などの建築設備のほか，誘導灯設備，自動火災報知設備など消防設備の図面も添付する。

建築化照明　けんちくかしょうめい　architectural lighting　光源を天井，壁，柱などに組み込み，建築構造と一体化させた照明。光天井，コーニス照明，コーブ照明，バランス照明などを含む。

建築基準法　けんちくきじゅんほう　Building Standards Act　建築物の敷地，構造，設備及び用途に関する最低の基準を定めて，国民の生命，健康及び財産の保護を図り，もって公共の福祉の増進に資することを目的とする法律。建築物の設計及び工事監理，建設時の確認申請，建築物の構造，避雷設備，昇降機，避難設備，排煙設備，非常用の照明装置などを規定している。

建築士　けんちくし　registered architect　建築物の設計又は工事監理を行うことができる建築士法に基づく有資格者。1級建築士，2級建築士及び木造建築士の総称である。建築物の規模，用途及び構造に応じて業務範囲を定めている。平成18年の法改正により，構造設計1級建築士及び設備設計1級建築士の資格を追加した。

建築士法　けんちくしほう　Architect Act　建築物の設計，工事監理等を行う技術者の資格を定めて，その業務の適正をはかり，もって建築物の質の向上に寄与させることを目的とする法律。建築士の資格，建築士事務所の登録，建築設備士の資格などを規定している。

建築設計図　けんちくせっけいず　architectural design drawing　建築物の設計内容を表現した設計図。基本設計図と実施設計図に大別され，実施設計図には建築図，構造図，建築設備図がある。

建築設備検査資格者　けんちくせつびけんさしかくしゃ　assistant building inspection equipment　劇場，映画館，病院，ホテル，学校，百貨店など特殊建築物の建築設備（換気設備，排煙設備，非常用の照明装置，給水設備及び排水設備）の安全確保のために，定期に検査を行うことができるものとして国土交通大臣が認定する資格者。これらの建築設備の所有者は，その検査結果を特定行政庁に報告しなければならない。

建築設備士　けんちくせつびし　building services engineer　大規模の建築物その他の建築物の建築設備に係る設計又は工事監理を行う場合において，建築設備に関する知識及び技能につき，建築士に意見を述べることができるものとして国土交通大臣が認定する資格者。建築士は，建築設備に係る設計又は工事監理を行う場合において，建築設備士の意見を聴いたときは，建築確認申請書等においてその旨を明らかにしなければならない。

建築電気設備　けんちくでんきせつび　electrical installation of building　建築物など人工の構築物の需要場所に施設した電気設備。受電設備，変電設備，自家発電設備，照明設備，電熱設備，搬送設備，情報通信設備，防災設備，防犯設備，避雷設備などがある。

建築物情報モデリング　けんちくぶつじょうほう──　building information modeling, BIM　電子計算機で作成した建築物3次元モデルと蓄積したデータベースを組合せ，デザインの向上や建築業務の効率化を図る

手法。意匠，構造，設備の設計から施工，維持管理に至るあらゆる情報を1つのモデルに統合して管理する。

建築物総合環境性能評価システム けんちくぶつそうごうかんきょうせいのうひょうか―― comprehensive assessment system for building environmental efficiency, CASBEE 建築物を環境性能で評価し格付けするために，省エネルギー，省資源又はリサイクル性能といった環境側面はもとより，室内の快適性や景観への配慮といった環境品質及び性能の向上といった側面も含めた，建築物の環境性能を総合的に評価するシステム。この評価システムでは，建築物の環境負荷 L（Load），環境品質及び性能 Q（Quality）の概念に基づいて，建築物の環境性能効率（BEE：building environmental efficiency）という評価指標を次式で定義している。

BEE＝Q/L

BEE 値及び評価程度は，表による。

BEE 値及び評価

ランク	評価	BEE 値
S	素晴らしい	3.0 以上
A	大変良い	1.5 以上〜3.0 未満
B⁺	良い	1.0 以上〜1.5 未満
B⁻	やや劣る	0.5 以上〜1.0 未満
C	劣る	0.5 未満

現地ヒートラン試験 げんち――しけん on-site heat running test, on-site heat operation test ①変圧器，発電機などを引渡しする前に納入先において行う温度上昇試験。②制御装置，電子計算機応用システムなどを引渡しする前に納入先において，ある特定の状態で動作を継続させる試験。引渡し後使用するのと同一条件で装置，システムなどをある一定期間動作させ，ハードウエア及びソフトウエアに問題がないことを確認する。

減電圧始動 げんでんあつしどう reduced-voltage starting 始動器を用い電源電圧を低減して電動機を始動すること。誘導電動機では，スターデルタ始動，始動補償器始動，リアクトル始動などがある。

検電器 けんでんき detector, electroscope 電圧又は電荷の有無を調べる器具。回路の充電の有無を検知するには，ネオン管発光式，発光ダイオード式，音響式，風車式などが低圧用，高圧用又は特別高圧用として用いる。定期的に校正して用いることが必要である。静電気の検知には，2枚のアルミニウムはく又は金ぱくを使ったはく式検電器を一般に用いる。

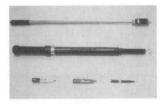

検電器

原動機 げんどうき prime mover 位置エネルギー，熱エネルギー，電気エネルギーなどを機械的エネルギーに変えて機械類の動力を得るための装置。風車，水車，蒸気機関，ガスタービン，内燃機関，電動機などがあり，自家発電設備には内燃機関のうちディーゼル機関，ガスタービンなどを用いる。

減能グレア げんのう―― disability glare 物の見え方は損なうが，必ずしも不快感は生じないグレア。結果として視覚能力は減退するが，不快感に結び付くとは限らない。夜間の車のヘッドライトやスタジアムの投光照明など比較的高輝度の光源からの光が直接目に入った場合，しばらくの間目がくらんで物が見分けにくくなる状態はその一例である。

現場代理人 げんばだいりにん site representative 工事現場の運営及び取締りを行うほか，代金の授受などを除いた請負契約に関する一切の権限を行使する人。建設業法には，請負人は請負契約の履行に関し工事現場に現場代理人を置く場合において

は，当該現場代理人の権限に関する事項及び当該現場代理人の行為についての注文者の請負人に対する意見の申出の方法を，書面により注文者に通知しなければならないとある．

減法混色 げんぽうこんしょく subtractive colour mixing 色料（インク）の混合により色を表現する手法．一般に特定の色を吸収する互いに独立した三原色の色料を，組み合わせて光を吸収し色を表現するため，もとの原色よりも暗くなる．印刷やカラープリンタなどで用いる色料の代表的な三原色として，緑青（シアン），赤紫（マゼンタ），黄の組合せがあり，実用上はこれに黒を加えて用いる．光学フィルタを重ねて光の色を変えることも減法混色という．

限流遮断器 げんりゅうしゃだんき current-limiting circuit-breaker 短絡電流が最大波高値に達する前に限流し，短時間で遮断する遮断器．低圧の限流形配線用遮断器がこれに当たる．限流抵抗器と並列に接続した転流器を短絡時に開放し，限流抵抗器側を抑制された事故電流が通過し，その後回路主接点を開路する．短絡電流の限流効果のため，回路及び組み合わせる開閉器の定格短時間耐電流を小さく選定できる．

限流抵抗器 げんりゅうていこうき current decreasing resistor 回路に直列に挿入し，短絡時の故障電流又は負荷投入時の突入電流を制限するために用いる抵抗器．

限流特性 げんりゅうとくせい cut-off current characteristic 限流ヒューズ及び限流遮断器の動作時における想定短絡電流波高値とこれに対する最大の限流値との関係．

限流ヒューズ げんりゅう── current-limiting fuse 溶断時に高いアーク電圧を発生し，事故電流を強制的に限流抑制して遮断を行うヒューズ．密閉絶縁筒内にヒューズエレメントとけい砂などの粒状消弧剤とを充填したヒューズが代表的である．短絡電流波高値の限流効果のため，回路及び組み合わせる開閉器の定格短時間耐電流を小さく選定できる利点をもつ．高圧限流ヒューズの小電流遮断時には，消弧力が低下し遮断が困難になり，ヒューズの爆発に至る場合もあるため，ストライカを設けて機械的に電路を開く方法を講じる必要がある．

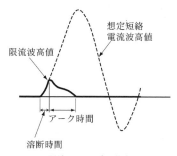

限流ヒューズの動作

限流リアクトル げんりゅう── current-limiting reactor 回路に直列に挿入し，短絡時の故障電流又は負荷投入時の突入電流を制限するために用いるリアクトル．短絡電流による機械的熱的障害を防ぎ，遮断器の所要遮断容量を低減するために用いる．一般に，不変インダクタンスをもつ空心形であり，乾式及び油入りがある．

コ

高圧 こうあつ high voltage 電気設備技術基準における電圧の種別で，直流にあっては750 Vを，交流にあっては600 Vを超え，7 000 V以下の電圧．我が国の高圧配電系統の標準電圧は，公称電圧として3.3 kV及び6.6 kVがあり，最高電圧として3.45 kV及び6.9 kVとしている． ⇒電圧

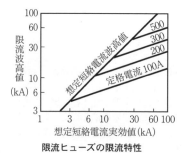

限流ヒューズの限流特性

の種別

高圧活線近接作業　こうあつかっせんきんせつさぎょう　working near high voltage live conductor　電路又はその支持物の敷設，点検，修理，塗装などの電気工事を行う場合に，作業者が高圧の充電電路に接触し，又は接近することにより感電の危険が生じるおそれがある作業。接近するとは，頭上距離が 30 cm 以内又は体側距離若しくは足下距離が 60 cm 以内に接近することをいう。感電事故を防止し作業者の安全を確保するために，充電電路に絶縁用防具を装着するか，又は作業者は絶縁用保護具を着用しなければならない。

高圧活線作業　こうあつかっせんさぎょう　high voltage live working　高圧の充電路の点検，修理などそれら充電部分を取り扱う作業。感電事故を防止し作業者の安全を確保するために，絶縁用保護具の着用及び現に取り扱う部分以外の充電電路への絶縁用防具の装着，活線作業用器具の使用，又は活線作業用装置の使用を遵守しなければならない。

高圧機器内配線用電線　こうあつききないはいせんようでんせん　high-voltage insulated wire for electrical apparatus　キュービクル式高圧受電設備や開放形高圧受電設備などの高圧配線に使用する電線。単心の銅導線に被覆する絶縁物の種類によって，高圧機器内配線用架橋ポリエチレン絶縁電線（KIC）及び高圧機器内配線用 EP ゴム（エチレンプロピレンゴム）絶縁電線（KIP）がある。

高圧交流負荷開閉器　こうあつこうりゅうふかかいへいき　AC load-break switch for high-voltage，LBS　高圧交流回路に用いる負荷開閉器。負荷開閉器は短絡電流の投入及び規定時間通電は可能であるが，短絡電流の遮断ができないので，地絡引外し装置付のものなどでは，過電流ロック機構や限流ヒューズを設ける。種類には，気中負荷開閉器，真空負荷開閉器，ガス負荷開閉器などがある。屋内用は，一般に気中形が多く，操作方式には手動式及び電動式がある。架空配電線路に使用するものを柱上開閉器という。区分開閉器には地絡継電装置付高圧交流負荷開閉器を用いる。

高圧水銀灯用安定器　こうあつすいぎんとうようあんていき　ballast for high pressure mercury（vapour）lamp　高圧水銀ランプ用の安定器。一般形，低始動電流形，定電力形，電子式定電力形，調光用定電力形などがある。

高圧水銀ランプ　こうあつすいぎん──　high pressure mercury（vapour）lamp　点灯中の蒸気圧が 100 kPa を超える水銀蒸気からの放射によって発光する高輝度放電ランプ。

高圧絶縁電線　こうあつぜつえんでんせん　high-voltage insulated wire　公称電圧が 6 600 V の電路に使用するための絶縁電線。架空配電線に使用する屋外用高圧絶縁電線を指すことが多く，銅又はアルミニウム（ACSR を含む。）導線に所定の厚さの絶縁を施したもので，絶縁物の種類によって屋外用高圧架橋ポリエチレン絶縁電線（OC），屋外用高圧 EP ゴム（エチレンプロピレンゴム）絶縁電線（OP）などがある。　⇨高圧引下用絶縁電線，高圧機器内配線用電線

高圧ナトリウムランプ　こうあつ──　high pressure sodium（vapour）lamp　点灯中の蒸気圧が 10 kPa 程度のナトリウム蒸気中の放電によって発光する高輝度放電ランプ。ガラス球が透明形と拡散形とがある。色温度が 2 000 K 前後の黄白色で，平均演色評価数 R_a は 15〜30 程度，効率は 140 lm/W 程度である。長寿命で光束維持率に優れている。ナトリウムの蒸気圧を更に高くして演色性を向上させた演色改善形もある。道路照明などの屋外一般，高天井の工場，スポーツ施設などに用いる。

高圧配電線路　こうあつはいでんせんろ　high-voltage distribution line　配電用変電所から高圧で受電する自家用需要家に至る高圧の電線路。　⇨電線路

高圧引下用絶縁電線　こうあつひきさげようぜつえんでんせん　high-voltage drop wire for pole transformer　高圧架空電線

路から柱上変圧器の１次側に至る配線に使用する電線。高圧受電設備用配線，高圧屋内がいし引き配線などにも使用する。単心の銅線に被覆する絶縁物の種類によって，高圧引下用架橋ポリエチレン絶縁電線（PDC）及び高圧引下用EPゴム（エチレンプロピレンゴム）絶縁電線（PDP）がある。

広域イーサネット こういき—— wide area Ethernet　地理的に離れたLAN間などをイーサネットインタフェースで接続する技術又は電気通信サービス。IP-VPNやインターネットVPNに比べ，利点として通信速度が速く，遅延が小さい，網構成の自由度が高く，拠点の追加，プロトコルの変更などに柔軟に対応できる，IP以外の通信プロトコルを利用する場合でもイーサネットへの変換のみで済む，安価なVLAN対応のレイヤ２スイッチ及びレイヤ３スイッチが使用可能であるなどがあり，欠点として提供地域が狭く，アクセス回線コストが高くなることがある。

広域通信網 こういきつうしんもう　wide area network　＝WAN

高域フィルタ こういき—— high pass filter, HPF　特定の周波数以上の電力を通過させ，特定の周波数以下の電力を減衰させるフィルタ。

高位発熱量 こういはつねつりょう　higher heating value, HHV　常温の燃料が燃焼過程で反応又は蒸発によって発生する水蒸気の潜熱を含めた発熱量。総発熱量又は高発熱量ともいう。燃料の燃焼熱を熱量計内の水に吸収させ，その水の保有熱量の増加分を測定して得られる。総合エネルギー統計，火力発電所の発電効率などで用いる。

高演色形蛍光ランプ こうえんしょくがたけいこう—— high colour rendering fluorescent lamp　広帯域の発光スペクトルをもつ蛍光体を組み合わせて用い，演色性を改善した蛍光ランプ。平均演色評価数 R_a 及び特殊演色評価数 $R_9 \sim R_{15}$ の最低値をJISに規定している。

効果器 こうかき　effect machine　投影器用のスポットライトなどの投影光源に取り付け，対物レンズと組み合わせて映像を投影する装置。映像原板には，雲，雪，雨，炎，落ち葉，散る花びら，滝などの写実的なものと幻想的な雰囲気などを表現する抽象的なものとがある。エフェクトマシンともいう。

光学式文字読取装置 こうがくしきもじよみとりそうち　optical character reader, OCR　手書き文字や印字された文字を光学的に読み取り，前もって記憶されたパターンとの照合により文字を特定し，文字データとして入力する装置。スキャナで読み取った画像から文字を識別して文書に変換するソフトもある。

光学的放射 こうがくてきほうしゃ　optical radiation　＝光放射

高架水槽 こうかすいそう　elevated tank　独立した構造体の上に設置する高置水槽。

高輝度LED こうきどエルイーディー　super luminosity LED　一般のLEDより発光効率が高く，又はより多くの電流を流せ光出力を大きくできる発光ダイオード。

高輝度放電ランプ こうきどほうでん—— high intensity discharge lamp, HID lamp　発光管の管壁温度によってアーク放電が安定に動作し，発光管の管壁負荷が3W/cm^2を超える熱陰極放電ランプ。高圧水銀ランプ，メタルハライドランプ，高圧ナトリウムランプの総称。HIDランプともいう。他の放電ランプと比べ，発光部の単位面積当たりの光束が大きく，輝度が高い。

高輝度誘導灯 こうきどゆうどうとう　high luminance exit sign　形状をコンパクトにし，冷陰極蛍光ランプやLEDを用いた高い平均輝度の表示面をもつ誘導灯。従来の約70％の省エネルギー，光源の長寿命化，建築空間デザイン性の向上を図ることができる。

公共施設用照明器具 こうきょうしせつようしょうめいきぐ　luminaire for public building lighting　日本照明器具工業会規格（JIL）で規定する主として公共施設に

用いる一般用の照明器具。

工業標準化法 こうぎょうひょうじゅんかほう Industrial Standardization Act 適正かつ合理的な工業標準の制定及び普及により工業標準化を促進することによって、鉱工業製品の品質の改善、生産能率の増進その他生産の合理化、取引の単純公正化及び使用又は消費の合理化を図り、併せて公共の福祉の増進に寄与することを目的とする法律。この法律に基づき日本工業規格（JIS）を制定している。

航空障害灯 こうくうしょうがいとう obstacle light 航空機に対して航行の障害となる物件の存在を認識させるための標識灯。ビル、マンションなどで、高さが60m以上150m未満のものには、建築物の頂上に低光度航空障害灯（赤色不動光）を設置する。高さが150m以上のものでは、建築物の頂上から順に52.5m以下のほぼ等間隔で150m未満の最も高い位置まで中光度赤色航空障害灯（赤色明滅）及び低光度航空障害灯を交互に配置する。ただし、最も低い位置の障害灯は低光度航空障害灯とする。航空法。

航空灯火 こうくうとうか aeronautical ground light 航空機の航行を援助するために地上又は水上に設置される信号灯火。地上航空灯火ともいう。航空灯台、飛行場灯火及び航空障害灯がある。

航空灯台 こうくうとうだい aeronautical beacon 夜間又は計器気象状態における航空機の航行を援助するための航空灯火。

航空法 こうくうほう Civil Aeronautics Act 国際民間航空条約の規定並びに同条約の付属書として採択された標準、方式及び手続に準拠して、航空機の航行の安全及び航空機の航行に起因する障害の防止を図るための方法を定め、並びに航空機を運航して営む事業の適正かつ合理的な運営を確保して輸送の安全を確保するとともにその利用者の利便の増進を図ることにより、航空の発達を図り、もって公共の福祉を増進することを目的とする法律。

鋼構造 こうこうぞう steel construction ＝鉄骨構造

交互運転 こうごうんてん operation by turn 2つの機器を交互に切り換えて運転すること。給水ポンプや排水ポンプの運転に多く用いる。

公差 こうさ〔1〕tolerance 工学上許容範囲である、誤差の最大寸法と最小寸法との差。〔2〕tolerance 度量衡器の一定の標準と、その実物との差で、法律が有効と認める範囲。〔3〕common difference 等差数列において、隣り合う二項間の差。

工作物 こうさくぶつ structure 人為的に作られたもの。建築物のほか、煙突、広告塔、高架水槽、柱、擁壁、昇降機、ウォータシュート、飛行塔、サイロ、機械的駐車装置などをいう。

工事担任者 こうじたんにんしゃ installation technician 電気通信回線設備に端末設備又は自営電気通信設備の接続工事又は監督を行う者で電気通信事業法に基づく有資格者。端末設備などを接続する電気通信回線の種類により、アナログ電話回線及びISDNを対象としたAI種とISDNを除くIPネットワークなどのデジタル回線を対象としたDD種とに区分する。更にその規模及び速度に応じてそれぞれ第1種から第3種まである。

硬質塩化ビニル電線管 こうしつえんか――でんせんかん unplasticized polyvinyl chloride conduit 硬質の塩化ビニル樹脂で作られた電線管。絶縁電線を施設する場合の保護用として用いる。記号はVE。機械的強度は鋼製電線管より劣るが、管自体が絶縁物であるから漏電や感電の危険がほとんどなく、耐薬品性に優れ、さび、腐食のおそれがない。また、軽量で運搬が容易で、切断、曲げ加工がしやすい。水道用、排水用の硬質ポリ塩化ビニル管（VP）とは規格が異なる。

硬質はんだ こうしつ―― hard solder, brazing filler metal 金属を接合するときに用いる溶融温度が450℃以上のろう材。硬ろうともいう。母材の溶融温度よりもかなり低い温度で溶け、母材は溶かさずに接

合を行う。銀ろう，黄銅ろう，アルミニウム合金ろう，りん銅ろう，ニッケルろう，金ろうなどがある。

硬質ポリエチレン管 こうしつ――かん hard polyethylene pipe ポリエチレン樹脂を主原料とし，押出し成形によって製造した管。平滑管もあるが，地中管路材として使用されるものは，一般に波付硬質ポリエチレン管である。同類に波付硬質塩化ビニル管がある。

高周波点灯形安定器 こうしゅうはてんとうがたあんていき high frequency ballast ＝電子安定器

高周波同軸ケーブル こうしゅうはどうじく―― high-frequency coaxial cable 高周波信号の伝送損失を抑え，伝送効率を向上させ高周波機器の接続，給電などに用いる同軸構造のケーブル。

高出力蛍光ランプ こうしゅつりょくけいこう―― high output fluorescent lamp 管の単位長さ当たりの電力を約 50 W/m と大きくし，1 灯当たりの全光束を増加した蛍光ランプ。管内の電力を増加すると温度上昇による水銀蒸気圧が上昇するが，これを防止する冷却機構をもつため高出力が得られる。直管形ランプの 80 W 及び 110 W を高出力と呼び，ランプ電流は 0.8～1.0 A 程度である。

工場エネルギー管理システム こうじょう――かんり―― factory energy management system, FEMS 製造工場におけるエネルギーの需要と供給の双方を，管理・制御し，エネルギー消費を最適化して，コストの低減と CO_2 排出抑制を推進するシステム。工場内の製造設備，配電設備，空調設備，照明設備などの電力使用量を監視・制御し，製造計画と連動したユーティリティ設備の最適運転計画を実施することで，省エネルギーを実現する。

広照形照明器具 こうしょうがたしょうめいきぐ wide angle luminaire 比較的広い立体角内に配光する照明器具。

工場検査 こうじょうけんさ shop inspection 工場製作品を製造工場において，発注関係者が製造状況，製品の品質などを確認する検査。多くは，完成品の受取り直前に設計図，仕様書，製作承認図などを基に行う。

公称電圧 こうしょうでんあつ nominal voltage 〔1〕電線路において，その線路を代表する線間電圧。⇨標準電圧〔2〕蓄電池の電圧表示に用いる標準電圧。鉛蓄電池では単電池当たり 2.0 V，アルカリ蓄電池では同 1.2 V である。

公称放電電流 こうしょうほうでんでんりゅう nominal discharge current 避雷器の保護性能及び回復性能を表現するために用いる放電電流の規定値。所定波形の衝撃電流の波高値で表示する。10 000 A，5 000 A，2 500 A の 3 種類がある。10 000 A の避雷器は一般に 66 kV 以上の発変電所構内の線路などに設置し，5 000 A 避雷器は 33 kV 以下の線路などに使用する。2 500 A 避雷器は配電線用として，一般に 6.6 kV 以下の高圧線路などで用いる。

高所作業 こうしょさぎょう high-rise working 高さ 2 m 以上の箇所での作業。労働安全衛生規則で事業者は労働者に高所作業を行わせる場合，足場の組立て，高所作業車の活用，安全帯の使用など転落防止の措置を講ずる責任がある。そのためには，現場での教育を行い徹底した安全対策を図る必要がある。

合成樹脂管 ごうせいじゅしかん plastic conduit 合成樹脂製の電線管。電気設備技術基準の解釈では，硬質ビニル電線管及び合成樹脂製可とう電線管を指す。

合成樹脂製可とう管 ごうせいじゅしせいか――かん non-flame propagating pliable plastics conduit 耐燃性（自己消火性）をもった合成樹脂製可とう電線管。PF 管ともいう。ポリエチレン製の管に塩化ビニルを被覆した構造の複層管（PFD，PFD-P）と難燃性ポリエチレン製の波付単層管（PFS）及び塩化ビニルの内面にポリエチレンをラミネートした平滑単層管（PFS-P）とがある。

合成樹脂製可とう電線管 ごうせいじゅしせ

いか——でんせんかん　pliable plastics conduit　合成樹脂製可とう管（PF管）及びCD管の総称。軽量で，束巻き状態で運搬が容易である。管軸方向の断面形状に波付のものと平滑のものとがある。電気設備技術基準の解釈における合成樹脂管工事の電線管として広く用い，CD管はコンクリート埋込配管の主流となっている。

合成樹脂製可とう電線管の種類及び記号

種類	管の構成	形状	記号
PF管	複層管	波付管	PFD
		平滑管	PFD-P
	単層管	波付管	PFS
		平滑管	PFS-P
CD管	単層管	波付管	CD
		平滑管	CD-P

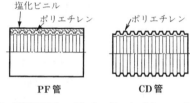

PF管　　　　CD管

合成樹脂線ぴ　ごうせいじゅしせん—　plastic raceway　電線を収めるために用いる硬質ビニル製の線ぴ。

合成樹脂線ぴ

合成樹脂線ぴ工事　ごうせいじゅしせん—こうじ　plastic raceway wiring work　合成樹脂線ぴを用いて絶縁電線を敷設する工事。施設場所は屋内の乾燥した露出場所又は点検できる隠蔽場所で，使用電圧は300V以下に限られる。線ぴ内では合成樹脂製の接続箱を使用する以外は電線に接続点を設けてはならない。

鋼製電線管　こうせいでんせんかん　rigid steel conduit　電気配線を収納し，機械的障害から保護するために用いる鋼製の管。鋼帯を管状に丸め，電気溶接し亜鉛めっきでさび止めした金属製電線管で管内面は塗装のものもある。金属管工事に使用し，屋外及び屋内を問わず広範な条件に適合する。可とう性がないので，配管を曲げるには配管用ベンダを用いて金属製電線管そのものを曲げるか，あらかじめ曲げてある配管用付属品を使用する。鋼管の厚さによって厚鋼電線管，薄鋼電線管及びねじなし電線管の3種類がある。

合成変流器　ごうせいへんりゅうき　totalizing current transformer　多回路において各回路の電流を総合計量するために用いる変流器。回路分の個数の1次巻線をもち，これらの合成電流に比例した値が2次巻線に現れる。各回路の系統に直接接続する主変流器と組み合わせて多回路総合計器用変流器を構成し，スポットネットワーク受電設備において，ネットワーク回路の総合電流を計測する場合などに用いる。

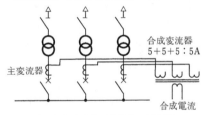

多回路総合計器用変流器の結線例

高層区画　こうそうくかく　fire preventing separation of upper tenth floor　建築物の延焼範囲を限定するために，11階以上の階で一定の床面積ごとに耐火構造の床，壁などで行う防火区画。建築基準法では，原則100 m²ごとに区画を行うとしている。

構造図　こうぞうず　structural drawing　基礎，柱，はり，床，壁など構造部材の配置・断面，材料などを表した建築物の構造設計に関する図面。基礎伏図，各階床伏図，小屋伏図，屋根伏図，柱・はり・床リスト，かな計り図，詳細図などで構成する。建築物の安全性を確保すべく，構造計算に基づき構造各部の部材の配置や仕様を決定し，図面化する。

構造体接地極 こうぞうたいせっちきょく
＝基礎接地極

光束 こうそく　luminous flux　光源から放出された放射束を人の目の標準分光視感効率及び最大視感効度に基づいて評価した量。単位はルーメン（lm）。

光束維持率 こうそくいじりつ　luminous flux maintenance factor　規定の条件でランプを点灯したときの，寿命までの間のある与えられた時間におけるランプの光束のその初期光束に対する比。百分率で表す。

高速静止画伝送装置 こうそくせいしがでんそうそうち　high-speed still picture image telephotography device　遠隔地などに設置したカメラの静止画像を，電話回線，移動通信網などを使用して高速伝送する装置。データ圧縮によって画像を約1秒程度の間隔で簡易動画として伝送し，カメラの操作用信号送信も可能である。

高速増殖炉 こうそくぞうしょくろ　fast breeder reactor, FBR　高速中性子による核分裂連鎖反応を用いて，発電と並行して消費した以上の原子燃料を生成する原子炉。冷却材にナトリウムを，燃料にMOX燃料を使用する。ウラン238を燃料となるプルトニウム239に変換できるため，ウランの利用効率を飛躍的に高めることができる。

光束発散度 こうそくはっさんど　luminous exitance　物体の表面から出る光束をその表面積で除した量。単位はルーメン毎平方メートル（lm/m^2）。その面の照度に反射率又は透過率を乗じたものに等しい。

拘束保護 こうそくほご　locked rotor protection　電動機の拘束状態を検出し，その出力信号で回路を遮断して，焼損事故を防止するための保護。電動機が軸受焼付，過大負荷などによって拘束状態のとき電源を投入すると，電動機は回転せず，拘束電流（始動電流と同等）が流れ続け，電動機巻線が過熱して焼損に至る。拘束保護のための検出方法には，電動機巻線にサーミスタなどを埋め込んで巻線温度を検出するものと，電動機の拘束電流とその継続時間で動作する過電流継電器などによるものがある。

広帯域 こうたいいき　broadband　→周波数帯域

広帯域用アンテナ こうたいいきよう——　high bandwidth antenna　広い周波数範囲にわたり，指向性，利得及び給電点インピーダンスの変化を小さくしたアンテナ。アナログ放送は帯域別にVHFで90〜108 MHzの低域用と170〜222 MHzの高域用とがあり，UHFで470〜578 MHzの低域用，578〜662 MHzの中域用及び662〜770 MHzの高域用がある。地上デジタル放送は470〜710 MHzをカバーする広帯域用アンテナが必要であり，2011年7月以降はこの他の周波数帯は放送以外の通信目的で使用される。

高置水槽 こうちすいそう　elevated tank　建物内で使用する水の必要圧力を得るため，給水箇所よりも高い位置に設置する水槽。受水槽などからポンプで揚水し，重力で給水する。圧力タンク方式又はタンクなし加圧ポンプ方式と比較して，利点としては断水・停電時でもタンクに貯留された水の利用が可能で，水圧変動が小さいなどがあり，欠点としては定期的な水槽清掃が必要，高所に重量物を設置するための構造上の配慮が必要などである。

こう長 ——ちょう　distance, line length　電線路，配線経路などのある2点間の線路に沿った長さ。亘（こう）長。線路延長ともいう。電圧降下の計算などは，これをもとに行う。

高調波 こうちょうは　harmonics　基本周波数の整数倍の周波数をもつ波。ひずみ波は，基本周波数とその整数倍（n）の高調波に分解することができる（フーリエ分解）。基本周波数 f の n 倍，nf を第 n 調波又は第 n 次の高調波という。電気回路のひずみ波では，変圧器の励磁突入電流などを別として，奇数波のみで成り立っている。三相回路では第3調波，第5調波，第7調波及びその整数倍の高調波は，基本波に対してそれぞれ同相，逆相，正相となる。高

調波は，変圧器の励磁電流や2次側に平滑回路をもつ整流装置などで発生する。

高調波障害 こうちょうはしょうがい harmonic interference　電源の波形ひずみに含まれる高調波によって電気設備に生じる障害。例えば，第3調波は同相となるため，三相4線式配線の中性線に3倍の第3調波電流が流れ過熱させる。第5調波は逆相となるため，回転機に逆トルクによる振動や騒音を発生させ，電力コンデンサ及び直列リアクトルには過熱や振動を発生させる。

高調波フィルタ こうちょう—— harmonic filter　高調波流出対策として高調波発生源の近傍に設け，基本波に対する無効電力補償を行うと同時に，特定高調波を吸収する装置。アクティブフィルタに対比してパッシブフィルタともいう。コンデンサ，リアクトル及び抵抗を組み合わせて5次及び7次の単一高調波を吸収するものとそれ以上の高次高調波を吸収するものとで構成する。コンデンサとその6%の直列リアクトルを組み合わせたものは，第5調波に対してフィルタの役目をする。

高調波抑制対策ガイドライン こうちょうはよくせいたいさく—— harmonic control guideline　電気の環境基準である「高調波環境目標レベル」（6.6 kV 配電系統で5%，特別高圧系統で3%）を維持するため，通商産業省（現：経済産業省）が定めた各需要家から流出する高調波電流の限度値を示したガイドライン。商用電力系統から受電する需要家が，高調波電流を抑制するための技術要件を示している。

工程表 こうていひょう progress schedule　計画どおりに製造又は施工するために着工から完成までの日程及び作業内容を表した計画図表。表記期間により全体工程表，月間工程表，週間工程表など，表記方法によりバーチャート工程表，ガントチャート，ネットワーク工程表，タクト工程表などがある。

光電管 こうでんかん phototube　外部光電効果を用いて光強度を電流の大小に変換する二極電子管。陰極は光を受けて光電子を放出し，陽極は光電子を集めて電流にする。真空またはガス入りがあり，光の検出や強度の測定などに用いる。

光電効果 こうでんこうか photoelectric effect　光の吸収により物質内部の電子が励起されること。励起された電子を物質の表面から放出する外部光電効果と物質内部の伝導電子が増加し起電力が現れる内部光電効果とがある。

光電式自動点滅器 こうでんしきじどうてんめつき photoelectric control unit　光が当たると電気伝導度の変化が生じる光導電セルなどを用い，継電器又は半導体スイッチによって光源の点灯及び消灯を制御する点滅器。PCスイッチともいう。主に屋外の電灯などを自動的に制御するのに用いる。

光電式スポット型煙感知器 こうでんしき——がたけむりかんちき photoelectric smoke detector　1局所の煙による光電素子の受光量の変化により火災信号を発する煙感知器。周囲の光を遮断し，煙だけが流入できる暗箱を設けたもので，その中に受光素子を置き，発光素子の光が直接入らないようにしたうえで，煙粒子による散乱光のみを検出するようになっている。発光素子には近赤外線のLED，受光素子にはフォトダイオードが用いられており，間欠発光により低消費電力化している。感度により1種，2種及び3種があり，非蓄積型と蓄積型とがある。

光電式分離型煙感知器 こうでんしきぶんりがたけむりかんちき projected beam type smoke detector　広範囲の煙の蓄積による光電素子の受光量の変化により火災信号を発する煙感知器。光を発する送光部とその光を受ける受光部とからなり，その間に広く拡散した煙の総合的な量を煙による光の減衰によって検出する。送受光部の間隔は5～100 m で設置される。低濃度で広く拡散した煙に対して，スポット型より高感度で検出できる。感度により1種及び2種があり，非蓄積型と蓄積型とがある。高天井を有する体育館，アトリウム，倉庫，格納庫などに設置することが多い。

光電子増倍管 こうでんしぞうばいかん photomultiplier tube, PMT 光電管に2次電子放出面を加え電子増倍器とした高感度光検出器。フォトマルともいう。スーパーカミオカンデにも使用している。

光電素子 こうでんそし optoelectronic element 電気エネルギーを光エネルギーに変換する発光素子又は光エネルギーを電気エネルギーに変換する受光素子。発光素子には半導体レーザ及び発光ダイオードなど、受光素子には太陽電池, CCD, フォトトランジスタなどがある。

光電変換 こうでんへんかん photoelectric conversion 〔1〕光エネルギーを電気エネルギーに変換すること。太陽電池はその一例。〔2〕光信号を電気信号に変換すること。フォトトランジスタ,テレビジョン撮像管, CCD などに用いる。なお、電気信号を光信号に変換することを電光変換という。

光度 こうど luminous intensity 光源からある方向に向かう単位立体角当たりの光束。単位は、カンデラ (cd)、ルーメン毎ステラジアン (lm/sr)。微小立体角 dΩ 内の光束を dΦ_v とすると、その方向への光度 I_v は、次式で与えられる。

$$I_v = d\Phi_v / d\Omega$$

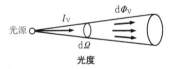

光度

行動形成要因 こうどうけいせいよういん performance shaping factor, PSF 人間の行動において信頼性, 作業効率, 作業負担などに影響を与える要因。ヒューマンエラーなど安全性, 信頼性などを向上させるために作業効率の阻害要因の分析に用いる。

硬銅線 こうどうせん hard-drawn copper wire 常温で所定の太さに線引き又は圧延し、焼鈍しない電気用銅線。主に、屋外で使用する送配電用架空線, 通信線の導体に用いる。

高度テレビジョンシステムズ委員会規格 こうど——いいんかいきかく Advanced Television Systems Committee standards =ATSC 規格

高度道路交通システム こうどどうろこうつうシステム intelligent transport systems, ITS 情報技術を利用して交通の輸送効率や快適性の向上を図るための一連のシステムを指す総称。高度交通システムともいう。道路交通, 鉄道, 海運, 航空などの交通が対象となる。

構内 こうない premises →需要場所

構内ケーブル こうない—— private branch cable 全線心を着色して識別を容易にしたカッドよりのポリエチレン絶縁ビニルシースケーブル。ビル内, PBX, 宅内などの主として電話用配線に用いる。

構内交換機 こうないこうかんき private branch exchange, PBX 構内の内線電話機相互間及び内線電話機と加入電話回線(局線)との交換接続を行う装置。電話機など端末を収容する内線回路, 公衆網及び専用線網に接続される局線回路, 専用線回路交換を行うスイッチ部, それらを制御する制御回路などで構成する。現在では、デジタル交換機が主流となっている。

構内第1号柱 こうないだいいちごうちゅう first private pole 電気事業者からの高圧架空引込線を支持するために需要家構内に設ける最初の支持物。構内第1号柱には区分開閉器を設ける。一般には鉄筋コンクリート柱を用いる。

構内放送設備 こうないほうそうせつび public address system 音声を電気的に増幅して構内に伝達する設備。PA システムともいう。マイクロホン, ミキサ, アンプ, スピーカなどによって構成する。

高難燃ノンハロゲン耐火ケーブル こうなんねん——たいか—— halogen-free fire-resistant cable 高難燃性試験に合格した, 絶縁物及び保護シースにハロゲン添加物を含まない耐火ケーブル。垂直トレイに所定の間隔で試料を並べ、一定時間バーナの炎を当て続けた後バーナの燃焼を停止し、電線, ケーブルが延焼しないことを合格基準としている。火災時に有毒ハロゲンガスの

発生がなく，導体を腐食するガスも発生しない。

高発熱量　こうはつねつりょう　higher heating value　=高位発熱量

鋼板組立柱　こうはんくみたてちゅう　steel plate assemble pole　鋼板をロール成形し，筒状にしたものを必要な長さに応じて必要本数を継ぎ足して用いる組立柱。A種及びB種がある。パンザマストともいう。1本当たりの長さは 2.5 m 程度であり，運搬が容易であるためコンクリート柱などの搬入が困難な場所で用いる。

後備保護方式　こうびほごほうしき　back up protection system　自動遮断器の遮断容量が，それを設置する箇所の最大短絡電流に対して不足している場合，その自動遮断器より電源側に設置する自動遮断器でその回路を保護する方式。バックアップ保護方式又はカスケード遮断方式ともいう。2つの自動遮断器の時間的協調が必要である。電気設備技術基準の解釈では，低圧電路中において配線用遮断器を設置する箇所を通過する最大短絡電流が 10 000 A を超える場合にこの方式を認めている。

降伏　こうふく　brake down　〔1〕pn 接合ダイオードに逆方向の大きな電圧を加えると，ある値で突然漏れ電流が流れはじめ，電圧が一定に保たれる現象。雪崩降伏とツェナー降伏という2つの機構がある。〔2〕物体に加える力を増加させたとき，物体の変形が急に増加し，元に戻らなくなる現象。

降伏電圧　こうふくでんあつ　brake down voltage　pn 接合部に逆方向電圧を印加したとき，急激に漏れ電流が増加し降伏が起こる電圧。

後方投影式プロジェクタ　こうほうとうえいしき――　rear projector　CRT，液晶，DMDなどの映像表示手段を用いて，スクリーンの後方より映像を投影するプロジェクタ。スクリーン後方にプロジェクタ装置を設置するため，透過形のスクリーンを使用することとなり映像のコントラストが低くなる傾向がある。

効率　こうりつ　efficiency　出力と入力の比。百分率で表す。

交流透過電流　こうりゅうとうかでんりゅう　alternating transmission current　電子機器などに設ける雑音障害防止用のラインフィルタの接地コンデンサ及び交流電路の対地静電容量から大地を経由してB種接地線に還流する電流。単に透過電流ともいう。

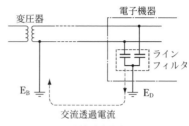

交流透過電流

交流導体抵抗　こうりゅうどうたいていこう　alternating current conductor resistance　直流抵抗に，交流による表皮効果及び近接効果を加えた導体の電気抵抗。

交流発電機　こうりゅうはつでんき　alternating-current generator, alternator　回転運動エネルギーを交流電力に変換する発電機。誘導発電機と同期発電機がある。

交流ブリッジ　こうりゅう――　alternating current bridge　電源に交流を用いホイートストンブリッジの回路素子をインピーダンスで構成したブリッジ回路。3つの回路素子を調整し平衡条件を満足させてもう1つの未知の回路素子のインピーダンスを決定することができる。

交流リアクトル　こうりゅう――　alternating current reactor　インバータの入力側又は出力側の交流回路に設置するリアクトル。入力側交流リアクトルは電源高調波の抑制，入力力率の改善，電源からの侵入サージの抑制などに用い，出力側交流リアクトルは騒音低減及びサージ電圧抑制に用いる。

硬ろう　こう――　hard solder　=硬質はんだ

コージェネレーションシステム　cogeneration system, CGS　ディーゼル機関，ガス

機関，ガスタービンなどの原動機により発電機を駆動するとともに，原動機の排熱を利用して熱を供給する発電方式。熱併給発電方式ともいう。エネルギーの総合利用効率の向上が期待できる。

CGSの概念図

ゴースト ghost テレビジョン受像機で，本来の映像の横に影のようになって現れる二重像。送信所から直接受信した電波（目的波）と建造物などで反射した電波（反射波）とを受信した場合，目的波よりも送信所からの到達距離が長い反射波は遅れて到達するために起きる。マルチパス妨害ともいう。反射波が複数あるときは，多重ゴーストとなる。テレビジョン受像機は左から右へ走査しているので，時間的に遅れて受信した反射波は本来の映像の右側に現れる。

コーデック codec 音声などのアナログ信号をデジタル信号に変換する符号器及び逆にデジタル信号をアナログ信号に戻す復号器の総称。符号復号器ともいう。主に音声，画像などの信号を記録したり通信伝送するときに用いる。アナログ情報をCDなどに記録するときに符号データ（デジタル信号）に変換する。これを再生するときには，符号データを復号してアナログ情報に戻す。英語のcoderとdecoderの合成語。

コード cord, flexible cord 細い銅線又はすずめっき銅線を束より（集合より）した導体に，必要に応じて糸の横巻又は紙巻をし，ゴム系，合成樹脂などの絶縁を施した電線。糸などによる外部編組をもつもの（袋打コード，丸打コード），ゴム系，合成樹脂などの外装をもつもの（キャブタイヤコード）もある。また，電力用のほかに通信，信号用のものもある。

コードリール cord reel コンセントを側面に取り付け，延長コードを巻き取る装置。電工リールともいう。作業現場での移動作業などに用い，作業安全のため，漏電遮断器を取り付けたものが多い。定格電流はコードを巻いた状態で流すことができる電流値をいう。

コーニス照明 ──しょうめい cornice lighting 壁と平行に取り付けた遮光帯で光源を隠して，下部の壁面を照らす照明方式。光を全部下方に出し，壁面，カーテンなどの演出効果を表現する間接照明である。

コーニス照明

コーブ照明 ──しょうめい cove lighting 壁と平行に取り付けた遮光帯で光源を隠して，天井面と上部の壁面とを照らす照明方式。光を全部上方に出し，室内を柔らかな雰囲気にする間接照明である。

コーブ照明

氷蓄熱 こおりちくねつ ice energy storage, ice thermal storage 水と氷の相変化に伴う潜熱を利用し，氷の状態で冷熱を蓄えること。相変化のない蓄熱に比べ単位体積当たりの蓄熱量が高く蓄熱槽が小形化でき，設置スペースの制約は少ない。割安な夜間電力を利用し，空調設備の運転費削減と省エネルギーを図る。

コールドアイル cold aisle データセンタやサーバルームにおいて冷気を供給する側の通路。機器ラックの前面同士，後面同士を向かい合せて並べ前面の通路側下部から冷気を送り，後面の通路側上部で排気することで，気流を交差させない空調方式の前面通路を指す。後面通路はホットアイルという。

コールドスタンバイ方式 ——ほうしき cold standby form 同じ構成の２つのシステムを構築し，片方は通常どおりに動作させ，もう一方は予備として動作させずに待機させる方式。通常動作を行っているシステムに障害が発生した場合に，予備のシステムを起動し，通常動作のシステムと同じ状態にした後に切り換える。障害が発生してから予備のシステムを起動して切り換えるため，障害発生時，システムの停止時間が長くなるが，待機システムを稼働しておく必要がないため，運転コストを安く抑えられる利点がある。

コールラウシュブリッジ Kohlrausch bridge 抵抗，滑り線，イヤホン及び電源で構成する携帯用のブリッジ回路。滑り線上に接触子を滑らせてブリッジの平衡をとり，抵抗測定を行う。携帯用で抵抗の測定に用いる。イヤホンで音が聞こえない点が平衡点で平衡条件は次式で求める。

$$R_x = \frac{Rr_1}{r_2}$$

コールラウシュブリッジ

コーンスピーカ cone loudspeaker コーン（円錐）状の振動板を振動させて音波を自由空間に放射する装置。コーンに直結したボイスコイルの信号電流と永久磁石の磁界との相互作用で，ボイスコイルに力が加わり，コーンが振動して音波を放射する。音声周波数の範囲で平坦な周波数特性を持つ。現在，実用のスピーカで最も多く使用している。

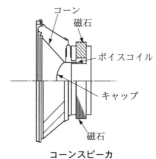

コーンスピーカ

戸外表示器 こがいひょうじき outdoor indicator 受信機からの火災信号で火災の発生を住戸の外部に知らせる表示灯。共同住宅用自動火災報知設備又は住戸用自動火災報知設備の一部として設け，点検が容易で雨水のかからない場所で，共用部分から容易に確認できる住戸の出入口外部に設置する。

国際原子力事象評価尺度 こくさいげんしりょくじしょうひょうかしゃくど international nuclear event scale, INES 原子力発電所で発生した事故・故障などの影響の度合いを，安全上重要でない事象レベル０から，チェルノブイリ事故に相当する重大な事故レベル７までの８段階に分けて，客観的に判断できるように示した評価尺度。

国際照明委員会 こくさいしょうめいいいんかい International Commission on Illumination, CIE 光と照明の分野での科学，技術及び工芸に関する事項について国際的討議を行い，標準と測定の手法を開発し，国際規格及び各国の工業規格作成に指針を与え，規格，報告書などを出版するとともに他の国際団体との連携・交流を図ることを目的とした非営利の国際団体。CIE は，仏語 Commission Internationale de l' Eclairage の略称である。

国際単位系 こくさいたんいけい international system of units 1960 年に国際度量衡総会で採択した単位系。SI 単位系。長さ (m)，質量 (kg)，時間 (s)，電流 (A)

など7つの基本単位及びこれらから誘導される組立単位で構成し，10の整数乗倍の接頭語（k：キロ，M：メガなど）を定めている。我が国の計量法上の法定計量単位もいくつかの例外はあるが，SIに従っている。

SI基本単位

量	名称	記号
長さ	メートル	m
質量	キログラム	kg
時間	秒	s
電流	アンペア	A
熱力学温度	ケルビン	K
物質量	モル	mol
光度	カンデラ	cd

国際電気通信連合 こくさいでんきつうしんれんごう International Telecommunication Union, ITU 電話，ファクシミリ，テレビ，インターネットなど日常生活で使われている電気通信や放送技術に関わる国際標準を作成する国連の機関。1934年にInternational Telegraph Union（1865年設立）と International Radiotelegraph Union（1906年設立）とが合併して発足した。本部をスイスのジュネーブに置き，4つの常設機関として，事務総局，電気通信標準化局，無線通信局及び電気通信開発局を有し，総局を除く各局のもとに，それぞれ電気通信標準化部門（ITU-T），無線通信部門（ITU-R），電気通信開発部門（ITU-D）がある。各部門で決定したものは国際標準として主に勧告という形で公表する。日本は，1879年にセントピータースブルグ万国電信条約に加入したが，第2次世界大戦により一時中断，1949年に再加入し1959年以来，管理理事国（後に理事国と改称）としてITUの管理及び運営に参加している。日本からは過去5人が周波数登録委員会に，1人が無線通信規則委員会に委員として参加し，1998年には事務総局長を出した。

国際電気通信連合電気通信開発部門 こくさいでんきつうしんれんごうでんきつうしんかいはつぶもん ITU-Telecommunication Development Sector, ITU-D 国際電気通信連合のもとで，開発途上国の政府，主官庁などが行うべき電気通信開発のための政策，制度，新技術，資金計画，施設計画などについて検討する機関。

国際電気通信連合電気通信標準化部門 こくさいでんきつうしんれんごうでんきつうしんひょうじゅんかぶもん ITU-Telecommunication Standardization Sector, ITU-T 国際電気通信連合のもとで，電気通信に関わる技術，運用，保守などについての国際標準を勧告する機関。1993年3月まではCCITT（国際電気電話諮問委員会）という名称であった。

国際電気通信連合無線放送部門 こくさいでんきつうしんれんごうむせんほうそうぶもん ITU-Radio Communication Sector, ITU-R 国際電気通信連合のもとで，無線通信及び放送に関わる技術，運用，保守などについての国際標準を勧告する機関。

国際電気標準会議 こくさいでんきひょうじゅんかいぎ International Electrotechnical Commission, IEC 1906年にロンドンで13か国が加盟して第1回会議を開催し発足した。2010年現在，加盟国は79か国（準加盟国も含む。）になり，約200の技術専門委員会（TC/SC）が活動を行っている。電気，電子及び情報通信機器分野で，技術の開発と標準化を推進している機関であり，またそれにより電気技術の普及と貿易の推進に寄与することを目標としている。目的の1つである標準化において，昨今の技術の展開は各種にまた相互に密接に関連することが多く，国際標準化機構（ISO），国際電気通信連合（ITU）と協調関係をもち，共同作業が行われることもある。

国際電信電話諮問委員会 こくさいでんしんでんわしもんいいんかい Consultative Committee on International Telegraph and Telephone, CCITT 電気通信に関わる技術，運用，保守などについての国際標準を勧告する機関であったが，1993年3月の組織改編によりITU（国際電気通信連合）の下部組織となり，名称をITU-Tに変更

した．

国際ローミング こくさい―― international loaming →ローミング

黒体 こくたい blackbody 外部から入射するすべての波長の放射を吸収する仮想的物体．プランクの放射体ともいう．ある温度の黒体が熱放射を出すことを黒体放射といい，その分光エネルギー分布はプランクの放射則による．

極超短波 ごくちょうたんぱ extremely short wave 周波数が300 MHzを超え3 GHz以下の電波．記号はUHFである．波長は1 m未満0.1 m以上で，地表波の減衰が激しいため，直進する空間波による短距離通信に利用する．デシメートル波ともいう．また，波長が短くアンテナが小形化できるので移動通信にも適する．地上アナログテレビジョン放送，地上デジタルテレビジョン放送，携帯電話，無線LANなどに用いる．

極超長波 ごくちょうちょうは extremely long wave 周波数が3 Hzを超え3 kHz以下の電波．記号はELFである．波長は100 000 km未満100 km以上で，大地や水中を通り抜ける．軍事用通信，鉱山での通信などに用いる．日本でいう極超長波には，英語圏でいう周波数が300 Hzを超え3 kHz以下のULF（極超長波），周波数が30 Hzを超え300 Hz以下のSLF（極極超長波）及び周波数が3 Hzを超え30 Hz以下のELF（極極極超長波）を含む．

誤差 ごさ error 測定値又は計算値から得た近似値と真の値との差．

故障電圧 こしょうでんあつ fault voltage 絶縁故障が原因で，その故障点と基準大地との間に生じる電圧．

故障電流 こしょうでんりゅう fault current 絶縁故障又は絶縁の橋絡から生じる電流．短絡故障，地絡故障及び過負荷故障時に流れる電流の総称をいう．

故障までの平均時間 こしょう――へいきんじかん mean time to failure, MTTF システム，機器，装置などが動作可能状態になった時点から初めての故障まで，又は故障が回復された時点から次の故障までの全運用時間の平均値．非修理系では，平均故障寿命という．

故障率 こしょうりつ failure rate システム，機器，装置などが可動状態にある時点での単位時間当たりの故障発生率．平均故障率は，ある期間中の総故障数をその期間中の総動作時間で除した値であり，平均故障間動作時間（MTBF）の逆数になる．

個人認証 こじんにんしょう personal identification 個人しか持ち得ない情報を用いて個人を特定する方法．電子計算機，防犯設備，情報通信網などにアクセスするときに用いる．認証方法には，知識認証の個人用パスワードや暗号，所有物認証の個人用ICカード，生体認証の指紋，虹彩，声紋，静脈などがある．

呼損率 こそんりつ loss probability ユーザが電話サービス及びISDNサービスを利用するときに，話中などで利用できない率．呼損率0.1は，10回に1回の割合で呼がサービスを受けることができないという意味である．算出された呼量と呼損率とから必要となる回線数を割り出す．

固体高分子形燃料電池 こたいこうぶんしがたねんりょうでんち polymer electrolyte fuel cell, PEFC 電解質にふっ素樹脂系などの固体ポリマを用い，両側に多孔性の電極を接合した全固体構造の燃料電池．燃料極側に水素，空気極側に酸素又は空気を供給し，水素イオンがイオン交換膜中を空気極側へ移動し，酸素と反応し発電する．発電効率は30～40％程度，電池作動温度は常温から80℃である．低温動作，高出力密度，起動性に優れ，小形・軽量などの特徴をもち，250 kW程度以下の電池が開発されているが，家庭用コージェネレーション，電気自動車，可搬電源など10 kW以下のものが多い．

固体撮像素子 こたいさつぞうそし solid-state image sensing device LSI技術によってシリコン基板上に光センサを並べた撮像素子．光電変換，蓄積，信号取出しなどの機能をもち，撮像管と比べ，小形，軽量，

低消費電力，長寿命などの特長がある。デジタルカメラ，デジタルビデオカメラなどでは CCD，CMOS などを使用している。

固体酸化物形燃料電池 こたいさんかぶつがたねんりょうでんち solid oxide fuel cell，SOFC 電解質に安定化ジルコニアなどのイオン伝導性セラミックスを用いる燃料電池。固体電解質形燃料電池ともいう。空気極の酸化物イオンが電解質を移動し，燃料極の水素と反応し電子を放出して発電する。発電効率は 45〜60％，電池作動温度は 900〜1 000℃で高温排ガスの排熱利用ができる。100 kW 程度の運転実績があり，中大規模分散形電源などに用いる。

固体絶縁スイッチギヤ こたいぜつえん―― solid insulated switchgear 母線，遮断器などの充電部分をエポキシなどの固体絶縁物で絶縁し，外表面を接地した金属層で密閉した構造の開閉装置。気中開閉装置に比べ，大幅に小形化ができ，充電部が露出していないので，安全性，信頼性に優れる。

固体絶縁母線 こたいぜつえんぼせん solid insulated bus →絶縁母線

固体電解質形燃料電池 こたいでんかいしつがたねんりょうでんち solid electrolyte fuel cell ＝固体酸化物形燃料電池

固定荷重 こていかじゅう fixed load 屋根，床，柱，はり，壁，窓，天井など建築物自体の荷重。建築基準法では建築物の実況に応じて計算するよう定めているが，屋根，木造のもや，天井，床及び壁については単位面積当たりの荷重を定め，この数値に面積を乗じて計算することとしている。
⇨積載荷重

固定子 こていし stator 発電機及び電動機を固定部分と回転部分とに分けたときの固定部分。発電機及び電動機の巻線は電機子巻線と界磁巻線とに分けることができ，電機子巻線は変動磁界又は回転磁界を発生し，界磁巻線は固定磁界を発生させる。直流機では界磁巻線が固定子となり，交流機では電機子巻線が固定子となる。

固定子鉄心 こていしてっしん stator core 固定子の巻線を支持し，発生する磁束の通路となり回転磁界をつくる。磁束を通しやすくし，渦電流損やヒステリシス損を少なくするため，けい素鋼板などを積層構造としている。鉄心内部には固定子巻線を収納するスロットがある。

固定子巻線 こていしまきせん stator winding 電動機など回転機を構成する固定子鉄心のスロット部に収めて電源に接続する巻線。交流電動機では固定子鉄心の磁気回路に回転磁界を発生し，回転子側に電磁誘導作用による回転エネルギーを与える。

誤動作 ごどうさ unwanted operation，malfunction 継電器，保護継電器などが動作すべきでない場合に動作すること。一般には，機器装置があらかじめ決められた機能以外の動作をすることをいう。

子時計 こどけい slave clock 親時計が送出するパルスで駆動し，時刻表示する装置。屋内用と屋外用とがある。一般的には信号電流が交互に転換する有極式で，動作電圧は直流 24 V を用いる。

小荷物専用昇降機 こにもつせんようしょうこうき baggage lift 物品の運搬専用に使用する小形の昇降機。建築基準法では，かごの床面積が 1 m^2 以下かつ天井の高さが 1.2 m 以下で，昇降路のすべての出し入れ口の戸が閉じていなければ，かごを昇降させることができないと規定され，人は乗ることはできない。平成 18 年の法改正以前はダムウエータと呼んでいた。

コネクタ接続 ――せつぞく connector joint 電線相互又は電線と電気機器とを接続するときに，電線端末にコネクタを取り付け，電気的に結合すること。

コヒーレント光 ――こう coherent light 位相がそろっている単一周波数の光。コヒーレント光には，空間的コヒーレンスが良い状態と時間的コヒーレンスが良い状態とがある。これは，光の進行方向と垂直な面で光の位相がそろっているか，又は波長が単一で連続しているかの違いであり，どちらも光の波と波が重なり合い干渉しやすい状態になる。コヒーレント光として代表的

なものには，レーザ光などがあり，その性質から光通信などに用いる。

誤不動作　ごふどうさ　failure to operate　継電器，保護継電器などが動作すべき場合に動作しないこと。

個別蓄電池方式　こべつちくでんちほうしき　individal battery system　無停電電源装置（UPS）の並列冗長方式に用いる蓄電池設備において，UPSごとに蓄電池を接続する方式。UPS直流部が独立しているので保守性の面からもシステムの信頼性が高い。また，蓄電池の更新及び点検は，そのUPSのみを停止して行うことにより，UPSシステム全体を停止することがない。

個別蓄電池方式

コミッショニング　commissioning　＝性能検証

コモンモードノイズ　common mode noise　信号線と大地又はシャーシなどの共通電位となるものとの間に生じるノイズ。同相ノイズ，平衡ノイズ，対称ノイズ又は縦ノイズともいう。2本の線に対して同じ位相及び同じ振幅で生じる。　⇨ノーマルモードノイズ

コリジョンドメイン　collision domain　コンピュータネットワーク上で，複数の端末がデータを送信した際に発生するパケット同士の衝突（コリジョン）現象が起こる範囲。通常はリピータやハブのみで構成したネットワークの部分を指す。コリジョンが発生するとデータが破壊する。このとき，上り信号ラインの電圧が上昇し，コリジョンの発生したセグメントに対しネットワークが使用中である信号（ジャム信号）が戻ってくるので，これを検知するとデータ送信を中止し，伝送路が空くのを待って，ランダムな待機時間後に再度送信を行うことになる。コリジョンが発生するとネットワークの伝送効率が低下するので，リピータやハブに代えて，スイッチやスイッチングハブを使用しドメインを分割してコリジョンの発生を少なくして伝送効率の向上を図っている。

呼量　こりょう　traffic intensity　通話を目的として電話交換設備を占有する場合に，単位時間当たりの総保留（占有）時間。設計には最繁時の呼量を用いる。呼量の単位にはアーラン（erl）とHCS（hundred call second）とがある。1erlとは1時間の間に1回線を休むことなく使用している状態の呼量をいい，1HCSとは1時間当たりに1回線を100秒間使用している状態の呼量をいう。したがって，1 erl＝3 600/100＝36 HCSである。

コルピッツ発振回路　——はっしんかいろ　Colpitts oscillation circuit　2個のコンデンサと1個のリアクトルで構成しトランジスタで正帰還をかけることで発振する回路。発振周波数 f は
$$f = 1/(2\pi\sqrt{L \cdot (C_1 \cdot C_2)/(C_1 + C_2)})$$
である。

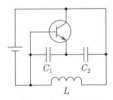

コルピッツ発振回路

コレクタ接地回路　——せっちかいろ　common collector　バイポーラトランジスタのベースを入力とし，エミッタを出力とした増幅回路。エミッタフォロワ回路ともいう。電圧利得は1で，出力インピーダンスの高い回路の後段に接続し，入力インピーダンスを高く，出力インピーダンスを低くして，信号レベルの減衰を避け，回路間を接続する。

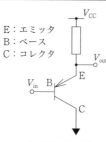

コレクタ接地回路

コレステリック液晶 ——えきしょう cholesteric liquid crystal 棒状の分子が幾重にも重なり，それぞれの分子が一定方向に配列して，互いの層の分子の配列方向がらせん状に集積する構造をした液晶。名称は分子構造がコレステロールに似ていることによる。温度により反射する光の波長が変わるという性質により，液晶温度計として用い，見る方向により反射光の色が変わることから，玉虫色の塗料として使用する。

ころがし配線 ——はいせん 建築物の二重天井又は二重床内の隠蔽配線で，ケーブルを造営材に固定せず，転がす状態で行う配線。

コロケーション colocation 〔1〕基幹回線を有する事業者の局舎内に，他の通信事業者のサーバや交換機などを物理的に収容すること。耐震設備や安定した電源設備などの提供を受けることができる。〔2〕ある単語と単語のよく使われる組み合わせ，自然な語のつながりのこと。連結語句，連語などともいう。

コロナ放電 ——ほうでん corona discharge 導体表面の電位の傾きがある臨界値を超えたとき，導体に接する空気が電離することによって生じる放電。部分放電の一形態である。発光や騒音を伴い，送電線ではコロナ損を生じる。コロナ放電によって発生した電荷が接地側に移動し，帯電対象物に電荷を与えることを利用したものとして，電子写真，レーザプリンタ，静電塗装，電気集じん装置などがある。

コンクリート柱 ——ちゅう concrete pole 鉄筋コンクリート又は鉄骨コンクリートの電柱。遠心力で中空状に成形した遠心力プレストレストコンクリート柱の第1種（テーパポール）は送配電，通信線用，第2種（ノーテーパポール）は鉄道用に用いる。

コンクリートボックス concrete box 底部のバックプレートがねじ止めで取り外せるように作られたアウトレット用の鋼板製又は硬質ビニル製のボックス。鉄筋コンクリートへの埋込配管工事のときに，スラブの型枠にボックスを取り付け，バックプレートを取り外して配管を接続する。四角・八角，浅形・深形などがある。

コンクリート養生ヒーティング ——ようじょう—— concrete cure heating コンクリート打設時の養生期間中にコンクリートの保温を行うために，コンクリートの内部又は表面に発熱線などを施設して行う加温。

混合器 こんごうき mixer 〔1〕2つ以上の入力端子から入った信号を1つの出力端子にまとめる装置。〔2〕別々の可聴・映像周波数信号を所定の割合で結合して出力信号をつくり出す装置。

混合器

混光照明 こんこうしょうめい blended lighting 色温度が異なる2種類以上の光源を併用して，照射面で混色するようにした照明。使用する光源の比率によって色温度，演色性，効率などの多用な組合せが実現できるため，単独光源にはない効果を得る。

コンサベータ conservator 油入変圧器の運転時に，絶縁油の温度変化に伴う体積の変化を吸収して，空気との接触を少なくし，劣化を防止する装置。変圧器上部に設置される。大容量変圧器では，コンサベータ内に柔軟で耐油性があり，透気度の低いゴム製の袋又は隔膜を取り付けた外気接触遮断型のコンサベータを広く採用している。

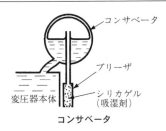

コンサベータ

混触 こんしょく abnormal contact 電圧の異なる電路が電気的に接触した状態。一般には、変圧器の2つの巻線間の絶縁破壊をいう。低圧側に異常な高電圧が生じる。電気設備技術基準では、保安のために特別高圧と高圧とを結ぶ変圧器では高圧側に避雷器などを介してA種接地工事を施し、特別高圧又は高圧と低圧とを結ぶ変圧器では低圧側の中性点又は1端子にB種接地工事を施すこととしている。

混触防止板 こんしょくぼうしばん contact preventing plate 特別高圧又は高圧から低圧に変成する変圧器で、特別高圧巻線又は高圧巻線と低圧巻線との間に巻線相互が接触するのを防止する目的で設けた金属板。混触防止板にはB種接地工事を施すが、2次側の系統接地は、非接地式を含めいろいろな接地方式の採用が可能である。

コンストラクションマネジメント construction management, CM 発注者が設計者及び施工者と立場を異にする第三者の専門家に委任して行う設計及び施工の管理。この第三者の専門家をコンストラクションマネージャ（CMr）という。建設工事の大規模化、複雑化に伴い、透明性を求める発注者ニーズに対応した建設生産管理システムとして米国で確立した方式である。CMrは設計段階から関与し、完成までの業務全般を発注者の側に立ち運営管理し、品質の確保、コスト削減、工期短縮などを実現することを目的とする。

コンセント outlet-socket（英），receptacle（米） 刃受、配線接続端子などから構成する差込プラグの受口。主に移動用電気機械器具に電源を供給するために造営材などに固定して施設する。

コンダクタンス conductance ①直流回路における電流と電圧との比で抵抗の逆数。②交流回路におけるアドミタンスの実数部。単位はジーメンス（S）。アドミタンスを Y，コンダクタンスを G，サセプタンスを B，虚数単位を j とすると、アドミタンスは $Y=G+jB$ である。

コンデンサ capacitor 対向した電極間に誘電体を介在し、電荷を蓄え又は放出する部品。交流回路において電流位相を進める回路素子として働く。電荷を蓄えることのできる能力を静電容量という。

コンデンサインプット形整流器 ——がたせいりゅうき capacitor-input type rectifier 直流側にリアクトルがない整流器。直流リアクトルがないので、装置として小形化及び軽量化が可能となり、情報通信機器の内部電源ユニットとして広く用いている。電流波形は図のような波高値の高いひずみ波となる。

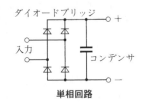

単相回路

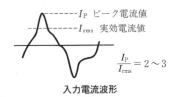

入力電流波形

コンデンサ形計器用変圧器 ——がたけいきようへんあつき capacitor voltage transformer, CVT コンデンサ分圧を利用した計器用変圧器。PD（capacitance potential device）と呼ぶこともある。図において、リアクトル L の値を C_1+C_2 と共振するように選ぶと、次式のようになり、電圧はコンデンサの容量比となる。

$$\frac{\dot{V_1}}{\dot{V_2}} = \frac{C_1+C_2}{C_1} + \frac{1-\omega^2 L(C_1+C_2)}{j\omega C_1 \dot{Z}}$$
$$\fallingdotseq \frac{C_1+C_2}{C_1}$$

通常，分圧のみによって110Vの低圧を得るには大容量のコンデンサが必要となるため，分圧用のコンデンサの端子には，電磁形の計器用変圧器を挿入して2次電圧を110Vとしている。一般の電磁形計器用変圧器は，使用電圧が高くなると絶縁が難しくなり不経済となるため，CVTを用いる。

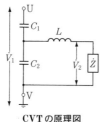

CVTの原理図

コンデンサ始動誘導電動機　──しどうゆうどうでんどうき　capacitor-start induction motor　始動トルクを発生させるため主巻線のほかに電気角が $\pi/2$ 異なる始動用補助巻線を施しコンデンサを直列に挿入した単相誘導電動機。補助巻線の電流を主巻線の電流に対し進み位相とし，始動トルクを得る。始動時のみ補助巻線を使用し，遠心力スイッチで切り離す方式と，切り離さず二相電動機としてコンデンサ容量を減少して運転する方式とがある。分相始動誘導電動機に比べ始動電流は小さく，始動トルクが大きい。

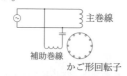

コンデンサ始動誘導電動機

コンデンサマイクロホン　condenser microphone　平行板コンデンサの静電容量の変化を利用したマイクロホン。導電性の振動板とこれに平行して固定電極を置き，電極間に電圧を加え，音圧によって振動板が振動して，固定電極との間隙が変化し，静電容量を変化させ音声信号に比例した電圧が生じる。

コンドルファ始動　──しどう　Kondorfer starting　かご形三相誘導電動機の補償器始動に当たって，全電圧への切換時に突入電流を抑制するためにクローズド切換えを行う方法。MC及びMC_Nを閉じスター結線した単巻変圧器を通して始動し，加速後にMC_Nを開放し，このとき変圧器の巻線の一部がリアクトルとして働き電流を抑制する。その後MC_Rを閉じ全電圧を供給する。始動中の電動機を電源から切り離すことがないので，突入電流を抑制することができる。

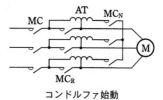

コンドルファ始動

コントロールギヤ　controlgear　開閉機器単体並びに開閉機器，制御機器，保護装置，配線，付属物，閉鎖箱，支持構造物などで構成した組立品のうち，電動機などの負荷制御に用いるものの総称。コントロールセンタは，この一種である。金属閉鎖形のコントロールギヤには，メタルクラッド形，コンパートメント形及びキュービクル形がある。⇒スイッチギヤ

コントロールセンタ　motor control center　低圧の電動機，抵抗器などを制御するための機器を収納する制御盤の構造形式の1つ。閉鎖形コントロールギヤ又は動力制御盤ともいう。主回路開閉器，保護装置，監視制御器具などを単位負荷ごとにまとめた単位装置を，閉鎖した外箱に集合的に組み込んだ装置で，引出し形の単位装置は配置換えや補修のため移し換えができる。なお，単位装置（ユニット）は引出し構造が一般的で，引出し構造を省いたもの（ボルトで固定）を簡易形コントロールセンタなどと称して区別することもある。

コンバータ converter 交流を直流に変換したり，その逆の変換を行ったり，ある周波数を他の周波数に変換したり，ある直流電圧を他の直流電圧に変換する装置の総称．無停電電源装置では，直流から交流に変換するインバータに対し，交流から直流に変換する整流器部をコンバータと呼んでいる．

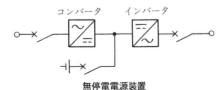

無停電電源装置

コンパイラ compiler 高級言語で記述した原始プログラムを，電子計算機が実行できる機械語の目的プログラムに翻訳するプログラム．

コンパイル compile 高級言語で記述した原始プログラムを解析し，電子計算機が直接実行できる機械語の目的プログラムに変換すること．

コンバインドサイクル発電 ──はつでん combined cycle power generation ＝複合サイクル発電

コンパウンド compound 合成樹脂に可塑剤，充塡剤，着色剤，安定剤，強化剤その他の各種配合剤を加えて混合したもの．充塡，封口，含浸，アルミニウム電線接続酸化防止，延焼防止などの材料に用いる．

コンパクト形蛍光ランプ ──がたけいこう── compact single capped fluorescent lamp ガラス管を折り曲げたり，接合したりしてコンパクトにまとめた片口金形の蛍光ランプ．

コンビネーションスタータ combination starter 高圧交流電磁接触器と限流ヒューズとを組み合わせ，高圧接触器（遮断電流4 kA 程度）には負荷の開閉及び過負荷保護を，限流ヒューズには短絡保護を行わせるようにした高圧電動機始動制御装置．単位ユニットを多段積み構成としたものが多い．高圧接触器は気中式に代わり真空式が普及している．

コンピュータ computer ＝電子計算機

コンピュータ支援製造 ──しえんせいぞう computer aided manufacturing ＝ CAM

コンピュータ支援設計 ──しえんせっけい computer aided design ＝ CAD

コンポーネント信号 ──しんごう component signal 各色の成分を複数の信号に分解して伝送するカラー映像信号．光の3原色に対応する RGB の3成分に分解する方式と，輝度，青の色差及び赤の色差の3成分に分解する方式とがある．装置が複雑であるが，信号の合成，分離を要するコンポジット信号より多量の情報量を送ることができるため高画質である．機器間の接続には専用の端子及びケーブルを用いる．放送局のビデオ信号などの処理又は家庭用高画質のデジタルビデオ機器などに用いる．デジタル放送のデータ圧縮化信号として用い，デジタル化への適合性がよい．

コンポーネントスピーカ component loudspeaker 周波数域の異なる2つ以上のスピーカで音を再生するようにした複合装置．スピーカの最大入力及び出力はボイスコイルの口径に比例し，高音域の再生限界は口径に反比例するので，低音域，中音域及び高音域をそれぞれ別のスピーカによって再生することで，広範囲の周波数特性が得られる．

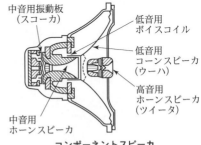

コンポーネントスピーカ

コンポジット信号 ──しんごう composite signal 色信号，輝度信号などを多重化した1つの信号で伝送するカラー映像信号．光の3原色に対応する RGB の色信号，

輝度信号，同期信号，帰線消去信号などを合成し，再生の際に，それぞれの信号をフィルタで分離する。コンポーネント信号方式に比べ，信号の合成・分離により再現性が損なわれ画質は落ちるが，入出力が同軸ケーブル1本で伝送できシステム構成が簡素である。テレビジョン又はビデオ機器にはコンポジット信号対応の入出力端子が標準的に設けてあり，NTSC方式などで広く用いている。デジタル放送用チューナにはアナログ用テレビジョンと接続できるようNTSC方式に変換するコンポジット信号出力を設けているものもある。

サ　行

サ

サージ　surge　主として雷過電圧又は開閉過電圧を進行波として特徴的に捉えた表現。

サージアブソーバ　surge absorber　＝サージ保護装置

サージインピーダンス　surge impedance　進行波の電圧と電流との比。⇨進行波

サージ吸収コンデンサ　――きゅうしゅう――　surge absorbing capacitor　サージアブソーバとして用いるコンデンサ。無接点回路と電磁継電器とを接続するとき、電磁継電器の開閉サージを抑制する場合などに用いる。

サージタンク　surge tank　〔1〕水圧管路の水撃作用による破損防止など急激な圧力変化を緩和する貯水槽。水圧管路の途中に設ける。〔2〕ターボエンジンの吸気系に設ける空気溜め。各気筒に供給する吸気量のむら、吸気量不足、吸気脈動などを防ぎ、吸入効果を高くできる。

サージ保護装置　――ほごそうち――　surge protection device, SPD　雷サージ、開閉サージなど線路に侵入する過電圧を緩和又は低減して電気機器や線路などを保護する装置。避雷器、コンデンサ、バリスタなどを用いる。

サーバ　server　LAN, WAN, インターネットなどネットワークを通じ、端末利用者の電子計算機にデータ又はプログラムなどのサービスを提供する電子計算機。サーバにはCPU、メモリ、ストレージなど電子計算機として動作するための機能を搭載する。ファイルサーバ、プリンタサーバ、ネットワークサーバ、アプリケーションサーバなどがある。

サービスキャップ　service cap　＝ターミナルキャップ

サービス総合デジタル網　――そうごう――もう　integrated service digital network　＝ISDN

サーボ機構　――きこう　servomechanism　物体の位置、方位、姿勢などを制御量とし、目標値に追従させるための制御機構。フィードバック制御を行うために位置の検出器、目標との差を増幅する増幅器、増幅器からの信号によって物体を動かす駆動部を有する。サーボ制御系ともいう。

サーボ制御系　――せいぎょけい　servomechanism　＝サーボ機構

サーボ増幅器　――ぞうふくき　servo amplifier　測定値と基準値との差を増幅しサーボモータを駆動するための増幅器。

サーボモータ　servo motor　電気式サーボ機構の駆動部に用いる電動機。始動、停止、制動、逆転を頻繁に行ったり、微速回転することも必要なので、汎用の電動機に比べ回転部分を細長くしている。直流式と交流式とがある。

サーマルリレー　thermal relay　＝熱動形継電器

サーミスタ　thermistor　温度変化に対する電気抵抗の変化の大きい抵抗体。温度センサ、電流制限素子、回路保護素子などに用いる。温度センサとしては、$-50℃$から$500℃$程度まで測定できる。温度の上昇で抵抗が増加する特性のもの、抵抗が減少する特性のもの及びある温度を超えると急激に抵抗が減少する特性のものがある。

サーメット　cermet　金属の炭化物や窒化物などの硬質化合物の粉末を金属の結合材と混合して焼結した複合材料。ceramics（セラミックス）とmetal（金属）の造語である。耐熱性や耐摩耗性は高いが、もろく欠けやすい。主に切削工具の材料として使用する。

サーモスタット　thermostat　温度に感応し自動的に回路を開閉して、機器又は機器の

部分の温度を目的範囲内に維持するために用いる器具．適切な温度を維持するために，必要に応じて加熱又は冷却装置の作動及び停止の切換えを行う．温度に感応する部分には，バイメタル，形状記憶合金，サーミスタ，熱電対などを用い，制御出力部には，機械的動作，電気信号，空気式信号などを用いる．

サーモトロピック液晶 ――えきしょう thermotropic liquid crystal 結晶を加熱したとき，融点と透明点のある温度範囲で出現する，外観上濁った流動性の状態になる液晶．ネマティック液晶，スメクティック液晶，コレステリック液晶などがある．

サーモラベル thermo-indication label 温度の変化で変色するラベル．被測温体に貼ることで，人が直接触れることなく温度を確認することができる．電力設備機器，プラントの配管などの発熱点検や温度管理に用いる．

サイアミーズコネクション siamese connection ＝送水口

サイクルカウンタ cycle counter 交流電源の周波数を積算して機械式又はデジタル式で値を表示する計器．受電設備などの保護継電器の動作時間測定に用いる．

サイクル寿命 ――じゅみょう cycle life 2次電池が所定の容量値に劣化するまでに繰り返して充放電できる回数．1回の充放電を1サイクルと呼ぶ．

サイクロコンバータ cycloconverter 交流電力を電圧や周波数の異なる交流電力に直流を介さず直接変換する電力変換装置．中・大容量交流電動機の可変速運転などに用い，交流電源で転流動作するサイリスタを用いる．

最高電圧 さいこうでんあつ maximum voltage 電線路に通常発生すると考えられる最高の線間電圧．⇨標準電圧

財産分界点 ざいさんぶんかいてん demarcation point of property 電力需給地点における電気事業者と需要家との電気工作物の財産上の区分点．保安上の責任分界点と一致する場合が多い．電気事業者から電力の供給を受ける場合に需給地点を電気事業者との協議によって決定する．

在室表示 ざいしつひょうじ room indication 居室利用者の在・不在情報を外部へ表示すること．出入の際，表示プレートなどを手動で変えるものや押しボタン操作又は照明スイッチ連動などで表示灯を点滅して，在室状況を表示するものがある．在室情報を利用して照明や空調の制御を行うこともある．

在車表示装置 ざいしゃひょうじそうち parking indicator 駐車場内の各駐車スペースに設置したセンサによって車両の有無を検出し，スペースに車があるかないかを表示する装置．

最小二乗法 さいしょうじじょうほう least squares method 測定で得た数値の組を，適当なモデルとして想定した1次関数，対数曲線など特定の関数を用いて，よい近似を得るために，残差の2乗和が最小となる係数を決定する方法，又はその方法で近似を行うこと．

再生可能エネルギー さいせいかのう―― renewable energy 太陽光・太陽熱，水力，風力，バイオマス，地熱など，自然現象により再生し資源が枯渇しないエネルギー．クリーンで地域分散形であり，各国がエネルギー政策に取り入れている．

最大出力点追従制御 さいだいしゅつりょくてんついじゅうせいぎょ maximum power point tracking，MPPT 太陽電池は設置場所や天候により，出力が最大となる電流×電圧の最適な動作点が変動するが，太陽の日周運動や天候変化に対し，自動的に最大出力点を求め追従する制御．チャージコントローラまたはパワーコンディショナなどは太陽電池の電力が最大になる出力電圧で電流を取り出すために用いている．

最大需要電流計 さいだいじゅようでんりゅうけい maximum demand ammeter ある時限内における平均電流値を測定し，その最大値を最大需要電流として記録できる計器．時限は2分，5分，10分，15分などの設定ができる．補助接点付の計器では，

設定した最大値を超えると接点が閉じて警報出力信号として利用できるものがある。経済的な負荷運転，設備容量の見直し，デマンド計測監視として利用できる。

最大需要電力　さいだいじゅようでんりょく　maximum demand　需要家が使用した電力の30分間平均の最大値。電気事業者が取り付けた最大需要電力計で計測する。契約電力の確認又は更新に用いる。

最大需要電力計　さいだいじゅようでんりょくけい　maximum demand watt meter　ある定められた時間（需要時限）における電力の平均値（需要電力）を求め，これを需要時限ごとに繰り返し測定して，長期間における最大使用電力を知るための計器。需要時限には15分，30分，60分などがあるが，電力需給用には30分を用いる。電気事業者が高圧以上の需要家に設置する。

最大需要電力制御　さいだいじゅようでんりょくせいぎょ　maximum demand control　＝デマンド制御

最大使用電圧　さいだいしようでんあつ　maximum service voltage　使用状態の電路に加わる線間電圧の最大値。絶縁耐力試験における試験電圧値の算定の基礎となるもので，1 000 V以下の電路では公称電圧の1.15倍，1 000 Vを超える電路では公称電圧の1.15/1.1倍の電圧，発電機など電路の電源が変圧器以外の場合は一般に定格電圧としている。

最大短絡電流　さいだいたんらくでんりゅう　maximum short-circuit current　電力系統におけるある地点の最大となる想定短絡電流。遮断器の定格遮断電流は，その設置点における最大短絡電流以上のものを選定する。

最大電力　さいだいでんりょく　maximum electric power　電気事業者から受電する契約電力と発電所の認可出力との和。自家用発電所を持たない需要家の場合は，電気事業者から受電する契約電力をいう。

最大トルク　さいだい——　maximum torque　〔1〕定格電圧及び定格周波数のもとで，運転中の電動機が軸端において発生し得るトルクの最大値。誘導電動機では運転中の電動機に負荷を加えていき，不安定状態となり停止する直前のトルクであり，停動トルクともいう。同期電動機では定格電圧，定格周波数及び定格負荷状態における界磁のもとで運転中に同期速度で発生し得るトルクの最大値をいい，脱出トルクともいう。〔2〕使用する回転速度範囲内で原動機が発生し得るトルクの最大値。

最大放電電流　さいだいほうでんでんりゅう　maximum discharge current　蓄電池が変形，外観異常，導電部の溶断などを生じないで，放電可能な最大の電流。

さい断波試験　——だんはしけん　chopped wave test, chopped impulse test　インパルス電圧の継続時間中に，急激に零に減衰する電圧波形で行う雷インパルス耐電圧試験。全波試験が変圧器巻線などの大地及び他巻線に対する雷インパルス絶縁強度を検証するのに対して，送電線のギャップの絶縁破壊などで生じる急激な電圧変化による局部的異常電位傾度に，巻線などの絶縁が耐えられるかを確認することが目的である。変圧器では標準雷インパルス電圧波形1.2×50μsで波尾のさい断までの時間を通常2～6μsとしたさい断波電圧波形で行う。

最適始動停止制御　さいてきしどうていしせいぎょ　optimum start and stop control　居室の使用時間帯に合わせて，最適な時間に空調機を始動し，最適な時間に停止する制御。定時に空調機を始動し，停止する方法に比べ空調機や熱源機器の運転時間を短縮し，搬送動力や消費熱量を削減することで省エネルギーができる。始動時は居室の使用開始時刻を目標として，対象室が所定の温度設定値になるように空調機の始動を可能な限り遅く行い（最適始動制御），停止時は居室の使用終了時刻前に，対象空間の居住環境を損なわない範囲で空調機を最も早く停止させる（最適停止制御）方法である。ただし，最適停止制御は空調時間帯に空調を停止することになるため，居住者に抵抗感があることと換気の必要性から採

用する例はほとんどない。

最適制御　さいてきせいぎょ　optimum control　制御対象又は制御システムをその目的に応じて最適な状態に保つための制御。

再点弧　さいてんこ　restrike　電流が零点を通過した後，1/4サイクル経過後に発生する再発弧。

サイドスポットライト　side spotlight　舞台を側面から照射するスポットライト。フロントサイドスポットライト及びステージサイドスポットライトがある。

再配置可能形式プログラム　さいはいちかのうけいしき——　relocatable binary format program, relocatable format program　主記憶上の任意の場所から配置することができる形式のプログラム。絶対アドレスを使用すると主記憶に配置できるアドレスに制約が生じるが，基底アドレス指定方式や，相対アドレス指定方式のような論理的アドレスを使用したプログラムでは，アドレスを動的に再設定できるので，主記憶のどこにでも配置でき主記憶の活用ができる。

再発弧　さいはっこ　reignition　交流回路を遮断するとき，電流が零点を通過した後に遮断器の極間にアークが再び発生する現象。代表的な交流遮断時の現象の1つである。送電線路の充電電流や進相コンデンサの開路時には，電流零点時に端子間に電源電圧の波高値相当の電圧が誘起（過渡回復電圧という。）し，遮断器の消弧力が不足すると再びアークが発生する。更に，回復電圧に対し遮断器極間の絶縁耐力が不足する場合にも生じる。

再閉路　さいへいろ　reclosing　商用系統などで，故障の際に切り離された電源を再投入すること。故障から再閉路までの時間が0.2～2秒程度を高速再閉路，15～60秒程度を低速再閉路という。

サイリスタ　thyristor　pnpn構造をもつスイッチング素子。図のA-K間に順方向電圧を印加し，更にG-K間に順方向電流を流すことでサイリスタがオン状態となりA-K間に電流が流れる。サイリスタをオフするには，A-K間の電流を少なくするか，A-K間に逆方向電圧を印加する。電力変換装置として広く用いていたが，最近ではGTOやIGBTを用い，サイリスタの使用は大電力変換用が主体となっている。

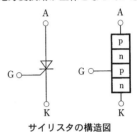

サイリスタの構造図

サイリスタ始動——しどう　thyristor starting　サイリスタ逆変換装置によって電源周波数を変え，速度を停止状態から定格速度まで上昇させる同期電動機の始動。

サイリスタ周波数変換装置——しゅうはすうへんかんそうち　thyristor frequency converter　サイリスタを用いた可変電圧可変周波数変換装置。大形電動機の回転数制御などに用いる。

サイリスタレオナード方式——ほうしき　thyristor-type excitation system　＝静止レオナード方式

サイレン　siren　注意を促すために大きな音響を発する装置。空気圧又は電子回路を利用した2種類がある。空気圧利用のものは，均等に穴を開けた2枚の円盤の片方を回転させ，両方の穴が一致して空気が通る際に噴出する空気圧で空気を振動させ，音を鳴らす。電子回路利用のものは特定の音にするために，音の振動，変調，増幅器回路などを接続し，警報用器具として電池内蔵の手動式サイレン，非常警報設備として起動装置，音響装置，表示灯，電源部及び配線により構成した自動式サイレンなどがある。

サイレンサ　silencer　＝消音器

先入れ後出し　さきいれ—あとだ—　first in last out　＝スタック

作業主任者　さぎょうしゅにんしゃ　operations chief　足場の組立て作業その他の労働災害を防止するための管理を必要とする

作業について，労働者の指揮その他の事項を行う資格を持つ者。労働安全衛生法。事業者は作業区分に応じて所定の免許を受けた者又は所定の技術講習を修了した者のうちから選任する。電気工事と関係がある資格には，地山の掘削作業主任者，型枠支保工組立て等作業主任者，足場の組立て等作業主任者，酸素欠乏危険作業主任者などがある。

差込形電線コネクタ さしこみがたでんせん —— spring pressure type wire connector 板状スプリングと導電板との間などに電線終端を挟み込んで電線相互の接続を行う器材。ボックス内の細い電線を接続するときなどに用いる。

差込形電線コネクタ

差込口金 さしこみくちがね bayonet-cap（英），bayonet base（米） ソケットにある溝（スロット）にかみ合う差込ピンをシェル（口金胴部をなす外郭）の上にもつ口金。記号はBである。スワン（英）によって発明されたので，スワン口金ともいう。

差込接続器 さしこみせつぞくき plug, receptacle and connector 差込プラグをプラグ受けに抜き差しすることによって，配線とコード又はコード相互間の電気的接続又は断路をするための接続器。プラグ受けには，造営材，機器などに固定できるコンセント，コードの延長接続を行い固定しないで使用するコードコネクタボディ及びマルチタップがある。

差込プラグ さしこみ—— plug 刃，絶縁物で覆ったコード接続部などから構成し，コンセントのプラグ受けに抜き差しする差込接続器。単にプラグともいう。平刃のものと引掛形のものとがある。

サスペンションスポットライト suspension spotlight 舞台面を限定して照射するために，舞台上部に設置するスポットライト。つり下げバトンに取り付けた配線ダクトに数回路のコンセントを収納し，同じバトンに取り付けたスポットライトを接続して用いる。舞台前面に平行につり下げ，どん帳から舞台奥に向かって第1サスペンションスポットライト，第2サスペンションスポットライトのように数列設置する。平凸スポットライト及びフレネルスポットライトを用いる。

サスペンションフライダクト suspension fly duct ＝フライダクト

サセプタンス susceptance 交流回路におけるアドミタンスの虚数部。単位はジーメンス（S）。アドミタンスをY，コンダクタンスをG，サセプタンスをB，虚数単位をjとすると，アドミタンスは$Y=G+jB$である。

雑音 ざつおん noise ＝ノイズ

雑音指数 ざつおんしすう noise figure 増幅器や変調器などの内部に発生する雑音のレベルを示す指数。記号にはFを用いる。入力及び出力のSN比を比べたもので，入力側のSN比をS_{in}/N_{in}，出力側のSN比をS_{out}/N_{out}としたとき，次式で表す。

$$F=(S_{in}/N_{in})/(S_{out}/N_{out})$$

増幅された信号の中の雑音は，増幅される前に既に混じっているものと増幅回路で付加されたものとがあるため，出力のSN比を測っただけでは増幅回路の雑音特性の良否を判定できない。

殺菌灯 さっきんとう germicidal luminaire 殺菌ランプを用いた照明器具。空気中の浮遊菌や照射対象表面を殺菌消毒するために厨房，トイレ，病院の滅菌室，手術室又は配膳室，食品工場，薬品工場などに用いる。薬品殺菌のような残留性はないが，人の目や肌には有害であるので，人が絶えずいる場所での点灯を避け，無人のときや夜間に点灯する。植物や退色しやすい壁などに直接照射しないよう配慮する。

殺菌ランプ さっきん—— bactericidal lamp, germicidal lamp 殺菌性紫外放射（UV-C）を透過するガラス管より成る低圧水銀蒸気ランプ。殺菌性紫外放射とは，細菌や病原性微生物を致死させたり，増殖

撮像管 さつぞうかん camera tube 光学レンズで管外壁に結像された画像を，管内壁に塗布した光電塗料上を電子線で走査して電気信号に変換する電子管．

撮像素子 さつぞうそし image sensing device 光学レンズで素子上に結像させた画像を電気信号に変換する素子．撮像管と固体撮像素子とがある．

差電圧投入 さでんあつとうにゅう differential voltage closing control スポットネットワーク受電方式で停止中の特別高圧回線が復電したとき，ネットワーク母線電圧と復電回線のネットワーク変圧器2次側の電圧との差電圧を検出して，プロテクタ遮断器を自動投入する機能．過電圧投入ともいう．投入したときの差電圧の位相によっては系統循環電流による投入，遮断を繰り返すポンピング現象を起こす場合があるので，ネットワーク変圧器の2次電圧がネットワーク母線電圧より高く，進み位相となっているときに投入条件が成立する．スポットネットワーク受電方式の自動開閉制御機能の3要素の1つである．

差動継電器 さどうけいでんき differential relay 保護すべき電気回路の前後2点（入力側と出力側）の電流のフェーザ差を検出して，区間内の故障を検知する継電器．変圧器，母線など，機器又は設備内の異常検出及び保護に用いる．電流検出用の変流器の相対的な誤差のため，常時若干の誤差があり，継電器の誤動作を防止するために入出力電流の比率で動作するものを比率差動継電器という．

差動式スポット型熱感知器 さどうしき――がたねつかんちき rate-of-rise spot type heat detector 周囲の温度の上昇率が一定以上になったときに火災信号を発するもので，1局所の熱効果によって作動する熱感知器．空気の膨張，熱起電力及び電気抵抗の変化を利用したものがある．感度に応じて1種及び2種がある．空気の膨張を利用したものでは，空気室を設け，緩慢な空気の膨張はリーク孔より排出させるが，急激な膨張ではリーク孔が空気を排出しきれず，空気室が膨張し電気接点を閉じ火災信号を発信する．

差動式分布型熱感知器 さどうしきぶんぷがたねつかんちき rate-of-rise line type heat detector 周囲の温度の上昇率が一定以上になったときに火災信号を発するもので，広範囲の熱効果の蓄積によって作動する熱感知器．感度に応じて1種，2種及び3種がある．検出方法は，空気管式，熱電対式及び熱半導体式があり，空気管式を多く用いる．空気管式は受熱部に20～100 mの細い中空の銅管を用い，検出部は銅管に接続した空気室にダイヤフラムと空気リークバルブを設けたもので，空気管の加熱により，内部の空気が膨張しダイヤフラムを押し電気接点を閉じ火災信号を発信させる．緩慢な温度上昇及び空気管の一部の温度上昇だけでは，リークバルブより空気を排出し火災と判定しない．

差動増幅器 さどうぞうふくき differential amplifier 非反転入力（＋）及び反転入力（－）の2つの入力間の電位差に比例した出力をする集積回路で構成した増幅器．

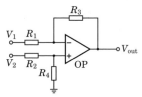

V_1：反転入力電圧，V_2：非反転入力電圧，R_1：反転入力抵抗，R_2：非反転入力抵抗，R_3：負帰還抵抗，R_4：接地抵抗，V_{out}：出力電圧，OP：演算増幅器，一般に，$R_1 = R_2$，$R_3 = R_4$ の条件で使用する．
$V_{out} = (V_2 - V_1) R_3/R_1$

差動増幅器

サドル pipe strap 電線管又はケーブルを造営材などに固定するための支持材．止めビス孔が1つのものと2つのもの，また，金属製と硬質ビニル製とがある．

サブプログラム subprogram 主プログラムから呼び出して繰り返し使用できる，まとまった作業を行うプログラム。サブルーチンともいう。

サブマスタフェーダ submaster fader 調光操作卓又は音響調整卓に組み込み，マスタフェーダの下位にあり複数のグループフェーダを一括制御するフェーダ。

サブミリメートル波 ──は sub-millimetric wave 周波数が 300 GHz を超え 3 THz 以下の電波。波長は 1 mm 未満 0.1 mm 以上で，ミリメートル波同様，極めて狭い指向性があることから宇宙電波望遠鏡などで用いる。サブミリ波ともいう。

サブルーチン subroutine ＝サブプログラム

サボニウス形風車 ──がたふうしゃ Savonius type windmill ２つのバケット間を通り抜ける風が反対側バケットの裏面に流れ込むことにより，回転方向に押す力となる垂直軸風車。首振り機構なしで全方向の風に対応でき，弱風でも起動性が良く，大きなトルクを発生する。

サボニウス形風車

3E リレー さんイー── three elements relay 過負荷・欠相及び反相保護を行う三相誘導電動機用保護継電器。動作方式には誘導形と静止形とがある。誘導形は過負荷，欠相，反相のいずれのときも，磁界トルクの平衡がくずれ，円盤が回転して接点を閉じる。静止形の場合，過負荷保護には反限時動作形及び瞬時動作形，欠相保護及び反相保護には電流方式及び電圧方式がある。

酸化亜鉛素子 さんかあえんそし zinc oxide element 酸化亜鉛を主成分とし，三酸化ビスマス，三酸化アンチモンなどを添加して加圧焼成した，非直線特性に優れるサージ保護素子。印加電圧が定格電圧では絶縁性を示し，流れる電流は僅かであり，雷サージのような大電圧では導体として働く。送電設備から配電設備まで，避雷器，高圧がいし用耐雷ホーンなどに用いる。

残響 ざんきょう reverberation 音源が停止した後に繰り返される反射又は散乱の結果として空間に持続する音。

残響時間 ざんきょうじかん reverberation time 音源が停止してから，残響が 60 dB（100万分の1）減衰するまでの時間。音が持続する場所の壁，床及び天井の素材並びに空間の大きさによって変化し，一般に素材が固いほど，また空間が大きいほど残響時間が長くなる。無響室においてはほぼ零である。残響時間が短すぎると楽音は豊かさに欠け，長すぎると明確さに欠けるので，適度な残響時間が必要である。音楽ホールでは音楽の種類にもよるが，オーケストラ演奏では 1.7～2.2 秒（500 Hz の音源で満席時），劇場や公会堂ではせりふを明りょうに聞き取れることが必要で 1.0～1.3 秒（500 Hz の音源で満席時）程度である。

残響室 ざんきょうしつ reverberation room, reverberation chamber 音の反射性の高い材料で天井，壁及び床を敷き詰め，残響時間を長くした室。音が均一に分布するよう一般的に多角形の構造で室容積が大きい。また，音の進入を防ぐため重厚な壁とする。材料の吸音率，透過損失の測定などに用いる。 ⇨無響室

産業廃棄物 さんぎょうはいきぶつ industrial waste ①事業活動に伴って生じた廃棄物のうち，燃え殻，汚泥，廃油，廃酸，廃アルカリ，廃プラスチック類その他政令で定める廃棄物。②輸入された廃棄物（船舶及び航空機の航行に伴い生ずる廃棄物並びに本邦に入国する者が携帯する廃棄物を除く。）。いずれも排出する事業者が適正に処理することを義務付けている。

残響付加装置 ざんきょうふかそうち reverberator, reverberation unit 残響を付

加するための装置。エコーマシンともいう。劇場などでは鉄板又はスプリングの残響を利用したものがあり，電気信号用としては遅延回路を用いて遅延信号を得るものがある。

三極管　さんきょくかん　triode　＝三極真空管

三極真空管　さんきょくしんくうかん　triode　増幅，発振，検波などの機能を持つ，陽極，陰極，制御グリッドの3個の電極を有する真空管。リー・ド・フォレストが考案し，以来四極管，五極管と発展，トランジスタに代わるまで電子装置の中心となった。

酸欠　さんけつ　oxygen deficiency　＝酸素欠乏

三原色　さんげんしょく　three primary colours　単色を組み合わせて人工的にある領域の色を表現するために用いる互いに独立した3色。代表的には加法混色に用いる光の三原色が赤，緑，青，減法混色に用いる色の三原色が緑青（シアン），赤紫（マゼンタ），黄である。

残差　ざんさ　residual　〔1〕統計学における誤差の推定量。2変量の観測値 (x_i, y_i) があり，その回帰式が $y=a+bx$ で与えられる場合の，$y_i-(a+bx_i)$ の値で示す。説明変数が2つ以上の場合にも拡張できる。〔2〕数値解析における反復計算で連続する2回の計算の間の差。

3サイクル遮断　さん――しゃだん　three cycle circuit breaking　定格遮断時間が3サイクル以内である遮断器の特性。同様に5サイクル遮断もある。

3次巻線付変流器　さんじまきせんつきへんりゅうき　current transformer with tertiary winding　地絡故障時に発生する零相電流を検出するために用いる変流器。2次巻線は通常の巻線と同じように使用し，同一鉄心に巻かれた3次巻線は，3相分をデルタ接続してこれに地絡継電器を接続する。定常状態では2次巻線のみに負荷電流に応じた2次電流が流れ，3次巻線に電流は流れないが，地絡故障時にのみ，地絡電流の1/3に相当する電流が流れる。一般に，100A程度の接地系統における零相電流検出には，変流器の残留回路を利用する方法を用いるが，負荷電流が著しく大きく，変流比が大きい（一般には400/5A以上）場合には，残留回路では継電器に十分な零相電流が得られないことがある。これに対して3次巻線は，独自に適切な巻線比を選定することができる（一般には100/5A）。

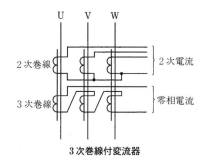

3次巻線付変流器

3線結線図　さんせんけっせんず　three-line diagram　＝3線接続図

3線接続図　さんせんせつぞくず　three-line diagram　電力設備で，その系統の電気機器，計測・保護装置などとの電気的接続状態を機器の極性，相及び端子番号まで明示して表した接続図。3線結線図ともいう。電力設備は三相回路が一般的であるから，このようにいう。変圧器の角変位，VT，CTなどのデルタスター接続，保護継電器の極性などを3線接続図に表現することにより，正確な接続関係を示すことができる。

三相一括形母線　さんそういっかつがたぼせん　three-phase non-segregated phase bus　三相回路の母線を一括して鉄又はステンレス鋼やアルミニウムなどの外被で覆ったもの。三相一括形母線は外被を接地した金属で覆った構造となるため，安全性が高い。外被の材質は通電電流による磁束が外被に及ぼす部分加熱などの影響を除くため，2000A程度以上ではアルミニウムやステンレス鋼などの非磁性材料を外被の一部又は全部に用いる。

残像形オシロスコープ　ざんぞうがた――
persistence oscilloscope, persistence scope　CRT 表示面に残像機能があり，単発現象を表示することのできる，アナログオシロスコープ。

三相3線式　さんそうさんせんしき　three-phase three-wire system　三相交流の電力を3線で送る電気方式。⇨電気方式

三相全波整流　さんそうぜんぱせいりゅう　three-phase full wave rectification　三相交流から直流を得るため，6個の半導体整流素子（ダイオード，サイリスタなど）で構成した整流回路。1サイクルの間に素子の点弧が6回あることから，6パルス変換と呼ばれる。出力波形は，6相分のピークをもった波形となる。交流側から見た変換相数が6相となることから，6相整流と呼ぶことがある。

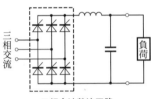

三相全波整流回路

三相短絡　さんそうたんらく　three-phase short-circuit　三相回路の各相の3点が低いインピーダンスで故意又は事故によって接続した状態。電源側より短絡点へ流れる電流を三相短絡電流という。一般に電力系統の短絡故障電流計算を行う場合三相短絡電流が最大となるため，配電系統の熱的強度，機械的強度などの検討に用いる。

三相誘導電動機　さんそうゆうどうでんどうき　three-phase induction motor　三相電源によって動作する誘導電動機。インバータを利用した速度制御が容易になり，可変風量制御の空調換気動力，流量制御が可能な空調熱源系ポンプや給排水ポンプの動力，エレベータなどの搬送動力などに用いる。

三相4線式　さんそうよんせんしき　three-phase four-wire system　三相交流の電力を4線で送る電気方式。三相4線式230/400 V の配電方式は，電動機などの三相400 V 負荷や蛍光灯などの単相230 V 負荷を使用する需要電力の多い建築物などに用いる。

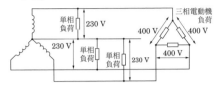

三相4線式の結線図

酸素欠乏　さんそけつぼう　oxygen deficiency　開口部の少ない作業場，閉塞状態や閉塞状態に近いタンク内，地下室内などの換気が不十分な場所で，通常の大気中酸素濃度より少ない空気状態。鉱山保安法では 19％ 未満，労働安全衛生法では 18％ 未満である状態をいう。単に酸欠ともいう。

酸素測定器　さんそそくていき　oxygen meter　作業場所の酸素濃度を測定する計器。井戸，ピットなどの酸欠状態の検出に用いる。労働安全衛生法令で，酸素欠乏危険場所の酸素濃度測定が義務付けられている。隔膜ガルバニ電池式とジルコニア固体電解質式とがある。

3段階火災信号　さんだんかいかさいしんごう　3-level fire alarm signal　感知器からの火災信号レベルによって，注意表示，火災表示及び連動の3段階で制御する信号。

3波長域発光形蛍光ランプ　さんはちょういきはっこうがたけいこう――　three-band fluorescent lamp　青，緑，赤の3波長狭帯域の発光スペクトルをもつ蛍光ランプ。単に3波長形蛍光ランプともいう。平均演色評価数 R_a は 80 以上で，発光効率は広帯域発光形の白色蛍光ランプに比べ 10％ 以上高い。

散布図　さんぷず　scatter plot　2つの対となるデータを横軸と縦軸としてデータをプロットした図。延べ床面積と設備容量などの2つの量の相関関係を可視化するのに有効な手法である。また，散布図に回帰直線を描くことで予測値を求めることもできる。回帰直線はデータの中心的な分布傾向

を表す直線をいう。

三方弁　さんぽうべん　three-way valve　3方向の配管を接続し，合流比率又は分流比率を変えるために用いる弁。空調機の温度制御では，コイルとバイパスに流れる冷水又は温水の比率を変えるのに用いる。

3巻線変圧器　さんまきせんへんあつき　three-winding transformer　1次及び2次巻線のほかに3次巻線を設けた変圧器。巻線の対地電圧を低減するためにスタースター結線を用いるが，デルタ巻線を加え第3調波電流を還流させて出力電圧のひずみを減少したり，6相整流を行うために2次巻線と3次巻線にデルタ結線とスター結線を用いて位相を変えたりする。その他，異種電圧の発生や零相電圧検出用の計器用変圧器などにも用いる。

散乱　さんらん　scattering　＝拡散

散乱日射　さんらんにっしゃ　diffuse solar radiation　＝天空日射

残留回路　ざんりゅうかいろ　residual circuit　三相電流のフェーザ和を得るため，三相回路に3台の変流器を使用し，変流器の2次回路を星形に接続した回路の中性線の部分。低抵抗接地系の地絡検出に用いる。三相フェーザ和は各相の零相分電流の3倍の値となる。

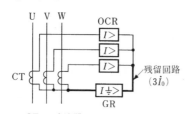

残留回路

残留磁化　ざんりゅうじか　residual magnetism　＝残留磁気

残留磁気　ざんりゅうじき　remanent magnetism, residual magnetism　強磁性体を一度磁化した後，外部磁界を取り去っても磁性体に残る磁気。自励発電機で発電を開始するときに用いる。

残留磁束　ざんりゅうじそく　residual magnetic flux　磁性体の残留磁化による磁束。

残留電圧　ざんりゅうでんあつ　residual voltage　電動機，コンデンサなどの電気機器を電源から開放した直後に現れる電圧。コンデンサでは残留電圧を抑制するため，放電抵抗器や放電コイルを用いる。誘導電動機のスターデルタ始動において，スター結線からデルタ結線に移行するときに，残留電圧と投入位相との関係によっては大きな突入電流が流れる。

残留電荷　ざんりゅうでんか　residual electric charge　電気回路や装置機材などを電源から切り離した後に残る電荷。

残留電流　ざんりゅうでんりゅう　residual current　回路のある点の全充電導体を同時に流れる電流値の代数和。零相電流に等しい。

3路スイッチ　さんろ――　three-way switch　単極の切換用の点滅器。同一の電灯などを2か所から点滅する場合に用いる。通常は壁付形であるが，特殊な機構を持つ専用の差込接続器を介して使用するコードスイッチ形もある。

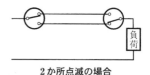

2か所点滅の場合

シ

GR　ジーアール　ground relay　＝地絡継電器

GR型受信機　ジーアールがたじゅしんき　GR-type control and indicating equipment　G型受信機とR型受信機の機能を併せ持つ受信機。

CRC　シーアールシー　cyclic redundancy check　データ伝送においてnビットの除数を用い，特別な除算を行うことで受信したデータのnビット以下の連続した誤り

を検出できる検査方式。巡回冗長検査ともいう。

CRT シーアールティー cathode-ray tube ＝陰極線管

CIE シーアイイー International Commission on Illumination ＝国際照明委員会

GIS ジーアイエス gas insulated switchgear ＝ガス絶縁開閉装置

CIS系太陽電池 しーあいえすけいたいようでんち CIS photovoltaic cell 主材料としてCu-In-Se化合物の薄膜を用いた太陽電池セル。

CEE シーイーイー →制御用ケーブル

CEV シーイーブイ →制御用ケーブル

CA シーエー certificate authority ＝認証局

CAE シーエーイー computer aided engineering 電子計算機を用いて，製品の設計支援又は設計した製品の強度，耐熱性などの特性を計算する解析システム。製品の機能及び性能を評価及び確認するためのシミュレーションなどで製品の設計及び開発を支援する。

CATV シーエーティーブイ cable television 無線送信ではなく，ケーブルを用いて送信するテレビジョン放送。有線テレビジョン放送ともいう。テレビジョン放送の受信障害や難視聴の解消を目的とした放送の補完的メディア（この場合，英文はcommunity antenna TV）としての役割を果してきたが，多チャンネルCATVが飛躍的に普及し，地域の情報センタとして自主放送や双方向的情報活動を行うシステムとして発展している。

CS-IF シーエスアイエフ communications satellite-intermediate frequency → BS-IF

CSR シーエスアール corporate social responsibility 企業が事業活動において顧客，株主，従業員，取引先，地域社会などの様々な利害関係者との関係を重視しながら利益を追求するための社会的責任。

CSアンテナ シーエス—— CS antenna 通信衛星（CS, communication satellite）を利用した放送を受信するアンテナ。

CSMA/CD シーエスエムエーシーディー carrier sense multiple access with collision detection LAN上で1つの伝送路を多数の端末が使うためのメディアアクセス制御技術。ゼロックス社（米国）のイーサネットが初めて使用し，その後，IEEE（米国電気電子学会）がLANの標準方式の1つに採用した。データを送信したい場合は，同一ネットワーク上における他の通信の有無を確認し，通信中でなければデータの送信を開始する。複数の端末から同時に送信され，信号の衝突が検出されたときは，タイミングをずらして再送信する。アクセス制御を分散して行っており，装置が簡単になり障害に強いが，通信量が一定量を超えると遅延時間が増大するという欠点がある。

CS放送 シーエスほうそう broadcasting by communication satellite 静止通信衛星を用いて直接地上の受信者に送るテレビジョン放送。1989年10月の放送法の改正で，放送に通信衛星を利用することが可能になった。1996年にデジタル放送を開始した。

GHPチラー ジーエッチピー—— gas heat pump chiller ガスエンジンを動力としたヒートポンプ式の冷水発生装置。空調熱源や産業用熱源として使用する。

CN比 シーエヌひ carrier to noise ratio 搬送波の信号電力Cと総合ノイズ（アンテナから入ってくるノイズと受信システムで発生するノイズとの和）電力Nとの比。デシベル（dB）で表す。C/Nとも表す。受信品質の目安となる。

$$\text{CN比} = 10\log_{10}\frac{C}{N} \quad (\text{dB})$$

CFRP シーエフアールピー carbon fiber reinforced plastics ＝炭素繊維強化プラスチック

CFD シーエフディー computational fluid dynamics ＝数値流体力学

COP シーオーピー Conference of the Parties ＝条約締約国会議

C形差込接続器 シーがたさしこみせつぞくき C-type plug and socket-outlet 舞台

照明専用の100V用差込接続器。差込プラグ，コンセント及びコードコネクタボディがあり，通電側刃受に接点機構を持ち，差込プラグとの接続が完了するまでは刃受は無電圧である，暗転時など薄暗い所でも扱いやすい，過酷な取扱いにも耐える堅ろうな構造であるなどの特徴がある。なお，舞台照明専用の200V用としてD形差込接続器がある。

G型受信機 ジーがたじゅしんき G-type control and indicating equipment ガス漏れ検知器から発せられた信号を直接又は中継器を介して受信し，ガス漏れの発生を関係者に報知する装置。信号を受信すると黄色のガス漏れ表示灯を点灯し，主音響装置を鳴動し，さらに，地区表示装置により発生した区域を表示する。

シークエラー seek error ハードディスク，MO，DVDなどの記憶装置で，読み書きをする磁気ヘッドが，信号を与えても目的のトラックに到着しない誤り。

シークタイム seek time ハードディスク，MO，DVDなどの記憶装置で，読み書きをする磁気ヘッドがディスク上の目的の読み出し又は書き込み位置に到達するまでに要する時間。

シーケンサ sequencer ＝プログラマブルコントローラ

シーケンス図 ――ず sequence diagram ＝展開接続図

シーケンス制御 ――せいぎょ sequential control あらかじめ定められた時間的又は論理的順序に従って，各段階を逐次進めていく自動制御のこと。受変電設備，空調・衛生設備，搬送設備などの自動制御に用いる。シーケンス制御装置には電磁継電器，限時継電器などによる有接点回路のものと，半導体を使用した無接点回路で，シーケンス回路をプログラム処理するプログラマブルコントローラなどがある。

CCE シーシーイー →制御用ケーブル

CGS シージーエス cogeneration system ＝コージェネレーションシステム

CCD シーシーディー charge-coupled device 固体撮像素子の1つで，多数の微小なコンデンサとスイッチの連なりから成り，電荷を蓄積しては次々に伝送していく機能をもつメモリ素子。電荷結合素子ともいう。格子状に配列した微小なコンデンサの一つひとつに光センサを接続することで，光信号を電気信号に変換，蓄積し，これを順次読み出し，画像信号に変換することができる。小形・軽量で，焼付きや残像がないため，一般用，業務用に普及している。

CCTV シーシーティーブイ closed circuit television system ＝ITV設備

CCP シーシーピー colour coded polyethylene cable ポリエチレン樹脂で絶縁した高周波通信ケーブルの一種。電子部品の定格，性能値又は導体，端子，引出線などを識別するための標準色の体系に従って彩色している。市内電話網などに用いる。

GCB ジーシービー gas circuit breaker ＝ガス遮断器

CCV シーシーブイ →制御用ケーブル

CCU シーシーユー coronary care unit →集中治療室

CC-Link シーシーリンク control & communication link CC-Link協会（CLPA）が提唱するプログラマブルコントローラとフィールド機器をつなぐフィールドネットワーク。制御と情報を同時に扱える高速フィールドネットワークで，伝送速度10Mbpsの高速通信時でも100mの伝送距離と最大64局に対応している。センサレベルネットワークにはCC-Link/LT，イーサネットワークをベースとした情報系から生産現場までの統合ネットワークにCC-Link IEがある。

C種接地工事 シーしゅせっちこうじ C class earthing 300Vを超える低圧用の機械器具の鉄台，金属製外箱，金属管などに施す接地工事。接地抵抗値は10Ω以下とし，接地線は引張強さ0.39kN以上の金属線又は直径1.6mm以上の軟銅線とする。

シース熱電対 ――ねつでんつい sheathed thermocouple 銅，ステンレス，チタンな

どの金属保護管に収納し酸化マグネシウムやシリカ粉末などのセラミックを充填して封止した熱電対。

c接点 シーせってん change-over contact a接点及びb接点の2出力接点をもち、片側が共通となっている接点。切換接点又はチェンジオーバ接点ともいう。

CWDM シーダブリューディーエム coarse wavelength division multiplexing 光ファイバの伝送密度を高める波長分割多重方式で波長密度を低くした通信方式。光増幅器が不要で低コストに設置できるが伝送距離は短い。

CT シーティー current transformer ＝変流器

GTR ジーティーアール giant transistor npn又はpnpの3層構造のトランジスタで、おおむねコレクタ電流が30A、コレクタ-エミッタ間電圧が200V以上の大電力トランジスタ。バイポーラトランジスタの一種である。電流を制御するタイプの増幅素子で、数kHzのスイッチング周波数をもつ変換器（インバータなど）に用いる。IGBTにその役割りを譲りつつある。

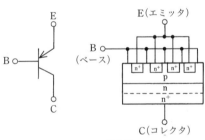

GTRの構造図

CDMA シーディーエムエー code division multiple access ＝符号分割多重接続

CDN シーディーエヌ contents delivery network 特定の通信事業者が閉じたネットワーク上で提供するIPTVサービス。

GTO ジーティーオー gate turn off thyristor ＝ゲートターンオフサイリスタ

CD管 シーディーかん CD tube 耐燃性（自己消火性）を持たない合成樹脂製可とう電線管。ポリエチレン製の単層構造の管で、火災時に延焼のおそれがあるので、電気設備技術基準の解釈では、直接コンクリートに埋め込んで施設する場合を除き、専用の不燃性又は自消性のある難燃性の管又はダクトに収めて施設することとしている。大口径のものは地中埋設管路材としても用いる。

シート防水 シートぼうすい sheet-applied membrane waterproofing 厚さ1.2～2.5mm程度の合成ゴム系又は合成樹脂系シートを、接着剤、固定金具などで止め、建築物の屋上などを覆う防水工法。

CB シービー circuit breaker ＝遮断器

GPS ジーピーエス global positioning system ＝衛星測位システム

CPEV シーピーイーブイ polyethylene insulated vinyl sheath city pair cable 銅の心線をポリエチレンで絶縁し対よりにして、対を更により合わせビニル外装を施した通信用ケーブル。市内対ポリエチレン絶縁ビニルシースケーブルともいう。市内電話線、保安用通信線、制御用ケーブルなどに用いる。

①：第1種対（赤白）
②：第2種対（青白）

CPEV（30対の例）

GP型受信機 ジーピーがたじゅしんき GP-type control and indicating equipment G型受信機とP型受信機の機能を併せ持つ受信機。

CPU シーピーユー central processing unit ＝中央演算処理装置

CV シーブイ ＝架橋ポリエチレン絶縁ビニルシースケーブル

CVQ シーブイキュー →架橋ポリエチレン絶縁ビニルシースケーブル

CVCF シーブイシーエフ constant voltage constant frequency power supply system ＝定電圧定周波数電源装置

CVT シーブイティー →架橋ポリエチレン絶縁ビニルシースケーブル

CVV シーブイブイ →制御用ケーブル

シーベルト sievert 放射線による人体への影響度合いを表す単位。記号は Sv。放射線を受ける量（吸収エネルギー）は通常グレイという単位を用いるが，放射線の種類，エネルギーの大きさ，放射線を受ける身体の部位なども考慮した数値である。β 線及び γ 線では，1 グレイ＝1 シーベルトだが，α 線では 1 グレイ＝20 シーベルトである。
⇨ベクレル

CMOS シーモス complementary metal oxide semiconductor 1つの半導体に n 形と p 形が補い合うよう両方の MOS を組み合わせて論理回路を構成した集積回路。相補形金属酸化膜半導体ともいう。消費電力が少ないため，電子腕時計，携帯用電子計算機などに用いる。デジタルカメラではイメージセンサとして用いる。

シーリングコンパウンド sealing compound 〔1〕一般に流体が間隙及び小孔から漏出することを防止するために用いるコンパウンド。シール材ともいう。〔2〕防爆金属管配線において，電線管路を通って爆発性ガスが流動し又は爆発の火炎が伝搬するのを防止するため，シーリングフィッチングなどに充填するコンパウンド。

シーリングスポットライト ceiling spotlight 客席の後方天井部分に設け，舞台正面から演者を照射するスポットライト。前明かりともいう。

シーリングフィッチング sealing fitting 耐圧防爆金属管工事で防爆電気設備のある部分から他の部分へ爆発性ガスが流動し又は爆発の火炎が伝搬することなどを防止するために，管路に設ける密封用装置。危険場所の種別が変わる箇所，危険場所から非危険場所への移行箇所，電気機器と配管との接続箇所，管路の内容積を一定量以下に区分する箇所などに設ける。通常，可鍛鋳鉄製で電線との空隙部にシーリングコンパウンドを充填して密封する。

シーリングフォロースポットライト ceiling follow spotlight 劇場の客席後方天井部に設置し，舞台上の演者の動きに合わせて照射するスポットライト。

シーリングライト ceiling luminaire 天井面に取り付ける構造をもつ照明器具。天井灯ともいう。

シーリングローゼット ceiling rosett 屋内天井の水平なところに取り付け，照明器具の電源を接続し，主として照明器具をつり下げる器材。引掛シーリングローゼットのキャップ又はボディにプラグを差し込むための差込口を持つもの及び照明器具をつり下げられない構造のものを含む。

シール形アルカリ蓄電池 ──がた──ちくでんち sealed type alkaline battery 充電時に発生する酸素を負極の金属カドミウムに吸収させ，全体を密封化し，発生ガスを電池外部へ排出しない構造で，補液又は補水が不要なアルカリ蓄電池。極板構造は焼結式である。

シール材 ──ざい sealant, sealing compound 気体や液体が外部に漏れないよう，又は外部からの異物が内部に侵入しないよう，隙間を埋めるために用いる充填材。建築用には風雨や空気の浸透を避けるため，目地，サッシ取付部，接続部などに用い，そのほか機器，水道配管，ガス配管など使用範囲は幅広い。合成高分子材料を基材とした流動性のある不定形材料で硬化後はゴム状弾性体となるものが多い。

シールド shield ＝遮蔽

シールド線 ──せん shielding wire 電力又は信号を伝送する導体へ，外部から雷サージやノイズが侵入するのを防止するた

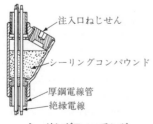

シーリングフィッチング

め遮蔽層を設けたケーブル。遮蔽層は主に編組銅線を使用しているが，信号レベルによってはさらに端末処理が容易なアルミニウムはく，銅はく，導電プラスチックなどを使用する。

シールド対よりケーブル ──つい──
shielded twisted pair cable, STP　絶縁した銅線を1対又はそれ以上をより合わせて遮蔽を施し，プラスチックで外装したケーブル。ノイズが多い工場内，野外，高速伝送を必要とする場合などに用いる。

シールドビーム電球 ──でんきゅう──
sealed beam lamp　加圧成形した前面ガラスと反射鏡を一体化して光の指向性を厳密に制御した白熱電球。

シールドビーム電球

シールドルーム　screened room（英），shielded enclosure（米）　外部の電磁環境から内部を隔離するために特別に設計した遮蔽材料又は金属で作った室。性能劣化を引き起こすような外部の背景電磁界を遮断し，外部の活動に対する妨害を引き起こす放射を防ぐことが目的である電磁妨害波の測定室，病院の電子機材を設置した医療室，機密に関わる電子計算機室などに使用する。シールドルームでは空間に伝搬する電磁波をシールドするだけではなく，電源及び信号ケーブルを通して漏えいする電波ノイズをシールドする必要があり，シールド効果を左右するのは，この開口部のシールド処理である。

JET認証制度　ジェーイーティーにんしょうせいど　JET certification system　電力品質確保に係る系統連系技術要件ガイドライン，電気用品安全法などを基にして一般財団法人日本電気協会電気用品試験所が作成した認証試験基準に適合していること及びそのモデルと同等の製品を継続的に製造することができる体制にあることを確認するための工場調査を行い，合格したものを認証する制度。

JABEE　ジェーエービーイーイー　Japan Accreditation Board for Engineering Education　＝日本技術者教育認定機構

JJY　ジェージェーワイ　日本の標準電波を送信する長波帯標準周波数報時局の識別符号（コールサイン）。⇨標準電波

JPEG　ジェイペグ　Joint Photographic Experts Group　カラー静止画像圧縮符号化の世界標準規格。カラー静止画の高能率帯域圧縮技術の標準化のための国際標準化機構（ISO）及び国際電気通信連合電気通信標準化部門（ITU-T）の共同グループの呼称を規格名として用いている。よく使う色には小さいビット数を，頻度の少ない色には大きなビット数を割り当てるなど自然画像を1/8～1/100程度に圧縮し，Web上の静止画像を扱うほとんどのマルチメディアで採用している。

磁化　じか　magnetization　磁気的な分極で，特に磁性体の分極によって生じた単位体積当たりの磁気モーメント。磁性体が磁気を帯びた状態になることをいい，磁気分極又は磁化の強さともいう。磁気モーメントをM，磁束密度をB，磁界の強さをH，真空の透磁率をμ_0とすると，$B=\mu_0 H + M$の関係となる。

磁界　じかい　magnetic field　磁石相互間，電流相互間又は磁石と電流との間に働く力の場。磁場ともいう。単位はアンペア毎メートル(A/m)。磁束密度B，磁界の強さH，透磁率μとすると，$B=\mu H$の関係がある。

紫外線　しがいせん　ultraviolet rays　＝紫外放射

紫外線式炎感知器　しがいせんしきほのおかんちき　ultraviolet flame detector　炎から放射される紫外線の変化が一定の量以上になったとき火災信号を発する感知器。炎に含まれる200～260 nmの波長範囲の紫外線を光電管を使用して検出する。非常に高感度であり，ハロゲンランプ，キセノンラ

ンプ，アーク放電などによる紫外線も検出するため，設置の環境に注意が必要である。

紫外線赤外線併用式スポット型炎感知器 しがいせんせきがいせんへいようしき——がたほのおかんち ultraviolet and infrared rays spot type flame detector 炎から放射される紫外線及び赤外線の変化が一定量以上になると火災信号を発する炎感知器。紫外線若しくは赤外線又はその両方を感知した時点から一定時間経過後に炎を感知したときに火災と判定し信号を発する。瞬間的又は一時的な炎感知は火災と判定しない。

紫外放射 しがいほうしゃ ultraviolet radiation 波長が可視放射より短く1nmまでの電磁波。一般には紫外線と呼ぶ。CIEでは，波長100～400nmの範囲を，UV-A（315～400nm），UV-B（280～315nm），UV-C（100～280nm）と区分している。放射は波長が短いほどエネルギーが大きく，化学作用や生理作用が強いので殺菌作用があり，A波よりB，C波が有害で皮膚がんを発生するおそれが強い。殺菌，光エッチング，製版などに用いる。

紫外放射防止用照明器具 ultraviolet cut luminaire しがいほうしゃぼうしようしょうめいきぐ 紫外放射を抑制した蛍光ランプ又は紫外放射をカットするフィルタを装着した照明器具。紫外放射による絵画などの変色及び退色を防止するため，美術館，博物館などで用いる。

じか入れ始動 ——いーしどう full-voltage starting ＝全電圧始動

磁化曲線 じかきょくせん magnetization curve 磁性体における磁界の強さHと磁束密度Bとの関係を表す曲線。B-H曲線

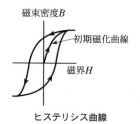

ヒステリシス曲線

ともいう。強磁性体に起磁力を与えて磁化すると，磁束密度は最初は起磁力に比例するが，起磁力が大きくなると飽和してくる。これを磁気飽和という。その後起磁力を減少させても，残留磁気のために磁化曲線は元の曲線をたどらずにヒステリシス曲線を描く。

じか付け形照明器具 ——づ—がたしょうめいきぐ surface mounted luminaire 建造物の天井面や壁面に直接取り付ける照明器具。

トラフ形　　富士形　　コップ形
じか付け形照明器具

次過渡短絡電流 じかとたんらくでんりゅう subtransient short circuit current ＝初期過渡短絡電流

次過渡リアクタンス じかと—— subtransient reactance ＝初期過渡リアクタンス

自家発運転負荷制御 じかはつうんてんふかせいぎょ load control on generating power 自家発電設備の運転時，あらかじめ設定された優先順位に従って自家発電回路の負荷を自動的に投入したり，過負荷時に選択遮断する制御方式。

自家発管制運転 じかはつかんせいうんてん elevator control on generating power 商用電源停電時に，エレベータかご内の乗客の安全を図るため，自家発電設備を利用してエレベータ台数を規制し，運転制御する方式。停電発生時にはエレベータを避難階又は最寄階に呼び戻し，全機帰着後，発電機容量に見合った台数での通常運転をする。

自家発電設備 じかはつでんせつび privately-owned generator set 需要場所において，専ら需要場所内に電力を供給するために据え付けて使用される発電設備。常用発電設備及び非常用発電設備がある。

自家用電気工作物 じかようでんきこうさくぶつ non-utility electrical facilities 電気

事業の用に供する電気工作物以外の事業用電気工作物。電気事業法。具体的には，次のものをいう。①高圧需要家及び特別高圧需要家の電気工作物，②構外にわたる電線路を有する需要家の電気工作物，③小出力発電設備の範囲を超える規模の自家発電設備（非常用予備発電設備を含む。）を有する需要家の電気工作物，④火薬類取締法に規定する火薬類（煙火を除く。）を製造する事業場の電気工作物，⑤鉱山保安規則に規定する甲種又は乙種炭鉱で特に危険性が高いと指定された鉱山の電気工作物。 ⇒ 電気工作物

自家用電気工作物保安管理規程 じかようでんきこうさくぶつほあんかんりきてい safety management regulations 自家用電気工作物の設置者，電気主任技術者などがその工事，維持及び運用に関して保安上遵守すべき事項などを定め，電気保安を確保するための民間自主規格。

磁化率 じかりつ magnetic susceptibility 物質の磁化の強さと磁界の強さとの比。常磁性体では正，反磁性体では負の値で，物質によって決まる定数である。磁気定数ともいう。磁化の強さを M，磁界の強さを H とすれば，磁化率 χ は，$\chi=M/H$ で表される。強磁性体では磁界の強さにより変化し，磁化曲線を描く。

時間率 じかんりつ hour rate 蓄電池を一定電流で放電するときに，放電終止電圧に至るまでの時間。電流 i で放電し，放電終止電圧に至るまでの時間が n 時間であれば，この放電率を n 時間率（nHR）放電という。n 時間率放電によって得られる容量は，$i \times n$(A·h) すなわち（nHR）と表す。一般的に，鉛蓄電池では 10 時間率，アルカリ蓄電池では 5 時間率を用いる。

磁気 じき magnetism ＝磁性

磁気カード じき—— magnetic card 磁気によりデータを記録するカード。電子計算機の外部記憶装置として開発されたが，磁気テープを貼り付け，又は埋め込んだ磁気ストライプカードはキャッシュカード，クレジットカード，電話カード用などとして普及している。

磁気回路 じきかいろ magnetic circuit 磁束の通る閉回路。磁気を電気と対比させたときに，電気回路に相当するのが磁気回路である。電圧，電流，抵抗を，起磁力，磁束，磁気抵抗に対比させると，磁気回路に電気回路と同様オームの法則やキルヒホッフの法則を適用することができる。磁束は比透磁率の大きい物質ではほぼ閉じた道を作り，これに巻線を巻き一定電流を通じれば磁束は大部分磁性体内を通る。この磁束が通る道が磁気回路である。巻線の電流を I，巻数を N とすれば，起磁力 f は，$f=NI$ で表す。

磁気シールド じき—— magnetic screen（英），magnetic shield（米）＝磁気遮蔽

磁気遮断器 じきしゃだんき magnetic blow-out circuit breaker, MBB 高圧電路の開放時に発生するアークを磁界で磁器製の積み重ねた消弧板内に押し込み，冷却して消弧する高圧用遮断器。15 kV 以下で使われていたが，1980 年代以降は真空遮断器を用いている。

磁気遮蔽 じきしゃへい magnetic screen（英），magnetic shield（米） 特定の領域への磁界の侵入を低減するために使用する強磁性材料で作った遮蔽装置。⇒遮蔽

磁気双極子 じきそうきょくし magnetic dipole 大きさの等しい正負の磁極が対で存在する状態。磁極の単極（磁気単極子）は存在が確認できていないので，磁気の存在単位としている。磁極の磁荷 $\pm q_m$，対となる距離ベクトルを d とすると磁気双極子モーメント m は $m=q_m d$ で表すことができる。

色素増感太陽電池 しきそぞうかんたいようでんち dye-sensitized photovoltaic cells 色素を使って太陽光を電気エネルギーに変換する電池。太陽光を色素に照射することによって，色素が電子を放出する現象を利用している。製造が比較的簡単で，安価に量産できる。色素を変えることによって，様々な色の太陽電池を作れる。

磁気ディスク じき—— magnetic disk

片面又は両面にデータを記録できる磁性体を塗布した磁性層をもつ平らな回転盤。ハードディスク（HD），フロッピーディスク（FD）などの外部記憶装置は，磁気ディスクを応用した装置である。

識別情報　しきべつじょうほう　identification data　インターネットや通信回線ネットワーク上で，接続される機器に割り当てた固有の番号又は記号。

磁気飽和　じきほうわ　magnetic saturation　磁性体に加える磁化力がある一定以上に達すると，磁区にあるほとんどすべての磁気双極子が磁界方向に向いてしまい，磁束密度が増加せずに飽和する現象。変流器の選定における直列リアクトルに流入する高調波による磁気引込現象などに注意を払う必要がある。磁気飽和を利用したものとして，放電ランプ起動用ピーク変圧器，磁気増幅器や交流電圧の安定化に用いる可飽和リアクトル，電気溶接機用変圧器などがある。

磁気モーメント　じき――　magnetic moment　→磁気双極子

事業継続計画　じぎょうけいぞくけいかく　business continuity plan　大災害や大事故，疫病の流行，犯罪被害，社会的混乱などが発生し，通常業務の遂行が困難になる事態が生じた場合に，速やかに復旧し事業を継続することを図るために策定する計画。

事業継続マネジメント　じぎょうけいぞく――　business continuity management　事業継続計画に沿って進める経営リスクマネジメント。リスク発生時に企業が事業の継続を図り，サービス提供の欠落を最小限にすることを目的とする。

事業所集団電話　じぎょうしょしゅうだんでんわ　centralized extention system　事業所の加入電話機を電話局内の同一の交換機に収容し，事業所内は内線番号によって相互接続を行い，事業所外とは加入電話番号で直接接続する電話方式。ビル電話ともいう。構内交換機の局線中継台に相当する受付台の設置もできる。

事業用電気工作物　じぎょうようでんきこう

さくぶつ　undertaking electrical facilities　一般電気工作物以外の電気工作物。電気事業用電気工作物及び自家用電気工作物を指す。電気事業法。　⇨電気工作物

仕切弁　しきりべん　gate valve　管内流体の流れを遮断するために使用する弁。流体の流れに垂直に弁体を挿入して遮断する構造をもつ。全開時の抵抗は小さいが，半開状態では局部的に抵抗力が増大し，弁が損傷するおそれもあり，通常全閉又は全開で使用する。

軸出力　じくしゅつりょく　shaft power　＝機関出力

軸動力　じくどうりょく　shaft power　回転機の主軸に伝達される動力。単位時間当たりの仕事量（kW）で表す。変速装置が内蔵されている場合は，原動機の出力をいう。単位に馬力を用いたときは軸馬力という。

時限協調　じげんきょうちょう　time coordination　受電設備などで過負荷事故，短絡事故又は地絡事故に対する保護継電器の整定値を，電源系統上の事故点に近い点から順に電源側へ動作するよう動作時間を設定し，事故波及範囲をできるだけ最小に抑えるよう保護協調を図ること。

時限差継電方式　じげんさけいでんほうしき　time limit differential relay system　保護継電器の作動時限の差で事故区間を識別する方式。過電流保護方式では，反限時特性によって，上位と下位の継電器の動作時間差を得ることができるが，需要家構内の高圧配電系統の過電流特性や地絡保護などのように上位と下位による電流の差がない場合は，単純に応動時間に差を設けて保護区間を限定する。

時限整定　じげんせいてい　time setting　過電流保護又は地絡保護の協調を図るために，保護継電器の動作時間を定めること。　⇨保護協調

自己インダクタンス　じこ――　self-inductance　コイルの電流の変化に対する自己誘導による誘導起電圧の比を表す比例定数。単位はヘンリー（H）。単にインダク

タンス，誘導係数ともいう。自己インダクタンスをL，誘導起電圧をE，電流変化率をdI/dtとしたとき，次の式で表す。

$$L = -E/(dI/dt)$$

指向性 しこうせい directivity 送信アンテナやスピーカから放射された電波や音の強さの方向特性。受信アンテナやマイクロホンなどにも用い，感度の方向特性を表す。放射強度が最大値の1/2になる角度幅をビーム幅又は指向性の半値幅という。放射の場合は指向性が大きいほどビーム幅は狭くなり，放射エネルギーは狭い領域幅に集中する。入射の場合は受信アンテナやマイクロホンの利得が大きくなる。

指向性照明 しこうせいしょうめい directional lighting 作業面又は対象物への光が，ある特定の方向から主に入射する照明。

指向性マイクロホン しこうせい―― directional microphone 入射する音波の方向に依存する感度をもつマイクロホン。狭い部屋や残響の多い部屋での収録，ある目的の音のみを収録する場合などに用いる。

事故時運転継続要件 じこじうんてんけいぞくようけん fault ride through 電力系統のじょう乱による解列などで電力品質に大きな影響を与えないよう運転を継続することを定めている系統連系規程の要件。連系中の分散形電源を広域，大量に導入した電力系統において，じょう乱による一斉解列が起こると電力品質に大きな影響を与えるため，分散形電源の運転を継続させて，一斉解列を防止する。

自己消弧形素子 じこしょうこがたそし self-extinction type element スイッチング動作（オンオフ）する場合，転流補助回路を必要とせず，自己消弧能力をもつ半導体素子。自己消弧形素子としては，パワートランジスタ，GTO，IGBTなどがある。一方，従来半導体素子として広く用いられてきたサイリスタのスイッチング動作にはコンデンサやリアクトルからなる転流補助回路が必要なため，回路が複雑で装置の効率化，小形化などが困難で，最近では自己消弧形素子を用いる。

自己診断機能 じこしんだんきのう self-diagnosis function 機器，装置などに装備し，運転時及び故障時における構成部分の状態を検知分析して，運転状態や故障要因を推定し表示する機能。

自己放電 じこほうでん self-discharge 使用していない電池の電気量が時間の経過に伴い減少すること。電池の種類及び環境条件により減少の経過は異なり，高温高湿などにより進行を早める。

自己放電特性 じこほうでんとくせい self-discharge characteristics 蓄電池などの蓄電量が自己放電により減少する特性。蓄電量が時間の経過とともに減少していく傾向は，1次電池より2次電池が大きく，周囲温度が高いほど又は満充電に近いほど大きくなる。

自己保持回路 じこほじかいろ self-holding circuit 継電器や電磁接触器などで，セット信号を受けて変化した状態を解除信号を受けるまで維持し続ける回路。

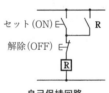

自己保持回路

自己融着性絶縁テープ じこゆうちゃくせいぜつえん―― self-bonding insulation tape 主に電力ケーブルの接続部において絶縁用に用いる自己融着性があるテープ。一般には，自己融着性ブチルゴムを主材としたものを用いる。

自己誘導 じこゆうどう self-induction, auto-induction 1つのコイルに流れる電流の変化により，電磁誘導による起電圧を生じる現象。発生する起電圧は，回路電流の変化を妨げる方向に働き，電流は慣性を持つかのように振る舞う。

自己励磁 じこれいじ self-excitation 〔1〕同期発電機に進相電流が流れると，その電機子反作用は界磁を強める方向に作用し，進相電流が更に増加するというプロセスが

繰り返され，発電機電圧が急速に大きくなる現象。高圧長距離送電線路の受電端を開放し，これを同期発電機で充電する場合などに生じる。〔2〕誘導電動機と並列に接続した進相コンデンサの電流が電動機の励磁電流分を上回る場合，運転中に電路から切り離したときに起きる電圧上昇現象。

資材所要量計画 しざいしょようりょうけいかく material requirement planning, MRP 企業が生産する予定の完成品から必要となる資材を算出し，在庫量と照合し，発注する時期や数量をあらかじめ決定して，生産管理を効率化する手法。

指示器 しじき indicator ＝インジケータ

自主検査 じしゅけんさ independent inspection ①電気工作物の竣工検査以前に施工者の品質管理部門など現場関係者以外の別組織が行う検査。外観検査，機能検査，性能検査，各種測定結果などにより機器及び設備システムの関連法規及び設計仕様要件が満たされているかを確認する。②原子力発電設備を除く事業用電気工作物について，自主保安体制のもとで使用前に設置者が自ら行う法定検査。

地震荷重 じしんかじゅう earthquake load ＝地震力

地震監視装置 じしんかんしそうち seismic monitoring system 建築物及び敷地地盤の地震時挙動，振動状況の把握，居住者に対する強震時警報放送，避難誘導などを目的として，地震検出器，増幅器，記録装置などで構成する監視装置。地震検出器は加速度計が中心であるが，観測目的及び対象によって速度計，変位計，ひずみ計，土圧計，水圧計などを用いる。

地震管制運転 じしんかんせいうんてん elevator control at earthquake 地震発生時にエレベータかご内の乗客の安全を図るため，また，走行に伴う被害の拡大を防止するため，機械室に設置された地震感知器により，規定以上の震度を感知して最寄階に着床，停止させる運転方式。その後，更に大きな揺れがこないなどの条件によって自動的に運転を再開することもできる。

地震計 じしんけい seismograph, seismometer その地点の地震動を計測する計器。その地点に固定した台に振り子を取り付けたもので，台に対する振り子の相対変位を計測する。振り子の相対運動は電磁気的又は光学的に検出し，電気信号として記録する。水平動地震計と上下動地震計とに大きく分けられるが，その他目的に応じて変位計，速度計，加速度計，微動計，強震計などがある。

地震のエネルギー じしん—— seismic energy, earthquake energy 震源が放出した地震波の全エネルギー。単位はジュール（J）。マグニチュード M と地震のエネルギー E との関係は，$\log_{10} E = 1.5 M + 4.8$ である。

地震波 じしんは seismic wave, earthquake wave 地震により発生する波。表面波と実体波とがあり，表面波はラブ波とレイリー波，実体波はP波とS波に分かれる。

地震力 じしんりょく seismic force 地震によって工作物に作用する力。地震荷重ともいう。建築物の場合には，各階の床及び屋根に地震力が集中して働くと考え，各階の床又は屋根に集中させた質量（固定荷重及び地震用積載荷重の和）と水平震度との積で表す。単位はニュートン（N）。

システムインテグレーション system integration 情報システムの構築時に，ユーザの要求内容を把握し，基本設計，プログラム作成，運用の準備，保守にわたるまで一括して請け負う形態。顧客の業務内容を分析し，問題に合わせた情報システムの企画・立案からプログラムの開発，必要なハードウエア・ソフトウエアの選定・導入，完成したシステムの保守・管理までを総合的に行う。システムインテグレーションを行う事業者をシステムインテグレータ（system integrator）という。

システム天井 ——てんじょう integrated ceiling 軽量形鋼の天井下地に，照明器具，スピーカ，空調吹出口，スプリンクラヘッドなどの設備機材を組み込んで一体化した

天井。天井のプレハブ化，工期短縮などを図ること目的としている。

磁性 じせい　magnetism　物質に外部から磁界を加えたとき，磁界とその構成要素の磁気モーメントとの相互作用によって磁石の引力又は斥力を生じる現象。

磁性体 じせいたい　magnetic substance　磁界の作用で磁気モーメントを生じる，又は変化する物質。常磁性体，反磁性体，強磁性体などがある。

施設管理 しせつかんり　facilities management　＝ファシリティマネジメント

支線 しせん　stay, guy　構造物を支えるために用いる鋼線。架空電線路において，不平衡張力が加わる支持物に，その張力による支持物の傾斜や倒壊の防止及び強度の補完の目的で取り付ける。支線の片端を地中に埋設する地支線や径間を支える柱間支線が主なものである。支線には 2.6 mm，3.2 mm 又は 4.0 mm の 7 本よりの鋼より線などを用いる。

自然エネルギー しぜん——　natural energy　風力，太陽光，水力，地熱，波力，潮汐力などの再生可能なエネルギー。石油，石炭などの化石エネルギー及び核燃料の資源は有限であり，環境汚染の防止対策の必要性から，自然エネルギー開発の重要性が見直されている。

自然換気 しぜんかんき　natural ventilation　自然に発生する気圧差又は温度差を利用した換気。

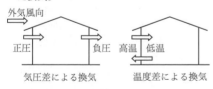

自然換気

自然光 しぜんこう　natural light　太陽光のように自然界に存在する偏光特性のない光放射。太陽が発する電磁放射のうち，赤外放射，可視放射及び紫外放射の範囲の連続スペクトル放射である。可視放射はプリズム等で分光すると，赤から紫に至る連続スペクトルを示す。我が国ではこの連続スペクトルを虹色として，赤，橙，黄，緑，青，藍及び紫の 7 色としているが，国によっては異なることもあり，赤，緑及び青の 3 色とするところもある。

自然採光 しぜんさいこう　natural lighting　自然光を室内へ取り入れる照明手法。天井に設けた天窓から採光する天窓採光や室内壁面から採光する側窓採光などがある。

自然排煙方式 しぜんはいえんほうしき　natural smoke exhaust method　火災時に発生する煙を手動開放装置の操作で直接外気に接する開口部（排煙窓）から自然に屋外に排出する方式。

自然冷媒 しぜんれいばい　natural refrigerant　元々自然界に存在する，アンモニア・水・二酸化炭素・炭化水素・空気などの環境負荷の少ない冷媒。地球温暖化防止が世界的課題であり，より自然環境に適した冷媒への転換が進んでいる。

自走マルチバイブレータ じそう——　free running multi-vibrator　＝無安定マルチバイブレータ

磁束 じそく　magnetic flux　磁界中において，ある曲面を通過する磁力線のその面に垂直な成分の総和。単位はウェーバ(Wb)。磁界中における閉曲面を通過する磁力線は必ず閉曲線となり，その総和は 0 となる。

磁束計 じそくけい　tesla meter, gauss meter　磁束密度を測定する磁力測定器。ガウスメータ又はテスラメータともいう。磁束密度の計測値を表示する表示部（本体）

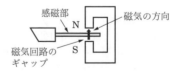

トランスバース形磁束計

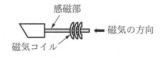

円筒アキシャル形磁束計

と感磁部のセットで使用する。感磁部には計測する対象物の形状に応じて，極めて狭いギャップの磁界を測定する平板のトランスバース形，小さなソレノイドなどの磁界を測定する円筒アキシャル形などがある。⇒超伝導量子干渉素子，スキッド磁束計

持続性過電圧 じぞくせいかでんあつ sustained overvoltage ＝短時間過電圧

磁束の保存則 じそく―ほぞんそく magnetic flux conservation law 磁界中における閉曲面を通過する磁力線の総和が0となること。磁束密度を B（Wb/m²），閉曲面を A とすると $\int_A B dA=0$ となり，磁力線は必ず閉曲線となる。

磁束密度 じそくみつど magnetic flux density 磁界中における単位面積当たりの磁束。単位はテスラ（T）又はウェーバ毎平方メートル（Wb/m²）。透磁率を μ，磁界の強さを H とすると，磁束密度 B は $B=\mu H$ で表される。

支柱 しちゅう pole brace, strut 不平衡張力が掛かる電柱にその傾斜や倒壊の防止及び強度の補完の目的で取り付ける柱。

弛張発振回路 しちょうはっしんかいろ relaxation oscillator circuit コンデンサの充電，放電現象を利用して方形波や三角波などを生成する発振回路。無安定マルチバイブレータなどに用いる。

室外表示灯 しつがいひょうじとう remote indicator lamp 部屋の外に設置し，部屋内の火災感知器が作動した場合に点灯し，その作動を部屋の外で確認できるようにした表示灯。

シックハウス症候群 ――しょうこうぐん sick house syndrome 室内空気汚染によるめまい，吐き気，頭痛，呼吸器疾患などの症状又は体調不良などの健康障害。シックビルディング症候群ともいう。室内空気汚染の原因は，内装材又は家具に使用する合板接着剤からの揮発性有機化合物，ダニ，カビなどがある。建築基準法で，居室内建材の使用制限又は強制換気の義務について規制している。 ⇒揮発性有機化合物

実効接触電圧 じっこうせっしょくでんあつ effective touch voltage ＝接触電圧

実効値 じっこうち effective value, root-mean-square value, rms 交流電圧又は電流の1周期 T の間の2乗平均値の平方根で表した値。電流の場合の実効値 I_{eff} は

$$I_{eff}=\sqrt{\frac{1}{T}\int_0^T i^2\,dt}$$

と表す。交流の大きさは，通常実効値で表す。正弦波交流では，最大値を I_m とすると，次式となる。

$$I_{eff}=I_m/\sqrt{2}$$

室指数 しつしすう room index 作業面から照明器具までの距離と室の間口及び奥行との関係を表す数値。照明率を求めるために用い，間口を a，奥行を b，作業面から照明器具の測光中心までの距離を h とすると，室指数 K は次式で表す。

$$K=\frac{ab}{h(a+b)}$$

天井高さに比べて間口及び奥行が大きい場合は，室指数が大きくなり照明率も大きくなる。

実施設計 じっしせっけい working design 基本設計に沿って，施工図，製作図などの作成に必要な具体的内容を確定する業務。基本設計で具体化したシステムをもとに，実施設計図，確認申請図書，技術計算書などを作成する。

実施設計図 じっしせっけいず working drawing 建築物，工業製品，情報システムなどを作るときに，必要とするすべての構造，機能などを明確に記述した設計図面。建築工事においては，基本設計図に基づいて工事内容を確定するための設計図で請負契約書に添付する。

湿度 しつど humidity 空気中に含まれる水蒸気の割合。相対湿度，絶対湿度などがあり，単に湿度というと，通常は相対湿度を指すことが多い。

指定数量 していすうりょう designated volume of hazardous materials 危険物の規制に関する政令でその危険性を勘案して定める危険物の数量。例えば，ガソリン（第4類第1石油類）では200リットル，重油（第

4類第3石油類）では2 000リットルと定められている。指定数量以上の危険物を貯蔵又は取り扱う場合は，政令で定める技術上の基準に従って製造所，貯蔵所又は取扱所で行い，かつ，市町村長又は都道府県知事（消防本部等所在市町村以外の場合）などの許可が必要となる。

自動火災報知設備　じどうかさいほうちせつび　automatic fire alarm system　火災が発生したとき，自動的にこれを感知して警報を発する設備。感知器及び発信機からの火災通報を受けて表示する受信機及び警報を発する音響装置，これらを作動させるための電源，配線などで構成する。

始動器　しどうき　starter　電動機の始動時に始動電流を抑制し，電源電圧及び始動トルクの急激な変動を制御するために設ける装置。直流電動機の始動電流を制御するための始動抵抗器，かご形誘導電動機の始動電流を抑制するためのスターデルタ始動器，リアクトル始動器及び始動補償器並びに巻線形誘導電動機の始動トルク及び始動電流を制御するための2次抵抗始動器がある。

自動記録器　じどうきろくき　logger　時間の経過に従った事象や物理的状態を自動的に記録する装置。

自動検針装置　じどうけんしんそうち　meter reading system　電気，水道，ガス，熱量などの積算量をマイクロプロセッサなどを用いて自動的に読み取り，1か所で集中して検針する装置。メータ設置場所への巡回や記録作業の省力化，検針業務の合理化，データの高精度化が図れる。

自動交互運転方式　じどうこうごうんてんほうしき　automatic alternate operation　給水ポンプ，温水循環ポンプなどの負荷機器を1系統に2台設置して，タイマ，液面リレーなどで自動的に交互に運転及び停止を行う方式。システムの保全性及び信頼性向上のために用いる。

自動交互同時運転方式　じどうこうごどうじうんてんほうしき　automatic alternate and simultaneous operation　排水ポンプなどの負荷機器を1系統に2台設置して，通常は自動交互運転を行っているが，上限又は下限の制限値を超えた場合に緊急で2台を同時稼働させ，平常状態に復帰させる方式。

自動校正式水晶時計　じどうこうせいしきすいしょうどけい　crystal clock with automatic calibration　水晶発振器の周波数の安定度が高いことを利用して，水晶の固有振動の温度の影響による誤差を自動的に修正する手段をもつ時計。修正，校正の方式としては，ラジオ電波（AM放送, FM放送）によるものは毎正時の時報音を前後1秒から30秒間のみ受信し，880 Hzの時報音を検出して時刻を修正する。標準電波を常時受信して，正しい時刻に自動的に合わせるものもある。

始動時間　しどうじかん　starting time　〔1〕自家発電装置を始動させ，規定回転数に達し，電圧が確立後，負荷側開閉器の切換信号の送出又は送電切換の完了までの時間。〔2〕蛍光ランプ，HIDランプなどのアーク放電ランプに電源が投入され，電気的に安定な放電に達するまでの時間。〔3〕電動機が静止の状態から定格速度に達するまでの時間。電動機とそれに直結した負荷機器の慣性モーメントによって決まる。

自動試験機能　じどうしけんきのう　automatic test function　維持管理のレベル向上のために，自動火災報知設備の一部の機能を自動的に又は簡単な操作によって試験し，その結果を記録する機能。自動試験機能と遠隔試験機能とを併せて自動試験機能等という。

自動車ナンバ自動読取装置　じどうしゃ――じどうよみとりそうち　car numberplate auto reading system　自動車のナンバプレートを自動で読み取る装置。Nシステムともいう。赤外線投光器及びデジタルカメラで構成し，運転者，助手席搭乗者及びナンバプレートを撮影時刻とともに記録する。記録と同時に撮影されたナンバプレートを文字情報に変換し記録する。手配車両の追跡など犯罪捜査に用いている。

自動制御　じどうせいぎょ　automatic control その目的に適合するよう自動的に操作を行う制御。ビルの空調設備の制御や工業用プロセス制御に用いる。信号の流れ方によって次の3種類に分ける。①フィードバック制御…プロセスの制御量と設定値との偏差を検出し，操作量を調節して制御量を設定値に一致させる制御方式。②フィードフォワード制御…プロセスの外乱を検出し，その外乱による制御量の変化を予測して操作量を修正する制御方式。フィードフォワード制御だけでは制御量と設定値を一致させることはできないため，フィードバック制御と組み合わせて使用する例が多い。③シーケンス制御…あらかじめ定められた順序と条件に従って制御の各階段を逐次進めていく制御。

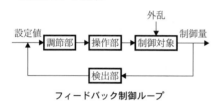

フィードバック制御ループ

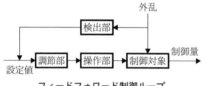

フィードフォワード制御ループ

自動着信呼分配機能 じどうちゃくしんこぶんぱいきのう 構内交換機において，外線着信呼を着信順に整理し，空いている受付台に均等に配分して順次着信させる機能。

自動電圧調整器 じどうでんあつちょうせいき automatic voltage regulator, AVR 自動的に電源装置の出力電圧を負荷の変動に関係なく一定の値に維持するように制御する装置。発電機では自動的に界磁電流を調整して，発電機電圧を所定の値に保つ装置である。他の電源と並行運転しているときは，設定によって無効電力の分担量を変えることができる。

自動電撃防止装置 じどうでんげきぼうしそうち automatic voltage reducing devices 溶接作業における感電災害を防止する目的で，電気溶接機本体に内蔵又は外付け接続し使用する装置。溶接機の主回路を制御する電磁接触器又は半導体素子と補助装置を備え，溶接を行うときだけ溶接機の主回路を形成し，それ以外のときには溶接棒と被溶接物との間に発生する電圧を低下させる機能をもつ。始動感度により低抵抗始動形と高抵抗始動形とに分類する。

始動電動機 しどうでんどうき starting motor 内燃機関の電気始動用の電動機。セルモータともいう。蓄電池を電源として機関始動時に電動機のピニオンを機関のフライホイールに設けたリングギヤとかみ合わせて始動させる。防災用自家発電設備では，始動の失敗を防ぐため，ピニオンとリングギヤの不かみ合い防止装置を義務付けている。

始動電動機始動 しどうでんどうきしどう starting with motor 機械的に結合した誘導電動機を用いた同期電動機の始動。高速機，大容量揚水式発電電動機など始動巻線の設計が困難な場合などに用いる。

始動電流 しどうでんりゅう starting current 電気使用機器を電源に投入したとき，定常状態になるまでに流れる電流。誘導電動機のじか入れ始動では，定格電流の5～7倍，HIDランプでは，1.8倍程度の始動電流が流れる。白熱電球の場合は越流という突入電流が流れる。

自動同期検定装置 じどうどうきけんていそうち self-action synchronism indicator 発電機を並列接続する場合に同期検定を行い自動同期投入をする装置。電圧，周波数を一致させ位相が同期する点で遮断器を閉路することで突入電流を抑制し，系統の乱れ，発電機ショックを和らげ円滑な同期投入を行う。

自動同期投入 じどうどうきとうにゅう automatic synchronizing 発電機を他の発電機や商用電源と並行運転するとき，周波数，電圧及び位相を自動的に合わせて遮断器を投入すること。自動同期並入ともいう。電

圧は励磁装置，周波数及び位相は調速機によって調整する．

始動特性 しどうとくせい starting characteristic 機器や装置が停止状態から運転を始動し定常運転に至る間の入出力特性．誘導電動機では滑りと電流，滑りとトルク及び滑りと出力，放電ランプでは始動時間と光束などの関連性で表される．例えば，誘導電動機の始動特性では最大始動電流は静止時に発生し，定常回転速度に近づくにつれ減少する．HIDランプでは，その光束が発光管内の蒸気圧によって定まるため，点灯してから明るさが安定するまで時間（始動時間）がかかる．

始動トルク しどう―― starting torque 特定の条件の下で電動機を静止状態から始動するとき，電動機回転子に発生する最小トルク．

自動負荷遮断装置 じどうふかしゃだんそうち automatic load cut-off device 電力品質確保に係る系統連系技術要件ガイドラインにおいて，発電設備など設置者に設置義務を課している，負荷を制限する装置．一般配電線との連系で，発電設備の脱落などにより低圧需要家の電圧が適正値（101±6 V，202±20 V）を逸脱するおそれがあるとき，発電設備など設置者が自動的に負荷を制限するために用いる．

自動閉鎖装置 じどうへいさそうち automatic closing device 火災の延焼を防止するために防火区画を形成するドア，シャッタ，風道のダンパなどを感知器と連動して閉鎖する装置．

始動方式 しどうほうしき starting method ①電動機を静止状態から定常運転速度まで加速する方式．かご形誘導電動機では，全電圧始動，コンドルファ始動，スターデルタ始動，リアクトル始動などがある．直流電動機又は巻線形誘導電動機では抵抗始動，同期電動機では低周波始動，サイリスタ始動などがある．②発電機駆動用原動機を静止状態から定常運転速度まで加速する方式．蓄電池による電気始動，圧縮空気による空気始動などがある．③放電ランプを始動点灯する方式．蛍光ランプではグロースタータ形，ラピッドスタート形及びインバータ形，HIDランプでは専用安定器形及び低始動電圧形がある．

始動補償器 しどうほしょうき starting compensator 電動機の始動電流の抑制を目的に，始動時の電動機端子に加える電圧を下げるための三相単巻変圧器．電圧を$1/a$に下げたとすれば，始動電流及び始動トルクは，ともに全電圧始動の場合の$1/a^2$となる（ただし，始動補償器と電動機間の始動電流は$1/a$）．この始動方式では，加速後全電圧に切り換えるとき，電動機始動時の残留電圧と，改めて印加する全電圧との位相角によっては大きな突入電流を生じることがある．これを回避する方法に，電動機端子を電源から切り離すことなく全電圧に切り換えできるコンドルファ方式がある．

始動容量 しどうようりょう starting capacity 電動機などのじか入れ始動時の電気容量．皮相電力で表す．誘導電動機では，定格出力の4～8倍の皮相電力となる．JISでは全電圧拘束電流をもって始動電流としている．

始動力率 しどうりきりつ starting power factor 電動機の始動時の入力電力と始動容量との比．誘導電動機の始動電流は，1次-2次間の漏れリアクタンスに依存するため，非常に大きな無効電流が流れ，力率は，0.2～0.4程度となる．

自動力率制御装置 じどうりきりつせいぎょそうち automatic power factor regulator, automatic power factor controller 負荷変動による力率変化に応じて，複数台のコンデンサを自動的に投入又は切離しを行い，受電点の力率を100％近くに維持する制御装置．これによって電力損失を減らすだけでなく，電気料金の割引制度利用による電気料金の低減を図ることができる．

時分割多重化 じぶんかつたじゅうか time division multiplexing, TDM 1本の伝送路で複数のデジタル信号を互いのパルスが重ならないように，時間スイッチで時間的

に少しずつずらして規則的に配列した多重化方式。

指紋照合装置 しもんしょうごうそうち fingerprint check device 指先の隆線による文様が,人や指ごとにすべて異なりかつ終生不変であることを利用して,入力された指紋をあらかじめ登録した指紋データと照合して個人の認証を行う装置。パーソナルコンピュータへのアクセス管理,入退室管理などセキュリティ管理,情報管理に用いる。

ジャイロミル形風車——がたふうしゃ gyro-mill type windmill 飛行機の翼断面と同等の形状を持つ羽根の取付角度を変化させ,揚力を発生し,回転する垂直軸風車。首振り機構なしで全方向の風に対応でき,水平軸風車に比べ,一般に低速回転,高トルクである。小形風力発電に用いる。

ジャイロミル形風車

遮音等級 しゃおんとうきゅう transmission loss difference, TLD 建築物の2室間の遮音性能を評価する尺度。マンション,ホテル,音楽スタジオなどでは,この遮音等級を要求性能とすることが多い。遮音等級には壁部分と床部分とがあるが,周波数で遮音性能が異なることから,周波数ごとの透過損失測定値を遮音等級曲線と対比させて建築物又は建築部材の遮音等級を求める。

遮音壁 しゃおんへき sound insulation wall 空気音,固体音などを遮断,吸収又は分散する性能を有する壁。遮音性能は透過損失で表す。

弱電設備 じゃくでんせつび weak current apparatus 電話設備,テレビ共視聴設備,インタホン設備,ナースコール設備,放送

設備,時計設備,防犯設備などの総称。主に60V以下の電圧で用いる。

弱電流電線 じゃくでんりゅうでんせん 弱電流電気の伝送に使用する電気導体,絶縁物で被覆した電気導体若しくは絶縁物で被覆した上を保護被覆で保護した電気導体又は小勢力回路の電線若しくは出退表示灯回路の電線。電気設備技術基準。電信,電話,火災報知設備の回路,ラジオ,テレビなどの聴視回路,インタホン,拡声設備などの音声回路,高周波又はパルスによる信号の専用伝送回路,1次電池から供給される使用電圧30V以下の回路,小勢力回路,出退表示灯回路,1次電池,2次電池,専用の発電機などから供給する60V以下の小勢力回路に用いる電線をいう。

斜行エレベータ しゃこう—— tilted type elevator 昇降路が鉛直方向と一定の角度をなす構造のエレベータ。傾斜面を利用した建物などに用いる。

遮光角 しゃこうかく shielding angle ランプを装着した照明器具の最下面に接する水平線と照明器具内のランプの発光部分が見え始める視線方向とのなす角。

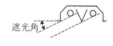

照明器具の遮光角　　ルーバの遮光角

遮断 しゃだん breaking 短絡などの異常時に電路を電気的に分離すること。

遮断器 しゃだんき circuit breaker, CB 電路の遮断及び電源の投入を行う装置。正常な回路条件において通電し遮断することができる。油遮断器(OCB),空気遮断器(ABB),磁気遮断器(MBB),真空遮断器(VCB),ガス遮断器(GCB),気中遮断器(ACB),配線用遮断器(MCCB)などがある。遮断器の定格電流,定格電圧,定格短時間電流,定格遮断電流,定格遮断時間,定格投入電流,動作責務などを規格で定めている。

遮断電流 しゃだんでんりゅう breaking

current, interrupting current　遮断器が遮断動作する際，極間にアークが発生した瞬間に流れる電流。遮断器の定格遮断電流は，すべての定格及び規定の回路条件のもとで，規定の標準動作責務と動作状態とに従って遮断することができる遅れ力率の遮断電流の限度をいい，交流分（実効値）で表す。遮断電流が直流分を含む場合は，非対称遮断電流という。

シャックルがいし　　shackle type insulator, spool type insulator　→引留がいし

シャッタ検知器　──けんちき　shutter detector　シャッタの開閉を検知し，信号又は警報を発する機器。シャッタに磁石を取り付けて検出する磁気式，反射板を取り付けて検出する赤外線式及びリミットスイッチを用いる機械式がある。赤外線式は磁気式に比べ，シャッタと検知器との距離を大きくとることができる。

遮蔽　しゃへい　screen, screening（英），shield, shielding（米）　特定の領域への電界，磁界又は電磁界の侵入を低減すること（screening, shielding）又は低減するために用いるもの（screen, shield）。後者の場合には，遮蔽体ともいう。

車路管制設備　しゃろかんせいせつび　vehicle control system　駐車場を利用する車両を安全かつ効率的に誘導するため，公道に接する部分で入出庫する車が交通の流れを阻害しないように，また，人の通行に支障をきたさないように設ける設備。信号機，ゲート，満空車表示灯，出車警報盤などで構成する。

ジャンクションボックス　junction box　〔1〕種々の方向へ向かう電線，ケーブル，管路を接続する目的の，電線接続部を収納できる蓋付きの箱。広義に分電盤キャビネット，端子箱などを含むこともある。〔2〕ダクトとダクトとの交差点に用いるフロアダクト用付属品。1方向に接続できるダクト本数により1ダクト用，2ダクト用及び3ダクト用がある。

シャンデリア　chandelier　多数の白熱電球又は蛍光ランプを光源として，装飾効果を高めた照明器具。クリスタルガラスを多数用いた豪華なものもある。

ジャンパ　jumper　回路相互又はそれに結合される装置の間を電気的に接続すること又は接続する短い電線。ジャンパ線ともいう。〔1〕架空線において耐張支持部相互間を接続する短小な電線。〔2〕保守作業などにおいて設備や機器などをバイパスして電路の通電を保持するための短小な電線。〔3〕保守作業において1電路を構成する電線端部の絶縁空間を横断するように設置する短小な電線。〔4〕電話用端子相互間を接続する短小な電線。〔5〕電話交換設備において通話路を相互接続するための電線。〔6〕電話や計装工事などのプリント配線に使用される2つ以上の端子間を接続する電線。

周囲温度　しゅういおんど　ambient temperature　電気機器を使用する場所の空気又はその他の媒体の温度。ある機器の周囲温度は，その機器を施設する場所の温度で，同一場所の他のすべての機器及び熱源の影響を受けるが，その機器の運転時の熱的寄与は考慮しない。

集光型発電システム　しゅうこうがたはつでん──　concentrator photovoltaic system　〔1〕太陽光をレンズやヘリオスタットなどを使って太陽炉に集め熱源として利用する発電方式。〔2〕太陽光パネルの上に集光レンズを配置し強い光を太陽光パネルに当て特殊な発電素子で発電する方式。発電効率はシリコンを用いた太陽光パネルより高い。

集合住宅用インタホンシステム　しゅうごうじゅうたくよう──　intercom system for apartment house　防犯性能の向上，利便性及び快適性を求めて設置する集合玄関機，管理室親機，住戸玄関子機及び居室親機から成る集合住宅のインタホンシステム。集合住宅の大規模化・高層化により共同住宅用自動火災報知設備の設置が義務化され，総務省令で告示された集合住宅特例によって，インタホン一体形自動火災報知設備が認められている。

集合より線　しゅうごう──せん　bunched

conductor　比較的細い素線を必要本数まとめて全体を同一方向により合わせた構造のより線。素線は同心より線のような層をなさない。束ねより線又は可とうより線ともいう。可とう性に富むもので，コード，キャブタイヤケーブルなどに用いる。SよりのものとZよりのものとがある。

重故障　じゅうこしょう　heavy fault　発電設備，変電設備などの運転や電力供給を直ちに停止させないと重大な損傷や事故につながるおそれのある故障。一般に，装置を停止し，電気回路を遮断する。発生時にはベルの鳴動で知らせることが多い。　⇨軽故障，中故障

住戸用自動火災報知設備　じゅうこようじどうかさいほうちせつび　residential automatic fire alarm system　特定共同住宅等で火災の発生を感知し，及び当該住宅等に報知する設備。感知器，受信機及び戸外表示器又は必要に応じて補助音響装置若しくは中継器を加えた構成で，1つの住戸ごとに設置される住戸完結形である。

集積回路　しゅうせきかいろ　integrated circuit, IC　数mm角の半導体薄片（チップ）にトランジスタ，ダイオード，抵抗などの電子素子を回路に集積して形成した電子回路。

集線装置　しゅうせんそうち　wiring terminal　弱電設備の配線の中継，分岐，統合及び整理を目的とした装置の総称。代表的なものに端子盤がある。

住宅情報盤　じゅうたくじょうほうばん　home safety and security panel　住戸用のインタホン機能に加え，各種家電機器の制御，宅内のモニタリング，来訪者への対応などの防災防犯機能を組み込んだ情報制御盤。火災，ガス漏れ，防犯，インタホン，トイレコールなどの機能を備え，カラーモニター体形もある。

住宅用エレベータ　じゅうたくよう――　housing elevator, home elevator　個人住宅用に設置する2人乗り又は3人乗りエレベータ。昇降行程が10m以下，かごの床面積1.1m²以下などの規制があるが，国土交通省告示で設置条件を緩和している。なお，マンションなど集合住宅に設ける6人乗り又は9人乗りのものを住宅用エレベータ，個人住宅用のものをホームエレベータと分けて呼ぶことがある。

住宅用火災警報器　じゅうたくようかさいけいほうき　residential fire alarm device　住宅における火災の発生を未然に又は早期に感知し，報知する警報器。感知部，警報部などで構成し，感知部には煙式のイオン化式及び光電式並びに熱式の定温式がある。就寝の用に供する居室，階段などでは煙式を用いなければならない。煙式住宅用火災警報器を住宅用防災警報器ともいう。また，台所，煙などが滞留するおそれがある居室，ガレージなどの場所に熱式の設置を条例で定めている都道府県もある。

住宅用ゲートウェイ　じゅうたくよう――　residential gateway, RGW　住宅内の通信ネットワークを公衆通信回線網に接続するために用いる装置。

住宅用防災警報器　じゅうたくようぼうさいけいほうき　residential fire alarm device　消防法で設置を定めた煙式の住宅用火災警報器。

終端接続　しゅうたんせつぞく　end connection, pigtail joint　2本以上の電線の端末を松葉形に接続すること。ボックス内の細い電線を接続するときなどに用いる。電線の心線を巻き付けてろう付けする方法，リングスリーブ，差込形電線コネクタ又はねじ込形電線コネクタによる方法などがある。

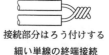

接続部分はろう付けする
細い単線の終端接続

終端抵抗器　しゅうたんていこうき　terminating resistor　信号の反射を防止するため，回路の終端部に取り付け，伝送路の特性インピーダンスの値に等しくした抵抗器。

集中監視制御装置　しゅうちゅうかんしせい

ぎょそうち　centralized supervisory and control system　遠隔の中央監視室から電気，空調，衛生，防災，防犯などの各設備や機器の遠方操作，状態・運転・故障表示，計量・計測値表示及び記録などを集中して行う装置．監視制御対象が多く広く分散していたり，制御対象が他のシステムと相互に関連がある場合や設備全体としての省力化，運用の効率化を図る場合に有効である．従来は，設備ごとの監視装置を組み合わせて構築していたが，各設備を統合した中央監視装置が主流となっている．

集中治療室　しゅうちゅうちりょうしつ　intensive care unit, ICU　重症患者，術後患者を集めて，集中的に治療を行う病院内施設．心電計などの計器類を使って患者の状態を常時監視し，人工呼吸器その他の医療機器を用い，24時間監視のもとで治療や看護を行う．収容患者別に冠状動脈疾患集中治療室（CCU），呼吸系疾患集中治療室（RCU），新生児集中治療室（NICU）などがある．

集中定数回路　しゅうちゅうていすうかいろ　lumped constant circuit　電気回路の回路素子を空間的に分離でき，全体的に回路定数が集中していると考える回路．短距離線路の低周波回路に適用する．インダクタンスL，静電容量C，抵抗Rを独立した回路素子として取り扱うことができる電気回路をいう．⇨分布定数回路

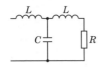

集中定数回路

集電環　しゅうでんかん　collector ring, slip ring　回転軸に絶縁して取り付け，滑り接触を介して回転部と固定部との間で電力や情報の伝達を行う導体環．集電リング又はスリップリングともいう．

充電器　じゅうでんき　charger　交流を直流に変換し電気エネルギーを化学エネルギーとして蓄電池に蓄える装置．整流器，変圧器，制御装置などで構成する．浮動充電，均等充電，急速充電などの機能がある．

充電部　じゅうでんぶ　live part　通常の使用時に課電することを目的とする導体又は導電性部分．中性線はこれに含む．　⇨危険充電部

集電リング　しゅうでん――　collector ring, slip ring　＝集電環

12相整流　じゅうにそうせいりゅう　twelve-phase rectification　→12パルス変換器

12パルス変換器　じゅうに――へんかんき　twelve-pulse bridge converter　2組の三相全波整流回路の入力部に結線の異なる変圧器を用いて，交流側から見た変換相数が12相となる変換器．12相整流方式変換器ともいう．理論的に第5調波，第7調波を相殺できるため，電源側に流出する高調波電流の抑制対策として，比較的容量の大きい整流回路に用いる．

周波数　しゅうはすう　frequency　電磁波，音波，振動波などの単位時間内における繰返し数．単位はヘルツ（Hz）．商用電力の周波数は関東50 Hz，関西60 Hzなど地域により異なる．周期をTとしたとき周波数fは$f=1/T$で表す．

周波数許容変動範囲　しゅうはすうきょようへんどうはんい　allowable frequency fluctuation　電気機器の使用上支障のない周波数の上限と下限との範囲．定格周波数に対する比率で表す．変圧器及び電動機では±5%としている．

周波数計　しゅうはすうけい　frequency meter　交流電源の周波数測定に用いる計器．機械的共振を利用した振動片形と電気的共振を利用した指針形とがある．用途に応じて，商用周波～長波帯を測定する共振式周波数計，商用周波～極長短波帯を測定する吸収周波数計，商用周波～マイクロ波帯を測定するヘテロダイン周波数計などがある．

周波数帯　しゅうはすうたい　frequency band, spectrum　電磁波，音波，振動波などの連続した周波数をある範囲ごとに名称を付けて区分したもの．

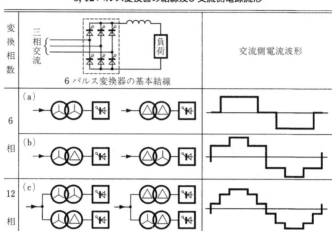
6, 12 パルス変換器の結線及び交流側電源流形

周波数帯域 しゅうはすうたいいき frequency band 電磁波，音波，振動波などの周波数範囲のこと。テレビジョン放送では，VHF 帯域 (ch 1～12) は 90～222 MHz，UHF 帯域 (ch 13～62) は 470～770 MHz の範囲を割り当てている。データ通信では搬送波や電気信号の周波数の範囲が広いほど伝送度の向上が図れるので，データ通信の速度が速いことを帯域が広いという。特に，インターネット通信における電話回線や ISDN 回線のように，通信速度が約 100 kbps 程度の接続環境を狭帯域又はナローバンドと呼び，ADSL，CATV インターネット，光ファイバなどの高速の接続環境を広帯域又はブロードバンドと呼ぶ。

周波数特性 しゅうはすうとくせい frequency characteristics 入力信号に対する出力信号の振幅又は位相特性を周波数の関数として表したもの。例えば，音響機器では，20 Hz～20 kHz の周波数で，1 kHz を基準としてその偏差を dB で表す。この数値が小さいほど周波数特性は良い。

周波数分割多重化 しゅうはすうぶんかつたじゅうか frequency division multiplexing, FDM 周波数の異なる搬送波を信号波で変調し，その側波帯を互いに重複しないように伝送周波数軸上の位置に並べて配列した多重化方式。一般にはアナログ信号の多重化で用い，多重度に応じて伝送周波数帯域も広くなる。例えば，C-12 M 方式では，12 MHz の伝送帯に 2 700 通話路を重畳する。

周波数変換装置 しゅうはすうへんかんそうち frequency converter 交流電力をある周波数から他の周波数に変換する装置。50 Hz と 60 Hz の系統で電力の融通を行う場合や商用周波数以外の周波数で運転する場合に用いる。機械的な電動発電機方式，サイクロコンバータ方式，静止形周波数変換装置などが代表的なものである。

周波数変調 しゅうはすうへんちょう frequency modulation → FM 放送

ジュール熱 ――ねつ Joule heat 導体に電流が流れるときに発生する熱。⇨ジュールの第一法則

ジュールの第一法則 ――だいいちほうそく Joule's first law 導体を流れる電流による発熱（ジュール熱）は，電流の 2 乗と抵抗に比例する。

ジュールの第二法則 ――だいにほうそく Joule's second law 理想気体の内部エネルギーは圧力や体積には依存せず，温度にのみ依存する。
$U=f(T)$

又は

$(\partial U/\partial V)T=(\partial U/\partial P)T=0$

である。ここで U は理想気体の内部エネルギー，T はその温度，$f(T)$ は温度についての関数，V はその体積，P はその圧力である。

ジュールの法則 ——ほうそく Joule's laws ①電流による発熱の法則。ジュールの第一法則。②理想気体の圧力，体積，温度についてのエネルギー依存の法則。ジュールの第二法則。

16進数 じゅうろくしんすう hexadecimal number 基数を16とした数値の表現方法。桁が1つ移動するごとに値の重みが16倍又は1/16倍になる。表記方法として0から9まではアラビア数字を用い，10から15までを「A」から「F」までのアルファベットを用いて表す。

主音響装置 しゅおんきょうそうち main audible equipment 複数の音響装置をもつ自動火災報知設備で，受信機が火災信号を受信したときに警報を発する音響装置。ベル，ブザー，音声合成装置などがある。

主開閉器 しゅかいへいき main-switch 幹線に取り付ける開閉器（開閉器を兼ねる配線用遮断器を含む。）のうちで引込口装置以外のもの。主開閉器は引込口装置以外のものをいうが，施設場所によっては兼ねるものもある。

主記憶装置 しゅきおくそうち main memory 電子計算機の中央処理装置がプログラムを実行するときに，命令及びその他のデータを読み込む記憶装置。メインメモリ又は1次記憶装置ともいう。中央処理装置の速さに適合するよう高速の ROM 及び RAM で構成し，プログラムは RAM 上に読み込んで実行する。

需給契約 じゅきゅうけいやく supply and demand contract 一般電気事業者，ガス供給事業者などから新規に電気又はガスの供給を受けようとする場合又は既契約の内容を変更しようとする場合に適用する料金その他の供給条件を定めた契約。

受光器 じゅこうき ①receiver 投光器からの光ビームを感知するための検出素子，レンズ，増幅器などを組み合わせた器具。②photo detector, photometer head 放射量を測定する計測器の受光部，又はその受光部，レンズ，増幅器などを組み合わせた装置。

受光素子 じゅこうそし light receiving element, photo-detector 光信号を光起電力効果によって電気信号に変換する半導体素子。代表的なものに pn 接合部をもつフォトダイオード，これを組み合わせたフォトトランジスタなどがある。応答性が速く，自動ドアや自動水栓のセンサ受光部などに用いる。

樹枝状配電方式 じゅしじょうはいでんほうしき tree-like distribution system 配電系統の構成方法の一種で，幹線及び分岐線を樹枝状とした方式。新規需要に応じて延長するので，線路形態は需要の経緯と形態に即したものとなっていく。施設費は安価であるが供給信頼度が低いので，幹線を自動区分開閉器（常時閉）で適当な区間に分割し，故障発生時にはその区間のみを選択的に遮断して停電区域を限定する。また，分割された各区間は連絡開閉器（常時開）を通じて隣接幹線と連系できるようにし，故障時にはすべての健全区間は隣接幹線から供給を受けることができるようにする。低圧屋内幹線設備などで採用することもある。

主遮断装置 しゅしゃだんそうち main circuit breaker →受電用遮断器

受信機 じゅしんき control and indicating equipment 感知器若しくは発信機が発した火災信号及び感知器が発した熱，煙の程度を表す火災情報信号を直接又は中継器を介して受信し，火災の発生した場所を表示するとともに音響装置によって，火災の発生を関係者に報知する装置。P型とR型とがあり，それぞれに対してガス漏れ警報機と組み合わせた GP 型と GR 型とがある。また，非蓄積式，蓄積式，2信号式があり，さらにそれぞれに対し，自動試験機能付き，遠隔試験機能付きとすることができる。

受信障害 じゅしんしょうがい　television broadcast received interference　＝電波障害

受信帯域 じゅしんたいいき　receiving frequency band　電気的信号を有効に受信できる高域（上限）周波数と低域（下限）周波数の範囲。例えば、テレビジョンの受信用アンテナには、その受信帯域によりVHF受信用には全帯域用、ローチャンネル用、ハイチャンネル用、さらに各チャンネルの専用アンテナなどがあり、UHF受信用にはLM帯域、MH帯域及び全帯域をカバーするものの3種類がある。受信帯域の広いものほど利得（感度）は低くなり、帯域の狭いものほど利得は高くなる。

受水槽 じゅすいそう　water tank　建築物に上水を引き込む場合一時的にためておくための水槽。建築物内の各水栓及び器具にはこの受水槽から給水ポンプによって給水して供給水圧を確保する方式で、高置水槽方式、圧力水槽方式などがある。一般に上水を直接接続する場合、2階以上の建築物ではその供給水圧が保証されないため受水槽を設置する。

主接触子 しゅせっしょくし　main contact　遮断器や負荷断路器などの開閉装置において、主電流を開閉する接触子。開閉装置の接触子は、電流を開閉する際にアークを発生するが、このアークによって主接触子が損傷を受けないように補助接触子を設け、アークの開閉を受け持たせるようにしている。

出火階直上階鳴動方式 しゅっかかいちょくじょうかいめいどうほうしき　alarm sounding mode on the fire floor and immediate upper floor　自動火災報知設備又は非常警報設備の地区音響装置において、火災時に一斉に鳴動させることによるパニックを発生させないように、出火階と延焼のおそれのあるその直上階とに限定して鳴動させる方式。区分鳴動方式の一種である。

出退表示器 しゅったいひょうじき　attendance indication　事務所などで1か所にまとめて、幹部の出社、退社又は在席か否かを表示する装置。

出力インピーダンス しゅつりょく――output impedance　電気回路や装置の出力端子側から、電気回路や装置側を見たときのインピーダンス。単位はオーム（Ω）。出力端子の開放電圧を短絡時の電流で除した値から求めることができる。

受電状態自動伝達装置 じゅでんじょうたいじどうでんたつそうち　automatic transmission equipment of receive power state　需要家の受電状態の情報や取引用計器の情報を電気事業者の給電所へ通信する装置。スポットネットワーク受電設備を除く特別高圧受電設備の受電遮断器、受電用断路器及び接地用断路器の開閉状態、線路側断路器の操作機能ロック状態、受電用遮断器を保護する保護継電器の動作状況並びに受電電力値を受け、給電所側で需要家の受電状態や事故区間の判定及び確認するために電気事業者が設置する。

受電設備 じゅでんせつび　power receiving equipment　特別高圧又は高圧で受電して、使用電圧に変成するための設備。受変電設備ともいう。変圧器、遮断器、母線、制御装置、計測・保護装置、低圧配電盤などで構成する。

受電端熱効率 じゅでんたんねつこうりつ　receiving thermal efficiency　発電機に供給する高位発熱量基準による投入熱量に対する補機の消費電力、送電損失などを差し引いた電力量の換算熱量の比。百分率(%)で表す。送電端熱効率から送電損失を差し引いた需要者側受電端での効率である。我が国の火力発電設備の平均的な受電端熱効率は、約37％である。エネルギー使用の合理化に関する法律に基づき、工場などに自家用発電設備を新設する場合、その熱効率は国内の火力発電設備の平均的な受電端熱効率と比較して、年間で著しくこれを下回らないことが必要となる。

受電点 じゅでんてん　receiving point　需要家の電気設備が電力の供給を受ける点。電気事業者と需要家との間の需給地点に設ける保安上の責任分界点、すなわち一般に、

低圧需要家では引込線取付点，高圧需要家では構内第1号柱などに設ける区分開閉器の1次側端子を指す。

受電電圧 じゅでんでんあつ receiving voltage 電気事業者との契約に応じて受電地点で接続する電線路の公称電圧。低圧受電では100 V，200 V，200/100 V，高圧受電では6.6 kV，特別高圧受電では22 kV，66 kV，77 kVなどがある。

受電方式 じゅでんほうしき power receiving system 電気事業者から電力の供給を受けるときの回線本数及び引込みの方式。1回線受電方式，本線予備線受電方式，ループ受電方式，スポットネットワーク受電方式などがある。

受電用遮断器 じゅでんようしゃだんき receiving circuit breaker 電気事業者からの受電点に設置する遮断器。高圧受電設備では主遮断装置という。受電用遮断器は需要家電線路の責任分界点に近い箇所に施設する。2次側電路に過電流又は地絡故障が発生したとき，自動的に遮断する能力を持つこと，電気事業者の供給変電所の保護装置との動作（感度及び時限）協調が十分保たれ，かつ受電用変圧器2次側の過電流遮断器との保護協調が保たれていることが重要である。

受動形フィルタ じゅどうがた── passive filter ＝パッシブフィルタ

受動赤外線検知器 じゅどうせきがいせんけんちき passive infrared detector 警戒範囲内の背景及び侵入者が放射する遠赤外線のエネルギーの差を検知し，信号又は警報を発する機器。人体，壁などの表面温度から放射される7～14 μmの遠赤外線を用いる。赤外線パッシブ検知器ともいう。面状の警戒範囲を見渡せる天井又は壁に取り付ける。小動物，空気調和機の温度変化などで誤作動する場合がある。

受動素子 じゅどうそし passive element，passive component エネルギー源を持たず，入力した電力の消費，蓄積，放出のみの動作をする素子。抵抗器，コンデンサ，リアクトル，変圧器，圧電素子，水晶振動子などがある。⇒能動素子

主回路 しゅかいろ main circuit ①分岐回路に対して幹線となる回路。②リレーを含む制御（操作）回路に対して電力を電動機などの負荷に供給する電源回路。

主幹スイッチ しゅかん── master switch 分電盤，動力盤，その他の電気設備用の盤で最も電源に近いスイッチ。⇒主開閉器

主任技術者 しゅにんぎじゅつしゃ chief engineer ①事業用電気工作物の工事，維持及び運用に関する保安監督を定めた電気事業法に基づく有資格者。電気主任技術者，ボイラー・タービン主任技術者及びダム水路主任技術者が該当する。②電気通信事業者の事業用電気通信設備の工事，維持及び運用に関する監督を定めた電気通信事業法に基づく有資格者。伝送交換主任技術者及び線路主任技術者が該当する。③建設業法に基づき請け負った建設工事において，施工の技術上の管理をつかさどる者。所定の実務経験を有する者で，当該工事を適正に実施するため，施工計画の作成，工程管理，品質管理その他の技術上の管理及び施工に従事する者の技術上の指導監督の責務を負う。

主任無線従事者 しゅにんむせんじゅうじしゃ chief radio operator アマチュア無線局を除く無線局の無線設備操作の監督をさせるため，無線局の免許人などが選任又は届出をしなければならない無線従事者。電波法。

主任無線従事者制度 しゅにんむせんじゅうじしゃせいど chief radio operator system 無線局の主任無線従事者の監督の下で，無線従事者でない者が無線設備の操作を行うことができる制度。この制度ではその主任無線従事者の所有する無線従事者免許の操作範囲に限り無線設備の操作ができるが，モールス符号による無線電信操作，アマチュア業務などには適用されない。電波法。

主放電 しゅほうでん main stroke 落雷の進展過程において，先行放電が大地と結合した後，形成された高導電性放電路を通

じ大地側から雷雲に向かって流れる大電流放電。主雷撃又は帰還雷撃ともいう。落雷時の強い輝度は主放電の際に生じる。主放電の所要時間は数十〜百 μs 程度，その波頭の伝搬速度は光速の 1/3〜1/10 程度とみられている。電流は数〜300 kA 程度の範囲のものが実測されており，国内外での発生頻度を統計としてまとめている。

主プログラム しゅ—— mainprogram ①複数の副プログラムで構成するプログラムの最も重要な処理を行う部分。②プログラム処理の最初に実行するプログラム。

受変電設備 じゅへんでんせつび power receiving and transforming equipment ＝受電設備

需要設備 じゅようせつび 電気を使用するために，その使用の場所と同一の構内（発電所又は変電所の構内を除く。）に設置する電気工作物の総合体。需要設備には，変電所以外の受電室，変電室などの設備，非常用予備電源設備，構内電線路，電気使用場所の設備などを含む。

需要場所 じゅようばしょ 電気使用場所を含み，電気を使用する構内全体。なお，構内とは，塀，柵，堀などによって区切られた地域若しくは施設者及びその関係者以外の者が自由に出入りできない地域又は地形上その他社会通念上これらに準ずる地域とみなし得るところを指している。電気使用場所は電気を使用するための電気設備を施設した場所と狭義の場所を指すが，需要場所は構内全体を指す。

需要率 じゅようりつ demand factor ある電力系統に接続された負荷設備容量の総和に対する負荷の最大需要電力の比の百分率。

$$需要率 = \frac{最大需要電力(kW)}{負荷設備容量(kW)} \times 100\%$$

主雷撃 しゅらいげき main stroke ＝主放電

受雷部 じゅらいぶ air termination 雷撃を受けとめるために使用する金属体。この中には，突針部，棟上げ導体，ケージの網目状導体のほか，直接雷撃を受けとめるた めに利用する手すり，フェンス，水槽など建築物に付属した金属体も含む。

巡回冗長検査 じゅんかいじょうちょうけんさ cyclic redundancy check ＝ CRC

潤滑油槽 じゅんかつゆそう oil pan 回転機械などの潤滑油，機械装置などの油圧系統の作動油を必要容量貯蔵する容器。

潤滑油ポンプ じゅんかつゆ—— lubricating oil pump 内燃機関や蒸気タービンの軸受などで強制潤滑方式を用いた場合に，潤滑油を加圧し循環させるためのポンプ。自家発電装置などに用いる潤滑油ポンプは，一般に歯車ポンプを用いる。

循環型社会 じゅんかんがたしゃかい society with an environmentally-sound material cycle 有限な天然資源の消費を抑制し，再利用などにより廃棄物の発生を抑制し，環境負荷の低減を図り，持続可能な形で循環させながら利用していく社会。

しゅん工検査 ——こうけんさ inspection for completion 建築主が請負者から建築物の引渡しを受ける前に行う検査。契約書，設計図書，追加変更指示書などに基づき，建築物が要求どおりの機能，性能となっているか，法基準に適合しているか，運用や保守上支障はないかなどを確認する。

しゅん工図 ——こうず as-built drawing 建築物の完成状態を表した図面。建築物のしゅん工時に引き渡す図書の一部で，施工時に変更された内容を設計図に反映させた完成図である。

瞬時始動式安定器 しゅんじしどうしきあんていき instant start ballast 放電ランプの両電極を予熱することなく高電圧を印加して，直ちに始動させる安定器。

順次始動制御 じゅんじしどうせいぎょ sequential starting control 設備機器の始動順序又は始動条件をあらかじめ定めておき，自動的に機器を順次始動させるシーケンス制御。空気調和設備の自動始動，コンベアなど搬送設備の順次始動，非常用自家発電設備の負荷の順次投入などがある。

瞬時遮断式配線用遮断器 しゅんじしゃだんしきはいせんようしゃだんき instantaneous trip type molded-case circuit breaker　＝短絡保護専用遮断器

順次走査　じゅんじそうさ　progressive scan　＝プログレス表示

瞬時停電　しゅんじていでん　instantaneous interruption of service　系統の故障により供給が瞬間的に停止する現象。故障状態が永続せず，動作した遮断器の再閉路又は他回路への切換えなどにより，再送電が可能になるもので１～２分程度以下の短い停電のことをいう。

瞬時電圧低下　しゅんじでんあつていか　instantaneous voltage drop　系統の電圧が瞬間的に低下する現象。送電線などへの落雷や短絡故障，地絡故障などの場合に遮断器で故障点を電力系統から除去するまでの間，故障点を中心に電圧が低下する。瞬時電圧低下が発生すると，電子計算機の誤動作や停止，電動機運転用の電磁開閉器の開放による生産ラインの停止，HIDランプの立消えなど悪影響を与えることがある。

瞬時電圧変動　しゅんじでんあつへんどう　instantaneous voltage fluctuation　ある点における定常状態からの電圧の急激な変化。負荷又は無効電力の急激な変化によるもので，その点から電源側の全インピーダンスが影響する。

瞬時電圧変動率　しゅんじでんあつへんどうりつ　instantaneous voltage regulation　瞬時電圧変動値の定常状態の電圧に対する比。ある点において電源側を見たパーセントインピーダンスを基準容量 S_0 (kV・A) において $\%\dot{Z}=\%R+j\%X$ とし，変動負荷容量を S_s (kV・A) とすると，瞬時電圧変動率 ε (％) は，次式で概算できる。

$$\varepsilon = \frac{\%R\cos\theta+\%X\sin\theta}{100\frac{S_0}{S_s}+\%R\cos\theta+\%X\sin\theta}\times 100$$

$$\fallingdotseq \frac{\%X}{100\frac{S_0}{S_s}+\%X}\times 100 \fallingdotseq \frac{\%XS_s}{S_0}$$

瞬時電力　しゅんじでんりょく　instantaneous power　瞬時電圧と瞬時電流との積。瞬時電力の平均値を平均電力といい，積分値を１周期で平均した値で，有効電力に等しい。瞬時電力は時間軸に対して正負対称の正弦波で，平均電力を中心にして電源周波数の２倍の周波数で脈動する。

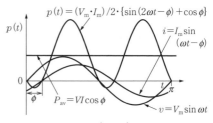

$v=V_m\sin\omega t,\ i=I_m\sin(\omega t-\phi)$
$p(t)=v\cdot i$
$\quad =(V_m\cdot I_m)/2\cdot\{\sin(2\omega t-\phi)+\cos\phi\}$
$V=V_m/\sqrt{2},\ I=I_m/\sqrt{2}$
$P_{av}=VI\cos\phi$
t：時間，$p(t)$：瞬時電力，ϕ：位相差，V_m：最大電圧，I_m：最大電流
P_{av}：平均電力，V：電圧実効値，I：電流実効値，$\cos\phi$：力率

瞬時電力の時間的変化

瞬時特別非常電源　しゅんじとくべつひじょうでんげん　instantaneous special emergency power supply　商用電源が停止したとき0.5秒以内に自動的に負荷に電力を供給するための電源。病院の手術灯などに適用され，蓄電池設備と自家発電設備とを組み合わせて用いる。

瞬時引外し　しゅんじひきはずー　instantaneous release, instantaneous tripping　短絡電流などの比較的過大な過電流に対して故意に遅延させることなく，遮断器を引き外す過電流引外し動作。

瞬時並行運転　しゅんじへいこううんてん　momentary parallel running　電気的に独立して運転している複数の電源回路を切り換える際，負荷への電力供給を継続する目的で，瞬間だけ行う並行運転。変電所で変圧器の切換えを行う場合に，変圧器の並行運転時にインピーダンスが半減して遮断器の遮断容量不足など保護協調上の問題が生じることがあるので，この不安定な状況を可能な限り短くすること（瞬時）によって，

運転事故の確率を低下させる。また，商用電源と自家用発電機出力との間に連絡開閉器（常時開）を設けて，無停電で負荷の切換えを行うため一時的に連絡開閉器を投入する。

瞬時要素　しゅんじようそ　instantaneous element　設定値を超えた入力を受けると同時に動作する継電器の機能。　⇨継電器動作時間特性

瞬断切換方式　しゅんだんきりかえほうしき　interruptible change　無瞬断切換方式の瞬断時間 1/4 サイクルを超え，かつ負荷に影響のない程度の短い時間で一方の電源から他方の電源へ切り換える方式。　⇨瞬断バックアップ方式

瞬断バックアップ方式　しゅんだん――ほうしき　interruptible back up system　常時 1 台の無停電電源装置（UPS）により負荷に給電し，UPS の故障時には出力側電磁接触器を自動的に商用バイパス側に切り換えて給電を継続する方式。切換えに対しては 5～15 サイクル（0.1～0.3 秒程度）の瞬断が発生するが，負荷の運用上許容できる場合には最も簡単な方式である。電子計算機負荷などのように瞬断に対して敏感なものには採用できない。

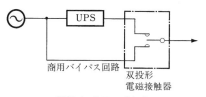

瞬断バックアップ方式

準不燃材料　じゅんふねんざいりょう　quasi-noncombustible material　不燃材料に準じる防火性能を持つものとして，建築基準法に規定された材料。厚さ 9 mm の石膏ボード，厚さ 15 mm の木毛セメント板などが該当する。

順変換　じゅんへんかん　rectification, homogeneous transformation　交流電力を直流電力に変換すること。整流と同意である。順変換装置は整流装置又はコンバータともいう。

ジョイントボックス　joint box　〔1〕一般的に細物の電線，ケーブルの接続部を収納するために配線経路中に設ける蓋付の箱。通常は負荷の取出口（アウトレット）としては用いない。〔2〕低圧屋内電路において，ビニル絶縁ビニルシースケーブルなどの分岐及び中継接続を行うときに用いる露出形の合成樹脂製品。接続端子金具付のものとなしのものの 2 種類があり，端子金具付には防水形と防雨形がある。

省エネルギー　しょう――　energy conservation　エネルギーを無駄なく有効に使用すること。建築物の運用時における主要なエネルギー用途は，冷暖房，照明，給湯などで，建築設備の省エネルギー性能評価指数としてエネルギー消費係数を定めている。

省エネルギー制御　しょう――せいぎょ　energy conservation management　設備機器の運用目的を達成するために，これにかかるエネルギー消費量などを最適な値に制御する手法。電子計算機の飛躍的な進歩により，従来困難とされてきた複雑な演算やアルゴリズムの実装が可能となり，個別制御から各設備を総合的に制御する最適化制御に移行しつつある。

消音器　しょうおんき　silencer, muffler　気体の吸込み又は吐出しの際に発生する騒音を減少させる装置。サイレンサともいう。消音器には，気体の膨張，拡散によって音のエネルギーを減衰させる膨張形，細孔と空洞の共鳴作用によって消音させる共鳴形，内壁に吸音材を取り付ける吸音形があり，これらを組み合わせて使用する。

消音チャンバ　しょうおん――　dissipative chamber, silencer chamber　気体を搬送するダクトや管路の途中に設けて，通過経路を迷路状にし，断面積を大きくして気体の通過速度を落とし，消音するために設ける部屋状の容器。

消火活動上必要な施設　しょうかつどうじょうひつよう―しせつ　→消防用設備等

消音ボックス　しょうおん――　sound absorbing box　内部に吸音材などを貼り付けて消音する箱状の容器．

上下限監視　じょうかげんかんし　upper and lower limit monitoring　電流，電圧，温度，湿度などの計測値に上限又は下限の管理限界値を設定し，その限界を超えた場合に警報音を発し，表示装置，プリンタなどへの出力を行う機能．設備機器の運転状態を調べることにより，故障の発見と予防保全情報として利用できる．上下限設定値は，絶対値で設定する方法及び制御用設定値に対する偏差を設定する方法がある．

消火設備　しょうかせつび　fire extinguishing system　水その他消火剤を使用して消火を行う機械器具又は設備．消防法では，消火器，水バケツ，水槽，乾燥砂，膨張ひる石又は膨張真珠岩，屋内消火栓設備，スプリンクラ設備，水噴霧消火設備，泡消火設備，不活性ガス消火設備，ハロゲン化物消火設備，粉末消火設備，屋外消火栓設備，動力消防ポンプ設備を消火設備と規定している．

消火栓箱　しょうかせんばこ　hydrant house　消火ホース及び消火栓を収納する箱．収納する消火栓の種類によって1号消火栓箱及び2号消火栓箱がある．位置標示用に消火栓表示灯を設ける．

消火栓表示灯　しょうかせんひょうじとう　hydrant indication light　消火栓の位置を標示する赤色灯火．

消火ポンプ　しょうか――　fire pump　火災時の消火活動に用いるポンプ．水，化学物質などの加圧送水装置として用い，固定式，車載式及び可搬式のものがある．消防法に定める消火設備のうち，屋内消火栓設備及び屋外消火栓設備の加圧送水装置として用いる屋内消火栓ポンプ及び屋外消火栓ポンプのほか，スプリンクラポンプなども含む．

蒸気サイクル　じょうき――　steam cycle　＝ランキンサイクル

衝撃圧力継電器　しょうげきあつりょくけいでんき　impact pressure relay　油入変圧器の内部故障時，油中に発生したアークによる変圧器タンク内部圧力の急激な上昇を検出する継電器．急激な圧力変化によってフロートを押し上げて動作させるもの，ベローズの伸長によって動作させる構造のものなどがある．

衝撃電圧　しょうげきでんあつ　impulse voltage　＝インパルス電圧

衝撃放電開始電圧　しょうげきほうでんかいしでんあつ　impulse discharge inception voltage　両端子間に衝撃電圧が印加されて避雷器が放電するとき，その初期において放電電流が十分に形成され，端子間電圧の降下が始まる以前に達し得る端子間電圧の最高瞬時値．

焼結式蓄電池　しょうけつしきちくでんち　sintered type battery　ニッケル又はニッケルめっきを施した鉄製のグリッドに，ニッケル粉を塗着し，焼結して多孔性の薄形基板とし，活物質を含浸させた極板を正極及び負極に用いたアルカリ蓄電池．短時間大電流を必要とする非常用機器の操作用などに用いる．

昇降機　しょうこうき　エレベータ，エスカレータ及び小荷物専用昇降機の総称．

昇降式つり下げ灯　しょうこうしき――さ――とう　rise and fall pendant　プーリや平衡すい（錘）などを持ったつり下げ装置によって，その高さを調整できる構造のつり下げ照明器具．

昇降装置　しょうこうそうち　hoisting device　①送電鉄塔，各種通信鉄塔，地中立坑などの工事や点検保守時に使用する小形自走式の人及び物を運搬する装置．②高所取付けの照明器具などを作業床まで降下させ，又は取付位置まで上昇させる装置．

消弧方式　しょうこほうしき　arc extinguishing method　電路を開放したときに，遮断器の接点間に生じるアーク放電を消滅させる方式．圧縮空気をアークに吹き付ける空気消弧方式，SF_6ガスをアークに吹き付けるSF_6ガス消弧方式，絶縁油の冷却効果を利用する油消弧方式，磁気によるアーク引伸しを利用する磁気消弧方式，高真空の絶縁耐力を利用する真空消弧方式などが

ある。高圧以上の遮断器では真空消弧方式，SF_6 ガス消弧方式，低圧用では空気の絶縁耐力を利用する気中消弧方式が主流である。

消弧リアクトル接地方式　しょうこ——せっちほうしき　resonant earthing system by arc-suppression coil　変圧器の中性点を送電線路の対地静電容量と共振する消弧リアクトルを介して大地へ接続する接地方式。送電線の1線地絡故障時の地絡電流の大部分を占める容量分を消弧リアクトルで打ち消して，故障点アークを自然消弧し異常電圧の発生を防ぐ。

詳細図　しょうさいず　detail drawing　建築物，設備配置，設備，機器などの部分をより大きな縮尺で表現した図面。細かい寸法や材料の収まり具合などを表現する。1/50，1/30 などの縮尺を用いる。

乗算器　じょうざんき　multiplier　〔1〕アナログ回路で，2入力電圧の積を出力する集積回路で構成した増幅器。2入力電圧をそれぞれ対数増幅器に印加し，対数出力を演算増幅器で加算して電流の和を求め，次にこれを逆対数増幅器に入力し2入力の積を得る。〔2〕2進数の乗算を行う論理回路で構成した組合せ回路。乗数及び被乗数を2進数入力とし，積を演算結果として出力する。初期のパーソナルコンピュータでは，加算器を用いて被乗数を乗数だけ繰り返し加算していたが現在では数理演算論理装置を実装して処理している。

常時開路接点　じょうじかいろせってん　normally open contact　＝a接点

常時開路ループ方式　じょうじかいろ——ほうしき　normally opened loop system　変電所などから引き出した2回線の線路が環状の形態を成すもののうち，両回線の接続点に挿入した開閉器を常時開路しておく配電方式。故障発生時又は作業停電時には，これを自動投入して供給が停止された回線へ逆送する。高感度選択地絡保護方式を適用できるので，我が国ではこの方式を多く採用する。両回線の負荷特性が大きく異なる場合には，電圧降下，電力損失などの面で不利な点もある。低圧屋内幹線設備などに採用することもある。

常磁性　じょうじせい　paramagnetism　磁界を加えると磁界の方向に弱く磁化する性質。

常磁性体　じょうじせいたい　paramagnetic substance　常磁性を示す物質。常温におけるマンガン，白金，アルミニウムなどがある。強磁性体もある温度以上になると常磁性体となり，この温度をキュリー温度といい，物質によって異なる。

常時表示方式　じょうじひょうじほうしき　continuous display system　対象設備機器の動作状態，故障状態，計測計量値などをそれぞれ常時表示する方式。対象点が比較的少ない場合に適している。規模が大きな設備システムであっても緊急度，重要度の高い対象設備に限って適用する場合が多い。例として受電設備や熱源設備の系統表示などに用いる。

常時閉路接点　じょうじへいろせってん　normally close contact　＝b接点

常時閉路ループ方式　じょうじへいろ——ほうしき　normally closed loop system　変電所などから引き出した2回線の線路が環状の形態をなすもののうち，両回線の接続点に挿入した開閉器を常時閉路しておく配電方式。故障発生時又は作業停電時には，該当する区間の両端の線路開閉器のみを開路して健全区間への供給を継続する。循環零相電流が流れるおそれがあるが，特に両回線の負荷特性が大きく異なる場合には，閉ループとすることによって電流分布が改善され，電圧降下，電力損失が少なく融通性が高い。

常時補助人工屋内用照明　じょうじほじょじんこうおくないようしょうめい　permanent supplementary artificial lighting in interiors　＝プサリ

照射線量　しょうしゃせんりょう　exposure dose　X線及びγ線の強度を表す量。単位質量当たりの空気を電離する電気量で定義する。単位はクーロン毎キログラム（記号C/kg）。

小出力発電設備 しょうしゅつりょくはつでんせつび　low output generating equipment　太陽電池発電設備若しくは風力発電設備であって出力 20 kW 未満のもの又は水力発電設備（ダムを伴うものを除く。），内燃力発電設備若しくは燃料電池発電設備であって出力 10 kW 未満のもの。ただし，これらのいずれかを組み合わせて出力の合計が 20 kW 以上となるものを除く。

仕様書 しようしょ　specification　設備，製品又は材料の性能，構造，試験方法など技術的な要求事項を記述した文書。共通要求事項をまとめた公共建築工事標準仕様書に代表される標準仕様書とプロジェクトごとに特別な要求事項をまとめた特記仕様書とがある。

小勢力回路 しょうせいりょくかいろ　low energy circuit　電磁開閉器の操作回路又は呼鈴，警報ベルなどに接続する電路であって，最大使用電圧が 60 V 以下のもの（最大使用電流が，最大使用電圧 15 V 以下のものでは 5 A 以下，最大使用電圧が 15 V を超え 30 V 以下のものでは 3 A 以下，最大使用電圧が 30 V を超えるものでは 1.5 A 以下のものに限る。）で，かつ，300 V 以下の電路と絶縁変圧器で結合されるもの。小勢力回路の電線は，弱電流電線を含む。

冗長システム じょうちょう——　redundant system　無停電電源装置（UPS）において負荷容量に見合う必要最小限の台数に加えて 1 台以上の予備機を備えたシステム。予備機も含めて全台数が並列運転を行い負荷を均等に分担して運転する。1 台が故障しても，残りの健全な UPS で負荷に給電を継続できる。給電対象の重要度や運用方法を勘案して負荷の求める要件に最もふさわしいシステムを選択して計画する。

冗長性 じょうちょうせい　redundancy　規定の機能を遂行するための構成要素又は手段を余分に付加し，その一部が故障しても全体としては故障とならない性質。

使用電圧 しようでんあつ　service voltage　電路の使用状態における電圧。電気設備技術基準では電線路の公称電圧を指し，線間電圧をもって表す。

小電流域遮断 しょうでんりゅういきしゃだん　small current breaking　無負荷架空送電線路や無負荷ケーブルに流れる容量性の小電流や変圧器の無負荷励磁電流を遮断すること。真空遮断器の小電流遮断による裁断波の発生が問題となることがある。限流ヒューズには，一定値以下の小電流領域で，溶断はするが遮断できない領域があるので注意を要する。

照度 しょうど　illuminance　被照面の明るさの程度を表し，単位面積当たりに入射する光束。単位はルクス（lx）又はルーメン毎平方メートル（lm/m²）。微小面 dA に入射する光束を $d\Phi_v$ とするとき，照度は $E_v = d\Phi_v/dA$ で表す。点光源による光度 I と水平面照度 E_h との関係は次式で表す。

$$E_h = I\cos\theta/r^2 \text{ (lx)}$$

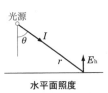

水平面照度

消灯方式誘導灯 しょうとうほうしきゆうどうとう　無人である場合，外光により避難口若しくは避難の方向が識別できる場所，特に暗さが必要である場所又は関係者が使用する場所で，自動火災報知設備の感知器の作動と連動して点灯する措置をすることで消灯できる誘導灯。避難口誘導灯及び通路誘導灯（階段又は傾斜路に設けるものを除く。）に適用する。

照度計 しょうどけい　illuminance meter　照度を測定する計器。光電池照度計，光電管照度計，デジタル照度計などがある。受光器前面には，斜入射光に対して余弦法則に合わせるための乳白色拡散カバー及び分光感度を分光視感効率に補正するための視感度補正フィルタを取り付けている。

照度センサ しょうど——　illuminance sensor　周囲の明るさを感知するセンサ。フォトトランジスタ，フォトダイオード，フ

ォトダイオードに増幅器を付加した方式などがある。光源の点滅機能やディスプレイ輝度の調整機能を機器に持たせることができ，室内照明制御，液晶テレビ画像の画質改善，ヘッドランプの点滅などの用途に用いる。

承認図　しょうにんず　approved drawing, drawing for approval　建築主若しくは発注者が図示及び記入された内容を承認した図面（approved drawing），又は，請負者が建築主若しくは発注者に内容承認を求めるための図面（drawing for approval）。後者を承認用図ともいう。

消費電力　しょうひでんりょく　power consumption　機器又は装置が仕事を行うために消費する電力。単位はワット（W）。

使用品質　しようひんしつ　fitness for use
→設計品質

消防設備士　しょうぼうせつびし　fire protection engineer　消防用設備の設置工事，整備及び点検を行うことができる資格を有する者。甲種及び乙種がある。甲種消防設備士は消防用設備等又は特殊消防用設備等の設置工事，整備及び点検を，乙種消防設備士は整備及び点検を行うことができる。特殊消防用設備等とは消防用設備等に代えて設置する設備等であって，当該消防用設備等と同等以上の性能を有し，かつ，特殊消防用設備等設置維持計画に従って設置及び維持するもので，総務大臣の認定を受けたものをいう。

消防法　しょうぼうほう　Fire Service Act　火災を予防，警戒及び鎮圧して，国民の生命，身体及び財産を火災から保護するとともに，火災又は地震等の災害による被害を軽減し，もって安寧秩序を保持し，社会公共の福祉の増進に資することを目的とする法律。火災の予防，危険物の貯蔵及び取扱いの基準，消防の設備，器具などの検定，消火活動，火災調査，救急業務などを定めている。

消防用設備等　しょうぼうようせつびとう　消防の用に供する設備，消防用水及び消火活動上必要な施設。消防法では，消防の用に供する設備は消火設備，警報設備及び避難設備，消防用水は防火水槽又はこれに代わる貯水池その他の用水，消火活動上必要な施設は排煙設備，連結散水設備，連結送水管，非常コンセント設備及び無線通信補助設備と規定している。学校，病院，工場，事業場，興行場，百貨店，旅館，飲食店，地下街，複合用途防火対象物その他の防火対象物で一定規模以上のものには，消防用設備等を設置し，維持しなければならない。

情報コンセント　じょうほう——　information receptacle　情報機器をネットワークに接続するために室内の壁や床に設けた受口。ネットワークの形態や方式によって多様な仕様がある。モジュラジャックもその1つである。

情報通信技術　じょうほうつうしんぎじゅつ　information and communication technology, ICT, IT　情報処理及び情報通信分野の関連技術の総称。

情報用分電盤　じょうほうようぶんでんばん　information distribution panel　電話，インターネット，CATV，テレビジョン放送など住宅外部からのメディアと住宅内部の端末機器とを接続するための配線収容箱。配線だけでなくブースタ，分配器，主装置などマンマシンインタフェースを持たない機器も収容する。

使用前安全管理審査　しようまえあんぜんかんりしんさ　official verification before commercial operation　受電電圧1万V以上の自家用電気工作物の使用開始に先立ち，監督官庁により行われる審査。当該自家用電気工作物の工事着工30日前までに工事計画の届出が必要となる。

照明　しょうめい　lighting, illumination　①情景，対象物又はその周辺を見えるように照らす光の応用。②人の感情又は気分に作用するように照らす光の応用。③視覚信号によって，情報を伝達する光の応用。なお，光放射の応用にも照明を用いる。

照明器具　しょうめいきぐ　luminaire　ランプからの光を分配，透過又は変化させ，かつ，ランプを支持，固定及び保護するた

めに必要な部材と電源に接続する手段並びに必要に応じて点灯補助回路を持つ装置。ただし，ランプは含まない。

照明器具効率　しょうめいきぐこうりつ　luminaire efficiency　照明器具から放射される光束とランプの全光束との比。

照明制御　しょうめいせいぎょ　lighting control　省エネルギーを図るため照明の点滅や調光を行う制御。照明制御には昼光利用による制御，あらかじめ定めたスケジュールによる制御，在室センサなどによる有人時のみの点灯制御，適正照度制御などがある。昼光利用の制御は，照度検知器により窓際の照明を調光又は点滅する制御である。適正照度制御は，設計時点で見込んだ，時間とともに生じる器具の汚れやランプの劣化で生じる照度低下の補正（照度過多）を，適正な照度にすることで省エネルギーを図る制御である。

照明率　しょうめいりつ　utilization factor（英），coefficient of utilization（米）　全般照明の平均水平面照度を求めるときに用いる指数で，光源の全光束の総和に対する基準面に入射する光束の割合。照明器具の配光，器具効率，室指数，室内の反射率により変わるので，器具ごとに照明率表を作成する。

条約締約国会議　じょうやくていやくこくかいぎ　Conference of the Parties　国際連合において条約の加盟国が物事を決定するための最高決定機関。

商用周波放電開始電圧　しょうようしゅうはほうでんかいしでんあつ　power frequency discharge inception voltage　両端子間に印加された際に波高値付近において火花放電が起きて，実質的に避雷器に電流が流れ始める最低の商用周波正弦波電圧の実効値。

商用待機冗長方式　しょうようたいきじょうちょうほうしき　stand-by UPS on redundant system with bypass　無停電電源装置（UPS）2組に商用バイパス回路を付加した方式。運転中のUPSが故障すると一旦商用バイパスへ切り換え，その後他方の UPSへ徐々に負荷電流を移し，切換時の出力電圧の過渡変動を少なくすることができる。

商用待機冗長方式

商用電源　しょうようでんげん　commercial power source　電力供給契約に基づき，電気事業者から住宅，事務所ビル，工場などの需要家に供給する電力。

商用電力　しょうようでんりょく　commercial power　需要家が電力会社から供給を受ける電力。需要家構内で自家発電し消費される電力と区別する必要のある場合に用いる。

商用同期制御　しょうようどうきせいぎょ　synchronous control with commercial line　無停電電源装置（UPS）や自家発電設備などを商用系統と同期運転する場合に用いる制御。同期運転を行う場合，商用側の電圧と周波数が一致しており，さらに位相が同一であることが条件となる。一例としてUPSでは，出力電圧と商用バイパス電圧とを比較し，両者の電圧及び位相の差が常に0になるようUPS側で制御を行っている。

商用同期無瞬断切換方式　しょうようどうきむしゅんだんきりかえほうしき　uninterruptible synchronous transfer to bypass　無停電電源装置（UPS）の点検時又は故障時に無瞬断で商用バイパス回路へ切り換える方式。切換器には高速切換可能な半導体切換方式及び半導体スイッチと機械式スイッチとを組み合わせたハイブリッド切換方式がある。切換時のUPS側と商用バイパス側との電圧及び位相を合わせるため，UPSは常時商用バイパス回路に同期して運転する。UPS並列冗長方式と併用し信頼度の高いUPSシステムを構築すること

ができる。

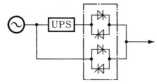

半導体切換方式商用同期無瞬断切換方式

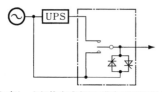

ハイブリッド切換方式商用同期無瞬断切換方式

商用バイパス回路　しょうよう——かいろ　bypass circuit　無停電電源装置（UPS）を保守点検する場合やUPSに障害が発生した場合に，UPSをバイパス回路に切り換えて商用電源を負荷に直接供給する回路。直送バイパス回路ともいう。最近では，UPS出力と商用バイパス回路を無瞬断で切り換える無瞬断切換器を用いる。さらに，保守点検のため保守バイパス回路をもつものも多い。

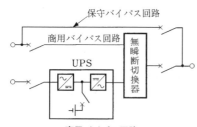

商用バイパス回路

常用発電設備　じょうようはつでんせつび　continuous generator set　常時発電を行う自家発電設備。商用電源の停電時のみに運転される非常用発電設備以外の自家発電設備で，コージェネレーションシステムも含む。電力系統に対し，逆潮流があるものとないものとがある。

常用予備受電　じょうようよびじゅでん　service system with main and stand-by line＝本線予備線受電

少量危険物　しょうりょうきけんぶつ　small volume of hazardous materials　危険物の規制に関する政令で定める指定数量の1/5以上で，指定数量未満の危険物。少量危険物を貯蔵又は取り扱う場合には，市町村ごとに定める火災予防条例の技術上の基準に適合するとともに所轄の消防署に届け出なければならない。

ショートアークランプ　short arc lamp　電極間距離が1〜10 mm程度で，アーク放電によって発光するランプ。キセノンランプ及び高圧水銀ランプがあるが，極めて高い圧力状態で放電する。高輝度で点光源である。

ショートリンク　short link　情報配線において，配線長が短く接続点が多数存在すると，接続点における反射によって信号やノイズが送出端に減衰せずに戻るため伝送品質が低下すること。これを防ぐために，分岐配線の接続点は端子盤からこう長で15 m以上離すこと，幹線配線では4か所以上の分岐点がある場合には幹線のこう長を15 m以上にすることが必要である。

初期化　しょきか　〔1〕initialization　電子計算機などのデータ媒体を有する装置が，初期条件又は始動条件を確立して，使用可能な状態にすること。イニシャライズともいう。電子計算機の計算やデータ処理が始まる前に記憶装置の内容を与えられた初期値に設定したり，レジスタに特定の情報を書き込むなどを行う。〔2〕format　フロッピーディスクなどの外部記憶装置を，利用するオペレーティングシステムに合わせて使える状態にすること。フォーマットともいう。

初期過渡短絡電流　しょきかとたんらくでんりゅう　subtransient short circuit current　同期機の三相短絡直後の電流。短絡電流は数サイクルの間に減衰して過渡時の短絡電流となる。次過渡短絡電流ともいう。　⇨過渡短絡電流

初期過渡リアクタンス　しょきかと—— subtransient reactance 三相短絡直後における同期機のリアクタンス。記号は，x_d''で表す。初期過渡短絡電流を制限する。過渡リアクタンス（x_d'）の電機子漏れリアクタンス（x_{ad}）及び界磁巻線漏れリアクタンス（x_f）に制動巻線漏れリアクタンス（x_{kd}）が並列に付加される。次過渡リアクタンスともいう。⇒同期リアクタンス，過渡リアクタンス

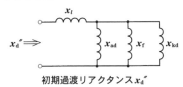

初期過渡リアクタンス x_d''

初期故障期間 しょきこしょうきかん early failure period 製品，製造物などにおいて，製造組立中の隠れた欠陥などによって使用し始めたころに故障が起きる期間。故障率の時間的経過は図のような曲線になりこの曲線が浴槽に似ているためバスタブ曲線と呼ぶ。この曲線は3つの区間に分類できる。このうち第1区間を初期故障期間といい，欠陥すなわち不良品を取り除くという意味でデバッギング期間とも呼ぶ。

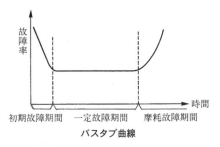

バスタブ曲線

初期照度補正 しょきしょうどほせい early illuminance control, initial illumination control ランプの光束が点灯初期に過剰となるため，電気入力を制御することで点灯期間中の利用光束を一定にし，省エネルギーを図る手法。照明器具の選定は，点灯期間が経過するにつれ，減光やじんあいの付着により利用光束が減衰することを考慮するため，初期には必要光束以上の光束と

なる。

初期費用 しょきひよう initial cost ＝イニシャルコスト

職長教育 しょくちょうきょういく safety and health education for foremen 建設業，製造業などで新たに職務に就くことになった職長その他の作業中の労働者を直接指導又は監督する者に対して，事業者が行う安全又は衛生のための教育。作業方法の決定，労働者の配置，労働災害の防止などのカリキュラムがある。労働安全衛生法。

触媒栓 しょくばいせん catalyst plug 蓄電池の充電時に発生する水素ガス及び酸素ガスを触媒反応などによって水に戻す機能をもつ栓。

触媒栓式蓄電池 しょくばいせんしきちくでんち catalyst plug battery 触媒栓を設け，充電時に発生する酸素ガス及び水素ガスを触媒反応によって水に戻す方式のベント形蓄電池。酸霧又はアルカリ霧が脱出しにくく，減液を少なくして使用中の補水間隔を長くしている。

除算器 じょさんき divider 〔1〕アナログ回路で，除数，被除数を電圧で入力しその商を出力する集積回路で構成した増幅器。2入力電圧をそれぞれ対数増幅器に印加し，対数出力を演算増幅器で減算して電流の差を求める。次に，これを逆対数増幅器に入力して商を得る。〔2〕2進数の除算を行う論理回路で構成した組合せ回路。除数及び被除数を2進数入力とし，商を演算結果として出力する。初期のパーソナルコンピュータでは，加算器を用いて除数の補数を求めこれを繰り返し加算していたが現在では数理演算論理装置を実装して処理している。

ジョセフソン効果 ——こうか Josephson effect 非常に薄い絶縁体，又は常伝導体で隔てられた2つの超伝導体間に超伝導電流が流れる現象。外部電界を加えなくてもトンネル効果により流れる電流をジョセフソン電流という。⇒トンネル効果

ジョセフソン接合 ——せつごう Josephson junction ジョセフソン効果を示す接

合　⇨ジョセフソン効果

所内用変圧器　しょないようへんあつき　station service transformer　①電気室などで一般負荷用とは別に電気室の受配電盤などの照明や制御用の電力を供給するための専用の変圧器。②発変電所などで所内の電灯動力設備や制御用電源に用いる専用の変圧器。

シリコン太陽電池　——たいようでんち　silicon photovoltaic cell　半導体材料としてシリコンを用いた太陽電池。主なものとして単結晶シリコン太陽電池，多結晶シリコン太陽電池及びアモルファスシリコン太陽電池がある。

自立運転　じりつうんてん　isolated operation　発電設備が電力系統から解列された状態において，当該発電設備の設置者構内の負荷のみに電力を供給する運転。

磁力線　じりょくせん　line of magnetic force　磁石のN極から出てS極に向かう磁力の分布を表現する仮想的な曲線。空間の仮想閉曲面を通過する磁力線の本数は閉曲面内に存在する磁界の強さに比例する。したがって，磁力が強いところでは磁力線の密度が密に，弱いところでは疎になる。

白ガス管　しろ——かん　hot dip galvanized steel pipe　亜鉛めっきを施した配管用炭素鋼管。外観が白いため白ガス管と呼ばれる。比較的使用圧力が低いガス，水，油，空気などの配管に用いる。

真空管　しんくうかん　vacuum tube　ガラス，金属又はセラミックなどで作った容器内部に複数の電極を配置し，容器内部を真空又は低圧とし少量の希ガスや水銀などを入れた構造で，整流，発振，変調，検波，増幅などの機能をもつ電気・電子回路用素子。高温の陰極表面から熱電子放射により，比較的低い電圧で電子を放出させ，この電子を電界や磁界で制御する。2極真空管をダイオード（diode），3極真空管をトリオード（triode），4極真空管をテトロード（tetorode），5極真空管をペントード（pentode）という。2極真空管で整流に用いるものをレクチファイヤ（rectifier）と呼ぶ

こともある。日本では広義に，真空又は低圧雰囲気における電子の振る舞いを利用する素子を総称する場合もあり陰極線管（CRT），プラズマディスプレイ，X線管，ガイガーミュラー計数管なども真空管の1つとしている。

真空遮断器　しんくうしゃだんき　vacuum circuit breaker, VCB　電路の開閉を真空中で行う遮断器。1.3×10^{-2} Pa程度以下の真空中では絶縁性が高く，その中に発生したアークは急速に拡散し交流電流の零点近傍で消弧する原理を利用したもので，使用電圧が3.3〜77 kVの遮断器に用いる。

シングルベンダ構成　——こうせい　singlevendor organization　特定の一企業製品だけでシステムを構築する形態。

シングルモード光ファイバ　——ひかり——　single mode optical fiber　光の伝搬経路（モード）が1つしかない光ファイバ。光の伝搬経路は，コアとクラッドの屈折率及びコア径に依存するが，光ファイバへの入射角を小さくすると，光がコアの中を伝搬する経路を1つにできる。短い光パルスを伝送しやすいため，広帯域での大容量伝送に適している。　⇨マルチモード光ファイバ

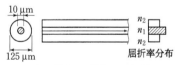

シングルモード光ファイバ

シンクロ　〔1〕synchronizing　同期すること。時間的に一致させること。〔2〕synchro system　回転あるいは並進の変位を電気信号で伝送する装置。代表的なものにシンクロ電機がある。

シンクロ受信機　——じゅしんき　selsyn receiver　→シンクロ電機

シンクロ制御変圧器　——せいぎょへんあつき　synchro control transformer　シンクロ発信機からの電気信号を受け，その電気信号に対応する角度変位と設定した角度変位との差を，電気信号に対応する電圧とし

てサーボモータなどの増幅器へ送出する制御用機器。シンクロ受信機と似た構造と機能であり，回転子が円筒形で単相巻線を分布巻きしている。

シンクロ電機 ——でんき self-synchronizing motor　電気信号を回転子の回転角度に，回転角度を電気信号にアナログ変換する回転式変圧器。電動機の構造に似て，1次巻線に流れる電流で回転子が回転し，電磁誘導によって固定子に生じる2次電流で回転角度を測定する。2次電流を別のシンクロ電機に供給し，回転子の角度を同期させる。信号を送り出す側はシンクロ発信機で，信号を受ける側はシンクロ受信機である。アンテナの方位測定，ダムのゲート制御などの角度伝送に用いる。

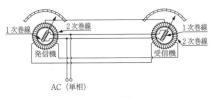

シンクロ電機

シンクロ発信機 ——はっしんき selsyn transmitter　→シンクロ電機

人工照明 じんこうしょうめい artificial illumination　白熱電球，蛍光ランプ，放電ランプ，発光ダイオードなどの人工的な光源を用いて行う照明。太陽などの自然現象による光源を使用する照明以外はすべてこれに当たるが，特に屋外で行われていた競技を季節，天候，時間などの自然条件による影響を避け，夜間や屋内で開催するスポーツに欠かせないものである。また，公共施設としての道路照明やトンネル照明は道路交通の安全を確保し，空港においては航空灯火によって航空機の離発着時の安全確保に寄与している。

信号対雑音比 しんごうたいざつおんひ signal-to-noise ratio　＝SN比

人工知能 じんこうちのう artificial intelligence　推論，学習，自己改善など人間的な知能に関する機能を，電子計算機上で遂行することを目的にした技術。狭義にはエキスパートシステムなど記号論理に基づく推論処理を行うシステムを指すが，人間の行う複雑な知識処理のための推論処理を実行するファジィ理論，脳の神経細胞の動きを模したニューラルネットワークや，カオス，バーチャルリアリティなどの技術が含まれる。応用分野として囲碁，チェスなどのゲーム，定理証明，パターン認識，自然言語の翻訳などがある。

進行波 しんこうは travelling wave　線路導体を伝搬する電圧又は電流。図に示す進行波は線路導体のサージインピーダンスZとの間に$e=iZ$の関係がある。Zは線路導体の単位長当たりの対地静電容量C及びインダクタンスL又は線路導体の半径r及び地上高hによって次式で表す。

$$Z=\sqrt{\frac{L}{C}}=138\log_{10}\frac{2h}{r}$$

進行波の伝搬速度は，$v=1/\sqrt{LC}$で表し，一般の架空線では300 m/μsと光速に等しく，地中ケーブルではその2/3～1/2程度である。進行波はサージインピーダンスの変移点で反射及び透過現象を生じる。

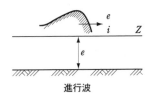

進行波

心室細動限界電流 しんしつさいどうげんかいでんりゅう ventricular-fibrillation threshold current　心室細動を引き起こす最小の人体通過電流。感電などによって心室の筋肉がけいれんすることを心室細動といい，心臓機能に障害が起こり死に至る。低圧の感電保護を検証するうえで重要な要素である。感電の項の図の曲線c_1，c_2及びc_3参照。⇒感電

伸縮カップリング しんしゅく—— expansion coupling　管路の伸縮を吸収するための措置，又はそれに使用する継手（カップリング）。硬質ビニル電線管用のものは，

図のように一方が接着するTS受口に，他の一方が差込みしろが長い伸縮受口になっている。

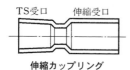

伸縮カップリング

真性半導体 しんせいはんどうたい intrinsic semiconductor 不純物を添加していない純粋の半導体。i形半導体ともいう。p形及びn形半導体と比較しキャリア密度が10桁ほど小さいが不純物による散乱を受けないので，高移動度を示す。

心線 しんせん conductor 絶縁を施した電線又はケーブルの導体。絶縁物は含まない。単に導体ともいう。

進相運転 しんそううんてん leading power factor operation 夜間などの軽負荷時に，進相無効電力を供給するための同期発電機の弱め励磁による運転。励磁電流が小さいため，固定子接続部の過熱，系統安定度の低下などの現象が発生することがあるので，進相容量限界（負荷としてコンデンサのみが接続された場合に自己励磁現象を生じない限界）を確認しておく必要がある。

進相コンデンサ しんそう―― phase advance capacitor 誘導性の電力負荷の遅れ無効電力成分を相殺するために設けるコンデンサ。受電設備では主に力率改善に用いる。

心臓電流係数 しんぞうでんりゅうけいすう heart-current factor 感電に関し，人体を流れる電流と継続時間に対する人体の反応を示すJIS/TR C0023-1の図における，人体を流れる電流の算定に用いる係数。心臓に流れる電流の比率が異なるため，流入部と流出部の場所によって，1.5から0.3の値をとる。⇨感電

シンチレーション scintillation 〔1〕トラッキングの初期段階に，汚損された絶縁物の沿面に漏れ電流が流れ，部分的に微小な発光を伴う火花放電。〔2〕蛍光物質（硫化亜鉛ZnSなどの薄膜）に放射線が入射すると，そのエネルギーによって蛍光物質が励起され，基底状態に戻るときに発光（光子の放出）する現象。シンチレーションで放出された光子を，光電子倍増管で電気パルスに変換し，放射線の量を測定する装置をシンチレーションカウンタという。

震度 しんど 〔1〕seismic coefficient 地震動の加速度と重力の加速度との比。通常，水平震度を指す。設計地震力は，建築物又は設備の質量に設計震度を乗じて得る。〔2〕seismic intensity 地震動の強さの程度を表し，観測点における計測震度から換算した値。我が国では，従来，1949年に決め

異なる電流路と心臓電流係数

電流路	心臓電流係数
左手から左足もしくは右足へ，または両足へ	1.0
両手から両足へ	1.0
左手から右手へ	0.4
右手から左足もしくは右足へ，または両足へ	0.8
背中から右手へ	0.3
背中から左手へ	0.7
胸から右手へ	1.3
胸から左手へ	1.5
尻から左手もしくは右手へ，または両手へ	0.7

計測震度及び震度階級

計測震度	震度階級
0.5未満	震度0
0.5以上1.5未満	震度1
1.5以上2.5未満	震度2
2.5以上3.5未満	震度3
3.5以上4.5未満	震度4
4.5以上5.0未満	震度5弱
5.0以上5.5未満	震度5強
5.5以上6.0未満	震度6弱
6.0以上6.5未満	震度6強
6.5以上	震度7

た気象庁震度階を用い，体感や周囲の状況の観察によって震度0（無感）から7（激震）までの8段階で表していたが，1996年4月からは，加速度地震計で検出された地震動波形に一定の処理を施した計測震度に基づき10段階に分類した気象庁震度階級に改めた。全国各地に展開した震度観測点の地震計から自動的に計測震度を得る。

振動計　しんどうけい　vibration meter　物体の挙動がある基準値を中心にして大きくなったり小さくなったりする状態の変化を測る装置。一般的には周期的な状態の変化を計測目的に応じて変位計，速度計，加速度計などを用い，振動周波数帯域を分けて計測する。

侵入検知器　しんにゅうけんちき　intruder detector　外部からの人又は動物の侵入を検知し，信号又は警報を発する機器。空間を警戒検知するものに，赤外線パッシブ検知器，超音波式検知器，ガラス破壊検知器，マイクロ波式検知器がある。検知線を用いたものに，断線式検知器，引抜き式検知器，テープ式検知器，光ファイバ式検知器，また，電磁波ビームの遮断を検知する赤外線ビーム検知器，レーザ遮断検知器，マイクロ波式検知器などがある。

侵入検知システム　しんにゅうけんち——intrusion detection system, IDS　通信回線を監視し，ネットワークへの侵入を検知して管理者に通報するシステム。不正アクセスでよく用いられる手段をパターン化し，実際のパケットと比較することで，正常な通信か判断し，管理者に通知する。疑わしい通信を切断する防衛措置を行うものもある。

侵入検知線式検知器　しんにゅうけんちせんしきけんちき　intruder wire detector　塀などに設置し，検知線のたわみ，引張力，振動又は断線を検知し，信号又は警報を発する機器。光ファイバを利用して伝送する光信号の変化で振動の種類を分析，強風などの自然現象と人為的な振動とを区別するものもある。

進入灯　しんにゅうとう　approach light　着陸しようとする航空機にその最終進入の経路を示すために進入区域内及び着陸帯内に設置する航空灯火。

侵入防止システム　しんにゅうぼうし——intrusion prevention system, IPS　ネットワークの境界などに設置する専用の機器や，サーバに導入するソフトウエアなどを用い，サーバやネットワークへの不正侵入を阻止するシステム。

真発熱量　しんはつねつりょう　net heating value　＝低位発熱量

振幅変調　しんぷくへんちょう　amplitude modulation　→AM放送

深夜電力　しんやでんりょく　midnight demand　昼夜間の負荷の平準化を促進する目的で，電気事業者が定める選択制の電気供給契約の一種。電力需要が減少する夜間（例えば，午後11時〜午前7時）に，格安の電力を利用して温水や氷蓄熱などとして蓄積し，昼間に給湯や空調などに利用して電力のピークカットを行う。

真理値　しんりち　truth value　①論理学において，ある命題の内容が真であるかどうかを表す値。②プログラミング言語で条件が真か偽かの表現や論理演算に用いる値。真をHigh（On）・偽をLow（Off）に対応させることを正論理，逆に真をLow（Off）・偽をHigh（On）に対応させることを負論理という。

真理値表　しんりちひょう　truth table　①論理回路において，すべての入出力の結果を示した表。②命題に対するすべての可能な条件の論理演算の結果を示した表。

ス

水位制御　すいいせいぎょ　water level control　水槽などの液面を一定の範囲に制御すること。水槽内に電極棒などを挿入して，水面の上下に応じ電極間に流れる電流のオンオフ状態を信号として水位を制御する方式が多い。その他に電極帯，フロート，レベルスイッチ，定水位弁などを用いる。

垂下特性　すいかとくせい　drooping characteristic　電源装置において，定格負荷電流

を超えたときに電流の増加とともに端子電圧が著しく降下する特性。定電流電源装置やアーク溶接機に用いる。

水銀灯 すいぎんとう mercury luminaire 高圧水銀ランプを光源とする照明器具。大空間、屋外などの照明に用いる。

水撃作用 すいげきさよう water hammering 液体が充満して定常的に流れる管路の、末端近くに設けた弁を急速に閉鎖したとき、弁の上流側に生じる激しい圧力上昇。ウォータハンマともいう。この圧力上昇は圧力波となって管路内を伝搬する。圧力上昇を緩和するためにサージタンクを設ける。

水準器 すいじゅんき level 地面、床、装置などの水平面の水平度を測定する器具。一般に平面を有する台上に、上方に凸に曲がった透明なガラス管又は上方に凸曲面をしたガラスの容器を取り付け、中に液体と気泡を封入し、気泡の位置で測定面の水平度を調べる。

水蒸気改質法 すいじょうきかいしつほう steam reforming 炭化水素と水蒸気とを高温で反応させ水素を得る方式。燃料電池の改質器の中の反応である。1 000℃前後の高温状態で金属触媒を用い、炭化水素と水蒸気とを接触させ、一酸化炭素及び水素を発生させる。一酸化炭素は再度水蒸気と反応し、最終的には二酸化炭素及び水素になる。メタンの場合、その反応式は、$CH_4+H_2O=3H_2+CO$, $CO+H_2O=CO_2+H_2$ である。

水晶振動子 すいしょうしんどうし crystal unit, quartz resonator 水晶の圧電効果を利用し、周波数精度の高い発振を起こす受動素子。電子計算機ではクロック発振回路に用いる。⇒水晶時計

水晶時計 すいしょうどけい quartz crystal clock 標準信号として水晶振動子を発振回路に組み込んだ時計。水晶振動子は水晶を決まった角度で切り出し、精密加工した水晶片で、高精度の固有振動数を持ち、精度の高い時刻表示ができる。水晶の固有振動は温度の影響を受けるため、発振回路部で温度補償をしている。電気時計設備では電源として商用電源を直流安定化したうえ、停電用に2次電池を使用している。

水晶発振器 すいしょうはっしんき crystal oscillator 水晶振動子を共振回路に利用し一定周波数の電気振動を発生する発振装置。発振周波数が正確で、温度又は電圧などの変化に対し安定性が高い。発振周波数は1 kHz～100 MHz程度の範囲で水晶時計、電子計算機、通信機器などに用いる。
⇒水晶振動子

水晶発振子 すいしょうはっしんし crystal unit, quartz resonator ＝水晶振動子

水素イオン濃度 すいそ——のうど hydrogen ion concentration 水溶液中の水素イオンのモル濃度又は質量モル濃度。単位は(mol/dm^3)。水1リットルの水素イオンのグラム数の値である。1.0×10^{-7} mol/dm^3 を中性とし、この値を超過すると酸性、下回ると塩基性を示す。 ⇒水素イオン指数

水素イオン指数 すいそ——しすう hydrogen ion exponent 水素イオン濃度の逆数を常用対数で示した値。水素イオン濃度指数ともいう。ペーハーともいう。水素イオン濃度を「H^+」と表せば、水素イオン指数pHの定義はpH＝$-\log 10$「H^+」となる。25℃中性では「H^+」＝10^{-7} mol/dm^3 でpH＝7であり、酸性ではpH<7、アルカリ性ではpH>7となる。現在はH^+の実効濃度としてモル濃度の代わりに相対活量で定義している。

水素吸蔵合金 すいそきゅうぞうごうきん hydrogen absorbing alloy 常温で水素を吸収し加熱により放出する可逆性を持つ合金。水素貯蔵合金ともいう。水素を吸収する金属と、活性化する金属の組み合わせで、原子状の水素分子を金属格子隙間に吸蔵する。水素の放出は過熱又は減圧して、吸蔵は冷却又は加圧して行う。ランタン-ニッケルやチタン-鉄などの合金がある。ハイブリッド車、燃料電池車、携帯電話用電池などに用いる。

水素貯蔵合金 すいそちょぞうごうきん hydrogen absorbing alloy ＝水素吸蔵合

金

水素冷却 すいそれいきゃく hydrogen cooling 熱伝導率の高い水素を媒体とする冷却方式。主にタービン発電機の冷却に用いる。空気冷却方式又は水冷却方式に比べ，熱伝導率が高く冷却効果が高い，密度が小さく風損が小さい，絶縁性能を劣化させないなどの特長がある。また，可燃性で空気や酸素との混合で爆発するおそれがあるため，冷却する機器内で大気圧より高圧にし，防爆密閉構造としている。

水中形 すいちゅうがた submersion 電気機械器具の水の浸入に対する保護構造の一種で，指定圧力の水中に常時没して使用できるもの。水中専用の場所での使用に適する。IPコードではIPX8で表す。

水中照明 すいちゅうしょうめい underwater lighting プール，水辺，噴水，流水などの対象物を外部又は水中から行う照明。

水中ポンプ すいちゅう—— submerged pump ポンプ本体及び電動機を一体として水中に入れて用いるポンプ。深井戸用，給水用，排水用などがある。排水用には制御装置付きのものもある。

垂直荷重 すいちょくかじゅう vertical load 垂直方向に作用する荷重。鉛直荷重ともいう。自重，積雪荷重，積載荷重などがある。

垂直ケーブル すいちょく—— vertical cable ケーブルを建造物の電気配線用シャフト内に施設する場合であって，頂部を造営材などに支持し，垂直につり下げて施設するケーブル。導体を直接支持する方法，

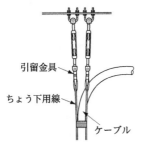

垂直ちょう下用線付ケーブルの支持方法

垂直ちょう下用線付ケーブル又は鉄線がい装ケーブルを用いて支持する方法及びワイヤネットを用いて支持する方法がある。

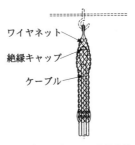

ワイヤネットを用いる支持方法

スイッチギヤ switchgear 開閉機器単体並びに開閉機器，制御機器，保護装置，配線，付属物，閉鎖箱，支持構造物などで構成した組立品の総称。金属閉鎖形のスイッチギヤは，次の3種に区分する。①メタルクラッド形…接地した金属仕切板によって，それぞれ区分した隔室（内部接続，操作又は通風のために必要な開口部以外は閉鎖した室）内に各機器を配置した構造のもの。②コンパートメント形…メタルクラッド形と同じく各機器をそれぞれに区分した隔室内に配置し，メタルクラッド形と同等の保護等級を満足する1個以上の非金属製仕切板を持つもの。③キュービクル形…メタルクラッド形及びコンパートメント形以外のもの。⇒コントロールギヤ

スイッチボックス switch box, utility box コンセントや点滅器などの配線器具の取付位置に用いるボックス。埋込形・露出形，鋼製・硬質ビニル製，浅形・深形，カバーなし・カバー付，1個用から5個用までの種類がある。

スイッチング代数 ——だいすう switching algebra ＝論理代数

スイッチングハブ switching hub コンピュータネットワークにおける，OSI基本参照モデルの第2層（データリンク層）でブリッジの機能及びリピータの機能を持つハブ。レイヤ2スイッチ（L2スイッチ）ともいう。リピータの機能を拡張してコリジ

ョンドメインを個々の端末に分割し，それぞれに個別の接続を割り当てるため，接続端末数が増加しても通信速度が落ちない。

スイッチングレギュレータ switching regulator 安定化した直流電圧又は電流を出力するパルス制御による半導体電力変換装置。出力電圧を制御するのに電圧をオン及びオフし，オンとオフとの比で出力制御する方式である。従来のレギュレータで用いていた商用周波数用変圧器に対し，高周波用変圧器が採用できるので容積や重量を1/4～1/5にすることができる。

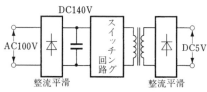

スイッチングレギュレータブロック図

推定接触電圧 すいていせっしょくでんあつ prospective touch voltage 同時に接近可能な導電性部分に人又は動物が接触していないときの，それらの導電性部分相互間の電圧。

水道法 すいどうほう Waterworks Act（英），Water Supply Act（米） 水道の布設及び管理を適正かつ合理的ならしめるとともに，水道を計画的に整備し，及び水道事業を保護育成することによって，清浄にして豊富低廉な水の供給を図り，もって公衆衛生の向上と生活環境の改善とに寄与することを目的とする法律。学校，レジャー施設等の利用者の多い水道に対する規制の適用，水道業者による第三者への業務委託の制度化，水道事業の広域化による管理体制の強化，ビル等の貯水槽水道における管理の充実，利用者への情報提供の推進などを規定している。

水平荷重 すいへいかじゅう horizontal load 水平方向に作用する荷重。風圧力，地震力，土圧などがあり，さらに配電線では，線路方向と直角の方向に働く水平横荷重と線路方向に働く水平縦荷重とがある。

水平震度 すいへいしんど horizontal seismic coefficient 地震動の水平方向成分の震度。鉛直震度に対比して用い，通常，震度というと水平震度を指す。 ⇒設計用標準震度

水平面照度 すいへいめんしょうど horizontal illuminance 水平面上の照度。 ⇒法線照度

数値制御 すうちせいぎょ numerical control 数値で表した情報を用いて，工作機械などを制御する方法。NC。工作機械と電子計算機を組み合わせ，製品寸法，形，座標などを指示し，自動位置決め制御やならい削り制御を行うことで，同形状の製作や部分変更の製作が容易で，多種少量の製作に適する。また，工作機械群の管理，製図，配線，検査などにも用いる。

数値流体力学 すうちりゅうたいりきがく computational fluid dynamics 流体運動に関する方程式を電子計算機で解析し，流れをシミュレーションする手法。運動方程式にはオイラー方程式，ナビエ－ストークス方程式などがある。航空機・自動車・鉄道車両・船舶などの移動体および建築物の設計時に風洞実験や水流実験と同様に用いる。

スーパーターンスタイルアンテナ super turnstile antenna ターンスタイルアンテナを垂直方向に数段重ねて，広帯域のVHF帯又はUHF帯のテレビジョン放送及びFM放送に用いるアンテナ。こうもりの羽形に似たバットウイングと呼ぶアンテナ素子を十字に交差させ，それぞれ90°位相差で給電し，水平面で無指向性を得る。ターンスタイルアンテナに比べ使用帯域幅が広く，利得が高い。東京タワーのNHK東京総合テレビ用及び東京教育テレビ用と

スーパーターンスタイルアンテナ

して用いていた。　⇨ターンスタイルアンテナ

スーパコンピュータ　supercomputer　内部の演算処理速度が一般的な電子計算機より非常に高速で，その時代の最先端技術を投入した最高性能の電子計算機。文部科学省の科学技術・学術審議会で2005年時点では，1.5テラ（T=10^{12}）FLOPS以上の演算性能をもつ電子計算機を政府調達におけるスーパコンピュータとしていたが，2008年時点では次世代機として10ペタ（P=10^{15}）FLOPSを目標に開発を行っている。FLOPSは1秒間に何回の浮動小数点数計算ができるかを表す単位である。

スーパービジョン　super vision equipment　＝系統連系スーパービジョン

スーパヘテロダイン受信機　——じゅしんき　super heterodyne receiver　スーパヘテロダイン方式を用いた受信機。

スーパヘテロダイン方式　——ほうしき　super heterodyne　受信信号と局部発振器の信号を混合して両方の信号の周波数差を，中間周波数に変換，増幅した後で復調する，高感度で高選択の安定した受信方式。

数理演算論理装置　すうりえんざんろんりそうち　arithmetic logic unit, ALU　パーソナルコンピュータに搭載するマイクロプロセッサの実行ユニットを構成し，四則演算，論理演算などを処理する装置。

据置蓄電池　すえおきちくでんち　stationary battery　一般に商用電源が停止した場合に，直流で又はインバータを介して交流で電力を供給するために台又は床面に据え置いて使用する蓄電池。非常照明用電源や無停電電源装置の蓄電池として使用する。据置鉛蓄電池及び据置アルカリ蓄電池がある。

スカイライト　skylight　〔1〕スタジオ撮影に使用し，天井からつるし天空からの散乱光を模した大光量で均一な拡散光を，広範囲に照射する照明器具。〔2〕天空光。〔3〕天窓。

図記号　ずきごう　graphical symbol　対象物，対象物の取扱，概念及び状態に関する情報を，文字や言語によらず視覚的に伝達するために用いる図形又は記号。配線用図記号，電気用図記号，回路図記号などがある。

SQUID　スキッド　superconducting quantum interference device　＝超伝導量子干渉素子

スキッド磁束計　——じそくけい　superconducting quantum interference device　ジョセフソン効果を利用し微弱な磁束を測定するための，超伝導量子干渉素子を用いた超高感度磁束計。生体磁界計測など特殊用途で用いる。

スキャンコンバータ　scan converter　水平同期周波数が異なる映像表示信号を表示装置の周波数に変換する装置。水平同期周波数は，パーソナルコンピュータで31 kHz又は56 kHz，テレビジョンのアナログ放送で16 kHz，地上デジタル放送で55 kHz程度である。水平同期周波数の低い信号を高い信号に変換する装置をアップスキャンコンバータといい，逆の変換を行う装置をダウンスキャンコンバータという。地上デジタル放送をアナログ放送の受信機で見る場合は，ダウンスキャンコンバータを使用することになる。

スケジュール制御　——せいぎょ　scheduled control　曜日・日時のスケジュール設定を行い，設定したタイムスケジュールに従い，空調設備，照明設備などの自動発停を行う制御。年間カレンダ（平日，休日，特異日などの運転モード設定）と週間スケジュール（7曜日，休日，特異日の発停時刻設定）を用意しており，カレンダの運転モードの設定情報をもとに週間スケジュールの該当スケジュールを参照し，対象設備機器を自動発停する。

スケルトン　skeleton diagram　＝単線結線図

スケルトンインフィル　skeleton infill　建物の柱，はり，床などの構造体（スケルトン）と室内の内外装，設備（インフィル）をそれぞれ分離して考える設計・施工方法。耐震性を高めるために，設計と施工及びスケ

ルトンとインフィルを一体として考える。従来の方法に比べ，建物の耐久性や間取りの変更を自由にできる可変性を重視して，建物の利用度を上げ使用期間を延ばすことができる。

スコーカ squawker スピーカユニットの1つで中音域専用のスピーカ。 ⇨ウーハ，ツイータ

スコット結線変圧器——けっせんへんあつき Scott-connected transformer 三相電源に不平衡を与えないように単相電力を取り出せるようにした三相-二相変換変圧器。主座巻線1次側の中点とT座巻線の端を結び，T座巻線の1次側は主座巻線の変圧比の86.6%として，三相電源に接続し，それぞれ主座，T座の2次側で2つの単相電力を取り出すことができる。二相側の負荷が平衡すると三相側の負荷も平衡するので，交流電気車の電源や小容量発電機の単相負荷取出しに用いる。

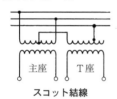
スコット結線

スター形LAN——がたラン star LAN ネットワークの中心に接続装置を設け，それを経由して端末装置相互を接続し，データの送受信を行うLAN。

スタータ starter 放電ランプの電極を予熱し，かつ，安定器の直列インピーダンスとの組合せによって生じるパルス電圧をランプに与えて始動する装置。

スターデルタ始動——しどう star-delta starting かご形三相誘導電動機の減電圧始動法の1つで，固定子巻線をスター形に結線して始動し，加速後にデルタ結線に切り換えて全電圧を供給する方法。減電圧始動が必要な場合に広く用いる方法で，始動電流及び電動機トルクは全電圧始動時の1/3となる。スターデルタ切換時に電動機を電源から切り離すオープン切換式と切り離さないクローズド切換式とがある。 ⇨クローズド切換式スターデルタ始動

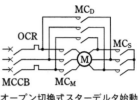
オープン切換式スターデルタ始動

スタック stuck 電子計算機で扱うデータを保持する形式で後に入れたデータを先に出すデータ保持形式。後入れ先出しの構造をLIFO (last in first out) または先入れ後出しをFILO (first in last out) という。また，データを収納する操作をプッシュ (push)，取り出す操作をポップ (pop) という。

スタッドボルト stud, stud bolt 棒の両端にねじがあって，一方のねじを機械の本体などに固く植え込んで用いるボルト。植込みボルトともいう。正確にはスタッドボルトは植込みボルトを指すが，一般にはねじ付溶接スタッド又は鋼・コンクリート合成げた構造のずれ止めとして溶接によって鋼げたに取り付けて用いる頭付きスタッドを指すことが多い。

ステージサイドスポットライト stage side spotlight 舞台の上手及び下手の端に設ける舞台そでを隠す黒幕の間に設置するスポットライト。

ステージスピーカ stage monitor loudspeaker ＝はね返りスピーカ

ステップインデックス形光ファイバ——がたひかり—— step index optical fiber コアの屈折率分布が均一なマルチモード光ファイバ。

ステップ応答——おうとう step response 時刻 t が $t \leqq 0$ で 0，$t > 0$ で一定値となる入力を与えた制御系の過渡応答。一定値が1の場合の過渡応答をインディシャル応答という。制御系の時定数を求める場合に用いる。

ストライカ striker ヒューズ付負荷開閉器

でヒューズリンクが溶断したとき，開閉器を断路するためヒューズリンクに設けた装置。⇨限流ヒューズ

ストリップライト striplight 60～100 W の白熱電球をとい形の灯具に4～12灯収納し，2～3回路とした可搬形の舞台用投光器。1～3色を各回路に分けて使用し，ボーダライト，フットライト，ロアホリゾントライトなどとして使用するほか，窓を外側から照らしたり，遠見の景色などを照らすために用いる。

ストレスコーン stress relief cone 高圧ケーブルの終端接続部において電界の集中を緩和させ，絶縁耐力を維持するために，遮蔽層をコーン状にした部分。テープ処理によるストレスコーンに代わって，今日では差込形のモールドストレスコーンなどを用いている。 ⇨端末処理

ストロボ 〔1〕electronic flash 写真撮影時にキセノンランプによりせん光を発生して被写体の照度を高くし，シャッタスピードを早くするために用いる装置。せん光装置又はスピードライトともいう。〔2〕flashbulb バルブ内に封止したマグネシウム合金のフィラメントを爆発的に燃焼させて一瞬だけ発光する写真撮影用電球。再使用することはできない。せん光電球ともいう。〔3〕stroboscope キセノンランプを用いて任意の周期で繰り返しせん光を発生する装置。せん光装置ともいう。運動する物体の瞬間映像がこま送りのように描写できるので，運動する物体の可視化，回転する物体の速度測定，舞台照明の効果用などに用いる。

ストロボライト strobo light ＝ストロボ

スナップスイッチ snap switch 操作時にパチンとはじけるように切り替わる操作機構のトグルスイッチ。

スノーノイズ snow noise テレビジョン受像機で，雪が降っているようにざらついた画面になっているとき，この原因となるノイズ。受信する電波が不十分になると，受像機内部で発生しているノイズが画面上で目立つことによって起きる。

スパイウエア spy-ware 使用者の許諾なしにパーソナルコンピュータに侵入し，使用者に関する情報を使用者の意に反して収集し，特定の情報収集者に自動的に送信するソフトウエア。スパイとソフトウエアを合わせた造語である。

スピーカ loudspeaker 電気信号を機械的振動に変換して音波を出す装置。拡声器ともいう。構造によってコーン形及びホーン形がある。スピーカのコイルインピーダンスは普通 4～16 Ω であり，これに増幅器を直接接続する方式がローインピーダンス式で，音質が良くオーディオ用に適している。内蔵したマッチングトランスで入力インピーダンスを大きくして増幅器の定電圧出力端子（100 V など）へ接続する方式がハイインピーダンス式で，並列に多くのスピーカを接続でき，広く業務用放送設備に用いる。

スピーカエンクロージャ loudspeaker enclosure スピーカユニットを収納する箱。スピーカから出力される音波は，振動板の前面と裏面とでは逆位相となり，直接混合すると互いに打ち消し合って出力が低下するので，これを防止するために用いる。箱には次の形式がある。①密閉形…裏面からの音波を閉じ込める。低音域の出力が低下する。②バスレフ形…設定した周波数帯における，裏面からの音波の位相を反転して出力する。③バックロードホン形…裏面からの比較的広帯域の音波を反転して出力する。

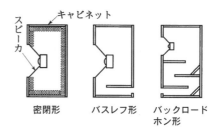

密閉形　バスレフ形　バックロードホン形

スピーカセレクタ loudspeaker selector 増幅器とスピーカ群との間に設置し，スピーカの回線を選択する装置。押しボタン式で

個別や一斉の選択ができる。

スピードライト speed light ＝ストロボ

スプライスボックス splice box 光ケーブルや通信ケーブルを接続するための箱。整端箱又は接続箱ともいう。

スプライト方式 ──ほうしき sprite 電子計算機のゲームなどで動画を作成し表示する際に，動かす図形と背景とを別に作成し，ハードウエア上で合成することによって表示を高速化する手法。記憶容量の少ないコンピュータでも機敏な動作を表現できるので，ファミリーコンピュータなどで利用していたが家庭用ゲーム機が高速化し使用しなくなった。

スプリンクラ消火設備 ──しょうかせつび sprinkler of fire extinguishing equipment 建築物天井部に配水管を配置し，所定の間隔で取り付けたスプリンクラヘッドが，火災時に熱に感応して散水口を開放し消火を行う設備。配水管は消火用の圧力水が充填してあり，スプリンクラヘッド感熱部の温度が75℃に達すると散水口を開放し，圧力水を散水板に衝突させ広い範囲に散水することができる。散水口を開放すると配水管内の水が流れ，流水検知器でこれを検知してスプリンクラポンプを起動して散水を継続する。

スペーサ spacer 〔1〕近接する物体間に接触を避けるため設ける部材。〔2〕電線，ケーブル，電動機巻線間などに熱及び電気的接触を避けるために用いる，ガラス繊維強化プラスチック，セラミックスなどの部材。

スペクトル spectrum 放射の1波長成分の強さを，波長又は周波数の順に並べて表示したもの。

滑り すべ── slip 誘導機の同期速度と回転子の速度との差を同期速度で除した値。同期速度をn_s，回転子の回転速度をnとすると，滑りsは，$s=(n_s-n)/n_s$で表す。百分率で表すこともある。誘導電動機はsが正，誘導発電機はsが負となる。

スポット型熱感知器 ──がたねつかんちき spot type heat detector 1局所の温度上昇を感知し，火災信号を発する熱感知器。温度の急激な上昇を空気の膨張による作動で検出する差動式，バイメタルを利用し一定温度以上を検出する定温式又は両方の機能をもつ補償式及び熱複合式がある。

スポットネットワーク受電方式 ──じゅでんほうしき spot network receiving system 22 kV又は33 kV配電線の2回線以上（通常3回線）からの受電回線のそれぞれに変圧器を接続し，変圧器の2次側をネットワークプロテクタを介してネットワーク母線に並列接続する受電方式。高信頼性の受電方式として，都市中心部のビルなどの集中負荷を対象として用いる。

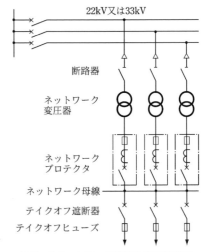

スポットネットワーク受電方式(2次低圧)

スポットライト limelight（英），spotlight（米） 発光部の口径が小さく，ランプを装着したとき，ビームの開きがごく小さい投射器。口径は通常0.2 m以下，ビームの開きは20°以下としている。舞台演出時に特定の部分だけを明るく引き立てるために用いる。平凸レンズスポットライト，フレネルレンズスポットライト，フォロースポットライト，フロントシーリングライトなどがある。

スマートカード smart card, IC card ＝ICカード

スマートグリッド smart grid 多数の分散

形電源を有する電力網において，情報通信技術を用い効率良く需給制御を行う送電網。太陽光，風力など再生可能エネルギーの発電電力を，効率よく利用する送電網を構築できる。スマートメータを用いて消費電力などの情報を把握し，きめ細かな電力供給制御を行う。

スマートフォン smart phone 携帯電話機能と携帯情報端末の機能とを融合した高性能携帯電話。音声通話機能だけでなく，パーソナルコンピュータと同様に，データの処理・蓄積ができ，電子メール機能やWebブラウザを内蔵し，インターネットにも接続できるなど，様々な処理能力を持つ。携帯電話とほぼ同じ大きさで，タッチパネル式が多い。

スマートメータ smart meter 通信機能を備えた高機能電力量計。スマートグリッドに用い，エネルギーの利用状況を把握するため内蔵するマイクロコンピュータにより，電力使用量データなどをネットワーク経由で電力会社へ送信する。

墨出し すみだ— marking 施工時に機器の設置位置，支持ボルトのインサートの位置などを建物のコンクリート面，型枠，天井下地材などに直接墨で印を付ける作業。最近では，レーザビームを利用した墨出し器も用いる。

スメクティック液晶 ——えきしょう smectic liquid crystal 分子配列が同じ方向を向き，更に層状に並ぶ構成の液晶。液晶のなかで最も分子配列の規則性が高く，固体結晶に近い性質を持つ。各層間の結合力が弱く，層間で滑りがあるため流動性があるが，分子の側面での相互作用が強いので粘性は大きい。強誘電性で応答が速いためディスプレイに用いる。

スモークマシン smoke machine 舞台の演出効果を目的として煙や霧を発生させる装置。自然現象としての霧やもやを演出するものと，照明効果として，ビーム状の光やレーザ光を散乱させて視覚効果を狙うものとがある。

スライダック slidac ＝可変電圧単巻変圧器

スラスト軸受 ——じくうけ thrust bearing 回転軸の軸方向に働く力を支持するために用いる軸受。推進軸受ともいう。平歯車などは軸に垂直な力が働くが，傘歯車，ウォーム歯車などでは軸方向に働く力が発生するので，歯車の伝達効率を損なわないために，これを支持して適正な接触圧力を保持する。

スラブ配管 ——はいかん piping in concrete slab コンクリート建造物の床版（スラブ）に埋設する電線管又はその敷設作業。

3R スリーアール 環境と経済とを両立し，循環型社会を形成していくためのキーワード。リデュース，リユース及びリサイクルの頭文字をとったもので，循環型社会形成推進基本法にこの考え方を導入している。

スリーブ 〔1〕splicing sleeve 電線を圧着接続するための金属製のさや管。〔2〕piping sleeve 壁やはりを貫通して配線を通すために用いるさや管。

スリーブ接続 ——せつぞく sleeve connection, sleeve joint スリーブを用いて電線を接続すること。スリーブには，直線突合せ用スリーブ，直線重ね合せ用スリーブ，終端重ね合せ用スリーブ，S形スリーブ，マッキンタイヤスリーブなどがある。工法には，圧着，圧縮及びねん回がある。

直線突合せ用スリーブ接続

直線重ね合せ用スリーブ接続

S形スリーブによる分岐接続

マッキンタイヤスリーブ接続

スリップリング collector ring, slip ring ＝集電環

スリムライン形蛍光ランプ ——がたけいこ

う── instant-start fluorescent lamp　電極を予熱せず，高電圧を印加して瞬時に点灯させる蛍光ランプ。一般的に直管形で，管径が細く，ショーケースなどの特殊な用途に用いる。冷陰極放電ランプの一種である。

スワン口金 ──くちがね　Swan base　＝差込口金

寸動　すんどう　inching　機械の位置合せなどのために，電動機やソレノイドを断続的に微動させる動作。インチングともいう。

セ

静荷重　せいかじゅう　dead load　大きさが変化しない荷重。建物の自重，積載荷重などがある。

正帰還　せいきかん　positive feedback　増幅器の出力信号の一部を入力信号に同位相で加えること。主に発振回路などに用いる。

正規分布　せいきぶんぷ　normal distribution　寸法や電圧などを繰り返し測定したときに生じる，測定誤差の出現密度が0を中心に釣鐘形に左右対称となる分布。ガウス分布ともいう。平均をμ，分散をσ^2とすると，出現確率密度を示す関数は次式で表す。

$$f(x)=\frac{1}{\sqrt{2\pi\sigma^2}}e^{-(x-\mu)^2/2\sigma^2}$$

平均が0，分散が1の正規分布を特に標準正規分布（図参照）といい，確率密度の関数は次式となる。

$$f(x)=\frac{1}{\sqrt{2\pi}}e^{-x^2/2}$$

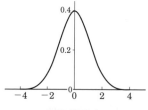

標準正規分布

制御器具番号　せいぎょきぐばんごう　de-vice function number　制御用の機器や装置の種別を表示する記号。機器名称を示す数字と主な機能を表すアルファベットとで構成する。

制御所　せいぎょしょ　remote control station　発電所，変電所，開閉所などを遠隔監視制御する所。電力供給を継続するために，発電所，変電所，開閉所などを監視し，電力需要を予測し，発電電力の制御及び送電経路の選択制御を行う。

制御線　せいぎょせん　control wire　負荷機器の操作，状態の監視などの制御を行うための配線に用いる電線。

制御盤　せいぎょばん　control panel　動力設備，照明設備などを監視・制御・保護するために必要な開閉器，継電器，計器などを金属製の箱に収納した装置。電路を保護する配線用遮断器や開閉頻度の高い電磁接触器などで構成する。

制御弁式鉛蓄電池　せいぎょべんしきなまりちくでんち　valve regulated lead-acid storage battery　充電時，正極板から発生する酸素ガスを負極板で反応吸収させ，水素ガスの発生を抑える負極吸収式の鉛蓄電池。セルの内圧上昇時にはガスをセル外へ放出する制御弁をもっている。規定の充電及び温度の限界以内で作動させたとき，密閉状態が維持され，ガス又は液体を放出しにくく，電解液の補充を必要とせず，保守性に配慮した設計としている。使用する電解液の量が少ないため，周囲温度の影響を受けやすく，高い温度条件の下では短寿命になることがある。以前は，陰極吸収式蓄電池と呼んでいた。

制御用継電器　せいぎょようけいでんき　control relay　正常状態における特定の入力に応じて，他の継電器や装置を制御する継電器。異常状態ではなく，正常な状態においてあらかじめ定められた入力に対し動作する点が保護継電器と異なる。

制御用ケーブル　せいぎょよう──　control cable　600 V以下の制御回路に使用する，塩化ビニル，ポリエチレン又は架橋ポリエチレンで絶縁し，塩化ビニル又はポリ

エチレンでシースを施したケーブル。導体の公称断面積は1.25〜22 mm^2,線心数は30心まで規定がある。制御用ビニル絶縁ビニルシースケーブル（CVV），制御用ポリエチレン絶縁ビニルシースケーブル（CEV），制御用ポリエチレン絶縁ポリエチレンシースケーブル（CEE），制御用架橋ポリエチレン絶縁ビニルシースケーブル（CCV），制御用架橋ポリエチレン絶縁架橋ポリエチレンシースケーブル（CCE）などがある。

成形より線 せいけい――せん shaped stranded-conductor 多心ケーブルなどで線心相互間の隙間をなくすように，断面が円形でなく，半円形又は扇形となるように成形したより線。成形したものには，圧縮加工を同時に行った圧縮成形より線が多い。

成形より線

制限電圧 せいげんでんあつ discharge voltage 避雷器の放電中，過電圧が制限されて両端子間に残留する衝撃電圧。放電電流の波高値及び波形によって定まり，通常波高値で表す。高圧避雷器では公称放電電流が2 500 Aで33 kV, 5 000 Aで30 kVである。

正弦波 せいげんは sinusoidal wave, sine wave 時間に対する変位が正弦関数に従う波形となる波動。一般に，正弦関数 Y は A を振幅，ω を角速度，t を時刻，ϕ を初期位相遅れとすると，$Y(t)=A\sin(\omega t-\phi)$ で表すことができる。ひずみのない交流の電圧及び電流の波形は正弦波である。

製作図 せいさくず production drawing 設計図を基にして，製作に必要なすべての情報を表示した図面。

生産管理システム せいさんかんり―― production management system 製品の受注から生産，納品に至る流れを統合的かつ，総合的に管理するシステム。生産に関する大量の情報を電子計算機で処理し，生産活動を合理的で効率的に行うために納期，生産能力，品質，コストなどを総合的に管理する。

静止形継電器 せいしがたけいでんき static relay 外部入力に対する応動機構を半導体回路で構成した継電器。トランジスタやダイオードなどの半導体素子で構成する。接点の開閉など機械的な動作要素を持たないため，振動による誤動作のおそれがない。

静止形励磁方式 せいしがたれいじほうしき static excitation system 同期発電機の発生した電力の一部を，電圧に比例する成分をリアクトルを介して，電流に比例する成分をCTを介して取り出し，合成して整流器で整流し，発電機の界磁に供給する励磁方式。ブラシレス方式に比べて励磁容量が大きくブラシの保守が面倒なため，最近ではほとんど使用していない。

静止レオナード方式 せいし――ほうしき static Leonard system コンバータ電源を用いて直流電動機の界磁電流を変化させ回転速度を制御する方式。サイリスタレオナード方式ともいう。コンバータとしてはサイリスタ位相制御回路を用い電動発電機を使用しないため効率が良く制御性も高いが，高調波の発生，インバータ機能を付加しなければ回生制動が使用できないなどの欠点もある。初期にワードレオナード方式の電動発電機の機能を静止機器のコンバータで置き換えたためにこの名がある。

制振 せいしん vibration control 風や地震などによる建物の揺れを機械的な装置で抑制すること。パッシブ制振とアクティブ制振とがある。パッシブ制振には水槽及び水を利用したもの，ダンパを利用したものなどがある。アクティブ制振には油圧又は電気で駆動するアクチュエータをコンピュータで制御し，アクチュエータの反力や油圧を利用して制振効果を発揮するものがある。

正相 せいそう positive phase 不平衡多相交流を対称座標法で表したとき，相回転

が順方向に回転する成分。相回転の位相図を複素平面上に表したとき反時計回りの相順となる。

正相インピーダンス　せいそう——　positive-phase-sequence impedance　正相電圧と正相電流との比。同期発電機では，定格容量基準で，100〜200％程度である。送配電線路では，三相が完全ねん架されているとすれば，線路インピーダンスに等しい。変圧器の場合は，短絡インピーダンスに等しい。

正相電圧　せいそうでんあつ　positive-phase-sequence voltage　三相不平衡電圧を対称座標法で正相分，逆相分及び零相分に分解したときの正相分の電圧。正相電圧の相回転は，その三相不平衡電圧の相回転方向と等しく，電動機負荷であれば，正方向にトルクを発生させる成分である。完全に平衡のとれた三相交流では，その成分のすべてが正相分となる。

正相電流　せいそうでんりゅう　positive-phase-sequence current　三相不平衡電流を対称座標法で正相分，逆相分及び零相分に分解したときの正相分の電流。⇨正相電圧

正相ノイズ　せいそう——　positive-sequence mode noise　＝ノーマルモードノイズ

製造物責任　せいぞうぶつせきにん　product liability, PL　製造業者等が自ら製造，加工，輸入又は一定の表示をし，引き渡した製造物の欠陥により他人の生命，身体又は財産を侵害したときに，過失の有無にかかわらず，これによって生じた損害を賠償する責任。製造物責任法で，製造業者等の損害賠償責任，円滑かつ適切な被害救済，免責事由，責任期間の制限などについて定めている。

生体認証　せいたいにんしょう　biometric identification　生体的特徴を用いて個人を特定する方法。バイオメトリック認証ともいう。生体的特徴として用いるものに，網膜，瞳の虹彩，指紋，顔，声紋，指や手のひらの静脈などがある。現金自動預払機，パーソナルコンピュータ，入退室管理などに用いる。

生体リズム　せいたい——　biological rhythm　地球の公転や自転に合わせた生物の持つ生理的なリズム。脊椎動物では脳の視床下部にある体内時計がリズムを刻んでいるが，動物に限らず地球上の生物すべてが持つ。1年周期の公転に関係する季節リズムの例として，鳥の渡りや熊の冬眠などが有名である。

成端　せいたん　mechanical termination　通信ケーブルなどの端部にコネクタ，ジャック，プラグなどの器具を取り付けること。各種の接続装置，機器などと機構的なインタフェースをとることができる。

整定　せいてい　settling　タップ，レバーなど所定の装置によって，動作の基準値を定めること。

静電移行電圧　せいでんいこうでんあつ　static transfer voltage　変圧器の高圧側巻線に侵入した衝撃性異常電圧が巻線間の静電容量を介して，低圧側巻線に移行する電圧。

静電界　せいでんかい　electrostatic field　変動しない電荷によって生じる電界。静電場ともいう。電界中の電荷にはクーロン力が働き，クーロン力の大きさは電界の強さと電荷の量に比例する。

静電形計器　せいでんがたけいき　electrostatic instrument　固定電極と可動電極との間に生じる静電力で動作する計器。主に高圧の電圧計として使用する。高圧の直流測定では入力抵抗が無限大であり，交流測定では周波数の影響を受けないので，同一計器で直流と交流の測定ができる。

静電気　せいでんき　static electricity　分布が時間的に変化しない電荷。摩擦によって絶縁物の表面に付着した電荷，電界内に置いた絶縁物内に分極作用で発生する電荷，電界内に置いた導体表面に正負等量に誘起する電荷などがある。集じん，塗装などに利用する。また，爆発性，可燃性ガス蒸気への着火の原因となることがある。

静電結合　せいでんけつごう　electrostatic

coupling, capacitive coupling　電気回路が静電容量によって結合していること。容量結合ともいう。容量素子を用いて意図的に回路の結合を行う場合のほか、浮遊容量や分布容量などの回路構成素子として現れない容量によって回路が結合し障害が発生する場合がある。

静電シールド　せいでん——　electrostatic screen（英），electrostatic shield（米）＝静電遮蔽

静電遮蔽　せいでんしゃへい　electrostatic screen（英），electrostatic shield（米）　静電結合を防止し、外部電界の侵入を防ぐために、接地した導電性材料で作った遮蔽装置。

静電誘導　せいでんゆうどう　electrostatic induction　帯電した物体の近傍にある導体の帯電した物体に近い側に、帯電した物体の電荷と逆の極性の電荷を誘導する現象。帯電した物体の近傍には帯電した電荷に比例した静電界が存在するが、電界中に置かれた導体の内部は等電位であるため、導体内の電荷が導体近傍の電位差を解消するように移動することによって生じる。

静電誘導サイリスタ　せいでんゆうどう——　static induction thyristor　pnpn 構造を持つオン及びオフが可能なスイッチング素子。SI サイリスタともいう。GTO などに比べて低損失で高速スイッチングが可能である。構造は p^+nn^+ のダイオード構造に、ソース n^+ の周囲を p で囲いゲートを構成したものである。ソース-ドレーン間に順

方向電圧を印加すると、ダイオードの順方向電流 i_A が流れる。このときにソース-ゲート間に逆バイアスを加えると、ソース周囲に空乏層が形成され、主電流 i_A が遮断され、オフ状態となる。

静電誘導トランジスタ　せいでんゆうどう——　static induction transistor　nn^+ の同一基板構造のソース n^+ の周囲を p で囲いゲートを構成し、ゲートに印加する電圧により半導体中の電位分布を変調するトランジスタ。ソース-ドレーン間に順方向電圧を印加すると順方向電流 i_A が流れるが、i_A の大きさはソース-ゲート間に印加する逆バイアス電圧で制限される。ゲート電圧による電流増幅は直線性が高く、損失も少ないため高級オーディオ用、高周波大電力用などの増幅器に用いる。スイッチングにも用いる。

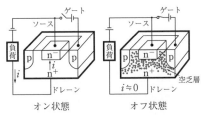

静電誘導トランジスタの動作原理図

静電誘導ノイズ　せいでんゆうどう——　static conductive noise　回路間の電界結合によって誘導されるノイズ。ノイズ電圧は、ノイズ源の周波数、電圧、回路のインピーダンス及び回路間の静電容量に比例する。

静電容量　せいでんようりょう　capacitance, electrostatic capacity　導体に与えた電荷と無限遠を零としたときの導体の電位との比。単位はファラッド（F）。電荷を Q、電位を V とすると静電容量 C は、$C=Q/V$ である。なお、独立した導体の静電容量は相対する電極間に印加した電圧と蓄えた電荷との比で表す。

精度　せいど　accuracy　測定値、計器又は工作機械の正確さ及び精密さを表す度合い。測定値については、誤差が小さいほど正確さが高いといい、ばらつきが小さいほ

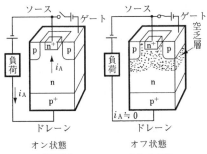

静電誘導サイリスタの動作原理図

ど精密さが高いという。測定値の誤差又はばらつきの比を百分率によって，例えば 0.1％ の精度，又は比そのものを用い 1/1 000 の精度などと表す。計器の精度は得られる測定値の精度によって，工作機械の精度はその加工し得る工作品の寸法の精度によって表す。

制動 せいどう braking, damping 運動する物体に運動方向と反対方向に作用する力を加えて短時間に停止させること，又は速度を制御すること。電動機の制動方式には，機械的制動，発電制動（直流制動），逆相制動，回生制動，渦電流ブレーキ法，極数切換えによる制動法などがある。

性能検証 せいのうけんしょう commissioning 使用者の要求性能を取りまとめ，その性能実現のため性能検証関連者の助言・査閲・確認を行い，機能性能試験を実施して受け渡すシステムが適正な状態にあることを検証すること。

正反射 せいはんしゃ regular reflection 反射の法則に従う拡散のない反射。鏡面反射ともいう。高品質の鏡などのよく磨かれた表面は，ほぼ完全な正反射である。

生物情報科学 せいぶつじょうほうかがく bioinformatics 生命科学に応用数学，統計学，応用物理学，計算機科学などの情報科学を応用した学問。電子計算機を用いてゲノム，遺伝子，たんぱく質構造などの生命現象に関連する情報のシミュレーションやデータ解析を行う。

生物多様性 せいぶつたようせい biodiversity, biological diversity 地球上に多様な生態系，生物種，遺伝子が存在すること。地球環境の悪化に伴って生物種の絶滅速度が増し，生態系への影響が懸念されている。

精密電力量計 せいみつでんりょくりょうけい precision watt-hour meter 計器用変成器と組み合わせて，電力量を高精度で計量できる性能を持つ計器。主として契約最大電力 500 kW 以上の高圧及び特別高圧における大口需要の電力計測に用いる。契約最大電力 10 000 kW 以上では特別精密電力量計を用いる。

整流回路 せいりゅうかいろ rectifying circuit 交流電力を直流電力に変換する回路。電流を 1 方向のみに流す整流器を用いる。交流側の電気方式や結線方法によって単相半波，単相全波，三相全波整流回路などがある。整流回路の 2 次側は，リップルを含むので，それを減少させるのに平滑回路を用いる。直流側の電圧は交流実効値の $\sqrt{2}$ 倍となる。単相半波整流回路は小容量の場合に用い，一般には全波（ブリッジ）整流回路を用いる。

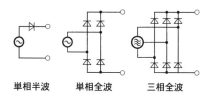

単相半波　　単相全波　　三相全波

整流形計器 せいりゅうがたけいき rectifier type instrument 交流を半導体整流器によって直流に変換し，永久磁石と可動コイルとの相互作用によって生じるトルクに比例して指針を動作させる計器。整流した電流による瞬時トルクを平均すると駆動トルクが得られ，それは測定電流に比例している。この測定電流は平均値を示すので，一般には交流を正弦波として扱い波形率（実効値と平均値の比 $K=1.11$）を用いて実効値目盛にしてある。

整流器 せいりゅうき rectifier 交流電力を直流電力に変換する装置。ダイオード，サイリスタなどがある。

整流子 せいりゅうし commutator 回転機の回転部巻線に接続し，これに接触するブラシを介して巻線電流の方向を切替える部材。回転子の軸部に台形断面を持つ導体部の整流子片と絶縁物を交互に配列し，円筒形に組み立て構成する。発電機では外部回路へ直流電流を流し，電動機では電機子の一方向への回転力を発生させる。

整流子電動機 せいりゅうしでんどうき commutator motor 電機子に流れる電流を回転位相に応じて切替えるため整流子とブラシを有する電動機。回転数は 30 000

min^{-1} 程度まで可能で，トルクと回転数の反比例特性を持つ交直両用電動機である。高速回転で騒音は大きいが出力の割には小形になり掃除機，ミキサ，電動工具などに用いる。

整流子発電機 せいりゅうしはつでんき commutator genelator, dynamo 界磁に永久磁石を使用し回転する電機子に発生する交流誘導電流を整流子を用いて直流で取り出す直流発電機。

セード shade ランプの直視を防ぐように設計した不透明又は拡散透過性材料で作った遮光物。一般にランプの傘ともいう。

セード

ゼーベック効果 ──こうか Seebeck effect 物体の温度差を電圧に直接変換する現象。熱電起電力の一種。

セーリスボックス series box スイッチボックス（カバー付）のこと。現在ではこの呼称はほとんど用いない。

世界時計 せかいどけい world clock 世界各国の主要都市の現在時刻を表示する時計。一般に世界地図上に経線に沿って 24 に区分した時間帯，日付変更線，都市名とその都市の現在時刻を表示する。簡易的に，都市名とその都市の現在時刻を表示する時計とを組み合わせたものもある。空港や国際ホテルのロビーなどに設置している。

赤外加熱 せきがいかねつ infrared heating 電磁波の波長が 0.8～4 μm の帯域を利用して行う加熱。赤外電球，赤外ヒータなどの発熱体からの赤外放射を被加熱物に直接照射し，吸収させ加熱する。放射による加熱のため，物体の表面加熱に適する。温度制御が容易で，加熱雰囲気を自由に選択でき，加熱開始及び終了を即時に行える。被加熱物に合った特性の放射源を利用でき，自動制御に適する。

赤外線 せきがいせん infrared rays ＝赤外放射

赤外線式炎感知器 せきがいせんしきほのおかんちき infrared flame detector 炎から放出される赤外線の変化が一定の量以上になったとき火災信号を発する感知器。炎の分光波長分布は，自然光及び人工光には観測されない炭酸ガス特有の 4.4 μm 付近に大きなピークを生じる。このピークを光学的バンドパスフィルタで選択透過させ，赤外線受光素子である焦電素子などに入光させ，炎の揺ぎの周波数である 1～15 Hz のみを電気的に増幅して火災を検出する。

赤外線パッシブ検知器 せきがいせん──けんちき passive infrared detector 警戒範囲内の背景及び侵入者が放射する遠赤外線のエネルギーの差を検知し，信号又は警報を発する機器。受動赤外線検知器ともいう。人体，壁などの表面温度から放射される 7～14 μm の遠赤外線を用いる。面状の警戒範囲を見渡せる天井又は壁に取り付ける。小動物，空調機の温度変化などで誤作動する場合がある。

赤外線ビーム検知器 せきがいせん──けんちき infrared beam interruption detector 赤外線ビームの遮断を検知し，信号又は警報を発する機器。建築物の壁，フェンス，柱などに赤外線投光器及びその受光器を取り付け，その間を警戒する。対向形と反射形とがある。小動物，雨，霧などによる光の減衰，雷などによる光の干渉で誤作動する場合がある。

赤外電球 せきがいでんきゅう infrared lamp 特に赤外放射が多くなるように作った白熱電球。相関色温度は 2 000～2 600 K である。近赤外部（波長 1～3 μm）の放射が多いので，加熱乾燥に用いる。

赤外放射 せきがいほうしゃ infrared radiation 波長が可視放射の波長より長い 1 mm 以下の電磁波。一般には赤外線と呼ぶ。CIE では，波長 780 nm～1 mm までの範囲を IR-A（780～1 400 nm），IR-B（1.4～3 μm），IR-C（3 μm～1 mm）と分類している。赤外放射は一般に熱作用を持ち，加熱，暖房，調理などのほか，センサ，暗視装置な

どに用いる。

積載荷重 せきさいかじゅう movable load 建築構造物の床に加えることができる荷重。建築基準法では建築物の実況に応じて計算するよう定めているが，住宅，事務室，教室，百貨店，劇場などにあっては，建築物用途ごとに床の構造計算，大ばり，柱又は基礎の構造計算及び地震力の構造計算をするために用いる単位面積当たりの荷重を定めており，この数値に床面積を乗じて計算することができるとしている。 ⇨固定荷重

積層電池 せきそうでんち layer cell, stacked cell 同一の素電池を層状に積み上げて構成した組電池。

責任分界点 せきにんぶんかいてん responsibility point 電気事業者と需要家との間で保安上の責任範囲を明確にした電線路上の境界点。原則的には財産分界点と一致する。一般には需要家が設置した負荷開閉器又は断路器の1次側端子となる。

責任分解点 せきにんぶんかいてん demarcation point 電気通信事業者と宅内配線との接続点で，責任区分を明確にできる点。一般には保安器の宅内側に設ける。

積分器 せきぶんき integrator 入力電圧の積分値を出力する集積回路で構成した増幅器。

$V_{in}(t)$：入力電圧，C：負帰還コンデンサ，R：入力抵抗，$V_{out}(t)$：出力電圧，OP：演算増幅器

$$V_{out}(t) = -(1/RC)\int V_{in}(t)\,dt$$

積分器

石綿板 せきめんばん asbestos board 石綿に充填材及び結合材を加えて板状にしたもの。石綿セメント板ともいう。パッキング材，電気絶縁材，保温材などに用いた。現在では肺気腫や肺がんを誘発する物質と

して使用を禁止している。

セキュリティシステム security system ＝ 防犯設備

セグメント segment〔1〕コンピュータネットワークの構成単位で1つのルータ又はレイヤ3スイッチ（L3スイッチ）に接続している端末群。 ⇨コリジョンドメイン，ブロードキャストドメイン。〔2〕OSI基本参照モデルの第4層（トランスポート層）でTCPなどのコネクション型通信を用いる場合のデータの転送単位。上位3層で扱うデータであるメッセージにデータの順番や再送機能などのヘッダを追加して構成する。TCPなどではコネクションを確立し，送信したデータが順に間違いなく届く方法を取っている。〔3〕電子計算機の主記憶装置上で一度にアクセスできる連続領域。〔4〕地上デジタル放送で1チャンネルの周波数帯域 5.57 MHz を13に分割した分割単位。ハイビジョンデジタル放送では中央の1セグメントを除く12セグメントを使用し，従来の標準画質では4セグメントを使用して同時に独立した3プログラムが送信できる。

施工管理技士 せこうかんりぎし construction management engineer 営業所ごとに置く専任の技術者及び建設工事の現場ごとに置く主任技術者又は監理技術者として，建設工事の施工の技術上の管理をつかさどる資格をもつ者。建設業法。電気工事施工管理技士，建築施工管理技士，建築機械施工技士，土木施工管理技士，管工事施工管理技士及び造園施工管理技士の6種類があり，1級及び2級の別がある。

施工計画 せこうけいかく construction plan 工事を実施するための計画。設計図書に基づいて，十分な予備調査や発注者との協議等を行い，所定の工期内に最小の費用で，安全に施工するために計画する。一般に，施工手段や手順は，施工者側にまかされているが，契約条件や設計図書を確認し，施工法や順序を決定し，技術の進展も考慮の上，最適な方法を導入することが必要である。

施工図 せこうず working diagram 施工業者が設計図書に基づいて実際に工事が行えるように作成する図面。各部の施工寸法，機器の位置及び設置方法，建築及び他機器との相互の取合い，収まりなどを詳細に図示する。

施工要領書 せこうようりょうしょ instruction of work procedure 施工に当たって，施工図上で表現できない工法や施工の手順，施工上の注意，品質管理に関する事項などを具体的に記した図書。

絶縁監視装置 ぜつえんかんしそうち insulation monitor 交流電路の大地漏れ電流を検出して電路の絶縁状態を監視する装置。接地回路に周波数の異なる地絡監視用の交流電流を直列に重畳し，この電流の実効成分のみを検出して漏れ電流を監視する。

絶縁協調 ぜつえんきょうちょう insulation coordination 電力系統に発生する各種の過電圧に対して，絶縁破壊事故の発生確率が許容水準にとどまるように電力機器・設備の絶縁強度を選定し，最も合理的になるように協調を図ること。雷サージ過電圧などに対しては，避雷器の保護レベルを電路の絶縁強度より低くすることによって保護する。

絶縁距離 ぜつえんきょり insulation distance 互いに絶縁すべき部分相互間の距離。空間距離及び沿面距離からなる。

絶縁体 ぜつえんたい insulation, insulating material 電流又は電荷の通過を妨げる物質又は物体。絶縁物と同意。抵抗率は，$10^5 \sim 10^{16}$ Ω・m 程度である。絶縁体は絶縁性と同時に誘電性を示し，この視点から見たときは誘電体という。

絶縁耐力 ぜつえんたいりょく dielectric strength 電気機器や電路の絶縁物が規定の電圧に耐える性能。耐電圧試験又は絶縁耐力試験によって確認する。

絶縁耐力試験 ぜつえんたいりょくしけん dielectric strength test 高圧及び特別高圧の電路，回転機，整流器，燃料電池及び太陽電池モジュールの電路，変圧器の電路並びに器具等の電路の絶縁物が規定の電圧に耐えることを確認する試験。電気設備技術基準の解釈で定めており，電気設備の使用前に現場で行う試験である。例えば，高圧の場合では最大使用電圧の1.5倍の試験電圧を電路と大地との間に10分間加える。また，電線にケーブルを用いたときは，長距離の場合交流では静電容量が大となり大容量の電源設備が必要となり実施が困難となることから，上記試験電圧の2倍の直流電圧で行ってよいこととなっている。

絶縁継手 ぜつえんつぎて insulated joint 管の接続部を電気的に絶縁するために用いる継手。材質の異なる金属製の管を直接接続すると接触電位が生じ，これに起因する異種金属接触腐食が発生するので，これを防止するために用いる。

絶縁抵抗 ぜつえんていこう insulation resistance 電気機器や電路の絶縁物の電気抵抗。一般には，絶縁抵抗測定値又は漏れ電流測定値で，測定対象物の絶縁能力や劣化状態を評価する。低圧電路の絶縁抵抗値は，電気設備技術基準で規定している。

絶縁抵抗計 ぜつえんていこうけい insulation resistance tester, megohm meter 電気機械器具や電路と大地間，又は電線相互間の絶縁抵抗を測定する計器。かつては，手回し式発電機内蔵形が使われたが，現在は電池内蔵形となっている。表示形式には，指針形とデジタル形があり，測定端子電圧は 25 V, 50 V, 100 V, 125 V, 250 V, 500 V, 1 000 V のものがある。端子はそれぞれ（－）（ライン），（＋）（アース）及びガードがある。ガード端子（保護端子）は，試験対象とする絶縁物の沿面漏れ電流の影響を受け

低圧電路の絶縁性能

電路の使用電圧		絶縁抵抗	漏れ電流
300 V 以下	対地電圧 150 V 以下	0.1 MΩ 以上	1 mA 以下
	対地電圧 150 V 超過	0.2 MΩ 以上	
300 V 超過		0.4 MΩ 以上	

ないように，沿面部に裸銅線などを巻き付けて使用する。

絶縁電線 ぜつえんでんせん insulated conductor, insulated cable ゴム，合成樹脂，紙，綿又は絹糸，エナメル，無機絶縁物などを被覆した電線。屋外配電，屋内配線，機器内配線，電機巻線，情報・通信用など種類が多い。英語の insulated cable については，ケーブルを参照。電気設備技術基準，電気用品安全法，消防法などで規定している。

絶縁トロリー線 ぜつえん——せん covered trolley wire 導体を絶縁物によって覆い，コレクタの集電用ブラシがしゅう動しながら集電できる連続した開口部を持つ接触電線。線数によって単線式及び多線式があり，施工方法によって張力形及び非張力形がある。

絶縁破壊 ぜつえんはかい electric breakdown 絶縁物の絶縁劣化が進み絶縁性能が失われる現象。絶縁破壊には，部分放電劣化，アーク破壊，トラッキング破壊，トリー破壊などがある。

絶縁破壊試験 ぜつえんはかいしけん dielectric breakdown test 電気機器・電気装置の絶縁性能の限界を求める試験。

絶縁破壊電圧 ぜつえんはかいでんあつ dielectric breakdown voltage 定められた方法で絶縁材料に電圧を加えたとき絶縁材料が破壊する最小の電圧。

絶縁物 ぜつえんぶつ insulation, insulating material ＝絶縁体

絶縁ブッシング ぜつえん—— insulated conduit bushing 鋳鉄製ブッシングの端口に合成樹脂絶縁物を接合するか，又は全体がポリカーボネート樹脂などの絶縁物から成るブッシング。

絶縁変圧器 ぜつえんへんあつき isolating transformer 〔1〕1次巻線と2次巻線とを電気的に絶縁した変圧器。〔2〕1次巻線と2次巻線とを電気的に絶縁し，2次側の電路を非接地として地絡電流を抑制するために用いる変圧器。特に感電防止を目的として，医用電気機器，水中照明器具などへの電源供給回路に用いる。

絶縁防護板 ぜつえんぼうごばん insulating barrier キュービクルや分電盤などの保守点検時に，充電露出部が人体に容易に触れないように防護するための隔壁。多くは難燃性又はこれと同等以上の防火性能をもつ合成樹脂製のものを用いる。

絶縁母線 ぜつえんぼせん insulated bus 変電設備のスペースを小さくするために絶縁した母線。絶縁方式によりガス絶縁と固体絶縁とがある。ガス絶縁母線は絶縁物にSF_6ガスを用いたもので，高電圧になるほどスペースの縮小効果が大きい。ガス絶縁開閉装置（GIS）に用いる。固体絶縁母線は絶縁物にエポキシ樹脂などを用いたもので，3～33 kVの縮小形開閉装置に用いる。

絶縁油絶縁破壊電圧測定器 ぜつえんゆぜつえんはかいでんあつそくていき breakdown voltage measuring equipment for insulating oil 絶縁油の絶縁破壊電圧を測定する試験器。絶縁油の特性の評価は，絶縁破壊電圧，酸価その他で行う。

絶縁用防具 ぜつえんようぼうぐ insulating safeguard 7 000 V以下の充電電路の電気工事の作業を行う場合に，感電防止のために電路に取り付ける器具。活線作業又は活線近接作業において作業者が現に取り扱っている部分以外の周囲の配線，電気機械器具などの充電電路に装着する。電気用絶縁管，電気用絶縁シート，がいし用絶縁カバーなどがある。

絶縁用防護具 ぜつえんようぼうごぐ insulating safeguard for construction site 建設作業において，周辺の電路に建設機械器具，作業者などが接近又は接触することによる作業者の感電を防止するために電路に取り付ける器具。建設用防護管，建設用防護シート，建設用防護カバーなどがある。

絶縁用保護具 ぜつえんようほごぐ insulating protector 7 000 V以下の充電電路の電気工事の作業を行う場合に，感電防止のために作業者の身体に着用する装具。電気用ゴム手袋，電気用安全帽，電気用ゴム袖，電気用ゴム長靴などがある。

絶縁劣化 ぜつえんれっか insulation aging 絶縁性能が時間とともに低下すること。その要因は、熱、電圧、機械力及びその他の環境要因（空気、水、化学薬品、放射線など）並びにそれらの複合要因によるものがある。一般に、絶縁劣化の度合いは、絶縁抵抗の測定及び絶縁耐力の試験によって評価する。

絶縁ワニス ぜつえん―― insulating varnish 電気絶縁用のワニス。コイルの絶縁、エナメル線の塗装、マイカの接着加工などに用いる。

設計 せっけい designing 建築物、工業製品、情報システムなどを作るときに、構造及び機能を明確に記述した、図面その他の図書を作成する行為。

設計図 せっけいず design drawing 建設又は製作に先立って、設計の意図を表現し、工事（製作）費の算定及び工程の計画ができるように図示したもの。一般には実施設計図（working drawing）を指すことが多いが、基本設計図（preliminary design drawing）を含むこともある。

設計図書 せっけいとしょ design documents, drawings and specifications 建設又は製作に必要な事項を記した、設計図、計算書及び仕様書並びにこれに現場説明書及び質疑応答書などを加えたものの総称。請負契約などに用いる。

設計品質 せっけいひんしつ quality of design 施工又は製造の目標として狙う品質。狙いの品質ともいう。これに対して、使用者が要求する品質や度合いを使用品質という。品質は品物又はサービスが、使用目的を満たしているかどうかを決定するための評価の対象となる固有の性質及び性能の全体をいう。

設計用標準震度 せっけいようひょうじゅんしんど seismic coefficient for design 設備機器の耐震設計を行う際に設計用水平地震力の算出に用いる水平震度。設計用水平地震力は設計用標準震度、地域係数及び機器質量の積で求める。設計用標準震度は機器の設置階及び震度クラス別に 0.4～2.0 の数値で表す。

接合形トランジスタ せつごうがた―― junction transistor ＝バイポーラトランジスタ

接触抵抗 せっしょくていこう contact resistance 2つの導体の接触面に生じる抵抗。見掛けの接触面積に比べ真の接触面積が小さくなるための集中抵抗及び接触面の酸化皮膜、汚損、油膜などによる境界抵抗からなる。接触抵抗の増加に伴い電圧降下及び発熱を生じる。接触抵抗は、導体の種類、接触面積、圧力、接触面状態などによって異なる。

接触電圧 せっしょくでんあつ touch voltage 人又は動物が2つの導電性部分に同時に接触したときの導電性部分間の電圧。接触電圧の値は、人又は動物のインピーダンスによって大きく影響を受ける。推定接触電圧に対して実効接触電圧ということがある。

接触電線 せっしょくでんせん contact conductor 走行クレーン、モノレールホイストなどの移動用電気機器の集電装置と直接接触して、電気を供給するための電線。裸電線をがいしで支持する方法及びトロリーバスダクト又は絶縁トロリー線を用いる方法がある。電車線も接触電線の一種である。

絶対温度 ぜったいおんど absolute temperature ＝熱力学温度

絶対形式プログラム ぜったいけいしき―― absolute program 命令語の部分をマシンコード、オペランド部を絶対アドレスで表現し、主記憶装置上で占有する記憶場所が固定しているプログラム。再配置可能プログラムと対比される。

絶対湿度 ぜったいしつど absolute humidity 体積 $1\,m^3$ の空気中に含まれる水蒸気量をグラム数で表した湿度。単位はグラム毎立方メートル（g/m^3）。

節炭器 せったんき economizer ＝給水予熱器

接地 せっち earthing（英）, grounding（米） 人為的に対象物を大地と電気的に接続すること。系統接地、保護用接地及び機能用接

接地インピーダンス　せっち—— impedance to earth（英）, impedance to ground（米）　系統，電気設備又は機器のある指定された点と基準大地相互間の，ある特定の周波数におけるインピーダンス。

接地開閉器　せっちかいへいき　earth switch　電路を接地するための開閉器。特別高圧のガス絶縁開閉装置のように主回路器具を密閉容器中に収納する設備では，電路を引き出し接地するために必要となる。万一ではあるが，充電中の電路を接地する場合があるので，接地開閉器は短絡電流を投入でき，上位系統の遮断器により異常電流が開放されるまで短絡電流が通電できる能力を有する。

接地形計器用変圧器　せっちがたけいきようへんあつき　earthed voltage transformer, EVT　1次端子の一端を電線路に接続し，他の一端を接地して使用する計器用変圧器。地絡事故時に発生する零相電圧を検出するために用いる。三相回路の零相電圧を検出するには，一般に，三相接地形計器用変圧器の3次巻線を開放三角（オープンデルタ）結線にして用いる。正常状態における3次電圧フェーザ和は0となり，開放三角結線した3次巻線の開放端子間には電圧は現れないが，例えば1線地絡を生じると，定格3次電圧の3倍の電圧を誘起する。

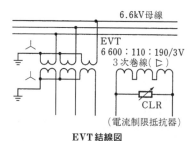

EVT結線図

接地幹線　せっちかんせん　earthing main conductor　〔1〕接地極から電気機械器具へ至る共通の接地線。個々の電気機械器具への接地線を分岐する。〔2〕接地極から医用接地センタの分岐用端子基板へ至る接地線。

接地基準点　せっちきじゅんてん　earthing reference point, ERP　1点接地方式においてボンディング回路網を1か所で接地する接続点。

接地極　せっちきょく　〔1〕earth electrode（英）, ground electrode（米）　接地を確立するために大地と電気的に接触させる導電体。銅板，銅棒，銅線，銅覆鋼棒，溶融亜鉛めっき板（棒），カーボンなど耐腐食性の優れた材料及び建築物の基礎構造体を用いる。単独，並列，環状，メッシュ，カウンタポイズ（放射状）などの形態がある。〔2〕earthing contact　接地接続を行うコンセントの刃受又は差込プラグの刃。差込プラグを差し込んだとき接地極の刃は通電部分の刃より先に接触し，抜くときは遅く開路する必要があり，接地極の刃は他の電圧極の刃より長い構造としている。

接地極付コンセント　せっちきょくつき——　earthing-type socket-outlet　コンセントに差込プラグを差し込むことによって，電源とともに機器の接地が確保できるように接地用の極を持つコンセント。クラスⅠ機器用のものである。

接地工事　せっちこうじ　earthing（英）, grounding（米）　接地と同義。電気設備技術基準の解釈では，回路又は機器の接地線の接続点から接地極までを含んでいる。

接地設備　せっちせつび　earthing arrangement　系統，電気設備及び機器の接地に必要なすべての電気的接続及び装置。

接地線　せっちせん　earthing conductor（英）, grounding conductor（米）　電気機器の金属製外箱，電路の中性点，避雷器の接地端子，アンテナ回線の一端などの被接地物と接地極とを接続する金属線。

接地端子　せっちたんし　earth terminal　接地線を接続するための端子。接地極と接地母線とを接続するために設けるもの，接地母線を収容する配電盤や分電盤内に設けるもの，配線器具に設けるもの，電気機械器具に設けるものなどがある。

接地端子付コンセント　せっちたんしつき

socket-outlet with earthing terminal　コンセントの直近に接地用の端子を設けた配線器具。差込プラグをコンセントに差し込むときに，付随する接地リード線を接地用の端子に接続して用いる。クラス0Ⅰ機器用のものである。

接地端子付コンセント

接地抵抗　せっちていこう　earthing resistance（英），grounding resistance（米）　〔1〕接地された導体と大地との間の抵抗。接地された導体に交流の試験電流を流し，そのときの導体の電位上昇を試験電流で除した値とする。接地抵抗は，接地線及び接地極の抵抗，接地極と土壌の接触抵抗及び土壌の電気抵抗で構成する。〔2〕接地インピーダンスの実数部分。

接地抵抗計　せっちていこうけい　earth resistance meter　接地抵抗を測定するための計器。JISでは，1 000 Ω以下の接地抵抗を測定できる電池を内蔵した電位差計式及び電圧降下式の携帯用のものを規定している。

接地抵抗低減材　せっちていこうていげんざい　reducing agent of earthing resistance　接地極と土壌の接触抵抗を低減し，接地極周辺の土壌を改良して導電性を高めるために用いる材料。接地抵抗低減剤とも表す。土壌を化学処理して導電性を高める電解液とその放散を防止し持続させるための滞留材（ゲル化合物）を組み合わせたもの，カーボンファイバを混ぜ導電性を高めたものなどがある。

接地母線　せっちぼせん　earthing bus-bar（英），grounding bus-bar（米）　電気機械器具の金属製外箱や電路の一部に接地工事を施すための共通の接地線。主に配電盤などの内部に設けるものを指す。低圧幹線や高圧幹線と平行して配線する接地線も接地

母線と称することがある。

設定　せってい　setting　制御装置に目標値又は制御動作の条件を与えること。

ZERI　ゼットイーアールアイ　zero emissions research initiative　＝ゼロエミッション研究構想

ZEB　ゼットイービー，ゼブ　zero energy building　＝ゼロエネルギービル

ZnO　ゼットエヌオー　zinc oxide element　＝酸化亜鉛素子

ZCT　ゼットシーティー　zero-phase-sequence current transformer　＝零相変流器

セットトップボックス　set top box，STB　CATV，衛星放送などの放送信号を受信して，テレビジョン受信機で視聴可能な信号に変換する装置。内蔵する機能には番組の限定受信制御，インターネット接続などがある。

ZPD　ゼットピーディー　zero phase potential device　＝零相基準入力装置

Zより　ゼット──　lay of Z type　→より合わせの方向

設備共用受電　せつびきょうようじゅでん　common equipment power receiving system　過疎又は過密のため各需要家別に受電することが需給両者にとって著しく不合理である場合に，受電設備の重複を避け合理的な運用を図るため，複数の需要家が1つの受電設備を共用する受電方式。電力需要契約は各需要家ごとに電力会社と締結し，料金も各需要家が電力会社に支払う。自家用電気工作物としての単位は各需要家ごとになり，それぞれ電気主任技術者を選任する必要がある。

設備不平衡率　せつびふへいこうりつ　load unbalance ratio　①単相3線式の低圧受電において，中性線と各電圧側電線間に接続した負荷設備容量の差と総負荷設備容量の平均値との比。百分率で表す。②三相3線式の低圧及び高圧受電において，各線間に接続した単相負荷総設備容量の最大と最小との差と総負荷設備容量の平均値との比。百分率で表す。

設備容量 せつびようりょう installation capacity　電気機器の入力定格の合計値。電力（kW）又は皮相電力（kV・A）で表す。施設内の電気機械器具入力定格の合計値をいう場合もある。

セブンステップガイド seven-step guide　倫理問題を7つのステップに従って解決する手法。技術者が適切な倫理的意思決定を下す場合の，ガイドラインの1つである。事故の分析を行う又は，予防策を考える場合，1から7の各ステップで，技術者倫理に基づく項目を検討して進める。

セミカットオフ形照明器具 ――がたしょうめいきぐ semi-cut-off type luminaire　水平方向に近い配光を制限し，車両の運転者に対するグレアを制限した照明器具。道路照明に用いる。JISでは配光性能をランプ光束1 000 lm 当たりの光度が水平角90°において鉛直角90°で30 cd以下，鉛直角80°で120 cd以下と定めている。

セミコンダクタ semiconductor　＝半導体

セラミック湿度センサ ――しつど―― ceramics humidity sensor　焼結した金属酸化物の表面細孔に水分子を付着させ，電気抵抗値が変化することを利用した湿度検出センサ。加熱して付着した水分子をクリーニングするリフレッシュ構造若しくは母材に水分子を拡散させて表面状態を自動更新するノンリフレッシュ構造がある。ノンリフレッシュタイプは，加熱回路が不要となるため駆動回路は簡単となる反面，経時変化が大きくなる傾向があったが，改良され通常の生活環境での劣化は極めて小さくなった。また，温度依存性が強いためサーミスタを用いて温度補償を行い，指数関数的に電気抵抗値が変化するので，対数圧縮してリニアライズしている。

セラミックス ceramics　成形，焼成などの製造工程で製作した陶磁器，ガラスなどの非金属無機材料。軽量で硬度が高く，電気絶縁性，耐熱性，耐摩耗性，耐薬品性に優れる。省エネルギー，情報通信，精密機械，医療など広い分野で応用があり，電気機器では半導体，コイルのボビン，コンデンサの誘電体などで用いる。

セラミックメタルハライドランプ ceramic metal halide lamp　発光管に石英ガラス又はセラミックスを使い，演色性及び効率を高めたメタルハライドランプ。高耐熱性の発光管内部の温度を高めることができるので，省エネ効果が高い，発熱量が少ない，小形，軽量で長寿命などの特長がある。

セル cell　＝単電池

セルシウス温度 ――おんど Celsius temperature　水の氷点を0℃，沸点を100℃とする目盛の温度。単位は，セルシウス度（℃）。セ氏温度ともいう。ケルビンで表した熱力学温度の値から273.15を減じた値に等しい。1743年にスウェーデンのセルシウスが考案したことに由来する。

セルスタック fuel cell stack　単セルを積層し，セパレータ，冷却板，出力端子などの付属品で構成した燃料電池の基本単位。

セルモータ cell motor　＝始動電動機

セルラダクト cellular metal floor duct　建築物の床コンクリートの型枠として用いる波形デッキプレートの溝を閉鎖し配線用に用いるダクト（セル）。

セレクタスイッチ selector switch　リモコンスイッチを集合したもの。照明の一括点滅，グループ制御，間引き点灯など時間や用途に合わせた照明のパターン制御に用いる。

セレクティング selecting　主端末が1台以上の従属端末に受信を要求する処理過程。主端末とそれにつながる複数の従属端末との間の通信において，従属端末間の競合を制御するための通信手順として用いる。⇒ポーリング

ゼロエネルギービル zero energy building　省エネルギー，再生可能エネルギー利用などにより，年間の1次エネルギー消費量が正味でおおむねゼロとなる建築物。ZEB（ゼブ）ともいう。経済産業省では2030年までに新築全体でのZEBの実現を目標に掲げている。

ゼロエミッション zero emission　＝ゼロエミッション研究構想

ゼロエミッション研究構想 ——けんきゅうこうそう　zero emissions research initiative, ZERI　生産や消費に伴う社会活動において，あらゆる廃棄物を原材料に転換して有効活用することにより，廃棄物を一切出さない資源循環型の社会システム構築のための研究構想。国連大学が提唱した考え方で，狭義には生産活動から出る廃棄物のうち最終処分（埋め立て処分）する量をゼロにする。生産工程での歩留まりを上げて廃棄物の発生量を減らし，廃棄物はリサイクルする。ゼロエミッションともいう。

ゼロ相 ——そう　zero phase　＝零（れい）相。

繊維強化合成樹脂　せんいきょうかごうせいじゅし　fiber reinforced plastics, FRP　ガラスやカーボンなどの繊維に樹脂を含浸して硬化させ，強度の向上を図った複合材料。宇宙産業をはじめ自動車，バイク，鉄道，建設，医療など様々な分野で利用している。耐候性，耐熱性，耐薬品性に優れ，電気絶縁性があり，各種の形状に製作できること，着色が自由で，軽量かつ強度的にも優れているなどの特長を持つ。

線間電圧　せんかんでんあつ　line voltage　交流回路における中性線を含む線間の電圧及び直流回路における中間線を含む線間の電圧。三相交流において，Y結線では相電圧の$\sqrt{3}$倍，△結線では相電圧に等しい。

線形回路　せんけいかいろ　linear circuit　電圧と電流とが比例関係にある回路。回路素子を抵抗，リアクトル又はコンデンサで構成する。線形回路にはキルヒホッフの法則，重ね合わせの理などを適用することができる。

線形負荷　せんけいふか　linear load　印加する電圧と流れる電流とが比例する負荷。抵抗，容量性リアクタンス及び誘導性リアクタンスで負荷特性を記述でき，インピーダンスが電流によって変化しない負荷を指す。一般には整流器やインバータなどを含まない負荷である。

せん光装置　——こうそうち　electronic flash, stroboscope　＝ストロボ

せん光電球　——こうでんきゅう　flashbulb　＝ストロボ

先行工事　せんこうこうじ　preceding works　〔1〕ある工事より先に行う工事。〔2〕工程管理計画に基づいて，従来の工程順位より先に行う工事。〔3〕ある設備の一部又は全部を先行投資的に行う工事。

先行配線システム　せんこうはいせん——　pre-wiring system　事務室などのレイアウトをあらかじめ想定して配線経路及びシステムを選定し，情報機器の設置に先行して配線するシステム。情報機器の設備時には，近くの情報コンセントにモジュラプラグを差し込むだけで機器との接続が容易にできる。

先行放電　せんこうほうでん　leader stroke　落雷の進展過程において，主放電に先行して雷雲から大地に向かって進展する放電。初めに雷雲から大地に向かう先行放電は休止時間を伴う階段状に進展していくので，階段状先行放電と呼ばれる。第1雷撃後に若干の時間をおいて，前の放電路を通り，階段状とならず連続的な矢形状の先行放電となり，これを矢形先行放電という。

センサ　sensor　計測対象の状態などの物理量を伝送や記録するために，別の物理量に変換する素子又は装置。計器用変成器，火災感知器，赤外線人感センサ，サーモスタット，ヒューミディスタットなどがある。検出部又は検出端ともいう。

全指向性　ぜんしこうせい　omnidirectivity　あらゆる方向に対して感度又は出力が等しい特性。無指向性ともいう。全指向性マイクロホンは，どの方向からの音に対しても感度が同じであるため，周囲の音を収音するのに有効である。

全日効率　ぜんじつこうりつ　all day efficiency　一昼夜24時間にわたる出力総電力量の入力総電力量に対する比。通常は百分率で表す。変圧器では，1日の入力総電力量は，出力総電力量に鉄損及び銅損を加えたものである。計算で求めるには，出力総電力量は，最大電力に負荷率及び利用率を乗じ鉄損は定格値，銅損は定格値に損失

係数及び利用率の2乗を乗じて求める．

線心 せんしん core ケーブル，コードなどを構成する絶縁を施した導体．絶縁物を含む．

選択遮断方式 せんたくしゃだんほうしき selective breaking, discriminative breaking 電力系統で回路に短絡又は地絡故障が生じたときに，その影響を限定するため故障点直近上位の自動遮断器だけを動作させること．過電流継電方式，時限差継電方式などの動作時限差による保護と差動継電方式による区間保護とがある．

センチメートル波 ——は centimetric wave 周波数が3 GHzを超え30 GHz以下の電波．記号はSHFである．波長は10 cm未満1 cm以上で，ETC，無線LAN，衛星放送などに用いる．センチ波ともいう．

全電圧始動 ぜんでんあつしどう full-voltage starting 電動機の始動方式の1つで，特別な始動装置を用いず，電動機端子に電動機の定格電圧を直接印加して行う始動．じか入れ始動ともいう．最も簡単な始動方式であるが，始動電流が大きく，始動時の衝撃も大きい．始動容量が電源系統の容量に比べ小さく，始動時の機械的衝撃が問題にならない場合に用いる．

全電化住宅 ぜんでんかじゅうたく all-electrified house 住宅における給湯，調理，空調などのエネルギーをすべて電気で供給する方式．使用する機器に，給湯では自然冷媒ヒートポンプ給湯機や電気温水器，調理ではIH調理器，空調ではヒートポンプ空調機，床暖房システムなどがある．

全天空照度 ぜんてんくうしょうど diffuse sky illuminance 天空を遮蔽する構造物のない地表において，天空光によって生じる水平面照度．

全天日射 ぜんてんにっしゃ global solar radiation 直達日射と天空日射とを合わせた日射．単位はワット毎平方メートル（W/m²）．

全天日射計 ぜんてんにっしゃけい pyranometer 水平面又はある所定の角度で傾けられた入射面に入射する直達日射，散乱日射及び反射日射による放射照度を測定する放射計．単に日射計ともいう．放射計には，熱電対又は熱電堆を用いた波長依存性がない熱形放射計を用いる．

線電流 せんでんりゅう line current 交流回路において変圧器の外部回路各相に流れる電流．三相交流の人結線では相電流に等しく，△結線では相電流の√3倍となる．

全二重通信 ぜんにじゅうつうしん duplex transmission, full-duplex transmission 送信及び受信を同時に実行できる双方向通信．送信用と受信用とに2回線を使用する方法及び送信用と受信用とで異なる周波数を用い信号を多重化して，1回線を使用する方法がある．⇒半二重通信

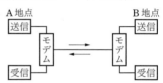

全二重通信

全般拡散照明 ぜんぱんかくさんしょうめい general diffused lighting 大きさが無限と仮定した作業面に，発散する光束の40～60%が直接に到達するような配光を持った照明器具による照明．

全般照明 ぜんぱんしょうめい general lighting 特別な局部の要求を満たすのではなく，部屋全体を均一に照らすように設計した照明．視作業対象や場所に無関係に照明器具を配置するため，照明設計が比較的容易に行える．

線ぴ せん— raceway, molding, cable trunking 本体及び蓋から成る厚さの薄い直方体の配線用材料．壁，床又は天井面に密着させて取り付け，絶縁電線を配線する．金属線ぴ及び合成樹脂線ぴがある．米語のracewayは，電線管，ダクト類及び線ぴ類の総称として用いる．英語のcable trunkingは，我が国の線ぴ及び金属ダクトに相当する．

1000 BASE-X せんベースエックス 最大通信速度が1 GbpsのスタRamp形LANで，

光ファイバケーブル又は同軸ケーブルを伝送媒体に使用するギガビットイーサネット。2心平衡形同軸ケーブルを使用する1000 BASE-CX，シングルモード又はマルチモード光ファイバケーブルを使用する1000 BASE-LX，マルチモード光ファイバケーブルを使用する1000 BASE-SXの3種類がある。1000 BASE-Xでは，基本的にファストイーサネットなどとの互換性をもたず，既存のネットワーク設備を流用することは難しい。

1000 BASE-T　せんベースティー　最大通信速度が1 Gbpsのスター形LANで，非シールド対よりケーブル（Cat 5）を伝送媒体に使用するギガビットイーサネット。100 BASE-Tの配線はそのままで，ケーブル両端の機器を1000 BASE-T対応機器に交換するだけで容易にギガビットイーサネットに変更できる。ハブを介して各機器を接続する最大伝送距離は100 mまでである。

線膨張係数　せんぼうちょうけいすう　liner expansion coefficient　1ケルビン（K）の温度変化に対して長さが変化する割合。線膨張率ともいう。

線膨張率　せんぼうちょうりつ　liner expansion coefficient　＝線膨張係数

前方投影式プロジェクタ　ぜんぽうとうえいしき──　front projector　CRT，液晶，DMDなどの映像表示手段を用いて，スクリーンの前方より映像を投影するプロジェクタ。視聴覚室，会議室などの比較的広めの部屋で映像情報を提示するために用いる。大画面に映像を投影するとスクリーン上の照度が低くなるので，投影時にはコントラストを高めるため室内照度を低くする必要がある。

専用不燃区画　せんようふねんくかく　exclusive fire preventing area　不燃材料で造られた壁，柱，床及び天井（天井がない場合は，屋根）で区画され，かつ，窓及び出入口に甲種防火戸又は乙種防火戸を設けた専用の室。変電設備，発電設備，蓄電池設備などは，専用不燃区画に設置する必要がある。消防法。

全容量遮断方式　ぜんようりょうしゃだんほうしき　電気回路のある点に設置した自動遮断器の遮断容量を，その点の最大短絡電流以上とする保護方式。

せん絡　──らく　flashover　気体又は液体中で異常電圧によって，固体絶縁物表面が絶縁破壊に至る放電現象。

線量当量　せんりょうとうりょう　dose equivalent　被ばくした放射線が人体に及ぼす生物学的効果を表す量。単位はシーベルト（Sv）。吸収線量に放射線の種類やエネルギーによって決まる放射線荷重係数と，補正係数とを乗じて求める。1 Sv＝100 rem

線路延長　せんろえんちょう　line length　＝こう長

線路障害　せんろしょうがい　line fault　受信機と端末との間，中継器と端末との間などの配線に断線，短絡又は地絡が発生すること。

線路無電圧確認装置　せんろむでんあつかくにんそうち　confirmation device of line being no voltage　電力会社の変電所側に設け，線路電圧の有無を確認するための装置。発電設備を連系する場合，再閉路時の事故防止のため，原則として設置を要する。

ソ

双安定マルチバイブレータ　そうあんてい──　bistable multivibrator　入力信号によって状態間を速やかに遷移する2つの安定状態をもつマルチバイブレータ。入力信

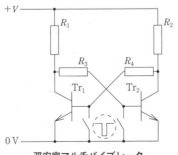

双安定マルチバイブレータ

号を加えるたびに出力の on・off を切り替え，入力信号がない間は出力状態を保持する。フリップフロップともいう。電子計算機のメモリや分周回路などに用いる。

掃引 そういん sweep 〔1〕入力信号などを1回または繰返しある範囲で連続的に変化させること。〔2〕陰極線管の電子線を一定の速さで左から右へ繰返し水平移動させること。直線的掃引，周期的掃引，単一掃引，トリガ掃引などがある。

掃引サイクル そういん—— sweep cycle 〔1〕規程振動数範囲での1回の掃引。〔2〕規程の力を繰り返し印加する場合の各方向に加える1回の掃引。

掃引時間 そういんじかん sweep time 陰極線管の時間軸を1掃引するのに要する時間。単位は(s)。掃引周波数 f の逆数で，$1/f$ で表す。

掃引周波数 そういんしゅうはすう sweep frequency 〔1〕1秒間当たりの掃引回数。掃引時間 T の逆数 $1/T$ で表す。〔2〕掃引発振器の毎秒の掃引回数。〔3〕陰極線管オシロスコープの時間軸の繰返しのこぎり波周波数。

掃引電圧 そういんでんあつ sweep voltage 掃引を行うために陰極線管の時間軸用偏向電極間に印加する電圧。波形表示にはのこぎり波状の電圧を時間軸に印加し，リサージュ表示には2つの信号の一方を時間軸に，他方をY軸に印加する。

掃引発振器 そういんはっしんき sweep generation 〔1〕発振周波数が指定の周波数幅（掃引幅）の範囲で，時間とともに自動的に変化することを周期的に繰り返す発振器。回路及び機器の周波数特性の観察，記録の際に，オシロスコープと組み合わせて用いる。〔2〕陰極線管オシロスコープなどの掃引信号を発生するために用いる発振器。

騒音 そうおん noise 人に不快感を与える音。人種，年齢，性別，健康状態によって不快感の度合い，音色，音域などが異なる。

騒音計 そうおんけい sound-level meter 騒音レベルを測定する測定器。デシベル(dB)で表す。低い周波数や高い周波数の音は小さく聞こえるので，周波数の違いに対する人間の耳の感度補正をしている。測定器は実効値指示計の計器とA，B，C及び平坦特性とからなる聴感補正回路をもっている。聴感との対応がよいことから，騒音測定としてはA特性で行うことが多い。

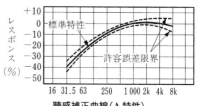

聴感補正曲線(A特性)

騒音防止装置 そうおんぼうしそうち noise control equipment 騒音を防止するための装置。電気設備の分野では，自家発電設備に用いるディーゼル機関やガスタービンに設ける消音器はその代表例である。

騒音レベル そうおん—— noise level, sound level 1 000 Hz 付近の最小可聴音を基準とした，騒音の大きさの度合いを表す音圧レベルに，人間の感覚的な補正を加えた値。デシベル(dB)で表す。

相回転 そうかいてん phase rotation 三相交流の各相の電圧又は電流の位相の変化の順が一定方向に回転すること。フェーザ図では反時計回りの相回転を正方向としている。

反時計回りの三相電圧

相回転表示器 そうかいてんひょうじき phase-rotation indicator ＝検相器

相関色温度 そうかんいろおんど correlated colour temperature 特定の観測条件の下で，明るさを等しくして比較したときに，与えられた刺激に対して知覚色が最も近似する黒体の温度。単位はケルビン(K)。

蛍光ランプの光色，記号，相関色温度の関係は次のようになる。

光色	記号	相関色温度（K）
昼光色	D	約6 500
昼白色	N	約5 000
白色	W	約4 200
温白色	WW	約3 500
電球色	L	約2 800

層間変位 そうかんへんい relative storey displacement 多層構造物が地震や風などの外力を受けて変形するとき，ある階の床と直上階又は直下階の床との水平方向の相対変位。1階当たりの水平変位量を階高で除した値で表す。

双極子 そうきょくし dipole 大きさの等しい正負の力を発生するものが対で存在する状態。磁気双極子，電気双極子などがある。力の大きさと，正の力の発生源から負の力の発生源に向かう方向ベクトルとの積を双極子モーメントといい，双極子の特徴を示す。

相互インダクタンス そうご—— mutual inductance 磁気的に結合されたコイル相互間で，一方のコイルに流れる電流の変化により，他方のコイルに誘導起電力を生じるときの比例定数。相互誘導係数ともいう。単位はヘンリー（H）。相互インダクタンスをM，誘導起電圧をE，電流変化率をdI/dtとしたとき，次の式で表す。

$$M=-E/(dI/dt)$$

総合操作盤 そうごうそうさばん central control panel 複数の消防用設備等の監視，操作などによって，防火対象物全体における火災の発生，拡大などの状況を把握できる操作盤。自動火災報知設備の監視，操作機能を中心としている。

総合盤 そうごうばん combination panel 表示灯，地区音響装置及び発信機で構成する機器収納箱。非常電話設備の子機及び差動式分布型感知器（空気管）の検出部を組み込むこともある。

相互コンダクタンス そうご—— mutual conductance 真空管又は電界効果トランジスタで構成する電圧増幅回路の出力電流と入力電圧との比。単位はジーメンス（S）。

操作卓 そうさたく operator console 操作員が機器の状態や故障などを監視及び制御するために操作部と表示部とを組み込んだ卓。LCD，グラフィックパネル，キーボード，ライトペン，タッチパネル，インタホンなどで構成する。オペレータコンソールともいう。

操作用開閉器 そうさようかいへいき operation switch, control switch 電動機，加熱装置，電力装置などの運転のために設置する開閉器。負荷を直接開閉するときは箱開閉器，配線用遮断器，カバー付ナイフスイッチなどを用いる。

相順 そうじゅん phase sequence 三相交流の場合に，各相の電圧又は電流の瞬時値が変化しながら最大値に達する順序。相順をA相，B相，C相の順とすれば，120°ずつ位相が遅れる。

装飾照明 そうしょくしょうめい decorative lighting 人目を引く照明器具又は光源を用いて，器具の装飾性を活用する照明。

送水口 そうすいこう fire department connection, siamese connection 連結送水管，連結散水設備又はスプリンクラ設備の送水管に外部から消防ポンプ車のホースを接続して注水するため，1階外壁などに設置した接続金具。接続口数で単口形と双口形とがあり，連結散水設備の一部を除き双口形とする。この形状を意味するサイアミーズコネクションともいう。

相数 そうすう phase number 交流の電圧及び電流の位相の数。交流回路では単相又は三相が一般に使われている。交流変換装置などでは，波形改善などの目的で並列多重接続して12相や24相などを用いる場合がある。

相対湿度 そうたいしつど relative humidity 空気中に含まれる水蒸気量と，その温度における飽和水蒸気量との比で表した湿度。通常は百分率（％）で表す。

装柱 そうちゅう assembling 架空電線路

において電柱などに架設する機械器具，がいしなどを取り付けること又は取り付けられた状態。装柱材料は，主に腕金，バンド類，アームタイ，ボルトを使用し，水平装柱と縦引装柱とに分ける。柱上変圧器の施設例には，変台装柱，ハンガ装柱及びじか付装柱がある。

変台装柱

相電圧 そうでんあつ phase voltage 多相回路における各相の電圧。三相回路における相電圧は，丫結線では中性点と各相の頂点間の電圧，△結線では各相の頂点間の電圧となる。線間電圧と相電圧の関係は，丫結線の場合，$\sqrt{3}×$相電圧＝線間電圧となり，△結線の場合，相電圧＝線間電圧となる。

相電圧不平衡率 そうでんあつふへいこうりつ phese-voltage unbalance 相電圧と平均相電圧との差の最大値の平均相電圧に対する比。IEEEの定義であり，我が国では一般的ではないが電圧不平衡率の計算が著しく面倒であることから，これを用いると便利である。相電圧の代わりに線間電圧を用いてもよい。

送電端熱効率 そうでんたんねつこうりつ net thermal efficiency 発電機に供給する高位発熱量基準による投入熱量に対する，発電電力量から発電所の補機の消費電力などを差し引いた送電出口での発電電力量の換算熱量の比。百分率（％）で表す。

相電流 そうでんりゅう phase current 交流回路において変圧器の各相に流れる電流。三相交流の丫結線では線電流に等しく，△結線では線電流の$1/\sqrt{3}$倍となる。

双投形開閉器 そうとうがたかいへいき double-throw switch 1極当たり1個の刃及び2個の刃受によって回路の切換えができる開閉器。受配電設備の分野では，ダブルスローともいう。

双投形電磁接触器 そうとうがたでんじせっしょくき double-throw magnetic contactor 2つの電源又は負荷の系統を選択し，切り換えて接続する電磁接触器。発電機系統と商用系統の電源を切り換えて負荷に供給する場合などに用いる。MCDTともいう。

挿入損失 そうにゅうそんしつ insertion loss ①入力電力に対する出力電力の比。②入力信号に対する出力信号の比。③入力光エネルギーに対する出力光エネルギーの比。単位はデシベル（dB）。

相配列 そうはいれつ phase array 交流や直流の主回路における各相の電線や銅帯の並べ方。保守点検などで保守員が相順を間違って事故が発生しないよう相配列は，原則として配電盤の操作又は保守する面に向かって，左から右，上から下，手前から奥へ第1相，第2相，第3相，中性相の順で配置する。

総発熱量 そうはつねつりょう gross heating value ＝高位発熱量

相表示 そうひょうじ phase indication 相順の識別を明確にするための表示。発変電規程では特別高圧母線及び高圧母線に色別（赤，白，黒），記号別（A，B，C又はR，S，T）などによって相表示をするよう規定している。また，配電盤などの色別では第1，2，3相の順で赤，白，青としている。

送風機 そうふうき fan 大気圧に対する圧力が30 kPa未満の空気圧縮機。ファンともいう。

増幅器 ぞうふくき amplifier 電圧や電流などの電気入力を付属の電源のエネルギーにより大きくする装置。電圧や電流の信号を，半導体素子などを用いて，性質及び特性はそのままに信号出力を大きくさせる。

音響装置のアンプなどがある。

層別 そうべつ stratification　データを要因ごと分類すること。原材料別，作業者別などのように共通点や特徴に着目していくつかのグループに分けることで正確に情報が把握できるので，問題の原因判別に有効な手法である。

双方向サイリスタ そうほうこう—— bidirectional thyristor ＝トライアック

双方向CATV そうほうこうシーエーティーブイ two-way CATV　テレビジョン放送の信号を放送局側から加入者へ伝送し，加入者側からの信号を放送局側へ伝送する機能をもつCATV（有線テレビ放送）。システムの動作監視，番組中継，加入者宅の端末操作による番組視聴の要求，課金情報の収集に加え，電話やデータ通信などに用いる。

層流 そうりゅう laminar flow　不規則な変動を含まない流れ。管内流の場合，流線が交わることなく管軸に平行して整然と流れる流れで，レイノルズ数が小さく流速が十分遅い場合に生ずる。層流でない流れを乱流という。

双ループアンテナ そう—— stacked loop antenna, twin loop antenna, dual loop antenna　複数のループアンテナをそれぞれ逆向きに配置し，偏波面を特定の方向に設定した無線通信用アンテナ。水平偏波アンテナは上下方向にループを逆向きに配置し，高周波電流の垂直成分による放射を打ち消し，高い利得を得る。超短波から極超短波の周波数で用いる。

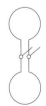

2L型双ループアンテナ

ソーシャルネットワーク social network　会員間で実名，プロフィール，連絡先，関心事などを公開してコミュニケーションを行うネットワーク。会員しか読み書きできないブログや掲示板のサービスで，参加者個人を明確にした上でコミュニケーションを行う。登録は会員からの紹介が必要であるが，自分で登録可能なツールもある。

ソースコード source code ＝原始プログラム

ソースプログラム source program ＝原始プログラム

ゾーニング zoning　区画すること。建築物内の電気設備の幹線供給区域を負荷の性質や使用目的に応じて区画すること，空気調和設備で熱負荷の性質や使用目的によりいくつかの区域に分割すること，都市計画などで地域を用途別に区分することなどをいう。

測温抵抗体 そくおんていこうたい resistance temperature detector　金属材料の電気抵抗が温度に比例して変化する性質を利用した抵抗素子を用いる温度センサ。金属は1Kの温度上昇で約0.3%程度抵抗が増加する性質がある。主に化学的に安定な白金線を用い，極低温では炭素皮膜抵抗，ゲルマニウムなどの半導体も用いる。

側撃雷 そくげきらい side lightning flash　①直撃雷の周りに発生する高い電位差で近傍の物体などに放電する現象。落雷を受けた物体や人から近傍の物体や人に放電する現象で，大きな木の下で雷雨を避けているとき，木に落雷を受けると雷電流によって樹木の電位が上昇し，付近の物体に向かって放電する現象は典型的な側撃雷の例である。②高層建築物の側壁，タワーの側面などへの落雷。

即時点灯形蛍光ランプ そくじてんとうがたけいこう—— starterless fluorescent lamp（英），rapid-start fluorescent lamp（米）＝ラピッドスタート形蛍光ランプ

測定 そくてい measurement　ある量を，基準として用いる量と比較し，数値又は符号を用いて表すこと。

速度制御 そくどせいぎょ speed control　物体などの速度を目標の速度に制御するこ

と。検出器を用いて速度を計測し，フィードバックする電動機の速度制御がよく知られている。電動機は負荷の増減に応じて速度を変化させ負荷に最適な出力とする速度制御を採用している。電動機の速度制御には，巻線形誘導電動機の2次抵抗制御方式又は2次励磁制御方式，かご形誘導電動機のインバータ制御方式などがある。

続流 ぞくりゅう follow current 雷撃時の高電圧による放電現象が終了した後，避雷器，アークホーンなどの放電経路に引き続き流れる商用周波数の電流。放電電流が流れると周囲の気体がイオン化するため，高電圧の印加が終了しても引き続き商用電源の電流が流れる。続流を遮断できずに電流が流れ続けると地絡，場合によっては短絡に移行するなどの系統異常現象が発生する。続流を遮断するために，過大な電流が流れると抵抗値が低下し，雷電流がなくなると高抵抗となる特性をもつ非直線性抵抗体を用いた直列ギャップ付避雷器又は同様の特性をもつ酸化亜鉛を用いたギャップレス避雷器を使用する。

ソケット 〔1〕lampholder ＝ランプソケット 〔2〕socket 管を直線的に接合するために用いる差込式の管継手。

素線 そせん individual wire, component wire より線又は編組線を構成する単線。

ソックス SO_x ＝硫黄酸化物

素電池 そでんち unit cell 1組の電極と電極間を充塡する電解質とで構成した基本的な機能単位の電池。

ソフトウエア software 情報処理システムで処理の手順を示すプログラム，データ及びそれらに関する文書。物理的機器，装置などハードウエアと対比した用語である。知識，理論，思考，手順，方法，情報，サービスなどがあり，映像，音楽などを指すことがある。

ソフトスタート機能 ──きのう soft start function ＝ウォークイン機能

損失係数 そんしつけいすう loss factor, dissipation factor ある期間の電流の2乗の平均をその期間の最大電流の2乗で除した値。百分率で表すこともある。負荷曲線から求めるが，配電系統では次の近似式を用いる。

$$L = \alpha F + (1-\alpha)F^2$$

L：損失係数
F：負荷率
α：負荷の種類による定数，0.2〜0.5

損失係数が1に近いほど負荷が均等であることを示している。

損失率 そんしつりつ loss factor 〔1〕1日の電流の2乗の平均をその日の最大電流の2乗で除した値。電力ケーブルの太さの算定に用いる。〔2〕コンデンサの容量値(kvar)に対するコンデンサ損失(kW)の比率。

タ　行

タ

ダークファイバ　dark fiber　伝送媒体として使用していない光ファイバケーブルの心線。ダークとは暗いという意味で，光信号が通っていない状態を指している。ダークファイバを借りた通信事業者は，どのような波長の光信号を通してもよい。

タービン　turbine　回転翼によって作動流体との間で運動エネルギーと熱エネルギーとの交換を行う回転機。作動流体の熱膨張エネルギーを機械的仕事として取り出す原動機及び回転翼を回転させ作動流体を圧縮する圧縮機がある。

ターボ冷凍機　——れいとうき　compressor turbine refrigerating machine　圧縮→凝縮→膨張→蒸発の冷凍サイクルの圧縮過程をタービンで行う冷凍機。

ターミナルキャップ　terminal cap（英），terminal fitting（米）　がいし引き工事から金属管工事などに移行する場合に，管端に取り付けて電線の絶縁被覆を保護し，かつ絶縁を維持するための電線管用付属品。鋼板製，鋳鉄製及び樹脂製がある。本来はエンドキャップと同様に屋内用であるが，管と直角方向に電線引入口のあるものをエントランスキャップと同様に屋外に使用することがある。サービスキャップともいう。

ターミナルキャップ

ターンオフ時間　——じかん　turn-off time　半導体素子がオン状態からオフ状態に移行するまでの最小時間。半導体素子の種類別に定義している。①サイリスタ…オン状態にある陽極と陰極との間に逆方向の電圧を加えて陽極電流が0になった状態から，再び順電圧を加えてもオン状態にならない最小の時間。② GTO…ゲートにターンオフ電流を加え，オン状態からオフ状態に移行させるのに要する時間。③ IGBT…ゲートに負のゲート電圧を加え，オン状態からオフ状態に移行させるのに要する時間。

ターンオン時間　——じかん　turn-on time　半導体素子のゲートに電流又は電圧を加え，素子をオンさせるのに要する時間。①サイリスタ又は GTO…ゲートに順電流を加え，オフ状態からオン状態に移行させるのに要する時間。② IGBT…ゲートに正のゲート電圧を加え，オフ状態からオン状態に移行させるのに要する時間。

ターンスタイルアンテナ　turnstile antenna　2つの半波長ダイポールアンテナを空間的に直角に置き，それらを互いに90°異なった位相で給電する水平偏波用水平全方向性アンテナ。高利得，広帯域性を得るため，この素子を数段重ねたものが，スーパーターンスタイルアンテナである。　⇨スーパーターンスタイルアンテナ

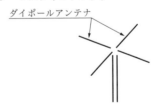

ターンスタイル

ターンバックル　turnbuckle　支持ワイヤなどの張力を調整する，胴体枠の一端に右ねじ，他端に左ねじが切ってある共通のナット。支持ワイヤなど鋼索の中間に入れて，鋼索に接続する両端のボルトを連結し，回転により2つのボルトが互いに接近したり離れたりして張力を調整する。

ターンバックル

耐アーク性 たい——せい arc resistance 絶縁物がアークによる劣化に耐える性能。アークの長さ，導電路の有無などにより決まる。

耐圧防爆形タンブラスイッチ たいあつぼうばくがた——switch with flame-proof enclosure 1種又は2種危険場所で電灯回路の点滅，その他電気機器の開閉操作に用いる耐圧防爆構造の配線機器。本体の材質はアルミニウムダイカストなどを用い，定格電圧 AC 250 V，定格電流 20 A の両切回路のスイッチで，屋内外兼用である。

耐圧防爆構造 たいあつぼうばくこうぞう flame-proof enclosure, explosion-proof, type of protection "d" 可燃性のガス又は蒸気が存在する雰囲気の中に施設する電気設備において，これを内部で起こる特定のガス又は蒸気の爆発に耐え得る容器内に収め，かつ内部の爆発によって容器の周囲の特定ガス又は蒸気に着火を起こさないようにした防爆構造。容器の機械的強度のほか，容器の接合部の隙間及びその長さを管理する。

帯域除去フィルタ たいいきじょきょ—— band elimination filter, BEF 特定の低い周波数以下の電力と特定の高い周波数以上の電力を通過させ中間の周波数帯域の電力を減衰させるフィルタ。

帯域フィルタ たいいき—— band pass filter, BPF 特定の低い周波数以下の電力と特定の高い周波数以上の電力を減衰させその間の周波数帯域の電力を通過させるフィルタ。

耐雨型 たいうがた rainproof type →防雨形

耐塩がいし たいえん—— anti-pollution type insulator 塩じん害に耐えるように考慮して設計したがいし。耐霧がいし（fog-type insulator）と呼ばれることもある。台風や季節風などがもたらす海塩汚損による

がいしの絶縁劣化対策の1つとして用いる。

ダイオード diode 2端子構造で1方向のみに電流を流す特性を持つ半導体素子。交流から直流を得る整流，高周波から低周波成分を取り出す検波，OR論理回路やダイオードマトリックスなどのデジタル回路，順方向電圧降下の温度依存を利用した温度センサなどに用いる。電流を流すと光を出す発光ダイオード，レーザ光を出力するレーザダイオード，光を受けると電流が流れるフォトダイオードなどがある。真空管の2極管もかつてはダイオードと呼んでいた。点接触形構造の代表として鉱石ラジオに使われたゲルマニウムダイオードがあるが，現在では特殊用途を除いて，特性の安定した接合形である pn 接合ダイオードを用いる。

ダイオードアレイ diode array 半導体基板上に多数のダイオードを並列に造りこんだ複合ダイオード。各ダイオードは他のダイオードとカソード側又はアノード側とで接続している。フォトダイオードを造りこんだものはカメラのセンサなどに用いる。

ダイオードマトリックス diode matrix 入力線群と出力線群を縦横の格子状に配置した交差部に，ダイオードを接続した論理回路。10進数と2進数のエンコーダ，デコーダや制御回路の回りこみ防止などに用いる。

耐火ケーブル たいか—— fireproof cable, fire resistive cable →耐火電線

耐火性能 たいかせいのう fire resistive performance, fireproof performance, fire resistance efficiency 火災時に製品が持つ所定の機能を維持する性能。耐熱，遮熱及び遮炎の3性能からなり，加熱温度曲線（標準）の条件下で試験を行って評価する。

耐火電線 たいかでんせん 加熱温度曲線（標準）に準じて，30分間で840℃に達する耐火試験に適合するケーブル及びバスダクトの総称。消防用設備等の電源回路に使用することができる。消防法。耐火ケーブルには，低圧ケーブル，高圧ケーブル及び

高難燃ノンハロゲン耐火ケーブルがある。耐火バスダクトには，低圧及び高圧のものがある。

耐火バスダクト　たいか——　fireproof busway　耐火電線の一種で，消防法で規定する耐火性能試験を満足するバスダクト。一般的には，非常用発電機と非常用配電盤間及び非常用配電盤から各非常用負荷への幹線として用いる。なお，導体には銅又は銅合金を使用する。

耐火被覆　たいかひふく　fire resistive covering　建築物の構造体である柱，はりの鉄骨などを火災時の熱から一定時間守るための被覆。火災時に定められた時間（耐火時間）鉄骨部材が熱により変形したり耐力が低下することを防止する。耐火時間は，建築物の部位（柱，はり，床，壁など），階数別に定めている。鉄骨構造では耐火被覆を施すことによって耐火構造としている。耐火被覆材は，けい酸カルシウムなどの成形板（乾式）と吹付けて使用するロックウールなど（湿式，半湿式）とがある。

体感温度　たいかんおんど　sensible temperature　気温，湿度，気流速度を総合して，人の肌が感じる温度感覚を表した数値。不快指数は蒸し暑さを表す体感温度の1つである。感覚温度，有効温度ともいう。

大気圧　たいきあつ　atmospheric pressure　地上で受ける大気の圧力。上方にある大気の重さであり，海抜や緯度，天候により変化する。標準大気圧は海面上で，1標準気圧（atm）＝101.325 kPa＝1013.25 mbar である。（1ミリバール（mbar）＝1ヘクトパスカル（hPa））。

大気外日射　たいきがいにっしゃ　extra-terrestrial solar radiation　地球の大気層の外縁に入射する日射。

大規模集積回路　だいきぼしゅうせきかいろ　large scale integrated circut, LSI　集積回路の集積度を更に高めた半導体集積回路。高密度集積回路とも呼ぶ。最小線幅は0.5 μm以下となり，5 mm角程度のシリコンチップ上に数千～数万個のトランジスタを組み込む。集積度の向上は電子素子と回路の改良，シリコンチップの大形化，微細加工技術の発達によるものである。現状の電子素子と回路の改良はほぼ限界に達しており，今後はチップの大形化，微細加工の発展が集積度向上の課題である。電卓をはじめ各種電子機器に用い，1980年代に急速に進展した機器の小形化，軽量化に寄与している。

第3世代移動通信システム　だいさんせだいどうつうしん——　third generation mobile telecommunication systems　広帯域化したW-CDMAとCDMA2000の無線方式を導入した通信システム。音声と高速データ通信のマルチメディアサービス及び，高速パケットデータサービスを提供する。国際電気通信連合が定めたIMT-2000（International Mobile Telecommunication 2000）規格に準拠した3Gと呼ぶ通信システムである。

第3世代携帯電話　だいさんせだいけいたいでんわ　third generation mobile telecommunications　CDMA方式を採用し，高速で大量のデータ通信や，マルチメディアを利用したサービスを提供する携帯電話。国際電気通信連合が策定したIMT-2000標準に準拠したデジタル携帯電話である。⇒第3世代移動通信システム

対称座標法　たいしょうざひょうほう　method of symmetrical coordination　不平衡三相交流回路の電圧又は電流を対称分（正相分，逆相分及び零相分）に分解し，それぞれの対称分ごとに単相回路として取り扱い，その結果を重ね合わせて解を求める方法。送電線や回転機の解析によく用いる。

対称ノイズ　たいしょう——　symmetrical noise　＝コモンモードノイズ

耐食性　たいしょくせい　corrosion resistibility　純化学的又は電気化学的な腐食環境下で，材料が耐える性質。耐腐食性ともいう。電気設備では，金属面の塗装，めっき，ライニングなどの防食処理や適切な材質の選定などで耐食性の向上を図っている。

耐じん形 たい——がた dusttight 電気機械器具の固形物の侵入に対する保護構造の一種で，じんあいの侵入がないもの。IP コードでは IP6X で表す。

耐震診断 たいしんしんだん seismic diagnosis 既存建築物の耐震安全性を評価する方法。耐震診断には種々の方法があり，自治体が定める独自の方法や振動解析によるもの，学会，協会などが定める基準によるものなどがある。

耐震ストッパ たいしん—— seismic snubber 防振材を介して設置する機器の移動及び転倒を防止するための金具。防振材を介して設置する機器は，構造体に堅固に固定できないので，地震時に過大な振動を生じるおそれがあり，ストッパによってこれを防止する。ストッパと本体との間隙は，通常の運転中に接触しない範囲で極力小さくなるように設置する。移動防止形，移動・転倒防止形などがある。

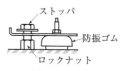

耐震ストッパ

耐震設計 たいしんせっけい seismic design 予想される地震力に対して建築物又は設備が破壊されないようにする設計。建築電気設備では，予想される地震力に機器自身が耐えるものであるとともに，機器，配管などが移動，転倒又は落下しないように，建築物に堅固に据え付ける。

耐振電球 たいしんでんきゅう rough service lamp 振動や衝撃に耐える構造の白熱電球。車両，船舶用などに用いる。

ダイス dies 〔1〕雌ねじの一部を刃として丸棒又は管の表面に雄ねじを刻む刃型。〔2〕圧縮接続又は圧着接続に用いる工具の歯型。〔3〕線材の外径を仕上げるのに用いる絞り用金型。〔4〕プレス加工などに用いる金型。

耐水形 たいすいがた watertight 電気機械器具の水の浸入に対する保護構造の一種で，いかなる方向からの水の直接噴流を受けても内部に水が入らないもの。船舶で甲板上など波浪を直接受ける場所での使用に適する。IP コードでは IPX6 で表す。

台数制御 だいすうせいぎょ multiple unit control 複数台設置された設備機器を，負荷の大小に応じて始動・停止する制御。コンデンサ，冷温水循環ポンプ，発電機など負荷に応じた最小台数を運転して，軽負荷時の運転効率を改善するとともに，機器が故障した場合には代替機器を運転することができる。⇒変圧器台数制御

対数増幅器 たいすうぞうふくき logarithmic amplifier 入力電圧の対数値を出力する集積回路で構成した増幅器。バイポーラトランジスタのコレクタ電流はベースとエミッタ間に印加した電圧の対数に比例することを用いる。

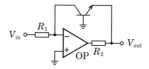

V_{in}：入力電圧，V_{out}：出力電圧
R_1：入力抵抗，R_2：出力抵抗
OP：演算増幅器

対数増幅器

体積抵抗率 たいせきていこうりつ volume resistivity, resistivity ①金属材料の単位断面積，単位長さの電気抵抗。単位は，オームメートル（Ω・m）。単に抵抗率ともいい，導電率の逆数に等しい。抵抗率を ρ，電気抵抗を R，導体の断面積を A，導体の長さを L とすると，$\rho=RA/L$ となる。②絶縁材料内の直流電界の強さを，定常状態の電流密度で除した値。単位は，オームメートル（Ω・m）。

代替エネルギー だいたい—— oil alternative energy 1次エネルギーの主流となっている石油に代わるエネルギー。具体的には，石炭（ガス化及び液化を含む。），天然ガスなど石油以外の化石エネルギー，原子力エネルギー，燃料電池に代表される水素

エネルギー及び太陽，地熱，風力，海水温度差などの自然エネルギーを指す。

大地 だいち 〔1〕基準大地 reference earth（英），reference ground（米）導電体とみなせる地球の部分で，その電位は，接地設備の影響範囲外では協約的に零とする。〔2〕（局部的）大地（local）earth（英），（local）ground（米）接地極と電気的に接続している地球の部分で，その電位は，必ずしも零と等しくはない。この用語の括弧内は，省略してもよいことを示す。

対地静電容量 たいちせいでんようりょう capacitance to earth 送電線，配電線又は電気機器などの導体と大地との間の静電容量。その値は，絶縁物の誘電率，導体の形状，大きさや配置によって決まる。接地された遮蔽銅テープがある電力ケーブルの場合は，導体と遮蔽銅テープとの間の静電容量がこれに相当する。

大地抵抗率 だいちていこうりつ earth resistivity 大地が持つ土壌の抵抗率。量記号は ρ，単位はオームメートル（$\Omega \cdot m$）。大地抵抗率は，接地抵抗値を算出するときの要素の1つで，その値は土壌の種類によって異なる。

大地抵抗率の数値例

土壌の種類	抵抗率（$\Omega \cdot m$）
水田湿地（粘土質）	〜 150
畑地（粘土質）	10 〜 200
水田・畑（表土下砂利層）	100 〜 1 000
山地	200 〜 2 000
山地（岩盤地帯）	2 000 〜 5 000
河岸・河床跡（砂利玉石積）	1 000 〜 5 000

対地電圧 たいちでんあつ voltage to earth 電路における電線と大地との間の電圧。中性線又は1線に接地工事が施されている場合は，電圧線と大地との間の電圧となるが，非接地系では線間電圧を対地電圧と見なす。

耐張がいし たいちょう── clevise type dead-end insulator, clevise type strain insulator 高圧架空電線の引き留め用に用いるクレビス（接続式懸垂）形のがいし。塩害地域用には，沿面距離の長い耐塩用耐張がいしがある。

高圧耐張がいし

帯電 たいでん electrification, electrostatic charge 物体が電荷を帯びる現象，又は電荷を失った状態。物体を接触させたとき，接触面を挟み電荷の移動が生じると，電子が流入した側が⊖に帯電し，流出した側は⊕に帯電する。帯電の分布が時間的に変化しない電荷を静電気という。絶縁物同士を摩擦すると両方に静電気が生じる。

耐電圧試験 たいでんあつしけん withstand voltage test 電気機器に所定の試験電圧を加えて，絶縁物が破壊することなく耐えることを確認する試験。耐電圧試験には，誘導試験，加圧試験及び雷インパルス耐電圧試験の3種類がある。試験電圧，時間などの試験方法は，機器の規格で定めている。

帯電防止剤 たいでんぼうしざい antistatic agent 物体に電荷が蓄積することを防止するために，物体に添加する又は表面に塗布する物質。導電性を高める性質を持つ物質を用いる。ほこりの吸着や放電による電子機器の破損，火災の発生，爆発物の引火などを防止するために用いる。

タイトランス tie transformer ＝連絡変圧器

ダイナミックマイクロホン electrodynamic microphone 磁界中に置いた導体が運動するとき起電力を生じる原理を応用したマイクロホン。振動板と一体化したボイスコイルを磁石と磁極で構成した磁気回路に入れて，音圧に比例した起電力を得る。

ダイナミックレンジ dynamic range 機器や装置が取り扱うことのできる最小信号と最大信号との比。単位はデシベル（dB）。音響装置の増幅器などでは，通常は音圧比で表し，信号の再現能力を表す数値で，ノイズなどを含まずに増幅又は表示できる信

号の範囲を指し，写真や映像では，画像として再現できる色や明るさの階調（グラデーション）の範囲を指す。例えば，ISO 100のネガフィルムのダイナミックレンジは約60 dB（印画紙の白から黒までの濃度が変化する幅），人間の目（網膜）のダイナミックレンジは約80 dB 程度［月夜の明るさ（0.1 cd/m² 程度）から昼間の日向（10 000 cd/m² 程度）］といわれている。

ダイナモ dynamo ＝整流子発電機

耐熱クラス たいねつ―― thermal class 電気製品を定格負荷で運転したときに許容できる最高温度をもとにして定めた電気絶縁材料及び絶縁システムの耐熱区分。電気製品の絶縁の耐久性は，温度，電気的ストレス及び機械的ストレス，振動，有害な雰囲気及び化学薬品，湿気，ほこり，放射線など多くの因子によって影響される。これらの因子の中で共通して支配的な劣化を与えるのが温度である。耐熱クラス及び温度を表に示す。250℃を超える温度は25℃間隔で増し，耐熱クラスも，それに対応する温度の数値で呼称する。

耐熱クラス及び温度

耐熱クラス	温度（℃）
Y	90
A	105
E	120
B	130
F	155
H	180
200	200
220	220
250	250

耐熱シール材 たいねつ――ざい heat resistant sealing compound 給水管，電線管，ケーブルなどが防火区画などを貫通する部位の余剰開口部を埋め戻す充塡材料。十分な機密性を有するもので，貫通する管に通常の火災による火熱が加えられた場合に当該防火区画の反対側に火炎を出す原因となる亀裂その他の損傷を生じない耐熱能力のある充塡材料である。パテ状のもの，岩綿状のもの，液状のものを塗布するもの，板状に成形したものと組み合わせて用いるものなど多様な材料がある。

耐熱性 たいねつせい heat resistibility 常温より高い温度で，形状が変化したり，材質が劣化したりしない性能。

耐熱電線 たいねつでんせん heat resistant cable 加熱温度曲線（標準）の1/2の曲線に準じて，15分間で380℃に達する耐熱試験に適合する電線。消防用設備等の操作回路に露出配線として使用することができる。消防法。環境に配慮して燃焼時に有害物質を出さない高難燃ノンハロゲン耐熱電線もある。

耐熱配線 たいねつはいせん heat resistant wiring 防災設備を火災時に異常なく動作させる耐熱性能を持たせた配線。要求される耐熱性能によって，耐熱A種配線（F_A），耐熱B種配線（F_B）及び耐熱C種配線（F_C）がある。F_A, F_B 及び F_C は，加熱温度曲線（標準）のそれぞれ 1/8, 1/3 及び 1 倍の曲線に準じて30分間加熱し，この間異常なく通電できる性能を持つ。耐熱配線の加熱温度曲線を図に示す。なお，380℃ 15分間の加熱に耐える性能を持つ配線も F_B として扱う。

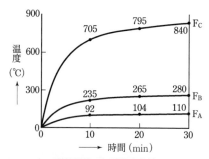

耐熱配線の加熱温度曲線

耐熱配電盤等 たいねつはいでんばんとう heat resistant panelboard and distribution board 耐熱性能をもたせて防災設備の配線に用いる配電盤及び分電盤。要求される耐熱性能によって，次の2種類がある。① 第1種耐熱配電盤等…加熱温度曲線（標準）

に準じて，30分間で840℃に達する耐熱試験に適合する配電盤及び分電盤。居室，廊下，階段などに設置することができる。②第2種耐熱配電盤等…加熱温度曲線（標準）の1/3の曲線に準じて，30分間で280℃に達する耐熱試験に適合する配電盤及び分電盤。電気室，機械室，パイプシャフト，開放廊下などに設置することができる。

耐熱ビニル絶縁電線 たいねつ――ぜつえんでんせん heat-resistant polyvinyl insulated wire ＝2種ビニル絶縁電線

耐熱分電盤 たいねつぶんでんばん heat resistant distribution board →耐熱配電盤等

耐燃措置 たいねんそち burning resistance measure 暗きょ式地中電線路のケーブルを燃焼しにくくする措置。不燃性又は自消性のある難燃性の被覆をもつケーブルを使用するか，不燃性又は自消性のある難燃性の延焼防止テープ，延焼防止シート，延焼防止塗料などでケーブルを被覆するか，不燃性又は自消性のある難燃性の管又はトラフにケーブルを収める。

ダイバシティ受信 ――じゅしん diversity reception 移動体受信装置などでは，建築物の陰に入ると受信電波が弱くなることや建築物の反射波などにより受信品質が落ちることがあるため，位置が違う2つ以上のアンテナを設置し，受信状態のよいアンテナを選択して受信する方式。

代表信号 だいひょうしんごう collective signal transmission ＝一括移報

耐風速 たいふうそく survival wind velocity 風車が耐えることのできる最大風速。一般に60 m/sである。

ダイポールアンテナ dipole antenna 給電点に長さが1/4波長の直線状の導線2本を左右対称に配置し，伝送線路の導体に接続したアンテナ。構造が簡単で主に短波帯及び超短波帯で用いる。アンテナ線に直交する方向にドーナツ状に利得を有する放射パターンを持つ。ダブレットアンテナともいう。2本のエレメントのうち接地側をグランドに落として鏡像とするモノポールアンテナ，複数並べてゲインを高める八木アンテナ，2つのダイポールを十字状に配置して円偏波を放射する ターンスタイルアンテナなどもある。　⇨ターンスタイルアンテナ

ダイポールアンテナ　折返しダイポールアンテナ

タイムラグヒューズ time-lag fuse 規定された過電流領域に対して，溶断時間を特に増大させたヒューズ。電動機の始動電流によって溶断することなく，かつ，被保護機器の過負荷保護ができるような協調が図れる溶断特性を持たせている。高圧用及び低圧用がある。電動機用ヒューズともいう。

タイムラプスビデオ time lapse video recorder 防犯用の長時間録画が可能なビデオレコーダ。ビデオテープをゆっくり回してコマ取りすることで1秒間に録画するフレーム数を減らし長時間の録画を可能にする。最近ではハードディスクに録画するデジタルレコーダに代わりつつある。

ダイヤフラム diaphragm 〔1〕金属又はゴム，プラスチックなどの薄板で作り，流体の圧力を伝達するための蛇腹状の膜。隔膜ともいう。ダイヤフラムを組み込んだ調整弁を指すこともある。〔2〕コーン形スピーカのコーン紙の外周部で外枠と接続する部分。〔3〕建築構造で，柱とはり又は上下階の柱相互などを接合するときに間に挿入するプレート。

ダイヤルイン方式 ――ほうしき direct dialing system 電話機やファクシミリがそれぞれ局番又は付加番を持ち，外部から直接着信する方式。ダイヤルイン（DID）方式，ダイレクトインライン（DIL）方式，付加番号ダイヤルイン方式，モデムダイヤルイン方式の総称である。電話1回線当たり2つ以上の電話番号が付与できるサービスで，電話機ごとに違った電話番号を持たせることができる。通常の電話回線（アナログ）でダイヤルインサービスを使うときは，モデムダイヤルイン機能を持った親子電話機の親機と子機や，ファクシミリ機能付電話機のファクシミリと電話にそれぞれ

の番号を登録し，違う番号を持たせることができる。

ダイヤル温度計 ——おんどけい dial type thermometer バイメタルやブルドン管などを用いて機械的に指針を動作させる温度計。変圧器の温度や回転機の軸受温度の計測に用い，組込接点を警報システムとして用いることがある。

ダイヤルゲージ dial gauge, dial indicator 長さの測定量を回転量に変え，目盛板で読み取る測定器。短い直線距離を正確に測るために用いる。測定子の直線運動を歯車で回転運動に変えることで機械的に拡大する。円板目盛上に変位を表示するスピンドル式と，セクタ歯車と冠歯車によって拡大するてこ式とがある。

太陽光発電 たいようこうはつでん photovoltaic power generation 太陽光のエネルギーを太陽電池で直接電気エネルギーに変換する発電。光起電力効果を利用した太陽電池の効率は10～20%であり，太陽高度，入射角などの条件にもよるが，標準日射量を$1 kW/m^2$とすると出力は$100～150 W/m^2$である。

太陽雑音 たいようざつおん solar noise 太陽から放射される雑音電波。信号レベルの高い地上無線回線では影響が少ないが，微弱な電波を受信する衛星通信回線では受信アンテナビーム内に太陽が入り，その雑音電波を受信すると，回線品質は著しく劣化する。

太陽電池 たいようでんち photovoltaic cell 太陽光などの光のエネルギーを直接電気エネルギーに変える半導体素子。光起電力効果を利用した光電変換素子の一種である。太陽電池セル，太陽電池モジュール，太陽電池パネル，太陽電池アレイなどの総称として用いる場合もある。材料の種類別にはシリコン系と化合物半導体系があり，シリコン系には結晶シリコン系，薄膜シリコン系などがある。

太陽電池アレイ たいようでんち—— photovoltaic array 太陽電池架台，基礎，その他の工作物で構成し，太陽電池モジュール又は太陽電池パネルを機械的に一体化し，結線した集合体。太陽光発電システムの一部を形成する。設置場所により屋根用，壁用及び窓用に，更に構造又は用途によって屋根置き形，屋根材一体形，屋根材形，壁設置形，壁材一体形，壁材形に分ける。

太陽電池セル たいようでんち—— photovoltaic cell 太陽電池モジュールの構成要素の最小単位。

太陽電池パネル たいようでんち—— photovoltaic panel 現場取付けができるように複数個の太陽電池モジュールを機械的に結合し，結線した集合体。

太陽電池モジュール たいようでんち—— photovoltaic module 複数の太陽電池セルを接続し，耐環境性を高めるために強化ガラスなどで外周を保護した太陽電池の構成要素の最小単位。

太陽熱利用 たいようねつりよう solar thermal application 太陽エネルギーを熱エネルギーとして，冷暖房，給湯，乾燥，蒸留，発電などに利用すること。太陽熱冷暖房は，集熱器で得た太陽熱で建物を冬季は暖房，夏季は吸収冷凍機を介して冷房する。

耐用年数 たいようねんすう life expectancy, service life, useful life 建築物，機器，電気設備などの性能を維持し使用できる年数。①物理的耐用年数…通常のメンテナンスにより支障なくその機能を発揮できる年数。②法定耐用年数…税法上の減価償却において法で定めた年数。電気設備の物理的耐用年数は，機器及び使い方により異なるがおおむね10～25年である。

耐雷変圧器 たいらいへんあつき lightning protection transformer 落雷により電路に発生した雷サージ電圧を抑制して負荷機器及び人の安全を守るために雷サージ吸収素子，混蝕防止板などを付加した変圧器。一般的には，変圧器の1次側に設けたにサージアブソーバにより雷エネルギーの大半を吸収し，吸収されなかったエネルギーは変圧器の1次，2次間に入れた混蝕防止板により2次側への誘導を低減し，さらに2次側に入れたサージアブソーバにより雷サー

ジエネルギーを吸収させる構造である。

ダウンライト downlight 天井に埋め込む小形の照明器具。

ダウンリンク downlink 無線通信や ADSL で基地局や衛星通信などの，ネットワークの中心部から端末方向に送信する通信経路。一般のパーソナルコンピュータの場合は，データの送信と受信とに使用する周波数を分けて使用し，受信側の周波数帯域又は通信速度を表すときに用いる。　⇒アップリンク

楕円偏光 だえんへんこう elliptical polarized light 楕円偏波した光。

楕円偏波 だえんへんぱ elliptical polarized wave 電界及び磁界の振動面の成分に円偏波と直線偏波の成分を有する偏波。回転方向により右旋楕円偏波及び左旋楕円偏波がある。

タクト工程表 ──こうていひょう tact progress schedule 高層の建築物を建設する場合，基準階の工程と同じパターンで作業を計画できる場合の工程管理に用い，階数を階段状に積み上げ，縦軸に建築物の階層，横軸に暦日をとり，バーチャートにネットワーク工程表の表現を取り入れた形の工程表。ネットワーク工程表に比べ作成及び管理が簡単である，バーチャート工程表に比べ他作業との関連性が理解できる，高層ビルなど繰返し作業の工程管理に適している，全体の稼働人数の把握が容易にできるなどの特色がある。

多結晶シリコン太陽電池 たけっしょう──たいようでんち multi-crystalline silicon solar cells 結晶の粒径が数ミリ程度の多結晶シリコンを用いた太陽電池。単結晶シリコン太陽電池に比べ単位面積当たりの発電効率は落ちるが，価格が安い，生産に必要なエネルギー量が少ないなどの特徴がある。

多孔陶管 たこうとうかん ceramic multiple duct, vitrified-clay multiple duct 地中埋設配線の多条敷設に用いるセラミックス製の管路材。直径が 54～200 mm の孔を 2, 4, 6 又は 9 個有し，直管とベント管などをボルトで接続して所要の管路を構成する。狭い空間に多数条のケーブル布設が可能である。

多孔陶管

多重化 たじゅうか multiplexing 多数の情報を1本の伝送路で同時に送るため，1つの信号に結合すること。一般に，アナログ通信に用いる周波数分割方式とデジタル通信に用いる時分割方式とがある。

多重雷 たじゅうらい multiple stroke 落雷の進展過程において，最初に形成された放電路に沿って2回以上の雷撃を繰り返す放電。多重雷撃ともいう。全雷撃の約 50 % は多重雷であり，そのうち多重回数が 2～4 のものが大部分であり，ときには 26 に及ぶこともある。

多重雷撃 たじゅうらいげき multiple stroke ＝多重雷

多重路伝搬 たじゅうろでんぱん multipath ＝マルチパス

タスクアンビエント空調 ──くうちょう task and ambient air conditioning system 作業場所の部分空調と周辺領域の全体空調とを合成して，室内環境を構成する空調方式。オフィスでは OA 化により内部負荷が増加と偏在化し，ローパーテーションによって小区画化した室内環境を均一化して，快適性向上と省エネルギーを図っている。

タスクアンビエントライティング task and ambient lighting 作業（task）場所の必要とする照度を確保する局部照明と，周辺（ambient）領域に適度な照度を与える全般照明とを併用した照明方式。オフィスでは作業の OA 化が進み，照明器具や天井面などが表示装置に映り込み，OA 作業に支障をきたさないことを目的としたもので，省エネルギーにも貢献する。

多接合太陽電池 たせつごうたいようでんち stacked photovoltaic cell, tandem photovoltaic cell, multi-junction solar cell　複数個の太陽電池セルを積層し，入射光がこれらのセルを順次透過し，吸収されるようにした構造の太陽電池。異なる波長の太陽光を吸収するセルを直列につなぎ合わせ，全波長の太陽光を吸収させて変換効率を高める。2層の場合をタンデム形太陽電池と呼ぶこともある。何種類の太陽電池を接合しているかにより，2接合，3接合，4接合太陽電池と呼ぶ。

多相整流方式　たそうせいりゅうほうしき　polyphase rectification system　位相の異なる交流電源を整流し直流電源を得る方式。代表的なものには三相ブリッジ回路がある。単相整流に比べ直流側のリップルが低減されるので，平滑化が容易である。
⇨ 12パルス変換器

立会検査　たちあいけんさ　attendance inspection, witness inspection　電気機器や建築物など注文生産により製作されたものに対して，工場での完成時や現地引渡し前に注文主の立会いの下で実施する検査。製作物の性能及び構造が要求仕様に合致しているかを注文主のほか，設計者，工事施工者などが立ち会って行う。

脱出トルク　だっしゅつ──　pull out torque　＝最大トルク

タッチパネル　touch panel　ディスプレイ画面上に表示したプログラムやファイルなどのシンボルマークを直接指などで触れることで，選択，操作などができる装置。触れた位置の検出は，画面の外枠からの赤外線で指を検知する方式や，画面上に設置した感圧素子により指で押した位置を検知する方式がある。

脱調　だっちょう　step out　複数の発電機が同一位相で運転されている状態が保たれなくなる現象。負荷の急変，送電線路の開閉などによって起こり，同期外れともいう。

タップ電圧　──でんあつ　tap voltage　変圧器の変圧比を変えるために巻線に設けた口出し（タップ）における電圧で，定格電圧以外のもの。一般に高電圧側に設け，2次電圧が定格電圧又は所定の電圧になるようにタップ値を選ぶ。電圧差は，一般的に公称電圧の1/1.1の2.5％又は5％としている。

縦穴区画　たてあなくかく　fire preventing separation of shaft　建築物の延焼範囲を限定するために，居室が3階以上又は地階にある建築物の階段室，昇降機の昇降路，パイプシャフトなどの縦穴部分ごとに準耐火又は耐火構造の床，壁などで行う防火区画。建築基準法。

縦ノイズ　たて──　longitudinal mode noise　＝コモンモードノイズ

束ねより線　たば──せん　bunched conductor　＝集合より線

WLL　ダブリューエルエル　wireless local loop　＝加入者系固定無線アクセス

WDM　ダブリューディーエム　wavelength division multiplexing　＝波長分割多重化

ダブルスキン　double skin　建築物の主外壁の外側又は内側にガラスなどで壁を設け，中間領域を換気などで温熱制御して省エネルギーを図る方式。外部の気温変化の影響を中間領域で処理し，建物内部への影響を軽減する。

ダブルスロー　double-throw　＝双投形開閉器

玉がいし　たま──　ball insulator　電柱の支線相互を電気的に絶縁するために支線中間などに使用する，磁器製で玉状のがいし。

多巻線変圧器　たまきせんへんあつき　multiwinding transformer　巻線を3つ以上有する変圧器。1次側の巻線1つに対し出力に応じた2次側の巻線を2つ以上設けたもので，接地形計器用変圧器などがある。

ダミー負荷　──ふか　dummy load　〔1〕テレビ受信アンテナ系統の分配端子などで，本来接続する負荷の代わりに接続する特性インピーダンスに相当する抵抗。ダミー抵抗又はダミープラグともいう。〔2〕発電設備などの負荷試験に際し，実負荷の代わりに使う抵抗負荷。

多溝がいし　たみぞ──　spool insulator　環状の溝を長手方向に多数設けた，引込線を支持する場合などに低圧ラックに取り付

けて使用するがいし。　⇨DV線引留がいし

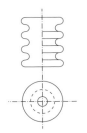

3P多溝がいし

ダムウエータ　dumb waiter　＝小荷物専用昇降機

多翼形風車　たよくがたふうしゃ　multi-bladed type windmill　羽根の枚数が多く，風車が風の方向に垂直な面で回転する水平軸風車。高トルクであることから，中小形の揚水動力源として多く利用している。

多翼形風車

ダリウス形風車　――がたふうしゃ　Darrieus type windmill　飛行機の翼断面と同様の形状をもつ羽根を弓形に曲げて垂直軸に取り付け，揚力を発生し，回転する垂直軸風車。首振り機構なしで全方向の風に対応できるが，起動トルクは極めて小さく起動用モータなどが必要となる。モニュメントとしての利用が多い。

ダリウス形風車

たるみ度　――ど　dip　架空電線の2つの支持点を結ぶ直線と電線のなす曲線との鉛直距離の最大値。ち（弛）度ともいう。電線はカテナリ曲線をなすが，計算で求める場合には放物線で近似することが多い。計算には電線自重，風圧荷重，氷雪荷重及び温度変化による電線実長の変化など最悪条件を考えて行う。この値が大きくなると電線こう長が増加し電線の自重は増加するが，電線張力を小さくすることができる。電線自重，付着氷雪荷重及び高温期又は低温期風圧荷重を2乗平均した電線荷重をW（N/m），径間をS（m），張力をT（N），たるみ度をD（m）とすると，近似式は$D = WS^2/(8T)$となる。

他励電動機　たれいでんどうき　direct-current separately-excited motor　電機子巻線及び界磁巻線の電源を別にして界磁電源の電圧を可変とした直流電動機。電機子巻線に印加する電圧を変化させ広い範囲で回転数制御及び反転の制御ができる。ワードレオナード方式を用いて回転数制御を行っていたが，インバータを用いる静止レオナード方式やインバータ駆動誘導電動機の方式に置き換わっている。

タワーライト　tower light　＝ポータルタワーライト

単安定マルチバイブレータ　たんあんてい―――　monostable multivibrator　一方の状態は安定しているが，もう一方は安定していないマルチバイブレータ。ワンショットマルチバイブレータともいい，チャタリング対策などに用いる。

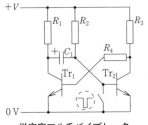

単安定マルチバイブレータ

単一母線方式　たんいつぼせんほうしき　single bus system　母線1本を設けて分岐回路を共通接続する母線方式。単母線方式

単位法 たんいほう per-unit system 電力系統の電圧，電流，電力，無効電力，インピーダンスなどを，ある基準値に対する比で表す方法。パーユニット法ともいう。数値が無次元化され，取扱いが極めて簡単になるため，パーセンテージ法とともによく用いる。記号としてpuを用いる。例えば，6 600 Vを基準電圧としたとき，6 000 Vは0.91 puとなる。

タングステンハロゲン電球 ──でんきゅう tungsten halogen lamp ＝ハロゲン電球

単結晶シリコン太陽電池 たんけっしょう──たいようでんち single crystal silicon solar cell 全体が同一結晶構造のシリコン結晶で製造した太陽電池。最も古くから使用している高純度の半導体基板を使用しているため，アモルファス太陽電池に比べ，エネルギー変換効率が高い。 ⇨多結晶シリコン太陽電池

tan δ タンジェントデルタ tangent delta ＝誘電正接

短時間過電圧 たんじかんかでんあつ temporary overvoltage 系統のある地点の相-大地間又は相間に生じる持続時間が比較的長い過電圧。持続時間は系統の保護方式に依存し，数msから数秒のオーダである。持続性過電圧ともいう。発生原因には，系統の地絡事故，負荷遮断，鉄共振などがある。

短時間許容電流 たんじかんきょようでんりゅう short-time allowable current 配線における連続許容電流に対して，特定の短時間使用を行う場合の許容電流で，配線の温度上昇を許容値以下とする熱的に等価な電流値。短時間使用のほか，断続使用，周期的使用又は変動負荷使用の場合などに採用することもある。送電線路の故障時に，故障線以外の線路に一時的に過負荷送電を行う場合にも適用する。

短時間使用 たんじかんしよう short-time duty 実質的に一定の負荷のもとで，電気機器の温度上昇が規定最高値に達しない範囲内で短時間行う運転。一般に次回始動時までに低下できる温度差を定めている。

短時間定格 たんじかんていかく short-time rating 電線，機器などを基準温度（一般に室温）から始めて，一定の短時間内だけ許容温度値を超えることなく使用するときの定格。

端子盤 たんしばん distribution frame 情報通信設備用ケーブルの中継，分岐，統合及び整理を目的とし，金属製，合成樹脂製などの箱内に端子台を収納した盤。

単セル たん── single cell 燃料極，空気極及び電解質を1組として構成した燃料電池の最小単位。

断線監視 だんせんかんし disconnection monitor 信号線，電力線などの導体又はランプの断線の有無を検出すること。高圧ケーブルの充電電流の変化によりシールドテープの断線状態を検出してケーブル損傷事故を未然に防止する方式，防犯用回線の断線を検出する方式，航空障害灯や空港の滑走路灯，誘導路灯の断線を検出する方式などに用いる。

断線警報 だんせんけいほう line fault alarm 受信機及び感知器間の配線の一部が断線又は開放状態になったことを知らせる警報。

単線結線図 たんせんけっせんず single-line diagram 電気回路及びそこに使用する機器の定格と電気的接続関係を図記号を用いて実際に使用する配線本数にかかわらず1本の線で表した結線図。スケルトンともいう。

単相3線式 たんそうさんせんしき single-phase three-wire system 単相交流の電力を中性線を含む3線で送る電気方式。 ⇨電気方式

単相2線式 たんそうにせんしき single-phase two-wire system 単相交流の電力を2線で送る電気方式。 ⇨電気方式

単相誘導電動機 たんそうゆうどうでんどうき single-phase induction motor 単相交流を電源とし，2次巻線をかご形とした誘導電動機。単相交流によって主巻線に発生する磁界は始動トルクを発生しないが，何らかの方法で始動すると始動トルクは増大

し一定の滑り速度で運転することができる。始動方法により分相始動誘導電動機，コンデンサ始動誘導電動機，反発始動誘導電動機，くま取り巻線形誘導電動機などがある。家庭用，工作用など小容量の電動機として用いる。

断続運転制御　だんぞくうんてんせいぎょ　intermittent operation control　＝間欠運転制御

炭素繊維強化プラスチック　たんそせんいきょうか──　carbon fiber reinforced plastic　炭素繊維を強化材とし，主にエポキシ樹脂を母材として用いる繊維強化プラスチック。高い強度と軽さを併せ持つため，ゴルフクラブのシャフトや釣りざおなどのスポーツ用途から航空機，自動車などの産業用に用途が拡大し，さらに建築，橋梁の耐震補強などでも広く使用している。

段調光　だんちょうこう　step-by-step dimming　あらかじめ段階的に調光レベルを設定しておき，条件に応じて段階を切換えて行う調光。調光比を固定する調光比固定式と，調光比をプリセットできる調光比可変式とがある。例えば，窓際の照度を昼光センサで感知して，段階的に器具の光束比を切換えることで，有効な照度を確保するなど，省エネルギー対策として使用する。

タンデルタ　tangent delta　＝誘電正接

単電池　たんでんち　cell　1個の素電池を容器に収納した電池。セルともいう。乾電池はほとんどが単電池であるが，電気設備で使用する蓄電池は所定の電圧を得るために単電池を複数接続している。

単投形開閉器　たんとうがたかいへいき　single-throw switch　1極当たり1個の刃及び1個の刃受を持ち，刃の投入が一方向だけの開閉器。　⇨双投形開閉器

単独運転　たんどくうんてん　isolated operation　発電設備（単機又は複数台数）が連系している一部の電力系統が事故などによって系統電源と切り離された状態において，この線路内に存在している発電設備群だけで発電を継続し，線路内の負荷に電力供給する運転。

短波　たんぱ　short wave　周波数が3 MHzを超え30 MHz以下の電波。記号はHFである。波長は100 m未満10 m以上で，電離層の反射を利用して上空波は遠方まで到達できるが，昼夜又は季節による電離層の変化のため安定度に劣る。航空洋上管制，漁業無線などに用いる。デカメートル波ともいう。

タンブラスイッチ　tumbler switch　つまみを上下又は左右に倒して操作するトグルスイッチ。

タンブラスイッチの外観

単巻変圧器　たんまきへんあつき　auto-transformer　1次及び2次巻線が共通部分をもつ変圧器。共通部分を分路巻線，線路に直列につながる部分を直列巻線という。定格容量のほか，直列巻線の電圧と電流から算出した容量を自己容量という。

端末アダプタ　たんまつ──　terminal adapter, TA　ISDNデジタル回線で使用するために，通信機器の信号をデジタル化する機器。電話機，ファクシミリなどを接続するアナログポート及びパーソナルコンピュータなどを接続するデジタルポートを備えたもの並びにどちらかのポートしか備えていないものがある。

端末処理　たんまつしょり　termination　ケーブル端末部において，ケーブルの絶縁特性の劣化が生じないように施す処理。ケーブル端末部は，機械的，電気的及び熱的なストレスを受けやすく，また，湿度の影響も受けるため，この影響を緩和し，絶縁特性を維持するための処理を施す。特に，高圧ケーブルでは，絶縁材の上に円すい形の絶縁座（ストレスコーン）を設け，これに沿ってシールド処理を施し電界を滑らかに変化させ，電界集中によるストレスを緩和している。

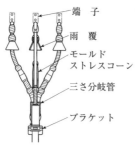

6.6 kV CV ケーブルの端末処理

短絡接地器具

短絡 たんらく short-circuit 電位差がある回路で，2以上の点が低いインピーダンスで故意又は事故によって接続した状態。

短絡インピーダンス たんらく—— short-circuit impedance 変圧器の一方の巻線を短絡し，もう一方の巻線に定格周波数の電圧を加え，定格電流が流れたときの電圧の定格電圧に対する比。百分率（％）で表す。インピーダンス電圧ともいう。　⇨パーセントインピーダンス

短絡環 たんらくかん shading coil ＝くま取りコイル

端絡環 たんらくかん end ring かご形誘導電動機の2次導体を回転子の両端で短絡する環状の導体。

短絡時許容電流 たんらくじきょうでんりゅう short-circuit allowable current 短絡や地絡時の非常に短い時間に適用する許容電流。継続時間が短いため，導体で発生した熱はケーブル表面から外部に放散されることなく，すべて導体の温度を上昇させるために使われる。架橋ポリエチレン絶縁ケーブルで継続時間が2秒以下では，短絡時最高許容温度を230℃，短絡前の導体温度を90℃として，次式によって計算できる。

　　銅　導　体: $I=134\,A/\sqrt{t}$
　　アルミ導体: $I=90\,A/\sqrt{t}$
　　I：短絡時許容電流（A）
　　A：導体公称断面積（mm²）
　　t：継続時間（s）

短絡接地器具 たんらくせっちきぐ short-circuitting and earthing tool 高圧又は特別高圧電気設備の停電作業時に，誤送電などに対して作業の安全を確保するために，作業箇所の線間を短絡し，これを接地するための器具。

短絡電流 たんらくでんりゅう short-circuit current 故意又は事故で短絡が生じたとき，回路に流れる電流。短絡が発生すると，系統につながる交流発電機に電動機の寄与電流が加わって電源となり，機器・線路のインピーダンスなどで制限される短絡電流が流れる。　⇨過渡短絡電流，直流分

短絡比 たんらくひ short-circuit ratio 同期発電機の無負荷定格電圧を発生するのに必要な界磁電流と三相短絡で定格電機子電流を発生するのに要する界磁電流との比。電機子反作用の大きさを示す量である。同期インピーダンスの逆数である。短絡比が大きいと同期インピーダンスが小さくなり，電圧変動率が小さく，過渡安定度が高くなる。

短絡保護 たんらくほご short-circuit protection 短絡故障を検知し，故障点を系統から開放すること。低圧回路では，配線用遮断器，ヒューズなど，高圧回路では過電流継電器と遮断器との組合せ，限流ヒューズなどを用いる。

短絡保護専用遮断器 たんらくほごせんようしゃだんき short-circuit protection circuit breaker 電動機専用の分岐回路において，過負荷保護装置と組み合わせて短絡保護を行う遮断器。長限時引外し要素を持たず，瞬時引外し要素だけを備え，瞬時引外し電流の整定値は，遮断器の定格電流の

1～13倍の範囲内としている。瞬時遮断式配線用遮断器ともいう。

短絡保護専用ヒューズ　たんらくほごせんよう——　short-circuit protection fuse　電動機専用の分岐回路において，過負荷保護装置と組み合わせて短絡保護を行うヒューズ。定格電流の1.3倍の電流に耐え，10倍の電流で20秒以内に溶断する。

短絡容量　たんらくようりょう　short-circuit capacity　短絡電流と回路電圧との積で表す容量。三相短絡の場合は，次の式で表す。

$P_s = \sqrt{3}\,UI_s$

P_s：三相短絡容量（MV・A）
U：回路電圧（kV）
I_s：短絡電流（kA）

断路　だんろ　isolation, disconnection　電路を電気的に分離すること。

断路器　だんろき　isolator, disconnector, DS　充電された電路の電圧のみを開閉する装置。負荷電流の開閉はできない。一般に電路の開閉状態が目視できる。遮断器の1次側に設置し，遮断器の開状態でのみ動作可能とする。特殊なものとして，GIS内蔵形で開路時極間電圧の低いループ電流が開閉可能なもの，変圧器の無負荷励磁電流の開閉が可能な負荷断路器などもある。

断路器操作用フック棒　だんろきそうさよう——ぼう　hook bar for disconnecting switch operation　フック棒を断路器の操作金具に引っ掛けて断路器を手動で直接操作するための器具。断路器のほか高圧負荷開閉器，電力ヒューズなどの開閉に，また，電路の残留電荷を放電するときにフックに接地線を取り付けて用いる。操作時には電気用高圧ゴム手袋を着用する。

チ

地域冷暖房　ちいきれいだんぼう　district heating and cooling, DHC　ある地域にある建物群に，中央熱源プラントから配管網を通して，蒸気又は高温水と冷水とを供給して行う冷暖房。建築物が個別に熱源を持つ場合に比べ熱源の合計容量を小さくできる。

チェーンブロック　chain block　滑車に歯車を組み合わせてチェーン（鎖）を掛けて，手鎖車を操作し，重量物を巻上げ，巻下げする装置。滑車の原理を用いて，滑車間のリンクを歯車で，綱の代わりにチェーンを使用して構成した巻上げ機で，リンクを歯車で構成しているため，荷物を巻き上げるチェーンと，巻上げ及び巻下げ操作を行うための手鎖は別に設ける。

遅延回路　ちえんかいろ　delay circuit　入力信号を一定時間遅らせて取り出すために用いる回路。抵抗，インダクタンス，キャパシタンスなどの回路要素による集中定数回路や，遅延ケーブルなどを利用して実現する。入力信号処理用の遅延回路は，ノイズの除去や前回値との平均演算，差分演算などに用いる。

チェンジオーバスイッチ　change-over switch　制御回路などに用いる切換開閉器。遠方と手元，中央と現場，自動と手動などの回路条件を切り換えるのに用いる。

チェンジオーバ接点　——せってん　change-over contact　＝c接点

遅延時間　ちえんじかん　delay time　信号に遅れを生じさせている間の時間。例えば，継電器やスイッチ回路などで閉路状態から開路状態に移行する場合に，閉路したまま作動が遅れる時間をいう。

遅延スイッチ　ちえん——　time delay switch　操作部を操作した後，接触子が遅れて動作するスイッチ。一般に遅延時間は数十秒から数分である。消し遅れスイッチはその1つである。

地球温暖化　ちきゅうおんだんか　global warming　化石燃料の大量使用などによる人為的要因で，二酸化炭素，メタン，ハイドロフルオロカーボンなどの温室効果ガス濃度が上昇し，地球表面の平均気温が上昇する現象。

地区音響装置　ちくおんきょうそうち　local audible alarm equipment　火災感知器又は発信機の作動と連動して防火対象物の全区域又はその一部に火災の発生を報知する装

置。一般に使用されるものとしては,ベル,ブザー,サイレン,スピーカなどがある。音声警報の場合は,受信機からの信号受信で感知器作動警報として警報音及び女声による音声を発し,また,この感知器作動警報作動中に受信機から再度信号を受信した場合又は一定時間が経過した場合には,火災警報として警報音及び男声による音声を発するものもある。

蓄積式感知器　ちくせきしきかんちき　alarm verification type detector　イオン化式スポット型,光電式スポット型及び光電式分離型煙感知器において,一定時間(10秒以上60秒以内)連続して煙を検出したときに,火災信号を発信する感知器。一過性の煙による非火災報の低減のために用いてきたが,現在では,この蓄積機能を受信機で行う蓄積式受信機を採用しており,蓄積式感知器はほとんど用いていない。

蓄積式受信機　ちくせきしきじゅしんき　alarm verification type control and indicating equipment　感知器からの火災信号を受信しても,すぐに火災表示を行わず,一定時間(これを蓄積時間といい,5秒以上60秒以内)火災信号の継続の確認をした後,火災警報を発する受信機。蓄積機能を持たせることにより,一過性の要因による非火災報を防止する効果がある。人が操作する発信機からの火災信号の場合は,非火災報のおそれが少ないため,蓄積機能を自動的に解除する。

蓄積プログラム制御　ちくせき——せいぎょ　stored program control　電話の電子交換機や電子計算機などにおいて,装置内部に記憶装置及び演算装置を持ち,装置を制御するプログラム及びデータを記憶装置に収め,プログラムに従って演算を行い装置を制御すること。装置の制御を変更する場合に,記憶装置のプログラム及びデータを書き換えることで行え,装置機構の改造なしに対応することができる。この概念は,1945年にフォン・ノイマン(米)によって提唱された。

蓄電池　ちくでんち　storage battery　物質の化学反応を利用し,充放電を繰り返して反復使用できる電池。2次電池ともいう。電気設備で使用する電池には,据置鉛蓄電池,据置アルカリ蓄電池及び小形の密閉形ニッケルカドミウム蓄電池がある。さらに据置鉛蓄電池にはベント形と制御弁式とがあり,据置アルカリ蓄電池にはベント形とシール形とがある。

逐点法　ちくてんほう　point by point method　ある点の直接照度及び間接照度を個別に計算し合計して全照度を得る照度計算方法。

蓄熱材　ちくねつざい　heat storage material　熱を蓄えるために用いる物質。水などの温度変化を用いる顕熱形,水と氷などの液体と固体間の相変化を用いる潜熱形,化学反応による吸熱,放熱を用いる熱化学形など用途により素材を選定して用いる。

蓄熱槽　ちくねつそう　heat storage tank　熱を蓄え,熱を取り出すために使用する蓄熱材を収納するための槽。一般に熱需要の少ない時間帯に蓄熱し,熱需要が多くなった時間帯に取り出しピークカット運転ができ,熱源設備の容量を小さくすることができる。一定時間熱を保持しなければならないので断熱性が必要となる。槽の容積を少なくするために体積当たりの効率が良い蓄熱材を使用する。

蓄熱調整契約　ちくねつちょうせいけいやく　heat storage type load shift contract　電力消費のピークカットを奨励するため,昼間のピーク負荷を夜間に蓄熱して賄う空調方式を採用したとき,夜間蓄熱に要する電力料金を割引料金で供給する契約。主契約の種別,蓄熱方式の別及び電力会社の別により契約の種類がある。

地区表示灯　ちくひょうじとう　zone indication lamp　火災の発生した警戒区域を表示する火災受信機の表示窓。P型受信機では警戒区域と1対1の表示窓を用い,R型受信機ではデジタル表示方式を用いている。

地区ベル　ちく——　local bell　自動火災報知設備の地区音響装置として用いるベル。

地上デジタル放送 ちじょう――ほうそう digital terrestrial broadcasting 地上の電波塔から送信するテレビジョン用信号をデジタル化した放送。衛星放送と区別して地上波放送という。アナログのテレビジョン放送は VHF 帯と UHF 帯を使っていたが、電波の有効利用や高画質化、高機能化を推進するため、UHF 帯を使った地上デジタル放送に移行することになった。2011 年 7 月にアナログ放送を終了し、地上デジタル放送に切り換えた。

地上デジタル放送方式 ちじょう――ほうそうほうしき digital terrestrial television broadcasting system UHF 帯を利用し、約 5.6 MHz の幅の放送局チャンネルを 429 kHz の幅で 13 個のセグメントに分割し、各セグメントに違った画質の動画や音声と文字データなどを割り当て、多重化して送信する方式。セグメントごとに異なる変調方式を指定できるので、効率的な周波数帯域利用ができる。 ⇨統合デジタル放送サービス

地上電線路 ちじょうでんせんろ electric line installed on ground 地上に露出して施設する電線路。1 構内だけに施設する電線路の全部又は一部、1 構内専用の電線路中その構内に施設する部分の全部又は一部であるものなどに限り、工事方法にも制限がある。ケーブルを鉄筋コンクリート製の堅ろうな開きょに収めた構内専用の電線路などに認めている。

地図式表示 ちずしきひょうじ graphic display 火災警報の地区表示を視覚的に発生場所が分かるように平面地図や断面地図を用いて行う表示。P 型受信機のように地区名称が並んだ窓表示や R 型受信機のようなデジタル表示・文字表示方式に比べて、視認性に優れる。表示部は地図表示盤、液晶ディスプレイなどを用いる。

遅相運転 ちそううんてん lagging power factor operation 遅相無効電力を供給するために行う同期発電機の強め励磁による運転。

地耐力 ちたいりょく bearing power of soil, bearing capacity of soil 地盤が荷重を支持できる能力。設計時に用いる許容支持力は、地盤が支持できる最大荷重の 1/3 を用いる。

地中管路 ちちゅうかんろ underground duct line 地中電線路、地中弱電流電線路、地中光ファイバケーブル線路、地中に施設する水管及びガス管並びにこれらに類するもの並びにこれらに付属する地中箱など。

地中電線路 ちちゅうでんせんろ underground electric line 地中に埋設した形態の電線路。埋設形態によって、直接埋設式、管路式及び暗きょ式に区分する。電線にはケーブルを使用する。

地中箱 ちちゅうばこ underground box ケーブルの引入れ、引抜き、接続、分岐などの工事、点検その他の保守作業を容易にするため、地中管路の要所に設ける地下室又は箱体。一般には、マンホール、ハンドホールなどを指す。

地中引込方式 ちちゅうひきこみほうしき underground retreat method 電力線を地中電線路から構内の需要場所に地中経由で引き込む方式。大都市や住宅密集地など架空線や電柱などを施設することが困難な地域で採用している。

窒素ガス封入密封形変圧器 ちっそ――ふうにゅうみっぷうがたへんあつき nitrogen gas enclosure seal type transformer 変圧器絶縁油の劣化防止のため、変圧器容器上部に窒素ガスを封入して、外気と内部の絶縁油との接触を遮断した変圧器。外気と絶縁油とが直接接触すると、吸湿して絶縁強度が低下するので、窒素ガスを封入して絶縁油の劣化を防いでいる。コンサベータを設けたものもある。

窒素酸化物 ちっそさんかぶつ nitrogen oxides 化石燃料などが燃焼する際に、空気又は燃料に含まれる窒素が酸素と化学的に結合して生成する化合物。一般には、一酸化窒素（NO）、二酸化窒素（NO_2）などを総称して窒素酸化物（NO_x）という。大気汚染や酸性雨を引き起こす主要物質で水と反応して亜硝酸又は硝酸を生じる。

チップカード chip card ＝ICカード

ち度 ―ど dip ＝たるみ度

地熱発電 ちねつはつでん geothermal power generation 地熱によって加熱された蒸気の熱エネルギーを利用する火力発電方式。火力発電の発電原価のうち最も大きい部分を占める燃料費が節約できることと，ボイラが不要であることから，有利な発電方式といえる。発電方式としては，天然の蒸気をそのまま用いるもの，熱水を用いるもの及び熱水又は天然蒸気で他の作動流体の蒸気を作るものの3つの方法がある。

チャイム chime 一定の繰返しの打音又は旋律によって，合図，呼出し，警告などに用いる音響装置。一般に時計装置と連動して授業終了の合図や，来訪者の玄関口呼出し，機械装置における操作ミスの警告などに使用する。最近ではチャイムをパーソナルコンピュータと組み合わせて，動作させるものもある。

着信制限 ちゃくしんせいげん incoming limit 特定の電話番号からの着信，電話番号を通知しない着信，公衆電話からの着信，登録されている電話番号以外からの着信などを制限すること。個人用の電話機能として利用する場合や，公衆回線などで異常に着信数が集中して通信異常が起きた場合に通信事業者が行う場合がある。

茶台がいし ちゃだい―― shackle type insulator, spool type insulator →引留がいし

チャタリング chattering 継電器などの動作時に，接点が不必要な開閉動作を短い間隔で繰り返す現象。シーケンスの不備や回路電圧の変動などによって，切換えスイッチが動作と反転を繰り返すことをいうこともある。

着火点 ちゃっかてん ignition point ＝発火点

チャンネルベース 発電機，配電盤などの各種機器を床又はコンクリート基礎上などに据え付ける場合に使用し，機器を載せ固定するための台座。一般に，H形鋼又はC形鋼などを加工し，基礎の上にアンカボルトなどにより固定する。機器の据付けに当たり，チャンネルベースを使用することによって，レベル調整を容易にし，密着性を高めるほか，複数の機器を同一チャンネルベース（common base）に載せることにより，各機器の連結の精度を高めることができる。

中央演算処理装置 ちゅうおうえんざんしょりそうち central processing unit, CPU 電子計算機を構成する主要な部品の1つで，メモリに記憶されたプログラムを実行し，入力装置や記憶装置からデータを受け取り，高速で計算及び加工して出力装置や記憶装置に出力する処理装置。

中央監視制御方式 ちゅうおうかんしせいぎょほうしき central monitoring and control system 複数の装置又は機器の運転に関する各種の情報を，監視，制御及び記録機能を持った中央主装置及び周辺機器によって一括して集中管理制御する方式。

中央管理室 ちゅうおうかんりしつ central administration office 高さ31mを超え非常用エレベータの設置が必要な建築物又は各構えの床面積の合計が1 000 m^{2}を超える地下街に設ける機械換気設備，中央管理方式の空気調和設備等の制御及び作動の監視を行う室。当該建築物，同一敷地内の他の建築物などの管理事務所，守衛所，その他常時当該建築物を管理する者が勤務する場所で，避難階又はその直上階若しくは直下階に設けることができる。建築基準法。

中間検査 ちゅうかんけんさ intermediate inspection 建築工事などで完成途中に行う検査。建築基準法では，確認申請を必要とする建築物において，特定工程に係る工事終了直後の建築主事などによる検査をいい，建築基準関係規定に適合していると認めたときは中間検査合格証が交付され，この交付を受けないと後工程に進めない。特定工程とは，工事施工中に建築基準関係規定に適合しているかどうかを検査することが必要なものをいう。消防法では，防火対象物における消防設備等の設置に係る施工期間中の所轄消防署による検査をいい，工

事完了直後には完成検査を受け,完成証の交付を受けなければならないが,隠蔽部分など工事完成後には検査が困難なため,施工期間中に消防関連規定に適合しているかを検査する.

中間周波数 ちゅうかんしゅうはすう intermediate frequency 送信機及び受信機において周波数変換を行う際,一旦中間段階で発生する周波数.スーパヘテロダイン受信方式などはこの信号増幅を行う.

中間周波増幅器 ちゅうかんしゅうはぞうふくき intermediate frequency amplifier 送信機及び受信機において中間周波数を増幅する装置.送信周波数より低い周波数を使用することで,高利得,高安定度,伝送帯域幅の固定化により感度を上げ選択性を高めている.

中間線 ちゅうかんせん mid-point conductor 中間点に接続し,電力の伝送に使用する導体.

中間端子盤 ちゅうかんたんしばん intermediate terminal board 信号線,電力線などが長距離になる場合,建物の構造上途中に接続点を設ける必要がある場合などに配線の途中に設ける端子盤.

中間点 ちゅうかんてん mid-point 他端を同じ回路の異なる線導体に接続する2つの対称的要素の共通点.

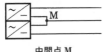

中間点 M

中間配線盤 ちゅうかんはいせんばん intermediate distribution frame, IDF 電話設備において,本配線盤と室内端子盤との中間に設ける配線盤.中間端子盤ともいう.

中継器 ちゅうけいき transmitter 〔1〕ある信号をその信号のまま又は違う形態の信号に変換して片方向又は双方向に送信する装置.公衆通信回線に用いる.同じ機能を持つものに,放送設備のレピータ及び情報通信ネットワークのリピータがある.〔2〕自動火災報知設備において,感知器若しくは発信機が発した火災信号又は感知器が発した熱,煙の程度を表す火災情報信号を受信し,これらを受信機に発信し又は消火設備,排煙設備,警報設備などに発信する装置.

中継端子盤 ちゅうけいたんしばん relay terminal board 電話線,制御用弱電線などの信号線を末端の装置から信号を受信する装置までの配線途中に設ける端子盤.長距離の配線を途中で中継する場合,分散配置された各装置の信号線を1か所に集約する場合などに設置する.

昼光 ちゅうこう daylight 全天日射の可視域部分で,直射日光と天空光の総称.昼光による照明を考える場合には,一般に天空光だけを対象とする.

昼光照明 ちゅうこうしょうめい daylighting 昼間の太陽光を利用して,建築物内の居住空間,ホール,物体などを照明すること.

昼光色蛍光ランプ ちゅうこうしょくけいこう—— tropical daylight fluorescent lamp (英), daylight fluorescent lamp (米) 相関色温度が約6 500 Kの蛍光ランプ.光色は曇天空の光に近い.涼しい雰囲気の照明に適している.

昼光センサ ちゅうこう—— daylight sensor 全天日射の可視域部分を検出するセンサ.日中の太陽光を利用して省エネルギーを図るため,窓際の照明器具を自動的に点滅するときのセンサなどに用いる.

昼光率 ちゅうこうりつ daylight factor 天空から直接及び間接に受けた光によるある面上のある点の照度の,全天空による水平面上の照度に対する比.両方の照度に対する直射日光の寄与分は除く.窓ガラス,汚れの影響などは含む.室内の照度を計算する場合は,直射日光の寄与は別途考慮する必要がある.

中故障 ちゅうこしょう middle fault 発電設備で,遮断器の引外しを行うが,原動機を停止しない過電流,地絡,逆電力などの電気的故障.重故障として取り扱うこともある. ⇨軽故障

駐車管制設備 ちゅうしゃかんせいせつび parking control system 駐車場を利用する車両の入出庫，誘導及び駐車スペースの管制を行う設備。駐車料金精算システムを備えることもある。

柱上開閉器 ちゅうじょうかいへいき pole-mounted switch 電柱などに取り付ける形式の開閉器。架空引込の場合高圧需要家と電力会社との責任分界点，配電用変圧器を保護するためその1次側及び高圧配電線路の区分開閉器などに用いる。

柱状グラフ ちゅうじょう—— histogram ＝ヒストグラム

柱上変圧器 ちゅうじょうへんあつき pole-mounted transformer 電柱などに取り付ける形式の配電用変圧器。

中性線 ちゅうせいせん neutral conductor 中性点に接続し，電力の伝送に使用する導体。

中性点 ちゅうせいてん neutral point 〔1〕スター結線された多相系統の共通点。対称方式では，電位は0となる。〔2〕単相系統で接地を施した中間点。

中性点接地方式 ちゅうせいてんせっちほうしき neutral earthing system（英），neutral grounding system（米） 変圧器や発電機の中性点を直接に又は抵抗若しくはリアクトルを介して大地へ接続する方式。地絡故障時の異常電圧を抑えるため，又は地絡保護に必要な標本量（零相電流など）を得るために行う。

中性点リアクトル ちゅうせいてん—— neutral reactive coil 変圧器や発電機の中性点の接地回路に設けるリアクトル。都市など負荷過密地区ではケーブル系統が増加しているため，これに伴って増大した対地充電電流の補償を行うために設置する。これにより保護継電器の動作を確実にし，1線地絡時の健全相電圧の異常上昇を抑制する。

鋳鉄管 ちゅうてつかん cast iron pipe 銑鉄の溶銑を管状の型に注ぎ込んで鋳造した管。電力，通信の地中管路材として使用するものは，遠心力鋳造法によるダクタイル鋳鉄管である。地中ケーブルの建築物外壁の貫通箇所には，片フランジ形，両フランジ形，つば付き形などの防水鋳鉄管を用いる。

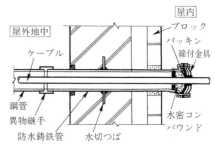

防水鋳鉄管の施工例

中波 ちゅうは medium wave 周波数が300 kHzを超え3 MHz以下の電波。記号はMFである。波長は1 km未満100 m以上で，電離層の反射を利用して上空波は遠方まで到達できるが，昼夜又は季節による電離層の変化のため安定度に劣る。航空洋上管制，漁業無線などに用いる。ヘクトメートル波ともいう。

昼白色蛍光ランプ ちゅうはくしょくけいこう—— neutral white fluorescent lamp 相関色温度が約5 000 Kの蛍光ランプ。食品，食器，衣類など物の色を美しく自然に見せる光色である。

超音波 ちょうおんぱ ultrasonic wave 気体中，液体中又は固体中を伝わる周波数が20 kHz以上の人間の耳には聞こえない音波。超音波は電磁波が伝わりにくい水中や金属中でもよく伝搬するので，探傷，医用診断，ソナーなどの各種測定に応用している。

超音波式検知器 ちょうおんぱしきけんちき ultrasonic detector 動く侵入者に反射する超音波のドップラー効果による周波数の変化を検知し，信号又は警報を発する機器。面状の警戒範囲を見渡せる天井又は壁に取り付ける。ドップラー効果の原理上，検知器に近づくか遠ざかる移動に対しての感度は高いが，横切る動きは検知しにくいため，受動赤外線検知器に比べ警戒範囲が狭い。

駐車場での車両検知として使用することもある。送波部と受波部とを一体とした一体形と送波部と受波部とを離した分離形とがある。

ちょう架用線 ――かようせん messenger wire, support wire 電線やケーブルがたるまないように支持するための線。メッセンジャワイヤ。

長幹がいし ちょうかん―― long-lod insulator 中実状笠付磁器棒の両端に連結用金具を付け、送電線の絶縁支持用として懸垂又は耐張状で使用するがいし。沿面距離を伸ばすために、連続した多数の笠を取り付けており、使用電圧に合わせ連結数を選定して用いる。

長幹がいしの外観

調光 ちょうこう lighting control 照明光の明るさ、色、方向を調整制御すること。狭義には明るさの調節（dimming）を指すこともあり、劇場照明などでは連続的に明るくすることをフェードイン、暗くすることをフェードアウトという。

超高感度煙検知システム ちょうこうかんどけむりかんち―― high sensitivity smoke detection system 通常の煙感知器の数千倍の感度で煙を感知し、火災の早期発見を目的としたシステム。監視装置、検出器、サンプリングパイプで構成し、サーバルームや電算室などに設置する。

調光器 ちょうこうき dimmer 照明施設において、ランプの光束を変化させるために電気回路に設ける装置。調光の方式には、電圧制御と半導体による位相制御とがある。演出照明や省エネルギーを目的に用いる。

重畳率 ちょうじょうりつ overlapping factor 夜間における最大需要電力から深夜電力を差し引いた値を、一般電力の最大需要電力で除した値。一般電力と深夜電力の重なりの程度を表す。全電化集合住宅では経済性を図るため、一般電力と深夜電力を契約は別々であるが同一の幹線で供給するために、重畳率を適用して幹線の太さや開閉器の容量を決定する。深夜電力の使用開始時が23時の重畳率は一般には0.8を適用する。

潮汐発電 ちょうせきはつでん tidal-power generation 満潮時と干潮時の潮位差を利用して水車を回して行う発電。干満の差の大きい湾の入口や河口に貯水池と水門を設置し、満潮時に貯水池に流れ込む海水の力で水車を回し、干潮時に貯水池の海水を海へ放流して水車を回して発電する。フランスのランス潮汐発電所が有名であるが、日本では潮位差の大きい場所がなく、開発は進んでいない。

調速機 ちょうそくき governor 水車、内燃機関、蒸気タービンなど原動機の回転速度を調整する装置。ガバナともいう。負荷の変動に応じて、水量、燃料、蒸気量などを調整して一定の回転速度を維持する。単機運転では、それ自身の回転速度を一定に保つのが目的であるが、複数台の並行運転では、調速機の設定によってそれぞれの負荷分担が決まる。

超大規模集積回路 ちょうだいきぼしゅうせきかいろ very large scale integrated circuit, VLSI 大規模集積回路の集積度を更に高めた半導体集積回路。CMOSの開発及び最小線幅を0.1μmとした超微細加工技術の進歩により、素子の集積度が10万〜1000万個程度の集積回路が可能となっている。

超短波 ちょうたんぱ ultrashort wave 周波数が30 MHzを超え300 MHz以下の電波。記号はVHFである。波長は10 m未満1 m以上で、地表波は減衰が大きく利用しにくいため、空間波による見通し範囲の通信に利用する。メートル波ともいう。

FM放送，アマチュア無線，航空無線などに用いる。

超長波 ちょうちょうは　ultralong wave　周波数が3kHzを超え30kHz以下の電波。記号はVLFである。ミリアメートル波ともいう。波長は100km未満10km以上で，電波航法，標準電波など低速な信号送信で用いる。

超伝導磁石 ちょうでんどうじしゃく　superconducting magnet　超伝導体を使用した電磁石。電気抵抗がないので発熱がなく，消費電力が極めて少なく強力な磁界を発生できる。

超伝導体 ちょうでんどうたい　superconductivity object　温度，磁界などの特定条件下で，内部の電気抵抗が零となる物質。

超伝導電力貯蔵装置 ちょうでんどうでんりょくちょぞうそうち　superconducting magnetic energy storage equipment, SMES　コイルに直流電流を流すと磁気エネルギーが蓄えられることを利用した超伝導コイルによる電力貯蔵装置。エネルギーを貯蔵する超伝導コイル，超伝導コイルを低温に保つための断熱低温容器，超伝導コイルを冷却するための冷凍機，交流電力と直流電力を相互変換するための変換器などで構成する。電磁気的にエネルギーを貯蔵できるため，負荷変動補償や系統安定化などの目的で設置することが可能なことから，日米を中心に開発を進めている。

超伝導量子干渉素子 ちょうでんどうりょうしかんしょうそし　superconducting quantum interference device, SQUID　ジョセフソン接合にトンネル効果で流れる電流が外部の磁界に対して敏感に反応する特性を利用して，微小磁界を測定するための素子。生体磁気の測定，非破壊検査，物理測定などで利用する。

長波 ちょうは　long wave　周波数が30kHzを超え300kHz以下の電波。記号はLFである。波長は10km未満1km以上で，特に高緯度地域で大きな空中線電力の地上波が安定して利用でき，また大電力の送信も可能である。キロメートル波ともいう。

誘導無線，標準電波などに用いる。

潮流発電 ちょうりゅうはつでん　ocean current power generation　地球規模の温度差による潮流を利用して水車を回す発電。流れの速い海峡などに設置し，自然の力を利用するため無限に発電可能なことから，再生可能エネルギーの利用の面からも実用化に向けた研究開発が行われているが，設置場所の制約，維持管理などにより発電コストが高いなどの課題が多い。

潮力発電 ちょうりょくはつでん　tidal-power generation　潮の干満や潮流を利用して行う発電。⇒潮汐発電

直撃雷 ちょくげきらい　direct lightning stroke　建築物，電力線などに直接雷撃すること。

直撃雷過電圧 ちょくげきらいかでんあつ　direct lightning overvoltage　直撃雷によって生じる過電圧。逆フラッシオーバによって生じる過電圧を含む。

直射日光 ちょくしゃにっこう　sunlight　直達日射の可視域部分。光放射の光化学効果を扱う場合には，通常，可視域よりも広い波長域を用いる。

直接照度 ちょくせつしょうど　direct illuminance　光源又は照明器具からの直接光だけによって得られる照度。

直接グレア ちょくせつ——　direct glare　視野内の，特に視線方向に位置する1次光源によって生じるグレア。

直接照明 ちょくせつしょうめい　direct lighting　大きさが無限と仮定した作業面に，発散する光束の90〜100%が直接に到達するような配光をもった照明器具による照明。

直接接触保護 ちょくせつせっしょくほご　protection against direct contact　人又は家畜が充電部へ接触することによって起きる危険からの保護。直接接触保護の手段には，①SELV及びPELVシステムの使用。②放出エネルギーの制限。③FELVシステムの使用。④充電部の絶縁。⑤保護バリア又は保護エンクロージャの使用。⑥保護オブスタクルの使用。並びに⑦アームズリー

直接接地方式 ちょくせつせっちほうしき solid earthing system（英）, solid grounding system（米） 変圧器や発電機の中性点を抵抗，リアクトルなどを介さずに直接大地へ接続する接地方式。我が国の送電系統では，主として超高圧系統に広く採用しており，抵抗接地や消弧リアクトル接地方式に比べると地絡電流が大きく，健全相電圧の上昇が小さい。特別高圧又は高圧から低圧に変成する変圧器の2次側の中性点又は1端子をB種接地工事によって直接接地する。

直接操作方式 ちょくせつそうさほうしき direct operation method 電気設備機器を遠隔から操作する場合に，操作信号を変換する伝送装置などを用いず，直接1対1の制御線を用いてオンオフ制御する操作方式。受変電設備などの重要設備では，操作用電源として直流電源を用いる。

直接昼光率 ちょくせつちゅうこうりつ direct daylight factor 昼光照明によって得られるある面上にある点の直接照度の，そのときの全天空照度に対する百分率。

直接埋設式 ちょくせつまいせつしき direct burying system ケーブルを管路又は暗きょに収めることなく，直接地中に埋め込む方法。ケーブルを衝撃から保護するために上部をコンクリートトラフなどで覆うか又は堅ろうながい装を施したケーブルを使用し，埋設深さは車両その他の重量物の圧力を受けるおそれがある場所では1.2 m以上，その他の場所では0.6 m以上とする。

直線接続 ちょくせんせつぞく straight connection, splice 2本の電線を直線状に接続すること。電線の心線を巻き付けてろう付けする方法，スリーブを用い圧着又は圧縮接続する方法などがある。

接続部分はろう付けする。
細い単線の直線接続

直線偏光 ちょくせんへんこう linear polarized light 直線偏波した光。

直線偏波 ちょくせんへんぱ linear polarized wave 電界及び磁界の振動面が一定な偏波。

直送式 ちょくそうしき direct transmission system 電気，圧力，流量などの検出量を電圧信号又は電流信号に変換して伝送する方式。電圧変換直送式と電流変換直送式とがある。直送式の信号の値は，受信側の汎用性から一般にDC 1〜5 V及びDC 4〜20 mAに統一している。精度を要する伝送には外部の磁界，電界などの影響を受けにくい電流信号を用いている。

直送バイパス回路 ちょくそう——かいろ direct bypass circuit ＝商用バイパス回路

直達日射 ちょくたつにっしゃ direct solar radiation 大気外日射のうち，大気による選択的な減衰を経て平行光線として地表面に到達する放射。

直巻電動機 ちょくまきでんどうき direct-current series motor 界磁巻線と電機子巻線とを直列に接続した直流電動機。始動時に最大トルクを発生し回転数が上昇するに従いトルクが減少する特性をもち電気鉄道の駆動などに用いる。無負荷状態で運転すると回転数が上昇しすぎ遠心力でブラシやコイルが破壊するので無負荷運転をする装置には使用できない。

直流安定化電源 ちょくりゅうあんていかでんげん direct-current stabilized power supply 交流を直流に変換する整流電源において，負荷や交流電源電圧の変動が出力側の直流電圧に影響しないように制御した電源。一定電圧を維持するために，出力側の電圧を検出し，変動分の電圧を目標値と比較して，所定の電圧を維持するように制御する。

直流スイッチ ちょくりゅう—— direct current switch 無停電電源装置（UPS）などのように交直変換装置に蓄電池を接続する設備において，蓄電池と変換装置の直流回路間をオンオフするための半導体スイッチ。UPSに直流スイッチを設ける方式の場合，常時は蓄電池と変換装置間を分離

して，蓄電池を専用の充電器で充電し，UPS の交流側が停電すると直流スイッチをオンして蓄電池から変換装置側に給する。

直流電動機　ちょくりゅうでんどうき　direct-current motor　直流電源で駆動する電動機。固定磁界を発生する界磁，変動磁界を発生する電機子，電機子コイルの極性を回転位置に応じて変える整流子及びブラシで構成する。回転電機子形及び回転界磁形があるが，整流の容易さから産業用では回転電機子形を用いている。始動トルクが大きく広範囲な速度制御が可能で速度制御精度が良好，急激な加減速や頻繁な可逆運転が可能，過負荷耐量が大きいなどの特徴があり大形プラントの高速高精度速度制御装置や鉄道車両駆動用に使用していたが構造が複雑で高価なためインバータ速度制御を用いた誘導電動機に変わりつつある。電機子及び界磁の巻線接続形態により直巻動機，分巻電動機，複巻電動機，他励電動機，永久磁石電動機などがある。

直流発電機　ちょくりゅうはつでんき　direct current generator　回転運動エネルギーを直流電力に変換する発電機。一般には整流子発電機を指すが交流発電機と整流器を組み合わせたものを指すこともある。

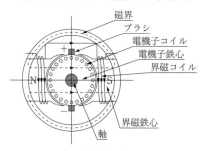

直流発電機の構造

直流フィルタ　ちょくりゅう——　direct current filter　無停電電源装置（UPS），アーク炉などの交直変換装置の直流側に設けるリアクトル，抵抗及びコンデンサで構成するフィルタ。脈動電圧に起因する高調波により直流側系統に発生する障害を防止する。

直流分　ちょくりゅうぶん　direct-current component　短絡電流や変圧器の励磁突入電流などに含まれ，短時間（数サイクル）のうちに減衰する電流分。大きさは発生時の位相に，減衰時間はリアクタンス比（X/R）によって変わる。短絡故障の瞬時には，直流分を含んだ非対称電流となる。機器の定格は対称分の実効値で表すので，短絡電流の対称分と比較すればよいが，電線や母線などの熱的機械的耐力については，非対称電流に対する検討が必要なときもある。

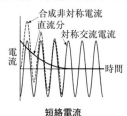

短絡電流

直流脈動電圧　ちょくりゅうみゃくどうでんあつ　direct current ripple voltage　交流を整流して得た直流が含む脈動電圧。その交流成分をリップル電圧という。交流電圧を直流電圧に変換する回路には，脈動を減少させるためにコンデンサ平滑回路を用いる。⇒リップル

直流リアクトル　ちょくりゅう——　direct current reactor　無停電電源装置，インバータ，アーク炉などの交直変換装置の直流側に設けるリアクトル。電流の急激な変化を抑制することによるサイリスタなどの半導体素子の保護，高調波の抑制，入力力率の改善などの目的に用いる。

直列コンデンサ　ちょくれつ——　series capacitor　線路の誘導リアクタンスを補償して電圧降下を減らし，受電端側での電圧変動率を小さくするために線路に直列に接続して使用するコンデンサ。電圧補償に時間的な遅れがなく，設備費も比較的低廉であるが，系統に短絡事故が発生した場合，通過電流に比例した高電圧が直列コンデンサ両端に発生するため，過電圧保護装置として並列に球ギャップや短絡用開閉器を配置

する。また，特有の異常現象として，過補償時の無負荷又は軽負荷変圧器との直列共振による機器端子部での異常電圧発生，誘導電動機の自己励磁，同期機の乱調などが発生するおそれがある。

直列ユニット ちょくれつ―― wall tap, receiver outlet 分岐器及び整合器を単体にまとめて一般の配線器具と同様にアウトレットボックス内に収容できるようにしたテレビジョン受信用の部品。出力端のインピーダンスが75Ω，300Ωのもの，1端子用，2端子用のもの及び中間用と端末用とがある。

直列ユニット

直列ラピッドスタート式安定器 ちょくれつ――しきあんていき series sequence rapid start ballast →ラピッドスタート式安定器

直列リアクトル ちょくれつ―― series reactor 無効電力制御に用いるコンデンサに直列に挿入し，回路電圧波形のひずみを軽減し，コンデンサ投入時の突入電流を抑制するために用いるリアクトル。リアクタンス値は，組み合わせるコンデンサのリアクタンスに対する百分率で表し，第5調波を抑制するためには6%を用いる。

直交周波数分割多重 ちょっこうしゅうはすうぶんかつたじゅう orthogonal frequency division multiplexing, OFDM 広帯域デジタル通信で互いに直交する搬送波を用いたデジタル変調方式。高速データ信号を低速狭帯域信号に変換し周波数分割多重と搬送波を互いに直交させることにより，重なりによる干渉がなく，複数の搬送波を密に並べた広帯域伝送を実現している。地上波デジタル放送，無線LAN，電力線モデ

ムなどの伝送方式で採用している。

チョッパ chopper パワー半導体素子を用いて，直流電源を高頻度でオンオフを繰り返し，交流を介することなく，直接異なる直流電圧に変換を行う電力変換装置。無停電電源装置（UPS）において，蓄電池の直流電圧と整流器の直流電圧とが異なる場合などに直流電圧を変換するため使用する。

地絡 ちらく earth fault（英），ground fault（米） 大地に対して電圧を持っている電気回路の一部が機器の絶縁破壊や他の物との接触などによって大地とつながれた状態。

地絡過電圧継電器 ちらくかでんあつけいでんき overvoltage earth-fault relay（英），overvoltage ground relay（米），OVGR 地絡保護を行うことを目的とする過電圧継電器。非有効接地系の地絡故障時に，変圧器の中性点又は接地形計器用変圧器の零相電圧を検出して動作する。母線の地絡検出やフィーダの地絡方向継電器の零相電圧供給条件として用いる。

地絡継電器 ちらくけいでんき earth fault relay（英），ground relay（米），GR 電力系統の地絡故障を検出し，系統から切り離す指令を出すために用いる保護継電器。地絡過電流継電器，地絡過電圧継電器，地絡方向継電器などがある。一般には地絡過電流継電器を指す。

地絡遮断装置 ちらくしゃだんそうち earth fault protective device 電路に地絡が生じたときに自動的に電路を遮断する装置。地絡継電器又は漏電継電器，零相変流器又は零相変圧器，遮断器などを組み合わせて用いる。

地絡電流 ちらくでんりゅう earth fault current（英），ground fault current（米） 地絡故障時に大地へ流れる電流。地絡電流の大きさは，その系統の中性点接地方式によって異なる。我が国の高圧系統は非接地系であるから，地絡電流は電路の対地静電容量によって決まる。

地絡方向継電器 ちらくほうこうけいでんき directional earth-fault relay（英），directional ground relay（米），DGR　地絡保護を行うことを目的とする方向継電器。系統内に1線地絡が発生すると，対地充電電流や接地系を構成する機器の接地電流が地絡点に流入する際，各回路の地絡過電流継電器を不要動作させることがあり，防止策として地絡電流の方向で保護すべき故障回路を判別する。通常，方向判別は零相電圧と零相電流とで行う。高圧非接地系では，接地形計器用変圧器の零相電圧と零相変流器の2次電流との積の極性によって方向を判別し動作させる。

地絡保護　ちらくほご　earth fault protection　地絡故障を検知し，警報を発するか又は故障点を系統から開放すること。低圧回路では，漏電遮断器によるほか，地絡継電器による配線用遮断器の動作又は警報，高圧回路では，零相変流器と地絡過電流継電器との組合せを用いる。需要家構内のケーブルの対地静電容量が大きい場合は，不要動作防止のため，地絡方向継電器を用いる。

地絡保護協調　ちらくほごきょうちょう　earth fault protection coordination　地絡故障時に故障点の直近上位の遮断器を動作し，それより上位の遮断器に波及しないようにすること。地絡電流は地絡保護装置の定格動作電流よりはるかに大きく，電流協調を図ることが困難なため，時限差による協調を図る必要がある。

ツ

ツイータ　tweeter　スピーカユニットの1つで高音域専用のスピーカ。ツイータとは小鳥のさえずりの意。　⇨スコーカ，ウーハ

ツイストロックコンセント　twist locking socket-outlet　＝引掛形コンセント

対よりケーブル　つい――　twisted pair cable　電話やLANの伝送媒体の1つで，電線を2本ずつより合わせて対にしたケーブル。より合わせることによって誘導磁束による雑音電流を相殺することができるため，平行形導線と比較して信号の減衰とノイズの影響が抑えられる。より程（ピッチ）を小さくすることによりノイズ除去率は高くなる。同軸ケーブルと比較して周波数特性は劣るが，径が細く軽量で扱いやすく，かつ安価であるためLANケーブルとして普及している。

対より線　つい――せん　twisted pair wire　2本の電線を1組（対，ペア）としてより合わせた通信用電線。

通過帯域損失　つうかたいいきそんしつ　pass band attenuation factor　テレビ共同受信設備の分波器，混合器，ケーブルなどにおける，入力側から出力側又はその逆方向の帯域別減衰率。出力の入力に対する比を対数で表す。単位は，デシベル（dB）。通過帯域減衰量ともいう。周波数帯が高いほど損失は大きくなる。

通気管　つうきかん　vent pipe　〔1〕燃料油槽や高架水槽などで，槽内と外気とを流通させて槽内の圧力を適正に保つための管。〔2〕排水系統で，排水の流れを円滑にし，トラップの封水を保護する目的で排水管路に外気を取り入れて管内の圧力を適正に保つための管。

通気差電池　つうきさでんち　differential aeration-galvanic cell　金属に接触する電解質の溶存酸素濃度が部位により異なることで生じるマクロ電池。

通気差腐食　つうきさふしょく　differential aeration corrosion　電解液の金属接触部分で溶存酸素濃度の差がある場合に生じる電池作用による腐食。

通信ポート　つうしん――　communication port　通信ネットワークとデータの送受信を行うために受渡し方法を標準化したインタフェースソフトウエア及び末端部接続端子。TCP/IPを利用しパーソナルコンピュータのIPアドレスにポート番号を設定し，IPアドレスとポート番号の組合せにより通信相手の識別を行う。パーソナルコンピュータと周辺機器との接続にはLANポート，プリンタポートなどがある。

通信用ケーブル　つうしんよう――　communication cable　情報を伝送するために

用いるケーブル。対よりケーブル，カッドより線，同軸ケーブル，光ファイバケーブルなどがある。

ツールボックスミーティング toolbox meeting, TBM 作業前又は作業中に小グループで作業内容，手順，留意点などを確認し指示伝達すること。作業箱に座って話し合うことからこのように呼ぶ。作業グループごとに分けて危険の潜んでいる作業を予測して，安全の確認と危険予知を行う。

通路誘導灯 つうろゆうどうとう 避難の方向を明示した緑色の灯火から成る誘導灯。防火対象物又はその部分の廊下，階段，通路その他避難上の設備がある場所に，避難上有効なものとなるように設ける。消防法。

ツェナー効果 ——こうか Zener effect 不純物の密度が高い半導体に逆方向の強電界を印加したとき，降伏電圧に達すると電流が著しく増大する現象。半導体の pn 接合において，不純物の密度が高いほど p 形領域と n 形領域の接合部分の空乏層幅が狭くなり，逆方向電圧を降伏電圧を超えて印加するとキャリアが空乏層を通り抜け急激に電流が増加する。安定結合状態の価電子帯にある電子がトンネル効果によって禁制帯を超え，伝導帯に移りやすくなるために起こる。定電圧整流回路などに用いる。ジーナー効果ともいう。 ⇒降伏電圧

ツェナー降伏 ——こうふく Zener breakdown ツェナー効果で電流が著しく増大して電圧が一定になる現象。トンネル効果の１つで半導体の接合部に逆方向の電圧を印加したとき，ある電圧を超えると逆方向への電流が急激に増加する。

ツェナーダイオード Zener diode 降伏電圧以上の逆方向電圧を印加するとツェナー降伏により導通状態となるダイオード。出力電圧が負荷によらず一定となる降伏電圧特性を利用し，定電圧装置や過電圧吸収などに用いる。

筒形ヒューズ つつがた—— cartridge fuse 内部に可溶体を収めた筒の両端に筒形端子，刃形端子などを備え，これらの端子をヒューズホルダに装着して使用する構造のヒューズ。

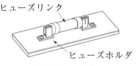

筒形ヒューズ

つめ付ヒューズ ——つき—— link fuse 可溶体の両端につめを備えた非包装ヒューズリンクを，ヒューズホルダにねじで締め付けて使用する構造のヒューズ。つめとして銅板製の端片を溶着したもの（甲形）と亜鉛板を打ち抜きその両端をつめ形にしたもの（乙形）とがある。

つめ付ヒューズ（甲形）

つりボルト hanger rod コンクリートスラブなどから電気機器及び配管配線類をつり下げ支持する場合に用いるボルト。電気設備では，呼び径が９mm 及び 12 mm の総ねじボルトが多く使用されている。材質は鉄に電気亜鉛めっきユニクロム処理を施したもの，ステンレス製などで，ナット，ワッシャ，インサート，後打ちアンカ，形鋼類と組み合わせて使用することが多い。

テ

低圧 ていあつ low voltage →電圧の種別
低圧活線近接作業 ていあつかっせんきんせつさぎょう working near low voltage live conductor 低圧の充電路に近接する場所で電路又はその支持物の敷設，点検，修理，塗装などの電気工事を行う場合に，充電路に接触して感電の危険が生じるおそれがある作業。分電盤，動力盤などで作業する場合には，これらの充電路に絶縁用防具を装着するか，又は作業者は絶縁用保護具を着用しなければならない。

低圧活線作業 ていあつかっせんさぎょう low voltage live working 低圧の充電路の点検，修理などそれら充電路を取り扱う場合で，感電の危険が生じるおそれがあ

る作業。作業者の足元がぬれている場合，金属板上で作業する場合などには，作業者は絶縁用保護具を着用するか，又は活線作業用器具を使用しなければならない。

低圧ナトリウムランプ　ていあつ―― low pressure sodium vapour lamp　点灯中の分圧が 0.1～1.5 Pa のナトリウム蒸気中の放電によって発光する放電ランプ。ナトリウム蒸気中の放電によって生じる波長が 589 nm 及び 589.6 nm のオレンジ色の D 線の発光を利用したもので，実用化されている光源の中で最も効率が高い。単光色で色収差を生じないため物がシャープに見え，煙霧中の光の透過率が高く，道路照明などに用いる。

低圧ネットワーク方式　ていあつ――ほうしき　low voltage network system　＝レギュラネットワーク方式

低圧配線　ていあつはいせん　low voltage wiring　使用電圧が低圧である配線。電気設備技術基準では，電気使用場所における施設場所及び配線方法について，300 V 以下及び 300 V 超過の場合に分けて規定している。

TA　ティーエー　terminal adapter　＝端末アダプタ

D/A 変換器　ディーエーへんかんき　digital-analogue converter　0 と 1 の 2 つの値からなる不連続な電気信号の組合せにより処理されているデジタル信号を，物理量の形で表すアナログ信号に復元する装置。D/A 変換の過程は符号化されたデジタル信号を再生回路を通して，その入力に与えられた数値に見合うアナログ電流又は電圧に変換していくことである。D/A 変換器はデジタル信号をアナログ信号に再生する再生回路と，波形を整えるための再生フィルタと後置フィルタからなる。

DS　ディーエス　disconnector　＝断路器

DSL　ディーエスエル　digital subscriber line　＝デジタル加入者回線

TSL 表色系　ティーエスエルひょうしょくけい　tint, saturation and luminance colorimetic system　色合い，鮮やかさ及び輝度によって色を表示する体系。色の表示は一般に赤，緑及び青の 3 色混合として表す RGB 表色系を用いるが，色の分布の偏りが激しく，照明，影などの外界のノイズに非常に弱く，物体抽出には不向きである。この表色系では色合い，鮮やかさ及び輝度を独立したデータとして扱うためカメラ画像からの物体抽出に適している。

DSU　ディーエスユー　digital service unit　＝回線接続装置

DHC　ディーエッチシー　district heating and cooling　＝地域冷暖房

DHCP　ディーエッチシーピー　dynamic host configuration protocol　インターネットの資源であるグローバル IP アドレスをサーバ上にまとめて設定しておき，利用者のパーソナルコンピュータ起動時に割り当て，終了時に回収するプロトコル。サーバは利用者の IP アドレスの割当てや使用状況などを管理するとともにゲートウェイの IP アドレス，ドメイン名なども併せて通知する。

DNS　ディーエヌエス　domain name system　IP アドレスは数字列であるため覚えにくいのでドメイン名に文字列を用い，これを IP アドレスに変換する仕組み。TCP/IP ではネットワーク端末に割り当てた IP アドレスで個別認識をしているが，意味のある文字列を用いてインターネットにアクセスすることを可能にした。

TN 系統　ティーエヌけいとう　TN system　電力系統の 1 点を直接接地し，電気機器の露出導電性部分を保護導体（PE）によってその点へ接続する接地系統。中性線及び保護導体の扱いに応じ次の 3 種類がある。

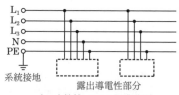

TN-S 系統

①TN-S 系統…系統の全体にわたって保護導体を分離する。②TN-C-S 系統…系統の一部分で中性線及び保護導体の機能を1つの導体で兼用する。③TN-C 系統…系統の全体にわたって中性線及び保護導体の機能を1つの導体で兼用する。TN 系統は，電気機器の1線地絡時に電源側の過電流遮断器を動作させようとする方式である。

DMZ ディーエムゼット demilitarized zone インターネットからの接続を受け付けるために専用に設けたネットワークセグメント。社内 LAN などと同一のネットワーク上に共存させるのはセキュリティ上危険性が高いため公開サーバを用いる。

DMD ディーエムディー digital micromirror device 多数の微小鏡面（マイクロミラー）を平面に配列した MEMS デバイス。集積回路上に可動式のマイクロミラーを形成し，各マイクロミラーを表示素子の1画素として動作させる。鏡面サイズはおよそ十数 μm 角で，これを必要な画素数だけ格子状に配列し，鏡面下部の電極で駆動する。表示画素ごとに光の投射をオンとオフの2値で制御し，オンの時間比率（デューティ比）で濃淡を表現する。DMD と専用の信号処理技術などを組み合わせたプロジェクタはデジタル映画の投射などに用いる。

TOV-SS ティーオーブイエスエス self-supporting outdoor telephone wire 電話通信端末への引込線として使用する自己支持形鋼心入り PVC 絶縁屋外用ケーブル。

T 型発信機 ティーがたはっしんき T-type manual fire alarm box 送受話機を取り上げたときに火災信号を受信機に発信し，発信と同時に受信機側と通話ができる発信機。P 型及び R 型受信機に接続して用いる。現在ではほとんど使用していない。

低域フィルタ ていいき── low pass filter, LPF 特定の周波数以下の電力を通過させ，特定の周波数以上の電力を減衰させるフィルタ。

TQC 活動 ティーキューシーかつどう total quality control activity, TQC activity QC 活動をある製造部門にとどめず，サービス部門，管理部門など全社的に広げた品質管理活動。

DGR ディージーアール directional ground relay ＝地絡方向継電器

DCiE ディーシーアイイー data center infrastructure efficiency データセンタなどの IT 関連施設で IT 機器が消費している電力の割合。PUE の逆数をパーセンテージ表記に直したもの。⇨PUE

DCE ディーシーイー data circuit terminating equipment ＝データ回線終端装置

TCP ティーシーピー transmission control protocol インターネット関連技術の標準化団体である IETF（Internet Engineering Task Force）によって規定されている2種類あるインターネットプロトコルのうちの1つ。コネクション管理機能，応答確認機能，シーケンス機能，ウィンドウコントロール機能，フロー制御機能などによって信頼性の高い通信を実現している。

TCP/IP ティーシーピーアイピー transmission control protocol/internet protocol インターネットの標準プロトコル。企業ネットワークでも標準プロトコルとして用いる。細かい単位に分割されたパケットと呼ばれるデータを，指定した相手に正しく届けるための仕組みを定めている。TCP と IP という2つのプロトコルで構成され，TCP では，データが送信されたときと同じ形で届くための仕組みを，IP では指定した相手にデータを届けるための仕組みをそれぞれ定めている。IP 上で動作する UDP も含めて，TCP/IP という場合もあるが，TCP と IP との組合せで使うことが多い。パーソナルコンピュータの OS やネットワーク OS で，TCP/IP 接続の機能を標準で持つものが多い。

D 種接地工事 ディーしゅせっちこうじ D class earthing 300 V 以下の機械器具の鉄台，金属製外箱，金属管などに施す接地工事。接地抵抗値は 100 Ω 以下とし，接地線は引張強さ 0.39 kN 以上の金属線又は直径 1.6 mm 以上の軟銅線とする。

ディーゼル機関 ──きかん Diesel engine

ルドルフ・ディーゼル（独）が発明した圧縮点火機構を持つ内燃機関。圧縮された高温高圧の空気中に噴射された燃料が自己着火して燃焼することにより，シリンダ内の圧力及び温度の変化が熱力学的サイクルを形成し，動力を発生する。燃焼室形式によって直接噴射式と副室式とがあり，副室式には予燃焼室式と渦流室式とがある。燃料には重油，軽油などを用いる。

DWDM　ディーダブリューディーエム　dense wavelength division multiplexing　波長分割を高密度化した波長分割多重伝送方式。光ファイバ上の情報伝送量を飛躍的に増大させ，1000波以上の多重化も可能である。　⇨波長分割多重化

DDX　ディーディーエックス　digital data exchange network　＝デジタルデータ交換網

TDM　ティーディーエム　time division multiplexing　＝時分割多重化

TTL　ティーティーエル　transistor transistor logic　＝トランジスタ・トランジスタ論理

TTL レベル　ティーティーエル――　transistor transistor logic level　トランジスタ・トランジスタ論理を接続するときのインタフェース。論理を表す場合，通常は入力 0.8 V 以下の電圧を論理「L」，入力 2.0 V 以上を論理「H」，出力 0.4 V 以下の電圧を論理「L」，出力 2.4 V 以上を論理「H」，として扱う。

TT 系統　ティーティーけいとう　TT system　電力系統の1点を直接接地し，電気機器の露出導電性部分を電力系統の接地極とは電気的に独立した接地極へ接続する接地系統。TT 系統は，電気機器の1線地絡

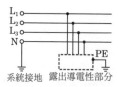

TT 系統
(N:中性線　PE:保護導体)
系統接地　露出導電性部分

時に電源側の漏電遮断器を動作させようとする方式である。

DDC　ディーディーシー　direct digital control　調節器の機能がデジタル演算で行われる制御。プロセス諸量をデジタル量に変換し，電子計算機を用いて種々の演算やデータ処理をし，アナログ調節系を介さずにプロセス制御する方式である。

DD 種工事担任者　ディーディーしゅこうじたんにんしゃ　DD installation technician　→工事担任者

低位発熱量　ていいはつねつりょう　lower heating value, LHV　高位発熱量から熱機関として利用できない水蒸気の潜熱を除いた熱量。真発熱量又は低発熱量ともいう。燃料の元素分析から水素含有量を求め，高位発熱量から水分の蒸発潜熱を差し引いて算出する。ボイラ設備及びディーゼル機関，ガスタービンなどの原動機の熱効率，コージェネレーション設備の性能表示などで使用する。

TBM　ティービーエム　toolbox meeting　＝ツールボックスミーティング

DV 線引留がいし　ディーブイせんひきとめ――　anchor insulator for drop wire　住宅の低圧引込みで，引込用ビニル絶縁電線（DV 電線）の引留用に用いるがいし。DV がいし，平形がいし，バインドレスがいし，引込用バインドレスラックなどがある。また，多溝がいしを支持物側に使用する場合もある。

磁器　フック
平形がいし　多溝がいし

DV 電線　ディーブイでんせん　＝引込用ビニル絶縁電線

T 分岐　ティーぶんき　T-branch　ケーブル，バスダクト，水道配水管などの幹線又は主経路から直角方向に枝分かれする T 字の形状部分。電気設備では他にケーブルラック，金属ダクトなどの電路材で用いる。

定インピーダンス特性　てい――とくせい

constant impedance load characteristics　負荷電流が電圧の変化に比例する特性．電圧 U が変化したときの消費電力 P は

$$P = P_0 \left(\frac{U}{U_0}\right)^{n_p}$$

として近似的に表す．P_0 は電圧 U_0 のときの消費電力．n_p を負荷の電圧特性定数という．定インピーダンス特性は，$n_p = 2$ に相当する負荷特性であって

$$P = P_0 \left(\frac{U}{U_0}\right)^2 = \frac{P_0}{U_0^2} U^2 = \frac{U^2}{Z_0}$$

ただし，$Z_0 = \dfrac{U_0^2}{P_0}$

となって，電力は電圧の 2 乗に比例するので，電流は電圧に比例することになる．白熱電灯や電熱，一部の高周波点灯回路を除く蛍光灯などはこの特性を示す．

定温式感知線型熱感知器　ていおんしきかんちせんがたねつかんちき　fixed temperature line type heat detector　1 局所の周囲温度が一定の温度以上になったときに火災信号を発する電線状の熱感知器．一定温度で溶ける樹脂性絶縁被覆をより合わせたピアノ線を敷設し，火災熱で被覆が溶け導体が接触し火災信号を送る．電力線，通信線などと併設してケーブル火災の感知などに用い，再使用はできない．

定温式スポット型熱感知器　ていおんしき——がたねつかんちき　spot type fixed temperature heat detector　1 局所の周囲温度が一定の温度以上になったときに火災信号を発するもので，バイメタルの変位，金属の膨張，可溶絶縁物の溶融などを利用した熱感知器．感度に応じて特種，1 種及び 2 種がある．定温式の感度は，検出温度ではなく検出応答速度で，最も速いものが特種である．ちゅう房，ボイラ室などに多く設置されている．

定格　ていかく　rating　機器，装置などに対して製造業者が特性を保証する周波数，電圧，電流，力率などの条件．使用条件によって異なる場合があり，連続定格，短時間定格，断続使用定格，等価定格などがある．

定格過電流定数　ていかくかでんりゅうていすう　rated overcurrent constant　→過電流定数

定格感度電流　ていかくかんどでんりゅう　rated residual operating current　製造業者が指定し，規定の条件の下で漏電遮断器が動作しなければならない感度電流の値．

定格遮断時間　ていかくしゃだんじかん　rated interrupting time　定格遮断電流をすべての定格及び規定の回路条件の下で，規定の標準動作責務及び動作状態に従って遮断する場合の遮断時間の限度．定格周波数を基準としたサイクル数で表す．電流の遮断は，接点が機械的に開放されてから数サイクル後にアークが消滅し，電圧が零になったときに完了する．引外し制御装置が付勢されてからすべての極の電流が遮断するまでの遮断器本体の時間特性である．通常，高圧遮断器の定格遮断時間特性を表すのに 3 サイクル遮断，5 サイクル遮断などという．

定格出力　ていかくしゅつりょく　rated output　規定の条件のもとで製造業者が特性を保証する出力の値．

定格電圧　ていかくでんあつ　rated voltage　規定の条件のもとで製造業者が特性を保証する電圧．

定額電灯　ていがくでんとう　flat-rate schedule　電灯又は小形機器を使用する需要で，使用する負荷設備をあらかじめ設定しておき，その総容量（入力）が 400 V・A 以下のものに適用する電力需給契約種別．

定格電流　ていかくでんりゅう　rated current　規定の条件のもとで製造業者が保証する電気機械器具に流すことができる電流．

定格電力　ていかくでんりょく　rated power　規定の条件のもとで製造業者が保証する電気機械器具が消費することができる電力．

定格投入電流　ていかくとうにゅうでんりゅう　rated making current　規定の回路条件及び動作状態のもとで，開閉器類を投入できる電流の限度．投入電流の最初の周波

の瞬時値の最大値で表す。

定格負担　ていかくふたん　rated burden
→負担

定格不動作電流　ていかくふどうさでんりゅう　rated residual non-operating current　製造業者が指定し、規定の条件の下で漏電遮断器が動作してはならない主回路に流れる零相電流の値。定格感度電流の50％以上とする。

定格容量　ていかくようりょう　rated capacity　〔1〕変圧器：銘板に記載された皮相電力で、定格2次電圧、定格周波数及び定格力率において、規定の温度上昇の限度を超えることなく、2次端子間に出力できる容量。単位は、キロボルトアンペア（kV·A）。〔2〕コンデンサ：定格静電容量に定格周波数の定格電圧を印加したときの無効電力。単位は、キロバール（kvar）。〔3〕蓄電池：規定の温度、放電電流及び放電終止電圧で、完全充電状態から取り出せる電気量の基準値。単位は、アンペア時（A·h）。〔4〕家庭用電気機械器具：製造業者が機器ごとに指定した容量。

定期点検　ていきてんけん　periodic verification　使用中の設備に対し一定の周期で点検項目を定めて行う点検。機器の機能の良否、損傷の有無、使用場所の環境の適否などを調査確認する。設備の管理者が自主的に行うものと法律で定めているものとがある。

逓減式配線　ていげんしきはいせん　gradual decrease wiring　電話設備において、各端子盤を接続するケーブル対数を順次減じる配線方式。回線の変更が少ない小規模な建築物に用いる。

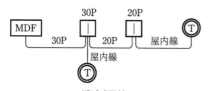

逓減式配線

定限時特性　ていげんじとくせい　constant time characteristic　→継電器動作時間特性

抵抗　ていこう　resistance　①直流回路における電圧と電流との比。②交流回路におけるインピーダンスの実数部。単位はオーム（Ω）。インピーダンスをZ、抵抗をR、リアクタンスをXとするとインピーダンスは$Z=R+jX$である。

抵抗加熱　ていこうかねつ　resistance heating　抵抗体に電流を流すと発生するジュール熱を利用した加熱。熱変換効率がよく、温度制御が容易である。金属などの導電性の被加熱物に直接電流を通じて加熱する直接方式と、発熱体に電流を通じて加熱し、この熱を放射、対流又は伝導によって被加熱物に伝える間接方式とがある。発熱体には、ニクロム線、鉄クロム線、炭化けい素発熱体、けい化モリブデン発熱体などがある。また、発熱体を金属シースに収納し、アルミナなどの絶縁物を充填し封止したシーズヒータがある。

抵抗始動　ていこうしどう　resistance starting　直流電動機又は誘導電動機の始動回路に可変抵抗器を用いる始動方式。直流電動機の場合は、電機子巻線に直列に外部抵抗を挿入し、回転数の上昇（始動電流の減少）に合わせて順次抵抗を減じ、始動完了で0にする。巻線形誘導電動機の場合は、一定の1次電流とトルクを生じる電動機の滑り（速度）は2次巻線（回転子巻線）の抵抗値に比例して変化する特性（比例推移）を利用したもので、電動機の2次端子に可変抵抗器を接続して始動し、速度の上昇とともに抵抗値を順次減らし、始動電流を小さく保ちながら負荷に見合ったトルクで回転数を上げることができる。かご形誘導電動機の場合は、電動機の1次側に抵抗器を入れて始動する方式であるが、抵抗器の熱損失が大きいため小容量に限って、円滑な加速を必要とする場合に用いる。

抵抗接地方式　ていこうせっちほうしき　resistance earthing system（英）、resistance grounding system（米）　変圧器や発電機の中性点を抵抗を介して大地へ接続する接地方式。我が国では154 kV以下の送電系統に広く採用しており、地絡電流は小さい

が，地絡瞬時には送電線の対地静電容量によって大きな過渡突入電流が流れる．22kV級系統の受電点における地絡検出には，低抵抗接地の場合は3CTの残留回路による検出方式を，高抵抗接地の場合はZCT方式を用いる．

抵抗損　ていこうそん　ohmic loss, resistance loss　＝銅損

抵抗法　ていこうほう　resistance method　電動機，ソレノイドなどの巻線全体の平均温度を抵抗値の変化によって測定する方法．通電前と通電後とで巻線の抵抗を測定し，抵抗温度係数を利用して計算式より求める．巻線の温度上昇は内部と外部とでは温度傾斜が大きく，外側の温度計測では正しい値が得られないので抵抗法により平均温度を測定する．

抵抗率　ていこうりつ　resistivity　＝体積抵抗率

定在波　ていざいは　standing wave　2つの進行波による合成波で，波形が進行せず，その場で振動している波．節と呼ぶ振幅がゼロの点と，腹と呼ぶ振幅が最大の点がある．波長・周波数・振幅・速さが同じで，進行方向が相互に正反対となる2つの波が重なり合うことによって生じる．

停止ボタン　ていし——　stop button switch　機器の運転を停止するために用いるボタン形のスイッチ．

低周波始動　ていしゅうはしどう　low frequency starting　周波数が可変の別電源を用いて低周波時に同期化し，定格周波数まで上昇させて主電源に同期投入する同期電動機の始動．この方式では，複数台の同期電動機を始動する場合に，順次起動が可能であり，始動時間が短縮できる．高速機，大容量揚水式発電電動機などで用いる．

定常短絡電流　ていじょうたんらくでんりゅう　steady short-circuit current　同期機の三相短絡時に，過渡的な電流から減衰して，数秒後に一定となる電流．⇨過渡短絡電流

定焦点形電球　ていしょうてんがたでんきゅう　prefocus lamp　発光体が，口金の一部をなす位置決め取付部に対して特定の位置にくるように，正確に調整された白熱電球．映写用電球に用いる．

低騒音変圧器　ていそうおんへんあつき　low noise transformer　設置環境に配慮して，騒音低下対策を施した変圧器の一般的呼称．変圧器の騒音発生原因には，鉄心の磁気ひずみ現象による振動，鉄心の継ぎ目及び成層間に働く磁気力による振動，巻線導体間又はコイル間の電磁力による振動などがある．発生騒音の低減には，磁気ひずみの小さい鉄心の使用，磁束密度の低減，鉄心の締付けの適正化，タンクの二重化，遮音材の使用などがある．

低炭素社会　ていたんそしゃかい　low-carbon society　二酸化炭素やメタンなどの排出を削減，温室効果ガスの増加を抑制する社会．

定電圧充電　ていでんあつじゅうでん　constant voltage charge　一定の電圧で行う充電．充電電流は充電初期には大きく，時間の経過につれ減少する．短時間に効率よく充電ができる．

定電圧定周波数電源装置　ていでんあつていしゅうはすうでんげんそうち　constant voltage constant frequency power supply system, CVCF　電源系統の電圧や周波数の変動又は負荷設備に起因する電圧や周波数の変動に対して，定電圧・定周波の安定した交流電力を供給するための電源装置．一般的には蓄電池と組み合わせて，電源系統の停電や瞬断に対して無停電で給電する無停電電源装置として使用する．

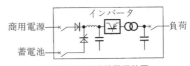

定電圧定周波数電源装置

定電圧定電流充電　ていでんあつていでんりゅうじゅうでん　constant voltage and constant current charge　充電開始時は一定の電流で充電し，充電が進み蓄電池の充電電圧がある設定時間に達すると以後一定の電

圧で行う充電。

定電圧特性 ていでんあつとくせい constant voltage characteristic 出力電流が変化しても出力電圧があまり変化しない特性。アーク溶接機用電源, 整流器などに用いる。

停電確認時限 ていでんかくにんじげん confirm time for power failure 商用電源の瞬時電圧低下によって不要に非常用発電機などを始動させることがないように, 停電を確認する時間。不足電圧継電器とタイマを組み合わせて1〜数秒の瞬時停電の際には, 始動指令を出さないようにする。

停電制御 ていでんせいぎょ power failure control →停復電制御

停電補償時間 ていでんほしょうじかん back up time 運転中に交流入力電源が停電したとき, エネルギー蓄積装置が充電状態から放電を開始し, 負荷電力の連続性を保持し得る時間。エネルギー蓄積装置としては, 蓄電池又はフライホイールを用いる。一般に無停電電源装置（UPS）に使われる用語で, 時間は10分程度とする場合が多い。

定電流充電 ていでんりゅうじゅうでん constant current charge 一定の電流で行う充電。通常は定格容量の1割程度の電流で10時間以上行う。充電が進むと, 蓄電池電圧が上昇し充電電流が流れにくくなるので充電電圧を高める必要がある。

定電流特性 ていでんりゅうとくせい constant current characteristic 定格負荷電流を超えたときに端子電圧がほぼ垂直に降下する電源装置の特性。アーク溶接機用電源, LED用定電流電源などに用いる。 ⇒垂下特性

定電力特性 ていでんりょくとくせい constant power characteristics 負荷の消費電力が電圧の変化にかかわらず一定である特性。電圧 U が変化したときの消費電力を

$$P = P_0 \left(\frac{U}{U_0}\right)^{n_p}$$

として近似的に表す。P_0 は電圧 U_0 のときの消費電力。n_p を負荷の電圧特性定数と

いう。定電力特性は $n_p=0$ に相当する負荷特性であって, $P=P_0$ であるから, 電圧の変化に無関係となる。すなわち, 電圧が下がれば電流が増加する。負荷機器では, 電動機類が定格電圧, 定格周波数付近でこの特性を示す。特にインバータ制御機器では, かなりの電圧変化に対して定電力特性を示す。

停動トルク ていどう── stalling torque ＝最大トルク

低発熱量 ていはつねつりょう lower heating value ＝低位発熱量

停復電制御 ていふくでんせいぎょ power failure/restoration control 停電時には自家発電装置を自動始動し, 必要負荷設備の自動投入を行い, 復電時には自動又は操作員の確認操作により負荷の再投入を行う制御。

データ圧縮 ──あっしゅく data compression データ中に頻繁に登場するパターンをより短いパターンで置き換えることや, データの冗長性を除くことによりデータ量の削減を行うこと。データを復元した際に, 完全に元のデータに戻る可逆圧縮と, 完全には戻らない不可逆圧縮が存在する。

データ回線終端装置 ──かいせんしゅうたんそうち data circuit terminating equipment, DCE パーソナルコンピュータなどの端末装置を通信回線に接続する装置。通信回線からの信号を変換し端末装置へ送信, 及び端末装置からの信号を変換し通信回線へ送信する。変復調装置, 回線接続装置などがある。

データグラム datagram OSI基本参照モデルの第4層（トランスポート層）でUDPなどのコネクションレス型通信を使用する場合のデータの転送単位。上位3層で扱うデータであるメッセージにデータの順番や再送機能などのヘッダを追加して構成する。

データ伝送装置 ──でんそうそうち data transmission unit データ端末装置（又は情報処理装置）と伝送回線相互間の信号変換・逆変換機能と, 電話網やデジタルデー

タ交換網への接続制御機能を持つ装置。データ伝送は電気的な手段によって情報を伝送する1つの形式で，一般に伝送回線を利用して行うときに使用する。代表としてモデムがある。

データベース data base ①複数の利用者に対して，要求に応じてデータを受け入れ，格納し，供給するためのデータ構造。②コンピュータによる情報処理システムのための基本的なシステム要素としてのデータの集合。③データの種類，量，構成，その索引構造など多目的に適合するように設計したデータファイル群。

データロガー data logger 電圧，電流，温度，湿度，電力量，水量などのデータを定期的かつ自動的に計測又は計量して記録する装置。

テーパポール tapered pole 下端から先端へ直径が一定比率で細くなっているポール。鋼管，アルミニウム管などで，断面形状は円形と多角形とがある。電気設備では，道路照明や避雷突針の取付けなどに用いる。照明器具を取り付けるポールは，美観上優れているテーパ比率1/100のものを用いる。

デコード decoding ＝復号

デシカント方式 ——ほうしき desiccant system 乾燥剤を用いて行う空調方式。湿り空気中の湿気を乾燥剤に吸収させ，その凝縮熱によって加熱した空気を冷却し，これに水を噴霧してその気化熱によって低温，中湿の空気を得る。乾燥剤は湿気を吸収するうちに能力が低下するので，適宜に加熱して水を放出させ，再生させる。乾燥剤には，臭化リチウム，塩化リチウムなどを用いる。圧縮機を用いる方式に比べて，フロンを使わない，騒音・振動が少ない，乾燥剤の再生には排熱も利用できる，除じん性・殺菌性がよいなどの特長がある。

デジタル digital ある量を数値で表現すること。電子計算機では電圧又は電流の電気信号の有無を2状態として扱い，2進数として表現する。物理量はアナログ量であるから，数値化すると誤差を生じるが，10進数でも2進数でも最小桁の1/2が誤差となり，これを量子化誤差という。

デジタル回線終端装置 ——かいせんしゅうたんそうち digital service unit, DSU 電気通信事業者の高速デジタル専用線，ISDNなどのデジタル通信回線の終端に設置し，デジタルのデータ信号に通信回線の保守・制御用の信号を付加してデジタル伝送路に適した信号形式への変換又は復元を行う装置。デジタル電話機，デジタルファクシミリ，ターミナルアダプタ（TA）などの通信用端末を接続する。

デジタル加入者回線 ——かにゅうしゃかいせん digital subscriber line, DSL 電話用のメタリックケーブルにモデムなどを設置し，高速のデジタルデータ伝送を可能とする方式の総称。ADSL，VDSLなどがある。

デジタル計器 ——けいき digital instrument 測定量を数字で表示する計器。測定したアナログ量をA/D変換器でデジタル量に変換し，液晶，LEDなどを用いて表示する。アナログ計器のように目の高さの違いで生じる視差による読取り誤差がない。

デジタル交換機 ——こうかんき digital switching system 制御系及び伝送系を電子化及びデジタル化した電話交換機。通話路は直接デジタル信号を交換できる時分割方式を採用している。

デジタルサイネージ digital signage デジタル技術を活用し，大形ディスプレイやプロジェクタなどによって映像や情報を表示する装置。主に広告や掲示板として使用する。デジタル通信により表示内容をいつでも受信でき，内蔵記憶装置に多数の表示情報を保持することができる。

デジタル出力 ——しゅつりょく digital

デシカント方式

output　電子計算機や制御装置などが周辺機器に運転停止などの指令を継電器接点の開閉として，又は電圧の印加，無印加を用いて行う外部信号出力。出力形態は継電器の無電圧接点による電流シンク出力と電圧印加などの電流ソース出力とがある。DCのシンク出力又はソース出力には DC 5〜12 V，DC 24 V などを，AC のシンク出力には AC 100〜120 V，AC 200〜240 V などを用いる。

デジタル調光方式　――ちょうこうほうしき　digital dimming control system　調光設備の制御回路及び調整卓をデジタル方式を用いて構成した調光方式。一般に回路の構成は調光回路に負荷を直結して使用し，制御はデジタル回路のメモリ空間を使用して回路ごとに単独で調光することができ，グループフェーダなどへの割付も自由に行える。場面や調光レベルの記憶及び場面転換や各種効果の時系列記憶などは外部記憶装置に記録できるため再現性の高い表現が可能となる。

デジタルデータ交換網　――こうかんもう　digital data exchange network，DDX　デジタルデータの通信に用いる公衆回線網。パケット交換網，ISDN などがある。

デジタル伝送　――でんそう　digital transmission　数値情報に符号化したパルス列を用いた伝送。デジタル専用回線又はデジタルデータ交換網を用いる。アナログ伝送における搬送波の代わりに，繰返しパルスを用いパルスの有無によって情報の伝送を行う。

デジタル入力　――にゅうりょく　digital input　電子計算機や制御装置などが周辺機器の運転停止や故障の有無などの状態を継電器接点の開閉として，又は電圧の印加，無印加として受け付ける外部信号入力。無電圧接点などを用いる電流シンク入力と電圧印加による電流ソース入力とがある。DCのシンク入力又はソース入力には DC 5〜12 V，DC 24 V などを，AC のソース入力には AC 100〜120 V，AC 200〜240 V などを用い，フォトカプラなどで信号を絶縁して内部に取り込む。

デジタル変換　――へんかん　digital conversion　電子計算機や制御装置などで外部の信号として取り込んだ電圧又は電流の連続した物理量を内部演算に使用するデジタルの数値に変換すること。

デシベル　decibel　2つの仕事率の比の常用対数ベル (B) を 10 倍した単位。記号は dB。電気信号，音圧レベルなどを表すのに用いる。2つの仕事率（電力，音響パワーなど）P_1，P_2 の比 n（dB）は，$n=10 \log_{10}(P_1/P_2)$ と定義する。仕事率と2乗の関係をもつ電圧，電流，音圧などでは，その大きさを V_1，V_2 とすると $n=20 \log_{10}(V_1/V_2)$（dB）で表す。この場合の係数は 20 である。音響の分野では相対的な比較のほか，音の強さ（単位 W/m^2）や音源のパワー（単位 W）を標準音との比較で表すこともある。

デスクリート回路　――かいろ　discrete circuit　多数の素子を1つのパーツとして構成する集積回路と異なり，トランジスタ，ダイオード，抵抗，コンデンサなどの単一の素子を組み合わせて構成する回路。単一の素子を選択できるので用途に合わせて最適な設計ができる。

テスタ　circuit tester　スイッチの切換えにより抵抗値，直流の電圧，電流及び交流の電圧を計測する器具。表示器はアナログ式とデジタル式とがあり，ロータリースイッチ，スライドスイッチ，プラグなどにより内部の計測回路を切り換える。

デッキプレート　deck plate　コンクリートスラブの型枠又は床版として用いる薄鋼板。床鋼板ともいう。強度を保つため長手方向に山と谷の波形の構造である。

鉄筋コンクリート構造　てっきん――こうぞう　reinforced concrete structure　圧縮力に強いコンクリートと引張力に強い鉄筋とを組み合わせた構造。RC 構造ともいう。

鉄骨構造　てっこつこうぞう　steel structure　骨組部分に形鋼などの鋼材を用いて組み立てた構造。S 構造又は鋼構造ともいう。

鉄骨鉄筋コンクリート構造　てっこつてっきん——こうぞう　steel encased reinforced concrete structure　鉄骨を中心にしてその周りに鉄筋を配しコンクリートで固めた構造。SRC 構造ともいう。

鉄心リアクトル　てっしん——　iron-core reactor　コイル巻線の内部に鉄心のあるリアクトル。コイルに流れる電流が増加すると鉄心の磁束が増大し，磁気飽和が生じリアクタンスが小さくなる。

鉄損　てっそん　iron loss　電気機器の磁気回路を構成する鉄心中に発生する損失でヒステリシス損及び渦電流損を合わせたもの。鉄損は負荷電流の大きさに関係なく一定である。無負荷損ともいう。

デッドロック　dead lock　複数のプロセスが相手の保持している資源に同時アクセスを試み，それぞれ相手側の要求が完了しないことで，自分のタスクを完了することができず，資源の解放もできないために，相互に資源の解放を永久に待ち続け双方の処理が停止してしまう状態。

デバッグ　debag　→バグ

デバッギング期間　——きかん　debugging period　＝初期故障期間

デマンド監視　——かんし　power demand monitoring　契約電力の超過使用を防止するために，電力の使用状況を常時監視する機能。使用電力量から時限終了時の電力を予測し，デマンド目標値を超過しそうな場合には，超過量に見合った警報を発するとともに，現在値，30 分経過予測値，調整すべき電力値，残り時分（又は現在時分）などをグラフ又はデジタル表示する。この調整電力から，自動又は手動操作により負荷を遮断し，契約電力の超過使用を防止する。

デマンド制御　——せいぎょ　power demand control　デマンド監視により，目標値を超過しそうな場合，あらかじめ登録した負荷に対し超過量に見合う分の負荷を遮断する制御。遮断された負荷は使用電力があらかじめ定められた値以下になった場合，必要に応じて再投入制御を行う。最大需要電力制御ともいう。

デミングサイクル　Deming's cycle　ある目的を合理的かつ効率的に達成するために繰り返し行う品質管理活動の流れ。P（計画），D（実施），C（検討），A（処理）の順序で行う。PDCA 又は管理サイクルともいう。

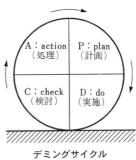

デミングサイクル

手元開閉器　てもとかいへいき　local switch　電動機，加熱装置，電力装置などの運転のために機側に設置する開閉器。箱開閉器，配線用遮断器，カバー付ナイフスイッチなどを用いる。

デュアルシステム　dual system　電子計算機システムの信頼性を向上させるために用いる二重化システムの一種。2 台の計算機の 1 台が主機（マスタ）となり，他の 1 台も動作しているが従（スレーブ）となり，2 台の計算機間は常に相互チェックのためのデータ伝送を行い，主機側システムに異常が発生すると自動的に従側が主に切り換わって動作を継続する。

デュアルフュエルシステム　dual fuel system　液体燃料と気体燃料など 2 種の燃料を同時に又は単独で用いることができる燃料供給システム。供給信頼性を重視する発電機の燃料二重化系統などに用いる。また，常用時に都市ガスなどを，非常時に重油又は軽油などを使用する常用防災兼用ガスタービン発電装置などに用いる。常用運転から非常用運転への切換えはエンジンを停止せずに継続できる。

デューティサイクル　duty cycle　一定周期で繰り返す信号において，周期に占める現象発生期間の割合。方形波のトータル時間

に対する on 時間の比率などがある。デューティレシオともいう。

デュプレックスシステム duplex system 電子計算機システムの信頼性を向上させるために用いる二重化システムの一種。2台の計算機の1台がオンライン動作し他の1台は待機している場合と，各計算機が機能分担して動作している場合とがあり，1台に異常が発生すると自動的に健全系に切り換えて動作を継続する。

テルミット溶接 ──ようせつ thermit welding 金属酸化物とアルミニウムの混剤に点火してアルミニウムの酸化による高発熱を利用した金属溶接。電気設備では，金属酸化物に酸化銅を用いた銅テルミット法を接地極と接地線との接続や避雷設備の避雷導線と鉄骨などとの接続に用いる。このほか金属酸化物に酸化鉄を用いて，鉄同士を接続することにも用いる。

テレビ会議システム ──かいぎ── television conference system 遠隔の会議室間を公衆回線や専用線などの通信回線で結び，テレビジョンにより音声，映像などの情報を相互に伝送し，会議を行うシステム。

テレビ共同受信設備 ──きょうどうじゅしんせつび── community antenna television system 事務所，ホテル，病院，集合住宅などの屋上や良好な電波が受信できる場所にアンテナを設置し，各室や住居にテレビジョン信号を分配する設備。

テレビジョン受信用同軸ケーブル ──じゅしんようどうじく── coaxial cable for television receiver 内部導体をポリエチレン又は発泡ポリエチレンで絶縁し，外部導体として軟銅線編組を使用し，保護被覆として塩化ビニル樹脂を主体としたコンパウンドを使用した同軸ケーブル。テレビジョン受信用機器及び関連機器間の接続に使用する。特性インピーダンスは，75Ωである。

テレビ電話 ──でんわ visual telephone 通信回線を用い音声及び映像情報を伝送し，映像を見ながら通話ができる電話。文書，図面なども提示することができる。一般に公衆回線，ISDN 及び LAN を用いる。

テレホンプレート flush plate with eyelet ＝ノズルプレート

テレメータ telemetering 遠隔測定のこと。被測定量を電気量に変換し，近距離の場合は変換した信号そのままを直送し，遠隔地へは電力線や電話線などを利用し記号化して搬送する。工場，事業場などで生産過程における各種の量を遠隔操作で調節するためなどに用いたり，遠隔地の検針量を1か所に集めて自動検針を行う際などに用いる。

電圧継電器 でんあつけいでんき voltage relay あらかじめ設定した電圧で動作する継電器。不足電圧継電器，過電圧継電器，過不足電圧継電器などがある。

電圧降下 でんあつこうか voltage drop 〔1〕ある点における電圧が下がる現象。〔2〕中間に変圧器など電圧を変成する機器を含まない回路の送電端電圧と受電端電圧との差。送電端電圧を U_s，受電端電圧を U_r，負荷電流を I，負荷の力率を $\cos\theta$，1線当たりの抵抗及びリアクタンスを R 及び X とすると，1相当たりの電圧降下 ΔU は，次式で概算できる。

$$\Delta U = U_s - U_r = I(R\cos\theta + X\sin\theta)$$

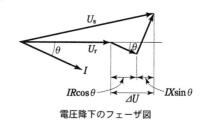

電圧降下のフェーザ図

こう長が60mを超える場合の電圧降下

供給変圧器の2次側端子又は引込線取付点から最遠端の負荷に至る間の電線のこう長 (m)	電圧降下 (％)	
	電気使用場所内に設けた変圧器から供給する場合	電気事業者から低圧で電気の供給を受けている場合
120 以下	5 以下	4 以下
200 以下	6 以下	5 以下
200 超過	7 以下	6 以下

単相2線式又は直流2線式ではこの値の2倍，単相3線式又は直流3線式及び三相4線式では1倍，三相3線式では$\sqrt{3}$倍となる。〔3〕内線規程で定める低圧配線の標準電圧に対する電圧降下を百分率で表した許容値。幹線及び分岐回路においてそれぞれ2%以下とし，電気使用場所内の変圧器から供給する場合の幹線は3%以下とすることができる。また，こう長が60 mを超える場合は表によることができる。

電圧降下率 でんあつこうかりつ coefficient of voltage drop 電圧降下値の送電端電圧に対する比。百分率（%）で表す。ただし，送配電線では受電端電圧を基準としている。

電圧調整器 でんあつちょうせいき voltage regulator 電源装置の出力電圧を負荷の変動に関係なく一定の値に維持するよう制御する装置。

電圧の種別 でんあつ—しゅべつ classification of voltage 我が国では，電気設備技術基準で次の3種類に区分している。①低圧…直流750 V以下，交流600 V以下，②高圧…直流750 V超過7 000 V以下，交流600 V超過7 000 V以下，③特別高圧…7 000 V超過。IECでは，次の2種類に区分している。①低圧…直流1 500 V以下，交流1 000 V以下，②高圧…低圧の限度を超えるもの。ただし，3 500 V以下を中圧ということがある。

電圧バンド でんあつ—— voltage bands 低圧電気設備で感電保護方式を適用する場合に，特定の要求事項を共通にできる電圧の区分。この場合の低圧は，IECのいう低圧で，交流1 000 V以下，直流1 500 V以下である。IECでは，交流及び直流の電圧

交流の電圧バンド

（単位 V）

バンド	接地系統		非接地系統
	対地	線間	線間
I	$U \leqq 50$	$U \leqq 50$	$U \leqq 50$
II	$50 < U \leqq 600$	$50 < U \leqq 1000$	$50 < U \leqq 1000$

U：設備の公称電圧

直流の電圧バンド

（単位 V）

バンド	接地系統		非接地系統
	対地	線間	線間
I	$U \leqq 120$	$U \leqq 120$	$U \leqq 120$
II	$120 < U \leqq 900$	$120 < U \leqq 1500$	$120 < U \leqq 1500$

U：設備の公称電圧
表の値は，リップルフリー直流に適用する。

バンドを表のように規定している。バンドIは，電圧値の条件によって感電保護を行う場合の設備及び電気通信，信号，ベル，制御，警報設備など機能上の理由から電圧を制限する設備に適用し，バンドIIは，家庭用，商業用，工業用など通常の電気設備に供給する電圧を含むとしている。

電圧不平衡率 でんあつふへいこうりつ voltage-unbalance factor 逆相電圧の正相電圧に対する比。百分率（%）又はパーユニット（pu）で表す。三相不平衡電圧の逆相分が回転機負荷に与える影響が大きい。一般に不平衡率というと電圧成分を指す。

電圧フリッカ でんあつ—— voltage flicker アーク炉，大容量溶接機などの変動負荷による電路の電圧変動。この電圧変動が頻繁に繰り返されると電灯や蛍光灯にちらつきを生じ，著しい場合には人に不快感を与える。人間の目に感じるちらつきは10 Hzの変動周波数に最も感応することから，電圧変動をすべて10 Hzに換算したフリッカ値ΔV_{10}を表示尺度としている。電圧フリッカ対策には，変動負荷との電源分離，静止形無効電力補償装置の設置などの方法がある。

電圧プロフィール でんあつ—— potential profile 構内配電系統など変圧器を含む電路において，受電点又は母線から負荷点までの電圧変動の状態を表す図（次頁参照）。一般に，無負荷時の状態と最大負荷時における電圧降下の状態を表し，負荷端の電圧変動幅や変圧器のタップ電圧の検討に用いる。

電圧変換直送式 でんあつへんかんちょくそ

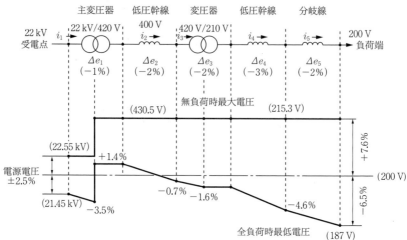

電圧プロフィール

うしき　voltage conversion direct transmission system　→直送式

電圧変動　でんあつへんどう　voltage fluctuation　負荷電流の変化による電圧の時間的変化。線路の誘導性リアクタンスや負荷の遅相電流による電圧降下及び進相電流による電圧上昇がある。電圧変動対策には，負荷時タップ切換変圧器による自動電圧調整，進相コンデンサ，分路リアクトル，同期調相機による無効電力制御などがある。

電圧変動許容範囲　でんあつへんどうきょようはんい　allowable voltage fluctuation　〔1〕電気事業者が供給点において維持しなければならない電圧の変動範囲。その値を表に示す。〔2〕電気機器の使用上支障がない電圧の上限と下限との範囲。定格電圧に対する比率で表す。一般電気使用機器では±10%，照明器具では±6% としている。

電圧変動許容範囲

標準電圧（V）	電圧変動許容範囲（V）
100	101±6
200	202±20

電圧変動率　でんあつへんどうりつ　voltage regulation　〔1〕ある点における定常状態から変化した電圧の，定常状態の電圧に対する比。〔2〕同期発電機において，定格負荷時の端子電圧の，励磁及び回転速度を変えずに無負荷にしたときの電圧に対する比。〔3〕変圧器において，力率1の定格負荷時の2次電圧の，定格2次電圧に対する比。〔4〕送電系統において，全負荷時の受電端電圧の，無負荷時の電圧に対する比。

電圧利得　でんあつりとく　voltage gain　電圧増幅器において，出力信号の電圧と入力信号の電圧との比の2乗の常用対数を10倍した値。単位はデシベル（dB）で表し，電圧利得は次式で示す。

$$G_V = 20 \log_{10}(V_0/V_1)$$

G_V：電圧利得（dB）
V_1：入力電圧（V）
V_0：出力電圧（V）

電位降下法　でんいこうかほう　fall of potential method　抵抗に電流を流して，そ

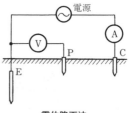

電位降下法

の電流と抵抗の両端子間の電位差を測定し，オームの法則によって抵抗値を求める測定法．接地抵抗の測定法として広く用いる．被測定接地極Eと補助の電圧用接地極P及び電流用接地極Cとを用い，E-C間に交流電流を流し，E-P間の電位差を測定する．

電位の傾き　でんい―かたむ―　potential gradient　電界中の2点間の電位差をその距離で除した値．単位はボルト毎メートル（V/m）．電位傾度ともいう．電界中に微小距離を隔てた2点PQ間の長さを Δs(m)，P及びQの電位を，V 及び $V+\Delta V$ (V) とするとき電位の傾き G は次式で表す．

$$G = \lim_{\Delta s \to 0} \frac{\Delta V}{\Delta s} = \frac{\mathrm{d}V}{\mathrm{d}s} \quad (\mathrm{V/m})$$

例えば，高圧ケーブルの端末処理でストレスコーンを作るのは，絶縁被覆はぎ取り部における電位の傾きが大きくならないようにして絶縁破壊を防止するためである．

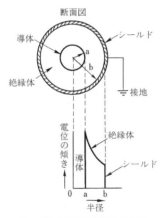

ケーブル絶縁体内の電位の傾き

点音源　てんおんげん　simple sound source　発生音源の波長と比べて十分小さい寸法の振動面をもち，そのすべての部分が同じ位相で変位する音源．自由音場ではあらゆる方向に一様に音波を放射する．音源からの音の伝搬の計算では，音源の大きさを点とし，音の放射の状態を無指向性として扱うことが多い．このように理想化した音源を無指向性点音源という．

電解液　でんかいえき　electrolyte solution　電解質を水などの溶媒に溶かした溶液．

電界強度　でんかいきょうど　electric field strength　電界の振動方向に測った電位の傾き．単位は，ボルト毎メートル（V/m）．

電界強度測定器　でんかいきょうどそくていき　electric field strength meter　電波の強さを測る高周波用実効値形電圧計．1 μV/m を 0 dB としてデシベル表示する．外気温度や電源電圧の変化，経年変化などで生じる誤差を測定の都度校正するレベル校正用の比較発信器を内蔵している．

電解研磨　でんかいけんま　electropolising　金属の被研磨体を陽極として電解液を介して直流電流を流し，表面を溶解する研磨．金属表面の微視的な凹凸を除去でき，耐食性や洗浄性が向上する．

電界効果トランジスタ　でんかいこうか――　field effect transistor, FET　ゲート-ソース間に電圧を加え，電子又は正孔（キャリア）が通過する通路（チャネル）の電界を変化させて，ソース-ドレーン端子間の電流を制御するトランジスタ．ユニポーラトランジスタの一種で，1種類のキャリアしか用いない．

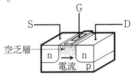

電界効果トランジスタ

電解コンデンサ　でんかい――　electrolytic capacitor　陽極表面に陽極酸化で形成した酸化被膜を誘電体とし，電解質を陰極の一部としたコンデンサ．陽極性で体積に比例して大容量のコンデンサとなるが，周波数特性や耐圧特性は悪い．アルミ電解コンデンサやタンタル電解コンデンサなどがある．

電解質　でんかいしつ　electrolyte　水などの溶媒に溶け電離してイオンを生じる物質．電解質を含んだ溶液は導電性を示し，電流を流すと電気分解を起こす．電解質に

は塩化ナトリウム，塩化水素，塩化銅，水酸化ナトリウムなどがある。電解コンデンサ又は電気二重層コンデンサの負極，蓄電池及び燃料電池の電解液などに用いる。

展開接続図 てんかいせつぞくず elementary wiring diagram 設備，装置又は機器の動作を各構成要素の寸法，形状及び配置に関係なく，機能及び動作順序を中心として電気的接続を展開して図記号によって表現した図。シーケンス図ともいう。直流又は交流の制御電源の各極又は各相を2本の平行線で描き，その間に接点やコイルなどの図記号を連ねる。

電界発光 でんかいはっこう electroluminescence, EL 電界による発光。電界によって物質内の電子が加速されたり，電荷が注入されたりして発光する。前者の例として液晶表示器のバックライトに用いる薄膜 EL，後者の例として発光ダイオードがある。

電解腐食 でんかいふしょく electrolysis corrosion 金属体が電解溶液中で電気化学反応によって表面から消耗する現象。自然腐食と電食とがある。自然腐食には，局部電池作用，異種金属の接触及び通気差（溶存酸素の濃度差）による腐食がある。電食には，電鉄レールや直流を使用する電解装置，溶接機，送電線及び防食設備などからの迷走電流による腐食がある。

電界放出 でんかいほうしゅつ field emission 強力な電界の印加により金属表面の薄いポテンシャル障壁を透過して電子を放出する現象。二極管，冷陰極などで用いる。

電荷結合素子 でんかけつごうそし charge-coupled device ＝ CCD

電気音響 でんきおんきょう electroacoustics 音や振動を電気信号に変換し，又は電気信号を音や振動に変換するときに，電気回路を用いて音を扱う技術。音電変換のマイクロホン，電音変換のスピーカ，増幅器，CD プレーヤなどに用いる。また，騒音振動測定，超音波診断，電子楽器など応用範囲が広い。

電気温床 でんきおんしょう electric warming bed 工作物の内部若しくは表面又は地中，地表，空中若しくは水中に発熱線などを用いて行うヒーティング施設。野菜，草花，水穂，果実，きのこなどの育苗栽培，育すう，ふ卵などに用いる。

電気温水器 でんきおんすいき electric water warmer シーズヒータなどの発熱体を熱源として温水を得る装置。瞬間式と貯湯式とがある。貯湯式には深夜電力制度を利用することが多い。

電気加熱 でんきかねつ electric heating 電気を用いた加熱の総称。一般に制御性及び応答性がよく，加熱する対象，加熱雰囲気などの使用条件に応じた効率のよい加熱方式を採用することができる。加熱時に燃焼を伴わないため，有害な燃焼排気ガスを発生しない。加熱方式には，ヒートポンプ加熱，抵抗加熱，誘導加熱，誘電加熱，マイクロ波加熱，赤外加熱，遠赤外加熱，アーク加熱，プラズマ加熱，電子ビーム加熱，イオンビーム加熱，レーザ加熱などがある。

電気機械器具 でんききかいきぐ electrical equipment 電気エネルギーの発電，変電，送電，配電又は利用のために用いる機械器具。電気機械，変圧器，スイッチギヤ及びコントロールギヤ，計測器，保護器，配線設備，電気使用機械器具などがある。単に電気機器ともいう。

電気供給約款 でんききょうきゅうやっかん rules and rates for electricity supply service 電力会社が一般の需要（特別高圧受電の需要を除く。）に応じて電気を供給するときの契約種別，電気料金その他の供給条件を定めたもの。電力会社ごとに電気事業法の規定に基づき経済産業大臣の認可を受けて制定又は変更される。

電気工作物 でんきこうさくぶつ electric facilities 発電，変電，送電若しくは配電又は電気の使用のために設置する機械，器具，ダム，水路，貯水池，電線路その他の工作物（船舶，車両又は航空機に設置されるもの，及び電圧 30 V 未満の電気的設備であって，電圧 30 V 以上の電気的設備と電気的に接続されていないものを除く。）

電気工作物の区分を図に示す。

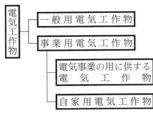

電気工作物の区分

電気工事 でんきこうじ electrical construction 〔1〕建設業法でいう建設工事の中の1つで，発電設備工事，送配電線工事，引込線工事，変電設備工事，構内電気設備（非常用電気設備を含む。）工事，照明設備工事，電車線工事，信号設備工事，ネオン装置工事などを含む。これらの工事の完成を請け負う事業を電気工事業という。〔2〕電気工事士法でいう一般用電気工作物又は自家用電気工作物（最大電力500kW未満の需要設備）を設置し，又は変更する工事。ただし，軽微な工事であるとして法の適用から除外されているものがある。〔3〕電気工事の業務の適正化に関する法律（電気工事業法）では〔2〕とほぼ同じであるが，家庭用電気機械器具の販売に付随して行う工事は除かれている。この法律では，電気工事を業として営利の目的をもって反復継続して行う事業を電気工事業としている。

電気工事業の業務の適正化に関する法律 でんきこうじぎょう―ぎょうむ―てきせいか―かん――ほうりつ Act on Ensuring Fair Electric Business Practices 電気工事業を営む者の登録等及びその業務の適正な実施を確保し，もって一般用電気工作物及び自家用電気工作物の保安の確保を目的とする法律。電気工事業法ともいう。1の都道府県区域内に限り営業所を設置する者は知事の，2以上の都道府県の区域内に営業所を設置する者は経済産業大臣の登録を受ける必要がある。

電気工事業法 でんきこうじぎょうほう Act on Ensuring Fair Electric Business Practices ＝電気工事業の業務の適正化に関する法律

電気工事士 でんきこうじし electrician 一般用電気工作物及び自家用電気工作物の工事を行うことができる資格を持つ者。第1種電気工事士及び第2種電気工事士の2種類がある。第1種電気工事士は一般用電気工作物及び自家用電気工作物のうち最大電力500kW未満の需要設備などの電気工事（特殊電気工事を除く。）ができる。第2種電気工事士は一般用電気工作物の電気工事ができる。電気工事士法。

電気工事士法 でんきこうじしほう Electricians Act 電気工事の作業に従事する者の資格及び義務を定め，もって電気工事の欠陥による災害の発生の防止に寄与することを目的とする法律。

電気工事施工管理技士 でんきこうじせこうかんりぎし electrical construction management engineer →施工管理技士

電機子 でんきし armature 発電機又は電動機の界磁と相互作用して，電気エネルギーと運動エネルギーとの変換を行うために変動磁界又は回転磁界を発生させる部分。起電力や回転力を生じる巻線及び鉄心で構成する。

電気式制御 でんきしきせいぎょ electrical automatic control 電気を利用して自動制御を行う方式。主に計装分野で用いる用語である。検出部や調節器からの信号を電気信号として受け，直接又は制御機器を経由してバルブやダンパなどの操作部に伝え制御を行う。バルブやダンパの動力源としても電気を用いる。ほかに空気を利用した空気式制御，両方を併用した電空式制御がある。

電気事業者 でんきじぎょうしゃ electric utility 需要に応じ電気を供給する事業を営むことについて，経済産業大臣の許可を受けた者又は経済産業大臣に届出をした者。許可を受けた者には一般の需要に応じ電気を供給する一般電気事業者，一般電気事業者に電気を供給する卸電気事業者又は特定の供給地点における需要に応じ電気を供給する特定電気事業者がある。また，届

出をした者には電気使用者の一定規模の需要に応じ電気を供給する特定規模電気事業者がある。

電気事業法　でんきじぎょうほう　Electricity Business Act　電気事業の運営を適正かつ合理的ならしめることによって，電気の使用者の利益を保護し，及び電気事業の健全な発達を図るとともに，電気工作物の工事，維持及び運用を規制することによって，公共の安全を確保し，及び環境の保全を図ることを目的とする法律。電気主任技術者の選任，保安規程の作成と遵守，電気工作物の保安管理，自主検査などを規定している。

電気事業用電気工作物　でんきじぎょうようでんきこうさくぶつ　electrical facilities for electric utility　電気事業の用に供する電気工作物。一般電気事業者，卸売電気事業者又は特定電気事業者が施設する電気工作物をいう。

電気室　でんきしつ　electric room　遮断器，開閉器，変圧器などの受電設備を設置する専用の室。関係者以外の立入りを禁止し，専用の不燃区画の構造とする。

電気自動車　でんきじどうしゃ　electric vehicle, EV　車載2次電池のみで駆動する電動機を動力源とする自動車。

電機子反作用　でんきしはんさよう　armature reaction　電機子巻線に流れる電流により，電機子鉄心に起磁力が生じ界磁が乱れる現象。回転機では有効磁束が減少し，電気中性軸の移動が生じ，整流子片間の局所電圧上昇により運転に支障を生じるおそれがある。

電機子巻線　でんきしまきせん　armature winding　発電機又は電動機の変動磁界又は回転磁界を発生させるための巻線。

電気シャフト　でん——　electrical piping shaft, EPS　建築物において電気設備の幹線（ケーブル，配管配線など）を縦に集中して通すために区画したスペース。配線室ともいう。電気室から各負荷へ電力を供給するための強電用EPS，通信配線などの弱電用EPS，共用のEPSなどがある。EPSには分電盤，端子盤などを設置することが多い。

電気主任技術者　でんきしゅにんぎじゅつしゃ　electricity chief engineer　事業用電気工作物の工事，維持及び運用に関する保安の監督をさせるため，事業用電気工作物の設置者が選任及び届出をしなければならない電気技術者。保安の監督をする設備によって第1種～第3種の電気主任技術者免状が必要で，国家試験に合格又は所定の学歴と実務経験年数によって交付される。免状の種類と保安の監督範囲を表に示す。

電気主任技術者の免状の種類と保安の監督範囲

種類	保安の監督範囲
第1種	すべての事業用電気工作物（電気的設備のみ，以下同じ。）
第2種	構内に設置する電圧17万V未満及び構外に設置する電圧10万V未満の事業用電気工作物
第3種	構内に設置する電圧5万V未満及び構外に設置する電圧2万5千V未満の事業用電気工作物（出力5千kW以上の発電所を除く。）

電気錠　でんきじょう　electric lock　解錠及び施錠を電気的に操作する錠。遠方のドアなどに取り付け，操作表示盤から解錠，施錠及びドアの開閉状態，施錠状態を確認することもできる。手元では，専用の鍵を用いるキースイッチ，暗証番号を入力するテンキー，磁気カードによるカードリーダなどを用いて操作する。

電気使用機械器具　でんきしようきかいきぐ　current-using equipment　電気エネルギーを光，熱，原動力など他のエネルギーに変換するための電気機械器具。単に電気使用機器ともいう。

電気使用場所　でんきしようばしょ　電気を使用するための電気設備を施設した場所。発電所，変電所，開閉所，受電所又は配電盤などは含まない。屋外において，1つの作業所としてまとまっている場所などは，1つの電気使用場所として考えてよい。

電気設備 でんきせつび electrical installation 有機的に関係し合い，全体としてまとまった機能を発揮する電気機器，装置，電線などの集合体．電気の発生，変換，搬送又は使用，雷保護，電食防止などのために施設するものがある．

電気設備の技術基準 でんきせつび―ぎじゅつきじゅん Technical Standards of Electric Installation 電気事業法に基づく電気工作物の保安に関する技術基準を定める経済産業省令．正式には電気設備に関する技術基準を定める省令という．公共の安全確保，電気の安定供給の観点から電気工作物の設計，工事及び維持に関して遵守すべき基準として，また，これらに係る国の審査及び検査の基準として定められている．1997年の改正によって保安上必要な性能を定める機能性基準となり，当該性能を実現するための具体的な手段，方法などは電気設備の技術基準の解釈で示している．

電気双極子 でんきそうきょくし electric dipole 大きさの等しい正電荷と負電荷が微小距離を置いて存在する状態．電荷を $\pm q$，微小距離ベクトルを d とすると電気双極子モーメント p は $p=qd$ で表すことができる．

電気通信工事 でんきつうしんこうじ telecommunication construction 建設業法でいう建設工事の中の1つで，電気通信線路設備工事，電気通信機械設置工事，放送機械設置工事，空中線設備工事，データ通信設備工事，情報制御設備工事，TV電波障害防除設備工事などを含む．これらの工事の完成を請け負う事業を，電気通信工事業という．

電気通信事業者 でんきつうしんじぎょうしゃ telecommunications carrier 電気通信事業を営むことについて，総務大臣の登録を受けた者又は総務大臣に届出をした者．

電気通信事業法 でんきつうしんじぎょうほう Telecommunications Business Act 電気通信事業の運営を適正かつ合理的なものとし，公正な競争を促進することにより，電気通信役務の円滑な提供を確保するとともにその利用者の利益を保護し，もって電気通信の健全な発達及び国民の利便の確保を図り，公共の福祉を増進することを目的とする法律．電気通信事業は，電気通信設備を用いて他人の通信を媒介し，その他電気通信設備を他人の通信用に提供する事業を対象としており，有線ラジオ放送，有線放送電話，有線テレビジョン放送などは除外している．電気通信事業の登録，届出，業務などの他，電気通信設備の維持，電気通信技術者の選任などを規定している．

電気通信主任技術者 でんきつうしんしゅにんぎじゅつしゃ telecommunication chief engineer 事業用電気通信設備の工事，維持及び運用に関する事項を監督させるため，電気通信事業者が選任及び届出をしなければならない電気通信技術者．監督する設備によって伝送交換技術又は線路技術についての電気通信主任技術者資格者証が必要で，国家試験の合格によって交付を受けることができる．資格者証の種類と監督範囲を表に示す．

電気通信主任技術者の資格者証

資格者証の種類	監督の範囲
伝送交換主任技術者	電気通信事業の用に供する伝送交換設備及びこれに附属する設備の工事，維持及び運用
線路主任技術者	電気通信事業の用に供する線路設備及びこれらに付属する設備の工事，維持及び運用

電気時計設備 でんきどけいせつび master clock system 一定間隔で発生するパルス信号を送る親時計と，そのパルス信号で一斉に動作する子時計群で構成する時計設備．子時計群は，適当な個数ごとの回路に分け，その回路ごとに子時計を一斉に調針できる．親時計は一般に水晶時計が用いられ，パルス間隔は30秒運針が多い．

電気二重層コンデンサ でんきにじゅうそう―― electric double layer capacitor, EDLC 2種の異なる物質の境界面にできる電気二

重層の電荷蓄積作用を利用する蓄電媒体。例えば，1対の活性炭電極と電解液とで構成し，充放電時に化学反応を伴わないため，電極の劣化がほとんどなく，長期にわたって使用できる。蓄電池よりも短時間で充放電が可能であり，コンデンサよりも大容量の充放電が可能である。

電気光変換器 でんきひかりへんかんき electro-optic converter 電気信号を光信号に変換する装置。E/O 変換器ともいう。

電気分解 でんきぶんかい electrolysis 電解質溶液に電気エネルギーを加えると酸化還元反応が生ずる現象。電解質溶液の液体に電極を浸し，電圧を印加すると陽極付近では酸化反応が起こり，陰極付近では還元反応が起きる。この原理を利用して，化合物から不純物を取り除き，純度の高い元素を取り出すことができ，銅やアルミニウムなどの精錬に用いる。

電気方式 でんきほうしき electric system 電気の極数又は相数と，それを伝送する線数により表現する電気の種類を表す用語。電気方式は，大きく直流方式と交流方式とに分ける。直流方式は，一部の送電系統や直流を使用する工場，電気鉄道などに用い，2極2線式や3極3線式（直流2線式，直流3線式ともいう。）を主に用いる。交流方式は単相2線式，単相3線式，三相3線式，三相4線式を主に用いる。

電気防食 でんきぼうしょく galvanic protection 保護する金属と外部電極との間で回路を構成し電流を流し金属の腐食を防止する方法。一般には外部電極を陽極（アノード）とし保護する金属を陰極（カソード）として陰極の還元反応を利用するカソード防食を用いるが，特別な場合として陽極の酸化反応を利用するアノード防食を用いる場合もある。

電球形蛍光ランプ でんきゅうがたけいこう—— compact self-ballasted fluorescent lamp 発光管，スタータ及び安定器を口金と一体化した構造の蛍光ランプ。電球とそのまま交換して使用することによって省エネルギーと長寿命化が図れる。

電球色蛍光ランプ でんきゅうしょくけいこう—— warm white fluorescent lamp 相関色温度が約 2 800 K の蛍光ランプ。暖かみのある，くつろぎの雰囲気が得られる光色である。

電球線 でんきゅうせん lamp wire 電気使用場所に施設する電線のうち，造営物に固定しない白熱電灯に至るものであって，造営物に固定して施設しないコードなど。電気使用機械器具内の電線は含まない。

電気用品安全法 でんきようひんあんぜんほう Electrical Appliance and Material Safety Act 一般用電気工作物で使用される電気用品の製造，販売等を規制し，電気用品の安全性の確保について民間事業者の自主的な活動を促進して，電気用品による危険及び障害の発生を防止することを目的とする法律。電線，配線器具，電熱器具，ヒューズ，電線管類，小形交流電動機，電動力応用機械器具，携帯発電機，蓄電池などを規定している。

電気浴器 でんきよくき electrical equipment for bathroom 浴槽の両極に極板を設け，これに微弱な交流電圧を加えて入浴者に電気的刺激を与える装置。電気設備技術基準。

交流の電気方式と結線

電気方式	結線
単相2線式	E
単相3線式	E / E / $2E$
三相3線式	E / E / E
三相4線式	E $\sqrt{3}E$ / E $\sqrt{3}E$ / E $\sqrt{3}E$

天空輝度　てんくうきど　sky luminance　ある点から天球の部分を見る場合の見掛けの輝度。天頂の天空輝度は，特に天頂輝度という。

天空光　てんくうこう　skylight　天空日射の可視域部分。光放射の光化学効果を扱う場合には，通常，可視域よりも広い波長域に用いる。

天空日射　てんくうにっしゃ　diffuse sky radiation　大気外日射のうち，空気分子，エアロゾル粒子，雲の粒子などによる散乱の結果として天空より地表に到達する放射。単位はワット毎平方メートル（W/m^2）。散乱日射ともいう。

電撃　でんげき　electric shock　＝感電

電撃殺虫器　でんげきさっちゅうき　electric insecticide device　誘虫性のある蛍光ランプを装着し，高電圧の格子に昆虫を誘引し殺虫する装置。蛍光ランプは，主に近紫外放射と青色光を発生させている。

点検口　てんけんこう　access hole　隠蔽部分の機器，配管，配線などの保守点検を行うための扉付開口部。天井，壁，床などに設ける。

電源同期方式　でんげんどうきほうしき　system locked to power supply frequency, line lock　商用電源の周波数を利用して同期させる方式。動作時間の間隔を合わせる必要のある電気機器間の共通信号に用いる。商用電源が安定している場合に，簡単な機器の安定化のため，ITVの同期などに用いる。

電弧　でんこ　electric arc　＝アーク

電工リール　でんこう――　electrician reel　＝コードリール

電弧炉　でんころ　electric arc furnace　＝アーク炉

電子安定器　でんしあんていき　electronic ballast　放電ランプを高周波で始動点灯するための半導体素子を用いた安定器。電流安定化素子及び交流-交流変換器からなる。電子回路式安定器，インバータ式安定器又は高周波点灯形安定器ともいう。点灯周波数は，家庭用リモコン周波数帯の33～40 kHzを除いた20～70 kHzに設定されている。銅鉄式安定器に比べ，省電力，高効率，50/60 Hz兼用，低騒音，ちらつきが感じられないなどの特長がある。

電磁開閉器　でんじかいへいき　electromagnetic switch, MS　電動機回路の開閉操作のための電磁接触器と過負荷保護のための熱動形継電器とを組み合わせたもの。交流電磁開閉器は箱入形を指すが，一般には箱入りでない単品（開放形）をいい，箱入形を交流電磁開閉器箱ということもある。

電子カルテ　でんし――　electronic medical chart　電子計算機を利用した診療記録などの電子データ。診療記録，看護記録，検査結果など多岐にわたる患者情報を管理でき，医療及び看護の効率化又は質的向上を図ることができる。

電磁感受性　でんじかんじゅせい　electromagnetic susceptibility, EMS　電磁妨害による機器，装置又はシステムの性能低下の発生しやすさ。電磁感受性はイミュニティの欠如を意味する。

電子計算機　でんしけいさんき　computer　半導体などの論理素子で構成する回路を利用し，あらかじめ定めた計算手順に従って演算を高速で行う機械。一般に2進数字0，1の信号で数を表し計算する。入力装置，制御装置，中央演算処理装置，記憶装置，出力装置などで構成する。コンピュータともいう。

電磁結合　でんじけつごう　electromagnetic coupling　電気回路が磁束を仲介として結合していること。誘導結合ともいう。2つのコイル又はコイルと同等な回路において，一方のコイルが発生する磁束の一部に他方のコイルが鎖交し誘導によって電圧を誘起して回路が結合する。応用例として，変圧器や電磁調理器などがあるが，意図的に計画されない場合は，回路の障害を引き起こすことがある。

電子決済システム　でんしけっさい――　electronic settlement system　硬貨や紙幣などの現金を用いずにネットワークを通じてデータを交換することで，商品の代金を

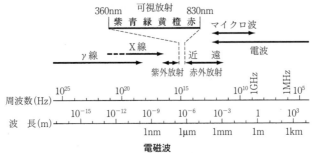

支払うシステム。硬貨や紙幣を携帯する必要がなく，オンラインショッピングや店頭の細かい決済が容易になる。

電子交換機 でんしこうかんき electronic switching system 継電器，クロスバスイッチなどの電磁機械的部品に代え，IC，トランジスタなどの電子部品による論理回路を用いた電話交換機。

電磁シールド でんじ—— electromagnetic screen（英），electromagnetic shield（米）＝電磁遮蔽

電磁遮蔽 でんじしゃへい electromagnetic screen（英），electromagnetic shield（米） 特定の領域への変化する電磁界の侵入を低減するために使用する導電性材料で行う遮蔽又は遮蔽装置。電磁シールドともいう。⇨遮蔽

電磁障害 でんじしょうがい electromagnetic interference, EMI 電磁妨害によって引き起こされる装置，伝送路又はシステムの性能低下。

電子申請 でんししんせい electronic application 書類を用いずにネットワークを通じてデータを交換することで，公共の機関に対し，一定の行為を求めること。

電子スタータ でんし—— electronic starter 半導体素子を使用したスタータ。

電磁接触器 でんじせっしょくき electromagnetic contactor 交流又は直流の主回路を通電状態で頻繁に開閉するための装置。過負荷電流の開放能力はあるが，短絡電流のような回路の異常電流に対する開放能力（遮断容量）は持たない。機構は，主回路を開閉するための主接触子と，開閉状態信号用の補助接触子及びこれらの接触子を作動させるための電磁石で構成されている。操作は電磁石の励磁によって閉路し，消磁によってばねの力で開路する。電気式で制御できるため遠方からの開閉操作にも用いる。開閉操作のいずれも電磁石の励磁によるものをラッチ付電磁接触器という。接触子を真空中で開閉させる真空電磁接触器もある。

電磁波 でんじは electromagnetic wave 振動又は加速された電荷から外方へ伝搬する電磁気の波動。電磁波は真空中では光速で伝搬するが，振動電界と振動磁界とからなり，電界と磁界とは互いに垂直でかつ伝搬方向に垂直である。波長の長い順に電波，赤外放射，可視放射，紫外放射，X線，γ線がある。

電磁弁 でんじべん magnetic valve, solenoid valve 電磁石を用いて開閉制御する弁。電磁コイルに通電することによって生じる磁気力で弁を作動させ流体の遮断を行う。

電磁妨害 でんじぼうがい electromagnetic disturbance 機器，装置又はシステムの性能を低下させ，又は生物，無生物にかかわらずすべてのものに悪影響を及ぼす可能性がある電磁現象。電磁妨害は電磁雑音，不要信号又は伝搬媒質自体の変化である場合がある。

電車線 でんしゃせん contact line for railcar 電気機関車及び電車にその動力用の電気を供給するために使用する接触電線及び鋼索鉄道の車両内の信号装置，照明装置

などに電気を供給するために使用する接触電線。

電車線路 でんしゃせんろ electric line for railway 電車線及びこれを支持する工作物。

電磁誘導 でんじゆうどう electromagnetic induction 電流路に鎖交する磁束が変化すると起電力を誘導する現象。

電磁誘導ノイズ でんじゆうどう—— electromagnetic inductive noise 回路間の磁界結合によって誘導されるノイズ。ノイズ電圧は，ノイズ電流による磁束の時間的変化によって発生するので，回路間の相互インダクタンス及び電流の微分値に比例する。

天井灯 てんじょうとう ceiling luminaire ＝シーリングライト

天井伏図 てんじょうふせず ceiling plan 天井の仕上げ平面図。天井材の仕様や割付のほか，照明器具，スピーカ，感知器，空調機器，スプリンクラヘッドなどを配置する。通常上方から見透した図として作成する。

電食 でんしょく stray current corrosion 迷走電流による電解腐食。

電飾 でんしょく illumination ＝イルミネーション

テンションメンバ tension member 引張力に抗するために使用する鋼線などの部材。光ファイバケーブルなどでは，許容値以上の張力が心線に加わらないように，中心部に入れた鋼線，鋼より線，FRP線などが張力を受けもつ。

電磁流体発電 でんじりゅうたいはつでん magnet hydro dynamics power generation, MHD 磁界に垂直な方向に導電性流体を流し，電磁誘導により生じる起電力を用いた発電。高温高圧のプラズマや溶解金属など導電性気体が，強磁界内をジェット状に通過して電極間に直流電力を発生する。実用化に向け研究が進んでいる。

電磁両立性 でんじりょうりつせい electromagnetic compatibility, EMC 装置又はシステムの存在する環境において，許容できないような電磁妨害をいかなるものに対しても与えず，かつ，その電磁環境において満足に機能するための装置又はシステムの能力。電子機器が動作時に発生する電磁妨害と，安定して動作するために必要な電磁妨害に対するイミュニティとを両立させる考え方である。

電線 でんせん electric wire, electric cable 〔1〕電流の伝送に使用する線。銅，アルミニウムなどを用いる。〔2〕電気設備技術基準では，強電流電気の伝送に使用する電気導体，絶縁物で被覆した電気導体又は絶縁物で被覆した上を保護被覆で保護した電気導体をいい，弱電流電気の伝送に使用するものは弱電流電線という。〔3〕我が国では，狭義に裸電線，絶縁電線などを指し，ケーブル及びコードを除外していう場合が少なくない。⇒裸電線，絶縁電線，ケーブル，コード

電線管 でんせんかん conduit 配線工事のために電線を収めて保護する管。我が国では，鋼製電線管，金属製可とう電線管，合成樹脂製可とう管，硬質ビニル電線管などがある。

電線管用付属品 でんせんかんようふぞくひん conduit fitting 電線管相互の接続，電線管とボックスとの接続，電線管路の方向変更及び電線管の端部での電線保護に用いる器具並びにボックス。

電線コネクタ でんせん—— wire connector 電線相互の直線接続，分岐接続若しくは終端接続に用いる単独の器材又は電線の終端に接続するターミナルラグなどの器材。圧着スリーブ，圧着端子，差込形電線コネクタ，ねじ込形電線コネクタなどがある。

電線識別表示 でんせんしきべつひょうじ marking and identification of conductors 電気方式，相，回路の用途などによって電線を識別すること。電線の絶縁物又は外装の色，多心ケーブルの束線の配列，名称札などの方法がある。色による識別の例としては，中性線及び接地側電線には薄青又は白（若しくは薄い灰色），接地線には緑／

黄の組合せ又は緑を用いる。

電線接続　でんせんせつぞく　wire connection, cable joint　2本以上の電線を電気的に接続すること。電線接続には，電線の電気抵抗を増加させないこと，ジャンパ線など張力の掛からない場合を除き，電線の引張強さを20％以上減少させないこと，接続部には接続管その他の器具を使用するか又はろう付けすること，裸電線以外の場合には，電線の絶縁効力と同等以上の絶縁物で十分に被覆すること，が必要である。具体的方法には，直線接続，分岐接続及び終端接続がある。接続方式の分類を図に示す。

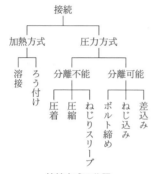

接続方式の分類

電線接続工具　でんせんせつぞくこうぐ　wire connecting tool　電線を圧着又は圧縮接続するために用いる工具。手動片手式，手動両手式，手動油圧式，電動機械式，電動油圧式，ヘッド分離式などの種類がある。圧着工具ということもある。特に，手動片手式でリングスリーブ（E形）用のものには，他の用途の工具との混用を避けるため，その旨の表示と握り部分を黄色で色分け表示している。

手動片手式電線接続工具

電線張力　でんせんちょうりょく　cable tension　架空で敷設した電線に加わる張力。電線の強さの安全率を硬銅線で2.2以上，その他の電線で2.5以上となるたるみ度で敷設する。

電線路　でんせんろ　power line　発電所，変電所，開閉所及びこれらに類する場所並びに電気使用場所相互間の電線（電車線，小勢力回路及び出退表示灯回路の電線を除く。）並びにこれを支持し，又は保蔵する工作物。

電槽　でんそう　jar, container　電解液及び電極を収納する容器。蓄電池ではスチロール樹脂などを用いる。

転送遮断装置　てんそうしゃだんそうち　transfer cut-off device　変電所遮断器の遮断信号を専用通信線や電気通信事業者の専用回線で伝送し，発電設備等設置者の連系用遮断器を動作させ解列するための装置。

伝送速度　でんそうそくど　transmission bit rate　一定時間内に送ることができる情報量。単位は，ビット毎秒（bps; bit per second）。データ通信やファクシミリでは，伝送速度が速いほど通信時間を短縮できる。

伝送損失　でんそうそんしつ　transmission loss　光，電気，音などのエネルギーが伝送線路で失われる量。単位は，デシベル（dB）。損失の程度は，単位距離当たりの減衰量とし，次式で表す。

$$\eta = [10 \log_{10}(P_1/P_2)]/L$$

η：損失（dB），L：伝送路の長さ，
P_1：入力，P_2：出力

伝送容量　でんそうようりょう　transmission-line capacity　伝送路及び伝送網が伝送可能な単位時間当たりのデータ量。アナログ回線では音声電話回線の数（回線）で表し，デジタル回線では単位時間当たりのパルスの量（bps）で表す。別に，アナログ放送では周波数帯域幅で表す場合もある。

伝送路　でんそうろ　transmission line　信号伝送を行うための通路。アンテナ，電線，導波管，光ファイバなどの多様な形態がある。

伝達関数　でんたつかんすう　transfer function　出力信号と入力信号との間の関係を

表す関数。線形系においては，出力信号の入力信号に対する比を，すべての初期条件を零としてラプラス変換し，演算子 s の関数の形に表す。

電池 でんち battery 化学エネルギーを蓄え電気エネルギーとして放出する装置。化学エネルギーを電気エネルギーとして放出するだけの1次電池と，これに加えて電気エネルギーを化学エネルギーに変えて蓄積することのできる2次電池とがある。広義には，太陽電池，燃料電池なども含む。

電池作動温度 でんちさどうおんど cell operating temperature 燃料電池の定格負荷運転時のセルスタック温度の平均値。セルスタックの積層方向及び面内では温度差があり平均値とする。低温作動には100℃以下の固体高分子形，150〜220℃のりん酸形などが，高温作動には600〜700℃の溶融炭酸塩形，800〜1 000℃の固体酸化物形などがある。

天頂輝度 てんちょうきど zenith luminance →天空輝度

点灯管 てんとうかん glow starter バイメタルをもつ放電管から成る蛍光ランプ用スタータ。蛍光ランプと並列に接続し，電源回路のスイッチを閉じると，放電管の電極間にグロー放電が生じ発熱によりバイメタル電極が閉じ，蛍光ランプの両電極のフィラメントが直列に結ばれて加熱され，熱電子放出が可能な状態となる。このときバイメタルは冷却収縮して接点が開き，その瞬間に高電圧が蛍光ランプの両電極間に掛かり，ランプの放電点灯が始まる。

電動機電流のビート現象 でんどうきでんりゅう——げんしょう beat phenomenon of transition 交流電動機をインバータを使用して駆動する場合にインバータの出力側に出現する脈動（リップル）現象。インバータ内の平滑回路において，交流を直流に変換した際に生ずる。

電動機保護用配線用遮断器 でんどうきほごようはいせんようしゃだんき molded case circuit breaker for motor protection 誘導電動機の始動特性を考慮し，配線の過電流保護及び電動機の過負荷保護の機能をもつ配線用遮断器。瞬時引外し（短絡保護用）及び時延引外し（過負荷保護用）の2要素をもつ。選定に当たっては，電動機の定格出力に適合したものを使用する。モータブレーカ又は誘導電動機保護兼用配線用遮断器ともいう。

電動機用ヒューズ でんどうきよう—— fuse for protection of motor ＝タイムラグヒューズ

電波 でんぱ radio wave 周波数が3 THz以下の電磁波。周波数により長波，中波，短波などがある。雷放電に伴うもの，宇宙電波など自然に発生するものは雑音電波と呼ぶ。 ⇨周波数帯域

記号	名称	周波数	波長
ELF	極超長波	3 Hz	100 000 km
VLF	超長波	3 kHz	100 km
LF	長波	30 kHz	10 km
MF	中波	300 kHz	1 km
HF	短波	3 MHz	100 m
VHF	超短波	30 MHz	10 m
UHF	極超短波	300 MHz	1 m
SHF	センチ波	3 GHz	10 cm
EHF	ミリ波	30 GHz	1 cm
サブミリ波		300 GHz	1 mm
		3 THz	0.1 mm

UHF・SHF・EHF・サブミリ波：マイクロ波

電波の周波数帯

電波吸収体 でんぱきゅうしゅうたい electromagnetic wave absorbing material 入射電波のエネルギーを抵抗損失又は磁気損失として熱に変え吸収する材料。炭素系の導電性吸収材又はフェライトなどの磁性吸収材があり，無反射の条件を要する電波暗室又は受信障害防止のための建築物壁面などに用いる。

電波障害 でんぱしょうがい radiowave interference 中高層建築物，タワーなどが電波を反射したり，遮蔽したりしてテレビジョン受信及び通信に障害を与えること。

電波時計 でんぱとけい radio wave clock

内蔵する受信機で電波信号を受信し，一定時間ごとに誤差を修正する，又は制御する機能をもつ時計．標準電波やラジオの時報を受信し修正する電波修正時計，又は連続的に受信して運針する電波運針時計がある．

電波法　でんぱほう　Radio Act　電波の公平かつ能率的な利用を確保することによって，公共の福祉を増進することを目的とする法律．300万MHz以下の周波数の電磁波が対象となり，無線局の免許，無線設備及び無線従事者に関する規制，無線局の運用に関する規制などを規定している．

伝搬速度　でんぱんそくど　propagation velocity　ある現象の伝達する速度．単位はメートル毎秒（m/s）．電波の進行速度などをいう．

10 BASE-T　てんベースティー　最大通信速度が10 Mbpsのスター形LANで，非シールド対よりケーブル（Cat 3）を伝送媒体に使用するイーサネット．ハブを介して各機器を接続する最大伝送距離は100 mで，ハブの多段接続は3段階までできる．

点滅回路　てんめつかいろ　switching circuit　照明器具を一定の数量又は範囲に区切って入り切りする回路．タンブラスイッチ，リモコンスイッチなどを用いて構成する．片切スイッチを用いる場合は，原則として電圧側電線に用いる．

点滅形誘導灯　てんめつがたゆうどうとう　自動火災報知設備の感知器の作動と連動して点滅する避難口誘導灯．避難上特に重要な最終避難口の位置を明確に指示することを目的とする．視力又は聴力の弱い者が出入りする老人福祉施設，不特定多数の者が出入りする百貨店などで，雑踏，照明，看板などにより誘導灯の視認性が低下するおそれのある部分などに設けることが望ましい．

転流　てんりゅう　commutation　1つの整流回路素子から次の整流回路素子へ電流が移り変わること．リアクタンスのため両素子に同時に電流が流れる期間があり，転流はこの期間中に行う．自己オンオフ機能を持つ半導体スイッチによる自励式転流と，自己オンオフ機能を持たない半導体スイッチによる他励式転流とがある．

電流継電器　でんりゅうけいでんき　current relay　あらかじめ設定した電流で動作する継電器．過電流継電器，地絡過電流継電器などがある．

電流差動継電器　でんりゅうさどうけいでんき　current differential relay　＝差動継電器

電流シンク出力　でんりゅう——しゅつりょく　current sink output　周辺機器にデジタル出力を継電器接点の開閉などを用いて行う外部信号出力．継電器の無電圧接点による電流シンク出力としてAC 100〜120 V，AC 200〜240 Vなどを用いる．

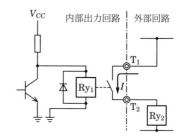

V_{CC}：内部電源電圧，T_1，T_2：外部出力端子，Ry_1：外部出力継電器，Ry_2：外部継電器，I：シンク電流

電流シンク出力

電流シンク入力　でんりゅう——にゅうりょく　current sink input　周辺機器からのデジタル入力を継電器接点の開閉などで受け付ける外部信号入力．DC 5〜12 V，DC 24 Vなどを内部電源から供給し，フォトカプラなどで絶縁して内部に取り込む．

電流ソース出力　でんりゅう——しゅつりょく　current source output　周辺機器にデジタル出力を電圧の印加，無印加などを用いて行う外部信号出力．電流ソース出力としてDC 5〜12 V，DC 24 Vなどを用いる．

電流ソース入力　でんりゅう——にゅうりょく　current source input　周辺機器からの

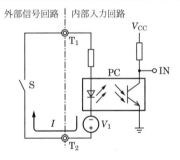

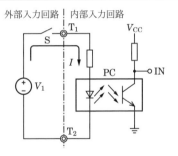

PC：フォトカプラ，IN：内部入力信号，
V_{CC}：内部電源電圧，V_1：内部信号電源，
S：外部信号，T_1, T_2：外部入力端子，
I：シンク入力電流

電流シンク入力

PC：フォトカプラ，IN：内部入力信号，
V_{CC}：内部電源電圧，V_1：外部信号電源，
S：外部信号，T_1, T_2：外部入力端子，
I：ソース入力電流

電流ソース入力

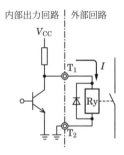

V_{CC}：内部電源電圧，T_1, T_2：外部出力端子，Ry：外部出力継電器，I：ソース電流

電流ソース出力

デジタル入力を電圧の印加，無印加などとして受け付ける外部信号入力．入力信号 DC 5～12 V，DC 24 V，AC 100～120 V，AC 200～240 V などの外部電圧をフォトカプラなどで絶縁して内部に取り込む．

電流変換直送式 でんりゅうへんかんちょくそうしき current conversion direct transmission system →直送式

転流リアクトル てんりゅう—— commutation reactor 自励式インバータ回路などの半導体素子間で強制転流をさせるために用いるリアクトル．サイリスタなどの電力用半導体素子を用いてインバータを構成した場合，直流入力に対しオン制御だけでなくオフ制御をする必要があり，このために用いる．

電流力計形計器 でんりゅうりきけいがたけいき electrodynamometer type instrument 測定電流を固定コイルに流して磁界を作り，その中に可動コイルを配置してそのコイルにも測定電流を流し，両コイル間に生じる駆動トルクに比例して指針を動作させる計器．商用周波の交流用計器として最も精度が高く，電流，電圧の実効値を示す．また，交流と直流で同じ指示をするので，交直比較器ともなる．固定コイルに負荷電流を，可動コイルに負荷電圧を加えて電力計として用いる．

電流力計形電流計

電力 でんりょく power 単位時間当たりに発生，消費又は変換される電気エネルギ

一。交流では瞬時電力の1周期の平均値であり，有効電力ともいう。

$$P=\frac{1}{T}\int_0^T p\,\mathrm{d}t = UI\cos\varphi \quad (\mathrm{W})$$

P：電力，p：瞬時電力，U：電圧，I：電流，φ：位相角，T：周期

負荷が抵抗だけの場合には，UとIが同相であるから$\varphi=0°$となり，電力$P=UI\cos 0°=UI$となって，直流の場合と同じになる。負荷がリアクタンスだけの場合には，UとIの位相差が$\varphi=90°$であるから，$P=UI\cos 90°=0$となり，電力を消費しないことになる。

電力系統瞬時値解析プログラム でんりょくけいとうしゅんじちかいせき—— electromagnetic transient program, EMTP 電力系統における定常および過渡現象の解析を主な目的とした汎用過渡現象解析プログラム。米国エネルギー省が開発した。等価的に電気回路で表現できれば，電気現象以外の事象も計算できる。集中定数素子，集中定数多相型回路，多相分布定数回路，非線形抵抗，非線形リアクトル，時変抵抗，スイッチ素子，整流素子，変圧器，各種電源，各種回転機，制御回路などで構成したものを対象とする。雷サージ解析，開閉サージ解析，系統故障解析，機器内部解析，制御回路解析，交直変換システム解析，軸ねじれ共振（SSR）解析などに使用し，機器設計，電力系統の絶縁設計，設備故障原因究明などに効果をあげている。

電力原単位 でんりょくげんたんい electric power consumption rate 〔1〕製品の単位重量を生産するのに必要とする電力量。単位は，キロワット時毎トン（kW·h/t）。生産用電力設備の計画に用いる。〔2〕単位契約電力当たりの使用電力量。単位は，キロワット時毎キロワット（kW·h/kW）。

電力線搬送通信 でんりょくせんはんそうつうしん power line communication, PLC 電力線を伝送路として搬送波を乗せて行う通信。通信路としての信頼性が高く，送電系統と関連をもった構成ができることから，電力用通信設備に用いてきた。配電線や需要家設備においても，同様な方法を応用し，テレメータや家庭内LANに用いる。

電力損失 でんりょくそんしつ power loss 〔1〕電力が2点間を移動するとき，入力電力と出力電力との差。〔2〕線路や電気機器において，本来の目的に寄与することなく消失した電力。

電力損失率 でんりょくそんしつりつ power loss factor 線路損失の受電端電力に対する比の百分率。

電力潮流 でんりょくちょうりゅう power flow 電力系統内の有効電力及び無効電力の流れの総称。

電力貯蔵装置 でんりょくちょぞうそうち electrical energy storage equipment 余剰電力などを電気又は他の形態に変換したエネルギーとして一時的に貯蔵し，需要のピーク時など必要に応じて電力を放出する装置。NaS電池，2次電池，電気二重層コンデンサ，フライホイール電力貯蔵装置，超伝導電力貯蔵装置などがある。負荷平準化，間欠電源や変動負荷の対策，瞬時電圧低下対策，供給信頼度向上，電力系統の安定度向上などが目的である。

電力ヒューズ でんりょく—— power fuse, PF 高圧以上の交流回路に用いる遮断能力の大きなヒューズ。変圧器，電動機，コンデンサなどの保護用に用いる。近年は，ほとんど限流ヒューズを用いる。

電力評価指数 でんりょくひょうかしすう electric power evoluation index →熱電比

電力負荷平準化 でんりょくふかへいじゅんか load leveling ピークシフト，ピークカット，ボトムアップなどの対策で，時間帯や年間を通じて電力需要の最大と最小の差を少なくすること。

電力変換装置 でんりょくへんかんそうち electric power conversion system ACからDCに，DCからACに，又は周波数若しくは電圧が異なるACからACに変換する装置。変圧器，整流器，チョッパ，インバータ，コンバータなどがある。周波数変換の例としては，我が国の50Hz及び60Hz両系の連系設備として佐久間，新信濃

及び東清水変換所があり，交直変換の例としては，北海道と本州間及び紀伊水道の海峡横断部分での±250 kV 3 線式直流送電設備がある。

電力保安通信設備 でんりょくほあんつうしんせつび communication equipment for maintenance 電気事業用の電力設備の保安及び運用に用いる専用の電話設備。保安電話ともいう。特別高圧受電の需要家においては，本線予備線受電及びループ受電の場合は，電力会社の給電所と通信できる電力保安通信用電話設備が必要となる。

電力用半導体素子 でんりょくようはんどうたいそし power semiconductor device 電力変換装置の主回路に使用する半導体素子の総称。代表的な素子としてダイオード，サイリスタ，パワートランジスタ，パワーモジュールなどがある。それぞれ構造や特性が異なり，電力変換装置の目的に応じて使用する。

電力利得 でんりょくりとく power gain ＝利得

電力量計 でんりょくりょうけい watt-hour meter 消費した電力量（kW･h）の測定に用いる積算計器。取引きに用いる場合は，計量法に従って検定を受ける。普通電力量計，精密電力量計及び特別精密電力量計がある。測定量を測定した時間中の回転量から積算表示する。回転量は，アルミニウム回転円板に電力に比例した駆動トルクを発生させる。回転を永久磁石で電磁制御して，電力量に比例した回転速度となるようにし，回転数を逐次積算して計量する。近年は計量機構を電子化したものも用いている。

電路 でんろ electric power circuit 通常の使用状態で電気が通じているところ。事故時のみ電流が流れる接地線などの回路は電路ではない。

ト

ドアスイッチ door switch ドアの開閉に連動してチャイムの始動，照明の点滅など装置の制御を行うスイッチ。機械式，電磁式などがある。

トイレ呼出表示装置 ——よびだしひょうじそうち toilet alarm system トイレ内での異常発生を呼出音及び表示灯で知らせる装置。ハンディキャップ用トイレなどに設置する。

透過 とうか transmission 放射が，その単色放射成分の周波数を変えることなく，ある媒質を通過する過程。

等価回路 とうかいろ equivalent circuit 発電機，変圧器，電動機，送電線，アンテナなどの回路を，近似的に等価な線形素子（抵抗，インダクタンス，キャパシタンス）の組合せで置き換えた回路網。電池などでは，起電力に相当する純電源と内部抵抗を直列にした等価回路で表すことができる。音響系，熱系，機械系などの解析において，電気回路に置き換えて等価回路で表すことができる。

透過形液晶表示器 とうかがたえきしょうひょうじき transmissive liquid crystal display ＝液晶表示器

透過形液晶プロジェクタ とうかがたえきしょう—— transmissive liquid cristal projector ＝液晶プロジェクタ

等価逆相電流 とうかぎゃくそうでんりゅう equivalent negative-phase current 高調波電流が寄与する発電機巻線の発熱効果を逆相電流基準に置き換えたもの。発電機に高調波電流が流入すると漂遊負荷損が増大し，同時に回転子表面の渦電流によって回転子の温度が上昇する。この高調波電流による発電機の加熱は，逆相電流による加熱と同様に取り扱うことができる。発電機の損失は一般に周波数の平方根に比例するので，発電機巻線の抵抗を一定とすると，電流は周波数の 4 乗根に比例する。等価逆相電流は，この周波数補正を行った実効値で表す。

等角投影図 とうかくとうえいず isometrical drawing 縦，横及び高さの 3 軸が 120°（$2\pi/3$ rad）をなすように描く立体図。各軸スケールを同じ縮尺で描くため，実際に目視したものよりも大きい描写となる。ア

イソメ図ともいう。開放形電気室のパイプフレームの組立図などを表すのに用いる。

動荷重 どうかじゅう dynamic load 構造物及び構造要素に振動を起こすような荷重。地震力，風圧力，機械の振動などがある。

透過損失 とうかそんしつ transmission loss, TL 界壁を隔てた音源からの音がどのくらい減衰したかを表す量。単位はデシベル(dB)。入射音と透過音との比の対数で求める。

統括安全衛生責任者 とうかつあんぜんえいせいせきにんしゃ overall safety and health controller 特定元方事業者の労働者及びその請負人の労働者が同一場所で作業することによって生じる労働災害を防止するために特定元方事業者が選任し，元方安全衛生管理者の指揮，協議組織の設置及び運営，作業間の連絡及び調整，作業場所の巡視などを行う責任者。労働安全衛生法。

透過電流 とうかでんりゅう transmission current ＝交流透過電流

等感度曲線 とうかんどきょくせん equisignal curve 1つの局から発射される無線信号の振幅が等しい点を結んだ曲線。

同期インピーダンス どうき―― synchronous impedance 同期機において，同期リアクタンス及び電機子抵抗のフェーザ和。同期インピーダンスを単位法で表した場合，短絡比の逆数である。電機子抵抗は同期リアクタンスに比べ無視できる程度であることから，実用上，同期インピーダンスは同期リアクタンスに等しいとみなすことができる。

同期機 どうきき synchronous machine 定常運転時において同期速度で回転する交流機。界磁又は電機子が同期速度で回転し，定格周波数の交流電力を発生，消費，制御又は変換するもの。同期機には，同期発電機，同期電動機，同期調相機があり，特殊同期機として，回転変流器，高周波同期機などがある。

同期始動 どうきしどう synchronous starting 始動用発電機を用いて低周波から定格周波数まで連続して電力を供給する同期電動機の始動。同期速度に達した後，主電源に同期投入し，始動用発電機を解列する。電動機とは別に同クラスの発電機を必要とする制約がある。

同期信号 どうきしんごう synchronizing signal 情報伝送の際に受信側の動作現象を発信側の動作と時間的に一定の関係を保たせるために用いる信号。テレビジョン，オシロスコープ，ファクシミリ，同期式データ伝送などに用いる。

同期速度 どうきそくど synchronous speed 交流回転機において，極数と周波数とによって決まる回転速度。同期速度n_sは，極数p，周波数f(Hz)のとき，次式となる。
$n_s = 120 f/p \, (\text{min}^{-1})$

同期電動機 どうきでんどうき synchronous motor 電力を機械力に変換する同期機。電源の周波数と同期して回転する。数百kW以上の定速度運転を必要とする動力に用いる。

同期投入 どうきとうにゅう synchronizing close control 2以上の電源装置の電圧，周波数及び位相を等しくなるように調整し，電源装置が並行運転するために回路の遮断器を投入すること。複数台の発電機間又は発電機と商用電源とを並行運転する場合に行い，発電機の電圧を母線側の電圧に合わせるとともに，原動機の回転速度を調整して周波数及び位相を合わせて遮断器を投入する。同期投入には手動制御と自動制御とがある。

同期外れ どうきはず―― pull out, pulling out of synchronism ＝脱調

同期発電機 どうきはつでんき synchronous generator 機械力を電力に変換する同期機。回転数に応じた周波数の電圧を発生する。励磁装置をもち，独立運転が可能である。一般に発電機というと，同期発電機である。

同期リアクタンス どうき―― synchronous reactance 定常運転状態における同期機の電機子反作用リアクタンス(x_l)及び電機子漏れリアクタンス(x_{ad})の和を

電機子端子から見た等価リアクタンス。記号は, x_d で表す。永久短絡状態における定常短絡電流を制限する。 ⇨過渡リアクタンス, 初期過渡リアクタンス

同期リアクタンス x_d

投光器 とうこうき 〔1〕floodlight 投光照明のために設計したもので, 通常はある範囲で角度を変えることができ, 反射鏡又はレンズを使って, ランプを装着したとき, ある範囲の方向に高光度を得るようにした照明器具。〔2〕emitter 対向する受光器に光ビームを照射するための発光素子, レンズ, 増幅器などを組み合わせた器具。

投光照明 とうこうしょうめい floodlighting ＝ライトアップ

統合デジタル放送サービス とうごう──ほうそう── integrated services digital broadcasting, ISDB 日本放送協会が中心となって開発したデジタル放送の方式。日本, フィリピン, 中南米諸国で採用している。衛星デジタル放送用の ISDB-S, 地上デジタル放送用の ISDB-T, 地上デジタル音声放送用の ISDB-TSB, デジタルケーブルテレビ用の ISDB-C などがある。

動作開始電圧 どうさかいしでんあつ reference voltage 避雷器の電圧-電流特性で, 小電流域において所定の電流値に達したときの端子電圧波高値。電流としては交流抵抗分電流波高値又は直流電流を用い, 公称放電電流 2 500 A の避雷器では通常, 電流が 1 mA 流れたときの電圧をいう。

動作試験 どうさしけん operation test 機器又は装置が正常に動作することを実信号又は模擬信号を入力して行う試験。

動作時限協調 どうさじげんきょうちょう operating time coordination 受変電系統の保護区分に設けた保護継電器の動作時間に時間差を設けて保護する方式。一般に過電流保護方式に用いる。系統の保護区分点に設けた継電器の動作時間を電源側に向かって長く整定して事故点に近い継電器を早く動作させて, 上位回路側への波及を防ぐ。

動作責務 どうさせきむ operating duty 所定の条件の下で, 遮断器に課せられた一連の投入, 遮断又は投入遮断動作。交流遮断器の標準動作責務は, O(遮断動作)-1 分-CO(投入後直ちに遮断を行う動作)-3 分-CO である。ただし, 配線用遮断器の場合は, O-t(遮断器をリセットできる最小時間)-CO である。

同軸ケーブル どうじく── coaxial cable 1 本の内部導体と中空円筒状の外部導体とをポリエチレン, 発泡ポリエチレンなどの絶縁物やスペーサで同心円に配置した不平衡形通信ケーブル。外部導体には編組, はく(箔)と編組, はく(箔)パイプなどがある。信号エネルギーは内外両導体間を伝搬し, ほとんど外部に漏れることなく, また, 外部の電磁的影響を受けない。外部導体を接地して使用することが多い。テレビジョン共聴用には, 一般に 75Ω の特性インピーダンスをもつものを用いる。

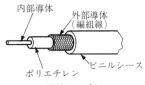

同軸ケーブル

透視図 とうしず perspective drawing 建造物の内外観や街の風景などをある視点から見たように立体的に表現した図。

胴締め どうじ── ヒューム管などを用いる地中電線路の管路工事において, 管路の強度をコンクリートで補強すること。管の接続部分のみの補強を部分胴締め, 管路全面の補強を全胴締めという。

投射器 とうしゃき projector パーソナルコンピュータの RGB 信号及びビデオ信号を使って映像を拡大投影する装置。プロジェクタともいう。

透磁率 とうじりつ permeability, magnetic permeability 磁界 H (A/m) を印加し

た物質中の磁束密度 B（T）の関係が，$B=\mu H$ で与えられるときの比例定数 μ。絶対透磁率ともいう。μ_0 を真空の透磁率（$4\pi \times 10^{-7}$ H/m），μ_r を比透磁率としたとき $\mu = \mu_0 \mu_r$ である。常磁性体は $\mu_r > 1$，反磁性体は $0 < \mu_r < 1$ であるが，強磁性体はヒステリス現象を示し，μ は H とともに変動する。

同心より線 どうしん——せん concentrically-stranded conductor 1本の素線を中心にして，同じ太さの素線を同心円に層を成すようにらせん状に巻き付けた構造のより線。層ごとに順次6の整数倍本数を各層交互により方向が逆になるように，かつ，最外層がSよりとなるようにしている。

同心より線

同相ノイズ どうそう—— common mode noise ＝コモンモードノイズ

銅損 どうそん copper loss 電気機器の巻線に電流が流れたときに，巻線の抵抗によって巻線中に発生する電力損失。負荷電流の2乗に比例する。負荷損又は抵抗損ともいう。

導体 どうたい conductor 〔1〕電流を伝送するために用いる電気導電率の高い物質。例えば，銅，アルミニウム，金，銀，鉄及びこれらの合金。〔2〕電線の電流を伝送する機能をもつ部分。

銅帯 どうたい copper bar 断面が長方形の銅導体。受電設備，配電盤などの母線及びバスダクトの導体などに用いる。

導体最高許容温度 どうたいさいこうきょようおんど maximum permissible conductor temperature 電線の連続通電状態において，絶縁物に許される導体の最高温度。

等電位接地 とうでんいせっち equipotential earthing 露出導電性部分及び系統外導電性部分を等電位とするために1点へ電気的に接続し，これに施す接地。

等電位ボンディング とうでんい—— equipotential bonding 等電位にするため導電性部分間を電気的に接続する手段。等電位ボンディングは，間接接触保護の手段の1つである。同時に触れるおそれのあるすべての露出導電性部分と系統外導電性部分とを相互接続するが，この系統を接地する場合と非接地とする場合とがある。内部雷保護システムでは雷電流によって離れた導電性部分間に発生する電位差を低減するため，その部分間をサージ保護装置を介して行う接続を含む。

導電床 どうでんしょう electric conductive floor 手術室などで人や医療機器が帯電するのを防止するために設ける導電性の床。人や物に帯電した電荷の放電によって患者などにショックを与えたり，放電のエネルギーによって可燃性の麻酔ガスに引火することを防止する。

導電率 どうでんりつ conductivity ①物質に電界を印加したときに流れる電流密度をその電界で除した商。電流密度を j，電界を E，導電率を σ とするとオームの法則が成り立つ範囲では，$\sigma = j/E$ となる。単位はジーメンス毎メートル（S/m）。体積抵抗率の逆数に等しい。②商用銅では20℃における標準軟銅の導電率を100とし，これに対する百分率。標準軟銅の体積抵抗率は $1/58$ Ω·mm^2/m，密度は 8.89 g/cm^2 とする。電気用軟銅線の導電率は 98.0% 以上，電気用硬銅線は 96.0% 以上である。比導電率ともいう。

洞道 どうどう culvert, utility tunnel 地中に設けるトンネル状の建造物。とうどうともいう。

灯動共用変圧器 とうどうきょうようへんあつき 電灯用（単相）と動力用（三相）の電源を1台で供給できるように巻線の途中から分岐を持つ変圧器。

導波管 どうはかん hollow metallic waveguide 電波を伝送するために用いる円形又は方形の中空金属管。主にマイクロ波領域の伝送に用いる。同軸ケーブルのように中心導体及び誘電体がなく中空であるため，中心導体による抵抗損失及び誘電体による誘電損失がないため伝送効率がよい。

動力制御盤 どうりょくせいぎょばん motor control-gear ＝コントロールセンタ

銅ろう どう―― copper brazing filler metal, copper solder　銅，鉛を主成分とし，融点がおよそ890～1 083℃の合金。硬ろうの一種。銅合金ろうともいう。電気，電子，機械などの工業部門をはじめ，雑貨，装飾品に至るまで各種金属の接合に用いる。

道路照明 どうろしょうめい road lighting 主として夜間に歩行者及び車両の運転者の視環境を改善して安全で，円滑，快適な道路交通を確保するための照明。視環境を良くするためには，路面の平均輝度，輝度分布が適切な均斉度であり，運転者に与えるグレアが十分制限されていることなどがある。

トーメンタルスポットライト tormentor spotlight　プロセニアム開口両側又はポータルタワーの舞台側上部に設けるスポットライト。舞台横から照明効果を与える。

土かむり ど―― capping, overburden 地中電線路又は地中配線の上端から地表面（舗装がある場合は舗装下面）までの土の厚さ。土冠（どかむり）。埋設深さの意。

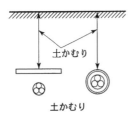
土かむり

特殊建築物 とくしゅけんちくぶつ specified building　学校，体育館，病院，劇場，観覧場，集会場，展示場，百貨店，市場，ダンスホール，遊技場，公衆浴場，旅館，共同住宅，寄宿舎，下宿，工場，倉庫，自動車車庫，危険物の貯蔵場，と畜場，火葬場，汚物処理場その他これらに類する用途に供する建築物。戸建住宅，事務所などは含まれない。建築基準法。

特殊消防用設備等 とくしゅしょうぼうようせつびとう　special fire defense equipment　定められた消防用設備以上の性能を有して総務大臣の認定を受けた設備。防災センターの統合防災システムや，大空間における超高感度火災システムなどがある。

特殊電気工事 とくしゅでんきこうじ specified electric work　自家用電気工作物のうち最大電力500 kW未満の需要設備などの電気工事で特殊なものの工事。ネオン工事及び非常用予備発電装置工事がある。特種電気工事資格者でなければ，その作業に従事してはならない。

特種電気工事資格者 とくしゅでんきこうじしかくしゃ　qualified person for specified electric work　自家用電気工作物のうち最大電力500 kW未満の需要設備などの電気工事のうち特殊電気工事（ネオン工事又は非常用予備発電装置工事）を行うことができる資格を持つ者。ネオン工事資格者と非常用予備発電装置工事資格者とがある。電気工事士法。

特殊防爆構造 とくしゅぼうばくこうぞう special type of protection　耐圧防爆構造，内圧防爆構造，油入防爆構造，安全増防爆構造及び本質安全防爆構造以外の構造で，爆発性ガスへの引火を防止できることを試験その他によって確認した防爆構造。粉体や樹脂を充塡する防爆構造などがある。

特性インピーダンス とくせい―― characteristic impedance　伝送線において，単位長当たりのインダクタンスをL，容量をCとしたとき，$Z=\sqrt{L/C}$で表されるインピーダンス。単位は，オーム（Ω）。波動インピーダンスともいう。送電線などで進行波を対象とするときは，サージインピーダンスという。同軸ケーブルの特性インピーダンスは，75Ω及び50Ω，テレビジョン用フィーダ線では300Ωを用いる。⇨進行波

特性要因図 とくせいよういんず　cause and effect diagram, fishbone diagram ある問題の要因を整理し，分析する際に用いる手法。原因を探ろうとする現象，結果などの対象と，それに影響を及ぼすと思われ

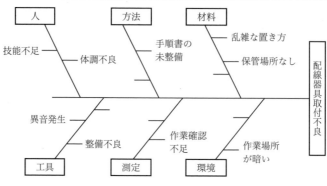

特性要因図

る事柄との関係を系統的に網羅してまとめた図で、その形状から魚の骨ともいう。

特定一階段等防火対象物 とくていいちかいだんとうぼうかたいしょうぶつ　消防法施行令別表第一の(1)項～(4)項,(5)項イ,(6)項,(9)項イに掲げる防火対象物の用途に供される部分が1階及び2階を除き避難階以外の階に存する防火対象物で，当該避難階以外の階から避難階又は地上に直通する階段が2以上ないもの。自動火災報知設備の設置などの義務がある。

特定規模電気事業者 とくていきぼでんきじぎょうしゃ　specific size electric utility　電気使用者の一定規模の需要であって電気事業法で定める要件に該当するものに電気の供給（特定供給を除く。）を行う電気事業者。電力自由化対象となる使用者に，一般電気事業者の電線路を介して電気の供給を行う。

特定供給 とくていきょうきゅう　specific supply　供給先が同一の事業者又は子会社などの密接な関係の事業者の施設に限るなど特定の施設に電気を供給すること。電気事業を営む場合及び次に掲げる場合を除いて，電気を供給することができる。①専ら一の建物内の需要に応じ電気を供給するための発電設備によって電気を供給するとき。②一般電気事業，特定電気事業又は特定規模電気事業の用に供するための電気を供給するとき。

特定共同住宅等 とくていきょうどうじゅうたくとう　specified apartment　火災の発生又は延焼のおそれが少ないものとして，その位置，構造及び設備について定める基準に適合する寄宿舎，下宿又は共同住宅。別に定める基準では，主要構造部が耐火構造であること，住戸の主たる出入口には自動閉鎖装置付の防火戸を設けるなどを定めている。

特定建設業 とくていけんせつぎょう　specified building business　元請契約により受注した1件の建設工事につきその全部又は一部を，下請業者に合計3 000万円（建築一式工事では4 500万円）以上の発注ができる建設業。建設業法。

特定電気事業者 とくていでんきじぎょうしゃ　specific electric utility　広い地域に電気を供給する一般電気事業とは異なり，複数のビル，施設など特定の供給地点に電気を供給する小売販売事業者。供給するための電線路は，自前保有が原則である。

特定電気用品 とくていでんきようひん　specific electric equipment　構造，使用条件，使用状況等から見て特に危険又は障害の発生するおそれが多い電気用品。国の定めた技術上の基準に適合した旨のPSEマークを付けて販売することが義務付けられている。特定電気用品として115品目の指定がある。電気用品安全法。

特定防火対象物 とくていぼうかたいしょう

ぶつ special fire protection object 劇場や百貨店のように不特定多数の者が出入りする施設，又は病院，社会福祉施設，幼稚園など利用者が避難行動に不利な施設で，火災などの災害発生時に人命の危険が高い防火対象物。消防法施行令別表第一の(1)項〜(4)項，(5)項イ，(6)項，(9)項イ，(16)項イ，(16の2)項，(16の3)項が該当する。

特定元方事業者 とくていもとかたじぎょうしゃ specific contractor 建設業又は造船業で，注文者からいろいろな業種の工事を一括して元請けする事業者。建設業では総合建設業者又は建築共同体が該当することが多い。労働安全衛生法。

特定有害物質使用規制指令 とくていゆうがいぶっしつしようきせいしれい regulate the use of certain hazardous substances directive ＝RoHS指令（ローズしれい）

特別高圧 とくべつこうあつ extra-high voltage →電圧の種別

特別高圧活線近接作業 とくべつこうあつかっせんきんせつさぎょう working near extra-high voltage live conductor 電路又は支持物（特別高圧の支持がいしを除く。）の点検，修理，塗装，清掃などの電気工事を行う場合に，特別高圧の充電電路に接近して感電の危険が生じるおそれがある作業。感電を防止し作業者の安全を確保するために，活線作業用装置を使用するか，又は，身体などについて充電電路の使用電圧に応じた離隔距離を保たせなければならない。

特別高圧活線作業 とくべつこうあつかっせんさぎょう extra-high voltage live working 特別高圧の充電電路又はその支持がいしの点検，修理，清掃などの電気工事を行う場合に，感電の危険が生じるおそれのある作業。感電を防止し作業者の安全を確保するために，活線作業用器具を使用し，かつ，身体などについて充電電路の使用電圧に応じた離隔距離を保たせるか，又は活線作業用装置を使用しなければならない。

特別高圧電線路 とくべつこうあつでんせんろ extra-high voltage power line 使用電圧が7 000 Vを超える電線路。

特別低電圧 とくべつていでんあつ extra-low voltage, ELV 交流50 V，直流120 V以下の電圧。電圧バンドのバンドⅠの限度以下の電圧を指す。

特別非常電源 とくべつひじょうでんげん special emergency power supply 商用電源が停止したとき10秒以内に自動的に負荷に電力を供給するための電源。病院の生命維持装置及び照明設備のうち10秒以内に電力供給の回復が必要なものなどに適用され，10秒始動ができる自家発電設備を用いる。

独立架空地線 どくりつかくうちせん isolated horizontal conductor 被保護物の上方にこれと適当な距離を置いて架線した導線を受雷部とし，かつ，被保護物から独立した避雷設備。

独立架空地線

独立系発電事業者 どくりつけいはつでんじぎょうしゃ independent power producer ＝IPP

独立接地極 どくりつせっちきょく independent earth electrode（英），independent ground electrode（米） 他の接地極と大地間の電流によって電位が実質的に影響を受けない距離に設けた接地極。

独立避雷針 どくりつひらいしん isolated lightning rod 被保護物から離して地上に独立した突針を受雷部とする避雷設備。

トグルスイッチ toggle switch 直線的な往復操作で，「入」，「切」の状態が操作のたびに交互に入れ替わるスイッチ。レバースイッチともいう。操作部形状が棒状なので，留め木，大クギなどの意味がある。制御機器，電子機器などの電源切換えや制御回路

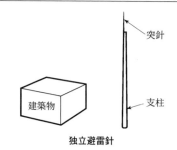
独立避雷針

切換えなどに用いる。

都市型CATV としがたシーエーティーブイ urban oriented CATV 難視聴対策のみではなく，10 000以上の端子及び5チャンネル以上の自主放送をもち，双方向機能のある有線テレビ放送。多チャンネル，高画質で，インターネットや電話など双方向サービスの付加価値も付けている。

都市鉱山 としこうざん urban mine 都市ごみ中の家電製品が希少金属を大量に含むことを鉱山に比喩した用語。世界の現有埋蔵量に対する国内都市鉱山の埋蔵量は金が約16％，銀が約22％，インジウムが約60％，すずが約10％に相当する。都市ごみをリサイクルし活用するには，手間がかかるため採算上の問題がある。

突針 とっしん lightning rod 空中に突出させた受雷部。

度数分布図 どすうぶんぷず histogram ＝ヒストグラム

ドットインパクトプリンタ dot impact printer 印字ヘッドに配列した金属製の細いワイヤ状のピンで，印字用紙とプリンタヘッドとの間のインクリボンを介して印字用紙を打撃し，印字を行う印刷機。印字速度は低速であるが，同一文書を一度に印刷するために，複写用紙を重ねて印字ができる。

ドットマトリックス dot matrix 縦横に並んだドット（点）の集まりで文字及び図形を表示する方式。文字及び図形を格子状に分解し，小さな点の並びに置き換えて表す。LED表示器，ドットインパクトプリンタなどで用いる。

突入電流 とつにゅうでんりゅう inrush current 電気機器に電圧を与えたり，電源を切り換えたりしたとき，その瞬間に流れる過渡電流。変圧器の励磁突入電流，誘導電動機の始動電流，白熱電球の越流などがある。直列リアクトルを持たない進相コンデンサの投入時や誘導電動機のスターデルタ始動の切換時などに大きな突入電流が流れる。

トップランナー方式 ——ほうしき top runner standard エネルギー消費機器のうちで，特定機器の省エネルギー基準をそれぞれの機器において現在商品化されている製品のうち最も優れている機器のエネルギー消費効率性能数値以上に設定する方式。特定機器は電気冷蔵庫，ガス調理機器，DVDレコーダ，蛍光灯，変圧器，自動車などがある。エネルギーの使用の合理化に関する法律で定めている。

飛越走査 とびこしそうさ interlace scan ＝インタレース表示

飛込み電波防止器 とびこーでんぱぼうしき テレビジョンの送信所が近いなど電界強度が強い地区では，共同受信設備のケーブル経由でテレビジョンに入力する電波がテレビジョンチューナへの電線に直接入る電波よりも時間的に遅れてしまうために起こるゴーストを防止するための装置。テレビジョン受信機のアンテナ入力端子からチューナまでの間をF形コネクタ付きの同軸ケーブルなど一式を部品化したもの。

トポロジー topology ＝ネットワーク構成

トムソン効果 ——こうか Thomson effect 不均一な温度分布のある導体又は半導体に電流が流れたとき，ジュール熱以外の熱の発生又は吸収が起きる現象。熱電効果の1つ。

ドメイン domain 共通の制御下にある電子計算機又はネットワークのグループを識別する名称。ドメイン名ともいう。単なる数値の羅列であるIPアドレスに代わり，アルファベット，数字及び記号を使って付けた個別の名称である。DNSサーバで自動的にIPアドレスに変換できるため，インターネットを利用する場合ドメインを指定

すればよい。例えば、http://www.△@○○.co.jp, http://www.○○.com の ○○.co.jp, ○○.com がドメインである。

トライアック triac, triode AC switch 同一基板上に2つのサイリスタを逆並列に接続して構成し交流のスイッチとして機能する半導体素子。双方向サイリスタともいう。

ドライエア複合絶縁 ──ふくごうぜつえん── dry air composite insulation 遮断器に乾燥空気と固体絶縁物、絶縁被覆とを組み合わせ性能を高めた絶縁方法。乾燥空気に高圧力を用いる方式と低圧力を用いる方式とがある。

トラッキング tracking 汚損された絶縁物の沿面に漏れ電流が流れることで生じるシンチレーションによって、微小な炭素の結晶集団（グラファイト）が成長して電極間の絶縁物表面に炭化導電路が成形される現象。コンセント又はプラグの極間に溜ったほこりが吸湿しシンチレーションを繰り返し、トラッキングを形成しジュール熱による発熱、発火により火災に至るメカニズムが知られている。

トラヒック traffic 電話網、パケット交換網、LANなどのネットワーク上に流れる単位時間当たりの情報の量。⇒呼量

トラフ trough 〔1〕地中に布設する配管又はケーブルを保護するために用いるコンクリート製の蓋付きU字溝。〔2〕道路排水に用いるコンクリート製のU字溝。〔3〕安定器収納箱とランプとで構成した反射板を持たない蛍光灯器具。

トランジスタ transistor シリコンなどの半導体結晶中の電子を制御して増幅や記憶などの動作をさせる3端子半導体素子。1947年にアメリカのベル研究所で発明された。transistorの名称は、transfer resistor（電流を運ぶ抵抗）から名付けられた。性質の異なるp形半導体及びn形半導体を交互に3層にした構造をもち、構成する形式によってnpn形及びpnp形がある。

トランジスタ・トランジスタ論理 ──ろんり transistor transistor logic、TTL バイポーラトランジスタと抵抗器で構成する論理集積回路。TTL。論理ゲート部分も増幅部分もトランジスタで実装する。論理素子ICとして広く普及しているが、トランジスタを飽和又は遮断の2状態で動作させるため、動作速度は速いが、消費電力が大きい。

トランスデューサ transducer 機器・設備の状態をセンサで検出し、これを監視計測装置へ送信するときに、センサの検出信号を統一性を持った伝送信号に変換するための装置。計器用変圧器、変流器などの出力（AC 0～110 V, AC 0～5 A など）を監視装置への伝送信号（DC 1～5 V 又は DC 4～20 mA など）に変換するものを、交流電圧トランスデューサ又は交流電流トランスデューサという。トランスデューサは変換器ともいうが、計装用としての測温抵抗体変換器、ポテンショメータ変換器などのようにDC 4～20 mA 又は DC 1～5 V などで出力する狭義の変換器と区別して使用することがある。

トランスポンダ transponder 通信衛星に搭載し、地球から受信した電波を増幅して異なった周波数で再伝送する電波中継器。トランスミッタ（transmitter）とレスポンダ（responder）の2語をつなぎ合わせた名称。地上波用の同様の中継器（中継装置）はリピータという。

トランペット形スピーカ ──がた── trumpet-type loudspeaker ホーンを折り曲げ、見掛けの長さを短くしたホーンスピーカ。放射効率が良く音が大きいため、伝達、呼出しを目的として、機械室、工場、屋外などに用いる。

トリー破壊 ──はかい tree breakdown 固体絶縁物内の微小な空洞部に発生した放電が樹枝状に進展することで生ずる絶縁破壊。空洞部分の微小な放電が、木の枝が伸びるように次第に絶縁物を侵食していき、ついには個体絶縁物の性能が失われることに由来する。

トリクル充電 ──じゅうでん trickle charge 電池を絶えず充電状態に保つため、容量回復可能な電流で、しかも電池の

寿命に悪影響を与えない程度の小さな電流によって，電池を負荷から切り離した状態で行う連続充電。電池内蔵形誘導灯などに用いる。

トリップコイル trip coil　遮断器，開閉器，制御機器などにおいて引き外し動作を行う又は開始するためのコイル。引き外し線輪ともいう。

ドループ特性――とくせい droop characteristics　原動機の回転速度が負荷の増加とともに降下する特性。原動機は負荷の変化により回転速度が変化するので，これを検出して原動機の回転速度を制御する調速機の性能を表すもので，無負荷時回転数と定格回転数との差を定格回転数で除した比で表す。原動機の調速機を定格出力及び定格回転数に固定して，負荷を徐々に減少させ無負荷にしたときの回転数を測定した値から算出する。非常用発電設備に使用するディーゼル機関やガスタービンのドループ特性は5%以下である。ドループ特性 σ は定格回転数を f_r，無負荷時回転数を f_0 とすると，次式となる。

$$\sigma = \frac{f_0 - f_r}{f_r} \times 100$$

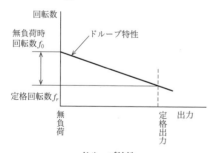

ドループ特性

トルク torque　回転軸周りに生じるモーメント。単位はニュートンメートル（N・m）。電動機のトルクには定格出力時の定格トルクのほか，始動トルク，最大トルクなどがある。

トレーサビリティ traceability　記録物によって，その履歴，転用又は所在を追求できる能力。品質管理，在庫管理などのために，製品の生産履歴，流通履歴などを明確に記録する管理手法に用いる。追跡可能性と訳すことがある。

トレードオフ trade-off　同時に達成することが不可能な二律背反となる状態または関係。

ドレン drain　機械装置などの内部に滞留する不要な液体。空調機の冷却器で空気中の水蒸気による結露水，ボイラからの蒸気が暖房器での潜熱放出により生じた凝縮水，ガス燃焼装置や油燃焼装置のタンク内又は空気圧配管系に存在する水分や油分，雨水，汚水，雑排水などがある。

トレンチダクト trench duct　コンクリートスラブに底板及び側板を埋設した金属ダクト。上蓋は容易に外れないように施設する。セルラダクトのヘッダ部として使用することが多い。

ドレンチャ drencher　建築物を他の火災による延焼から防止するため，火災時に屋根，外壁，軒下などに設置する放水口より加圧水を霧状に放水し水幕を形成する防火設備。重要文化財など耐火構造にすることが困難な建築物に設備する場合が多い。

トレンド記録――きろく trend recording　主としてプロセスの運転傾向を知るために対象点の状態や計測値を時系列に行う記録。一般に多数の入力から必要とする点を選択して記録する。対象点は警報，オンオフ状態，計測値，計量値などがある。故障の原因調査，設備機器の調整・保守実施後の運転性能のチェック，制御性解析などに使用できる。記録は定められた時間間隔だけでなく，警報発生や計測・計量値が異常値になった時点から記録を開始することができるものもある。

トレンド表示――ひょうじ display of trend data　電力，温度，湿度などの計測値の時系列変化を一定時間間隔で蓄積し，折れ線グラフなどでディスプレイ上に行う表示。データ解析，制御性の解析，警報・異常発生時の事象解析に有効である。

ドローアウト機構――きこう withdrawable mechanism　＝引出機構

ドロップケーブル　drop cable　＝引込線

トロリーバスダクト　torolley busway　下面に連続した開口をもつダクト内に裸導体を絶縁物で支持し，集電，走行機能をもつトロリーが連続走行できるようにしたバスダクト。接触電線として使用する。

トロリーバスダクトの断面

トンネル効果　――こうか　quantum tunneling　量子力学の分野で，エネルギー的に通常は超えることのできない障壁を粒子が一定の確率で通り抜けてしまう現象。pn 接合のツェナー効果，金属の電界放出などにみられる。　⇨ジョセフソン効果

トンネル照明　――しょうめい　tunnel lighting　トンネルを通過する主として車両運転者が安全に走行するための照明。基本照明，入口照明及び出口照明で構成する。

トンネルダイオード　tunnel diode, Esaki diode　不純物の多い pn 接合のトンネル効果による負性抵抗を応用した半導体素子。電圧を上げると電流が減る性質を利用して，高速のスイッチング回路やマイクロ波の増幅などに用いる。1957 年，江崎玲於奈氏が発明したもので，江崎ダイオードともいう。

ナ 行

ナ

ナースコール nurse call 患者が緊急時又は援助を求めるときに看護師を呼び出すための装置。呼出用のボタンを病室のベッド，トイレ，浴室，洗面所などに設置し，ナースステーションにはチャイム，ブザー音などで知らせるとともに，表示器で呼出場所を表示する。親子式インタホンを組み合わせて応答通話ができるもの，コードレス式のものがある。

ナースステーション nurse station 看護師の活動拠点として病院病棟に設ける部屋。入院患者の監視，情報保管，治療計画，看護計画，記録，会議など医療スタッフの情報交換の場として機能する。

内圧防爆構造 ないあつぼうばくこうぞう pressurized enclosure, type of protection "p" 可燃性のガス又は蒸気が存在する雰囲気の中に施設する電気設備において，これを収めた容器内部に圧入された空気又は不活性ガスを周囲より高い気圧に保つことによって，可燃性ガス又は蒸気が容器内に侵入するのを防止するか，又は容器の内部に可燃性ガス又は蒸気の放出源がある場合にそれを希釈する防爆構造。耐圧防爆方式をとることが困難な大形の電気機器，配電盤などに用いる。

ナイキスト線図 ──せんず Nyquist diagram 制御系の伝達関数実部を横軸に，虚部を縦軸にとり，角周波数を0から無限大まで変化させて描いた線図。ベクトル軌跡ともいう。フィードバック系の安定判別に用いる。

内照式液晶表示器 ないしょうしきえきしょうひょうじき internal illumination type liquid crystal display ＝液晶表示器

内線 ないせん 〔1〕extension 構内交換機から内線電話機までの電話回線及び内線電話機。内線電話機相互に通話したり，内線電話機に着信した呼を他の内線電話機に転送したりすることができる。〔2〕interior wiring 屋内配線のこと。

内線規程 ないせんきてい interior wiring code 需要場所における一般用電気工作物及び自家用電気工作物（特別高圧に関する部分を除く。）の工事，維持及び運用について（一社）日本電気協会が規定した民間規格。電気設備に関する技術基準を定める省令及びその解釈を具体的に説明するとともに，保安上のことだけでなく，需要家の電気使用上の利便も考慮して推奨すべき事項も規定している。

ナイトテーブル bed side table, night table ベッドの枕わきに設置する小テーブル。引出しや棚を付けたものが多く，スタンド又は就寝に必要な小物を置ける。照明スイッチ，ラジオ，BGM，時計，空調温度調節器などを組み込んだものもある。

ナイトパージ night purge 内部蓄熱熱量を除去するために，夜間に建築物内部の空気を外気と入れ替える，空気調和の省エネルギー手法。建築物を夜間の冷気で冷却することで，冷房開始時の負荷軽減を図り，臭気除去も図れる。

内燃機関 ないねんきかん internal combustion engine 内部で燃料を燃焼させて熱エネルギーを運動エネルギーに変換する原動機。代表的なものとして，ピストンエンジン（レシプロエンジン），ガスタービンがある。 ⇒外燃機関

内部異常電圧 ないぶいじょうでんあつ internal abnormal overvoltage 系統の内部で生じる短時間過電圧及び過渡過電圧の総称。この用語は，現在は使われていない。別称として内雷とも呼んでいた。

ナイフスイッチ knife switch クリップ（刃受け）とブレード（刃）とから成る開閉機

構を持つ，低圧回路の開閉に使用する手動の開閉器。刃形開閉器ともいう。単投・双投，ヒューズの有無の別がある。また，ブレードが出入りする溝付きのカバーで充電部を覆ったカバー付ナイフスイッチ，全体を箱に収めた箱入ナイフスイッチなどもある。

内部ゾーン ないぶ—— interior zone ＝インテリアゾーン

内部雷保護システム ないぶらいほご—— internal lightning protection system 建築物等内において雷の電磁的影響を低減させるため，外部雷保護システムに追加する措置。等電位ボンディング及び安全離隔距離の確保を含む。

内雷 ないらい ＝内部異常電圧

NaS 電池 ナスでんち sodium sulfur battery ＝ナトリウム硫黄電池

ナセル nacelle 水平軸風車のタワー上部に配置し，動力伝達装置，発電機，制御装置などを収納するもの，及びその内容物の総称。

雪崩降伏 なだれこうふく avalanche breakdown 半導体 pn 接合の p 形領域と n 形領域の不純物の濃度が高い場合，接合部分の空乏層の幅が狭くなり，逆方向電圧の印加により，キャリアがトンネル効果により空乏層を通り抜け，逆方向への電流が急激に増加する現象。逆方向電圧で加速した自由電子によって，衝突電離を引き起こす過程が，繰り返し発生することで，電子雪崩による大電流が流れる。絶縁体中を移動する電子や半導体を逆方向移動する電子は微少であるが，ある電圧を超えると雪崩的に倍増して大電流を流す。

ナトリウム硫黄電池 ——いおうでんち sodium sulfur battery 負極にナトリウム，正極に硫黄，電解質にベータアルミナを用いた蓄電池。NaS 電池ともいう。ナトリウムイオンだけを通す性質を持ったセラミックスであるベータアルミナを介して，ナトリウムイオンが正極と負極との間を移動することによって，充放電を行う。電極材を溶融状態に保つ必要があるため，300〜350 ℃で運転される。鉛蓄電池の約 3 倍のエネルギー密度を持つ，自己放電がない，15 年 2 500 サイクル以上の長寿命がある，完全密封構造でメンテナンスフリーであるなどの特長がある。電力負荷平準化用電源，非常用電源，瞬停対策用電源などの用途がある。

ナビゲーションシステム navigation system 自動車，航空機，船舶などの乗員に現在位置などの情報を与え，目的地へ走行又は航行するための支援システム。GSP（全地球測位システム）による測位技術，センサ技術及びマッピング技術を融合して，画像表示をする方式が多い。自動車用には地図画面表示，合成音声案内などができ，交通情報を受信して効率的な走行を支援するものもある。航空機及び船舶では，無線航行（ラジオナビゲーション）という無線を利用したシステムを用いる。

鉛蓄電池 なまりちくでんち lead-acid storage battery 正極に二酸化鉛，負極に鉛，電解液に希硫酸を用いた蓄電池。公称電圧は，単電池当たり 2 V である。制御弁式とベント形とがある。制御弁式は，充電終期の水の電気分解によるガスに伴い出てくる硫酸分を含んだ酸霧を放出しない構造で，使用中に電解液の補水を必要としない。ベント形は，防まつ構造の排気栓又は触媒栓を用いて酸霧が脱出しないようにしている。使用中に電気分解又は自然蒸発によって減少した電解液中の水の補充を必要とするが，触媒栓を用いたものは減液が少なく補充間隔を長くできる。また，極板構造によりクラッド式とペースト式とがあり，制御弁式はペースト式のみである。事務所ビルなどでは，保守の省力化，省スペース化を図ることのできる制御弁式を多く用いる。

波付硬質合成樹脂管 なみつきこうしつごうせいじゅしかん corrugated hard plastic pipe ポリエチレン，ポリプロピレン，塩化ビニル樹脂などを蛇腹状に成形した管。地中埋設ケーブルの保護管などに用いる。記号は FEP。可とう性があり，呼び径は

30〜200 mm，他の管に比べ長尺で接続作業が少なく，軽量であるなどの特徴がある。一般にはポリエチレンを用い，波付硬質ポリエチレン管ともいう。

波付硬質合成樹脂管

波付硬質ポリエチレン管 なみつきこうしつ——かん corrugated hard polyethylene pipe →波付硬質合成樹脂管

ナローバンド narrowband →周波数帯域

難視聴対策 なんしちょうたいさく measures to poor reception area 放送局からの遠隔地，山間地，ビルの陰など，地理的及び地形的条件により対象とするテレビジョン放送が視聴できない，又は良好に受信できない地域に対して受信状況を改善するために行う対策。共同受信方式，有線テレビジョン放送方式などがある。

NAND ナンド not logical conjunction ＝論理積否定

軟銅線 なんどうせん annealed copper wire 常温で線引きした硬銅線を焼鈍した電気用銅線。屋内電気工事に広く使用される。すずなどのめっきを施したものもある。標準軟銅の体積抵抗率は，20℃において 1/58 Ω・mm^2/m である。

難燃ケーブル なんねん—— 難燃性の基準となる傾斜試験に合格したケーブル。試料を 60°傾斜させ，30 秒以内で燃焼するまで炎を当てたのち，自然に消えることを合格基準としている。

難燃性 なんねんせい flame-retardancy 物質が持つ燃焼しにくい性質。通常は使用材料などが加熱された場合に，着火しにくく燃焼速度が遅いことなど，燃えにくさの評価に用いる。

二

2E リレー にイー—— two elements relay 過負荷及び欠相保護を行う三相誘導電動機用保護継電器。⇒3E リレー

2 位置制御 にいちせいぎょ two position control 目標値に対し上限を上回ったとき又は下限を下回ったときにオン又はオフのどちらかに動作する制御。オンオフ制御ともいう。目標値を僅かに上下するだけで，オンオフ動作を繰り返すのを防止するため，動作隙間（ディファレンシャル）を設ける。

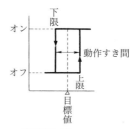

2 位置制御（オンオフ制御）

ニーモニックコード mnemonic code 電子計算機が直接実行する 2 進数の機械語を人間が判読しやすい単語や略語で置き換えた簡略化記号。コードの構成は，主命令部分のオペレーション部とその操作対象の相手，条件，パラメータなどのオペランド部とから成る。アセンブリ言語はこのコードを組み立てて記述するプログラム言語である。⇒アセンブリ言語

2 次抵抗始動 にじていこうしどう secondary resistance starting, rotor resistance starting 巻線形誘導電動機の回転子巻線にスリップリングを介して可変抵抗器を接続し，始動電流を制限するとともに大きいトルクを得て始動する方法。始動前に抵抗器の抵抗値を最大にし，順次減らして全速度に達したときにスリップ端を短絡し，抵抗器を切り離す。抵抗器の切換えには，3 相同時に行うものと 1 相ずつ順次切り換える方法とがあり，後者はタップ数を少なくできる利点がある。

2 次抵抗制御 にじていこうせいぎょ secondary resistance control, rotor resistance control 巻線形誘導電動機の回転子巻線に可変抵抗器を接続し，2 次電流を変化させ比例推移を利用して行う速度制御。ポンプ，送風機，クレーンなどの電動機に広く

用いる。構造が簡単，安価及び操作が容易など長所があるが，速度変動率が大きい，効率が悪い，軽負荷時の速度制御が困難などの短所がある。

2次電圧　にじでんあつ　secondary voltage　電磁結合した巻線の電源側に電圧を印加したとき，2次側に発生する電圧。

2次電池　にじでんち　secondary battery, secondary cell　＝蓄電池

2次電流　にじでんりゅう　secondary current　電磁結合した巻線の1次側に電力を供給したとき，2次側に流れる電流。変圧器，巻線形電動機，磁気式安定器などの2次側の電流がある。

2次変電所　にじへんでんしょ　secondary substation　1次発電所から送電された154 kV，275 kV などの電力を 66 kV，77 kV などに降圧して配電用変電所に送電するための変電所。

二重音声放送　にじゅうおんせいほうそう　double television sound　MPEG デジタル圧縮技術を用いて2つのチャンネルを主音声と副音声として同時に運用する放送。デジタルテレビジョン放送では1番組内で2つのチャンネルの音声を用いて2か国語放送，解説放送などを行っている。

二重化　にじゅうか　duplexing　設備の故障発生時又は保守点検時に，設備の機能を停止させることなく又は短時間に復活させて運転するために，同一設備を二重に設けること。ハードウエアだけでなくソフトウエアを二重化することもある。受電方式における，本線予備線切換方式，スポットネットワーク方式，二重母線方式や電子計算機のデュアルシステム，デュプレックスシステムなどがある。

二重効用吸収式ヒートポンプ　にじゅうこうようきゅうしゅうしき——　double-effect absorption heat pump　単効用吸収冷凍サイクルと高温再生器を用い，高温再生器の冷媒蒸気凝縮熱で低温再生器を作動し，効率の向上を図った吸収式ヒートポンプ。再生器の必要熱量・凝縮器の冷却熱量の減少により，燃料の節約・冷却塔の容量低減が

可能である

二重絶縁　にじゅうぜつえん　double insulation　電気機器の危険充電部に正常状態での感電保護を目的として施す基礎絶縁とこれが故障した場合に感電保護を行うために基礎絶縁に追加して独立した形で施す補助絶縁とからなる絶縁。なお，二重絶縁と同等の絶縁性能をもち，基礎絶縁と補助絶縁とが別々に試験できないものを強化絶縁という。これらの絶縁構造をもつ機器をクラスⅡ電気機器といい，接地を要しない。

二重天井　にじゅうてんじょう　double ceiling　配管配線のスペースなどのために二重にした天井。天井面にクロスを直接貼るなどして仕上げたじか天井と比較し，保守や改修が容易で，はりが露出せず美観がよく，遮音性も高い。

二重母線方式　にじゅうぼせんほうしき　double bus system　母線を2本設け，各分岐回路をいずれの母線にでも切換え接続できる母線方式。

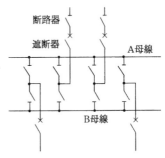

二重母線方式

二重床　にじゅうゆか　double floor　配線，配管，防音，防寒などのために二重にした床。電源やネットワーク配線用にはアクセスフロアがあり，換気や空調の目的で配管やダクトを通すこともある。

2種金属製線ぴ　にしゅきんぞくせいせん——　raceway　一般にレースウエイと呼ばれているもののうち，幅が 5 cm 以下のもの。電気用品安全法の適用を受け，工場，倉庫，駅のホーム，機械室などにおいて，配線と照明器具の取付材を兼ねて使用されること

が多い。なお，電線の接続点を容易に点検できる場合は，線ぴ内で分岐接続を行うことができる。

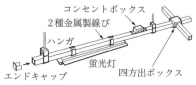

2種金属製線ぴ

2種ビニル絶縁電線 にしゅ——ぜつえんでんせん heat-resistant polyvinyl insulated wire 耐熱性可塑剤を用いた塩化ビニル樹脂を主体としたコンパウンドで絶縁した電線。絶縁物の最高許容温度は75℃。600 V 2種ビニル絶縁電線，600 V耐熱ビニル絶縁電線ともいい，記号はHIV。使用電圧が600 V以下の電気工作物や電気機器の配線用で，特に防災設備の耐熱配線に用いる。

2次励磁制御方式 にじれいじせいぎょほうしき secondary-excitation control system 巻線形誘導電動機の2次端子に外部から2次電圧と平衡する電圧を加え，その大きさ，位相などを変化させて速度制御を行う方式。代表的な方式に整流器と直流電動機とを用いて動力として誘導電動機に加えるクレーマ方式及び整流器と電動発電機との組合せで電力を電源へ返すセルビウス方式がある。ポンプ，ファンなどの電動機に用いる。速度の変化を円滑に行うことができ損失が少ない長所があるが，ブラシの耐環境性と保守性の面で劣る。

2進化10進コード にしんかじゅっしん—— binary-coded decimal code 10進数の各桁を4ビットの2進数で表現した符号。8-4-2-1コードともいう。$8=1\times2^3+0\times2^2+0\times2^1+0\times2^0=(1000)$

2進化10進法 にしんかじゅっしんほう binary-coded decimal notation 10進法の各桁を4ビットの2進符号で示す数の表現法。10進法の678は2進化10進法では，$678=(0110)(0111)(1000)$となる。

2信号受信機 にしんごうじゅしんき two-signal type control and indicating equipment 2つの感知器からの火災信号で火災の発生を知らせる受信機。感知器の最初の火災信号（第1報）を受信して，火災の発生を受信機の設置してある場所にいる関係者に知らせ，その警戒区域内の別の感知器の火災信号を第2報として受信した時点で，火災灯の点灯，主音響装置及び地区音響装置を鳴動させ，火災の発生を建物全体に知らせる。発信機からの火災信号の場合は，人による操作であるので，第2報の信号を受信した場合と同様に扱う。

2進法 にしんほう binary notation 2を基数とする数の表現法。0と1とですべての数を表現する。数字を表す文字が2種類ですみ最も少ない，四則演算が極めて簡単であるなど機械の中で数値を扱うのに適している。2進法での1011は，$1011=1\times2^3+0\times2^2+1\times2^1+1\times2^0$であり，10進法の11となる。

2値論理代数 にちろんりだいすう binary logical algebra ＝論理代数

ニッケルカドミウムアルカリ蓄電池 ——ちくでんち nickel-cadmium alkaline battery 正極にニッケル酸化物，負極にカドミウム，電解液に水酸化カリウムなどの水溶液を用いたアルカリ蓄電池。電気設備に関連があるものとして，据置アルカリ蓄電池及び密閉形ニッケルカドミウム蓄電池がある。

日射計 にっしゃけい pyranometer ＝全天日射計

日照計 にっしょうけい heliograph 日照時間を測定する機器。太陽追尾式，回転式，太陽電池式，バイメタル式などがある。ジョルダン日照計では日光の像を記録する青写真感光紙を用いたり，キャンベルストークス式日照計では球形ガラスで集光し，紙に焦げ跡を残すものがある。

日照時間 にっしょうじかん sunshine duration 与えられた時間帯（年，月，日及び時）の中で，太陽の方向に垂直な面における直達日射の放射照度が$0.12\,\mathrm{kW/m^2}$以上になる時間の総計。年間の日照時間は日本では1 500～2 000時間である。

日照センサ にっしょう―― sun-light sensor　日照を測定するための検知器。焦電形赤外線センサ，光センサ，バイメタル，太陽電池などを用いる。

日報 にっぽう　daily report　工場，ビルなどにおいて，一定時間ごとに収集する電力，電圧，電流などの計測データを日単位で集計した記録。運転エネルギー使用量のきめ細かな管理を実施し，エネルギーの効率的運用を図るために用いる。日報記録をもとに，月報，年報などを作成する。

二方向避難 にほうこうひなん　two way acuation route　建築物の各部分から異なる２以上の避難経路を確保すること。建築基準法では，この条件を必要とする建築物を，用途，規模などに応じて定めている。

二方向避難型特定共同住宅等 にほうこうひなんがたとくていきょうどうじゅうたくとう　specified apartment with two-way exits　火災が発生した場合に住戸，共用室及び管理人室から少なくとも１以上の避難経路を利用して階段室又は地上まで安全に避難できるよう異なる２以上の避難経路を確保している特定共同住宅等防火対象物。
⇨特定共同住宅等

日本技術者教育認定機構 にほんぎじゅつしゃきょういくにんていきこう　Japan Accreditation Board for Engineering Education　技術者教育の振興，国際的に通用する技術者の育成を目的として設立した法人。第三者機関として，大学などの高等教育機関の実施している技術者育成教育プログラムが，社会の要求水準に合致しているかを，国際的な認定基準に基づき認定している。

荷物用エレベータ にもつよう―― luggage elevator　荷扱者以外は乗ることができない荷物運搬を目的としたエレベータ。乗用や人荷用と違い，非常灯や過重計の設置義務はない。

入射角 にゅうしゃかく　angle of incidence　被照面の１点から点光源を見たとき，法線とのなす角。

入出力装置 にゅうしゅつりょくそうち　input-output device　電子計算機と外部装置との間でデータを入出力する装置。

入力インピーダンス にゅうりょく―― input impedance　電気回路や装置の入力端子側から，電気回路や装置側を見たときのインピーダンス。単位はオーム（Ω）。入力端子側からある電圧を加えたとき，その電圧を回路に流れる電流で除した値から求めることができる。

入力換算 にゅうりょくかんさん　input conversion　所定の出力を得るのに必要とする入力量。電気機器などでは出力を力率及び効率で除して入力の皮相電力を求める場合が多い。

入力電圧 にゅうりょくでんあつ　input voltage　動作させるために電気機器の電源側に印加する電圧。

入力電流 にゅうりょくでんりゅう　input current　電気機器の入力に規定の電圧を印加し，機器が動作するときに入力側に流入する電流。

入力電力 にゅうりょくでんりょく　input power, applied power　所定の性能を得るために，電気機器の電源側に供給する電力。

２連送照合方式 にれんそうしょうごうほうしき　double transmission data compare　連続して受信した２つの通信データを照合し，データの誤りを検出する方式。チェックコードとして２回送信されたデータを２連送データといい，同じ場合は正，異なる場合は誤りと判断する。伝送路上の雑音などによるデータの誤りで連続して２回同じデータが続かないと，データを再送信するので伝送時間が長くなる。チェックコードが長いため効率は良くないが，照合が簡単である。

認証局 にんしょうきょく　certificate authority　電子的な身分証明書を発行し，管理する機関。ユーザ情報・有効期限・発行元電子認証局の情報及び署名などの情報と，秘密鍵と対になったもう一方の公開鍵を格納している。電子証明書の申請者が提出した所有者情報を審査する登録局（registration authority），登録局からの要求に基

づいて実際に電子証明書の発行や失効を行う発行局（issuing authority），並びに電子証明書の有効性に関する情報を提供するリポジトリ（repository）で構成する。

認知科学　にんちかがく　cognitive science　人間の記憶，思想などの知的な働きを対象にして知識の獲得又は表現，学習などの過程を研究する学問分野。人工知能，神経科学，心理学，言語学などを組み合わせた広い分野を包含する。

認定電気工事従事者　にんていでんきこうじじゅうじしゃ　recognized pursuer for electric work　自家用電気工作物のうち最大電力 500 kW 未満の需要設備などの電気工事のうち簡易電気工事（電圧 600 V 以下で電線路を除く。）を行うことができる資格を持つ者。電気工事士法。第 1 種電気工事士以外の者が一定の条件の下に簡易電気工事に従事することができる。

ヌ

抜止形コンセント　ぬけどめがた──　twist-tite socket-outlet　通常の平行 2 枚刃の差込プラグを差し込み，右方向に回転させて差込プラグが容易に抜けない構造としたコンセント。抜止形コンセントと差込プラグとを組み合わせたときの引張荷重試験の引張力は 100 N である。

塗代カバー　ぬりしろ──　raised box cover　→ボックスカバー

ネ

根入れ　ねい──　setting depth　電柱，支柱，支線などの地中に埋設されている部分の長さ。

ネオン管　──かん　neon tube　主としてネオンガスのグロー放電の陽光柱によって発光する管形の放電ランプ。同じ形式の水銀，ヘリウム，窒素などのグロー放電ランプも含む。例えば，赤系の光色のネオン管にはネオンガス，白，青，緑などはアルゴンと水銀ガスを封入してガラス管内面の蛍光物質でそれぞれの色を出している。主としてネオンサインに用いる。

ネオン工事　──こうじ　ネオン用として設置する分電盤，主開閉器（電源側の電線との接続部分を除く。），タイムスイッチ，点滅器，ネオン変圧器，ネオン管及びこれらの付属設備に係る電気工事。　⇒特殊電気工事

ネオン電線　──でんせん　gas-tube sign cable　ネオン管灯回路の高圧配線に使用する電線。ネオン管用電線ともいう。定格電圧は 7.5 kV と 15 kV とがあり，絶縁にはビニル，ポリエチレン又はエチレンプロピレン（EP）ゴム，シースにはビニル又はクロロプレンを用いる。

ネオン変圧器　──へんあつき　neon transformer　ネオン管の点灯に必要な高電圧を無負荷時に発生し，管に電流が流れると磁気漏れリアクタンスによって電圧が降下してランプ電圧となり，安定器として作用する変圧器。無負荷電圧は 7.5 kV 及び 15 kV のものがあり，2 次短絡電流は 50 mA 以下である。

ネオンランプ　negative-grow lamp　ネオン又はアルゴンガスのグロー放電の負グローによって発光する放電ランプ。パイロットランプなどの表示用に用いていたが，最近では発光ダイオードに置き換わっている。

根かせ　ね──　log, guy anchor　電柱及び支柱の地中埋設部に水平に取り付ける柱の転倒，沈下防止用の補強部材，又は支線の地中先端部に設ける支え材。木柱用は丸太材，コンクリート柱用はコンクリート製，支線用は上記材料のほか鋼鈑製打込式のものを用いる。

根切り　ねぎ──　excavation　基礎工事のときやマンホール，管路などを埋設するときに地盤を掘削すること。また，根切りに際し，地盤面の崩壊及び周辺の沈下障害を防止するための設備を山留めという。

ねじ込形電線コネクタ　──こみがたでんせん──　screw-on pigtail connector　絶縁物製のキャップ内部にらせん状のねじ又は円すい状らせんスプリングがあり，電線の心線をねじ込むことで電気的機械的に接続ができる電線コネクタ。屋内配線用のボッ

クス内での電線接続に用いる。

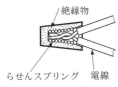
ねじ込形電線コネクタ

ねじ込口金——こみくちがね　screw cap（英），screw base（米）　ソケットにかみ合うねじ形状のシェル（口金胴部を成す外郭）をもつ口金。記号はEである。エジソン（米）によって発明されたので，エジソン口金ともいう。

ねじなしカップリング　threadless coupling　ねじなし電線管相互を接続するカップリング。内部にねじ溝がなく，止めねじを締め付けることによって機械的及び電気的接続を行う。接続配管の差込位置を確認するために，内部中央にストッパを設けている。

ねじなし電線管——でんせんかん　threadless steel conduit　管端にねじ切り加工を施さずに行う配管に使用する専用の鋼製電線管。ねじなし配管工法には薄鋼電線管によるものもあるが，これはねじなし専用であるので，管の肉厚は同じ呼び径の前者よりも薄く，したがって，内断面積は大きい。呼び径の前にEを付して表す。

熱陰極放電ランプ　ねついんきょくほうでん——　hot cathode discharge lamp　光が，アーク放電の陽光柱で発生する放電ランプ。一般の蛍光ランプはこれに属する。

熱回収　ねつかいしゅう　heat recovery　未利用又は廃棄していた熱を有効利用するために回収すること。熱回収にはヒートポンプ，熱交換器などを用いる。

熱勘定　ねつかんじょう　heat balance　＝ヒートバランス

熱感知器　ねつかんちき　heat detector　火災により生じる熱を利用して，自動的に火災の発生を感知し，火災信号を発する感知器。1局所の温度上昇を捉えるスポット型と広範囲の熱効果の蓄積を検出する分布型とがある。また，一定の温度以上を検出す

る定温式，温度の上昇率が一定以上で検出する差動式，更には両方の機能を持つ補償式及び熱複合式がある。検出には，空気の膨張，バイメタルの反転，サーミスタ等半導体，熱電対を利用したものなどがある。

熱機関　ねつきかん　heat engine　燃料の燃焼などにより発生した熱エネルギーを運動エネルギーに変換する原動機。熱エネルギーの利用方法により，内燃機関と外燃機関とに分類する。

熱起電力　ねつきでんりょく　thermoelectromotive force　①両端を接合した2種の異なる金属の両接合部を異なる温度に保つときに接合点に電位差を発生させる力。起電力の大きさは金属の種類と温度差に依存する。②半導体の接合部を異なる温度に保つときに接合点に電位差を発生させる力。⇒ゼーベック効果

熱煙複合式スポット型感知器　ねつけむりふくごうしき——がたかんちき　combination of heat and smoke spot type detector　熱感知器及び煙感知器の性能を併せ持つ複合式感知器。差動式スポット型熱感知器及びイオン化式スポット型煙感知器の性能を持つもの，定温式スポット型熱感知器及び光電式スポット型煙感知器の性能を持つものなどの組合せがある。

熱交換器　ねつこうかんき　heat exchanger　熱の授受，除去又は回収を目的として，高温度の流体から低温度の流体に効率的に熱を伝える装置。交換媒体の組合せには，液体-液体，液体-気体及び気体-気体がある。放熱器，給水予熱器などに用いる。

熱効率　ねつこうりつ　thermal efficiency　熱機関の出力エネルギーと供給燃料の熱エネルギーとの比。ディーゼル機関やガスタービンなどの熱機関に供給された熱エネルギーのうち，有効な機械エネルギーに変換された熱エネルギーの割合である。

熱主電従運転　ねつしゅでんじゅううんてん　heat oriented operation　コージェネレーションシステムで，熱負荷へのエネルギー供給を主とし，電力エネルギー供給を従とする運転。

熱絶縁係数 ねつぜつえんけいすう thermal insulance coefficient of thermal insulation 温度差の熱流密度に対する比。単位は平方メートルケルビン毎ワット（$m^2 \cdot K/W$）。建築工学では，この量はしばしば熱抵抗と呼ぶ。

熱線センサ付自動スイッチ ねっせん——つきじどう—— automatic switch with thermal sensor 人体の赤外放射などの熱線を感知して作動するスイッチ。

熱抵抗 ねつていこう thermal resistance 温度差の熱流に対する比。単位はケルビン毎ワット（K/W）。

熱電形計器 ねつでんがたけいき electrothermal instrument 熱電対を取り付けた発熱線（白金，コンスタンタン，ニクロムなど）に測定電流を流し，熱電対の熱起電力を可動コイルに加え，生じるトルクに比例して指針を動作させる計器。計器の指示は熱起電力に比例し，熱起電力は発熱線の発熱量，すなわち測定電流の2乗に比例する。計器指示は2乗目盛とし，実効値を示すことになる。この計器は，直流から無線周波にまでわたって同じ指示を示す。特に高周波用の電流計に適しており，100 MHz程度まで用いる。ただ過電流に弱いことと，大電流を流す場合には，熱容量のため指示に遅れを生じる。

熱電気発電 ねつでんきはつでん thermoelectric generation ゼーベック効果による熱起電力を利用して，熱を直接電気に変換する発電方法。熱電発電ともいう。熱電素子には，ビスマスとテルルの化合物，シリコンとゲルマニウムの化合物などのp形とn形の組み合わせを用い，小形潜水艦や宇宙衛星などに用いる。可動部分がなく，長寿命でメンテナンスフリーに近い，熱源の温度及び熱量変動への適用範囲が広いなどの特徴がある。

熱電効果 ねつでんこうか thermoelectric effect 温度差による電気の発生又は電流によるジュール熱以外の熱の発生若しくは吸収が起きる現象。ゼーベック効果，ペルチエ効果及びトムソン効果がある。

熱電子発電 ねつでんしはつでん thermionic generation 固体の熱電子放出現象を用い熱エネルギーを電気エネルギーに直接変換する発電。

熱伝達係数 ねつでんたつけいすう heat transfer coefficient 熱流密度の温度差に対する比。単位はワット毎平方メートル毎ケルビン（$W/(m^2 \cdot K)$）。熱伝達率ともいう。2つの物体間（固体，気体，液体すべてを含む。）で，一方から他方へ熱が移動するときに，その伝わりやすさを示す。例えば，熱交換器などで金属表面から流体に熱が移動する場合に用いる。

熱電対 ねつでんつい thermocouple 2種の金属の一端を接合した点と接続しない他端との間の温度差で生じる起電力を利用した温度センサ。この起電力発生現象をゼーベック効果という。代表的な熱電対導体には，銅とコンスタンタン，鉄とコンスタンタン，クロメルとアルメル，白金と白金ロジウムなどがある。温度又はその変化を電気量として検出するため，温度測定のほか，調節，制御，増幅，変換などの情報処理に広く用いる。

熱電対式熱感知器 ねつでんついしきねつかんちき thermocouple type heat detector 天井面に設置した熱電対部が火災による急激な温度上昇によって加熱されると熱起電力が発生し，半導体回路ユニットの検出部で検出し電子制御素子を導通させて受信機に火災信号を送る熱感知器。緩慢な温度上昇では熱起電力が小さいので半導体回路ユニットは検出しないようになっている。

熱伝導 ねつでんどう thermal conduction 熱の放射又は対流によらず，物質の移動も伴わない熱の移動。

熱伝導率 ねつでんどうりつ thermal conduction coefficient, heat conduction coefficient 熱流密度の温度勾配に対する比。単位はワット毎メートル毎ケルビン（$W/(m \cdot K)$）。

熱電発電 ねつでんはつでん thermoelectric generation ＝熱電気発電

熱電比 ねつでんひ heat power ratio コ

ージェネレーションシステムにおける回収熱量と発生電力量との比。熱電比の逆数を電力評価指数という。

熱電変換 ねつでんへんかん thermoelectric conversion 電気と熱との相互作用を利用したエネルギー変換現象。ゼーベック効果,ペルチェ効果などがある。 ⇨熱電効果

熱電変換モジュール ねつでんへんかん── thermoelectric conversion module 熱電効果を有する素子の上面と下面の温度差によって発電する装置。素子にはセラミックス,n型半導体,p型半導体などがある。

熱動形継電器 ねつどうがたけいでんき thermal relay 主に,電動機の負荷電流,始動電流を熱エネルギーとして蓄積し,反限時特性をもって接点を開放動作する継電器。一般には電磁接触器と組み合わせ,電磁開閉器として使用する。静止形又は誘導形の過負荷継電器に比し,熱動形は熱の蓄積による動作のため,電動機の繰返し始動(間欠運転など)による焼損の防止にも有効である。サーマルリレー,熱動形過負荷継電器,三相誘導電動機用熱動形保護継電器ともいう。

ネットワークカメラ network camera ＝ウェブカメラ

ネットワーク管理装置 ──かんりそうち network management system 障害発生などを防ぎネットワークの安定した稼働のため,パーソナルコンピュータ,サーバ,ネットワーク機器などが持つIPアドレス情報を基に専用の管理プロトコルを用いて,障害管理,性能管理,機密管理などを行う装置。異常状態はネットワーク全体の構成を系統図で表示し,接続状況を確認できる。

ネットワーク継電器 ──けいでんき network relay スポットネットワーク受電方式において,ネットワークプロテクタを構成する主保護継電器。以前は電力継電器と位相継電器とを組み合わせていたが,最近は静止形継電器として一体化されている。逆電力遮断,無電圧投入,差電圧投入などの指令機能を持つ。

ネットワーク構成 ──こうせい network topology ネットワーク上の電子計算機,サーバなどの構成機器を接続する形態。網構成,ネットワークトポロジー又は単にトポロジーともいう。物理的に接続した形態を物理トポロジー,論理的に接続した形態を論理トポロジーといい,ネットワークの信頼性を高めるため単一の物理トポロジーを複数の論理トポロジーに分割し,複合的に組み合わせて使用する。

ネットワーク工程表 ネットワークこうていひょう network progress schedule 各作業の相互関係を丸印及び矢印で図示し,作業の順序関係を明確にした工程表。作業の前後関係や作業の裕度が分かりやすく,作業条件の変化によって工期短縮や作業遅れが生じた場合に,後続作業や全体の工程に及ぼす日数を容易に計算できる。

ネットワーク工程表

作業項目	4月	5月	6月	7月
配管布設	20日			
配線		10日		
機器取付			20日	
機器搬入		5日		
配線接続				20日

ネットワークセキュリティ network security コンピュータネットワーク上でデータ及びプログラムの保護,プライバシー保護,システムの安定性保持などを行うこと。ファイアウォール,ウイルス対策,暗号化などがある。安全対策には次の4段階がある。①リテガノグラフィ…通信が行われていること自体を隠す。②トラフィックセキュリティ…通信自体を隠す必要はないが,通信量は隠す。③暗号化…通信自体,発信地及び着信地を隠す必要はないが,メッセージ内容を隠す。④認証…本人確認ができ,メッセージの内容は見ることができるが,メッセージの変更又は修正はできない。

ネットワークトポロジー network topology ＝ネットワーク構成

ネットワークプロテクタ network protector

スポットネットワーク受電方式において，ネットワーク変圧器2次側に設ける保護装置。プロテクタヒューズ，プロテクタ遮断器，ネットワーク継電器などで構成する。配電系統事故時の逆電力遮断，受電回線復電時の無電圧投入及び差電圧投入のネットワーク3要素機能のほか，過負荷警報，回生電力のトリップロックなどの制御機能も兼ね備えている。

ネットワーク変圧器 ――へんあつき network transformer スポットネットワーク受電方式に用いる変圧器。3～4回線受電のスポットネットワーク方式で1系統が停止しても残りの変圧器で全負荷のほとんどを賄えるように過負荷定格を付加している。過負荷定格は，130％8時間，年3回としている。

ネットワーク母線 ――ぼせん network bus line スポットネットワーク受電方式において，2～4回線の配電線から各受電用変圧器を介してネットワークプロテクタの2次側で並列接続する共通母線。各回線が並列となり，電源側のインピーダンスが低くなるため，短絡電流は大となる。

熱バランス ねつ―― heat balance ＝ヒートバランス

熱複合式スポット型感知器 ねつふくごうしき――がたかんちき heat combination spot detector 作動式及び定温式の性能を併せ持つ複合式感知器。作動式スポット型熱感知器及び定温式スポット型熱感知器の性能を組み合わせたものである。

熱併給発電方式 ねつへいきゅうはつでんほうしき cogeneration system ＝コージェネレーションシステム

熱平衡 ねつへいこう 〔1〕thermal equilibrium 系の周囲とのエネルギー移動がなく，系全体が均一温度に達している状態。〔2〕thermal balance 太陽から受ける電磁輻射と地球及び大気が放射する輻射とが等しい状態。

熱平衡の法則 ねつへいこう―ほうそく law of thermal equilibrium ＝熱力学第零法則

熱暴走 ねつぼうそう thermal runaway 電流の増加又は発熱による温度上昇の結果が正帰還の連鎖反応を起こし，温度が更に上昇して，最終的には機器の破壊や爆発に至る現象。超伝導導体内で常伝導領域が連続的に拡大する現象，負の抵抗温度係数をもつ半導体接合部の損失が更に電流を増加させる現象，雷電流が流れた後に，避雷器の熱発生が熱放散より大きくなり続流となる現象などがある。

熱膨張 ねつぼうちょう thermal expansion 温度上昇により物体の体積が増加する現象。熱による分子運動が活発になり，分子間距離が大きくなることによって起こる。

熱力学温度 ねつりきがくおんど thermodynamic temperature 物質を構成する分子の熱運動が停止する温度を0ケルビン（K）として，水の三重点（0.01℃）を273.16Kと定義した温度。絶対温度ともいう。セルシウス温度と目盛幅が等しいため，熱力学温度をT，セルシウス温度をtとすると，$T=t+273.15$で表す。

熱力学第一法則 ねつりきがくだいいちほうそく first law of thermodynamics ある系が得たエネルギーは，系の外部が失ったエネルギーに等しく，エネルギーは保存されるという法則。エネルギー保存の法則ともいう。ある系のエネルギー増加分ΔUは，与えた熱量をQ，加えた仕事をWとすると，$\Delta U=Q+W$で表される。

熱力学第二法則 ねつりきがくだいにほうそく second law of thermodynamics 閉じた系においては，エントロピーは増大していくという法則。クラウジウスの原理では，熱は高温物質から低温物質に移動するが，外部操作がない限り，低温物質から高温物質に熱が戻ることはない。エントロピー増大の法則ともいう。

熱力学第三法則 ねつりきがくだいさんほうそく third law of thermodynamics 絶対零度に達することは不可能であるという法則。

熱力学第零法則 ねつりきがくだいれいほうそく zeroth law of thermodynamics 第3

の系と熱平衡にある2つの系は，互いに熱平衡にあるという法則。熱平衡の法則ともいう。3つの系をA，b，cとし系の温度をt_A，t_b，t_cとしたとき，$t_A=t_C$，$t_b=t_C$ならば，$t_A=t_b$となる。

熱力学の法則 ねつりきがく—ほうそく law of thermodynamics 熱力学第零法則（熱平衡の法則），熱力学第一法則（エネルギー保存の法則），熱力学第二法則（エントロピー増大の法則）及び熱力学第三法則の総称。⇒熱力学第零法則，熱力学第一法則，熱力学第二法則，熱力学第三法則

熱流密度 ねつりゅうみつど density of heat flow rate 熱の流れに直角な単位面積を単位時間に通過する熱量。単位はワット毎平方メートル（W/m^2）。

ネマティック液晶——えきしょう nematic liquid crystal 分子が細長く同一方向に並んでおり，その方向が位置とともに連続的に変化している液晶。電界を加えると透明な状態から不透明な状態に変化する。電子腕時計，電卓などの表示装置に用いる。

ねん架——か transposition 相間及び各相の対地間の静電容量及びインダクタンスを平衡させるために，一定の距離ごとに各相の電線の位置を替えること。架空送電線路，バスダクト，単心ケーブルの平面配置などで，幾何学的不平衡配置となる場合に，逆相インピーダンスによる電圧の不平衡や近接する通信線への誘導障害を防止するために行う。

ねん架の方法

年間熱負荷係数 ねんかんねつふかけいすう perimeter annual load factor, PAL 各階のペリメータ部分と最上階の床面積1m^{2}当たり年間の冷暖房負荷の値。次式で表す。

$$PAL=\frac{各階のペリメータ部分と最上階の年間冷暖房負荷の合計}{各階のペリメータ部分と最上階の床面積の合計}$$

建築物外周部で建築的手法による空調負荷の省エネルギーを評価する尺度である。エネルギーの使用の合理化に関する法律において，事務所建築ではPAL≦300 MJ/(m^{2}年)，物品店舗ではPAL≦380 MJ/(m^{2}年)を建築主の判断基準値としている。

年間雷雨日数 ねんかんらいうにっすう isokeraunic level, IKL ある地域で雷鳴を耳で聞いたり，雷光を目視で確認した日数を1年間にわたって合計した日数。各地域のIKLを等日数線で示したIKLマップが作成されており，これによると関東北部，岐阜県，琵琶湖周辺，北陸，九州南部などで雷が頻繁に発生し，35日以上に及ぶところもある。IKLは，大地落雷密度（回/(km^{2}年)）や建造物への落雷数（回/年）の推定に用いる。

燃焼空気量 ねんしょうくうきりょう combustion air capacity 機関へ供給する燃料が完全に燃焼するのに必要な空気量。

$$Q=\frac{Lb\lambda P_e}{60\rho}$$

Q：燃焼空気量（m^3/min）
L：燃料を燃焼させるのに必要な空気量（kg/kg）（軽油14.22，重油13.86）
λ：空気過剰率（ディーゼル機関2〜3，ガスタービン3.5〜4.0）
b：燃料消費率（g/kW·h）
ρ：空気密度(kg/m^3)(1 013 hPa, 30℃で1.165)
P_e：機関出力（kW）

年千人率 ねんせんにんりつ rates of fatal and injury per 1 000 workers 労働者1 000人当たり年間に発生する死傷者数で，労働災害の発生率を表す指標。年千人率＝（年間死傷者数/平均労働者数）×1 000と表す。2011年までの過去10年間の実績によると，全産業では2.0〜2.6，建設業では4.9〜6.1である。

燃料移送ポンプ ねんりょういそう—— fuel transfer pump →燃料ポンプ

燃料極 ねんりょうきょく fuel electrode 水素，一酸化炭素などの燃料ガスを電気化学的に酸化させる燃料電池の電極。負荷側

から見ると負極となる。　⇨空気極

燃料小出し槽　ねんりょうこだ――そう　service tank, day tank　燃料供給の連続性及び一定の圧力を確保するために，発電機室に設置する燃料槽。燃料サービスタンクともいう。設置高さは，エンジンの噴射ノズルの位置よりも1m程度高くなるよう，また，消防法上の水張検査を受けたものを使用する。設置場所は，万一の燃料漏れを考慮し防油堤で囲う必要がある。

燃料サービスタンク　ねんりょう――　fuel service tank　＝燃料小出し槽

燃料消費率　ねんりょうしょうひりつ　fuel consumption　内燃機関の出力1kW·h当たりの燃料消費量。
$$b = 1\,000\, B\gamma / P_e$$
b：燃料消費率（g/kW·h），B：燃料消費量（L/h），γ：燃料の密度（kg/L）（灯油 0.81，軽油 0.83，A重油 0.85），P_e：機関出力（kW）
一般にディーゼル機関の燃料消費率は220～310g/kW·h（予燃焼室式の場合），ガスタービンでは340～540g/kW·h程度である。

燃料制御盤　ねんりょうせいぎょばん　fuel control panel　機関を安全にかつ最適に作動させるため，燃料槽，ろ過器，燃料ポンプなど燃料供給系統の諸装置の制御，操作及び監視を総括的に行う盤。始動，出力の設定，急加減速，回転速度，機関入口温度の調整などプロセスに合わせ，制御する。

燃料槽　ねんりょうそう　fuel tank　石油燃焼機器に用いる灯油，軽油，重油などを貯蔵する容器。オイルタンクともいう。電気設備関連ではディーゼル機関，ガスタービン，ボイラなどを長時間運転するために設置する。燃料の種類や貯蔵量により消防法の危険物取扱いの規制を受ける。

燃料電池　ねんりょうでんち　fuel cell　触媒の作用によって活性化した水素ガスと酸素ガスとを反応させ，電気を発生させる装置。化学エネルギーから直接電気エネルギーを取り出すことができる。電解質の種類の違いによって，りん酸形，溶融炭酸塩形，固体酸化物形，固体高分子形などがある。発電効率が高い，排熱の利用が可能，大気汚染物質の排出が少ない，建設工期が短い，騒音・振動の発生が少ない，価格が高いなどの特徴がある。

燃料電池モジュール　ねんりょうでんち――　fuel cell module　所要出力を得るために複数のセルスタック，燃料，酸化剤，排気ガス及び電力の接続部で構成した燃料電池の発電ユニット。制御システム及び冷却用設備の一部並びに収納容器，換気設備など周辺機器を含める場合もある。

燃料ポンプ　ねんりょう――　fuel pump　燃料槽と燃料小出し槽との間に設置するポンプ。一般にギヤ式のものを用いる。燃料槽から小出し槽に燃料を移送するための燃料移送ポンプと，小出し槽から燃料槽に燃料を返送するための燃料返送ポンプとがある。

ノ

NOR　ノア　not disjunction　＝論理和否定

ノイズ　noise　雑音。〔1〕必要な信号中に混入し，その正常な受信又は処理を妨げる好ましくない乱れ。有効周波数帯域内に含まれ，有用な信号に重畳して望ましくないひずみを生じさせる。〔2〕制御系回路内に発生し望ましくない影響をもたらす不要な電気的信号。〔3〕騒音。

ノイズフィルタ　noise filter　ノイズを低減するため，機器の電源線や信号線に挿入するフィルタの総称。機器自身が発生するノイズや外部から電源線や信号線を通じて機器に侵入するノイズを低減するために用いる。主にコンデンサやチョークコイルを用いて構成する。

ノイズリダクション　noise reduction　記録，再生の過程で，記録媒体から発生する雑音を減じる操作。アナログ用ノイズリダクションとしては音声データから雑音成分のみを抽出する技術を用いたドルビー方式がある。

ノイマン型コンピュータ　――がた――　von Neumann architecture computer; von

Neumann type computer　記憶部に計算手続プログラムを内蔵し，演算処理を逐次処理方式で行う電子計算機。中央処理装置，制御部，記憶機構，入力部，出力部で構成し，主記憶装置から中央処理装置へ命令やデータをレジスタを経由で転送し，命令アドレスレジスタにセットしたアドレスに沿って逐次的に実行する。

能動形フィルタ　のうどうがた―― active filter　＝アクティブフィルタ

能動赤外線検知器　のうどうせきがいせんけんちき　active infrared detector　近赤外線を投光し，その反射光又は遮光を検知し，信号又は警報を発する機器。可視光線に近い0.72～1.5μmの波長領域を用いる。投光部と受光部とを一体とする検知器には，検知物体からの反射光の変化量を検知する拡散反射形と反射鏡からの受光が遮断されたとき検知する回帰反射形とがあり自動ドア，光電スイッチ，短距離の防犯センサなどに用いる。投光部と受光部とを分離した対向形は遮光により検知する。

能動信号　のうどうしんごう　active ditection of isolated operation signal　系統連系する発電設備の出力を変動させ，系統に生じる変化により単独運転を検出し，単独運転を防止するための信号。無効電力変動方式，周波数シフト方式及び負荷変動方式などがある。　⇨逆充電，単独運転

能動素子　のうどうそし　active element, active component　入力とは別のエネルギー源を持ち増幅，発振の機能がある回路素子。一般に非線形で電池，電子管，半導体素子などがある。　⇨受動素子

ノーボルトスタッド　no-bolt stud　→フィクスチュアスタッド

ノーマルベンド　normal bend（英），conduit elbow（米）　管を直角に曲げ加工した鋼製電線管又は硬質ビニル電線管の付属品。電線管との接続には，カップリングを使用するもの（厚鋼及び薄鋼電線管用），ねじなし接続機能付きのもの（ねじなし電線管用）及びソケット付きのもの（硬質ビニル電線管用）がある。

ノーマルモードノイズ　normal mode noise　往復2線間に生じるノイズ。正相ノイズ，不平衡ノイズ，非対称ノイズ又は横ノイズともいう。線間の信号と同じように動作する。　⇨コモンモードノイズ

のこぎり波　――は　saw tooth wave　のこぎりの刃の形状をした波形。掃引発振器でこの波形を作り，テレビジョンの走査，オシロスコープの掃引などの時間軸に用いる。

ノズルプレート　flush plate with eyelet　中央部の丸孔にブッシングを付けたフラッシプレート。通信線などの引出しに用いる。テレホンプレートともいう。

ノックアウト　knockout　スイッチボックス，アウトレットボックス又はコンクリートボックスの側面及び底面に配管接続用の孔を容易に開けられるように加工した部分。また，電線管接続のために鋼板などに開けた孔も一般にノックアウトという。

ノックアウトパンチ　knockout punch　接続ボックス，キャビネットなどの側面部，底面部などにケーブルを引込み又は電線管を接続するため，穴を開ける専用の工具。

ノックス　NO$_x$　＝窒素酸化物

NOT　ノット　logical negation　＝論理否定

ノブがいし　knob insulator　低圧屋内配線に用いるがいしの一種。木ねじで造営材に固定し，バインド線を用いて絶縁電線を結束する。ドアノブの形をしていることからこの名称がある。小，中，大，特大があり，各々使用できる電線の最大太さを決めている。

ノブがいし

ノンカットオフ形照明器具　――がたしょうめいきぐ　non-cut-off type luminaire　水平方向に近い配光及び車両の運転者に対するグレアを特に制限しない照明器具。

ノンストップ自動料金支払いシステム ── じどうりょうきんしはら── electronic toll collection system, ETC　有料道路の料金所で自動車の停止なしで，料金支払いなどを処理するシステム。車載の専用ICカードと料金所に設置したアンテナ間での無線通信を用いて自動的に料金の支払いを行う。利便性向上，渋滞解消，騒音・大気汚染物質排出軽減，管理コスト節減などが目的である。

ハ 行

ハ

バーコード bar-code 黒白の棒状のしま模様で数字又は文字を表現するコード。商品に表示する例として，13個の数字をコード化して構成し，先頭チェックを1数字，国名を2数字，会社名及び商品コードを10数字で表す。POSシステム，在庫管理，受発注システムなどのデータとして利用する。コードはバーコードリーダで光学的に読み取る。

バーコード式入退室管理装置 ――にゅうたいしつかんりそうち bar-code access control device 入退室者のカードやバッジに印刷したバーコードを専用のリーダで読み取って個人認証を行い，入退室を管理する装置。入退室情報をネットワークで送信するものもある。

パーセンテージ法 ――ほう percentage system 電力系統の電圧，電流，電力，無効電力，インピーダンスなどを，ある基準値に対する比の百分率で表す方法。数値が無次元化され，取扱いが極めて簡単になるため，単位法とともによく用いる。例えば，6 600 V を基準電圧としたとき，6 000 V は91 % となる。

パーセントインピーダンス percent impedance インピーダンスの基準インピーダンスに対する比を百分率で表した値。インピーダンスを Z (Ω)，基準インピーダンスを Z_0 (Ω)，基準電圧を U_0 (kV)，基準容量を S_0 (kV·A) とすると，パーセントインピーダンス $\%Z$ (%) は，次式で表す。

$$\%Z = \frac{Z}{Z_0} \times 100 = \frac{ZS_0}{U_0^2 \times 10^3} \times 100$$
$$= \frac{ZS_0}{10\,U_0^2}$$

この式は，基準電流を I_0 $[=S_0/U_0$ (A)]，電圧降下値を e (V) とすると，次式で表す。

$$\%Z = \frac{ZI_0}{U_0 \times 10^3} \times 100 = \frac{e}{U_0 \times 10^3} \times 100$$

したがって，基本回路において基準電圧のもとで基準容量が通過したときの，そのインピーダンスにおける電圧降下値の基準電圧に対する比を百分率で表したものとなる。U_0 を線間電圧としたときの三相回路のパーセントインピーダンスは，上式と同じとなる。パーセントインピーダンスは，$\%\dot{Z}=\%R+j\%X$ と表され，オーム (Ω) 表示のインピーダンスと同様に直並列計算を行う。短絡電流や瞬時電圧変動，変圧器の負荷分担など，系統の数値計算には便利である。変圧器の短絡インピーダンスの百分率表示は，そのまま定格容量基準のパーセントインピーダンスとして取り扱うことができる。進相コンデンサや負荷のパーセントインピーダンスは，印加電圧を基準電圧として定格容量基準で 100 % となる。

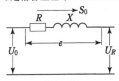

基本回路

パーソナルコンピュータ personal computer 個人用の小形コンピュータ。パソコン又はPCともいう。デスクトップ形，ラップトップ形などがあり，帳票計算，データ管理などのほかインターネットの端末として用いる。

パーソナル無線 ――むせん personal radio, citizen-band radio 個人又は小規模事業者などが手動などによって送受信を交互に切り換え，相互の通信を行うMCAシステムを利用した簡易な無線通信。送信出力は1〜5 W以下，通信可能範囲は数km〜数十kmで，周波数は特定チャンネル設

定のない 900 MHz 帯を使用し，無資格で利用できる．利用者が任意の群番号を設定し，同一の群番号のグループ内で通信を行うこともできる．また，空チャンネルの自動選択機能や送信時にコールサインを自動受信する機能がある．1990 年以降携帯電話の普及により利用が減少している．

バーチャート工程表 ――こうていひょう bar chart progress schedule 縦軸に作業項目，横軸に作業の実施時期を横線（バー）で表記した工程表．各作業の開始日，終了日，所要日数，作業内容などが分かりやすいが，各作業の関係が分かりにくい欠点がある．作成や訂正が容易で，広く用いる．

バーチャート工程表

作業項目	4月	5月	6月	7月
配管布設				
配管接続				
機器取付				
試験調整				

バーチャルウォータ virtual water ＝仮想水

パーティクルスワーム particle swarm optimization 動物の大群や魚群において，一匹がよさそうな経路を発見すると，群れの残りはどこにいても素早くそれに倣うことができる群知能の一種．ネットワーク上に電源群や負荷群を複雑に接続する電力系統の運用アルゴリズムとして応用している．

ハードウエア hardware 物理的な機器又は装置．情報処理システムでは演算回路などの処理装置，メモリ，ハードディスクなどの記憶装置，キーボード，マウスなどの入力装置，ディスプレイ，プリンタなどの出力装置などを指す．

ハードディスク hard disk ガラス基板の磁気ディスクを高速に回転させ，磁気ヘッドを使ってデータを読み書きする，電子計算機に用いる外部記憶装置．高速書換え可能で大容量である．小形化，大容量化，低価格化が進み，記憶装置の中でビット当たりの単価は最も安い．デスクトップパソコンでは 3.5 インチ，ノートパソコンでは 2.5 インチが一般的である．デジタルカメラ，AV 機器などの記録媒体として超小形の 0.85～1 インチもある．

パートフェーダ part fader 調光操作卓又は音響調整卓に組み込み，1 つのシーンの効果を構成する複数の調光又は音響回路を個別に制御するフェーダ．

ハートレー発振回路 ――はっしんかいろ Hartley oscillation circuit 2 個のリアクトルと 1 個のコンデンサで構成しトランジスタで正帰還をかけることで発振する回路．発振周波数 f は
$$f = 1/(2\pi\sqrt{C\cdot(L_1+L_2)})$$

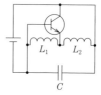

ハートレー発振回路

ハーネスジョイントボックス harness joint box 交流 100 V 20 A 配線用遮断器分岐回路に接続するアクセスフロア内のケーブル配線で，コンセント回路用の配線とケーブルとを分離着脱できる接続器具．ハーネスタイプのプラグを受けるコネクタを用い，一般に 2 分岐用及び 4 分岐用がある．

パーマロイ permalloy 透磁性が非常に高く，磁気を通しやすく，強磁性を有する鉄とニッケルの軟質磁性合金．磁気ヘッドや継電器の磁心などに用いる．

パーユニットインピーダンス per-unit impedance インピーダンスの基準インピーダンスに対する比．パーセントインピーダンスの 1/100 の値となる．単位記号として pu を用いる．

パーユニット法 ――ほう per-unit system ＝単位法

パーライト parabolic aluminized reflector light, PAR light 舞台や客席の全域に使用し，レンズや反射板がなく，使用電球の照射効果に依存する照明器具．照射効果を

変更するときには電球を替える必要がある。シールドビーム形ハロゲン電球 500〜1 000 W を用い，照射幅は VN（ベリーナロー），N（ナロー），M（ミディアム）などがある。

背圧 はいあつ back pressure 油圧，空気圧，蒸気圧などの系統の出口側に加わる圧力へ逆向きに作用する圧力。系統が正常動作できる背圧の最大値を臨界背圧といい，これを超過すると作動流体が逆流する。内燃機関の排気側へ逆向きに加わる圧力，給油ポンプ又は分配弁からの流れに対抗する逆向きの圧力，背圧タービンの蒸気出口に加わる逆向きの圧力などがある。

背圧タービン はいあつ—— back-pressure turbine タービンの出口蒸気圧が大気圧以上である蒸気タービン。動力と作業用蒸気が必要な場合に用いる。

ハイアラーキ hierarchy 上下関係で階層的に秩序付けたピラミッド型の組織体系。ヒエラルキともいう。

排煙設備 はいえんせつび smoke eliminating equipment 火災時に発生した煙を排煙機によって強制的に又は開口部によって自然に屋外へ排出する設備。手動又は火災報知機連動で動作する。排煙機には非常電源又はエンジンが付置される。

バイオインフォマティクス bioinformatics ＝生物情報科学

バイオクリーンルーム bioclean room バイオテクノロジ関連の実験又は無菌状態で医療を行う場合など，室内を生物学的に清浄に保ち，空気中の浮遊微生物による汚染を防ぐ部屋。医薬品等の品質管理基準，安全性試験に関する基準などに基づいて施設する。

バイオス basic input output system, BIOS 電子計算機の入出力装置を操作するためのソフトウエア。一般にファームウエアとして ROM 上に書き込み，電子計算機の起動時に，接続しているキーボード，マウス，ハードディスクなどの管理や制御を行う。

バイオハザード biohazard 生物実験などで病原体が管理区域から漏れ出す災害又は遺伝子操作を施した生物が生態系に悪影響を与える災害。生物災害ともいう。

バイオマス biomass 生物体又は生物体から派生する有機系物質。木材や作物の残さ，都市から排出される有機廃棄物，動物のふん，穀物，糖類などがあり，大部分は太陽光エネルギーの光合成作用により有機物として蓄積したものである。

バイオマスエネルギー biomass energy バイオマスから，燃焼などの化学反応によって得られるエネルギー。

バイオマス発電 ——はつでん biomass power generation バイオマスを燃料として用いる発電。バイオマス発電時の二酸化炭素排出量は，バイオマス生成時の二酸化炭素の吸収量と同等である。

バイオメトリック認証 ——にんしょう biometric identification ＝生体認証

排気管 はいきかん exhaust pipe 熱機関からの燃焼排気ガスを大気中に放出する管。

排気騒音 はいきそうおん exhaust noise 機関の排気に伴い，排気口から放射する騒音。排気行程に伴う圧力脈動による脈動音，排気管中での流れの衝突による気流音などがある。一般に施設場所により騒音規制があるため，消音器を用いて騒音を減衰させるなどの措置をする。

排気ダクト はいき—— exhaust air duct ①空調又は換気のために，室内の汚染空気を屋外へ排出するダクト。通常，断熱処理を必要としない。②ガスタービンなどの排気ガスを排熱回収装置又は屋外へ導くためのダクト。高温ガスが通過するため，断熱処理を必要とする。

廃棄物 はいきぶつ waste ごみ，粗大ごみ，燃え殻，汚泥，ふん尿，廃油，廃酸，廃アルカリ，動物の死体その他の汚物又は不要物であって，固形状又は液状のもの。放射性物質及びこれによって汚染されたものは除く。

配光曲線 はいこうきょくせん distribution curve of luminous intensity 光源の光度の値を空間内の方向の関数として，通常は測

光中心を原点とする極座標で表した曲線。一般には，鉛直配光曲線を指す。

配線　はいせん　wiring　電気使用場所において施設する電線（移動電線を含み，電気機械器具内の電線及び電線路の電線を除く。）。電気設備技術基準。

配線器具　はいせんきぐ　wiring device　低圧電路に用いる小形の開閉器，接続器その他これらに類する器具の総称。開閉器には電灯の点滅又は小形電気機器に使用する屋内用小形スイッチ類，リモコンスイッチ，タイマスイッチなど，接続器には差込プラグ，コンセント，コードコネクタなどがある。

配線室　はいせんしつ　electric piping shaft　＝電気シャフト

配線ピット　はいせん──　wiring pit, wiring trench　変電所，電気室，発電機室，中央監視室などの床や屋外に設け，機器と盤又は盤相互を接続する配線に用いるコンクリート製又は金属製の溝。

配線用遮断器　はいせんようしゃだんき　molded case circuit breaker, MCCB　低圧電路の開閉及び過負荷，短絡時に自動的に電路を遮断する器具。開閉機構，引外し装置などを絶縁物の容器内に一体に組立てたもので，通常の使用状態の電路を手動又は絶縁物容器の外部の電気操作などによって開閉することができる。配線用遮断器の大きさを表すのに連続して流し得る最大電流値を示す定格電流（A）と遮断容量に関連する動作機構を収める共通のフレームの大きさ（AF）とがある。定格電流の1.0倍で動作せず，1.25倍で所定時間内に動作する。

排他的論理和　はいたてきろんりわ　exclu-

真理値表

A	B	C
0	0	0
0	1	1
1	0	1
1	1	0

排他的論理和

sive disjunction, EX-OR　入力に1個の1があれば出力が1となり，それ以外の入力のときは出力が0となる論理演算。この演算を行う論理回路を排他的論理和演算回路又は EX-OR 演算回路という。

ハイテンションアウトレット　high-tension outlet fitting　フロアダクト，セルラダクトなどに取り付けるコンセントを内蔵した器具。

配電電圧　はいでんでんあつ　power distribution voltage　電力系統より需要家へ電気を供給する電圧。配電系統の標準電圧は，低圧で公称電圧 100 V，200 V，230 V 及び 400 V，高圧で公称電圧 3.3 kV，6.6 kV などがある。スポットネットワーク受電方式での特別高圧で公称電圧 22 kV 及び 33 kV も指すことがある。

配電塔　はいでんとう　distribution pillar　電力会社の高圧地中配電線路から需要家への引込線を分岐するための開閉器を収納する盤（キャビネット）。ピラーボックスともいう。通常は，鋼板製で地上に設置し，内部に電力会社用の開閉器，断路器などと需要家用の引込開閉器などとをセパレータで分けて収める。地上に設置できない場合は，鉄筋コンクリート造として道路下に設置することもある（vault）。また，変圧器を収めたものを変圧塔（transformer kiosk，地中のものは transformer vault）という。

配電盤　はいでんばん　switch-gear and control-gear assembly, switchboard, panelboard　電力系統の制御，保護，監視，測定のために必要な開閉器，遮断器，継電器，計器その他の関連機器をシステムとして結合したもの。多くは鋼板製の盤の形態で，開放形，閉鎖形などに分類する。　⇒分電盤，制御盤

配電方式　はいでんほうしき　distribution system　配電用変電所から需要家引込口に至るまでの配電系統を構成する方式。樹枝状方式，ループ方式，バンキング方式，レギュラネットワーク方式などがある。

配電用変圧器　はいでんようへんあつき　distribution transformer　一般の配電の目的

に使用する高圧の定格容量が 500 kV・A 以下の変圧器。

配電用変電所 はいでんようへんでんしょ distributing substation 2次変電所から送電された 66 kV，77 kV などの電力を 6.6 kV，22 kV などに降圧して需要家に配電するための変電所。

バイト byte 電子計算機が内部演算を行うときの最低処理単位。現在では通常8ビットで構成するとしているが，電子計算機の基本設計に依存する単位であり，1バイトを4ビット，7ビット，12ビットなどとすることもある。本来は，欧文文字1文字分の文字コードを表現するために用いるビット数のことであった。正確に8ビットを表すためにはオクテットという単位を用いる。

排熱回収 はいねつかいしゅう waste heat recovery 熱機関の排出熱を有効利用するために回収すること。ガスタービン，ディーゼル機関などの排気ガスの熱を利用して温水や蒸気を作り，空調や給湯に使う。

排熱回収効率 はいねつかいしゅうこうりつ efficiency of waste heat recovery system 排熱として発生した全熱量に対する回収して利用した熱量の比。

排熱回収ボイラ はいねつかいしゅう── heat recovery boiler ガスタービンなどの内燃機関の排ガスによって加熱するボイラ。排ガスの熱が回収できるため，システム全体の効率が向上する。コージェネレーションシステムなどでは温水や蒸気供給に用いる。

バイパス運転 ──うんてん bypass operation 点検時や異常時などで主系統とは別の回路から，全量又は一部を供給する運転。無停電電源装置の無停電切換のほか，機器交換などのため一時的に別回路で運転する場合もある。 ⇨商用同期無瞬断切換方式

ハイビジョン high definition television ＝ HDTV

ハイビジョン放送 ──ほうそう high vision broadcasting 従来のアナログ放送に比べ，走査線数の増加，画面のワイド化，音声のデジタル化などにより画質及び音質を大幅に改善した放送方式。有効走査線数が 1 080 本，又は画素数が 1 920×1 080 画素で構成する。

パイプシャフト pipe shaft 建築物において給排水，冷温水，給排気，給湯，ガスなどの設備配管を鉛直方向に集中して通すために区画したスペース。

パイプフレーム pipe frame-work 開放形受電設備において盤，遮断器，開閉器，電線などを固定するためにフレームパイプを使用した架構。フレームパイプと組立金物により組み立て，形鋼，平鋼などにより機器などを取り付ける。引込み，高圧盤，低圧盤，コンデンサなどの各ブロックで構成する。

パイプラインヒーティング pipeline heating 常温では高粘度液体又は固体であるものを低粘度の液体としてパイプライン輸送するために，パイプラインの内部又は表面に発熱線などを施設して加温すること。パイプライン輸送の対象として，原油，重油などの石油類，チョコレート，クリーム，糖みつなどの食料品，かせいソーダ，フェノール，ベンゼンなどの化成品類がある。

ハイブリッドサイクル hybrid cycle クローズサイクルとオープンサイクルとを組み合わせて構成した熱機関の運転方式。

ハイブリッド電気自動車 ──でんきじどうしゃ hybrid electric vehicle 電気を含む複数の異なる駆動動力源を用いて，状況により単独または複数の動力源で駆動する車両。内燃機関と電動機を動力源として，発進時や加速時に電動機が内燃機関を補助し，減速時は発電して電力回生するパラレル式や，内燃機関は発電専用で，常時電動機で駆動し，減速時は電力回生するシリーズ式，運転状態に応じて電動機と内燃機関を使い分けて最適制御するシリーズパラレル式がある。 ⇨プラグインハイブリッドカー

バイポーラジャンクショントランジスタ bipolar junction transistor, BJT ＝バイポーラトランジスタ

バイポーラトランジスタ bipolar transistor 正孔と電子の2種類のキャリアで動作するトランジスタ。接合形トランジスタ、バイポーラジャンクショントランジスタ又はBJTともいう。キャリアが1種類のユニポーラトランジスタに対し、キャリアが電子と正孔の2種類なのでバイポーラという。性質の異なるp形半導体及びn形半導体を交互に3層にして構成し、pnp形及びnpn形の2種類がある。3層の両端をコレクタ及びエミッタといい、中央がベースとなる。ベースとエミッタの間に微小電流を流し、エミッタとコレクタとの間に流れる電流を制御する。最初に発明されたトランジスタがバイポーラトランジスタであったので、単にトランジスタといえば、バイポーラトランジスタを指すことが多い。

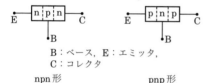

B：ベース、E：エミッタ、C：コレクタ
npn形　　　　　　　pnp形
バイポーラトランジスタの構造

バイメタル bimetallic strip, bimetallic element 熱膨張率の異なる2種の金属片を貼り合わせた部材。温度上昇で湾曲する変位を利用し、温度調節器、温度計などに用いる。

バイメタルサーモスタット bimetallic strip thermostat バイメタルを用いて系の温度を設定された温度の付近に保つための装置。

パイロットランプ pilot lamp, indicator lamp 光源の点滅によって回路の状態を表示する器具。レンズ、フィルタなどの照光部、電球、発光ダイオードなどの光源及びこれらを保持する支持体などで構成し、主として制御盤、配電盤などに用いる。

バインド線　──せん　tie wire　電線、ネオン管などをがいしで支持するときに用いる緊縛用の線。直径0.9mm、1.2mmなどの軟銅線又は亜鉛めっき鉄線及びそれらに綿糸、ビニルなどで被覆したものがある。

ハウリング howling スピーカから出た音がマイクロホン、レコードプレーヤのピックアップなどに入って増幅され、再びスピーカから出る帰還ループで発振する現象。音響的再生作用ともいう。

破壊試験 はかいしけん destructive testing 材料、製品などの試験対象物を強制的に傷つけ、破壊することで、対象物の性質、状態、耐力などを調べる試験。電気機器や電線の絶縁性能の限界を評価するための絶縁破壊試験、コンクリートの強度を評価するためのコンクリート破壊試験、半導体デバイスでの静電気放電に対する耐性を評価するための静電破壊試験などがあり、材料、製品の限界性能を確認し、品質管理及び品質保証の手段として用いる。絶縁破壊試験では絶縁破壊が生じるまで印加電圧を上げてその限界の電圧を測定する。

刃形開閉器 はがたかいへいき knife switch ＝ナイフスイッチ

バグ bug コンピュータプログラムに含まれる誤り又は不具合。初期の電子計算機の論理スイッチに使われていた電磁継電器の接点間に小さな虫（バグ）が挟まり、その場所が接続不良を起こして動作に不具合を生じたことが語源といわれている。バグを取り除く作業はデバッグという。

白色LED はくしょくエルイーディー white light emitting diode ＝白色発光ダイオード

白色蛍光ランプ はくしょくけいこう── white fluorescent lamp（英）, cool fluorescent lamp（米） 相関色温度が約4 200 Kの蛍光ランプ。日の出2時間後の太陽光に似た白色で、昼白色に比べやや黄色を帯びた落ち着いた雰囲気の光色である。

白色発光ダイオード はくしょくはっこう────── white light emitting diode 光の三原色混合や、補色関係にある2色混合などLED、蛍光体の組合せで白色光を発光するダイオード。白色LEDともいう。発光が狭い範囲の波長であるため、単体では本来の意味での白色光は実現できない。発光方

式には次の3通りがある。①光3原色の組合せ方式。ディスプレイ、大形映像装置などに用いるが物の見え方が不自然になる場合がある。②近紫外線又は紫色LEDで光3原色の蛍光体を励起する3波長形蛍光ランプと同じ発光方式。きれいな白色が得られるが、発光効率の向上が課題である。③青色光と、その光で励起される黄色を発光する蛍光体の組み合わせで白色を作り出す青色LEDと黄色蛍光体の組合せ方式。3方式の中では発光効率が最も高い。

白熱電球 はくねつでんきゅう incandescent lamp 通電加熱したガラス球内のタングステンフィラメントの熱放射によって発光する光源。真空電球とガス入り電球とがあり、ガス入り電球に封入するガスにはアルゴン、窒素、クリプトンなどを用いる。

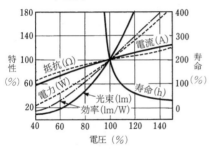

白熱電球の電圧特性

白熱灯 はくねつとう incandescent luminaire 白熱電球を光源とする照明器具。埋込形、じか付け形、壁付き形、つり下げ形などの多様な形式がある。

爆発性ガス雰囲気 ばくはつせい——ふんいき explosive gas atmosphere 大気中で、ガス又は蒸気状の可燃性物質と空気とが混合し、一旦着火するとその周辺全体に火炎が逸走して伝搬する雰囲気。

爆発性雰囲気 ばくはつせいふんいき explosive atmosphere 大気中で、ガス、蒸気、浮遊物、粉じん、繊維又はくず状繊維と空気とが混合した可燃性の状態であり、一旦着火するとその周辺全体に火炎が逸走して伝搬する雰囲気。

爆発性粉じん雰囲気 ばくはつせいふん—— ふんいき explosive dust atmosphere 大気中で、浮遊物又は粉じんと空気とが混合した可燃性の状態であり、一旦着火するとその周辺全体に火炎が逸走して伝搬する雰囲気。

薄膜シリコン太陽電池 はくまく——たいようでんち thin film silicon solar cells 厚みが1~3μm程度の非常に薄い構造のシリコン膜を用いた太陽電池。一般的な結晶系シリコン太陽電池の100分の1前後の厚みで省資源である。大きな基板に塗膜し大面積のものを連続的に生産でき、変換効率は劣るが、低コストである。アモルファスシリコン太陽電池、微結晶シリコン太陽電池などがある。

薄膜太陽電池 はくまくたいようでんち thin film photovoltaic cell 薄膜半導体を用いた太陽電池。アモルファスシリコン太陽電池、CdS太陽電池、CdTe太陽電池、CIS系太陽電池などがある。

歯車ポンプ はぐるま—— gear pump ケーシングの中で2つの歯車をかみ合わせ、ケーシングと歯車との間に流体を封入し、歯車の回転により吐出させるポンプ。ギヤポンプともいう。脈動が少なく自給作用が強く呼水の必要がない。発電設備の燃料など粘性の大きい液体の移送に用いる。

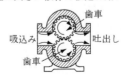

歯車ポンプ

波形率 はけいりつ form factor 任意の波形における電圧又は電流などの実効値の平均値に対する比。波形の平滑さを表示する係数で、次式で表す。

$$波形率 = \frac{実効値}{平均値} = \frac{\sqrt{\frac{1}{T}\int_0^T i^2\,dt}}{\frac{2}{T}\int_0^{T/2} i\,dt}$$

例えば、最大値がI_mの正弦波交流の場合、実効値は$I_m/\sqrt{2}$で平均値は$2I_m/\pi$であるから、両者の比は約1.111となる。波形率

波形率及び波高率

波形	正弦波	半波整流波	全波整流波
波形率 波高率	1.111 1.414	1.571 2.000	1.111 1.414

波形	二等辺三角波	方形波	のこぎり波
波形率 波高率	1.155 1.732	1.000 1.000	1.155 1.732

は非正弦波交流を含む波形の状態を知る目安として用いる。

パケット packet OSI基本参照モデル第3層(ネットワーク層)で扱う送信先のアドレスなどのヘッダを付加したデータの転送単位。第4層(トランスポート層)のデータであるセグメントにIPアドレスなどの送信先情報をヘッダとして追加し構成する。データ長は16～4 096オクテットの可変長で,交信先と自身が取り扱えるデータ量に合わせ交信の都度定める方式が主流であるが,ATMでは53オクテット(ヘッダ5オクテット,データ48オクテット)の固定長を用いる。

パケット携帯端末 ——けいたいたんまつ packet mode terminal 分割したパケットを制御し,組み立てて,送信及び受信することのできるデータ端末装置。携帯電話,パーソナルコンピュータなどがある。

パケット交換 ——こうかん packet switching データ伝送においてデータを分割して単位ブロック(パケット)長とし,各パケットには宛先や順序などの情報を付加して送信し,受信側ではこの情報に基づきデータを再構成する交換方式。従来の回線を占有する交換方式と異なり,パケット交換では回線の空きを監視し,最も効率的な経路を選択して,各パケットを異なる経路で伝送する。

パケット多重化装置 ——たじゅうかそうち packet multi-plexer 別々のパケット信号を単一の合成パケット信号にする機能を持つ装置。IP回線の電話音声,ファクシミリ信号などを多重化して,回線を高効率で使用できる。

波高率 はこうりつ peak factor, crest factor 任意の波形における電圧又は電流などの最大値の実効値に対する比。⇒波形率

$$波高率 = \frac{最大値}{実効値} = \frac{I_m}{\sqrt{\frac{1}{T}\int_0^T i^2\,dt}}$$

バス形LAN ——がたラン bus LAN 1本の高速伝送路を各端末装置で共通に使用し,必要なときに相手端末装置を指定してデータの送受信を行うLAN。伝送路の両端に信号の反射を防ぐためのターミネータと呼ばれる終端抵抗を取り付ける。端末装置の増設が比較的容易にできるが,一部の故障がネットワーク全体に影響を及ぼす。配線に用いる伝送媒体は,ツイストペアケーブル,同軸ケーブル,光ファイバケーブルなどを用いる。

バスダクト busbar trunking system, busway 銅又はアルミニウムの裸導体を絶縁物で支

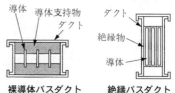

裸導体バスダクト　　絶縁バスダクト

持するか，又は裸導体を絶縁物で被覆し，鋼又はアルミニウム製のダクトに収めたもの。前者を裸導体バスダクト，後者を絶縁バスダクトという。フィーダバスダクト，プラグインバスダクト，トロリーバスダクト，耐火バスダクト，屋外用バスダクト，高圧バスダクトなどの種別がある。

バスタブ曲線 ――きょくせん bath-tub curve →初期故障期間

はずみ車効果 ――ぐるまこうか flywheel effect →慣性モーメント

バスレフ形エンクロージャ ――がた―― bass reflex type enclosure →スピーカエンクロージャ

パソコン personal computer ＝パーソナルコンピュータ

パソコン通信 ――つうしん personal computer communication 会員間での電子メールの送受信，電子掲示板などの機能を持ち，ホストコンピュータとパーソナルコンピュータを通信回線で接続し，情報をやり取りするサービス。

裸電線 はだかでんせん bare conductor 絶縁を施さない電線。架空送電線，受電設備の母線，バスダクトの内部導体，避雷設備の導線，電車線などに用いる。電線が銅帯，アルミ帯などでは，特に裸導体ということもある。絶縁した導体とともに多心形電線を構成する絶縁被覆をもたない導体などを，絶縁をもつ導体と区別して表現する場合は，非絶縁導体という。

裸導体 はだかどうたい bare conductor →裸電線

波長分割多重化 はちょうぶんかつたじゅうか wavelength division multiplexing, WDM 光ファイバ伝送方式において，波長の異なる複数の光信号を重畳して1本の光ファイバケーブルで伝送し，伝送した光信号をそれぞれの波長に分離して取り出す方式。波長の異なる光信号は互いに干渉しないという性質を利用したもので，海底敷設の光ファイバケーブルなどの大容量情報通信方式として利用している。

8-4-2-1 コード はちよんにいち―― eight four two one code ＝2進化10進コード

ハッカー hacker 電子計算機システムに不法に侵入しデータの改ざん，システムの破壊を行う者。クラッカーともいう。本来の意味は，電子計算機に関する高度な技術を持ち，システム解析のできる人を指す。

発火点 はっかてん ignition point 物質を空気中で加熱したとき，点火源なしに自然に燃焼し始める最低の温度。着火点ともいう。発火点の値は，材料の形状，加熱時間，空気の混じり方などによって著しく異なり，物質に固有の値はなく，測定方法も各種ある。

バックアップ back up 装置やシステムなどが故障などで機能しなくなったときに，他の装置やシステムなどで必要な機能を維持するように対策すること。①2回線受電，スポットネットワーク受電など，1つの回線が故障しても他の回線によって無停電で受電を継続する。②非常用予備電源として発電機，蓄電池又は無停電電源装置を用いる。③コンピュータにシステム障害が生じたときの代替システムの使用，又はデータファイルやプログラムの修復若しくは処理再開のために行う対策。④後備保護方式。

BACnet バックネット data communication protocol for building automation and control networks 米国暖房冷凍空調工学会（ASHRAE）が1995年に制定した，特定のベンダに依存しない通信プロトコルを定めた自動制御用標準通信仕様。コントローラごとにニューロンチップなど専用の半導体を必要とせず，ハードウエアにも依存しないオープンプロトコルである。2003年に国際標準化機構（ISO）が規格化した。我が国では，2000年にマルチベンダシステムの構築可能なものとして，電気設備学会がBACnetをベースにして作成したBAS標準インタフェース仕様書（IEIEJ/p）を使用している。2002年にはアデンダムAを策定し，2006年にBACnetシステムインターオペラビリティガイドラインを発行した。

279

バックロードホン形エンクロージャ ──が た── back loaded horn type enclosure →スピーカエンクロージャ

パッケージ形空気調和機 ──がたくうきち ょうわき packaged air conditioner 送風機，圧縮機などを組み合わせた小形の空気調和機。送風機，空気熱交換器，圧縮機，凝縮器，制御機構，エアフィルタで構成する水冷形と，室内機，室外機及びそれらを結合する冷媒配管，制御線，電源配線で構成する空冷形とがある。

発光効率 はっこうこうりつ luminous efficiency 光源の単位電力当たりの全光束。単位はルーメン毎ワット（lm/W）。

発光ダイオード はっこう── light emitting diode，LED 電子流によって励起されたとき，光放射を放出するpn接合を持つ固体デバイス。電気エネルギーを直接光に変える固体素子で，白熱電球に比べて長寿命で自己発熱が少なく，小形・軽量などの特長がある。パイロットランプ，大画面表示装置などに用いる。

パッシブフィルタ passive filter 抵抗，リアクトル，コンデンサなどの受動素子で構成したフィルタ。RCフィルタ，LCフィルタなどがある。受動形フィルタともいう。電気設備では，リアクトルとコンデンサとを組み合わせて特定の周波数帯の高調波を吸収するために用いる高調波フィルタがある。

発信機 はっしんき manual fire alarm box 手動により火災信号を受信機に発信する装置。通話機能によりP型とT型に，また，防滴性能の有無により屋外形と屋内形に分けられる。P型にあっては，その機能により1級と2級に分ける。

発振器 はっしんき oscillator 通信，放送，計測などにおける基準信号発生器。周波数の変動が極めて小さい発振器には水晶発振器，セシウム原子発振器などがある。

発信装置付計量器 はっしんそうちつきけいりょうき meter with transmitter 電気，水道，ガスなどの計量値を計測する計器で，単位当たりの計量値に対してパルスを発信したり電圧の変化（1と0の認識用）を出力する計器。例として，1kW·h当たり1パルスを出力するパルス発信装置付電力量計がある。その出力は集中検針装置や中央監視設備で管理する計量値の入力信号として用いる。

パッチコード patch code 両端コネクタ付きの可とう性のある接続コード。放送設備，構内情報配線設備，調光設備などの装置間や装置と入出力盤間などを接続するために用いる。

バッチ処理 ──しょり 〔1〕batch processing 一定期間若しくは一定量のデータを集め，まとめて一括処理を行う方式，又は，複数の手順からなる処理で，あらかじめ一連の手順を定めておき，自動的に連続処理を行う方式。パーソナルコンピュータでは，起動時の環境構築や自動設定，アプリケーションの自動実行などに用いる。〔2〕batch treatment IC製造のウエーハ処理で，複数枚のウエーハをまとめて同時に処理する方式。

パッチパネル patch panel 〔1〕放送設備において，入力装置をプリアンプに接続するために，パッチコードのプラグ受口を設けた盤。入力パッチ盤ともいう。〔2〕放送設備において，アンプ出力をスピーカに接続するために，パッチコードのプラグ受口を設けた盤。出力パッチ盤ともいう。〔3〕構内情報配線において，通信配線の成端とその管理をする装置で，パッチコードを用いて配線のクロスコネクトを行う盤。メタル配線用，光ファイバ用その他ジャックの種類に応じた盤に用いる。〔4〕劇場などの調光設備において，調光器出力と負荷とを接続するために，パッチコードのプラグ受口を表面に設けた盤。調光器側の受口は，調光器単位に接続可能な負荷回路の数に応じて複数の受口を設ける。

発電機 はつでんき generator 電磁誘導の原理を利用して，機械的エネルギーから電気エネルギーを得る機械。発生する電力の種類により直流発電機，交流発電機（同期発電機及び誘導発電機）があり，非常用予

備電源などには同期発電機を用いる。自動車，オートバイ，小形航空機などに付ける交流同期発電機はオルタネータといい，内蔵の整流器で変換し，直流で出力する。

発電機効率　はつでんきこうりつ　generating efficiency　＝規約効率

発電機出力　はつでんきしゅつりょく　generator output　発電機端子における出力。熱エネルギー又は運動エネルギーを電気エネルギーに変換して取り出すことができる電力をいう。

発電機定数　はつでんきていすう　generator constant　非常用発電機などで，負荷投入時の電圧変動率を計算するときに用いるリアクタンス。一般に百分率（％）で表す。過渡リアクタンス及び初期過渡リアクタンスの平均値をとることになっている。

発電機盤　はつでんきばん　generator panel　発電機の主回路機器，保護装置，励磁装置，制御回路などを収納した制御盤。

発電所　はつでんしょ　power station　発電機，原動機，燃料電池，太陽電池その他の機械器具（小出力発電設備，非常用予備電源設備及び電気用品安全法の適用となる携帯用発電機を除く。）を施設して電気を発生させる所。電気設備技術基準。

発電設備利用率　はつでんせつびりようりつ　power generation capacity factor　発電設備を1日24時間，年間356日，最大出力で運転した場合の発電電力量に対する実際の年間発電電力量の比。

発電端熱効率　はつでんたんねつこうりつ　gloss thermal efficiency　発電機に供給する高位発熱量基準による投入熱量に対する，発電機出力端子部での発電電力量の換算熱量の比。百分率（％）で表す。

発電電力量　はつでんでんりょくりょう　generating power　発電電力に時間を乗じたもの。発生電力量ともいう。単位はキロワット時（kW·h）。1年間に発電する電力量は年間発電電力量といい，年間発電電力量を P_0（kW·h），発電電力を P（kW），発電設備利用率を η とすると $P_0=P\times24\times365\times\eta$ で表す。

発熱シート　はつねつ——　heating sheet　電気を用いて発熱させる柔軟性，弾力性があるシート。第1種及び第2種があり，第1種は屋外用又は水中用，第2種は乾燥した屋内用のものである。

発熱抵抗体　はつねつていこうたい　heat element　電流を通じて，ジュール熱を発生する導体。道路，屋根，床などのヒーティング施設，電気毛布，プリンタのサーマルヘッドなどで利用されている。導体には線状のもの，面状のものなどがある。

発熱ボード　はつねつ——　heating board　電気を用いて発熱させる硬性の外郭を付加したボード。第1種及び第2種があり，第1種は屋外用又は水中用，第2種は乾燥した屋内用のものである。

発熱量　はつねつりょう　heating value　燃料が完全燃焼して発生する単位量当たりの熱量。高位発熱量及び低位発熱量がある。

発報　はっぽう　alarming　状態の異常を捉えたことを知らせる信号を検知器，感知器などが発すること。

はね返りスピーカ　——かえ——　stage monitor loudspeaker　舞台上の出演者や演奏者などが演奏や効果用の音などを聞くために舞台上に置くモニタスピーカ。ステージスピーカともいう。楽器の音などを返して，コンサートなどでは歌いやすく演奏しやすくし，バレエや踊りではリズムをとりやすく踊りやすくするために使用する。また，演劇では効果音を舞台上から出す場合に使用することがある。舞台上又はオーケストラピットに取り付ける。

ばね操作　——そうさ　spring operation　遮断器の投入操作にばねの蓄勢エネルギーを利用する方式。短絡状態の回路の投入には電磁反発力に耐えるだけのエネルギーを必要とする。手動ばね操作及び電動ばね操作がある。電動ばね操作は，従来の電磁ソレノイド操作に比べ，動作電流が小さい。

ハブ　hub　〔1〕ホイールの中心部を形成する部品又は部分。〔2〕金属製又は合成樹脂製の露出用丸形ボックス，露出用スイッチボックス及び埋込用スイッチボックスの電

線管を接続する部分。金属製又は合成樹脂製の電線管を直接ボックスに取り付ける受口である。〔3〕結合方式がスター形であるネットワークにおいて中心部に設置する集線装置。一般にはイーサネットで用い，リピータの機能をもつ。接続はモジュラコネクタ及びモジュラジャックを用いる。

パラボラアンテナ parabolic antenna 回転放物面を反射鏡面とし，その焦点に電波の1次放射器又は入射器を配置したアンテナ。送信アンテナでは，焦点に置いた1次放射器から放出された球面波は，反射鏡で反射して平面波となり，高い指向性をもって前方に放射される。受信アンテナでは，反射鏡を用いて電波を集めるが，反射鏡の口径を大きくして受信利得を高めることができる。比較的簡単な構造で良好な特性が得られることから，マイクロ波用に用いる。衛星通信，衛星放送にも用いる。

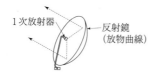

パラボラアンテナ

パラメータ励振 ——れいしん parametric excitation 非線形特性を持つインダクタンス又はキャパシタンスの大きさをある周波数で変化させ共振回路にその励振周波数の1/2の発振電圧を生じさせる現象。単相多相電力変換装置，ロボット制御などに用いる。⇒パラメトロン

パラメトロン parametron 共振回路のパラメータ励振現象を用いて記憶や論理演算の機能を行う論理回路素子。LC共振回路を2倍の励振周波数で変動させ，パラメータ励振により共振回路の振動を励起し，このときの位相が0又はπとなる現象を2進数の0と1に対応させて用いる。1954年に後藤英一によって発明された。

パラレルプロセッシング parallel processing 1つの仕事を複数の処理単位又は実行単位に分割し，これを複数のCPUに割り当て，同時に並列に処理して仕事の処理能力を向上させる技術又はソフトウエア手法の総称。

バランス照明 ——しょうめい valance lighting 窓や壁面の上部に壁と平行に取り付けた遮光帯で光源を隠して，光を上下に出して壁面及び天井面を照らす照明方式。バランスとは，カーテンの金具隠しのことで，この場合遮光帯を指す。

バランス照明

バリスタ varistor 印加電圧の上昇に伴い，非直線的に抵抗値が減少する抵抗器。サージアブソーバとしても用いる。

パリティチェック parity check データ通信において，データの誤り（エラー）を検出する手法。データのビット列中に含まれる"1"の個数が奇数か偶数かを表す奇偶検査ビット（パリティビット）を1ビット付加して送信し，データの誤りを検出する。奇数パリティチェックと偶数パリティチェックとがあるが，一般には奇数パリティチ

```
送信側
0 1 0 0 1 0 0 0  1
─────────────── ───
 データビットに   パリティ
 "1"が2個       ビット
```
パリティビットを含め"1"が3個の奇数個とする

```
受信側
0 1 0 0 0 0 0 0  1
─────────────── ───
 データビットに   パリティ
 "1"が1個       ビット
```
パリティビットを含め"1"が2個であるので，誤りを検出できる

奇数パリティチェック

ェックを用いる。電子計算機内部の回路間のデータ転送，電子計算機同士の通信などに幅広く利用している。

波力発電　はりょくはつでん　wave activated power generation　波による海面の上下運動によって発生する位置及び運動エネルギーを利用する発電。2次的に空気エネルギーに変換し，空気タービンを駆動して行う発電が主流であり，出力100W程度の波力発電ブイを実用化している。

PAL　パル　perimeter annual load factor ＝年間熱負荷係数

バルクハウゼン効果　——こうか　Barkhausen effect　強磁性体がコイルの中にあるとき，励磁電流の変化でコイルに雑音が発生する現象。強磁性体の磁化に不連続が生じることによる。変圧器やチョークコイルなどで見られる。

バルクハウゼン発振器　——はっしんき　Barkhausen oscillator　バルクハウゼンの考案によるLC発振器。コルピッツ発振回路とハートレー発振回路とがある。

パルス　pulse　短時間における物理量の急激な変化で，変化後急激に初期値に復帰する変化。多くは繰り返し性がある。方形パルス，三角パルスなどがあり，電圧，電流，電波などで信号に用いることが多い。

パルス振幅変調方式　——しんぷくへんちょうほうしき　pulse amplitude modulation, PAM　直流電圧のパルスの振幅を変えて，交流を発生する変調方式。パルス振幅を変える信号が大きいときはパルスの高さすなわち振幅が大きくなり，信号が小さいときはパルスの振幅が小さくなる。パルスの間隔や幅は変わらない。ルームエアコン，冷蔵庫，洗濯機などの家電製品に組み込む電動機の回転数制御に用いる。

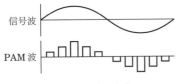
パルス振幅変調方式

パルスノイズ　pulse noise　成分が周波数の広い帯域に分布するパルス状のノイズ。自動車，電気ドリル，ネオンサイン，送配電線，電気機器などが運転時や故障時に発する火花放電，グロー放電，コロナ放電などで生じる。

パルス幅変調方式　——はばへんちょうほうしき　pulse width modulation, PWM　変調信号の大きさに応じてパルスの幅が変化する変調方式。信号が大きいときはパルスの幅が大きくなり，信号が小さいときはパルスの幅が小さくなる。パルスの位置や振幅は変わらない。パワーエレクトロニクスにおけるインバータやコンバータの波形変換を行う場合に用いる。IGBTなどの半導体素子は高速でスイッチングができるので，電圧波形を正弦波に近づけることが可能となるため，高調波の発生を低減できる。

パルス幅変調方式

パルス変換器　——へんかんき　pulse transducer　検出器の信号又は量を，それに対応するパルス相互又はパルスとアナログとの間で変換するための機器。発信装置付電力量計などからのパルス出力信号を受け，計測制御に使用するための条件に合ったパルス信号に変換する機器のほか，アナログ入力をパルス信号出力する機器及びパルス信号入力をアナログ出力する機器がある。

パレート図　——ず　pareto diagram　項目別に層別して，出現頻度の大きさの順に並べるとともに，累積和を示した図（次頁参照）。累積度数分布図ともいう。品質不良の原因や状況を示す項目を抽出して出現頻度の大きい順に棒グラフで表し，その累積和を折れ線グラフで示すと，問題解決又は改善に当たってどの項目が重要かを判断することができる。

ハロゲン電球　——でんきゅう　tungsten

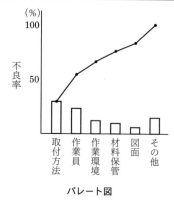

パレート図

低圧配電線をバンキングブレーカ又は区分ヒューズで接続した低圧配電方式。変圧器相互の負荷の融通を図ることができ，樹枝状配電方式に比べ電圧変動やフリッカを軽減し，電圧降下や電力損失を減少させることができる。

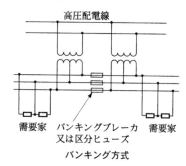

バンキング方式

halogen lamp フィラメントがタングステンで，ハロゲン元素又はハロゲン化合物を含むガス入り電球。タングステンハロゲン電球ともいう。寿命を左右したり黒化の原因となるタングステンの蒸発を抑制するため，管内にふっ素，塩素，臭素，よう素などのハロゲン元素を封入し，ハロゲン元素が再生循環反応（ハロゲンサイクル）を行うことで，管壁黒化の発生がほとんどなく，寿命末期まで光束減退も少ない。管壁温度は 170～250℃ になるので取扱いに注意を要する。

パワーアンプ power amplifier プリアンプからの電気信号を増幅してスピーカを駆動するのに十分な電力を発生させる拡声設備用機器。

パワーコンディショナ power conditioning subsystem, PCS 太陽電池，燃料電池などの発電電力を商用電力系統に接続して，安定した運転を行うために，発電電力を制御し系統電力に変換する，系統連系保護機能を備えた装置。

パワーセンタ power center ＝ロードセンタ

半間接照明 はんかんせつしょうめい semi-indirect lighting 大きさを無限と仮定した作業面に，発散する光束の 10～40％ が直接に到達するような配光を持った照明器具による照明。

バンキング方式 ——ほうしき banking system 2台以上の配電用変圧器の2次側

バンク bank 複数個接続して1つの装置として使用する同類機器の集合体。変圧器，進相コンデンサ，照明設備などに見ることができる。なお，同一高圧回路に接続された変圧器の2次側を並列接続することをバンキングという。

バンク単位 ——たんい transformer bank 配電用変電所で逆潮流が発生すると，系統不安定化が生じるので，逆潮流を生じないよう容量制限を行うための，分散形電源の総量を制限する単位。系統運用者は系統側の電圧管理面で問題が生じないよう，逆潮流のある発電設備などの設置が，当該発電設備などを連系する配電用変電所のバンクで，常に逆潮流が生じないようにする必要がある。

バンク容量 ——ようりょう transformer bank capacity ①変電設備における変圧器1台の容量又は単相変圧器を3台組合せて三相変圧器を構成した場合の変圧器群容量。②配電用変電所などの1変圧器の容量。

反限時特性 はんげんじとくせい inversed time characteristic →継電器動作時間特性

パンザマスト panzer mast ＝鋼板組立柱

反磁性 はんじせい diamagnetism 外部磁界を印加すると，磁界の逆向きに磁化し，

磁界とその勾配の積に比例する斥力が，磁界に反発する方向に生ずる磁力。反磁性体は自発磁化を持たず，外部磁界を加えたときのみ反磁性が現れる。

反磁性体 はんじせいたい diamagnetic substance 反磁性を示す物質。水，石英ガラス，ベンゼン，ビスマスなどがある。

反射 はんしゃ reflection 放射が，その単色放射成分の周波数を変えることなく，ある表面又はある媒質によって戻される過程。ある媒質に当たる放射の一部は，媒質表面から反射（表面反射）し，他の一部は，媒質内部で散乱して戻る（内部反射）。放射の周波数は，放射を戻す材料の運動によるドップラー効果さえなければ，変化することはない。

反射がさ はんしゃ—— reflector ランプの一部を覆い，ランプの配光を制御するのに反射現象を用いる照明器具の部品又は部分。

反射形液晶プロジェクタ はんしゃがたえきしょう—— liquid crystal on silicon projector ＝LCOS プロジェクタ

反射形投光電球 はんしゃがたとうこうでんきゅう reflector incandescent lamp, projector incandescent lamp 投光照明に用いる，反射面を内蔵する白熱電球。

反射形ランプ はんしゃがた—— reflector lamp ガラス球の一部に反射性材料の皮膜を付けた白熱電球又は放電ランプ。

反射グレア はんしゃ—— glare by reflection 光源など輝度の高い物体の反射像が，特に視対象と同じ方向であることによって生じるグレア。例えば，パソコンの画面に窓や照明器具などの高輝度のものが映り込み，画面の文字が見づらくなるような現象。

反射減衰量 はんしゃげんすいりょう optical reflected attenuation value 順方向に入射する光パワーに対する，光コネクタなどの内部及び入射端子の表面で反射し，入射端子から出射する光のパワーの比。光ファイバケーブルの内部，ケーブル接続部などの特性インピーダンス不整合の程度を表

す。単位はデシベル（dB）。反射減衰量を L，入射光パワーを P_1，入射端から出射する光パワーを P_2 とすると，次式で表す。

$$L=-10\log_{10}(P_2/P_1)$$

反射障害 はんしゃしょうがい radio disturbance due to reflection 建造物などに当たった電波が壁面で反射し，受信点に目的波よりも遅れて到達するために起きる障害。反射障害は，目的波と反射波との強度の差で目立ち方が違ってくるため，目的波の強度が高くても，強い反射波が生じたときは障害が現れる。

反射日射 はんしゃにっしゃ reflected solar radiation 地表面及び日射を受けるあらゆる面による全天日射の反射による放射。単位はワット毎平方メートル（W/m²）。

反射の法則 はんしゃ—ほうそく law of reflection 反射面の法線から測った放射の入射角と反射角とが等しいこと。

反射の法則

反射率 はんしゃりつ reflectance 物体に入射した放射束又は光束に対する，反射した放射束又は光束の比。反射は材料の基本的な光学特性で，通常ある材料の反射率は光の入射角が変わっても常に一定である。例えば，白壁 60〜80％，障子紙 40〜50％，黒ペンキ 5〜10％ である。

反相 はんそう incorrect phase sequence 三相交流の相順（相回転の方向）が正方向と反対になること。ABC の相順を電動機の UVW の順に接続するとシャフトの反対側から見て右回りとなるが，そのうちの 2 線を入れ換えると，電動機の回転方向は反対となる。

反相継電器 はんそうけいでんき incorrect phase relay 逆接続による三相誘導電動機の逆回転を検出するための継電器。3E 形の電動機保護継電器は，過負荷検出要素，欠相検出要素及び反相検出要素で構成す

る。

搬送設備 はんそうせつび transportation equipment 人，物，空気，水などを輸送する設備。人又は物を輸送するものにはエレベータ，エスカレータ，小荷物専用昇降機，ベルトコンベア，気送管，自動車用エレベータ，立体駐車場装置，ゴンドラ設備などがある。空気，水などの輸送にはポンプやファンを動力源とし，搬送媒体として配管やダクトを使用する。

搬送波 はんそうは carrier 情報の伝達に必要な搬送用の正弦波又は周期的なパルスなどの波。キャリアともいう。例えば，AMラジオで数百kHz程度の高周波に20kHz以下の音声信号を載せて送信するときの高周波が搬送波である。また，インバータのPWM制御で，半導体素子をオン及びオフする基準信号として用いる三角波（8～10kHz程度）が搬送波である。

はんだ soft solder alloy すず及び鉛を主成分とし，アンチモン，銀などを微量に含み，融点が450℃以下の合金。軟ろうともいい，銅，鉄などの接合に用いる。電気工事に使用するものは，すず55%-鉛45% 又はすず50%-鉛50%の合金が一般的であり，形状は，塊状，棒状，帯状，線状などがある。

半直接照明 はんちょくせつしょうめい semi-direct lighting 大きさを無限と仮定した作業面に，発散する光束の60～90%が直接に到達するような配光を持った照明器具による照明。

パンチライト single floodlight 単体のフラッドライト。背景などを部分的に照射するために用い，ホリゾント幕などの前に置く置き形及びセット又はバトンにつるつり形があり，箱形を特にボックスライトともいう。

ハンチング hunting 制御機器のオンオフ動作後に，その動作に起因して生じる制御変数の設定値近傍での継続的振動現象。制御変数の振動幅が小さく，それが許容範囲内であれば良い制御である。設定値に達した後，行き過ぎる現象のことをオーバシュ

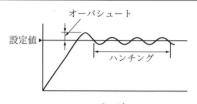

ハンチング

ートという。

反転増幅器 はんてんぞうふくき inverting amplifier 入力信号及び出力信号の位相がπだけ変化する集積回路で構成した増幅器。

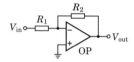

V_{in}：入力電圧，R_1：入力抵抗，R_2：負帰還抵抗，OP：演算増幅器，V_{out}：出力電圧
$V_{out}=-(R_2/R_1)V_{in}$

反転増幅器

半導体 はんどうたい semiconductor 導体と絶縁体との中間の導電率を持ち，温度によってその導電率が変化する性質の物質。代表的なものにシリコンがある。セミコンダクタともいう。半導体を用いたものには，ダイオード，トランジスタ，それらの集積回路などがある。

半導体スイッチ はんどうたい―― semi-conductor switching device 3端子半導体素子の制御端子に加える信号によって主回路を開閉する機能を用いたスイッチ。スイッチ素子として電界効果トランジスタ，バイポーラトランジスタ，MOSFETなどの半導体を用いる。

ハンドホール handhole 地中管路工事でケーブルの引入れ，中継又は接続を地表面から行うために設ける地中箱。現場でコンクリートを打設する方法と工場製作によるプレハブ方式とがある。

半二重通信 はんにじゅうつうしん half-duplex transmission 同時に双方からデータを送受信することができず，伝送を時分割して，交互に伝送方向を切り換え，デー

タ伝送する双方向通信。⇨全二重通信

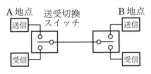

半二重通信

販売時点情報管理 はんばいじてんじょうほうかんり　point of sales system, POS　店舗で商品の販売情報を記録し，集計結果を在庫管理やマーケティング材料として用いるシステム。ポス又はポスシステムともいう。販売商品の情報をあらかじめホストコンピュータに記録しておき，販売時に商品バーコードをもとに，レシートに購入商品を正確に印字することもできる。更に，経理システムなどと連携させ，一元管理をすることもできる。

反発始動誘導電動機 はんぱつしどうゆうどうでんどうき　repulsion-start type induction motor　始動トルクを発生させるため回転子に直流電動機の電機子と同様に巻線，整流子をもち，ブラシ間を短絡して始動する単相誘導電動機。加速後は自動的に整流子片間を短絡して運転する。始動トルクは非常に大きいが，高価で保守にも難点がある。深井戸ポンプ，工作機械などに用いる。

反発電動機 はんぱつでんどうき　repulsion motor　界磁に単相交流を印加し，直流電動機と同じ構造を持つ回転子をブラシを通して短絡し，ブラシを移動して回転子にトルクを発生させる交流整流子電動機。起動トルクが大きく，ブラシの移動，または電圧を変えて広範囲に速度制御が可能であるが,容量に制限があり小出力のものに限る。

反復使用 はんぷくしよう　periodic duty　電動機などで運転・停止を期間が適当な周期で繰り返す運転。

ヒ

非安定マルチバイブレータ ひあんてい——　astable multivibrator　＝無安定マルチバイブレータ

BREEM ビーアールイーイーエム　Building Research Establishment Environmental Assessment Method　＝ブリーム

BIM ビーアイエム　building information modeling　＝建築物情報モデリング

BIL ビーアイエル　basic impulse insulation level　＝基準衝撃絶縁強度

BIOS ビーアイオーエス　basic input output system　＝バイオス

PID 制御 ピーアイディーせいぎょ　PID control　比例動作，積分動作及び微分動作を組み合わせたフィードバック信号でプロセスを設定値に収束させる制御。制御偏差に比例した信号を発生するP（proportional）動作による比例制御，制御偏差の累積値に比例した信号を発生するI（integral）動作による積分制御，及び現在値の接線勾配である偏差の変化率に比例した信号を発生するD（differential）動作による微分制御を組み合わせる。比例制御は設定値に近づくと操作量が小さくなり偏差が残るので，積分制御で偏差を足してその値に比例した操作量を変えて設定値に達することができる。この組合せだけでは時間がかかるので微分制御を行い偏差の変化する速度に比例した操作量を出して応答速度を速くする。温度制御，流量制御，圧力制御などに用いる。

PEN 導体 ピーイーエヌどうたい　PEN conductor　保護導体及び中性線の機能を兼用した導体。PENは，保護導体の記号PEと中性線の記号Nとの組合せである。PEN導体は，TN-C系統などに用いる。TN-C系統は，欧米では古くからヌールング（nulung）方式という呼称でTN-C系統を採用していた。PEN導体の断線が致命的欠陥となるので我が国では行われていない。

BEF ビーイーエフ　band elimination filter　＝帯域除去フィルタ

PEFC ピーイーエフシー　polymer electrolyte fuel cell　＝固体高分子形燃料電池

BEMS ビーイーエムエス　building and energy management system　＝ビルエネ

ギー管理システム

PELV システム ピーイーエルブイ—— protective extra-low voltage system 正常状態で，更に，他の回路の地絡故障を除く単一故障状態で，特別低電圧を超える電圧を発生しない電気方式。PELVシステムの要件は，公称電圧が特別低電圧以下，絶縁変圧器を介した接地回路，他の回路から二重絶縁などで分離，充電部は500V1分間に耐える絶縁を施す，システムの接地設備及び露出導電性部分に等電位ボンディングを施すなどである。なお，乾燥した場所では，交流25V又は直流60V以下の充電部は上記の絶縁を要しない。

PAFC ピーエーエフシー phosphoric acid fuel cell ＝りん酸形燃料電池

BACS ビーエーシーエス building automation and control systems ＝ビル自動管理制御システム

BA ビーエー building automation system ＝ビルオートメーションシステム

BAS ビーエーエス building automation system ＝ビルオートメーションシステム

PAM ピーエーエム pulse amplitude modulation ＝パルス振幅変調方式

PAシステム ピーエー—— public address system ＝構内放送設備

BS-IF ビーエスアイエフ broadcasting satellite-intermediate frequency 放送衛星からの高周波数信号の中間周波数信号への変換。放送衛星からの12GHz帯の信号をBSアンテナ直下のコンバータ部で，同軸ケーブルで伝送可能な1GHz帯の信号に周波数変換することをいう。通信衛星ではCS-IFを用いる。

BSアンテナ ビーエス—— BS antenna 放送衛星（BS, broadcasting satellite）を利用した放送を受信するアンテナ。地上局から衛星に発信され，再び地上に向けて中継された電波を受信する。パラボラアンテナが一般的であるが，平面アンテナもある。BS-CS共用アンテナもある。

PSALI ピーエスエーエルアイ permanent supplementary artificial lighting in interiors ＝プサリ

PSF ピーエスエフ performance shaping factor ＝行動形成要因

BSチューナ ビーエス—— BS tuner BSアンテナで受信したBSデジタル放送信号の中から，特定のチャンネルだけを選局し，復調する装置。BSアンテナで受信した12GHz帯の信号は，アンテナ直下のコンバータで1GHz帯のBS-IF信号に変換し，BSチューナへ送る。この信号を希望チャンネルごとに選局し，復調してアナログ信号を受像機へ出力する。アナログテレビでBSデジタル放送を受信する際に必要となり，デジタルをアナログに変換することからデジタルコンバータともいう。

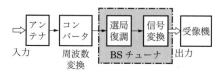

BS-IF 伝送方式

BS放送 ビーエスほうそう broadcasting by satellite 放送専用の静止衛星を用いて直接地上の受信者に送信するテレビジョン放送。2000年にデジタル放送を開始した。

PHEV ピーエッチイーブイ plugin hybrid electric vehicle ＝プラグインハイブリッドカー

PHS ピーエッチエス personal handyphone system 1995年からサービスが開始されたデジタル方式による移動電話。導入初期は携帯電話（PDC; personal digital cellular system）と比較され，簡易形携帯電話といわれた。小形で低出力のアンテナ（有効範囲：100〜500m）を多数配置して，サービスエリアをカバーする。使用周波数帯域は1.9GHz帯で，伝送速度は32 kbpsであり，高音質である。

BH曲線 ビーエッチきょくせん BH curve ＝磁化曲線

PF ピーエフ power fuse ＝電力ヒューズ

PFI ピーエフアイ private finance initiative 公共部門が行っていた社会資本整備

に民間の業者を導入する手法。政府や自治体が公共事業を実施するに当たり，公共施設などの設計，建設，運営，維持管理を民間の資金，技術力，経営手法などを競争入札で選んだ民間業者に任せる「民間資金等の活用による公共施設などの整備等の促進に関する法律」(PFI法)に基づく。

PF管 ピーエフかん ＝合成樹脂製可とう管

PM ピーエム preventive maintenance ＝予防保全

BMI ビーエムアイ brain-machine interface ＝ブレインマシンインタフェース

PMSモータ ピーエムエス── permanent magnet synchronous motor ＝永久磁石同期電動機

BMS ビーエムエス building management system ＝ビルマネジメントシステム

PMT ピーエムティー photomultiplier tube ＝光電子増倍管

PMV制御 ピーエムブイせいぎょ predicted mean vote control 暑い寒いといった温熱感覚に基づく快適指標（PMV）の理論を取り入れた空調制御。室温の設定を一定にせず，外気温や放射熱，着衣量などの条件を感知して，人が心地よく感じる室内温度にすることにより暖めすぎ，冷やしすぎのない快適さを保ち，省エネルギーにもつながる室内環境最適化を目指した空調制御方式である。快適指標理論は，温度，湿度，平均放射温度，気流速度，着衣量及び活動量の6変数と快適指標とを実験式で関連づけたものである。

PL ピーエル product liability ＝製造物責任

PLC ピーエルシー 〔1〕power line communication ＝電力線搬送通信〔2〕programmable logic controller ＝プログラマブルコントローラ

POS ピーオーエス point of sales system ＝販売時点情報管理

POP ピーオーピー post office protocol インターネットのメールサーバに届いた自分宛てのメールをサーバから一括してパーソナルコンピュータにダウンロードするときに用いるプロトコル。ポップともいう。受信用サーバに届いたメールはすべてダウンロードする。メール利用者がメールサーバへの送信時に用いるSMTPとセットで用いる。　⇨ IMAP

P型受信機 ピーがたじゅしんき P-type control and indicating equipment 感知器又は発信機が発した火災信号を直接又は中継器を介して受信し，火災の発生場所を示す地区表示灯を点灯させるとともに音響装置により警報音を発して火災の発生を関係者に報知する装置。火災発生の警戒区域を識別するため，警戒区域ごとに受信機と感知器又は発信機を接続する回線を設ける。火災信号の受信時には，各警戒区域に応じた地区表示灯が点灯する。P型受信機は，機能別に1級，2級，3級に分類する。回線数は2級を5回線以下に，3級を1回線に制限する。Pはproprietaryを示す。

B型接地極 ビーがたせっちきょく B type earth electrode 外部雷保護システムで，環状接地極，基礎接地極又は網状接地極からなる接地極。

P型発信機 ピーがたはっしんき P-type manual fire alarm box 手動押しボタンにより受信機に火災信号を発する発信機。機能によって1級と2級に分ける。1級はP型1級受信機に接続して用い，応答確認ランプと電話用ジャックを有する。2級はP型2級受信機に接続して用い，押しボタンがあるのみである。

p形半導体 ピーがたはんどうたい p-type semiconductor 最外殻電子の数が4の真性半導体に最外殻電子が4より小さい不純物を添加して正孔をキャリアにした不純物半導体。半導体がシリコンの場合ほう素を添加して作る。

ピークカット peak-load cut operation 夏季などにおいて一時的に電力の需要が増大するようなとき，一部の負荷を切り離したり自家発電設備から電力を供給することによって，商用系統からの受電電力を抑えること。

ピークシフト peak shift 電力需要の高い時間帯の消費電力を低い時間帯に移行すること。工場などの操業日や時間を計画的に移行する，又は蓄熱，蓄電技術などを用いる。

PC ピーシー personal computer ＝パーソナルコンピュータ

PCS ピーシーエス power conditioning subsystem ＝パワーコンディショナ

BCM ビーシーエム business continuity management ＝事業継続マネジメント

PCスイッチ ピーシー—— photoelectric control unit ＝光電式自動点滅器

PCT ピーシーティー potential current transformer ＝計器用変圧変流器

BCD ビーシーディー binary-coded decimal ＝2進化10進法

PCB ピーシービー 〔1〕polychlorinated biphenyl ポリ塩化ビフェニルの略。PCB油は不燃性，非爆発性，良好な電気絶縁特性などを活用して，変圧器，コンデンサ，計器用変成器などの絶縁油として昭和30年ごろから使用してきたが，人体に有害であることが判明し，昭和48年の法律でその使用を禁止した。使用済みのPCB使用電気機器はその管理に万全を期す必要がある。〔2〕printed circuit board プリント配線回路用基板。

BCP ビーシーピー business continuity plan ＝事業継続計画

BJT ビージェーティー bipolar junction transistor ＝バイポーラトランジスタ

B種鋼管柱 ビーしゅこうかんちゅう B grade steel pipe pole 鋼管を柱体とする鉄柱でA種鋼管柱以外のもの。

B種鋼板組立柱 ビーしゅこうはんくみたてちゅう B grade steel plate assemble pole A種鋼板組立柱以外の鋼板組立柱。

B種接地工事 ビーしゅせっちこうじ B class earthing 高圧又は特別高圧電路と低圧電路とを結合する変圧器の低圧側の中性点に施す接地工事。低圧電路の使用電圧が300V以下で，中性点に施し難いときは低圧側の1端子に施すことができる。接地抵抗値は変圧器の高圧側又は特別高圧側の電路の1線地絡電流のアンペア数で150を除したオーム数以下とする。接地線は引張強さ2.46kN以上の金属線又は直径4mm以上の軟銅線とする。

B種鉄筋コンクリート柱 ビーしゅてっきん——ちゅう B grade reinforced concrete pole A種鉄筋コンクリート柱以外の鉄筋コンクリート柱。

B種ヒューズ ビーしゅ—— type B fuse 定格電流の1.3倍の電流で溶断せず，1.6倍で所定の時間内に溶断する配線用ヒューズ。我が国で現在製作されているもので，ヨーロッパでもほとんどB種ヒューズである。

b接点 ビーせってん break contact すべてのエネルギー源を切り離したとき，閉路している接点。動作時は開路となる。ブレーク接点，常時閉路接点又はNC接点ともいう。

PWM ピーダブリューエム pulse width modulation ＝パルス幅変調方式

PT ピーティー potential transformer ＝計器用変圧器

PD ピーディー capacitance potential device ＝コンデンサ形計器用変圧器

PDA ピーディーエー personal digital assistants ＝携帯情報端末

PDCA ピーディーシーエー ＝デミングサイクル

ヒートアイランド heat island 人間の社会活動により都市部の気温が，周辺郊外部より高温になる現象。人工排熱，地表面の人工被覆，及び都市密度の高度化が主な原因となる。高温域が都市を中心に島状に分布する等温線の形状を示す。

ビート障害 ——しょうがい beat interference 混信に伴うテレビ電波受信障害。画面に不規則に変化するしま模様が入る，画面上に2つの番組が重なって見える，画面が白く又は真っ黒となる，音声が途絶えるなどの現象が現れる。原因として，受信機内部の異常，無線電波や他局の混信，ブースタや関連機器の発振などがある。

ヒートバランス heat balance　設備に供給される熱量及び電力（又は仕事）の熱当量を入熱と出熱との関係で明示すること。熱勘定又は熱バランスともいう。

ヒートポンプ heat pump　冷凍サイクルで蒸発器の吸熱作用又は凝縮器の放熱作用を利用して冷暖房を行う装置。低温熱源の熱を蒸発器で吸収し高温にして凝縮器から放出することが，あたかもポンプで熱を汲み上げるように見えることからこの名前がある。出力／入力の値を成績係数といい，一般に2〜4程度となり省エネルギー効果は大きい。

ヒートポンプチラー heat pump chiller　ヒートポンプを利用して液体を冷却するためのユニット化した冷凍装置。

PBX ピービーエックス　private branch exchange　＝構内交換機

BPF ビーピーエフ　band pass filter　＝帯域フィルタ

ビームの開き ――ひら――　beam spread　反射形ランプ又はランプを装着した投光器などの配光特性で，指定された平面極座標上の光度分布が最大光度に対してある比率となる2つの方向がなす角。反射形ランプでは最大光度に対して50％の，投光器では10％の光度を見込む角を用いる。

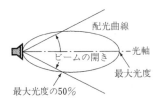

反射形ランプのビームの開き

PUE ピーユーイー　power usage effectiveness　データセンタなどのIT関連施設で全消費エネルギーをIT機器の消費エネルギーで除した，エネルギー効率の指標。施設の全消費エネルギーが電子計算機やネットワーク機器などのIT機器が消費するエネルギーの何倍に相当するかを表す。1.0に近いほどエネルギー効率が良い。

ピエゾ効果 ――こうか　piezoelectric effect　＝圧電効果

ピエゾ抵抗効果 ――ていこうこうか　piezoelectric resistance effect　応力によって半導体の導電率が変化する現象。ひずみ計，圧力センサなどに応用される。

ヒエラルキー hierarchy　＝ハイアラーキ

ビオ・サバールの法則 ――ほうそく　Biot-Savart's law　導線を流れる電流の微小部分が周囲に作る磁界の強度を与える法則。細長い導体に電流 $I(A)$ が流れているとき，導体上の任意の点 A において導体の微小な長さ $ds(m)$ と電流との積 Ids によって，点 A から角 θ の方向で距離 $r(m)$ の点 B に生じる磁界の強さ $dH(A/m)$ は，$dH=I\sin\theta ds/4\pi r^2$ で表す。

非火災報 ひかさいほう　unwanted fire alarm　火災でないときに，煙や熱（温度）のレベルが感知器発報レベルに達し火災発報すること。感知器は煙や熱を感知して火災と判別するが，たばこや調理などにより発生する煙や熱を，火災によるものかどうかの判別ができないために起こる。

光 ひかり　〔1〕light　視覚系に明るさ及び色の知覚又は感覚を生じさせる放射。可視放射ともいう。〔2〕optical radiation　紫外放射，可視放射及び赤外放射の総称。

光IC ひかりアイシー　optical integrated circuit　＝光集積回路

光害 ひかりがい　light pollution　照明器具から漏れる光によって，周辺環境や人々の生活に悪影響を及ぼす状態。照明器具からの光のうち目的とする照明対象範囲外に照射される光が動植物に障害を与えたり，夜空を必要以上に明るくしたりするので，配光に気を付ける必要がある。

光起電力効果 ひかりきでんりょくこうか　photovoltaic effect　光を吸収して内部光電効果によって起電力が発生する現象。光電効果のうち物質内部の伝導電子が増加して起こる内部光電効果である。半導体のpn接合部又は整流作用を持つ金属と半導体の接触部とに存在する界面の電界により，入射した光子のエネルギーで電位差を生じる。光電池などに用いる。

光交換機 ひかりこうかんき optical switch, optical switchboard 光通信の経路を切り換える装置。光ファイバケーブルで伝送されてきた光信号を一度光電気変換し、電気的に処理した後、再び電気光変換し、光ファイバケーブルに送り出す方式と光電気変換せずに光信号のまま入力、処理及び出力する全光形の信号処理を行う方式とがある。

光コネクタ ひかり—— optical connector ＝光ファイバコネクタ

光集積回路 ひかりしゅうせきかいろ optical integrated circuit, integrated optics 発光、光検出、光増幅、光変調、周波数フィルタリングなどの機能をもつ光学素子及び光導波路を一体として同一基板上に集積した回路。光ICともいう。分光器などの受動回路と、光通信中継器などの能動回路とがある。光電子混合の集積回路、半導体光集積回路などもある。単体の光学素子を組み合わせて構成する回路に比べ、小形、軽量で量産に適するとともに時間応答が早いことなどが特徴である。

光ディスク ひかり—— optical disk レーザ光によって書込みや読出しのできる記録層にデジタル化した画像などの情報を記録し、保持する円盤状の記憶媒体。コンパクトディスク（CD）、デジタルバーサタイルディスク（DVD）などがある。記録及び再生だけの追記形と書換えが可能な書換え形とがある。

光電気変換器 ひかりでんきへんかんき opto-electric converter 光信号を電気信号に変換する装置。O/E変換器ともいう。

光天井 ひかりてんじょう luminous ceiling 拡散透過性のパネルで天井の大部分を覆い、その上部に光源を配置した照明。拡散パネル上の輝度を一様にするため、光源の取付間隔及び光源とパネルの間の距離に留意する必要がある。

光伝送システム ひかりでんそう—— optical transmission system 伝送路に光ファイバケーブルを用い、情報、データを広帯域のデジタル信号で光変調した光信号で伝送するシステム。減衰量が少なく、電磁ノイズに強く、長距離で大容量の伝送に用いる。

光電池 ひかりでんち photovoltaic cells 光エネルギーを光起電力効果により直接電気エネルギーに変換する半導体装置。太陽電池、照度計などに用いる。

光ファイバ ひかり—— optical fiber ①裸光ファイバ、光ファイバ素線、光ファイバ心線及び光ファイバコードの総称。②光の透過率が高い構造の繊維。二重石英ガラス、プラスチックなどを用いた屈折率の異なるコアとクラッドから成る二重構造で、クラッドよりもコアの屈折率が高く、全反射や屈折により伝搬させる光を中心部のコアに集中する。光の伝搬経路が単一のシングルモード光ファイバと光の伝搬経路が複数あるマルチモード光ファイバとがある。

光ファイバアナライザ ひかり—— optical time domain reflectometer, OTDR 光ファイバケーブルに光パルスを入射し、その伝搬する光パルスから入射端に戻ってくる微弱な反射光を測定し、光ファイバケーブルの接続損失、反射減衰量又は損失発生地点までの距離を測定する計器。住宅、事務所などでの光ファイバケーブル敷設工事及び維持管理で、その情報通信回路の健全性を検証する手段として用いる。

光ファイバケーブル ひかり—— optical fiber cable 石英ガラス、多成分系ガラス、メタクリル樹脂などの極めて細い線を光信号伝送路として利用する通信用ケーブル。内面屈折率が大きいので曲げても光がほとんど減衰せずに伝達され、伝送情報量に対するスペースファクタが高く、無誘導、軽量である。コード形の基本的構造は、繊維強化プラスチック（FRP）、亜鉛めっき鋼線又は鋼より線からなるテンションメンバを心とし、その周囲に心線となる光ファイ

コード形4心光ケーブル

バコードを配し，ビニルなどの外装を施している。

光ファイバケーブル中継方式 ひかり——ちゅうけいほうしき optical fiber cable relay method 光ファイバケーブル伝送路で減衰した信号を増幅し，送り出す方式。光信号を電気信号に変えることなくそのまま増幅する光直接中継方式，光電気変換を行い誤り訂正を行って電気光変換し，送出する再生中継方式などがある。

光ファイバコード ひかり—— optical fiber cord 光ファイバ心線を高抗張力繊維及び保護用シースで被覆したもの。コアとクラッドから成る光ファイバに1次被覆したものを光ファイバ素線，光ファイバ素線に2次被覆したものを光ファイバ心線という。複数の光ファイバ心線又は光ファイバコードに保護用シースを被覆したものが光ファイバケーブルである。

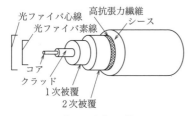

光ファイバコード

光ファイバコネクタ ひかり—— optical fiber connector 光ファイバ相互の直線接続又は光ファイバと光デバイスとの接続に用いる器材。光コネクタともいう。単心用及び多心用があり，接合部の機械的な形状には，プラグ，ジャック，アダプタ及びレセプタクルがある。

光ファイバコネクタ

光フラットケーブル ひかり—— optical flat cable カーペットと床との間などに布設するように設計された帯状の光ファイバケーブル。

光フラットケーブル

光放射 ひかりほうしゃ optical radiation X線への移行領域の波長 $\lambda \fallingdotseq 1\,\text{nm}$ から，電波への移行領域の波長 $\lambda \fallingdotseq 1\,\text{mm}$ までの波長範囲の電磁放射。光学的放射又は光学放射ともいう。紫外放射，可視放射及び赤外放射の総称である。

光補償装置 ひかりほしょうそうち light compensation device HIDランプの始動時又は再始動時にランプ光束が安定するまでの間，不足する光束を補うために点灯する装置。光源には，ハロゲン電球などを用いる。

引込管路 ひきこみかんろ service entrance piping, lead-on ducting 〔1〕敷地境界から主遮断装置までの間に施設される管路。〔2〕ハンドホール，マンホール又は電柱から建物内の局線用端子盤までの通信線を収容するための管路。

引込口 ひきこみぐち service entrance 屋外又は屋側からの電力線，通信線などが建築物の外壁を貫通する部分。

引込口装置 ひきこみぐちそうち service entrance equipment 低圧需要家の引込口以後の電路に取り付ける電源側から見て最初の開閉器及び過電流遮断器の組合せ。一般に配線用遮断器，ヒューズ付ナイフスイッチ又はカットアウトスイッチを用いる。これらのものは，単に引込開閉器と呼ぶこともある。分岐回路数が少ない場合は，引込口装置の開閉器が，主開閉器，分岐開閉器又は手元開閉器を兼ねることがある。

引込線 ひきこみせん incoming line, service wire, drop cable 〔1〕配電線路

又は送電線路から分岐して需要場所の引込口に至る電線。架空引込線（service drop）と地中引込線（underground service cable）とがある。ある需要家の引込線から分岐して支持物を経ないで他の需要家の引込口に至る部分の電線を連接引込線という。〔2〕送電線路の本線鉄塔で分岐して又は終端（引留）鉄塔から変電所の鉄構に至る架空線又は変電所に至る地中線（引導線, underground system service-entrance cable ともいう）。〔3〕公衆通信ケーブルから分岐して加入者建築物内の引込端子盤に至る回線。ドロップケーブルともいう。

引込線取付点 ひきこみせんとりつけてん service wire anchoring point 需要場所の造営物又は補助支持物（腕木，がいし，取付用枠組など）に架空引込線又は連接引込線を取り付ける電線取付点のうち最も電源に近い箇所。また，需要場所の構内に専用の支持物を設ける場合は，電源に最も近い支持物上の電線取付点をいう。

引込柱 ひきこみちゅう leading-in pole 〔1〕電気事業者の架空配電線路から低圧需要家へ電気を引き込むときに需要家構内の引込線取付点に設ける電柱。〔2〕有線電話加入者宅に引き込むための最終の電柱。

引込用ビニル絶縁電線 ひきこみよう――ぜつえんでんせん polyvinyl chloride insulated drop service wire 硬銅線（22 mm^2 以上は軟銅線）に塩化ビニル樹脂コンパウンドを被覆した絶縁電線。2個又は3個より及び2心又は3心平形のものがあり，主に低圧架空引込線として用いる。DV電線ともいい，Dはdrop, Vはpolyvinylを表す。

引下げ導線 ひきさ――どうせん down conductor 避雷導線の一部で，被保護物の頂部から接地極までの間のほぼ鉛直な部分。

引出機構 ひきだしきこう withdrawable mechanism 遮断器などの電気機器に車輪などを設け，主回路が充電状態でも充電部に手を触れることなく機器の着脱ができる機構。主回路は自動連結式の断路部となっており，制御回路はプラグ接続又は自動連結式となっている。引出機構には，主回路の自動連結式断路部で電流を開閉しないようインタロックを備えている。ドローアウト機構ともいう。

引留がいし ひきとめ―― dead-end insulator, anchor insulator, strain insulator 架空電線や架空引込線の引留箇所に用いるがいし。特に，糸巻状をした低圧引留がいしを茶台がいし又はシャックルがいしともいう。非接地側電線用には白又は茶色，接地側電線用には青色のものを用いる。 ⇨ 耐張がいし，DV線引留がいし

低圧引留がいし

引外し自由 ひきはず―じゆう trip-free 遮断器の開閉動作において，開路指令が常に優先するとともに，開路指令状態が続いている間は閉路しないこと。投入用つまみ又はボタンを投入位置に押さえていても，引外し動作を妨げない。

飛行場灯火 ひこうじょうとうか aerodrome light 航空機の離陸又は着陸を援助するために飛行場に設置される航空灯火。進入灯，滑走路灯，誘導路灯などがある。

比誤差 ひごさ ratio error ＝変圧比誤差，変流比誤差

ビジートーン busy tone ＝話中音

非シールド対よりケーブル ひ――つい―― unshielded twisted pair cable, UTP 絶縁した銅線を1対又はそれ以上をより合わせてプラスチックで外装したケーブル。対よりにしてケーブルの対の電磁的平衡度を確保すると，不要な電磁波の放射や吸収がなくなり，シールドをしなくてもノイズ耐性が向上する。

比視感度 ひしかんど spectral luminous efficiency ＝分光視感効率

被写体照度 ひしゃたいしょうど subject illuminance 撮影される物体，人物などの光放射を受ける面での単位面積当たりの入射光束。単位はルクス（lx）。

比重計 ひじゅうけい specific gravity meter　物質の一定体積の質量比を計測する機器。固体及び液体ではその質量と，それと同体積の4℃の純粋の水の質量との比を計測し，気体ではその質量と0℃標準気圧（101 325 Pa）における乾燥空気の質量との比を計測する。

非常警報設備　ひじょうけいほうせつび　emergency alarm system　火災が発生したときに警報音又は音声などによって建物内に通報を行う設備。非常ベル，自動式サイレン及び非常用放送設備がある。

非常コンセント　ひじょう――　socket-outlet for fire fighting　火災の際，消防隊が有効に消火活動を行うことを目的として，防火対象物の階段室や非常エレベータの乗降ロビーなどに設けるコンセント設備。消防法では，単相交流100 V　15 Aコンセント2個を鉄箱に入れたもので，非常電源を付置する。

非晶質　ひしょうしつ　amorphous　原子又は分子が規則正しい空間的配置を持った結晶を作らずに集合した固体状態。結晶のように一定の繰り返し体系の秩序はないが，短距離の原子配列の秩序がある。熱力学的には非平衡な準安定状態での急冷や，不純物が混在した状態で固化した物質は，空間的及び時間的に規則的な原子配列がとれず，不規則な配列になる。アモルファスともいう。

非常電源　ひじょうでんげん　emergency power source　常用電源が断たれたとき，消防用設備等の機能を所定の時間確保するための電源。非常電源専用受電設備，自家発電設備又は蓄電池設備の3種類がある。消防法。

非常電源専用受電設備　ひじょうでんげんせんようじゅでんせつび　exclusive supply system for emergency power source　消防用設備の非常電源として使用することができる専用の受電設備。1 000 m² 未満の特定用途防火対象物及び11階未満又は3 000 m² 未満，地階を除く階数が7未満又は6 000 m² 未満，地階の階数が4未満又は延べ床面積が2 000 m² 未満の防火対象物に設置する，屋内消火栓設備，スプリンクラ設備，水噴霧消火設備，泡消火設備，屋外消火栓設備，排煙設備，非常コンセント設備等の非常電源として規定されている。消防法。専用不燃区画に設ける場合を除き，キュービクル式非常電源専用受電設備の基準に適合したものとなっている。

非常電話装置　ひじょうでんわそうち　emergency telephone　非常用放送設備の起動装置の1つで，表示・操作部である親機と建物内各所に設置される非常電話機である子機との間で相互通話できる専用電話装置。子機を取り上げることにより親機に火災信号を表示（発信階表示）し，非常用放送設備に起動信号を送信する。

非常ベル　ひじょう――　emergency bell　非常警報設備に用いる音響装置で，起動装置に連動して鳴動するベル。自動火災報知設備における地区音響装置に相当する。

非常用エレベータ　ひじょうよう――　fireman's lift（英），fireman's elevator（米）　搬送設備として平常時と非常時の機能を併せ持つエレベータ。非常時には，平常時の機能を停止させて，消防活動を行うための非常呼び戻し運転，消防隊員の利用を優先する一次消防運転及び緊急事態に扉を開けたまま運転することも可能な二次消防運転を行うことができる。建築基準法により地上高さ31 m以上又は地上11階以上の建築物に設置が義務付けられ，昇降路を耐火構造の床及び壁で囲むこと，予備電源を設けることなどが定められている。

非常用照明器具　ひじょうようしょうめいきぐ　luminaire for emergency general lighting　火災などの災害発生による停電の際に，避難経路を照明するための全般照明用の非常時用照明器具。

非常用の照明装置　ひじょうよう―しょうめいそうち　emergency lighting system　地震や火災の際，常用電源が断たれたときに避難を容易にする目的で，建築物の居室や廊下，階段などに設ける照明装置。建築基準法では，直接照明とし，床面において1 lx以上（蛍光灯では2 lx以上，地下街で

は10lx以上）の照度が必要であり，常用電源が断たれたときに30分間以上点灯する予備電源を備える．

非常用の進入口灯 ひじょうよう—しんにゅうぐちとう　entrance light for fire fighting　火災の際，消防隊へ非常用の進入口の位置を明確に知らせる目的で，建築物の窓，バルコニー，その他の開口部に設ける灯火．建築基準法では，直径10cm以上の赤色灯で常時点灯とし，常用電源が断たれたときに30分間以上点灯する予備電源を備える．

非常用発電設備 ひじょうようはつでんせつび　emergency generator set　消防法による非常電源又は建築基準法による予備電源として設置する自家発電設備．防災電源に用いる．電気事業法では非常用予備発電装置といい，専ら商用電源が停電したときの非常時だけに使用する．

非常用放送設備 ひじょうようほうそうせつび　emergency public address system　非常警報設備の一種で，自動火災報知設備の感知器などの作動時に使用する放送設備．建物内にいる人々に音声で火災の発生を知らせることにより，安全かつ円滑な避難を図ることを目的としている．

非常用予備発電装置工事 ひじょうようよびはつでんそうちこうじ　非常用予備発電装置として設置する原動機，発電機，配電盤（他の需要設備との間の電線との接続部分を除く．）及びこれらの付属設備に係る電気工事．　⇨特殊電気工事

ヒステリシス曲線──きょくせん　hysteresis loop, hysteresis curve　→磁化曲線

ヒストグラム　histogram　数理統計における度数分布表を視覚的に見やすくした柱状図表．度数分布図又は柱状グラフともいう．品質管理，統計学，画像処理などで用いる．

ピストン　piston　作動流体の圧縮及び膨張による力を受けシリンダ内で往復運動する円筒状の構成部品．

ひずみ計──けい　strainmeter　応力によって生じる変形量又は応力分布状態を測定する装置．機械式，電気式，光学式など

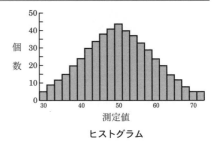

ヒストグラム

がある．

ひずみ率──りつ　distortion factor, total harmonic distortion　ひずみ波に含まれる全高調波の実効値と基本波の実効値との比．次式で表す．

$$d=\frac{\sqrt{\sum I_n^2}}{I_1}$$

d：ひずみ率，I_1：基本波電流又は電圧，I_n：第n調波電流又は電圧（$n\geqq2$）

非絶縁導体 ひぜつえんどうたい　uninsulated conductor　→裸電線

非接触給電 ひせっしょくきゅうでん　contactless power transmission　＝非接触電力伝送

非接触式入退室管理装置 ひせっしょくしきにゅうたいしつかんりそうち　non-contact access control system　非接触式ICカードを用いて個人認証を行い，建築物又は室の出入りを管理する装置．

非接触電力伝送 ひせっしょくでんりょくでんそう　contactless power transmission, wireless energy transfer　相互に移動している給電側と受電側との間で，電気回路の配線を直接接続せずに行う電力伝送．給電用コイルと受電用コイルを近接して設置し電磁結合によって給電する電磁誘導方式と，給電側周波数に磁界又は電界で共鳴する回路を用いる共鳴方式とがある．

非接地回路 ひせっちかいろ　circuit isolated from earth　変圧器2次側の電路を接地しない電路．非接地回路は1線地絡故障時に大きな地絡電流が流れないので，病院の集中治療室，プールなどの電気設備の配線に用いる．地絡による電路の自動遮断が安全上支障を生じる場合，石油化学工場な

どで地絡電流が原因となって爆発性のガスに引火するおそれがある場合など，地絡電流をできるだけ小さく抑えるために用いる．

非接地形計器用変圧器 ひせっちがたけいきようへんあつき　unearthed voltage transformer　1次端子の両端を電線路に接続し，1次巻線を非接地として使用する計器用変圧器．端子を含む1次巻線の全部が大地からその定格絶縁階級に相当する絶縁耐力をもつ．一般に高圧回路で用いる．　⇨接地形計器用変圧器

非接地方式 ひせっちほうしき　isolated-neutral system　変圧器や発電機の中性点又は1端子を接地しない方式．①主に6.6 kV配電系統に採用されている．1線地絡時の地絡電流は数A程度と小さく，通信線電磁誘導障害もほとんど発生しない．②特別高圧又は高圧から低圧に変成する変圧器の2次側を非接地方式とする場合には，混触防止板を設けそれにB種接地工事を施す．③工場の防爆電気設備，病院内電気設備，プールの電気設備などでは，1線地絡電流を抑制するために，絶縁変圧器を設置してその2次側を非接地方式とする．非接地配線方式ともいう．

非線形負荷 ひせんけいふか　nonlinear load　印加する電圧と流れる電流とが比例しない負荷．トランジスタ，ダイオード，真空管などの回路素子を含む負荷を指す．

皮相電力 ひそうでんりょく　apparent power　交流回路における電圧と電流の積．単位はボルトアンペア（V·A）．通過電流値に制限のある，変圧器，発電機，リアクトルなどの定格を表す．

非対称短絡電流 ひたいしょうたんらくでんりゅう　asymmetric short-circuit current　短絡発生瞬間の電圧の位相と回路の力率によって定まるある大きさの直流電流が重畳された短絡電流．この直流分はすぐに減衰するので，真空遮断器などでは動作時間が数Hz以上となりこの直流分を考慮する必要はないが，ヒューズや配線用遮断器の場合は高速で遮断（1/4〜1/2 Hz）するの

で，この直流分を含む非対称短絡電流を考慮しなければならない．　⇨直流分

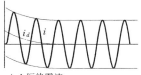

i：短絡電流
i_d：短絡電流の直流分

非対称短絡電流

非対称デジタル加入者回線 ひたいしょう――かにゅうしゃかいせん　asymmetric digital subscriber line　高速のデジタルデータ伝送ができるデジタル加入者回線のうち，電話局から端末向けの下りと端末から電話局向けの上りとで通信速度が異なる通信手段．ADSL，VDSLなどがある．

非対称ノイズ ひたいしょう――　asymmetrical noise　＝ノーマルモードノイズ

非直線抵抗 ひちょくせんていこう　nonlinear resistor　印加する電圧が低いときに抵抗値が大きく，電圧が高くなると抵抗値が小さくなる抵抗．避雷器，サージ保護装置などに用いる．酸化亜鉛を広く使用しているが，集積回路用にはコンデンサ兼用バリスタとして誘電率の高いチタン酸ストロンチウムなどを用いる．

引掛形コンセント ひっかけがた――　twist locking socket-outlet　刃受けが円弧で湾曲しており，これに適合する差込プラグを差し込み，右方向に回転させて差込プラグが抜けない構造としたコンセント．ツイストロックコンセントともいう．引掛形コンセントと差込プラグとを組み合わせたときの引張荷重試験の引張力は300 Nである．

引掛シーリングローゼット ひっかけ――　twist locking ceiling rose（英），twist locking rosette（米）　交流300 V以下の電路に使われ，屋内配線と天井つり下げ照明器具のコードとを接続するもの．単に引掛シーリングともいう．照明器具側コードに装着した引掛シーリングキャップを引掛シーリングボディに差し込み，右に回すことにより照明器具の脱落防止を図っている．

角形引掛シーリング

ビット bit データをデジタルで取り扱うときの最小単位。2進数の1桁をいい，1ビットを0及び1の2通りの2元符号で表現する。英語のbitは，binary digitを略したものである。

ピット pit 〔1〕床部分に設ける建築設備用の溝。一般には蓋付きが多い。配線ピット，配管ピット，排水ピットなどがある。〔2〕最下階の下部に設けるスペース。エレベータ用，配管用などに用いる。

ビットマップ方式 ——ほうしき bitmap image, bitmap graphics 電子計算機の画像表現において，画像を画素の羅列，集合として表現する方式。メモリ上のデータをRGBなどの表色系に基づいた色・濃度の値の配列情報として，1対1に画素に対応させ画面を構成する。

ビットレート bit rate 単位時間当たりに処理又は送受信するビット数。単位はビット毎秒（bps）。ビット速度，通信速度ともいう。100BASE-Tでは100 Mbps，1000BASE-Tでは1 Gbpsである。

必要換気量 ひつようかんきりょう ventilation capacity 発電機室に必要な換気量。機関へ供給する燃料が完全に燃焼するのに必要な空気量（燃焼空気量），設備機器から発生する熱量によって上昇する室温を一定温度以下に保つために必要な空気量（換気空気量）及び保守員の衛生確保に必要な換気量の合計である。保守員1人当たりの換気量は，通常0.5 m³/minとしている。

ビデオオンデマンド video on demand, VOD 利用者の要求に応じてニュース，映画などの映像及び音声を個別に，かつ，速やかに視聴できる配信サービス。CATV，光ネットワーク上でパーソナルコンピュータ，テレビジョン受像機などを用いて利用する。

ビデオテックス videotex, VTX 電話網を介して情報センタに接続し，利用者の要求に応じて文字，図形を含む静止画像情報を提供する配信サービス。家庭のパーソナルコンピュータやテレビジョン受像機，専用端末器などを使用して座席予約などのサービスを受けられる。データ伝送方式の国際規格には欧州のCEPT方式，北米のNAPLP方式，日本のCAPTAIN方式がある。

非同期転送モード ひどうきてんそう—— asynchronous transfer mode, ATM 音声，データ，映像などのあらゆる情報をすべて53オクテットのセルに分解し，ネットワーク内を転送する方式。情報信号を48オクテットごとに分割しそれぞれに5オクテットのヘッダを付けたセルを転送する。ヘッダには情報の宛先を書き込み，これに従って経路選択すなわちネットワーク内のどの経路を通るかが決められる。ATMでは通信速度を任意に設定でき，様々な速度の通信を統一的に扱うことができる。

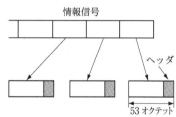

ATMのセルの構成

比導電率 ひどうでんりつ specific conductivity ＝導電率

ピトー継電器 ——けいでんき pitot relay ピトー管を用い，変圧器の内部事故を検出する継電器。変圧器本体とコンサベータとの間に取り付け，事故の発生ガス量で動作するフロートを利用した接点と急激な圧力上昇で生じる油流で動作するピトー管を利用した接点とを持っている。

人が触れるおそれがある場所 ひと—ふ——ばしょ place which a person can be accessible 電線などの電気設備に手を伸ばして触れるおそれがある範囲。例えば，屋内においては床面などから低圧の場合は

1.8 m を超え 2.3 m 以下（高圧の場合は 1.8 m を超え 2.5 m 以下），屋外においては地表面などから 2 m を超え 2.5 m 以下の場所で，その他階段の中途，窓，物干台などから手を伸ばして届く範囲をいう。電気設備技術基準の解釈で，低圧引込線が屋外用ビニル絶縁電線である場合は人が触れるおそれがないように施設するなどと規定している。

人が容易に触れるおそれがある場所 ひと―ようい―ふ――ばしょ place which a person can be easily accessible 電線などの電気設備に手を伸ばして容易に触れるおそれがある範囲。例えば，屋内において床面などから 1.8 m 以下，屋外において地表面などから 2 m 以下の場所で，その他階段の中途，窓，物干台などから手を伸ばして容易に届く範囲をいう。電気設備技術基準の解釈で，低圧引込線が屋外用ビニル絶縁電線以外の絶縁電線である場合は人が容易に触れるおそれがないように施設するなどと規定している。

避難階 ひなんかい fire escaping floor, refuge floor 建築物にあって，階段を通らずに直接地上へ出ることのできる出入口のある階。一般的には 1 階を指すが，傾斜地などでは 2 以上の階が該当することもある。

避難口誘導灯 ひなんぐちゆうどうとう 避難口である旨を表示した緑色の灯火から成る誘導灯。防火対象物又はその部分の避難口に，避難上有効なものとなるように設ける。消防法。

避難設備 ひなんせつび evacuation system 火災，地震などの災害が発生したときに避難するために用いる機械器具又は設備。消防法では，すべり台，避難はしご，救助袋，緩降機，避難橋その他の避難器具並びに誘導灯及び誘導標識，建築基準法では，避難階，避難階段，特別避難階段及び非常用の照明装置を規定している。

ビニル絶縁電線 ――ぜつえんでんせん polyvinyl chloride insulated wire 軟銅線又はアルミ線（半硬又は硬）に塩化ビニル樹脂コンパウンドで被覆した単心の絶縁電線。記号は IV で，I は indoor, V は polyvinyl を表す。主に低圧屋内配線に用いる。

ビニル絶縁ビニルシースケーブル ――ぜつえん―― polyvinyl chloride insulated and sheathed cable 軟銅の単線又は同心より線（円形圧縮及び分割圧縮を含む。）をビニルで絶縁被覆し，この単心又は所要数の線心の上からビニルでシースを施したケーブル。記号は，VV。所要数の線心をより合わせ，介在とともに断面が円形となるようにシースを施した丸形（記号は，VVR）と，所要数の線心を並列にし，線心間の隙間を埋めてシースを施した平形（同 VVF, F ケーブルともいう）とがある。使用電圧が 600 V 以下の配線に広く用い，特に，平形は屋内配線分岐回路用電線の主流をなしている。ビニル絶縁ビニル外装ケーブル，丸形ビニル外装ケーブル，平形ビニル外装ケーブルなどともいう。

非ノイマン型コンピュータ ひ――がた―― non-von Neumann type computer ノイマン型コンピュータの弱点を補うために，並列処理を用い，データフロー，演算方法などを工夫した型式の電子計算機の総称。脳神経回路をモデルとしたニューロコンピュータや，量子力学の素粒子の振る舞いを応用した量子コンピュータ，DNA を計算素子に利用する DNA コンピュータなどの提案がある。⇒ノイマン型コンピュータ

非破壊検査 ひはかいけんさ non destructive inspection, 被検査物を物理的に破壊せずに，その内部の状態を調べる検査。放射線を照射して透過する放射線量を調べる放射線透過検査や超音波振動を入射して，反射する超音波の量及び戻り時間を調べる超音波探傷検査などがある。

火花点火 ひばなてんか spark ignition 燃料と空気とを混合し燃焼筒（シリンダ）内で圧縮した状態で電気火花により点火し，燃料に引火させ燃焼を開始させること。ガソリン機関などの点火方式である。燃料の燃焼は引火部から順次広がるので，燃焼筒内全域で燃焼が始まるには燃焼伝搬時間が

必要となる。点火から燃焼完了まで一定の時間を必要とするため、燃焼筒の大きさに制限があり、機関出力を大きくするには燃焼筒の数を増やして対応する。

火花放電 ひばなほうでん spark discharge 放電中の電極間に火花が発生する不連続な過渡的現象。火花の発光は放電路の全長で生じる。電極間に印加した電圧により加速した電子が気体分子に衝突し、気体を電離して発生した正イオンが負極に衝突する際に2次電子放出を促し、電子の供給がなだれ的に増大することで大電流が生じる。放電が継続するとグロー放電又はアーク放電に発展する。雷の稲妻は大気中で発生する大規模な例である。

非反転増幅器 ひはんてんぞうふくき non-inverting amplifier 入力信号及び出力信号の位相が同相である集積回路で構成した増幅器。

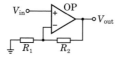

V_{in}：入力電圧、R_1：減衰抵抗、R_2：負帰還抵抗、OP：演算増幅器、V_{out}：出力電圧
$V_{out} = (1 + R_2/R_1)V_{in}$

非反転増幅器

微分器 びぶんき differentiator 入力電圧値の微分値を出力する集積回路で構成した増幅器。

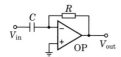

V_{in}：入力電圧、C：入力コンデンサ、R：負帰還抵抗、V_{out}：出力電圧、OP：演算増幅器
$V_{out} = -RC dV_{in}/dt$

微分器

非包装ヒューズ ひほうそう——— unenclosed fuse 包装ヒューズ以外のヒューズ。放出ヒューズを含む。

皮膜抵抗器 ひまくていこうき film resistor 炭素や金属、酸化金属の薄膜を円筒形や平面状の絶縁体上に形成した抵抗器。炭素皮膜抵抗器は汎用の抵抗器として、金属皮膜抵抗器、酸化金属皮膜抵抗器は精密回路に用いる。

100BASE-FX ひゃくベースエフエックス 最大通信速度が100 Mbpsのスター形LANで、光ファイバケーブルを伝送媒体に使用するファストイーサネット。ハブを介して各機器を接続する最大伝送距離は、マルチモード光ファイバケーブルを使用する半二重通信では412 m、同じく全二重通信では2 km、シングルモード光ファイバケーブルを使用する全二重通信では20 kmである。

100BASE-T ひゃくベースティー 最大通信速度が100 Mbpsのスター形LANで、非シールド対よりケーブル（Cat 5）を伝送媒体に使用するファストイーサネット。100BASE-TX、100BASE-T2、100BASE-T4の3方式がある。ハブを介して各機器を接続する最大伝送距離は100 mである。

百葉箱 ひゃくようばこ instrument screen 温度計、湿度計などの計測装置を入れ、正確な気象データを計測するための屋根付きよろい戸の箱。地上高1.5 mの所に置き、通気をよくし、外気温の測定に直射日光や雨の影響を受けないようにする。気象庁では自動観測機器の普及に伴い、1993年に百葉箱での観測を廃止した。小中学校ではまだ設置しているところもあるが、老朽化に伴う維持管理が難しくなっており、順次撤廃されている。現在は、地上高1.5 mのファン付き通風筒に入れた電気式温度計、電気式湿度計などにより観測している。

非有効接地 ひゆうこうせっち non-effective earthing 高抵抗、消弧リアクトル、補償リアクトルなどを用いる系統接地。有効接地以外の系統接地をいう。

ヒューズ fuse 過負荷電流及び短絡電流によって鉛合金などの可溶体が溶断して電路を自動遮断する過電流遮断器。形状により包装ヒューズと非包装ヒューズ、溶断特性によりA種ヒューズとB種ヒューズに大別される。

ヒューズリンク fuse-link 可溶体を包含す

るヒューズの部分で，ヒューズが動作したとき取換えができるように一体となったもの。使用上支障のない場合はヒューズと呼ぶ。

比誘電率　ひゆうでんりつ　dielectric constant　→誘電率

ヒューマンエラー　human error　人為的過誤。人が設備・機械の操作などで，不本意な結果を生み出しうる行為や，不本意な結果を防ぐことに失敗することを指す。

ヒューマンファクタ　human factor　人的要因。システムの運用や設備の運転において人間が関与することによる影響を指すが，エラーやミスなどの否定的要因として扱うことが多い。

ヒューム管　――かん　Hume pipe　遠心力鉄筋コンクリート管の通称。発明者Humeの名に由来する。

表示器　ひょうじき　indicator　①機器の状態又は性能を示す可視情報を出力する装置。②受信機又は副受信機から火災信号を受信して火災であることを表示する装置。受信機又は副受信機から離れた場所に火災表示を行う場合に設ける。

表示線継電器　ひょうじせんけいでんき　pilot wire relay　表示線継電方式に使用する地絡用，短絡用又は地絡短絡共用の継電器。

表示線継電方式　ひょうじせんけいでんほうしき　pilot wire relaying system　送配電線の保護対象区間の両端間に表示線（パイロットワイヤ）を設けて相互に情報を伝送し，故障を判定し同時に保護動作を行う方式。表示線の使い方として交流を用いる直接式と接点状況を直流で伝える間接式とがある。直接式には電流循環式と電圧反向式とがあり，現在多く用いているのは前者であり，後者は22kVループ系統の送電線保護に用いているのみである。

表示装置　ひょうじそうち　display device　機器の状態又は性能を画像やデータなどの可視情報として出力する装置。文字，静止画，動画などの画像情報を電気的に表示する。

表示灯　ひょうじとう　pilot lamp　点灯又は点滅によって情報を伝達する信号灯。現場監視盤，中央監視盤などに機器の開閉状態又は故障の有無を表示する場合，高圧閉鎖配電盤，動力制御盤などの盤面に収納機器の開閉状態を表示する場合などに用いる。

標準電圧　ひょうじゅんでんあつ　standard

1 000 V 以下の電線路の標準電圧

公称電圧(V)	備考
100	電動機など負荷となる主要電気機械器具の定格電圧は，100 V とする
200	電動機など負荷となる主要電気機械器具の定格電圧は，200 V とする
100/200	電動機など負荷となる主要電気機械器具の定格電圧は，100 V 又は 200 V とする
400	電動機など負荷となる主要電気機械器具の定格電圧は，400 V とする
230/400	電動機など負荷となる主要電気機械器具の定格電圧は，230 V 又は 400 V とする

1 000 V を超える電線路の標準電圧

公称電圧(V)	最高電圧(V)	備考
3 300	3 450	
6 600	6 900	
11 000	11 500	
22 000	23 000	
33 000	34 500	
66 000	69 000	一地域においては，いずれかの電圧のみを採用する。
77 000	80 500	
110 000	115 000	
154 000	161 000	一地域においては，いずれかの電圧のみを採用する。
187 000	195 500	
220 000	230 000	一地域においては，いずれかの電圧のみを採用する。
275 000	287 500	
500 000	525 000/550 000	最高電圧は，各電線路ごとに2種類のうちいずれか一方を採用する。

（注）公称電圧：電線路を代表する線間電圧
　　　最高電圧：電線路に通常発生する最高の線間電圧

voltage　電線路の電圧を適当ないくつかの電圧に統一して他の電線路との連絡を容易にするとともに，機器，支持物などを規格化して製作するために標準的に定めた電圧．我が国の標準電圧には公称電圧と最高電圧とがある．

標準電波　ひょうじゅんでんぱ　standard time and frequency broadcast　周波数と時間の標準及び協定世界時（UTC）に基づく日本標準時（JST）を知らせるために，情報通信研究機構が送信している電波．周波数及び時刻の標準として利用し，発信器や時計の校正に用いる．我が国では全国2か所の施設に設置している10万年に1秒の誤差を持つセシウム原子時計による時刻情報を送信している．標準としてセシウムビーム形原子周波数標準器，水素メーザ形や実用セシウムビーム形原子時計を用い，さらに人工衛星などを使い常に国際標準との関係も確かめている．

標準比視感度　ひょうじゅんひしかんど　spectral luminous efficiency（for the CIE standard photometric observer）　＝標準分光視感効率

標準分光視感効率　ひょうじゅんぶんこうしかんこうりつ　spectral luminous efficiency（for the CIE standard photometric observer）　標準的な分光視感効率として，CIEにおいて合意された値．標準比視感度ともいう．明所視における標準分光視感効率と暗所視における標準分光視感効率との2つがある．明所視における標準分光視感効率曲線を図に示す．

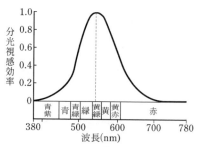

標準分光視感効率曲線

氷床　ひょうしょう　ice sheet　広大で平坦な大陸の上に存在する氷河．南極氷床及びグリーンランド氷床のみが現存するが，氷河期には北アメリカ大陸，ヨーロッパ大陸にも存在した．南極氷床は平均厚さが2500 m，最大厚さは4000 mに達する．

氷床コア　ひょうしょう――　ice sheet core　南極やグリーンランドなどの氷床をドリルで掘削して得た筒状の氷の試料．氷床の氷は深部ほど古い年代のもので，降雪時の大気成分や火山灰などを含んでおり，これを分析することでその時代の気候などを推定するために用いる．

標石　ひょうせき　stone monument, stone mark　①道標や区域の表示として埋設する石．②三角点，水準点などの位置を示すために埋設する石柱や標識．　⇒ケーブル埋設標

表皮効果　ひょうひこうか　skin effect　交流回路において，周波数が高くなると，電流が導体表面に集中し，内部の電流密度が低下する現象．実効的な電気抵抗が増加する．

表面磁石電動機　ひょうめんじしゃくでんどうき　surface permanent magnet motor, SPM motor　ロータの表面に磁石を貼り合わせた形状を持つ，回転界磁形式の同期電動機．磁石の持つ強い磁気を効率的に利用でき，モータトルクに直線性があり，制御性に優れている．省エネルギー，クリーンエネルギーなどの利点からその応用は拡大しており，電気自動車の駆動電動機や電動パワーステアリングなどで使用している．

ピラーボックス　pillar box　＝配電塔

避雷器　ひらいき　lightning arrester, LA　雷及び回路の開閉などに起因する衝撃過電圧に伴う電流を大地へ分流することによって電圧を制限する装置．電気設備の絶縁を保護し，かつ続流を短時間に遮断して，電路の正規状態を乱すことなく，現状に自復する機能を持つ．避雷器の特性要素として小電流では高抵抗で，大電流では低抵抗となる非直線性の電圧電流特性を持つ酸化亜

鉛素子を用いる。

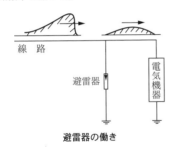

避雷器の働き

避雷針　ひらいしん　lightning rod　受雷部，避雷導線，接地極からなる避雷設備。単に突針を指すこともある。

避雷設備　ひらいせつび　protection system against lightning　受雷部，引下げ導線及び接地極で構成し，雷撃によって生じる火災，破損又は人畜への傷害を防止することを目的とする設備。建築物又は煙突，塔，油槽などの工作物で高さが 20 m を超えるもの，一定量以上の規模の危険物を取り扱う製造所，貯蔵所などに設置することが法令で規定されている。

避雷導線　ひらいどうせん　down conductor　建築物等の避雷設備で雷電流を流すために受雷部と接地極とを接続する導線。特に鉛直部分を引下げ導線という。急しゅんな雷電流を流すため，インピーダンスは極力小さくする。鉄骨造，鉄骨鉄筋コンクリート造又は鉄筋コンクリート造では，鉄骨又は鉄筋を避雷導線として用いることができる。

平形ビニル外装ケーブル　ひらがた——がいそう——　→ビニル絶縁ビニルシースケーブル

平凸レンズスポットライト　ひらとつ——　planoconvex lens spotlight　照射する範囲の外縁を明確にするために組み込み，ランプ位置を平凸レンズの焦点とその後方とに移動して，照射する範囲を変化できるスポットライト。平凸レンズは片面が平面でもう一方が凸面をした形状で，サスペンションライト，シーリングライト，フロントシーリングライトなどに用い，500〜2 000 W のハロゲン電球を用いる。

比率差動継電器　ひりつさどうけいでんき　ratio differential relay　→差動継電器

ビルエネルギー管理システム　——かんり——　building and energy management system, BEMS　建築物の電源設備，照明設備，動力設備，空調設備，熱源設備などを対象として，ビルマネジメントシステムに加えて，環境及びエネルギーの管理・制御・評価を行うために用いる電子計算機システム。室内環境，エネルギーの使用状況を把握，分析し，室内環境に応じた機器又は設備などのきめ細かな運転管理を実現し，エネルギー消費量の削減を図る機能を有する。したがって，このシステムは負荷変動やシステム特性の変化に対応して建築物内部の環境及び省エネルギーを常に最適状態に保つための手段でもある。

ビルオートメーションシステム　building automation system, BA, BAS　建築物の受変電，照明，熱源，空調，衛生，搬送，防災，防犯，エレベータ，駐車場などの各設備全体を統合して，最適な監視，制御を行うとともに，建築物の合理的な施設管理業務のために用いる電子計算機システム。省エネルギー，省力，保全，設備資産管理などの管理運用業務支援システムを含む場合もある。BACnet をベースとした IP ネットワークを利用する技術などを用いる。

ビル管理システム　——かんり——　total building management system　ビルオートメーションシステム，ビルマネジメントシステム，ビルエネルギー管理システムなど建築物に関する設備管理，エネルギー管理，運営管理，経営管理などを支援する電子計算機システムの総称。

ビル管理システム

ビル群監視制御システム ──ぐんかんしせいぎょ── centralized multi-building control system　広域に散在している複数建築物の各種設備（受変電，空調，衛生，照明，防災など）を通信回線を利用して1か所の管理センタで集中管理するシステム。規模に応じてサブセンタなどを設けて管理を分散する場合がある。各々の建築物はこのシステムを導入することで，設備の運転・保守要員の削減，習熟した運転・保守要員による均一でレベルの高い管理，データ収集解析サービスなどによる快適で経済的な運用管理などを受けることができる。

ビル自動管理制御システム ──じどうかんりせいぎょ── building automation and control system, BACS　建築設備機器の自動制御，監視，運転の最適化，省エネルギー制御，安全な運転操作などを達成するための管理システム。ISOが制定した国際規格で，ハードウエア，基本機能，データ通信プロトコル及びデータ通信適合試験について定めている。

ビルマネジメントシステム building management system, BMS　建築物に関する収益，運営，設備管理，改修工事などの総合的な経営管理業務のために用いる電子計算機システム。システムには，ビルの経営管理支援システム及び運営支援システムがあり，経営管理支援システムには中長期修繕計画支援，ファシリティコスト管理支援など，運営支援システムにはテナント管理支援，ビルメンテナンス支援などがある。

ビルマルチ multiple packaged air conditioner　＝ビル用マルチパッケージ型空調システム

ビル用マルチパッケージ型空調システム ──よう──がた──くうちょう── multiple packaged air conditioner　複数台の室内機と1台の室外機とで構成し室内機の運転制御を個別に行えるヒートポンプ式空調システム。ビルマルチともいう。室外機の台数を少なくでき，一般ビルで業務用として用いる。熱源方式は空気熱源が主流であるが，水熱源もある。セントラル方式に比べ，建物利用者が必要な区画ごとに自由に運転停止や空調環境の調整ができ，運転管理員を削減できる長所があるが，湿度調整など室内空気質の安定化は困難である。

ピンがいし pin type insulator　高低圧架空電線の引通し及び縁回し部分の支持に用いるがいし。低圧ピンがいしの電圧側電線用には白色，接地側電線用には青色の表示のあるものを用いる。高圧ピンがいしには赤色の帯状の表示がある。

低圧ピンがいし　　　高圧ピンがいし

ピング packet internet groper, ping　TCP/IPネットワークにおいて，指定した相手先と通信できるかの導通確認をするための指令。接続を確認したい電子計算機やネットワークのIPアドレスに32バイト程度のデータを送信し，返信の有無，返信の応答時間などのデータをもとにネットワーク作動を診断する。原義は物をたたいたときの跳ね返る状態を指す。ピンともいう。

ピン口金 ──くちがね　pin cap（英），pin base（米）　1本以上のピンをもつ口金。記号は1本ピンのものをF，2本以上のピンをもつものをGとする。

ピンクノイズ pink noise　単位周波数幅当たりのエネルギーが周波数の広い帯域で周波数の逆数となる分布を持ち，時間的に規則性を持たないノイズ。$1/f$ノイズともいう。帯域を分割した場合に帯域ごとのエネルギーが同じになるため，音響システムの検査などに用いる。$1/f$がホワイトノイズ（$1/f^0$）とレッドノイズ（$1/f^2$）との中間に当たることからこの名がある。

品質管理 ひんしつかんり　quality control, QC　建築物や電気機器，部品などを作る場合の企画，設計，生産，検査を含めたす

べての製作工程で求める要求を満足しているかを前もって確認するための行為。米国デミング博士によって提唱された手法で，所定の品質を維持しながら，最も経済的に作ることを目的とする。電気設備工事における品質管理は設計図書，性能検査などにより行う。

品質保証　ひんしつほしょう　quality assurance　建築物や電気機器，部品などが要求される品質や技術的要件に適合していることを確信させるために体系化した行為。品質要求事項が利用者の意向を完全に反映していないときには，品質保証が十分な信頼性を与えないことがある。

ピンスポットライト　pin-point spotlight　特に焦点距離の長いレンズを使用し，長い距離から演者を追尾して使用するスポットライト。フォロースポットライトともいう。劇場の上部で客席の奥に投光室（通称ピンルーム）を設け，専任者が操作して追尾操作を行う。650～3 000 W 程度のキセノンランプを用いる。

フ

ファームウエア　firmware　機器に組み込んで用いるマイクロコンピュータの制御プログラム。ROM やフラッシュメモリなどに組み込んで用いる。製造単位が大量であり，販売後におけるプログラムの変更は ROM の書換え及び差換えが必要となり，莫大な費用が生じるため一般のソフトウエアに比べ格段の完成度が必要となる。

ファイアウォール　firewall　外部からのウイルスの侵入や不正なアクセスによって，インターネットやイントラネットに接続した端末やサーバが危険にさらされることを保護するために設ける保安用システム。ファイアウォールは防火壁という意味で，その機能をネットワーク上に構築するには，専用のハードウエアやソフトウエアを利用する。

ファイバツーザホーム　fiber to the home　=FTTH

ファイル共有ソフト　――きょうゆう――　file sharing software　不特定多数のコンピュータの間でインターネットを介してファイルを共有するソフト。著作権侵害をはじめ違法な情報流通でも使用しており，正しい使い方が必要となる。

ファクシミリ　facsimile　文字，画像，図形などを画像情報として電気信号に変換し，遠隔地に通信回線を通して送信及び受信する機械。文字や図形などを線又は点に分解して読み取り，データ圧縮や変調などの処理をして送信し，受信側で信号を復調して文字，図形などを復元する。リアルタイムに行える特徴があり，音声だけでは伝えにくい情報伝達の聞き間違いや言い間違いを避けるため，文書や図面などの授受に用いる。

ファクトリーオートメーション　factory automation, FA　電子計算機を利用して，工場の生産ラインなどをロボット，CAD, CAM，プロセス制御などによって自動化・無人化すること。

ファサード照明　――しょうめい　facade illumination, facade lighting　建築物の正面を照射する照明手法。建築物の正面の他，外壁部，ショッピングモール内の通路部などの景観，空間演出照明に用いる。

ファシリティマネジメント　facilities management　土地，建物，設備など業務用不動産を有効にかつ経済的に保有，運営及び維持するための総合的管理手法。施設管理ともいう。企業，団体などの効率的な組織活動のため，経営的視点に立ち，知的生産性の向上，作業環境の向上，運営コストの削減及び資産の有効活用が目的である。

ファストイーサネット　fast Ethernet　最大通信速度を 100 Mbps に高めた高速なイーサネット。非シールド対よりケーブルを利用した 100BASE-T と光ファイバケーブルを利用した 100BASE-FX とがある。自動認識機能付ハブには，イーサネットとファストイーサネットの両システムが接続でき，接続機器の最大通信速度を自動的に判断して，相互通信できる機能を有する。

ファラデーケージ　Farraday cage　電気的

に接続した金属導体で構成した鳥籠状の電磁遮蔽体。外部からの電磁界侵入を防止し，内部の電界は0となる。これを応用したものに，雷保護に用いる建築物のメッシュ法，シールドルームなどがある。

ファラデーの電磁誘導の法則 ——でんじゆうどう—ほうそく　Faraday's law of electromagnetic induction　回路を貫く磁界が変化したときに生じる電磁誘導に関する法則。ファラデーの誘導法則ともいう。第一法則と第二法則とがある。①第一法則…回路を貫通する磁束が変化すると，回路に起電力が生じる。②第二法則…起電力の大きさは，磁束の変化速度に比例し，直交する磁束の時間変化の割合にマイナスの符号を付けたものに等しい。式で表すと，e(誘起)起電力$=-N(d\phi/dt)$となり，ϕは鎖交磁束，Nは巻数である。

ファラデーの電気分解の法則 ——でんきぶんかい—ほうそく　Faraday's law of induction　電気分解において，生成した物質の量は流れた電気量に比例する。第一法則と第二法則がある。①第一法則…電気分解時に生成する物質の量は，流れた電流の量に比例する。②第二法則…電気化学当量は化学当量に等しい。

ファン　fan　＝送風機

ファンコイルユニット　fan coil unit　小形送風機，熱交換機（冷温水コイル），空気ろ過装置（フィルタ）を組み合わせ，冷水又は温水の供給を受けて冷暖房を行う装置。病院やホテルなどのように個室が多い建物や事務所の窓際で使用する。

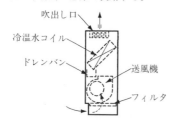

ファンコイルユニット

VRRP　ブイアールアールピー　virtual router redundancy protocol　動作中のルータや上位接続での障害箇所を回避するために用いる仮想ルータを選定するプロトコル。

VE　ブイイー　＝硬質塩化ビニル電線管

フィーダバスダクト　feeder busway　プラグ受口をもたない幹線用のバスダクト。

フィードバック制御 ——せいぎょ　feedback control　自動制御系で制御装置からの出力信号（操作量）によって制御された機械装置の状態量（制御量）の値を制御装置へ戻し，設定値（目標値）と常に比較し，両者を一致させるように制御装置から機械装置への操作量を再調整する制御。帰還制御，閉ループ制御ともいう。⇨自動制御

フィードフォワード制御 ——せいぎょ　feedforward control　自動制御系で制御量に影響を与える外乱を検出し，その外乱による制御量の変化を予測して操作量を修正する制御。例として，電力デマンド制御，蓄熱槽の翌日蓄熱量などの予測制御がある。⇨自動制御

VAV　ブイエーブイ　variable air volume system　＝可変風量方式

VAケーブル　ブイエー——　VVFのこと。⇨ビニル絶縁ビニルシースケーブル

VHF　ブイエッチエフ　very high frequency　＝超短波

VLSI　ブイエルエスアイ　very large scale integrated circuit　＝超大規模集積回路

VLF　ブイエルエフ　very low frequency　＝超長波

VoIP　ブイオーアイピー　voice over internet protocol　音声を各種符号化方式で圧縮し，パケットに変換したうえで，IPを使用するインターネット網又は専用の回線上で，リアルタイム伝送する技術。ボイプともいう。

VoIPゲートウエイ　ブイオーアイピー——　voice over internet protocol gateway　アナログ電話網とインターネット網との中継用機器。電話網のアナログ音声データをデジタルデータへ変換してIPを使用するネットワークへ送信し，受信データをアナログ音声データへ復元してアナログ電話網へ送信する。ボイプゲートウエイともいう。

電話機や電話番号を変更することなく公衆電話回線又は専用線で構築する電話網の中継回線部分をIPを使用するネットワークに置き換えることができる。

VOC ブイオーシー volatile organic compounds ＝揮発性有機化合物

VOD ブイオーディー video on demand ＝ビデオオンデマンド

フィクスチュアスタッド fixture stud アウトレットボックス又はコンクリートボックスの底に取り付けて，照明器具などの重量器具を支持する金物。ボックス底部のノックアウトに差し込んで内部からロックナットで締め付けるノーボルト形とボックス内面から4本のボルトで取り付ける外ねじ形又は内ねじ形とがある。

ノーボルト形　外ねじ形　内ねじ形
フィクスチュアスタッド

V結線 ブイけっせん open-delta connection 単相変圧器を用いたデルタ結線の1相分を取り除いた結線。デルタ結線した単相変圧器のうち1台が故障しても残りの2台で三相電力を供給する場合，又は将来の負荷増を見込む場合に用いる。線間電圧をE，変圧器巻線電流をIとすると，単相変圧器2台の出力は$2EI$であるが，V結線変圧器の出力は$\sqrt{3}EI$となるので，単相変圧器2台の出力の$\sqrt{3}/2$となる。　⇨異容量V結線

VGA ブイジーエー video graphics array 640×480画素の各画素に対して16色表示の解像度をもつカラーディスプレイの規格。1987年にパーソナルコンピュータ用のモニタに採用され，後に標準規格として普及した。他に800×600画素のSVGA，1 280×768画素のXGA及び1 280×1 024画素のSXGAがある。

VCC ブイシーシー voice call continuity 第3世代携帯電話とIPネットワークの間で音声通話をシームレスに切り替える技術。3G携帯電話の回線交換と，IP電話のパケット交換とを相互に変換するため，メディアゲートウエイを用いている。

VCT ブイシーティー instrument voltage current transformer ＝計器用変圧変流器

VCB ブイシービー vacuum circuit breaker ＝真空遮断器

VWVシステム ブイダブリューブイ── variable water volume system ＝可変水量方式

VT ブイティー voltage transformer ＝計器用変圧器

VTR ブイティーアール video tape recorder 音声及び映像信号を録画又は再生する磁気テープ式記録装置。

VDSL ブイディーエスエル very high bit rate digital subscriber line 既設のツイストペア線の電話回線を利用し，短距離の高速データ通信を可能にする通信手段。非対称デジタル加入者回線の1つである。100 m～1.5 km程度の通信距離ではADSLより高速な通信ができるが，それ以上の距離ではADSLの方が有利となる。最高30 MHzのADSLよりも広い帯域，速度優先の技術などによりADSLの2倍以上の転送能力をもつ。集合住宅各戸，ホテル客室などでの高速通信に用いる。その際，高速性を生かすために建築物から電話局までの回線には光ファイバケーブルを組み合わせることが多い。

VTX ブイティーエックス videotex ＝ビデオテックス

VPN ブイピーエヌ virtual private network 電気通信事業者の公衆回線をあたかも専用回線であるかのように利用できるサービス。仮想私設通信網ともいう。企業内ネットワークでのデータ通信の拠点間接続などに用いる。電気通信事業者の公衆回線では様々な企業のデータが混在して流れることになるが，データは認証や暗号化で厳重に管理されるため，混信，漏えい，盗聴などの危険性は低い。

VV ブイブイ ＝ビニル絶縁ビニルシース

フイフ

ケーブル

VVR ブイブイアール →ビニル絶縁ビニルシースケーブル

VVF ブイブイエフ →ビニル絶縁ビニルシースケーブル

VVVF ブイブイブイエフ variable voltage variable frequency converter ＝可変電圧可変周波数変換装置

VU メータ ブイユー── volume unit-level meter オーディオ信号のレベルを監視するメータ。音響装置の入出力レベルを監視するため，0 VU をその機器の基準信号レベルとして，dB 目盛で表す。磁気テープレコーダ入出力では，-10 dBm [0 dBm＝1 mW (600 Ω)，-10 dB ≒ 0.3 V_{rms}] を 0 VU とし，ミキサ入力では＋4 dBv [0 dBv＝0.775 V (600 Ω)，＋4 dBv ≒ 1.2 V_{rms}] を 0 VU としている。

VLAN ブイラン virtual local area network ネットワークに接続した端末を OSI 基本参照モデル第 2 層（データリンク層）で，論理的に構成する LAN。同一グループに属する端末群は 1 つの構成単位である LAN セグメントに属しているように通信ができ，仮想 LAN ともいう。LAN スイッチの機能を利用して MAC アドレス，IP アドレスなどに応じてグループ化し，物理的 LAN 構成にかかわらず論理的なサブネットワークを構成する。端末の位置に関係なくネットワーク構成を変更でき，端末の移動でもほとんど設定変更はない。

フィルタ filter 特定の周波数帯の電力を通過させるために用いる回路網。ろ波器ともいう。特性に応じて，低域フィルタ（LPF），高域フィルタ（HPF），帯域フィルタ（BPF）及び帯域除去フィルタ（BEF）に区分することができる。回路構成として，抵抗とコンデンサを組み合わせた RC フィルタ，リアクトルとコンデンサを組み合わせた LC フィルタ，能動素子を用いたアクティブフィルタなどがある。

風圧荷重 ふうあつかじゅう wind pressure load 風によって構造物に加わる圧力。風荷重ともいう。風圧荷重は構造物に直角に作用するものとして扱い，速度圧に風力係数を乗じて求める。架空電線路の支持物及び電線については，季節及び氷雪の付着を条件に甲種風圧荷重，乙種風圧荷重及び丙種風圧荷重に分類し，電気設備技術基準で規定している。

風車 ふうしゃ windmill 風を羽根車に受けて回転運動に変換し，その運動エネルギーを利用する装置。発電，製粉，揚水，排水などに利用される。形式は水平軸風車と垂直軸風車の 2 種類がある。水平軸風車にはプロペラ形，多翼形など，垂直軸風車にはダリウス形，ジャイロミル形，サボニウス形などがある。

ブースタ booster 〔1〕主にテレビ共聴システムに用い，アンテナと室内テレビ端子との間に挿入し，室内端子出力を所定の信号レベルにするための増幅器。〔2〕送水管などの管路に圧力を高めるため，補助的に設置するポンプ。

風速計 ふうそくけい anemometer 風の速さを測定する装置。測候所，飛行場，山頂などに設置し，単に風速という場合，地上気象観測では地上約 10 m の高さにおける 10 分間の平均風速を表す。また，0.25 秒ごとに更新される風速の 3 秒間平均を瞬間風速という。単位はメートル毎秒（m/s）。垂直な回転軸の周りに 3～4 個の半球殻又は円錐殻の風杯と呼ばれる羽根及び垂直軸から成る風杯形風速計，小直径のプロペラ形の羽根及び水平軸から成る風車形風速計，発信部と受信部との間の風速を超音波の伝搬時間から測定する超音波式風速計などがある。

風力発電 ふうりょくはつでん wind power generation 風のエネルギーを風車の回転運動に変換し発電機を駆動して行う発電。風車の出力は風速の 3 乗に比例し，風速を一定とすると出力はロータ直径の 2 乗に比例する。風車によって取り出すことができる出力の理論上の最大効率は 16/27 である。

ブール代数 ──だいすう Boolean algebra ＝論理代数

フェーザ phasor 交流の定常状態において時間とともに正弦波状に変化する電気諸量を大きさ及び偏角で表す複素量。複素数を $z=x+jy$ で, x を横軸（実数軸）, y を縦軸（虚数軸）とした複素平面上に表したとき, z は大きさ及び方向をもつ量として表されるので, 従来はベクトルと呼んできたが, これを力学, 電磁気学などで用いる空間ベクトルとの混同を避けるためにフェーザというようになった。計算や表記は, ベクトルと全く同じである。

フェーダ fader 調光操作卓又は音響調整卓に組み込み, 調光回路又は音響増幅回路の出力を 0～100％ の範囲で調整するために用いる操作器。調光回路又は音響増幅回路ごとに設置し, フェードイン（信号の振幅増幅）, フェードアウト（信号の振幅減少）などの効果を得るために用いる。上位からグランドマスタフェーダ, クロスフェーダ, プリセットフェーダ, サブマスタフェーダ, グループマスタフェーダ, グループフェーダ, パートフェーダ, ムーブフェーダなどがある。

フェード fade 舞台照明の照度又は舞台音響の音量を, 演出目的に合わせて徐々に変化させること。増大させることをフェードイン, 減少させることをフェードアウトという。

フェードアウト fade-out 舞台などで照明の光量や音響の音量を次第に小さくし演出効果を図ること。時間の経過や場所の移動を示すためなどのシーンの場面転換に用いる。照明では溶暗ともいう。 ⇒調光

フェードイン fade-in 舞台などで照明の光量や音響の音量を次第に大きくし演出効果を図ること。時間の経過や場所の移動を示すためなどのシーンの場面転換に用いる。照明では溶明ともいう。 ⇒調光

フェムトセル femtocell 半径数十 m 程度の携帯電話通信エリアをカバーする基地局。携帯電話基地局同士の境界領域, 建築物の地下階, 高層階などでは電波強度が微弱となり通信しづらい場所が生まれ, 小形基地局の設置で対応している。さらに, それでも解消できない接続不可能区域で用いる。

フェライト ferrite ①酸化鉄を成分とする複合酸化物及びその誘導体。フェリ磁性を示すものが多く, 高周波用変圧器・ピックアップ・テープレコーダの磁気ヘッドなどに用いる。②純粋な鉄またはこれに他の元素を微量に含む固溶体。耐熱性・耐食性に優れている。

フェランチ現象 フェランチげんしょう Ferranti phenomenon ＝フェランチ効果

フェランチ効果 ――こうか Ferranti effect 長距離電線路において無負荷又は軽負荷時に電線路の分布静電容量による充電電流（進み）の影響が大きくなって, 受電端電圧が送電端電圧より高くなる現象。この現象は電線路が長いほど, ケーブルのように静電容量が大きいほど著しい。長距離の無負荷電線路を充電する場合には, 送電端では低い電圧で充電を行い, 受電端の電圧が定格電圧を超えないようにする。

フェリ磁性 ――じせい ferrimagnetism 物質の格子上にある原子・イオンの磁気モーメントが, 互いに反対向きで, その大きさや数が異なることにより自発磁化を持つ磁気的性質。磁鉄鉱などで見ることができる。

フォーマット format ＝初期化

フォトカプラ photocoupler 電子計算機, 制御装置などの入出力回路において, 内部電源と外部電源を絶縁するために用いる回路素子。電気光変換素子と光電気変換素子を対向させ外部を遮光性の樹脂で封止して構成し, 光を媒介として信号を伝達することで基準電圧の異なる回路間を絶縁するために用いる。

フォトトランジスタ phototransistor エミッタ及びコレクタ間の電流を光によって制御するトランジスタ。一般のトランジスタはベース電流によってコレクタ電流を制御するが, ベース電流の代わりに光を用いる。主に光通信の受信部の光センサ, 信号回路のフォトカプラなどに用いる。

フォトマル photomultiplier tube ＝光電子

増倍管

フォトルミネッセンス photoluminescence 電磁波や電界の印加，電子の衝突などにより，エネルギー状態が熱平衡状態と比較して大きい状態になった物質が自然放出によって発光する現象．

フォロースポットライト follow spotlight ＝ピンスポットライト

不快グレア ふかい―― discomfort glare 不快感は引き起こすが，視覚能力の減退には至らないグレア．

負荷開閉器 ふかかいへいき load-break switch 通常の回路条件で電流を投入，通電及び遮断し，短絡など異常回路条件で指定時間の間電流を通電できる開閉器．

負荷曲線 ふかきょくせん load curve 電力負荷の時間的変化を曲線で示したもの．期間のとり方によって，日，月，年間などの変化を表す．

負荷試験 ふかしけん load test 電気機器に負荷を掛けたときに異常がなく，連続して運転できることを確認する試験．機器の種類に応じた試験方法が採られる．実負荷試験，等価負荷試験及び返還負荷試験があり，巻線その他の温度上昇を求める場合は，温度上昇試験ともいう．

負荷持続曲線 ふかじぞくきょくせん load duration curve ある期間内の負荷を時刻と無関係に大きさの順に並べて，これをつないだ曲線．負荷曲線とともに負荷の特性を表すのに用い，目的に応じて，日，月，年間などのものを用いる．

負荷時タップ切換器 ふかじ――きりかえき on-load tap changer 変圧器の出力電圧を調整するために巻線に負荷を掛けた状態でタップを切り換える装置．これを備えた変圧器を負荷時タップ切換変圧器という．外部回路に直接接続された巻線の負荷電流がタップ切換器を通過するように結線した直接式と，直列変圧器の励磁巻線を流れる電流がタップ切換器を通過するように結線した間接式とがある．

負荷順次始動 ふかじゅんじしどう load alternately starting 多数の負荷を負荷単位又は負荷群ごとに順番に時間差を設けて始動する方法．商用電源停電時に非常用発電機から給電する場合や商用電源復電時に停電前の負荷状態に戻す場合，電動機などの始動電流による電圧低下などの電源変動を抑えるために用いる．負荷順次投入ともいう．

負荷順次投入 ふかじゅんじとうにゅう load alternately close method ＝負荷順次始動

付加絶縁 ふかぜつえん supplementary insulation ＝補助絶縁

負荷損 ふかそん load loss ＝銅損

不活性ガス消火設備 ふかっせい――しょうかせつび inert gas fire extinguishing system 二酸化炭素，窒素などの不活性ガスを放出して，火災を継続する酸素の供給を遮断して消火する設備．化学的に安定な気体であるため消火時に汚損，被水，腐食，損傷などのおそれがない．油火災や電気火災にも有効である．しかし，有人の区画に放出すると人命に関わる危険性があるため注意を要する．

負荷電圧補償装置 ふかでんあつほしょうそうち dropper 接続負荷の印加電圧を負荷の最高許容電圧以下に低減する装置．蓄電池の整流装置に接続した負荷の最高許容電圧が蓄電池の充電電圧よりも低い場合に設ける．

負荷電流 ふかでんりゅう load current 電源装置から電動機，照明器具などの外部負荷回路に供給する出力電流．電気機器の定格電流は定格容量と定格電圧とにより求められるが，負荷電流は負荷の増減により変化する．

負荷投入率 ふかとうにゅうりつ reference of throwing on load 原動機の運転に支障が生じない最大投入負荷の，原動機軸出力に対する比．発電機の電圧降下率の限界値に対していうこともある．負荷の周波数低下や電圧降下の許容特性によって値が変化する．

負荷分散装置 ふかぶんさんそうち load balancer 外部ネットワークからの要求を

一元的に管理し，同等の機能を持つ複数のサーバに要求を転送する装置。大量トラフィックなど過負荷を原因とするサーバダウンやレスポンスの低下を防ぐため，なるべく多くのサーバに要求を分散して送信し，各サーバが快適な応答速度を保つよう設置する。ロードバランサともいう。

負荷分担 ふかぶんたん load sharing 発電機や変圧器を並行運転するときに，それぞれの単体機器が分担する負荷量。①複数台の発電機又は商用系統との並行運転の場合，負荷分担は原動機出力を調速機（ガバナ）によって，無効電力の負荷分担は励磁電流の増減によって行う。系統の負荷が急変したときは，それぞれの固有の速度調定率に従って負荷量の分担が決まる。②変圧器の並行運転の場合，それぞれの短絡インピーダンスが等しい場合は，負荷は容量比に従って分担され，全定格容量まで使用できるが，短絡インピーダンスが異なる場合は，基準容量に換算した短絡インピーダンスの逆比に従って負荷が分担される。そのとき短絡インピーダンスの小さい方の負荷が大きくなるので，全定格容量を使用することはできない。

負荷率 ふかりつ load factor 〔1〕ある期間における負荷の最大需要電力に対するその期間の平均電力の比。百分率（％）で表す。

$$負荷率 = \frac{ある期間の平均電力(kW)}{その期間の最大需要電力(kW)} \times 100\%$$

一般に期間が長くなるほど負荷率は小さくなる。期間のとり方によって日負荷率，月負荷率，年負荷率などがある。統計などから，電力原単位と負荷率を推定できる場合は，これをもとに最大需要電力を算出して，電源設備容量の計画に役立てることができる。〔2〕電気機器の定格容量に対する負荷容量の比。百分率（％）で表す。

不感帯 ふかんたい dead band, dead zone →フロースイッチ，圧力スイッチ

負帰還 ふきかん negative feedback 増幅器の出力信号の一部を入力信号で逆位相で加えること。回路の増幅度は低下するが広い周波数帯域にわたり均一な増幅度が得られるため電力増幅回路などに用いる。

負極吸収式 ふきょくきゅうしゅうしき gas recombination on negative electrode type 制御弁式蓄電池において，充電終期に正極板から発生する酸素を負極板で反応吸収させ，負極板を化学的に放電状態として水素の発生を抑える方式。

復号 ふくごう decoding 符号化又は暗号化した情報を復元すること。デコードともいう。

複合型居住施設 ふくごうがたきょじゅうしせつ complex dwelling facility 複合用途防火対象物のうち，共同住宅など並びに居住型福祉施設である有料老人ホーム，福祉ホーム，認知症高齢者グループホーム，障害者グループホーム・ケアホームなどの用途以外の用途に供する部分が存在しなく，かつ，一定の防火区画などを有する防火対象物。

複合型受信機 ふくごうがたじゅしんき combination type control and indicating equipment 自動火災報知設備の受信機の機能のほかに，防火戸，防火ダンパ，排煙設備などの制御・監視を行う防火・防排煙設備の制御機能を併せ持つ受信機。

複合継電器 ふくごうけいでんき multiple protection relay 過負荷，逆相，反相，地絡など電気回路の保護に必要な複数の検出要素を持った保護継電器。マイクロコンピュータを利用した静止形継電器で，1サンプリング間隔内にすべての継電器要素の多重処理を終了させる方式（1区間時分割形）と，複数のサンプリング間隔にまたがって，より多数の継電器要素を時分割多重処理させる方式（複数区間時分割形）とがある。高速性を要求される場合は前者の1区間時分割形の方式をとり，後備保護や下位系統保護など動作時間に余裕がある場合は後者の複数区間時分割形の方式によって1台の継電器に多くの機能を持たせる。

複合ケーブル ふくごう—— composite cable 導体太さ及び構造の異なる電線（ケ

ーブルを含む。）をまとめて保護被覆内に収めたケーブル。同一外装内に異種のものを収めた内蔵形と外装をもつ電力ケーブル及び通信ケーブルをまとめて保護被覆を施した外付形とがある。電気設備技術基準では、電線と弱電流電線とを束ねたものの上に保護被覆を施したものと定義しているので、ここでは光ファイバケーブルを含むものを除く。

複合サイクル発電　ふくごう——はつでん　combined cycle power generation　ガスタービンによる発電に加えて、排熱回収によって得られた蒸気を利用して蒸気タービンで発電を行う方式。コンバインドサイクル発電ともいう。燃料のエネルギーを有効に利用し、発電設備の効率向上に寄与することから、火力発電設備に採用している。熱効率は従来の蒸気タービン発電で25〜40％、複合サイクル発電で45〜60％である。

複合式スポット形感知器　ふくごうしき——がたかんちき　combination type spot detector　性能の異なる複数の火災感知要素をもつ感知器。火災信号は2つ以上で、どの感知要素で火災信号を発信したかが分かる。受信機では複合式スポット形感知器からの火災信号第1報の受信により音響装置、地区表示灯などで異常発生を、第2報の受信により主音響装置、地区音響装置、火災灯などで火災発生を知らせる。熱複合式、煙複合式、熱煙複合式、炎複合式の4つがある。非火災報の低減のために作った。

複式配線　ふくしきはいせん　multiplex wiring　電話設備において、すべての中間配線盤間を同一のケーブル対数とする配線方式。回線の変更が多い大規模な建物に適用する。

ふく射暖房　——しゃだんぼう　radiant heating　＝放射暖房

副受信機　ふくじゅしんき　sub-control panel and indicating equipment　表示機能のみをもつ受信機。受信機の技術上の規格を定める省令により、副受信機は火災警報停止などの制御機能を持つことができない。受信機は常時人がいる場所に設けるようになっているが、監視場所が昼夜で異なる場合などは副受信機を設ける。

複素透磁率　ふくそとうじりつ　complex magnetic permeability　磁性体に交番磁界 H を印加し、磁束密度 B に位相遅れが生じた場合の、複素数で表現した B と H の比。$\mu=B/H=\mu'-j\mu$。$\mu''/\mu'=\tan\delta$ を損失係数と呼ぶ。

複素誘電率　ふくそゆうでんりつ　complex dielectric constant, complex permittivity　誘電体に交番電界 E を印加し、電束密度 D に位相遅れが生じた場合の、複素数で表現する D と E の比。$\varepsilon=D/E=\varepsilon'-j\varepsilon'$。$\varepsilon''/\varepsilon'=\tan\delta$ を損失係数と呼ぶ。

復電　ふくでん　power recovery　事故、点検などで停止した発電、送電又は配電が復旧し再び電力供給状態になること。系統電力復旧と需要家内の部分停電復旧とがある。復電の際には停復電制御など正規の状態に戻すための操作が必要になる場合がある。

復電制御　ふくでんせいぎょ　power restoration control　→停復電制御

複巻電動機　ふくまきでんどうき　direct-current compound motor　直巻界磁巻線と分巻界磁巻線とをもつ直流電動機。直巻電動機と分巻電動機の中間の特性をもち、分巻巻線により回生制動が行えるため鉄道車両の駆動に用いていた。

負グロー　ふ——　negative glow　グロー放電において、電位勾配が負で、陰極降下部で加速した電子が減速し、原子又は分子を励起発光し、更に陽イオンと電子の再結合によっても発光を助けることを特徴とする発光部。

符号化　ふごうか　encoding　信号やデータなどの情報を特定の規則に従って符号に変換すること。通信路を有効に使いながら情報を正確に伝送するために、情報の表現形態を変換する。一般に符号としては、2進符号を用いる。符号化する装置及び回路のことを符号器又はエンコーダという。

符号分割多重接続　ふごうぶんかつたじゅうせつぞく　code division multiple access

複数の発信者の音声信号にそれぞれ異なる符号を乗算し，合成して1つの周波数を使って送る携帯電話などの無線通信方式。受信者は自分と会話している送信者の符号を合成信号に乗算することにより，音声信号を取り出すことができる。

プサリ permanent supplementary artificial lighting in interiors, PSALI 昼光照明だけでは不十分であるか又は不快であるときに，建物内の昼光照明を補うように意図して常時点灯する人工照明。常時補助人工屋内用照明ともいう。窓から入ってくる昼光と室内の人工照明とを快適かつ合理的に協調させて，良い照明環境を形成する。

腐食電位 ふしょくでんい corrosion potential 腐食金属のアノード反応及びカソード反応による電流が平衡状態を保っているときの金属固有の電位。自然状態における腐食電位を自然電位ともいい，それを大きさの順に並べたものを腐食電位列という。

腐食電池 ふしょくでんち corrosion galvanic cell ＝局部電池

不随電流 ふずいでんりゅう tentanization threshold current →離脱限界電流

負制動現象 ふせいどうげんしょう negative damping phenomenon 制御量が目標値に収束せず，持続的に振動する現象。同期発電機が系統並列運転時に回転数が不安定になる現象などがある。

不足電圧継電器 ふそくでんあつけいでんき under-voltage relay, UVR 電圧値が整定値以下になったときに動作する継電器。系統の短絡，停電，瞬時電圧低下などに応動し，警報や遮断器の動作信号を出力するのに用いる。誘導円板形，誘導円筒形，静止形などがある。

舞台照明設備 ぶたいしょうめいせつび stage lighting system 舞台で展開される演技，演劇などに対し，その演出意図を光の明暗及び色彩によって表現するための設備。時間の流れとともに変化する照明の操作機能を持つ。

負担 ふたん burden 計器用変成器の2次端子又は3次端子に接続する継電器, 計器, 接続導線（変流器の場合）などの負荷。定格周波数における定格2次電流若しくは定格2次電圧又は定格3次電流若しくは定格3次電圧のもとで，負荷に消費される皮相電力（V·A）及びその力率で表す。ただし，零相変流器の場合は，負荷のインピーダンス（Ω）及び力率で表す。規格で定めた計器用変成器の性能を保証することができる負担の上限値を定格負担という。

プッシュプル増幅器 ——ぞうふくき push-pull amplifier 正負の入力信号に対して2個の増幅素子を正負対称に配置し，それぞれ正負一方の信号のみを増幅させる方式の増幅器。出力波形が正負対称になり偶数次高調波ひずみがなく，忠実度の高い出力となる。4種類があり，A級，AB級，B級は音響用に，C級は無線用に用いる。

ブッシング bushing 〔1〕変圧器，遮断器などの機器外箱を貫通する導体を内部に収め，端子部を構成する磁器製などの管。〔2〕電線管の管端に取り付け，電線の被覆を保護するための電線管用付属品。鋼製ブッシングと絶縁ブッシングとがある。〔3〕建築物の壁などを貫通する導体を内部に収め絶縁及び機械的保護を行う絶縁性の管。

ブッシング形変流器 ——がたへんりゅうき bushing type current transformer 鉄心及び2次巻線をもち，機器のブッシング部に装着して用いる変流器。機器のブッシングを1次導体としているため絶縁性が高いが，1次が1ターンであるため低変流比のものや確度階級の高いものは製作しにくい。特別高圧以上の機器の保護用形変流器として用いる。

フットライト foot light 舞台前縁部に前縁部と平行に，床面に埋め込んで設置するとい状のフラッドライト。脚光ともいう。床面から演者を柔らかく照明するために用い，赤，緑，青，透明などのフィルタを用いる。電気回路は3～4回路で構成し，100～200Wのタングステン電球又は300～500Wのハロゲン電球を用いる。移動式のものもある。

ブッフホルツ継電器 ——けいでんき Buchholz relay　油入変圧器の巻線や鉄心の層間短絡などの異常時に発生するガスの検出によって動作する機械的保護継電器。変圧器の主タンクとコンサベータとを結ぶ連絡管の中間に取り付け，変圧器の内部異常によって発生するガスを軽微な故障のうちに検出する第1段及び重故障時の急激な圧力上昇による油流を短時間に検出する第2段の2つの接点を持つ。第2段接点は，一般に変圧器を線路から切り離す遮断器の引外し回路に接続する。

負抵抗特性　ふていこうとくせい　negative resistance characteristic　＝負特性

浮動充電　ふどうじゅうでん　floating charge　整流装置の直流出力に蓄電池と負荷とを並列に接続し，常時蓄電池に一定電圧（浮動充電電圧）を加え充電状態を保ち，同時に整流装置から負荷へ電力を供給し，停電時又は負荷変動時に無瞬断で蓄電池から負荷へ電力を供給する充電方式。

不同沈下　ふどうちんか　differential settlement　建造物の基礎の沈下が全体として一様でなく，部分的に異なること。ピサの斜塔もその一例である。建造物に不均衡な応力を発生させ，建造物崩壊の原因となる場合もある。

不等率　ふとうりつ　diversity factor　個々の負荷の最大需要電力の合計と，これらを総合したときの最大需要電力との比。すべての負荷が同時に最大となることはないので，常に1より大となる。

$$不等率 = \frac{各負荷の最大需要電力の合計}{総合したときの最大需要電力}$$

負特性　ふとくせい　negative characteristic　印加電圧の増加に対して電流が減少する特性。負抵抗特性ともいう。例えば，アーク放電における電圧-電流特性は，次式のように，普通のインピーダンス回路とは逆の特性を示す。

$$V_a = A + Bi^{-n}$$

ここで，V_a はアーク電圧，i は放電電流，A, B 及び n はアークの長さ，電極の材料で決まる定数。アーク放電を利用する放電ランプ（蛍光ランプなど）は負特性であること

から定電圧電源による点灯は不安定であるので，直列に抵抗やリアクトルを挿入し放電状態の安定化を図るために安定器を用いる。

不燃材料　ふねんざいりょう　noncombustible material　材料自体が容易に燃焼せず，かつ，防火上有害な煙やガスの発生，溶融，変形，破壊などを生じない材料。コンクリート，モルタル，れんが，ガラス，鉄，アルミニウムなどが該当する。建築基準法に規定がある。

部分放電　ぶぶんほうでん　partial discharge　電極間に電圧を印加したとき，電極間を橋絡しないで，その間の絶縁媒体中で局部的に発生する放電。

部分放電試験　ぶぶんほうでんしけん　partial discharge test　電気設備の回路に電圧を加え，これらの絶縁物中の気体ギャップや絶縁物表面で発生する部分放電を測定し，絶縁性状を判定する試験。

不平衡ノイズ　ふへいこう──　unequilibrium noise　＝ノーマルモードノイズ

不平衡率　ふへいこうりつ　voltage-unbalance factor　＝電圧不平衡率

不要動作　ふようどうさ　unwanted operation, nuisance trip　機器，装置，制御システムなどが動作すべきでない場合に動作すること。不必要動作又は迷惑動作ともいう。

フライダクト　fly duct　舞台上部につり下げるサスペンションライト，シーリングライトなどの照明器具に電源を供給するために，多数の調光回路及びコンセントを組み込んだ金属製ダクト。

フライブリッジ　fly bridge　ボーダライト及びサスペンションライトの機能を持ち，照明器具に直接手で触れて照射位置や角度の調整ができるように，人が乗り込むことを可能にした設備。ライトブリッジともいう。

フライホイール電力貯蔵装置　──でんりょくちょぞうそうち　flywheel energy storage equipment　電動発電機と直結した弾み車を用いて，電気エネルギーと回転運動

エネルギーとを相互に変換し，電力の貯蔵又は放出を行う装置。放出時間は比較的短く，電子計算機の無停電電源装置などに用いる。エネルギー貯蔵効率の向上と大容量化を目的に，機械式軸受を非接触化した超伝導フライホイールが1991年ごろ開発された。

ブラウザ browser →WWW（ワールドワイドウェブ）

ブラウン管 ――かん Braun tube ＝陰極線管

プラグアダプタ plug adaptor 形状の異なるプラグとコンセントとを接続するためのアダプタ。電源用，通信用，オーディオ用などがある。

プラグイン plug-in ＝アドオン

プラグイン器具 ――きぐ plug-in device プラグインバスダクトのプラグ受口に挿入し，クリップなどによってバスダクトの導体に接続を行う器具。プラグインスイッチや電線接続用端子を内蔵した分岐ボックスなどがある。

プラグインスイッチ plug-in switch 開閉器を内蔵したプラグイン器具。

プラグインハイブリッドカー plugin hybrid electric vehicle 内燃機関とコンセントから直接充電できる2次電池とを搭載し，電気モータで駆動する方式の自動車。電気自動車に比べ搭載電池容量，重量及び容積を少なくでき，不足する航続距離は内燃機関が受け持つ。駆動方式を同じくするハイブリッド電気自動車は，搭載電池への充電を内燃機関の発電で行うが，プラグインハイブリッドカーは家庭などの電源からも充電できるように充電容量を大きくしている。
⇒ハイブリッド電気自動車

プラグインバスダクト plug-in busway 負荷への分岐のため，プラグ受口を設けたバスダクト。プラグイン器具の装着位置の変更によって負荷の増設，移設に即応できる。

プラグヒューズ plug fuse 内部に可溶体を収めたヒューズリンクをヒューズホルダに似た形の中に可溶体を

収めたヒューズリンクをヒューズホルダにねじ込んで使用するねじ込形プラグヒューズと，筒形ヒューズリンクをベースに装着しキャップ（ヒューズキャリア）をねじ込んで使用する栓形プラグヒューズとがある。

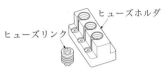

ねじ込形プラグヒューズ

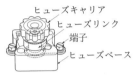

栓形プラグヒューズ

ブラケット灯 ――とう wall luminaire 壁，柱などに取り付ける張出し形又はじか付け形の照明器具。

ブラシ brush 回転機の整流子やスリップリングに電気的に接触し，集電するための部材。材質に刷毛状の細い銅線を編んだもの，黒鉛などを用いる。

ブラシレス励磁方式 ――れいじほうしき brush-less exciting system 同期発電機の回転子軸上に交流励磁機及び回転整流装置を設け，交流励磁機の三相出力を回転整流装置で直流に変換し，直流発電機の界磁巻線に励磁電流を供給する方式。出力電圧は，交流励磁機の固定子の界磁を自動電圧調整器により制御して調整する。ブラシレス励磁方式には，複巻式，分巻式，サイリスタ式及び永久磁石発電機式がある。

プラズマディスプレイ plasma display グロー放電を利用してドットマトリックス方式により，漢字，英字，仮名，記号などを表示する装置。マトリックス格子状に張った電極線に発光点を配置し，各発光点への電圧の印加を制御して文字や図形を表示する。原理上，奥行きが少ない平板状のものを作ることができる。

ブラックライトランプ black light lamp 特

殊な濃紫色の着色ガラス管を用いて，可視放射をほとんど出さない紫外放射ランプ。主に360 nm前後の紫外放射で，ブラックライト蛍光ランプとブラックライト高圧水銀ランプとがある。金属加工表面の検査，特殊な展示照明などに用いる。

フラッシオーバ flashover ＝せん絡

フラッシプレート flush plate 埋込形配線器具を設置するとき，これと組み合わせて建築仕上面などに取り付けるカバープレート。特に配線器具が未設置のボックスの開口を覆うものをブランクプレートという。合成樹脂製及び金属製のものがある。

フラッシュオーバ flashover 建物火災の過程で，部屋内に熱が蓄積され，天井，壁，備品など内容物の可燃物が燃焼しやすい状態になり，火災が爆発的に部屋全体へ拡大する現象。

フラッシュメモリ flash memory 読書きが自由にできる不揮発性ICメモリ。フラッシュROMともいう。電子計算機では，更新が必要なファームウエアの記憶用，フロッピーディスクに代わる外部記憶装置のUSBメモリなどに用い，デジタルオーディオ，デジタルカメラ，携帯電話などではデータ記憶用に用いる。

フラッタ障害 ——しょうがい flutter interference 鉄道車両，飛行機など移動体による電波遮蔽又は反射の影響で起こる受信障害。

フラットエルボ flat elbow →エルボ

フラットケーブル flat conductor cable 〔1〕カーペットなどと床との間に布設するように設計された電線。電力用，電話用及びデータ伝送用がある。アンダカーペット

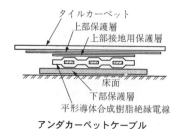

アンダカーペットケーブル

ケーブルともいう。電力用は，電気設備技術基準の解釈で平形導体合成樹脂絶縁電線の上下に機械的，電気的保護層を設けたものをいう。〔2〕大容量電力幹線に用いる平形構造のケーブル。プレハブ加工した分岐付もある。

大容量フラットケーブル

プラットホーム platform 〔1〕電子計算機システムのハードウエア及びオペレーティングシステム。異なるハードウエアを同じOSで使用するために，ハードウエアの差異をデバイスドライバやBIOSが吸収することで実現している。パーソナルコンピュータのオペレーティングシステムにはWindows，Linux，Firefoxなどがある。〔2〕鉄道駅，倉庫などの列車，トラック，運搬用トレーラが旅客の乗降や貨物の荷役を行う台状の施設。

フラッドライト flood light 舞台照明に用い，照明範囲を均一に照射することを目的としたレンズのない照明器具。光源と反射鏡とで照射するため，照射範囲は広く柔らかで均等な照射となる。取付場所や照明器具の形によって，ボーダライト，アッパホリゾントライト，ロアーホリゾントライト，フットライト，ストリップライト，スカイライトなどがある。

ブランクキャップ blank cap 配線器具のフラッシプレートにスイッチやコンセントを取り付けない部分の不要な穴を塞ぐために用いる合成樹脂製のキャップ。

ブランクの放射体 ——ほうしゃたい Planckian radiator ＝黒体

ブランクプレート blank plate →フラッシプレート

プランジャ plunger ＝可動鉄心

プリアンプ pre-amplifier パワーアンプの前段に設置し，マイクロホンなどの微弱な電気信号を混合して一定レベルまで増幅する拡声設備用機器。

フリークーリング free cooling 冷凍機用冷却水の放熱用冷却塔を用い，中間期及び冬期に冷凍機を使用せず直接外気と熱交換を行い冷水を製造するシステム。省エネルギーを目的とした空調システムである。

フリーフェーダ free fader 調光操作卓又は音響調整卓で他のフェーダに影響されず，独立した操作ができるフェーダ。

ブリーム building research establishment environmental assessment method, BREE-AM イギリスの建築研究所が開発した建築物の環境性能評価手法。住宅，商業施設，工場，事務所など建築物の種別ごとに評価することが可能で，エネルギー，水資源，交通，資材，廃棄物，管理，健康と快適性，汚染，土地利用とエコロジーの9分野からなる評価項目が30項目以上あり，有資格者の評価点を集計した獲得点数により4段階で評価する。

フリーレイアウト free layout アプリケーションソフトで作成した原稿を自由に配置して印刷する機能。複数のページを1ページに配置したり，複数のファイルの原稿や，複数のアプリケーションソフトで作成した原稿を1ページに配置して印刷することができる。

プリセットフェーダ preset fader 調光操作卓又は音響調整卓に組み込み，調光出力レベル又は音響出力レベルをあらかじめ設定するフェーダ。

フリッカ flicker 輝度又は分光分布が時間的に揺らぐ光刺激によって誘導される，視感覚の不安定な現象。電灯や蛍光灯の照明の明るさが周期的に変動し，その程度と繰返しの周波数によって，人の目にちらつきとして感じられる。⇨電圧フリッカ

ブリッジ回路 ——かいろ bridge circuit 図に示すように，直列と並列の閉回路を構成するブリッジ状の電気回路。ホイートストンブリッジ，ケルビンダブルブリッジ，コールラウシュブリッジなどがあり，素子のインピーダンスを測定する回路に用いる。検流器 G が 0 になる平衡条件は $Z_1Z_4=Z_2Z_3$ となる。

4辺ブリッジ回路

ブリッジ機能 ——きのう bridge コンピュータネットワークにおける OSI 基本参照モデルの第2層（データリンク層）の情報に従い送信ポートを決定しフレームを転送するための機能。主に TCP/IP 以前のネットワーク接続に使用していた。セグメント間を接続する機能で，LAN 同士のパケットの交換時の橋渡しを行う。リピータの機能と機器の MAC アドレスでパケットの行き先を判断しパケットの交通整理をするフィルタリング機能とを持つ。セグメント間でパケットを流す必要がない場合には，それを阻止し，同一セグメント内の通信効率を向上させる。

ブルートゥース Bluetooth 移動電話機，パソコンなどポータブル機器の間をつなぐ短距離無線伝送技術。無線周波数は，世界各国で免許なしで使える 2.45 GHz を利用している。機器を接続できる範囲は 10 m 程度で，追加増幅器を使えば 100 m まで延長できる。赤外線方式のように無線モジュールを正対させる必要がない。米国，スウェーデン及び日本の民間5社が共同で開発した。

フリップフロップ flip-flop ＝双安定マルチバイブレータ

プルサーマル plutonium thermal use プルトニウムを従来の熱中性子炉である軽水炉で燃料として使用すること。プルトニウムのプルとサーマルニュートロン・リアクター（熱中性子炉）のサーマルをつなげた和製語である。

プルスイッチ cord-operated switch 引き

ひもを操作することによって，接触子を開閉する屋内用小形スイッチ。壁面，天井などに取り付ける単独形のほか，ソケット，レセプタクル，照明器具などに組み込むもの，防水形などがある。

プルトニウム plutonium 自然界には存在しない人工原子で原子番号は94。原子炉内でウラン(U)238が中性子を吸収し，ネプツニウム(Np)239を経由して生成する。中性子の吸収度合いによって17種の同位体ができるが，存在量の多い代表的な核種はPU 239で，崩壊するときにアルファ(α)線を出す。重金属と同等の科学的毒性があるが，内部被ばくの影響は数万倍高い。

プルボックス pull box 屋内配線などの管路において，電線，ケーブルの引入れを容易にするために途中に設ける箱。蓋又は扉があり，電線，ケーブルの接続分岐又は支持を行うこともある。

プレアラーム prealarm 警報値よりも前段階で発する予告警報。自動火災報知設備においては，火災発報以前の煙濃度又は温度で警報を発することで，注意警報又は注意表示とも呼ばれている。火災の発生をいち早く知り，迅速な対応を行うことを目的として設ける機能である。

ブレインマシンインタフェース brain-machine interface 脳神経の活動情報と機械の作動情報とを相互に伝達するための仕組み。身体の不自由な人が思考するだけで車椅子を自由に操作するなどのために役立つ。

ブレーク接点 ――せってん break contact =b接点

ブレード blade ①刃物の刃。②ナイフスイッチの刃。③ポンプ，水車，風車，ジェットエンジンなどの回転翼の羽根。

ブレードサーバ blade server 抜き差し可能なサーバ単体を搭載した形態のサーバ。サーバ単体をブレードと呼び，ラックマウント形のサーバよりも高密度に設置することができ，電力効率，配線，保守性などに優れている。

フレーム frame 〔1〕配線用遮断器の定格使用電圧，絶縁性能，温度上昇，定格遮断容量などの諸機能に関連する動作機構を，同じ寸法の容器に収めることができる最大の定格電流の値をもって呼ぶ大きさの容器。アンペアフレーム（AF）と呼称する。〔2〕OSI基本参照モデル第2層（データリンク層）のプロトコルで扱うデータの転送単位。第3層（ネットワーク層）で扱うパケットにMACアドレスなどのヘッダ及び伝送誤りチェックを付加して構成する。〔3〕HTMLにおいてブラウザの1画面を複数に分割しそれぞれに別の情報資源を割り当て表示する方法。

フレームパイプ pipe for frame-work パイプフレームを組み立てるためのパイプ。一般には32Aのガス管を使用する。

フレームリレー frame relaying パケット交換技術をより簡略化したOSI基本参照モデルの第2層（データリンク層）の高速転送技術。数Mbps程度の高速データ伝送ができ，WAN回線で広く活用されてきた。

フレキシブルジョイント flexible joint 配管の接続部が自由に上下左右に曲がり，配管の心ずれ，伸縮，振動，たわみなどの変位を吸収するための接続方法又は継手。可とう継手ともいう。

フレキシブルディスク flexible disk 保護容器に内蔵した可とう性のある磁気ディスク。フロッピーディスクともいう。読み書きする駆動装置から取外し可能で，円盤を駆動装置で回転させ，円盤の片面又は両面に同心円状に信号を記録する。

フレキシブルフィッチング flexible metal fitting ガス蒸気危険場所に施設する耐圧

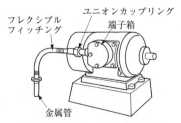

フレキシブルフィッチングの使用例

防爆構造又は安全増防爆構造の電気設備に用いる可とう性をもたせた金属製電線管付属品。金属管工事の途中に挿入し，振動の縁を切る部分又は可とう性を必要とする短小な部分に使用する。

プレストレストコンクリート prestressed concrete ピアノ線などの高張力の鋼線を用い，あらかじめ圧縮力を加えることで，引張強度を増大させた鉄筋コンクリート。

振れ止め ふーどー swing defence, bracing 電気設備，機器，配管などが地震力などの外力によって振れるのを防止するために建築物などに固定すること。重心の高い機器，つり下げ機器，横引き配管などが転倒，落下又は損傷によって機能停止に至ることを防止する。

フレネルレンズ Fresnel lens 平凸レンズの曲率を幾つかの帯状部分に分けて平面上に並べた集光レンズ。スペース及び重量を節約し，口径より短い焦点距離のレンズを作ることができる。スポットライト，カメラ，プロジェクタ，集光装置，LED照明などに用いる。

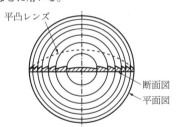

フレネルレンズ

フレネルレンズスポットライト Fresnel lens spotlight 照射する範囲の縁を柔らかくするために，フレネルレンズを組み込みランプ位置をレンズの焦点とその後方とに移動して，照射する範囲を変化できるスポットライト。サスペンションライトとして，地明かりなどに用い500〜2 000 Wのハロゲン電球を用いる。

ブレンカート 客席後方より舞台背景に絵などを映し出すための投光装置。光源にはアーク灯又はキセノンランプを用い，絵種を光源の前方に設置して映し出す。現在は効果器を用いる。

フロアコンセント floor socket-outlet 床上に設置した露出又は床に埋設したコンセント。舞台などでは通常フットライト電源をここから取る。

フロアスタンド standard lamp（英），floor lamp（米） 居室などの床に置く高い支柱をもつ移動用照明器具。部屋のコーナや玄関先などに置き，光の演出を自在にできるアクセント照明又は間接照明として用いる。

フロアダクト underfloor duct（英），underfloor raceway（米） 建築物の床に埋設して使用する鋼板製のダクト。断面は長方形，台形などで，単孔のものと内部隔壁をもつものとがある。配線の引出しは，上部に設けたインサート孔から行う。多種類の専用付属品によってシステムを構成する。

フロアダクト

フロアヒーティング floor heating ＝床暖房

フロアマーカ floor marker フロアダクトが交差する箇所に設置するジャンクションボックスの上部床面に取り付ける蓋。

フロースイッチ flow switch 液体又は気体の流れを検知して，これを電気的な接点の開閉動作（出力信号）に変換する流量検出器。設定流量で動作し流量の低下又は上昇で復帰するが，この動作点と復帰点の間（流量差）を不感帯といい，使用目的に合わせて動作点と不感帯の幅を設定する。同種のものに流水継電器もある。用途例としては，①内燃機関用冷却水の流量を検知して機関の運転可能条件とし，流量低下で断水警報を鳴動させ機関を非常停止させるもの。②エアパージ形制御盤の清浄空気供給口の流量低下を検知して給気不足警報を鳴動させるものなどがある。

ブロードキャストドメイン broadcast domain　コンピュータネットワークにおけるOSI基本参照モデルの第3層（ネットワーク層）の一部で，通信先アドレスを知るために一斉通報をするときの端末群。一般にはスイッチ，ハブ及びブリッジで接続する範囲を指す。1つのブロードキャストドメインの端末数が多すぎると，通信上の補助的な一斉通報が通信そのものの帯域を制限してしまうので，ルータ又はレイヤ3スイッチ（L3スイッチ）を使用しブロードキャストドメインを分割する。

フロートスイッチ float switch　フロートの位置又は姿勢の変化によって，電気回路を開閉するスイッチ。容器内の液面の上昇や下降を検出して液体の供給，排出の制御又は警報に用いる。

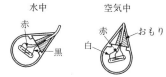

フロートスイッチ

ブロードバンド broadband →周波数帯域

プログラマブルコントローラ programmable logic controller, PLC　電子計算機技術を応用し，シーケンス制御を基本機能とする電子制御装置。通称シーケンサとも呼ばれている。シーケンス制御では電磁リレー，無接点リレー，タイマなどハードウエアを使用し順序制御させていくが，この制御回路をCPUにより演算処理させる。制御動作の状態が監視でき，設置後のソフトウエア変更も外部からのパーソナルコンピュータなどで行うことができる。プログラミング言語はラダー，BASIC及びSFC（sequential function chart）などが使用でき，容易にプログラミングの構築ができる。汎用品として市場に供給されているので，ファクトリーオートメーション（FA）に限らずビルオートメーション（BA）の分野でも幅広く用いている。

プログラミング言語──げんご programming language　原始プログラムを記述するための言語。厳密には人が電子計算機に情報を伝え，記録し命令することを目的として設計した人工言語をコンピュータ言語といい，その中でプログラムを記述することを目的とする言語をいう。

プログラム program　①ある成果を得るために計画した一連の処理工程。②電子計算機が行う演算，動作，通信などの処理を指示するため符号化した人工言語で記述した手順。電子計算機が動作するために不可欠なもので，あらかじめ電子計算機の処理手順を人間が指示することにより，電子計算機はあたかも柔軟に判断しているように動作する。

プログラムタイマ programmable timer　あらかじめ設定されたプログラムに従ってオン，オフなどの指令を出力するタイマ。

プログレス表示──ひょうじ progressive scan　テレビジョン信号などの画像走査で，1枚の画像に対し1回の走査で1画面を構成する方式。順次走査ともいう。インタレース表示に比べちらつきが少ないため，細かな文字を表示するパーソナルコンピュータの高精細度モニタなどに用いる。
⇒インタレース表示

プロジェクタ projector　＝投射器，オーバヘッドプロジェクタ

プロセス制御──せいぎょ process control　プロセスの操業状態に影響する諸変量を所定の目標に合致するように意図的に行う操作。クローズドループ制御とオープンループ制御とに分け，前者の代表がフィードバック制御で，後者にはフィードフォワード制御及びシーケンス制御がある。
⇒自動制御

プロセッサ processor　電子計算機の命令を解読し実行する機能単位。電子計算機の中央処理に用いるプロセッサを中央処理装置（CPU）という。

プロセニアム proscenium　劇場の舞台と客席とを区切る額縁状の構造物。舞台の上部及び両そで部を覆っているため，プロセ

ニアムアーチともいう。

プロセニアムスピーカ proscenium loudspeaker　プロセニアムの上部又は客席天井の最前部に設置するスピーカ。客席全体をカバーするのに有効なため、音響の主力として用いる。

プロセニアムライト proscenium light　プロセニアムの上部又は客席天井の最前部に設置し、舞台上を照射するための器具。

ブロッキングコイル blocking coil　送電線に搬送波を乗せて通信回線を構成する電力線搬送システムで、搬送波電流が発変電所母線や変圧器などに分流したり、線路の中間にある分岐線に流れ込んだりして伝送損失が増加しないように送電線両端や分岐送電線に挿入するコイル。

ブロック線図　——せんず　block diagram　システム又はその一部の基本的な機能を機能ブロック群で表し、機能ブロック間の相互関係を信号の流れの方向を示す線で接続表示する図。ブロックダイヤグラムともいう。

フロッピーディスク floppy disk, FD　＝フレキシブルディスク

プロテクタ遮断器　——しゃだんき　protector circuit breaker　スポットネットワーク受電方式において、ネットワークプロテクタを構成する主保護遮断器。主変圧器とネットワーク母線との間に設置し、逆電力遮断、無電圧投入及び差電圧投入の動作に用いる。

プロテクタヒューズ protector fuse　スポットネットワーク受電方式において、ネットワークプロテクタを構成するヒューズ。低圧スポットネットワーク受電設備のネットワーク母線及びネットワーク変圧器2次側の短絡保護用として用いる。

プロトコル protocol　コンピュータネットワーク上でデータを交換するために定めた通信規則。本来は外交用語で、一般には外交儀礼、儀典を意味する。儀礼は外交に不可欠な要素で、プロトコル（儀礼）を欠くと円滑なコミュニケーションが阻害されることからの転用である。インターネットで

はTCP/IPプロトコルを用い、アドレスのhttpはプロトコル名を示している。プロトコルで定義する内容は、コネクタの形状、接続導体数、電圧レベルなどの物理的レベルから、使用する文字コード、データ伝送手順、経路探索手順、誤り回復手順などの手続きに関するレベルまで幅広い範囲を包含する。一般的にはプロトコルを機能別に層（レイヤ）分けして定義する手法を用いる。

プロバイダ internet service provider　＝インターネットサービスプロバイダ

プロファイルスポットライト profile spotlight　＝エリプソイダルスポットライト

プロペラ形風車　——がたふうしゃ　propeller type windmill　飛行機のプロペラと同じ断面形状をもつ羽根の揚力で回転する水平軸風車。大形機には1枚羽根、2枚羽根もあるが、小形機から大形機まで3枚羽根が一般的である。カットイン風速は4～5 m/s、強風時のカットアウト風速は約25 m/sと稼働率が低く、羽根の風切り音の騒音、大形機では落雷などの問題がある。

プロペラ形風車

ブロワ blower　有効な吐出し圧力が200 kPa以下の圧縮機。

フロントサイドスポットライト front side spotlight　劇場の客席前方の左右上部のバルコニー又はテラス状のスペースに設置して、舞台上を照射するためのサイドスポットライト。シーリングスポットライトの補助として用いる。

フロントシーリングスポットライト front ceiling spotlight　客席上部の天井部分に設け、舞台正面から演者を照射するスポットライト。前明かりともいう。

分割形変流器　ぶんかつがたへんりゅうき　split-core-type current transformer　2次巻線及び鉄心を2つに分割した構造の変流

器。貫通形及びブッシング形変流器の一種で，1次導体を取り外さなくても取り付けられる利点があるが，鉄心分割面の状態（じんあい，平面度，締付力）が磁路の特性に影響を及ぼすため，非分割形に比べ体格が大きくなる欠点がある。

分岐開閉器 ぶんきかいへいき sub-switch 幹線と分岐回路との分岐点から負荷側に取り付ける電源側から見て最初の開閉器（開閉器を兼ねる配線用遮断器を含む。）。通常，分岐過電流遮断器と組み合わせて用いる。分岐回路の絶縁抵抗測定などの場合にその回路を開路するために施設する。電灯回路では，分岐回路全体の点滅を行うのに利用することもある。電動機回路では，手元開閉器を兼ねることもある。

分岐回路 ぶんきかいろ final circuit（英），branch circuit（米） 幹線から分岐し，分岐過電流遮断器を経て電気使用機械器具又はコンセントに至る間の電気回路。

分岐器 ぶんきき splitter, directional coupler テレビ共同受信設備などで高周波信号を幹線から分岐するために用いる装置。入力，出力及び分岐端子をもち，出力端子の減衰量を分岐端子の減衰量より少なくしたもの。分岐端子と幹線との結合が小さく，分岐側からの雑音に強い。1分岐器，2分岐器及び4分岐器がある。直列ユニットも分岐器の一種である。

分岐接続 ぶんきせつぞく tapping, branch connection 1本の電線の端末を他の電線に接続すること。電線の心線を巻き付けてろう付けする方法，スリーブを用い圧着又は圧縮接続する方法などがある。

分岐接続

分岐線 ぶんきせん branch wire 分電盤内で，母線と分岐開閉器との間に接続する電気導体。

分岐付ケーブル ぶんきつき―― branched cable 工場で分岐線を接続加工し一体化したケーブル。盤又は器具などの位置に合わせ，所定の太さ及び長さの分岐線を必要数だけ接続する。接続部を樹脂製の絶縁材でモールド加工し，工事現場での分岐作業がなく，省力化及び施工品質の均一化ができる。事務所ビル，ホテル，集合住宅などの縦系統の幹線などで用いる。電力ケーブルのほか通信・弱電ケーブルにも用いる。

分岐盤 ぶんきばん feeder distribution panel 幹線から他の幹線を分岐するために，開閉器，ヒューズ，配線用遮断器などを収めた盤。配電盤の一種で，設置形態によって自立形，壁掛形，埋込形などがあり，一般に電気シャフト，機械室などに設置する。

分極 ぶんきょく polarization 〔1〕誘電体や磁性体に電界又は磁界の力が働き，電荷又は磁荷の分布が変化する現象。電気の場合は誘電分極又は電気分極，磁気の場合は磁気分極又は磁化という。〔2〕電気分解中の電極に生じる自然電位からの電位のずれ。

分光視感効率 ぶんこうしかんこうりつ spectral luminous efficiency 特定の測光条件の下で，波長 λ の放射と波長 λ_m の放射とが同じ強さの光感覚（明るさ感覚）を生じる場合における，波長 λ_m の放射束の，波長 λ の放射束に対する比。比視感度ともいう。通常，λ を変化させたときの最大値が1になるように基準化する。特に断らない限り，標準分光視感効率を指す。

分散形電源 ぶんさんがたでんげん dispersion power source 電力需要地域近傍に設置する小規模の発電設備。電気事業者などが大規模な原子力，火力，水力などの発電所と送配電系統を活用して電力を供給する方式に対して用いる。オンサイト電源ともいう。太陽光発電設備，風力発電設備，燃料電池，コージェネレーションシステムなどがある。自然エネルギーの有効活用，送電ロスの減少，発電時の熱利用などの利点がある。

分散制御システム ぶんさんせいぎょ―― distributed control system 制御機能と中央側との伝送機能を併せ持つ端末を監視制

御対象ごとに分散配置したシステム。端末側では対象機器に対応した質の高い制御が可能となり、中央側はその分制御の負担が軽減されるので、マンマシン機能やビルマネジメント機能の充実・向上が図られる。機能の過度の集中化や、装置の巨大化を避け、信頼性を保ちながら経済的に実現できる。

粉じん　ふん――　dust　石、セメント、金属、植物などが砕けてできた粉のような微細な粒。電気設備に関連して、粉じんを次のように分類することが多い。①爆燃性粉じん…集積した状態において着火したときに爆発するおそれがあるもので、マグネシウム、アルミニウムなどの粉じんがある。②可燃性粉じん…空気中に浮遊した状態で着火したときに爆発するおそれがあるもので、カーボンブラック、コークス、鉄などの導電性の粉じん及び小麦粉、でん粉、合成樹脂、化学薬品などの非導電性の粉じんがある。なお、綿、絹、毛などの易燃性繊維の粉じんは可燃性粉じんに含める。

粉じん防爆構造　ふん――ぼうばくこうぞう　dust-ignition-proof　燃焼性の粉じんが空気中に浮遊して爆発限界濃度であるときに着火するか、又は堆積してこれが燃え、爆発の誘発原因となることを防止する防爆構造。このための方式には、次の2種類がある。①特殊防じん防爆構造…爆燃性粉じん又は可燃性粉じんが容器内に侵入しないような全閉構造とし、容器内に存在する着火源となり得るものを爆発性雰囲気から離隔する防爆構造。②普通防じん防爆構造…可燃性粉じんが容器内に侵入し難いように全閉構造とした防爆構造。堆積粉じんに配慮して容器外面の温度上昇限度を決めている。

分相始動誘導電動機　ぶんそうしどうゆうどうでんどうき　split-phase start induction motor　始動トルクを発生させるために主巻線のほかに電気角が$\pi/2$異なる始動用補助巻線を施した単相誘導電動機。補助巻線の電流を主巻線の電流に対し進み位相として始動トルクを得る。補助巻線は主巻線に比べ抵抗を大きく、リアクタンスを小さくし、始動後に遠心力スイッチによって開放する。

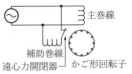

分相始動誘導電動機

分電盤　ぶんでんばん　distribution board　分岐過電流遮断器及び分岐開閉器を基板に集合して取り付けたもの。主過電流遮断器、主開閉器、分岐開閉器などを併置したもの及び需給用計器の設置場所を設けたものもある。キャビネット内に収めることが多い。

分配器　ぶんぱいき　splitter, distributor　テレビ共同受信設備などで入力全伝送高周波信号を等分に分配するための装置。1本の受信アンテナを複数の受信機で共用するために用いる。AM用、FM/TV帯用、双方向システム用、EMI(電磁障害)対応用などがある。2分配器、4分配器、6分配器及び8分配器がある。

6分配器

分波器　ぶんぱき　branching filter　1つの入力端子から入った信号を、特定周波数成分又は特定周波数帯域に分けて、複数個の出力端子に取り出す装置。

分布定数回路　ぶんぷていすうかいろ　distributed constant circuit　距離の概念を導入した電気回路で、回路素子を空間的に分離できず、全体的に回路定数が分布してい

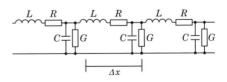

分布定数回路

ると考える回路。高周波電子回路，長距離線路の低周波回路などに適用する。2つの線（平行2線）からなる伝送路の微小距離 Δx にインダクタンス L，静電容量 C，抵抗 R 及びコンダクタンス G が分布し，それらが無数に直列接続されていると考える回路をいう。⇨集中定数回路

分巻電動機　ぶんまきでんどうき　direct-current shunt motor　界磁巻線と電機子巻線とを並列に接続した直流電動機。始動時及び運転時における回転数によるトルク変化が少ないためトルク変動が少ない負荷の駆動に適する。

粉末消火設備　ふんまつしょうかせつび　dry chemical extinguishing system　粉末消火剤を用いガス圧によって搬送及び放出を行う消火設備。炭酸水素ナトリウムを微粉化したものに金属石けんを滑材として混ぜたものを用い，油火災（B火災），電気火災（C火災）に適用してきたが，1964年に炭酸水素カリウム，1965年にりん酸二水素アンモニウムを主剤とした粉末消火剤が開発され，A（木材等），B，Cいずれの火災にも適用できることとなった。可燃性液体が噴出するスプレー火災の消火には効果がある。

分路リアクトル　ぶんろ——　shunt reactor　電力系統の遅れの無効電力を吸収するために系統に対して並列に接続するリアクトル。長距離送電線やケーブル系統の充電電流の補償，進相電力負荷による電圧上昇の抑制などに用いる。

へ

ペア線　——せん　pair wire　2本の絶縁電線を1組（対，ペア）として平行又はより合わせた通信用電線。

ベアラ速度　——そくど　bearer speed　伝送速度を保証する回線において，データの前後に通信上必要となる同期信号や状態信号などを付加した信号の伝送速度。データ伝送速度より大きな値となる。

閉回路テレビジョン　へいかいろ——　closed circuit television system，CCTV ＝ ITV 設備

平滑回路　へいかつかいろ　smoothing circuit　交流を整流して得られた直流側電圧波形が含むリップルを減少するために用いる回路。低帯域フィルタを用いる。フィルタは，平滑コンデンサと平滑リアクトルで構成する。整流器2次側の回路構成により，コンデンサインプット形とリアクトルインプット形とがある。平滑回路をもつ整流器の交流入力電流には，必然的に高調波を含む。

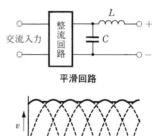

平滑回路

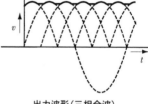

出力波形（三相全波）

平均演色評価数　へいきんえんしょくひょうかすう　general colour rendering index　→演色評価数

平均故障間隔　へいきんこしょうかんかく　mean time between failures　保全によって故障の修理が可能なシステム，機器，装置などで，連続する2つの故障間の持続時間の平均値。MTBF という略号は現在この意味では用いない。

平均故障間動作時間　へいきんこしょうかんどうさじかん　mean operating time between failures，MTBF　保全によって故障の修理が可能なシステム，機器，装置などで，連続する2つの故障間の全運用時間の平均値。ある特定期間中の MTBF は，その期間中の総動作時間を総故障数で除した値である。故障間動作時間が指数分布に従う場合には，どの期間をとっても故障率は一定であり，MTBF は故障率の逆数になる。

平均故障寿命 へいきんこしょうじゅみょう mean time to failure, MTTF 故障後修理しないシステム，機器，装置などが動作可能状態になった時点から初めての故障まで，又は故障が回復された時点から次の故障までの全運用時間の平均値．

平均修復時間 へいきんしゅうふくじかん mean time to repair, MTTR システム，機器，装置などが故障によって，機能遂行不能状態にある期間の平均値．修復作業は，現場における準備，故障探索，部品入手，修理，交換，調整，試験などからなる．

並行運転 へいこううんてん parallel operation 〔1〕1つの構内で複数の発電機を並列に接続して行う運転．商用電源との連系運転を並行運転ということもある．同期発電機の並行運転条件は，周波数が等しいこと，起電力が同相であること，端子電圧が等しいこと，電圧波形が等しいこと，相回転が同じであることである．系統の負荷が急変したときは，それぞれの固有の速度調定率に従って負荷分担を行う．定常時には，負荷分担は調速機（ガバナ）による原動機出力によって，無効電力分担は励磁電流の増減によって行う．〔2〕複数台の変圧器を並列に接続して行う運転．並行運転の条件は，1次，2次の巻数比が等しいこと，短絡インピーダンスが等しいこと（オームインピーダンスが容量の逆比になっていること），リアクタンスと抵抗の比が等しいこと，三相の場合は相順と角変位が等しいことである．短絡インピーダンスが異なる場合は，負荷分担が容量比とならないので，変圧器の全容量を使用することができない．

平衡対ケーブル へいこうつい—— balanced pair cable 2本の導体をより合わせ，誘導による漏話を防止する目的のために心線相互間，金属遮蔽層や大地などに対して電磁的に平衡のとれた構造のケーブル．心線には直径が 0.32～0.9 mm の軟銅線を用いる．

平衡ノイズ へいこう—— equilibrium noise ＝コモンモードノイズ

閉鎖形コントロールギヤ へいさがた—— metal-enclosed control-gear ＝コントロールセンタ

閉鎖形スイッチギヤ へいさがた—— metal-enclosed switch-gear ＝閉鎖配電盤

閉鎖配電盤 へいさはいでんばん enclosed switchboard 遮断器，断路器，計器用変成器，母線，接続導体などのほか，監視制御に必要な器具からなる集合装置で，接地した金属箱内に収納し，さらに単位回路ごとに接地金属壁により隔離した構造のもの．メタルクラッド形，コンパートメント形及びキュービクル形がある．閉鎖形スイッチギヤともいう．

閉ループ制御 へい——せいぎょ closed loop control ＝フィードバック制御

並列冗長運転 へいれつじょうちょううんてん parallel redundant running →冗長システム

ページング設備 ——せつび paging system 特定区域内の人を主に無線で呼び出すための設備．呼出しは受信機の呼出音又は振動で行い，通話はできない．特定区域内を移動する人を呼び出すことができるため，病院，デパート，ホテルなどに設置することが多く，従業員，保守員などの業務連絡用に用いる．

ベース接地回路 ——せっちかいろ common base バイポーラトランジスタのエミッタを入力とし，コレクタを出力とした増幅回路．入力インピーダンスが低く，出力インピーダンスが高く電流利得はないが電圧利得と電力利得は高い．周波数特性は良いため npn 形トランジスタを用い，電圧電流変換，電圧レベル変換などに使用す

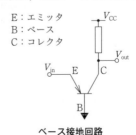

ベース接地回路

る。

ペースト式蓄電池 ──しきちくでんち paste type battery　正極及び負極のいずれにも，鉛粉と希硫酸とを練ったペーストを鉛合金製の格子に充填した極板を用いた鉛蓄電池。効率放電特性に優れており，短時間大電流の放電責務に対して経済的である。

ベースロード base load　＝基底負荷

ベータ線 ──せん　beta ray, beta radiation　原子核のβ崩壊で放出される高速度の電子又は陽電子の粒子線。透過力や電離作用はアルファ線とガンマ線との中間であり，空気中は透過するが，薄い金属板や1cm程度のプラスチック板で遮蔽することができる。外部被ばくすると皮膚および皮膚深部に悪影響を与え，内部被ばくによっても悪影響をもたらす。

ベータ粒子 ──りゅうし　beta particle　原子核のβ崩壊で放出される高速度の電子又は陽電子。⇨ベータ線

ベクトル軌跡 ──きせき　vector locus　＝ナイキスト線図

ベクレル becquerel　放射性物質が放射線を出す能力（放射能量）を表す単位。Bqで表す。1秒間に1個の原子核が崩壊して放射線を放つ放射能の量が1ベクレルである。放射性物質によって，放出する放射線の種類及びエネルギーの大きさは異なる。人体が受ける影響はシーベルトで表す。ラジウム1gの放射能を表すキュリー（記号Ci）との関係は1 Ci＝$3.7×10^{10}$ Bqである。⇨シーベルト

ヘッダダクト header duct　セルラダクト工事において，各セルラダクトを横断的に連絡するためにセルラダクトと交差するように布設するダクト。電気設備技術基準の解釈ではフロアダクトとして扱う。

ヘッドアップ表示装置 ──ひょうじそうち　head-up display, HUD　透明な光学ガラス素子に画像を投影する装置。情報は無限遠の点に結像する。投影装置としては液晶ディスプレイ（LCD），反射型液晶パネル（LCOS），ホログラフィック光学素子などで構成する。

ヘッドアンプ head amplifier　マイクロホンや可動コイル形カートリッジの出力など，微小レベルの信号を増幅するための低雑音の電圧増幅器。可動コイル形カートリッジでは，ヘッドアンプの代わりに昇圧トランスを用いることもある。

ヘッドエンド headend　受信アンテナ又はスタジオからの各種信号を受け，周波数帯域ごとに振り分け，信号レベルを調整して同軸ケーブルの分配網に送出する装置。変調器，チャンネル別増幅器，分配器，周波数変換器などで構成する。

ヘテロ接合形太陽電池 ──せつごうがたたいようでんち　heterojunction photovoltaic cell　異なる2種類の半導体のヘテロ接合を利用した太陽電池。結晶シリコンとアモルファスシリコンを組合わせた場合，結晶シリコンだけの場合よりも省資源で性能は高まる。（注）ヘテロは「異なる」の意。

ヘリオスタット heliostat　〔1〕日周運動をする太陽を追尾し，平面鏡を支える極軸を1日に1回転の速さで回し，極軸方向に置いた観測装置に光を導く装置。太陽像は日周運動で移動するとともに回転するので，観測装置はそれに合わせて回転させる。太陽望遠鏡に用いる。〔2〕太陽を追尾し，集熱器に集光するように複数の鏡を制御する装置。集熱器では蒸気を発生し別に設置した蒸気タービンを回して発電に用いる。

ペリメータゾーン perimeter zone　建築物の熱環境を取り扱う場合に，室内を窓側（ペリメータ）と内部（インテリア）とに分けたときの窓側部分。ペリメータとインテリアとの境界は明確な区分はなく，部屋の形状や広さによって変化するが，窓際からおよそ2～4 mの範囲を指すことが多い。⇨インテリアゾーン

ペルチエ効果 ──こうか　Peltier effect　異なる導体の接触面を通して電流が流れたとき，ジュール熱以外の熱の発生又は吸収が起きる現象。熱電効果の1つ。電子素子の冷却などに応用する。

ベルヌーイの定理 ──ていり　Bernoulli

principle　非圧縮性で，非粘性の液体の定常流におけるエネルギー保存の法則。定常的に流れている流体の任意の点において，圧力水頭，速度水頭及び位置水頭の和は一定である。P を流体の圧力，ρ を流体の密度，z を鉛直高さ，g を重力加速度とすると

$$\frac{P}{\rho g}+\frac{v^2}{2g}+z=一定$$

となる。

ヘルムホルツコイル　Helmholtz coil　同一の2つのコイルを中心軸をそろえ，コイル間の距離をコイルの半径と同じに配置し，電流も同じ向き，同じ大きさにして，空間的に均質な磁界を発生させるコイル。その地点の地磁気を打ち消すためなどに用いる。

ベローズ　bellows　りん青銅，ステンレス鋼などの薄板を蛇腹状に成形したもの。蛇腹板の伸縮によって流路の開閉，接点の断続，管路の熱膨張の吸収などに用いる。柔軟性に富み，密封性を持ち，熱により敏感に伸縮する特徴を持つ。真空遮断器の真空バルブ，サーモスタット，伸縮継手，スチームトラップなどに用いる。

変圧器台数制御　へんあつきだいすうせいぎょ　multiple transformer control　複数の変圧器を並行運転し，発生損失が小さくなるように台数を選択する制御。例えば，定格負荷時の負荷損 L_c（kW）と無負荷損 L_i（kW）の変圧器の容量を S（kV・A）とし，負荷を S'（kV・A）とすると，$L_i=L_c\,(S'/S)^2/2$ のときが，1台運転か2台運転かの選択分岐点となる。台数制御のために変圧器の1次側と2次側に高い開閉頻度に耐え，かつ大きい短時間容量をもつ負荷開閉器を必要とする。

変圧器保護方式　へんあつきほごほうしき　transformer protective measure　変圧器の内部故障時に2次災害を防止及び変圧器2次側の外部故障時に変圧器を保護する方式。変圧器1次側又は2次側の電圧，電流などを検出する電気的保護方式と変圧器内部の異常に伴う圧力，温度などの変化を検出する機械的保護方式とがある。代表的な電気的保護方式には比率差動継電器，過電流継電器，地絡保護継電器，限流ヒューズなどを用い，機械的保護方式にはダイヤル温度計，放圧装置，衝撃ガス圧継電器，衝撃油圧継電器，油面計などを用いる。

変圧塔　へんあつとう　transformer kiosk　→配電塔

変圧比　へんあつひ　transformation ratio　2次巻線を基準とした，2つの巻線の無負荷における電圧の比。

変圧比誤差　へんあつひごさ　error of voltage transformer ratio　公称変圧比と真の変圧比との差の真の変圧比に対する比。百分率（％）で表す。比誤差ともいう。計器用変圧器の定格1次電圧と定格2次電圧との比である公称変圧比が，実際の1次電圧と2次電圧との比である真の変圧比に等しくないことから生じる誤差である。変圧比誤差を ε_v，公称変圧比を K_n，真の変圧比を K とすると，次式となる。

$$\varepsilon_v=\frac{K_n-K}{K}\times 100$$

変位計　へんいけい　displacement gauge　物体が移動したときの移動量を測定する計器。差動トランス，抵抗線などを用いた接触式及び磁気，電界，音波，光などを用いた非接触式のものがある。地震による変位などの長距離を測定するものから顕微鏡で見るような微小距離を測定するものがある。

偏位法　へんいほう　deflection method　測定量を直接，指示値で求める測定方法。電圧計，電流計，体重計などがこれに当たる。測定時に測定対象からのエネルギーの流入があり，測定器が負荷として働くので測定対象の系が変化するため，高精度の測定が行えない。

変換器　へんかんき　transducer　＝トランスデューサ

変換効率　へんかんこうりつ　conversion efficiency　機械装置の入力エネルギーに対する出力エネルギーの比。百分率で表す。熱機関，インバータ，太陽電池などのエネルギー変換装置の性能を表すときに用い

る。ガソリン機関では約20〜30%，電動機では約80〜95%，燃料電池では約30〜50%，火力発電所では約40%，太陽電池では約15〜20%である。

偏光　へんこう　polarized light　偏波した光。

編組導線　へんそどうせん　braided conductor　→可とう導帯

変調　へんちょう　modulation　伝送しようとする情報を表す信号波によって，正弦波，周期的パルスなどの搬送波の振幅，周波数などに時間的な変化を与えること。大別するとアナログ変調とパルス変調とがある。前者には振幅変調(AM)，周波数変調(FM)，位相変調(PM)など，後者にはパルス振幅変調(PAM)，パルス幅変調(PWM)，パルス符号変調（PCM）などがある。

変電所　へんでんしょ　electric power substation　構外から伝送した電気を構内施設の変圧器，回転変流機，整流器その他の電気機械器具により変成する所であって，変成した電気を更に構外に伝送するもの。電気設備技術基準。なお，電気事業法施行規則では，構内以外の場所から電圧10万V以上の電気を受けてこれを変成する場所も含む。

ベント形蓄電池——がたちくでんち　vented battery　防まつ構造のある排気栓を用いて，多量の酸霧又はアルカリ霧が脱出しないようにした鉛蓄電池又はアルカリ蓄電池。排気栓を用いる場合は使用中補水を必要とするが，排気栓の代わりに触媒栓を用いることもでき，減液が少なく補水間隔を長くできる。

偏波　へんぱ　polarized wave　特定の方向だけに電界及び磁界の振動面がそろっている電磁波。直線偏波，円偏波及び楕円偏波がある。一般に電磁波は多様な振動方向のものが混在している。テレビジョン放送の送信用及び受信用アンテナなどで用いる。

変復調装置　へんふくちょうそうち　modulator demodulator　アナログ伝送路を用いてデータ伝送する際に，入力データ信号を変調して伝送路の帯域に合ったスペクトルの信号に変換し，受信側で伝送路からの入力信号を復調して元のデータ信号に戻す装置。モデムともいう。電話回線（0.3〜3.4 kHz）を用いた音声帯域モデムと群帯域（60〜108 kHz）などを用いた広帯域モデムとがある。

変流器　へんりゅうき　current transformer, CT　ある電流値をこれに比例する電流値に変成する計器用変成器。定格2次電流は規格として5A及び1Aがあるが，一般には5Aを使用する。使用に当たっては，定格負担のほかに過電流強度や過電流定数の検討が必要である。変流器の1次電流はすべてが励磁電流と見なされるので，2次側を開放すると高電圧を発生して絶縁破壊に至るため注意を要する。

変流比誤差　へんりゅうひごさ　error of current transformer ratio　公称変流比と真の変流比との差の真の変流比に対する比。百分率（%）で表す。比誤差ともいう。変流器の定格1次電流と定格2次電流との比である公称変流比が，実際の1次電流と2次電流との比である真の変流比に等しくないことから生じる誤差である。変流比誤差を ε_i，公称変流比を K_n，真の変流比を K とすると，次式となる。

$$\varepsilon_i = \frac{K_n - K}{K} \times 100$$

ホ

保安器　ほあんき　protector　屋外の電話線と配電線との混触，高圧線からの誘導や落雷などによる異常な電圧又は電流の流入を防止し，使用者や電話機を保護する装置。避雷器，サーミスタなどで構成し，一般に屋外線と屋内線との接続点に取り付ける。

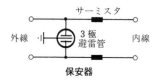
保安器

保安規程　ほあんきてい　safety regulation　自家用電気工作物の設置者が定める工事，

維持及び運用に関する保安を確保するための自主規程.自家用電気工作物を設置する組織ごとに使用開始前に経済産業大臣に届け出なければならない.

保安電話 ほあんでんわ maintenance telephone ＝電力保安通信設備

保安用接地 ほあんようせっち protective earthing (英), protective grounding (米) ＝保護用接地

ホイートストンブリッジ Wheatstone bridge 回路素子を交流電源とインピーダンス又は直流電源と抵抗で構成したブリッジ回路.図の直流電源の場合にはひずみゲージなどの抵抗測定に用い,精密級では±0.01%,携帯用で±0.1% の精度のものが一般的である.検流器 G が 0 になる平衡条件から未知の抵抗値 R_x は次式で求める.

$$R_x = \frac{R_1 R_3}{R_2}$$

ホイートストンブリッジ

ボイップ ＝ブイオーアイピー VoIP

ホイップアンテナ whip antenna 金属板に $\lambda/4$ (λ：波長) の素子を組み合わせた垂直偏波水平面内無指向性アンテナ.ユニポールアンテナともいう.VHF, UHF 帯の自動車用アンテナはほとんどがこの形で,車体の金属板に取り付けて使用する.接地アンテナとほぼ同様に影像アンテナができ,半波長アンテナと同じように動作する.
⇒ワイヤレスアンテナ

ボイップゲートウエイ ＝VoIP ゲートウエイ

ボイド void 〔1〕建築物内の空所,物体中の空隙などの総称.〔2〕コンクリート構造体のはり,壁,床などを貫通する設備などの仮枠として,コンクリートに打ち込む紙製のスリーブ.

放圧装置 ほうあつそうち pressure relief device 密閉式の油入変圧器や電力コンデンサの内部故障による異常圧力を緩和するために設ける保護装置.内部故障が起きると,急激なガスの発生や油の膨張によって内部圧力が上昇するので,放圧管の先端に取り付けた避圧弁を開放し,ガスと油を放出して内部圧力を開放する.

方位角 ほういかく azimuth 真北から時計回りの角度.放送衛星からの電波を受信するためには,パラボラアンテナの照準を放送衛星に正しく合わせる必要があり,仰角及び方位角は,放送衛星の方向の目安として用いることが多い.

放送衛星の電波到来方向(概値)

地域	札幌	東京	鹿児島
仰角(°)	31	38	47
方位角(°)	222	224	216

防雨形 ほううがた rainproof 電気機械器具の水の浸入に対する保護構造の一種で,鉛直から 60° の範囲の降雨によって有害な影響がないもの.屋側,屋外で風雨にさらされる場所での使用に適する.IP コードでは IPX3 で表す.

防煙シャッタ ほうえん―― smoke shutter 建築物内の開口部に設置する遮炎及び遮煙性能を持つシャッタ.縦穴区画,地下街の区画及び異種用途区画に設置する.煙感知器と連動して自動的に閉鎖する機構を備え,手動閉鎖装置により閉鎖することもできる.挟まり事故防止のため,自動閉鎖中に障害物を感知すると一時停止し,障害物がなくなると再降下する危害防止装置を装備する.

防煙垂れ壁 ほうえんた――かべ smoke barrier 天井を伝わって流動する煙に対し防煙区画を形成する垂れ壁.固定式と可動式とがある.可動式は火災時に煙感知器と連動して自動的に降下し,布製の防煙スクリーンとアルミ又は鋼製の防煙パネルとがある.固定式ではガラス製が多い.

防煙ダンパ ほうえん―― smoke damper, SD 煙感知器と連動して自動的に閉鎖する機構を備えたダクト及び可動羽根又は板

をもつ装置。空調又は換気用ダクトが異種用途区画，縦穴区画などの貫通する部分に設ける。排気ガス，じんあいなどが滞留する場所に設ける場合には，煙感知器を熱感知器にする場合がある。

防煙防火ダンパ　ぼうえんぼうか──　smoke and fire damper, SFD　防煙ダンパ及び防火ダンパの性能を併せ持つダンパ。

防音　ぼうおん　sound insulation　外部からの音を遮断すること，又は内部の音を外に出さないこと。

防火管理者　ぼうかかんりしゃ　fire protection manager　学校，病院，工場，事業場，興行場，百貨店などで一定規模以上の防火対象物の管理について，一定の資格を有する者のうちから選任し，防火管理上必要な業務を行う者。消防計画の作成，消火，通報及び避難の訓練，消防用設備，消防用水又は消火活動上必要な施設の点検及び整備，火気の使用又は取扱いに関する監督，避難又は防火上必要な構造及び設備の維持管理並びに収容人員の管理その他防火管理上必要な業務を行う。

防火区画　ぼうかくかく　fire preventing separation　建築物内の火災の拡大防止のために，ある面積又は用途ごとに防火的に行う区画。建築基準法。

防火区画貫通工法　ぼうかくかくかんつうこうほう　measure of penetration of fire preventing separation　配管，ケーブルラック，ダクトなどが防火区画を貫通する部分で，防火区画の性能が低下し，延焼しないように，貫通開口部に施す工事方法。

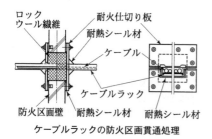

ケーブルラックの防火区画貫通処理

防火シャッタ　ぼうか──　fire shutter　建築物内外の開口部に設置する遮炎性能をもつシャッタ。建築物内部の防火区画での延焼防止又は外部からのもらい火災防止のため，防火区画及び外壁開口部に設置する。煙感知器，熱感知器又は温度ヒューズと連動して自動的に閉鎖する機構を備え，手動閉鎖装置により閉鎖することもできる。挟まり事故防止のため，自動閉鎖中に障害物を感知すると一時停止し，障害物がなくなると再降下する危害防止装置を装備する。

防火性能　ぼうかせいのう　fire protecting performance　建築構造部位又は材料の火災拡大を阻止する能力。

防火設備　ぼうかせつび　fire retarding equipment　防火戸，ドレンチャその他火炎を遮る設備。鉄板や網入りガラスを用いた防火戸，シート状のスクリーンシャッタ，水幕によって炎を遮断するドレンチャなど炎を有効に遮る性能をもつ設備の総称である。建築基準法では次の4種類を規定している。①防火区画の開口部などに設ける特定防火設備…60分遮炎性能（両面）。②耐火建築物などの外壁の開口部に設ける防火設備…20分遮炎性能（両面）。③防火地域及び準防火地域の建築物の外壁の開口部に設ける防火設備…20分遮炎性能（片面）。④建築物の界壁，間仕切壁又は隔壁を貫通する風道に設ける防火設備（防火ダンパなど）…45分遮炎性能（両面）。

防火対象物　ぼうかたいしょうぶつ　fire prevention objects　山林，ふ頭に係留された船舶，建築物その他の工作物などのほか，これらに属する物。建築物では地下街，劇場，百貨店，ホテル，共同住宅，病院，学校，図書館，工場，事業所などがある。消防法。

防火ダンパ　ぼうか──　fire damper, FD　温度ヒューズと連動して自動的に閉鎖する機構を備えたダクト及び可動羽根又は板を持つ装置。空調又は換気用ダクトが防火区画を貫通する部分に設け，温度ヒューズの溶断時にばねの蓄積力で瞬時に閉鎖する。

防火戸　ぼうかど　fire door　火災の延焼又

は拡大を防ぐため，防火壁などの防火区画に設ける防火構造の戸。建築基準法では防火設備の1つと位置づけている。同法の2000年改正によって，甲種防火戸及び乙種防火戸の名称を廃止し，それぞれ防火区画の開口部などに設ける特定防火設備（60分遮炎性能），耐火建築物などの外壁の開口部に設ける防火設備（20分遮炎性能）とした。一般的に60分遮炎性能を持つ防火戸は厚さ1.5 mm以上の鉄製戸，20分遮炎性能を持つ防火戸は厚さ0.8 mm以上の鉄製戸，網入りガラスで造った戸などである。

方向継電器 ほうこうけいでんき directional relay 電流がいずれの方向に流れているかを判定する継電器。交流の場合は，電流フェーザの基準フェーザに対する位相によって方向を判定する。

方向性結合器 ほうこうせいけつごうき directional coupler 〔1〕高周波回路やマイクロ波回路において，主線路から副線路へ進行波電力と反射波電力とを別々に取り出すために用いる結合器。インピーダンス測定，周波数の監視，電力監視，大電力測定減衰器などとして用いる。〔2〕光ファイバの光信号を1本から複数本に分岐，又は，複数本から1本に結合する機能を持つデバイス。光通信で用いる光カプラの一種である。

防災行政無線 ぼうさいぎょうせいむせん disaster prevention communityradio 県及び市町村が地域防災計画に基づき，防災，応急救助，災害復旧に関する業務に使用し，平常時には一般行政事務に使用する無線局。

防災性能評価 ぼうさいせいのうひょうか verification for disaster prevention performation 国土交通大臣の認定を受けるため，建築基準法で詳細基準を定めていない特殊な構造方法を用いた建築物，新開発材料又は設備などの防災性能を評価すること。一般には第三者機関に依頼して行う。防災性能は主要構造部の耐火性能，開口部の遮炎性能，階避難安全性能及び全館避難安全性能を対象とする。

防災性能評定 ぼうさいせいのうひょうてい quality performance evaluation for disaster prevention 国土交通大臣の認定を受けるため，日本建築センターが建築基準法で定めた防災性能を評価すること。建築物又は工作物の工法，材料，部品，設備などを対象とする。個別の建築のプロジェクトなどの個別評定と一定の適用範囲を定めて用いる工法，材料，部品，設備などの一般評定とがある。

防災設備 ぼうさいせつび disaster prevention system 地震，雷，火災，ガス漏れなどの災害から，生命及び財産を守るための設備。建築電気設備に関連するものでは，建築基準法の適用を受ける排煙設備，防火戸，防火ダンパ，非常用の照明装置，非常用の進入口灯，非常用のエレベータ，避雷設備など，消防法の適用を受ける自動火災報知設備，消火栓設備，スプリンクラ設備，消火設備，ガス漏れ火災警報設備，誘導灯，誘導標識，排煙設備，非常コンセント設備，無線通信補助設備などがある。

防災センタ ぼうさい—— disaster control center 一定規模以上の建築物において，消防用設備及びこれらに類する設備などの監視，操作を行うことができ，かつ，火災発生時に必要な処置を講じることができる設備を設置するための部屋。11階以上で10 000 m² 以上，5階以上で20 000 m² 以上，特定防火対象物を含む複合用途で1 000 m²以上，地階を除き15階以上で30 000 m²以上及び延べ床面積50 000 m²以上の防火対象物に設置する。消防法。建築基準法で定めている中央管理室がある場合には，中央管理室に設ける。

防災電源 ぼうさいでんげん emergency power source 建築基準法による予備電源及び消防法による非常電源の総称。火災などの災害時に，停電などで常用電源が断たれた場合，所定の時間，防災設備の機能を確保するために設ける。蓄電池設備，自家発電設備及び非常電源専用受電設備がある。

防湿形 ぼうしつがた moistureproof 電気機械器具の水の浸入に対する保護構造の一種で，相対湿度90%以上の湿気の中で使用できるもの。湿気が多く，ときには水滴を結ぶ可能性のある浴室，厨房，ボイラ室などでの使用に適する。

放射 ほうしゃ radiation 電磁波又は粒子線の放出。

放射線量 ほうしゃせんりょう radiation dose 物体に照射された放射線の量。通常は吸収線量を指す。広義には照射線量や線量当量を含む。

放射照度 ほうしゃしょうど irradiance 単位面積当たりに太陽又は人工光源から単位時間に入射する放射エネルギー。単位はワット毎平方メートル（W/m^2）。

放射線 ほうしゃせん ionizing radiation 電離作用を持つ高いエネルギーの電磁放射及び粒子線。電磁放射にはγ線，X線，光放射など，粒子線にはα線，β線，陽子線，電子線，宇宙線などがある。

放射暖房 ほうしゃだんぼう radiant heating 床パネルヒータ，天井パネルヒータ，赤外線ヒータなどの放射熱や床面・壁面に一旦吸収された熱の再放射を利用した暖房方式。ふく射暖房ともいう。居室，ホール，エントランスロビー，劇場などに有効である。

放出ヒューズ ほうしゅつ—— expulsion fuse 動作時に発生する絶縁性の分解ガスの噴出によって，消弧を行う方式の非限流ヒューズ。

防食 ぼうしょく corrosion prevention, corrosion protection 金属の腐食を防止すること。

防食形 ぼうしょくがた corrosion resistant type 腐食性ガス，液体，海水などの雰囲気における耐食性を向上させた構造。

防食テープ ぼうしょく—— corrosion-proof tape 金属表面の腐食を防ぐために，密着して巻き付ける絶縁性のテープ。機械的強度とともに耐候性，耐薬品性及び絶縁性を持つ粘着合成ゴム又は粘着ビニルテープを用いる。

防浸形 ぼうしんがた immersion 電気機械器具の水の浸入に対する保護構造の一種で，定められた条件で水中に没しても内部に浸水しないもの。水中専用ではなく，プールサイドなどのときには水没する可能性のある場所での使用に適する。IPコードではIPX7で表す。

防じん形 ぼう——がた dustproof 電気機械器具の固形物の侵入に対する保護構造の一種で，器具の所定の動作及び安全性を阻害する量のじんあいの侵入がないもの。IPコードではIP5Xで表す。

防振基礎 ぼうしんきそ vibration isolation base 大形機器の振動が建造物に伝搬するのを防止するために，建造物と振動源とを絶縁する基礎。

防振装置 ぼうしんそうち vibration isolation device 機器などの振動が外部へ伝わるのを防止する装置。オイルダンパ，防振ゴム，空気ばねなどの振動吸収材を用いる。

防じんマスク ぼう—— protective filter mask, dust respirator 作業中に発生する粉じんなど空気中の微細な浮遊物が体内に取り込まれるのを防ぐために鼻と口の部分などを覆うマスク。顔との隙間を作りにくいようなカップ形のものが多いが，粉じん，ミストなどの量や性質により鼻と口だけを覆う半面形及び顔面すべてを覆う全面形がある。また全面形内部に電動ファンなどによって清浄な空気を送気するマスクを電動ファン付き呼吸用保護具という。

防じん眼鏡 ぼう——めがね dustproof glass 作業中に発生する粉じん，研削くずなどから目を防ぐために目の部分を覆う眼鏡。つる掛け式の眼鏡形，ゴムバンド式のゴーグル形などがある。ゴーグル形にはアスベスト，科学物質などを扱う作業のための密閉形もある。

防水形 ぼうすいがた waterproof 電気機械器具の水の浸入に対する保護構造の総称。防水形の種類には，防滴Ⅰ形，防滴Ⅱ形，防雨形，防まつ形，防噴流形，耐水形，防浸形，水中形及び防湿形がある。

防水鋳鉄管 ぼうすいちゅうてつかん waterproof cast iron pipe →鋳鉄管

法線 ほうせん　face line, normal line　曲線上の1点においてこの点における接線に垂直な線又は曲面上の1点においてこの点における接平面に垂直な線。

法線照度 ほうせんしょうど　normal illuminance　光源の光軸方向に垂直な面上の照度。

照度

包装ヒューズ ほうそう——　enclosed fuse　可溶体を絶縁物又は金属で十分に包んだ構造のヒューズ。筒形ヒューズ、プラグヒューズの類で、定格遮断容量以内の電流を溶融金属又はアークを放出することなく安全に遮断できる。

法定耐用年数 ほうていたいようねんすう　legal amortization period　税法上で建築物や機器などの資産を減価償却するときに、使用に耐えるとされる年数。改修工事、保全計画などの目安にもなる。

防滴形 ほうてきがた　dripproof　電気機械器具の水の浸入に対する保護構造の一種で、防滴Ⅰ形と防滴Ⅱ形とがある。防滴Ⅰ形は、鉛直から落ちてくる水滴によって有害な影響がないもので、屋内で地下室、冷房ダクト下、地下道など風の影響のない場所での使用に適する。IPコードではIPX1で表す。防滴Ⅱ形は、鉛直から15°の範囲で落ちてくる水滴によって有害な影響がないもので、屋側、屋外で風の影響がほとんどない場所、軒下などの使用に適する。IPコードではIPX2で表す。

放電 ほうでん　discharge　〔1〕電極間に印加した電圧によって電極間の気体が絶縁破壊し電流が流れる現象。火花放電、アーク放電、コロナ放電、グロー放電などに分類する。電流は電極が放出する電子、気体中のイオン、金属蒸気中の電子及びイオンなどが担う。気体の圧力が低いほどより低い電圧で放電を開始する。〔2〕コンデンサ、電池などが蓄積した電荷を失うこと。〔3〕避雷器が所定の電圧で動作すること。

放電コイル ほうでん——　discharge coil　電力用コンデンサの相間に接続し、コンデンサを回路から切り離したときの残留電荷を短時間に放電させるコイル。放電容量以内のコンデンサの残留電圧を5秒間に50V以下にする。

放電持続時間 ほうでんじぞくじかん　discharge duration time　蓄電池を規定の放電終止電圧まで放電したときの放電開始から放電終了までの時間。蓄電池の容量、放電電流の大きさ、設置場所の温度条件などにより決まる。

放電終止電圧 ほうでんしゅうしでんあつ　final voltage　放電を停止すべき蓄電池の端子電圧。

放電深度 ほうでんしんど　depth of discharge　2次電池の定格容量に対する放電量の比。百分率で表す。1 000 mA·h の定格容量に対して、700 mA·h の放電をしたとすれば70%になる。

放電耐量 ほうでんたいりょう　discharge withstand capability　避雷器に実質上の障害を起こすことなく所定の回数だけ流し得る所定波形の放電電流波高値の最大限度。

放電抵抗器 ほうでんていこうき　discharge resistor　コンデンサが線路から切り離された後、その残留電荷を放電するための抵抗器。通常コンデンサ内部に組み込む。高圧及び特別高圧では5分間以内に50V以下、低圧では3分間以内に75V以下に下げる。

放電電流 ほうでんでんりゅう　discharge current　〔1〕避雷器の放電中これに流れる衝撃電流。通常、波高値で表す。〔2〕コンデンサを放電するときに流れる電流。〔3〕放電時に電池から流れる電流。

放電ランプ ほうでん——　discharge lamp

ガス，金属蒸気又は数種類のガスと蒸気との混合体の中での放電によって，直接又は間接に光を発生させるランプ。光の発生が主にガス中か又は金属蒸気中であるかによって，例えば，キセノン，ネオン，ヘリウム，窒素，二酸化炭素のガス放電ランプ（gaseous discharge lamp）と水銀及びナトリウムのような金属蒸気ランプ（metal vapour lamp）とに区別する。

放電率 ほうでんりつ discharge rate 蓄電池の充放電容量を表すときに用いる数値。一般に時間率を用いる。

放熱器 ほうねつき radiator 〔1〕機器を冷却するために熱を大気中に放散する部分又は暖房装置などで熱を放散する部分。ラジエータともいう。大気に接する表面積を大きくするために多数のパイプを並べたりひだを多く設けたりする。高圧用油入変圧器では，少ない油量で大きな放熱面積を得るために，薄鋼板2枚を重ねて両端を溶接し，間を膨らませて油循環通路としたパネル式放熱器を広く用いる。〔2〕冷却流体を冷却する空冷式熱交換器。ラジエータともいう。内燃機関の冷却に用いる方式の1つ。機関と放熱器との間に冷却水を循環させて機関を冷却し，戻ってくる温水を放熱器に取り付けたファンにより冷却する。この方式は，冷却水を補給する必要がほとんどないという利点があるが，発電機室の換気量が増加する欠点がある。内燃機関の冷却方式としては，ラジエータ式のほか放流方式，水槽循環式，冷却塔式，2次冷却式などがある。

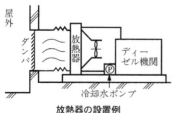

放熱器の設置例

防排煙設備 ぼうはいえんせつび smoke control system 建築物内で火災により発生する煙の急激な拡散を防止するための設備及び煙を建築物外に速やかに排出する設備の総称。排煙機，防煙垂れ壁などがある。

防爆構造 ぼうばくこうぞう protection type of electrical apparatus for explosive atmospheres 電気機器がその周囲に存在する爆発性雰囲気の点火源となることがないように，電気機器に適用する技術的手法。耐圧防爆構造，内圧防爆構造，油入防爆造，安全増防爆構造，本質安全防爆構造，特殊防爆構造，粉じん防爆構造などがある。

防爆照明器具 ぼうばくしょうめいきぐ luminaire for explosive gas-atmospheres 爆発性雰囲気の中での使用に適する防爆構造をもつ照明器具。耐圧防爆構造，安全増防爆構造のものなどがある。

防犯設備 ぼうはんせつび security system 不法侵入防止，犯罪防止など人命，財産，情報，環境などの維持及び防護に関する設備。入退出管理設備，侵入者検出設備，ITV設備，警報設備などがある。警備保障会社など外部機関への自動通報機能を備えたものもある。

防犯灯 ぼうはんとう security lighting 夜間不特定多数の人が通行する生活道路で，暗くて通行に支障がある場所，防犯上不安のある場所などに設置する街路灯。

防噴流形 ぼうふんりゅうがた jetproof 電気機械器具の水の浸入に対する保護構造の一種で，いかなる方向からの水の直接噴流を受けても有害な影響がないもの。周期的に洗浄する自動車道路のトンネル，車両などの洗浄場での使用に適する。IPコードでは IPX5 で表す。

防まつ形 ぼう——がた splashproof 電気機械器具の水の浸入に対する保護構造の一種で，いかなる方向からの水の飛まつを受けても有害な影響がないもの。高い鉄塔上に取り付けられる航空障害灯のように，横又は斜め上風を受ける場所での使用に適する。IPコードでは IPX4 で表す。

放流冷却方式 ほうりゅうれいきゃくほうしき cooling method by effluent ディーゼル機関など熱機関の冷却水を循環させず系外に排出する方式。冷却水が多量に入手で

きる場所，運転時間が短い装置などで用いる．付帯設備機器の構成が単純であるが，冷却水を連続して補給する必要がある．

ポークスルー方式 ——ほうしき　pork-through system　直下階の天井内に布設したケーブルラックなどから，スラブを貫通して配線を引き出す方式．スラブに貫通孔を開けて取り出すため拡張性は高いが，防火区画貫通部の処理や漏水対策の考慮が必要である．

ボーダケーブル　border light cable　調光盤からの配線を接続端子箱を介し，3～4回路を一括してボーダライトに接続する可とう性のあるケーブル．ボーダライトはつり物機構でつり下げ，接続端子箱は舞台の上部に固定し，ケーブルはボーダライトと同じつり物機構に設ける籠の中に折りたたんで収納する．

ボーダライト　border light　舞台面を均一に照射するために，舞台上部に設置するフラッドライト．とい状で舞台前面に平行につり下げ，どん帳から舞台奥に向かって2m程度の間隔で，第1ボーダライト，第2ボーダライトのように数列設置する．電気回路は3～4回路で構成し，赤，緑，青，透明などのフィルタを用い，100～200Wのタングステン電球又は300～500Wのハロゲン電球を用いる．

ボーダライト

ポータルサイト　portal site　インターネットを利用する際，最初に閲覧するWebサイトの総称．検索エンジンやリンク集を核に，ニュースや株価などの情報提供サービス，メールサービス，電子掲示板，チャットなど，ユーザが必要とする機能を無料で提供している．ブラウザメーカのサイト，コンテンツプロバイダのサイト，ネットワークプロバイダのサイトなどがある．

ポータルタワー　portal tower　劇場のプロセニアム開口の舞台側に設け，公演する演目に応じて左右に可動し，プロセニアム開口の幅を調節するための機構．

ポータルタワーライト　portal tower light　ポータルタワーに取り付け，主に客席方向を照射するための照明．

ポータルブリッジ　portal bridge　劇場のプロセニアム開口の舞台側に設け，公演する演目に応じて上下に可動し，プロセニアム開口の高さを調節するための機構．

ポータルブリッジライト　portal bridge light　ポータルブリッジに取り付け，主に客席方向を照射するための照明．

ホームエレベータ　home elevator　→住宅用エレベータ

ポーリング　polling　主端末が従属端末に対し1台ずつ順番にデータの送信を要求する処理過程．主端末とそれにつながる複数の従属端末との間の通信において，従属端末間の競合を制御するための通信手順として用いる．⇒セレクティング

ボールタップ　ballcock, ballcock valve　フロート（浮子）の昇降により槽内の液面を一定の水位以下に保つようにする器具．ハイタンク，ロータンク，受水槽などの水槽の自動給水又は止水に用いる．

ボール電球　——でんきゅう　round-shaped lamp　ボールの形状をした白熱電球．電球自体で装飾照明として使え，白色塗装を施したもの及び透明のものがある．

ボール電球

ホーンスピーカ　horn loudspeaker　音響管

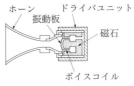

ホーンスピーカ

の役をするホーンを介して音波を空間に放射するスピーカ。ドライバユニットとホーンとで構成され，コーンスピーカに比べ能率が高く指向性がある。一般拡声用や中高音用に多く用いる。

補機盤 ほきばん auxiliary panel 発電機の運転のために必要な潤滑油ポンプ，燃料ポンプ，冷却水ポンプ，冷却塔，空気圧縮機，給排気ファンなどの補機類を運転，制御するための制御盤。

ポケット式蓄電池 ──しきちくでんち pocket type battery 多数の細孔があるリボン状薄鋼板で作った小箱（ポケット）の中に活物質を充塡した構造の極板を正極及び負極に用いたアルカリ蓄電池。長寿命で過充電や過放電に強く，発変電所の操作・制御用，無停電電源装置用，電車の予備電源用，船舶・通信用，建築基準法・消防法による蓄電池設備などに用いる。

保護エンクロージャ ほご── protective enclosure あらゆる方向からの危険充電部への接近を防止するために，機器内の充電部を包み込む囲い。通常はじんあい又は水の浸入に対する保護を行い，又は機械的損傷を防止する機能を持つ。保護エンクロージャを設置することは，直接接触保護の手段の１つである。

保護オブスタクル ほご── protective obstacle 無意識の直接接触を防止する障壁物。ただし，故意による直接接触を防止するものではない。保護オブスタクルを設置することは，直接接触保護の手段の１つである。

保護角 ほごかく protective angle 雷保護設備の受雷部の上端から，その上端を通る鉛直線に対して保護範囲を見込む角度。

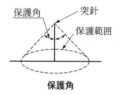

保護角

保護角法 ほごかくほう protective angle method 突針又は水平導体からなる受雷部の保護角内に被保護物を収める雷保護方式。保護レベルに応じた保護角を表に示す。受雷部の高さ h は，地表面から受雷部上端までの高さ（h_2）とする。ただし，陸屋根の部分では，h を陸屋根から受雷部上端までの高さ（h_1）とすることができる。

保護レベルと保護角

保護レベル	受雷部の高さ h (m)				
	20	30	45	60	60超
	$\alpha(°)$	$\alpha(°)$	$\alpha(°)$	$\alpha(°)$	$\alpha(°)$
I	25	*	*	*	*
II	35	25	*	*	*
III	45	35	25	*	*
IV	55	45	35	25	*

* 回転球体法又はメッシュ法を適用する。

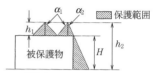

H：建物高さ
h_1：屋上から受雷部までの高さ
h_2：地表面から受雷部までの高さ
α_1：h_1 に応じた保護角
α_2：h_2 に応じた保護角

保護角法による保護範囲

保護協調 ほごきょうちょう protection coordination 電路に過負荷・短絡，地絡又は過電圧が生じたとき，故障回路の保護装置だけが動作して，他の健全な回路では給電を継続し，保護装置自身及び配線や機器が損傷しないように動作特性を調整すること。過負荷・短絡については過電流保護協調，地絡については地絡保護協調，過電圧については絶縁協調と呼ぶ。

保護区間 ほごくかん zone of protection １つの保護継電方式と遮断器との組合せによって保護する区間。保護範囲ともいう。

保護継電器 ほごけいでんき protective relay 電流，電圧などの異常状態を検出し，遮断器に故障部分の切離し指令を発する継

電器。電力系統を構成する発電所，変電所，送配電線路，負荷設備などで発生した短絡や地絡などの異常状態を検出し，故障による影響範囲を最小限に抑え，故障箇所を速やかに電力系統から切り離すように遮断器に遮断信号又は警報信号を出力する役割がある。

保護レベルと保護効率

保護レベル	保護効率	回転球体法の球体半径(m)
I	0.98	20
II	0.95	30
III	0.90	45
IV	0.80	60

保護導体 ほごどうたい protective conductor 感電保護など安全目的のために設ける導体。記号はPE。IECの用語で，我が国の保安用接地のための接地線に相当する。

保護特別低電圧 ほごとくべつていでんあつ protected extra low voltage, PELV 危険な電圧から 二重絶縁かそれと同等以上の絶縁によって分離した接地回路で，単一故障状態においても特別低電圧（ELV）の範囲を超える電圧を発生することがない電圧。装置を通常乾燥した場所で用いるとき，及び人体と充電部との間に広い面接触が予想されないときは，交流25V（実効値）又は直流60V（リップル10%以下），その他の場合は，交流6V（実効値）又は直流15V（リップル10%以下）。

保護バリア ほご── protective barrier あらゆる方向からの通常の接近による直接接触に対して保護する障壁物。保護バリアを設置することは，直接接触保護の手段の1つである。

保護用接地 ほごようせっち protective earthing（英），protective grounding（米）人及び動物の感電防止など安全を確保するために，系統，電気設備又は機器に施す接地。保安用接地ともいう。電気機器の金属製外箱などに施すA種，C種，D種接地工事などがある。

保護レベル ほご── protection level 雷保護システムを保護効率に応じて分類した等級。自然現象である雷放電に対する雷保護システムの保護効率は，確率で表す。保護レベルはI～IVの4段階に設定し，被保護物の種類，重要度，立地条件などを考慮して選定し，保護レベルに応じて受雷部の選定，配置などを設定する必要がある。

星形カッド ほしがた── star quad ＝ カッドより線

星状回線網 ほしじょうかいせんもう star network 中心となるセンタから星状に伝送路を延線する通信網やLANの配線方式。一般にスター配線と呼ぶ。センタ装置と端末機器が1対1のため，1つの端末装置のトラブルや伝送路のトラブルにおいても，他の端末装置又はシステム全体に影響を及ぼさない。システムの中断なしに端末装置の移転及び増設が可能であるが，センタ装置のトラブルではシステム全体に影響を及ぼす。

保守バイパス回路 ほしゅ──かいろ maintenance bypass circuit 無停電電源装置の保守点検のため，無停電電源装置本体や2次側切換回路をバイパスして電力を供給するための回路。無停電電源装置の点検時でも電力供給が必要な重要負荷設備に電力供給ができる。

保守率 ほしゅりつ maintenance factor 照明施設をある一定期間使用した後の作業面上の平均照度と，その施設の新設時に同じ条件で測定した平均照度との比。

補償式スポット型熱感知器 ほしょうしき──がたねつかんちき spot type combination heat detector 定温式と差動式の両機能を備えた熱感知器。周囲温度の上昇が急激な場合に作動する差動式の機能と，周囲温度の上昇が緩慢な場合でも一定の温度に達すると作動する定温式の機能を備えている。差動式の特性で作動した場合でも定温式の特性で作動した場合でも，1つの火災信号しか発信しない。

補償導線 ほしょうどうせん compensatory lead wire 熱電対と計器との間の配線

に使用する電線。接点で熱起電力による誤差を生じないように熱電対とほぼ同じ熱起電力を持つ合金を用いる。

熱電対と補償導線

熱電対	補償導線	
	正導体	負導体
クロメル-アルメル	クロメル線	クロメル線
銅-コンスタンタン	銅線	コンスタンタン線
鉄-コンスタンタン	鉄線	コンスタンタン線
白金-白金ロジウム	銅線	銅ニッケル線

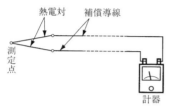

補償導線

補助継電器 ほじょけいでんき auxiliary relay 保護継電器などの接点の開閉状態に応動して接点増幅や遅延動作などの補助目的に用いる継電器。

補助照明 ほじょしょうめい auxiliary lighting 局部照明の一種で、全般照明で不足する照度を補う照明。学校、図書館、事務室などでライトスタンドなどを用いて特定の範囲内の照度増を図る。

補助絶縁 ほじょぜつえん supplementary insulation 単一故障状態での感電保護を目的として基礎絶縁に追加して施す独立した絶縁。付加絶縁ともいう。補助絶縁は、間接接触保護に相当する。

ポス POS ＝販売時点情報管理

補水 ほすい water refilling 蓄電池電槽の電解液中の水分が、電気分解又は自然蒸発によって減少したときに水分を補充する行為。ベント形蓄電池など電槽内の電解液の液位を点検などでチェックし、液位が基準レベル以下に低下した場合、電槽内に精製水を補充する。

ホスティング hosting service 顧客が自前の設備などを持たずに、インターネットに接続したサーバの機能を、遠隔から利用できるサービス。専業の事業者と通信事業者やインターネットサービスプロバイダなどが行っている。高速回線を備え、サーバコンピュータを大量に設置し、電子計算機を利用する権利を月額制などで貸し出す。

母線 ぼせん bus 受電設備において、複数の電源又は供給回路を接続する共通の導体。銅帯、銅線、銅棒などを用いる。単一母線方式、二重母線方式などがある。

母線保護継電方式 ぼせんほごけいでんほうしき main line protection relay system 受電母線や変圧器2次母線の区間保護を目的とする区間保護継電方式。大規模な電力系統では、時限差だけでの保護協調が困難なため、保護区間の遮断器を高速遮断して、動作時間の短縮化を図る目的で設置する。主として、電力会社の発変電所、1次系変電所などで用いるが、大規模需要家設備の重要なプラントの主要母線保護に適用することもある。内部事故か外部事故かを判別するため、保護区間の変流器2次を差動回路とした電流差動方式や事故時の電流位相を判別する位相比較方式などを用いる。

母線連絡 ぼせんれんらく bus connection 2つ以上の母線を連絡すること。発電機、変圧器などを並行運転する場合や、発電機を商用電源と系統連系する場合に、遮断器などを設置して互いの母線を接続する。

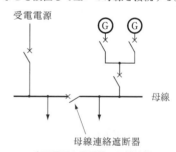

商用電源と発電機の母線連絡

ボックスカバー box cover スイッチボックス、アウトレットボックス又はコンクリートボックスに取り付けるカバー。ボックスの開口を閉鎖するためのブランクカバー

もあるが，照明器具や配線器具を取り付けるために中央部に開口を設けた丸孔カバー，スイッチカバーなどが大半を占める．壁などの仕上面とのなじみをよくするために開口周辺を盛り上がらせたものを塗代カバーという．

ホットアイル hot aisle　データセンタやサーバルームにおいて機器を冷却した後の排気を回収する側の通路．機器ラックの前面同士，後面同士を向い合せて並べ前面の通路側下部から冷気を送り，後面の通路側上部で排気することで，気流を交差させない空調方式の背面通路を指す．前面通路はコールドアイルという．

ホットスタンバイ方式　——ほうしき　hot standby form　同じ構成の2組以上でシステムを構築し，通常運転する組と予備の組とに分け予備の組を運転状態で待機させる方式．通常運転している組に障害が発生した場合にも待機状態の予備の組に切り換えて連続して運転を継続することができる．予備のシステムを常時運転状態で待機させるため，信頼性は高いが，運転コストも高くなる．

ホットスティック　hotstick　握り部と頭部工具の金属部とを絶縁棒で隔離した器具．高圧充電電路などを活線のまま工事を行う場合に用いる．電線の絶縁被覆の剥ぎ取り，導体切断など作業ごとに頭部工具が異なる．

ホットスポット　hot spot　局部的に周囲より高温の領域．太陽電池モジュールでの部分的な遮光，又は太陽電池セルの一部に欠陥又は特性劣化した箇所に発生し，効率が悪くなる．また，水管の低温流体中に一部高温流体が入り込みそれと接する配管部などに発生し，損傷することがある．

ポップ　＝POP

ボトムアップ　bottomup　〔1〕需用電力の小さい時間帯に電気を有効に利用する方法．〔2〕企業経営などで，下位から上位への発議により意思決定がなされる管理方式．

炎感知器　ほのおかんちき　flame detector　炎が放射する紫外線又は赤外線の変化が一定の量以上となったときに火災信号を発する感知器．紫外線式，赤外線式，紫外線赤外線併用式及び炎複合式がある．

炎複合式スポット型感知器　ほのおふくごうしき——がたかんちき　flame combination spot detector　炎が放射する紫外線及び赤外線の変化を感知する性能を併せ持つ複合式感知器．紫外線式スポット型炎感知器及び赤外線式スポット型炎感知器の性能を組み合わせたものである．

歩幅電圧　ほはばでんあつ　step voltage　地絡電流や雷撃電流によって発生する地表面近傍の電圧．1m離れた2点間の電圧で評価する．1mは人の歩幅と見なす．これによって人や動物が感電することがある．

保有距離　ほゆうきょり　minimum distance, minimum clearance　変圧器，配電盤などの受電設備の保守点検に必要な空間及び防火上有効な空間を保持するために設ける距離．

ポリエチレンライニング鋼管　——こうかん　polyethylene lining steel pipe　→ケーブル保護用合成樹脂被覆鋼管

ポリ塩化ビフェニル　——えんか——　polychlorinated biphenyl　＝PCB

ホリゾント幕　—まく　cyclorama　劇場の舞台奥に張り照明効果を与えて広がりのある空間を創るための幕．通常グレー，ブルー，ベージュ，白などの薄い色の生地をしわのないように張って用いる．

ホリゾントライト　cyclorama light　舞台奥にあるホリゾント幕を照射するために用いるフラッドライト．サイクロラマライトともいう．ホリゾント幕の上下にとい状に並べた照明器具で，上部をアッパホリゾントライト，下部をロアーホリゾントライトという．四季の変化，朝，昼，夜など自然現象の表現，舞台背景の色彩照明などに用いる．電気回路は3〜4回路で構成し，赤，緑，青，透明などのフィルタを用い，100〜200Wのタングステン電球又は300〜500Wのハロゲン電球を使用する．ホリゾントはドイツ語のHorizontで水平線の意味に由来

ボリュートポンプ volute pump ＝渦巻ポンプ

ボリュームコントローラ volume controller ＝減衰器

ボルト形コネクタ ――がた―― splitbolt type connector　U字溝をもつボルトに装着したナットを回すことによって当て金とボルトとの間に置いた電線相互を締め付けて接続を行う電線コネクタ。張力の掛からない配電線の部分，機器のリード線，接地線などの接続に用いる。

ボルト形コネクタ

ホワイトノイズ white noise　単位周波数幅当たりのエネルギーが周波数の広い帯域で一定で，時間的に規則性を持たないノイズ。可視光域でこのような分布を持つ光が白色光となることから，ホワイトノイズという。回路及び回路網の周波数応答を調べる場合の評価用雑音源としても利用する。

ホワイトバランス white balance　デジタルカメラ，ビデオカメラなどの撮像素子を使用する装置において，物理特性が人間の目による色調認識と異なるため生じる差異を整えるために行う調整。撮像素子の出力は白色の被写体の色を蛍光灯下では緑色傾向に，白熱灯下では赤色傾向に出力するが，いずれの場合も白色として認識する人間の感覚に合わせるための調整が必要となる。

本安回路 ほんあんかいろ　intrinsically safe circuit ＝本質安全回路

本質安全回路 ほんしつあんぜんかいろ　intrinsically safe circuit　本質安全防爆構造の電気機械器具に使用し，正常時及び通電時又は短絡，地絡，切断などの事故時に生じる火花，アーク又は熱がガス又は蒸気を発火させるおそれがない回路。本安回路ともいう。

本質安全防爆構造 ほんしつあんぜんぼうばくこうぞう　intrinsic safety, type of protection "i"　正常運転時及び故障時において，周囲の可燃性ガス又は蒸気に対して着火源となるようなエネルギーを持たないようにした電気機器及びシステムの防爆構造。本質安全回路を介して爆発性雰囲気内の電気システムを構成する。防爆性能は関係する要素が様々であるので，製品ごとに性能確認試験を行う。

本線予備線受電 ほんせんよびせんじゅでん　service system with main and stand-by line　特別高圧及び高圧の需要家に対し電力会社の変電所から2回線で電源供給を受ける方式。常用予備受電ともいう。通常は本線から受電し，本線が停電した場合に需要家構内に事故がないこと及び予備線に電圧があることを条件として予備線側へ切り換える。切換時に瞬時の停電を伴う欠点はあるが，比較的簡単な設備構成で電源信頼性を高めることができる。

ボンディング bonding　金属線などを使用して，接地回路の構成又は露出導電性部分相互間の等電位化のために，電気的に接続すること。単にボンドともいう。

ボンド bonding ＝ボンディング

ボンド線 ――せん　bonding wire　ボンディングに使用する金属線。

本配線盤 ほんはいせんばん　main distribution frame, MDF　電気通信事業者通信回線と建築物内の情報通信回線とを接続する端子箱。線路番号と建築物内情報機器との対応をとるための端子板及び保安装置を取り付ける。局線用端子盤ともいう。

マ 行

マ

マイクログスタービン micro gas turbine 都市ガス,灯油などを燃料とする100 kW 以下の発電用小形ガスタービン。タービンと圧縮機とを同軸にした簡単な構造で,設置スペースが小さく,コージェネレーション用として開発した。

マイクログリッド microgrid system 大規模電力送電網に依存せず特定地域内でエネルギーの需給を行う小規模電力網。エネルギー供給には太陽光発電,風力発電,バイオマス発電,コージェネレーションなどの分散形電源を利用する。供給安定性を図るためエネルギー需給の管理に情報通信技術を用いる。

マイクロ水力発電 ——すいりょくはつでん low head hydro power 流れ込み式,又は水路式の水車を用いた水力発電。発電規模での明確な定義はないが,各種手続きが簡素化される200 kW 未満の発電設備を指す。ダムも大規模な水源も必要とせず,小さな水流でも発電できるため,山間地,湧水,中小河川,農業用水路,上下水道施設などで発電することも可能である。

マイクロ波 ——は microwave 周波数が300 MHz を超え3 THz 以下の電波。波長は1 m 未満 0.1 mm 以上で,アンテナ,同軸ケーブル又は導波管で伝搬する。電子レンジなどのマイクロ波加熱,マイクロ波通信などに用いる。

マイクロ波加熱 ——はかねつ microwave heating 電磁波のうち波長が1 m～1 cm (周波数300 MHz～30 GHz)の範囲のマイクロ波を用いた誘電加熱。被加熱物に導波管を用いてマイクロ波を照射し,内部の電気双極子が同期して振動することで生じる摩擦熱によって加熱する。被加熱物自体を発熱させるため,外部加熱に比べ加熱時間が短く,均一に加熱する。被加熱物には,水,アルコール,高分子物質などがある。これを利用した代表的なものに電子レンジがあり,周波数は2 450 MHz,出力は500 W 程度のものを用いる。

マイクロ波式検知器 ——はしきけんちき microwave detector 動く侵入者が反射するマイクロ波のドップラー効果による周波数の変化又はマイクロ波の遮断を検知し,信号又は警報を発する機器。面状の警戒範囲を見渡せる天井又は壁には反射形,屋外のフェンス,柱などには対向形を取り付け警戒する。対向形では赤外線ビーム検知器に比べ,小動物,雨,雷などの影響を受けにくく,安定した検知ができる。

マイクロプロセッサ micro processer unit, MPU 演算回路,制御回路,レジスタなどで構成した演算制御回路を1つの集積回路にまとめたもの。これに記憶回路,各種インタフェース回路を付加して1個のチップに収めたものをシングルチップマイクロコンピュータ又はマイクロプロセッサユニットともいう。

マイクロホン microphone 音響エネルギーを電気エネルギーに変換する装置。マグネットとコイルとを組み合わせたダイナミック形,コンデンサの容量変化を利用したコンデンサ形,圧電素子を利用したクリスタル形などがある。指向特性上から全指向性,単一指向性,両指向性などの種類がある。

マイクロホンコード microphone cord マイクロホンと音響調整卓又はヘッドアンプとを接続するために用いるコード。調整卓までの距離が長い場合,誘導ノイズの混入又は周波数特性劣化を改善するためヘッドアンプを途中に設置する。マイクロホンの出力レベルは小さく,外部からの雑音を受けやすいため,導体をビニルで絶縁した上

に編組導体でシールドし耐雑音性を高め，ビニルで外装を施す．マイクロホンの数が多い場合は途中に接続箱を設け，一括して調整卓又はヘッドアンプに接続する．

埋設深さ　まいせつふか——　burial depth ＝土かむり

マイナアクチノイド　minor actinoid　アクチノイドに含まれる超ウラン元素のうち，プルトニウム Pu 以外のネプツニウム Np，アメリシウム Am，キュリウム Cm などの14元素．放射性元素であり同位体のなかには半減期が数万年以上のものが存在し，使用済み核燃料に含まれている．

MIME　マイム　multipurpose internet mail extension　インターネット上で電子メールを通じて様々なデータを送るための変換及び拡張機能．初期の電子メールは英数字を記録したテキストファイルしか扱えなかった．英数字以外の言語の文字，音声，動画などのデータを扱うため方法を規格化している．

マウス　mouse　電子計算機に接続してモニタ画面上の位置を検出し図記号で表した特定の機能を操作する器具．ボール，赤外線などを利用したセンサで水平移動を検知し，2次元の移動距離を伝える．マウスのボタンを押すことをクリック，押したままにすることをプレス，プレスしながらマウスを動かすことをドラッグ，ドラッグしたものからボタンを離すことをドロップという．

巻上電動機　まきあげでんどうき　hoisting electric motor　エレベータ，電動クレーン，ホイストなどの揚重機械においてエレベータのかご，荷物などを引上げるワイヤ，ロープ，チェーンなどを巻き上げるために用いる電動機．巻上速度を制御するためワードレオナード法を用いた直流電動機，抵抗制御を用いた巻線形誘導電動機などを使用していたが近年インバータ制御を用いたかご形誘導電動機を多用している．

巻線　まきせん　winding wire　変圧器や電動機において磁界を作るためのコイルに用いる線．

巻線形変流器　まきせんがたへんりゅうき　winding wire type current transformer　鉄心に1次巻線及び2次巻線を施した変流器．1次巻線及び2次巻線の接続端子を持つ．計器用変成器として1次巻線と鉄心とを一体成形したもの並びに1次巻線，鉄心及び2次巻線を一体成形したものがある．

巻線形誘導電動機　まきせんがたゆうどうでんどうき　wound-rotor induction motor　回転子の巻線端子を回転軸に設けたスリップリングとブラシとを経由して外部に引き出し，抵抗などを挿入してトルク特性を制御する誘導電動機．かご形誘導電動機に比べ始動電流をはるかに少なくすることができ，挿入抵抗を加減することで速度の制御が可能であるが，構造が複雑で高価となる．

マグニチュード　magnitude　震源が放出した地震波のエネルギーを表す尺度．日本では気象庁マグニチュードを使用する．

マクロショック　macroshock　医用電気機器の電極を体表に装着したときに，漏れ電流によって起きる感電．マクロショックに対応して皮膚を介した電流経路によって起きる心室細動に対する許容値として1 mAが昭和50年代に提唱された．近年，人体に対する電流の影響については，IECで詳細に検討した報告がある．医用電気機器からの漏れ電流を患者，術者又は介助者が感知することは，心理的悪影響を与え，さらに2次的障害を起こすおそれがあることから，感知限界電流 0.5 mA に安全係数を乗じて 0.1 mA を許容値とすることもある．⇒感電

マクロセル　macrocell　複数の無線基地局によりカバーする無線電話のサービスエリアにおいて，1基地局がカバーする範囲が広い基地局が受け持つ範囲．カバーする範囲をセルという．半径は 1.5～数 km であり，自動車電話や携帯電話に用いる．

マクロ電池　——でんち　macro-galvanic cell　金属が腐食するときに，アノードとカソードとが明確に区別できる大きさをもち，その位置が固定している局部電池．この作用による腐食には異種金属接触腐食，

通気差腐食などがある。

増締め ましじ— retightening 電線又はケーブル端を端子台にねじ締め接続した後、ねじの緩みを防止するために締め直すこと。ねじの緩みは、通電後のヒートサイクル、端子台の振動、電線・ケーブルのねじれの復元力などによって生じることがある。

マシンハッチ machine hatch 建築物などにおいて、設備機器、配管、各種材料などの専用搬出入口。

マスキング masking 別の音が存在するために、ある音の可聴閾（いき）値が高くなること。オーディオマスキング又はオーラルマスキングといい、その値はデシベル（dB）で表す。

マスタコンソール master console 各種装置の主制御を行う機器を収めた卓。例えば、①オペレータと計算機との間の通信・制御に用いる制御用のテーブルで、誤りを修正したり、手動で記憶内容を書き直したりすることができる各種装置を配置したもの。②ラジオやテレビジョン受像機を収納する大きなキャビネットで、卓上用でなく床に据え付けるもの。③ラジオ局、テレビ局、レーダ局、空港の管制塔などで用いる電子装置のための制御卓。

マスタフェーダ master fader 調光操作卓又は音響調整卓に組み込み、特定のフェーダを除くすべてのフェーダを一括制御するフェーダ。グランドマスタフェーダの下位に置く。

マックアドレス media access control address ＝エムエーシーアドレス、MACアドレス

窓用太陽電池アレイ まどようたいようでんち— window material type photovoltaic array 太陽電池自体又は太陽電池モジュールの構成材料が窓材を兼ねる太陽電池アレイ。モジュールと窓材とは物理的に分割できない。

マトリックス制御 —せいぎょ matrix control 論理回路網の入力線群と出力線群を格子状に配置した交差部に論理ゲートなどを接続し、入力条件に対し出力を得るように構成した回路で作動させる制御。個々の回路を組み合わせ一連の制御を行う場合に用いる。エレベータ群管理制御、スケジュール制御などに用いていたが、現在は電子計算機制御に置き換わっている。

マニホールド manifold 多数の小径の管をまとめるための集合管又は大径の管を多数の小径の管に分岐するための多岐管。内燃機関の吸気を分配する管、排気を集合する管などがある。

丸形ビニル外装ケーブル まるがた——がいそう—— →ビニル絶縁ビニルシースケーブル

マルチスピーカ multi-loudspeaker 音圧周波数特性及び指向性の両方の条件を満たすために、低音、中音、高音などに分けて、それぞれ専用のスピーカを1つのエンクロージャに収納したもの。分割方法によって2ウエイ、3ウエイなどがある。

マルチチャンネルアクセス無線 ——むせん multi-channel access radio system 複数のユーザ間で複数の周波数を利用（占有）状況に応じて、その都度自動的に割り振り、使用する無線通信方式。複数の周波数を多数の利用者が共同で効率よく使える。事業主体が設置管理する「制御局」と、利用者が設置管理する「移動局」及び「指令局」で構成し、同じ識別符号を持った会社などのグループ単位ごとに無線通信ができ、他のグループとは通信できない。運輸、物流業務、バス運行業務、製造・販売、タクシー等で広く使用し、地方公共団体の防災ネットワーク、大規模災害時における災害復旧活動、スポーツや博覧会などの大規模イベントなどでも利用している。

マルチバイブレータ multivibrator 2つのトランジスタ、真空管などの増幅部分を、抵抗とコンデンサを組み合わせて、正帰還するように結合し、2状態を出力するパルス発振器。方形波を発生する回路として用い、無安定形、単安定形、双安定形の3種類がある。

マルチパス multipath 無線LAN、テレビ電波、携帯電話などの電波が送信点から複

マルチ

数の伝搬路を通り受信点に到達する現象。多重路伝搬ともいう。建築物，地形などの影響で波形にひずみが生じるため，テレビジョン放送のゴースト，携帯電話の突発的通話切断などが起こる。地上デジタルテレビジョン放送などでは，複数の搬送波が干渉しないよう直交周波数分割多重変調方式を採用し，回避している。

マルチパス妨害 ──ぼうがい multipath disturbance ＝ゴースト

マルチベンダ multivendor ＝マルチベンダ構成

マルチベンダ構成 ──こうせい multivendor organization 複数企業の仕様又は規格が異なる製品を組み合わせ，システムを構築する形態。特定の一企業製品だけで構築するシングルベンダ構成に比べ，各企業別製品の持つ得意性を活かし，効率のよい安価なシステム構築が可能であるが，製品相性や互換性に注意する必要がある。

マルチホップネットワーク wireless multi-hop network ＝アドホックネットワーク

マルチメディア multimedia 文字，音声，動画，静止画など複数の情報伝達媒体を組み合わせて利用する技術。電子計算機により情報伝達媒体をデジタル化して関連付け，1つのメディアのように扱うことで，高速かつ効率的に表現できる。利用者の操作に応じて情報の表示，再生方法の選択が可能で双方向性をもたせることができる。デジタル通信技術や情報通信基盤の充実などで技術開発が進んだ。

マルチモード光ファイバ ──ひかり── multi-mode optical fiber 光の伝搬経路（モード）が複数ある光ファイバ。コアの屈折率分布によって帯域特性が変化し，分布が均一なステップインデックス（SI）形と，分布が中心部を頂点として2次曲線となっているグレーデッドインデックス（GI）形とに分類する。シングルモードに比べ，伝送容量が小さく長距離伝送に適さないが，安価である。 ⇨シングルモード光ファイバ

マルチリレー multi-relay 保護継電器，操

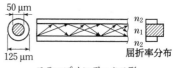
ステップインデックス形

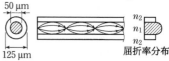
グレーデッドインデックス形

マルチモード光ファイバ

作スイッチ，計測，表示などの機能を1つに集約した複合型デジタルリレー。用途別に，受電用，モータ制御用，遠隔制御用などがあり，機能も予防保全・保護，状態監視，運転履歴，異常履歴管理など多様化している。

満空車表示灯 まんくうしゃひょうじとう parking lot indicator 入場口付近に設置する駐車場内の満空車状況を確認するための表示装置。通過車両検知での台数計測又は車庫ごとの在否センサ信号より満空車を判定し表示灯へ出力する。電照式，文字板式，字幕式などがある。駐車場全体を表示する以外に，階別やブロック別に表示するものもある。

マンション管理システム ──かんり── condominium management system 集合住宅の管理運営を支援する電子計算機システム。入居者及び管理組合へのサービス向上，事務処理効率の向上などを目的として，図面管理，履歴管理などのデータを一元化し，管理費の収納，会計帳票管理，長期修繕計画の立案，共用部の維持保全などの業務運営の効率化及び情報共有の迅速化を図ることができる。

マンセル表色系 ──ひょうしょくけい Munsell colorimetric system 色知覚の三属性（色相・明度・彩度）によって表面色を表示する体系。色相 H は赤（R），黄（Y），緑（G），青（B），紫（P）の5色相を円上に等分に配置し，それぞれの反対色相を加えた10色相ごとに感覚的等歩度に10分割

する。明度Vは理想的な黒を0, 理想的な白を10とし, その間を感覚的等歩度に分割する。彩度Cはある色相・明度について, 無彩色を0として色味の増加の度合に伴って, 等歩度に1, 2, 3…とする。色を有彩色についてはHV/C, 無彩色についてはNのあとに明度の数値で表示したものをマンセル記号と呼ぶ。例えば, 5R4/10, N8などと表す。

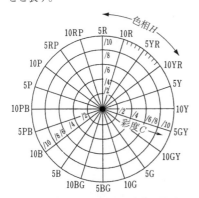

等明度面における色相と彩度の配列

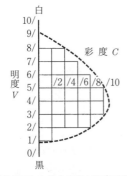

等色相面における明度と彩度の配列

マンホール manhole 機器, 施設などの点検及び保守のために地表面下に設ける構造物で, 人が出入りできるような蓋付きの開口をもつ地中箱。

三

ミキサ mixer マイクロホン, CDプレーヤ, テープデッキなどからの入力信号を混合及び調整して出力する装置。

ミクロショック microshock 電流の流入点又は流出点の少なくとも一方が心筋に接しているか, 又は心臓への至近距離にあるときに, 漏れ電流によって起きる感電。心臓の近くから心臓に流れるときに心室細動を起こす限界電流を100μAとしており, これに安全係数を乗じて10μAを許容値としている。心臓カテーテル検査など医用電気機器の一部を体内に挿入する手法を行うようになると, 患者の周囲にある露出導電性部分又は系統外導電性部分との間に微小な電位差が存在するときに, 患者に微弱な電流が流れて感電事故を起こすことがある。ミクロショック対策には, 医用電気機器の安全基準の適用, 病院設備の医用接地方式の確立, 機器及び設備の適正な使い方及び保守管理を図る必要がある。

ミクロセル microcell 複数の無線基地局によりカバーする無線電話のサービスエリアにおいて1基地局がカバーする範囲が狭い基地局が受け持つ範囲。カバーする範囲をセルという。半径は100〜500mであり, PHSで用いる。

ミクロ電池 ——でんち micro-galvanic cell 金属が腐食するときに, アノードとカソードとが明確に区別できない大きさで, その位置が固定していない局部電池。金属表面の状態, 組織, 環境などの僅かな違いにより微視的なアノードとカソードとからなる局部電池が無数に存在するため穏やかで均一かつ全面的な腐食を生じる。

水切り みずきー water seal unit 地中引込管路や接地工事用配線などが外壁やスラブを貫通する箇所で浸水を防止するために設けるもの。管には水切りつばを取り付け, 電線には毛細管作用を防止するためにはんだ付けや水切り用の端子を用いる。

水処理設備 みずしょりせつび water treatment plant 水資源を目的の水質に適するよう処理する設備。処理システムは生物学的, 物理学的, 化学的などの手法を単独又は組み合わせて構成する。

水抵抗器 みずていこうき water rheostat

薄い食塩水などの中に電極を入れ，水の抵抗を利用した抵抗器。通常，水と電極との接触面積を変えて可変抵抗器とする。電力用保護継電器の動作試験用，発電装置の模擬負荷などに用いる。

水トリー　みず――　water tree　水分の浸潤した状態の高分子材料に長時間電圧を印加すると樹枝状の痕跡が生じる現象。水トリーによる絶縁劣化を水トリー劣化という。水と電界の存在下において，高分子材料系ケーブル絶縁体の電界不整部を起点として放射状に微小な水滴が集まる現象である。1986年以前に製作された高圧架橋ポリエチレン絶縁電力ケーブルに水トリーによる絶縁劣化が生じたことがある。

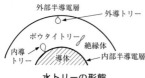

水トリーの形態

水噴霧冷房　water atomization cooling, water mist cooling　水を微細な霧状にして噴射し，水の気化熱吸収により空気を冷却する冷房方式。屋外や室内の大空間で局所的に冷却する場合に用いる。

密閉形受電設備　みっぺいがたじゅでんせつび　enclosed power unit　主回路を絶縁ガス封入の密閉容器の中に収納し，又は絶縁性能の高い固体絶縁物で覆うなどして，絶縁性能を維持する構造の受電設備。充電部を露出しないため安全性が高く，小形で省スペースが図れる，湿気及びじんあいなど外部環境の影響を受けない，保守作業の省力化などの特長がある。外部から目視により状況が確認できないため劣化を判定できる機器の装備，及び部分的交換が困難であるため増改修対応などを考慮しておく必要がある。

密閉形ニッケルカドミウム蓄電池　みっぺいがた――ちくでんち　potable sealed nickel-cadmium battery　充電時に発生する酸素を負極の金属カドミウムに吸収させ，ガス又は液体を外部に放出しない完全密閉形

のアルカリ蓄電池。大形のシール形アルカリ蓄電池と同様な構造であるが，携帯用小形で，形状により小形角形，円筒形及びボタン形がある。携帯用家電機器，誘導灯，非常用照明器具などに用いる。

脈動率　みゃくどうりつ　pulsation factor　→リップル

脈流率　みゃくりゅうりつ　current ripple factor　→リップル

ミリメートル波　――は　millimetric wave　周波数が30 GHzを超え300 GHz以下の電波。記号はEHFである。波長は1 cm未満1 mm以上で，極めて狭い指向性があることから車載レーダ，宇宙電波望遠鏡などに用いる。ミリ波ともいう。

ム

無安定マルチバイブレータ　むあんてい――　astable multivibrator　2段の増幅回路間をコンデンサと抵抗で結合し正帰還をかけ，CR時定数でハイレベル状態とローレベル状態を交互に繰り返す発振器。非安定マルチバイブレータ又は自走マルチバイブレータともいう。

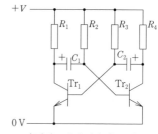

無安定マルチバイブレータ

ムービングスポットライト　moving spotlight　舞台やスタジオで電子計算機を用いて，照射方向，光量及び色彩を高速に変化させるスポットライト。灯具本体を動かすヨーク形及び灯具は固定し反射鏡を制御するミラースキャン形がある。光源には150～1 200 Wのメタルハライドランプ，白熱電球などを使用する。

無過給機関　むかきゅうきかん　non-supercharged engine　燃焼空気の吸込み側に過

給機を設置しない内燃機関。⇒過給機

無響室 むきょうしつ anechoic room　室外部からの音の侵入及び室内部で発生する音の反響を無視できるほど小さくした室。スピーカやマイクロホンなどの音響測定,機器装置からの発生騒音の測定,人の聴力の精密測定,音の立体感覚の測定などに用いる。剛性の外壁の内部に防振ゴムを用いて室全体を浮かせるなど外部からの音や振動の侵入を防ぐ構造とし,床,天井,壁など室内面は吸音力の十分大きい材料で覆い,音の反射をなくし,有限な空間を音響的に無限の広さをもつ等価的空間である自由音場の条件を満たす。

無効電力 むこうでんりょく　reactive power　交流において,電圧と電流の非同相成分との積。負荷に加わる電圧 $\dot{U}$（V）と電流 $\dot{I}$（A）の位相差が ϕ の場合,電流 $\dot{I}$ は電圧 $\dot{U}$ と同相な成分 $\dot{I}_r$ と,電圧 $\dot{U}$ と $90°$ の位相差をもつ $\dot{I}_q$ に分けることができる。$\dot{I}_r$ を有効電流,$\dot{I}_q$ を無効電流といい,電圧と無効電流の積を無効電力と呼び,記号 Q で表し,単位はバール（var）を用いる。

$$Q = UI_q = UI\sin\phi$$

無効電力計 むこうでんりょくけい　reactive power meter　無効電力を測定する計器。電力計を用いて電圧又は電流の一方を $90°$ 移相することによって無効電力を測ることができる。単相の場合は,電圧回路の可動コイルに直列にコンデンサを接続して $90°$ 移相する。三相平衡負荷では,単相電力計を用いて第1相の電流に対して第2相と第3相の電圧を加えれば $90°$ 移相できるので無効電力を測定することができる。単相電力計を図のように接続し,その指示値 W が得られたとすれば,無効電力 Q は,

$Q = \sqrt{3}W$（var）となる。

無効電力制御 むこうでんりょくせいぎょ　reactive power control　送電線路への充電時の進相電力や負荷の遅相電力を適正に調整する制御。進相電力が大きいときは同期発電機の進相運転,同期調相機の遅相運転,分路リアクトルの投入によって進相電力を供給し,遅相電力が大きいときは同期発電機の遅相運転,同期調相機の進相運転,進相コンデンサの投入によって遅相電力を供給して,無効電力を制御する。無効電力を制御することによって電圧を適正に保つことができ,電流を減少して抵抗損を減らすことができる。電気炉などの急変無効電力や高調波をアクティブフィルタで吸収することも一種の無効電力制御である。

無効電力量計 むこうでんりょくりょうけい　reactive volt-ampere-hour meter, varhour meter　無効電力を測定して積算する計器。電力量計と同じ原理であるが,電圧位相を変えることで無効電力量を測定することができる。高圧以上の需要家で1か月の平均力率を測定するために用いる場合は,入力を午前8時から午後10時までとなるように時計装置と組み合わせる。

無効率 むこうりつ　reactive factor　交流において,皮相電力に対する無効電力の比。位相角を ϕ とすると $\sin\phi$ で表す。百分率で表すこともある。リアクタンス率ともいう。

無指向性 むしこうせい　non-directivity ＝全指向性

無瞬断切換方式 むしゅんだんきりかえほうしき　uninterruptible change　負荷に影響のない程度の短い時間で,一方の電源から他方の電源へ切り換える方式。無停電電源装置では,切換時に交流出力電圧波形が 0 になる時間が $1/4$ サイクル以下と定義して

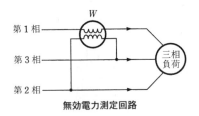

無効電力測定回路

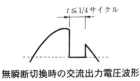

無瞬断切換時の交流出力電圧波形

いる。⇨商用同期無瞬断切換方式

無人搬送設備 むじんはんそうせつび automatic transport system 工場,病院などで無人搬送車,専用リフトなどを用いて物品を自動的に搬送する設備。台車,ステーション,誘導装置,制御装置などで構成する。誘導方式にはテープ誘導式,赤外線誘導式,レーザ式,ハンディコントローラ式などがある。電源方式には,蓄電池式,トロリー式,非接触給電式などがある。台車にはセンサなどで障害物を感知し緊急停止する安全装置を設けている。

無接点シーケンス制御 むせってん——せいぎょ non-contact type sequential control 半導体素子のスイッチング機能を利用した無接点リレーを用いたシーケンス制御。TTL 及び MOS などの素子を集積した IC 又は LSI を使用し,機能は論理回路の組み合わせで表示する。無接点シーケンスの展開接続図は,2値論理素子記号を用いて書き表す。

基本論理素子

回路	記号	論理関数	真理値表
AND	x_1—⊃—y x_2	$y = x_1 \cdot x_2$	x_1 x_2 y 0 0 0 0 1 0 1 0 0 1 1 1
OR	x_1—⊃—y x_2	$y = x_1 + x_2$	x_1 x_2 y 0 0 0 0 1 1 1 0 1 1 1 1
NOT	x—▷○—y	$y = \bar{x}$	x y 0 1 1 0
NAND	x_1—⊃○—y x_2	$y = \overline{x_1 \cdot x_2}$	x_1 x_2 y 0 0 1 0 1 1 1 0 1 1 1 0
NOR	x_1—⊃○—y x_2	$y = \overline{x_1 + x_2}$	x_1 x_2 y 0 0 1 0 1 0 1 0 0 1 1 0

無線 IC タグ ムセンアイシー—— radio frequency identification, RFID ID 情報を埋め込んだタグから,電磁界や電波などを用いて近距離(周波数帯によって数 cm～数 m)の無線通信によって情報をやりとりする技術。この技術を用いた非接触 IC カードに乗車カード,電子マネー,社員証,セキュリティロックなどがある。

無線従事者 むせんじゅうじしゃ radio operator 無線電信,無線電話など電波を送受信するための無線設備の操作又はその監督を行う者。電波法。業務独占資格で,免許は取り扱う無線設備によって総合,海上,陸上,航空及びアマチュアの区分があり,さらに第1級,第2級などに細分化し,国家試験の合格又は所定の学歴及び実務経験年数によって交付される。

無線通信補助設備 むせんつうしんほじょせつび auxiliary equipment for radio communication system 地下街の火災発生時に,地下街の消防隊員と地上の消防隊員との間で無線連絡を行うための設備。地下街の構造上,電波が届きにくいのでアンテナに相当する漏えい同軸ケーブルを敷設し,地上に設けた接続端子に無線機を接続して交信する。延べ床面積 1 000 m² 以上の地下街に設置を義務付けている。

無線 LAN むせんラン wireless LAN データ送受信をケーブルを用いず赤外線,電波などを用いる LAN。接続するパーソナルコンピュータなどを容易に移動できるが,ノイズの影響を受けやすく,通信内容を傍受される危険性があり,暗号化通信などセキュリティ対策が必要になる。

無窓階 むそうかい windowless floor 建築物の地上階のうち,避難上又は消火活動上有効な開口部面積の合計がその階の床面積に対し 1/30 以下である階。消防法。

無停電電源装置 むていでんでんげんそうち uninterruptible power supply system, UPS インバータ,電動発電機などの変換装置と蓄電池,フライホイール,コンデンサなどのエネルギー蓄積装置とを組み合わせ,電

UPS の基本構成

源の停電に際し負荷電力の連続性を確保するための電源装置。定電圧・定周波数の出力特性を持つため CVCF ともいう。

無電圧接点 むでんあつせってん dry contact 電気回路の開閉又は接触を機械的に行う電気的接触素子のうち，開閉対象となる電気回路に自ら電圧を供給しないもの。

無電圧投入 むでんあつとうにゅう no-voltage closing control スポットネットワーク受電方式の全回線が停止中に特別高圧側の復電した回線のプロテクタ遮断器を自動投入する機能。ネットワーク変圧器の2次側の電圧を検出して制御する。スポットネットワーク受電方式の自動開閉制御機能の3要素の1つである。

無電極放電ランプ むでんきょくほうでん―― electrodeless discharge lamp 数百 kHz〜数 GHz の高周波を用いて電磁誘導結合又は静電誘導結合によって，内部に電極を持たない放電管内のキセノンなどの希ガスの放電プラズマを発生させ，そのときの紫外放射が管壁の蛍光体を発光させるランプ。電極がないため寿命が4〜6万時間と他の放電管に比べ非常に長いので，ランプ交換の困難なところに採用することが多い。

むね上げ導体 ――あ―どうたい horizontal conductor むね，パラペット又は屋根その他雷撃を受けやすい部分の上に沿って設置した受雷部。一般に断面積 35 mm² 以上の銅線を用いるが，陸屋根に設置する手すり及びフェンスなどの金属体で断面積 50 mm² 以上の鋼棒，所定の厚さ及び断面積のあるアルミニウム製笠木なども用いることができる。

むね上げ導体

無負荷損 むふかそん no-load loss ＝鉄損

無負荷電圧 むふかでんあつ no-load voltage 電源装置に負荷を接続しないときの出力端子間電圧。負荷が接続されたときの出力端子電圧と比較して電源装置の電圧降下などの検討を行う。

メ

迷走電流 めいそうでんりゅう stray current 意図した帰路以外に流れる漏れ電流。電気鉄道のレール帰線からの漏れ，防食回路の干渉による漏れ，電気機器の故障による漏れなどの電流があり，埋設金属の電気腐食の原因ともなる。

明瞭度 めいりょうど articulation 音声を伝送するときに，伝送した音声の総数と正しく聞き取れた音声の数との比。百分率（％）で表す。無意味な音声を用いたときを明瞭度といい，意味のある単語又は文章を用いたときは了解度という。明瞭度は，建築的な環境，スピーカの種別及び取付方法に関係する。

迷惑動作 めいわくどうさ nuisance trip ＝不要動作

メインフレーム main frame 企業，研究機関など組織の中核として使用する大形汎用電子計算機。一般に計算センタなどに設置し，他の計算機と接続し大規模システムの大量のデータ処理，多数の業務の並行処理などを専門に行う。冗長システムによる高信頼性を持ち，ソフトウエアを利用者の要求に適合させるカスタマイズ性に優れる。

メインプログラム mainprogram ＝主プログラム

メーク接点 ――せってん make contact ＝a接点

メカニカルアンカボルト mechanical anchor bolt コンクリート基礎などのせん孔部に挿入し，先端部を拡張させて機械的摩擦で固着するボルト。く体工事後に施工する後付け形式の1つである。

メタルハライドランプ metal halide lamp 光の大部分が，金属蒸気及びハロゲン化物の解離生成物の混合物から発生する高輝度

放電ランプ。金属ハロゲン化物の種別によって，色温度及び演色評価数の異なるランプができ，一般照明用，光化学用，漁業用などに用いる。

メタルモールディング metal molding ＝1種金属製線ぴ

メッシュ電極 ——でんきょく mesh electrode 変電所の基礎部分，建築物の地下部分などに裸銅線又は銅帯を網目状に埋設した接地極。大地抵抗率の高い地質の場所，等電位を図り低い接地電位傾度を要求する設備などの接地工事に適している。接地抵抗値はメッシュの間隔，形状，メッシュ数などにより決まる。

メッシュ法 ——ほう mesh method 被保護物の周囲を適当な間隔のメッシュ状の導体で包む雷保護方式。メッシュ導体がファラデーケージを形成し，雷撃時にも内部電界は0となるので，内部の人又は物体に雷電流が流れることはない。メッシュの間隔は，保護レベルに応じて5〜20mを適用する。建築物では鉄筋，鉄骨，外壁の金属板などの構造体を利用するのが有効である。ただし，外部の電位を伝搬する導体を建築物内に引き込む場合は，雷撃時にそれらとメッシュ導体との間に電位差を生じ危険を及ぼすことがあるので，水管，ガス管などは引込口でメッシュ導体と接続し，電力線，通信線などは引込口でサージ保護装置を介してメッシュ導体と接続しなければならない。

メッセージ message OSI基本参照モデルの上位3層（セッション層，プレゼンテーション層及びアプリケーション層）で扱うデータの単位。上位層で作成したデータに，下位4層（物理層，データリンク層，ネットワーク層及びトランスポート層）では下位層にデータを受け渡すたびに各層でヘッダと呼ぶ固有の情報を追加する。

OSI基本参照モデル各層のデータ単位の名称

OSI基本参照モデル		データ単位の名称
第7層	アプリケーション層	
第6層	プレゼンテーション層	メッセージ
第5層	セッション層	
第4層	トランスポート層	セグメント，データグラム
第3層	ネットワーク層	パケット
第2層	データリンク層	フレーム
第1層	物理層	ビット

メッセンジャワイヤ support wire ＝ちょう架用線

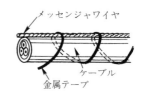

ラッシング形（工場製品・現場組立）

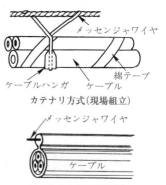

カテナリ方式（現場組立）

ひょうたん形（工場製品）

メッシュ間隔

保護レベル	I	II	III	IV
メッシュ間隔(m)	5	10	15	20

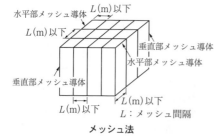

メッシュ法

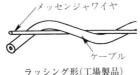
ラッシング形(工場製品)
メッセンジャワイヤ

メディアコンバータ media converter 異なる伝送媒体を接続し，信号を相互に変換する装置で，光ファイバケーブルと対よりケーブルとの間に設備する通信機器。非シールド対よりケーブルの100 BASE-Tと光ファイバケーブルの100 BASE-FXなどを相互接続するFTTHサービスやイーサネット接続サービスで用いる。

メムス ＝MEMS（エムイーエムエス）

メモリ memory device 電子計算機でデータやプログラムを記憶する装置。データを読み書きできるRAM及び読み出しだけ可能なROMの半導体記憶装置などを指す。特に高速で一時的な記憶に利用するRAMは主記憶装置と呼び，電子計算機の性能を左右する。演算処理に用いるデータや制御情報を蓄積し，必要に応じ随時取り出し内部記憶装置として用いる。メモリの量により一度に実行できるプログラム又は読み込めるデータファイルのサイズが決定する。低速だがより恒久的な性質を持った光ディスク又はハードディスクなど，2次記憶装置である補助記憶装置も広義でメモリに含む場合がある。

メモリ効果 ——こうか memory effect 蓄電池などの継ぎ足し充電の繰り返しで，放電電圧が低下し，劣化したように見える現象。この現象は放電電圧が低下するだけで，蓄電池の劣化ではなく，残容量の検出機能のある機器が影響を受ける。ニッケルカドミウム蓄電池，ニッケル水素蓄電池などで見られたが，使用機器の低電圧での動作環境が改善し，電池の改良も進みほとんど考慮する必要がなくなった。

免震 めんしん base isolation, response control 風や地震などによる建築物の揺れを機械的な装置で吸収すること。基礎と建築物との間に水平方向に柔軟に変位するアイソレータ及び震動を吸収するダンパを設置するのが一般的である。金属板とゴムとを交互に重ねる積層ゴムアイソレータ，粘性流体のオイルダンパ，金属の塑性変形を利用する鉛ダンパ，鋼材ダンパなどを用いる。

面積区画 めんせきくかく fire preventing separation of area 建築物の延焼範囲を限定するために，一定の床面積ごとに準耐火又は耐火構造の床,壁などで行う防火区画。建築基準法では，耐火構造の建築物で1 500 m² ごとに区画を行うとしている。

面取器 めんとりき reamer ＝リーマ

モ

網構成 もうこうせい network topology ＝ネットワーク構成

モーションディテクタ motion detector 監視カメラ映像の輝度信号の変化によって動体を検知する装置。録画装置に組み込み，検知時に自動録画したり警報を出力できる。

モータコントリビューション motor contribution →寄与電流

モータダンパ motor damper 空調や換気用ダクトの途中，吹出口又は吸込口に取り付け，電動機で羽根又は板を駆動して風量調節又は閉鎖する装置。空調の制御に用いる風量調節用以外に防火ダンパ及び防煙防火ダンパに用いる。

モータブレーカ molded case circuit breaker for motor protection ＝電動機保護用配線用遮断器

モーメント moment ある点に働く力と原点からの距離とのベクトル積。単位はニュートンメートル（N・m）。

モールドコンデンサ moulded capacitor 絶縁油を使用せず，エポキシ樹脂で注形したコンデンサ。

モールド変圧器 ——へんあつき encapsulated-winding transformer 1次巻線及び2次巻線の全表面が樹脂又は樹脂を含んだ絶縁基材で覆われた乾式変圧器。樹脂にはエ

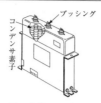
モールドコンデンサ

ポキシ樹脂などを用いる。ポリエステルフィルムなどで絶縁した巻線を樹脂とともに一体注型した注型形と樹脂を含浸させたガラス繊維とともに成形したFRP形とがある。定格電圧が33 kV以下のものに用いる。

模擬母線 もぎぼせん mimic bus 配電盤又は監視盤上で電気系統を模擬表示するための経路線及び図記号。経路線及び変圧器, 発電機, 断路器, 遮断器などを表した図記号を組み合わせて電気系統を表示する。

目的プログラム もくてき—— object program 電子計算機の中央処理装置とアーキテクチャに合わせて機械語に翻訳した実行形式のプログラム。コンパイラを用いて翻訳する。再配置可能形式プログラムと絶対形式プログラムとがある。

文字コード もじ—— character code 文字や記号をコンピュータで扱うために割り当てた固有の数字。欧米で使用する英数字は256文字以下なので, 1バイトで表現できるが, 日本語の漢字などは表現できないため, 独自に2バイトのコード体系を定め使用している。

モジュール module システムや機械器具の標準化された構成単位で, 何らかの機能を持ち, 装置全体の中で一部の機能を果たしているもの。建築の分野では, 建築物の中で繰り返される寸法や機能の単位をいう。事務所建物などの天井割付けは, 3.0～3.2 m正方形単位を用いる。照明器具や空調吹出口などの設備要素もこの単位で設置する。部屋の間仕切りはこの整数倍の位置に設置する。

モジュラコード cord with modular plug 電話機, ファクシミリ用に両端にモジュラプラグを付けた接続コード。

モジュラジャック modular jack 電話回線及び電話機, パッチパネル及びLAN配線又は集線装置（HUB）など, ツイストペア線を機器に接続するためのモジュール化した小形のプラグ受け。電線の接続には, 一般に接続端子部に電線を圧入するパッチダウン工法を用いる。電話用のRJ-11, RJ-12, RJ-22, データ用のRJ-45などがある。モジュラコンセントともいう。情報コンセントの一種である。

モジュラプラグ modular plug モジュラジャックと組み合わせて使用する電話機コード, ツイストペア線などに取り付ける差込プラグ。

モス ＝MOS（エムオーエス）

MOSFET モスエフイーティー metal-oxide semiconductor field effect transistor 金属酸化膜を用いてゲートを絶縁した電界効果トランジスタ。

MOX燃料 モックスねんりょう plutonium-uranium mixed oxide fuel 原子炉の使用済み核燃料中に1%程度含まれるプルトニウムを再処理により取り出し, 二酸化プルトニウム（PuO_2）と二酸化ウラン（UO_2）とを混ぜてプルトニウム濃度を4～9%に高めた燃料。混合酸化物燃料の略称で, 主として高速増殖炉の燃料に用いるが, 軽水炉用に加工し, ウラン燃料の代替としても用い, これをプルサーマル利用と呼ぶ。

モデム modem ＝変復調装置

モデリング modeling 立体的な物体に対する照明において, 適当な陰影や艶を与え, 好ましい立体感を生じさせること。好ましい立体感を得るためには, 拡散性の光と指向性の光とを適切に混合し, かつ, 指向性の光の照射方向が適当な範囲にあることが必要とされる。

元方安全衛生管理者 もとかたあんぜんえいせいかんりしゃ principal safety and health supervisor 統括安全衛生責任者を選任した建設業などの業種に属する事業で, 労働災害を防止するための技術的事項を管理する者。所定の年数以上の建設工事

の施工における安全衛生の実務を経験した者などのうちから選任し，元方の労働者及び関係請負人の労働者が同一の場所で作業することによって生じる労働災害を防止するため，協議組織の設置及び運営，作業間の連絡及び調整，作業所の巡視など必要な措置を管理する．労働安全衛生法．

モニタスピーカ monitor loudspeaker 音の有無，調整，編集などの確認用のスピーカ．音響調整室などに設置する．特に，放送局では，自局の電波を受けて監視するためのスピーカを指す．

盛り替え も—か— replacement 工事上障害となる設備・工作物などを，事前に他に移設すること．又は工事の進行に合わせて支障となる仮設物，防護施設，施工機械などを移設すること．

漏れインダクタンス もれ—— leakage inductance 変圧器の1次，2次巻線それぞれに流れる電流による全磁束のうち，一方又は一部の巻線に鎖交し，両巻線の電磁結合に寄与しない漏れ磁束によるインダクタンス．一般に変圧器は結合が完全でないため結合係数が1以下であり，巻線の一部がインダクタンスとして働く．等価回路上では，変圧器の1次巻線，または2次巻線に直列にチョークコイルを接続したものとして表す．

漏れ電流 も—でんりゅう leakage current 〔1〕通常の使用状態の下で，電路の絶縁物の内部又は沿面など好ましくない電流経路を流れる微小電流．〔2〕電線や機器と大地との間の静電容量を通して流れる電流．〔3〕電気鉄道などの帰線レールから大地へ流れる電流．なお，地絡電流，透過電流，迷走電流などを含むこともある．漏えい電流ともいう．

ヤ 行

ヤ

矢形先行放電 やがたせんこうほうでん dart leader →先行放電

屋根置き形太陽電池アレイ やねおーがたたいようでんち—— roof mounted type photovoltaic array 屋根に支持物を介して太陽電池モジュールを設置する太陽電池アレイ。屋根材としての機能は持たない。

屋根材一体形太陽電池アレイ やねざいいったいがたたいようでんち—— roof integrated photovoltaic array 太陽電池モジュールと屋根建材とを接着剤，ボルトなどで一体構造にした太陽電池アレイ。モジュールと屋根建材とは物理的に分割できる。

屋根材形太陽電池アレイ やねざいがたたいようでんち—— roof material type photovoltaic array 太陽電池自体又は太陽電池モジュールの構成材料が屋根建材を兼ねる太陽電池アレイ。アレイに屋根そのものの機能をもたせており，太陽電池モジュールと屋根建材とは物理的に分割することができない。

山留め やまど—— earth retaining, sheathing →根切り

ユ

URL ユーアールエル uniform resource locator インターネット上の情報の場所及び取得方法を指定する記述方式。「プロトコル名://ホスト名/ファイル名」という形式で表現する。例えば，「http://www.a/B.html」は，HTTPプロトコルを使ってaというホスト名で稼働するWWWに蓄積されたB.htmlというファイルを指す。

UAS ユーエーエス underground air switch 過電流蓄勢トリップ付地絡トリップ形，地中線用高圧交流気中負荷開閉器。⇨UGS

USB ユーエスビー universal serial bus マウス，キーボード，プリンタ，モデム，スピーカ，ジョイスティックなどの周辺装置を接続するためのパーソナルコンピュータ用インタフェース仕様。従来は周辺装置ごとに異なっていたインタフェースの共通化を図っている。機器の接続を自動的に認識するプラグアンドプレイ機能及びパーソナルコンピュータや機器の電源を入れたままコネクタの抜差しができるホットプラグ機能を備える。米国，日本などの民間7社が中心となって開発した。

UHF ユーエッチエフ ultra high frequency ＝極超短波

有機EL ゆうきイーエル organic electro-luminescence ＝有機エレクトロルミネセンス

有機エレクトロルミネセンス ゆうき—— organic electro-luminescence, OEL 有機化合物に直流電圧を印加し，発光エネルギーを放出するエレクトロルミネセンス。5V程度の低い駆動電圧で数百cd/m^2以上の輝度を得ることができる。表示器として利用すれば，バックライトが不要で薄くできる，多様な色に対応できるため映像を鮮明に表示できる，プラスチックなどの基板を使用し極薄で折り曲げも可能，低電力消費，長寿命，視認性及び応答速度に優れるなどの特長がある。大形化が難しく，現在は携帯電話やモバイル機器などの小形表示器などで実用化しているが，今後は大形表示器や照明具としての利用が考えられている。

有機太陽電池 ゆうきたいようでんち organic photovoltaic cell 植物の光合成のように，有機物を分子レベルで光化学反応させることによって，光発電現象を行う太陽電池。

有効温度 ゆうこうおんど sensible temperature, effective temperature　＝体感温度

有効接地　ゆうこうせっち　effective earthing　地絡故障時に系統, 回路及び機器に決められた限度を超えて電圧が上昇しないように低いインピーダンスを介して施す系統接地。1線地絡故障時に健全相の電位上昇が常規対地電圧の1.3倍以下となるようにする。直接接地はその代表的なもの。

有効電力　ゆうこうでんりょく　active power　＝電力

UGS　ユージーエス　underground gas switch　過電流蓄勢トリップ付地絡トリップ形, 地中線用高圧交流ガス負荷開閉器。構内で地絡事故が発生した場合, 電力会社の地絡継電器よりも早く動作して開閉器を開き, 波及事故を防止する。高圧キャビネットに収納して用い, 電源を内蔵したものもある。構内で短絡事故が発生したときは, 開閉器をロックし受電用遮断器又は電力会社の遮断器が動作した後, 無充電の状態で自動的に開閉器を開き, 電力会社の再送電に支障を及ぼすことを防止する。

UJT　ユージェーティー　unipolar junction transistor　＝ユニポーラトランジスタ

有線テレビジョン放送　ゆうせん――ほうそう　cable television　＝CATV

融着接続　ゆうちゃくせつぞく　melting splice　光ファイバの永久接続法の一種。露出した心線を所定位置で端面を直角に切断した後, 端部を1 800～2 000℃に加熱溶融させ, 両端を押し付けることで一体化させる。融着接続以外の永久接続には, 機械的に固定するメカニカルスプライスがある。接続替えを容易に行う場合には, コネクタ接続とする。

UTP　ユーティーピー　unshielded twisted pair cable　＝非シールド対よりケーブル

UDP　ユーディーピー　user datagram protocol　インターネットにおいて, OSI基本参照モデルの第4層（トランスポート層）で用いる無手順, 接続無確認で, 送達確認を行わないデータ転送プロトコル。IP電話, IP動画再生など音声や動画を受信しながら再生するストリーム形式の配信に用いる。接続の確立, 再送制御などデータの信頼性を確保する機能はもたず, 転送速度を重視したプロトコルでDNS, DHCP, SNMPなどのアプリケーションで使用している。

誘電損失　ゆうでんそんしつ　dielectric loss　誘電体に交流電界を加えたときに, エネルギーの一部が熱として失われる損失又はその現象。固体または液体の誘電体を用いるコンデンサなどで, 交流電界の位相に遅れて電気分極が起こるために発生する。水などの永久双極子の性質を持つ誘電体で大きい。

誘電正接　ゆうでんせいせつ　dielectric loss tangent　誘電体に加えた正弦波電圧とこれによって生じる電流との間の位相角をθとしたとき, $\delta=90°-\theta$の正接。θを誘電位相角, δを誘電損角という。誘電体によって固有の値があり, 絶縁物の劣化の程度を表す指標として用いる。$\tan\delta$（タンジェントデルタ）ともいう。

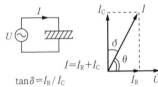

誘電正接

誘電体　ゆうでんたい　dielectric material　電界を加えたときに正負電荷が相対的に微小変位して電気双極子ができる物質。　⇨絶縁体

誘電分極　ゆうでんぶんきょく　dielectric polarization　帯電した物体の近傍にある誘電体の帯電した物体に近い側に, 帯電した物体の電荷と逆の極性の電荷が現れる現象。帯電した物体の近傍には帯電した電荷に比例した電界が存在するが, 電界中に置かれた誘電体内部で, 微小な電気双極子が電界に沿って整列することで生じるので, 誘電体内部には電位差が生じる。

誘電率　ゆうでんりつ　permittivity　物質中の電束密度D（C/m^2）と電界E（V/m）と

の比。εで表し，絶対誘電率ともいう。$D=\varepsilon E$，$\varepsilon=\varepsilon_0\varepsilon_r$と表したときの$\varepsilon_0$を真空の誘電率（$8.854\times10^{-12}$ F/m），ε_rを比誘電率という。一般に比誘電率ε_rは1より大きく，電界の強さが等しければ物質中の電束密度は真空中に比べε_r倍となる。

誘導円筒形継電器 ゆうどうえんとうがたけいでんき induction cup relay 中空円筒状の非磁性回転体とその周囲を囲む入力電流を流す巻線を持つ鉄心との磁気回路で構成した継電器。鉄心は4極，6極又は8極を用い，回転子に異なる位相の磁束を発生させ，その合成力で動作する。回転体に常時作用しているばねの力に抗し回転すると，接点が閉じる。誘導円板形に比べ慣性が小さく高速動作が可能で，方向継電器又は距離継電器などに用いる。

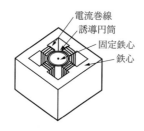

誘導円筒形継電器

誘導円板形継電器 ゆうどうえんばんがたけいでんき induction disc relay 円板状の非磁性回転体と入力電流を流す巻線をもつ鉄心との磁気回路とで構成した継電器。鉄心の巻線の他にくま取りコイルなどを取り付け，位相の異なる磁束を発生させ，その合成力で動作する。回転体に常時作用しているばねの力に抗し回転すると，接点が閉じる。誘導円筒形に比べ慣性が大きく低速

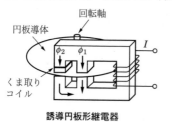

誘導円板形継電器

動作である。電圧継電器又は電流継電器などに用いる。

誘導加熱 ゆうどうかねつ induction heating 導電率の大きい金属などの物質に，交流磁界を加え電磁誘導の原理で発生する誘導電流によって生ずる，渦電流損やヒステリシス損などの発熱による加熱。電磁調理器，合金生成，焼入れ，溶接，半導体の精製などに用いる。誘電体である不導体を加熱する誘電加熱とは原理が異なる。

誘導機 ゆうどうき induction machine 定常運転時において，同期速度と異なる速度で回転する交流機。非同期機ともいう。誘導電動機，誘導発電機，誘導リニアモータなどがある。誘導電動機は，同期速度より滑り分だけ遅い速度で回転する。同期速度以上で運転すると誘導発電機となる。

誘導係数 ゆうどうけいすう inductance ＝インダクタンス

誘導結合 ゆうどうけつごう inductive coupling ＝電磁結合

誘導試験 ゆうどうしけん induced voltage test 変圧器など巻線を持つ電気機器の各巻線間，巻線相間，ターン間及び端子間の絶縁耐力を検証するために行う耐電圧試験。無負荷電流が過大になるのを防ぐため，定格周波数よりも高い周波数で，巻線に常規誘起電圧の2倍の電圧を誘起する。試験時間は，試験電圧の周波数が定格周波数の2倍以下の場合は1分間とし，2倍を超える場合は次式で計算した時間とする。

$t=120$ (f_n/f_t)

t：試験時間（s）
f_n：定格周波数（Hz）
f_t：試験周波数（Hz）

誘導性サセプタンス ゆうどうせい—— inductive susceptance 交流回路においてサセプタンスの位相を遅れさせる要素。単位はジーメンス（S）。サセプタンスをB，誘導性サセプタンスをB_L，容量性サセプタンスをB_Cとするとサセプタンスは$B=B_C-B_L$であり，自己インダクタンスをLとすると誘導性サセプタンスは$B_L=1/\omega L$である。

誘導性リアクタンス　ゆうどうせい―― inductive reactance　交流回路においてリアクタンスの位相を遅れさせる要素。単位はオーム（Ω）。リアクタンスを X，誘導性リアクタンスを X_L，容量性リアクタンスを X_C とすると $X=X_L-X_C$ であり，インダクタンスが L のとき誘導性リアクタンスは $X_L=\omega L$ である。

誘導電圧　ゆうどうでんあつ　induced voltage　導体に鎖交する外部磁界が変化したとき，その導体に誘起する電圧。変圧器の2次側に誘起する電圧，電力線に接近して布設した通信線に誘起する電圧，事故電流によって健全な回路に誘起する電圧などがある。

誘導電圧調整器　ゆうどうでんあつちょうせいき　induction voltage regulator　変電所などにおいて，電圧変動に対して±10%程度の範囲で連続的に調整を行う装置。巻線形誘導電動機と似た構造で，回路に直列に接続する直列巻線（2次巻線）を持つ固定子と，入力側に接続する分路巻線（1次巻線）を持つ回転子とからなり，後者を回転させることによって直列巻線の誘起電圧又は位相を連続的に変化させ，出力電圧を調整する。単相器，三相器，手動式，電動式，自動式などがある。

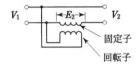

$V_2=V_1+E_2\cos\theta$
単相誘導電圧調整器の回路図

誘導電動機　ゆうどうでんどうき　induction motor　電気エネルギーを回転運動エネルギーに変換する誘導機。固定子の回転磁界とそれによって回転子の巻線に誘導する電流との間に発生するトルクによって回転する。回転速度は滑り分だけ同期速度より遅くなる。かご形及び巻線形がある。

誘導灯　ゆうどうとう　luminaire for emergency exit sign　火災などの災害時に建築物内の人々を屋外に容易に避難させるため，階段・居室などの出入口，廊下，劇場の客席などに設置して，避難口の位置及び避難の方向を明示し，通路などの床面に有効な照度を与える照明設備。消防法において，避難口誘導灯，通路誘導灯及び客席誘導灯の3つに区分されている。誘導灯には，非常電源として蓄電池設備又は蓄電池設備と自家発電設備を付置する。

誘導ノイズ　ゆうどう――　inductive noise　静電誘導又は電磁誘導に起因するノイズ。

誘導発電機　ゆうどうはつでんき　induction generator　回転運動エネルギーを電気エネルギーに変換する誘導機。自励式は，誘導機を交流電源に接続して原動機を用い同期速度以上で回転させる。励磁電流はその電源を供給するので，かご形でも誘導発電機となる。これを短絡2次誘導発電機という。交流電源がない場合，固定子巻線にコンデンサを接続して，回転子鉄心の残留磁気による自励現象で発電するコンデンサ自励形がある。巻線形誘導機の2次巻線に滑り周波数の励磁電流を供給し，同期速度の上下のある範囲内で運転して発電するものを他励式誘導発電機という。誘導発電機は，風力発電などに用いる。

誘導標識　ゆうどうひょうしき　emergency exit sign　火災時に防火対象物内にいる者を屋外に避難させるため，避難口の位置や避難の方向を明示した標識。

誘導無線　ゆうどうむせん　inductive radio transmission　100 kHz 程度の低い周波数帯を用い，終端抵抗を介し1ターンのループを形成する誘導線をアンテナとする無線方式。移動体の鉄心入りコイルを受信アンテナとして誘導線との間で電磁結合によって通信を行う。地下鉄などのトンネルを主とする鉄道で，送受の周波数を変えて電話のように同時通話を行う場合，同時通訳や展示案内などの際に，天井や床に布設したアンテナによって1方向の通信を行う場合などに用いる。

誘導雷　ゆうどうらい　indirect lightning stroke　近傍の樹木や建造物などに雷撃した場合に，雷放電による電磁界の急変で線

路，設備などに過電圧が生じる現象。その過電圧を誘導雷過電圧という。

誘導雷過電圧 ゆうどうらいかでんあつ indirect lightning overvoltage, induced lightning overvoltage 誘導雷によって生じる過電圧。

誘導路灯 ゆうどうろとう taxiway edge light 地上走行中の航空機に誘導路及びエプロンの縁を示すために設置する航空灯火。

UPS ユーピーエス uninterruptible power supply system ＝無停電電源装置

UVR ユーブイアール under-voltage relay ＝不足電圧継電器

UV-LED ユーブイエルイーディー ultraviolet light-emitting diode 紫外線領域で発光する LED。

床鋼板 ゆかこうはん deck plate ＝デッキプレート

床暖房 ゆかだんぼう floor heating 電熱，温水などで床を暖め，熱の放射，対流及び伝導の相乗効果を利用した暖房方式。フロアヒーティングともいう。

ユニオンカップリング union coupling 鋼製電線管のねじ接続に際し，双方の管を回すことができない場合に用いるニップル，リング及びナットで構成するカップリング。

ユニバーサル universal elbow 露出配管工事の管が直角に曲がる箇所又はＴ字に交差する箇所に用いる電線管用付属品。電線引込用に側面又は背面に取外し可能な蓋を持つ。なお，内部に電線接続点を設けてはならない。

ユニバーサルデザイン universal design 公平性，自由度，持続性などに優れ，すべての人が使いこなすことのできる製品，環境などのデザインを目ざす概念。年齢，性別，身体的状況，国籍，言語，知識，経験などの違いによらず，誰にでも使いやすく，作りが簡単で使い方も分かりやすい，長時間使用でも身体への負担が少ないなどを可能な限り追求する考え方である。誘導灯のパネルのように，どこの国の人にも分かる簡単な図形などで表示した案内，床面を低くして高齢者でも乗りやすくしたノンステップバスなどがある。

ユニポーラジャンクショントランジスタ unipolar junction transistor, UJT ＝ユニポーラトランジスタ

ユニポーラトランジスタ unipolar transistor 電子又は正孔のいずれか1種類のキャリアを用い，ゲートに電圧を印加してチャネル間の電界でキャリアの流れに関門（ゲート）を設け，ソース-ドレーン端子間の電流を制御するトランジスタ。ユニポーラジャンクショントランジスタ（UJT）ともいう。サイリスタのトリガ素子として用いるために，2つのベース端子を持つn形半導体とエミッタ端子を持つp形半導体とを接合して構成した3つの電極を持つためトランジスタという名前があるが，1つの接合しか持たない構造（単接合）の半導体素子である。

ユニポールアンテナ unipole antenna ＝ホイップアンテナ

油入変圧器 ゆにゅうへんあつき oil-immersed transformer 絶縁油に浸し，鉄心及び巻線を冷却する構造の変圧器。油密封形，窒素密封形，開放形などがある。

油入防爆構造 ゆにゅうぼうばくこうぞう oil-immersed enclosure, type of protection "o" 容器内部に充填した油の中に着火源となり得る電気接点部などを収めて，爆発性雰囲気から離隔する防爆構造。

ユビキタスネットワーク ubiquitous network あらゆるものにマイクロコンピュータやICチップなどを組み込み，有線又は無線通信で相互に接続して，多様な情報やサービスを利用することのできる情報ネットワーク環境。携帯電話や携帯情報端末などの小形情報端末はもちろん，テレビや冷蔵庫などの家電製品，案内板や道路信号などの社会基盤，食料品などの商品の値札や更には洋服などの日用品にまでマイクロコンピュータを組み込むことを構想している。

弓支線 ゆみしせん martingale 架空電線

路の支持物との間に根開きを十分に確保できない場合に，支持物の根元付近に支線アンカを埋設して弓状にした支線。弓張支線ともいう。

弓支線

ヨ

溶暗　ようあん　fade-out　＝フェードアウト

陽光柱　ようこうちゅう　positive column　放電において，電位勾配が正で，原子又は分子の励起が活発に生じていることを特徴とするプラズマ状態の発光部。応用例には水銀ランプ，メタルハライドランプ，キセノンランプなどがある。

揚水ポンプ　ようすい——　lifting pump　〔1〕受水槽の水を高架水槽に汲み上げるために用いるポンプ。〔2〕揚水発電所の主機として用いるポンプ。

溶断係数　ようだんけいすう　fusing factor　＝溶断比

溶断比　ようだんひ　fusing factor　ヒューズの最小溶断電流と定格電流との比。溶断係数ともいう。低圧の配線用ヒューズでは，A種は1.35，B種は1.6である。

溶明　ようめい　fade-in　＝フェードイン

溶融炭酸塩形燃料電池　ようゆうたんさんえんがたねんりょうでんち　molten carbonate fuel cell, MCFC　電解質に溶融炭酸塩を用いる燃料電池。電解質として炭酸リチウム，炭酸カリウムなどの混合塩を用いる場合が多い。空気極に供給する空気と二酸化炭素との混合ガスが炭素イオンとなり電解質中を移動し，燃料極の水素と反応し二酸化炭素と水蒸気とを生成し電子を放出して発電する。発電効率は45〜60％，電池作動温度は600〜700℃である。1 000 kW級の実績があり，中大規模分散形電源などに用いる。

容量換算時間　ようりょうかんさんじかん　capacity correction coefficient　蓄電池容量を算出するための時間。放電時間，最低使用温度及び許容最低電圧によって決まる換算時間である。

容量結合　ようりょうけつごう　capacitive coupling　＝静電結合

容量性サセプタンス　ようりょうせい——　capacitive susceptance　交流回路においてサセプタンスの位相を進める要素。単位はジーメンス（S）。サセプタンスをB，誘導性サセプタンスをB_L，容量性サセプタンスをB_Cとするとサセプタンスは$B=B_C-B_L$であり，静電容量をCとすると容量性サセプタンスは$B_C=\omega C$である。

容量性リアクタンス　ようりょうせい——　capacitive reactance　交流回路においてリアクタンスの位相を進める要素。単位はオーム（Ω）。リアクタンスをX，誘導性リアクタンスをX_L，容量性リアクタンスをX_Cとすると$X=X_L-X_C$であり，静電容量がCのとき容量性リアクタンスは$X_C=1/\omega C$である。

横ノイズ　よこ——　transverse mode noise　＝ノーマルモードノイズ

予燃焼室式　よねんしょうしつしき　pre-combustion type　内燃機関のシリンダの頭部にある予燃焼室へ燃料を噴射して燃えやすい噴霧状態にしてからシリンダ内に導き，点火させる方式。中大形，中速機関に用いる。

呼び線　よ——せん　〔1〕fishing wire　電線管路に電線を引き入れるために挿入する線。細い平形のピアノ線又はナイロン繊維製のものがあり，細い電線は直接この一端に接続して管内に引き入れる。呼び線を管内に挿入するときに，圧縮空気を用いるものもある。〔2〕pulling-in wire　太い電線など引入れ荷重が大きい場合に使用する亜鉛めっき鉄より線又は将来の通線に備えてあらかじめ挿入しておく直径1.6 mm又は2.0 mmのビニル被覆鉄線。これらの呼び

線は〔1〕の呼び線を用いて管内に挿入する。

呼出設備　よびだしせつび　calling equipment　館内などにいる近くの応対者を，音又は表示などで呼び出す設備。トイレや浴室からの緊急呼出，飲食店の注文呼出などがある。一般的に呼出しは押しボタンで操作し，管理室などに設置する表示器で呼出場所が分かる。

予備電源　よびでんげん　stand-by power source, back up power source　常時使用している電源設備の故障，保守時などに，電源を確保するために設ける電源設備。建築基準法による自家発電設備及び蓄電池設備の防災電源のほか，防災電源以外に用いる保安用電源がある。

予備配管　よびはいかん　spare piping　増設や将来対応として事前に施設しておく配管。

予備品　よびひん　spare part　機器類の損傷，消耗，摩耗などに備え，あらかじめ用意する加工なしで装着できる交換部品。電球類，ヒューズなどがある。

予防保全　よぼうほぜん　preventive maintenance, PM　設備，機器などの使用中の故障を未然に防止するために計画的に行う保守。定期点検などで電気設備の性能を常に把握し，異常，劣化を予測して予防的な処置を施す。

より合わせの方向　——あ——ほうこう　direction of lay, direction of strand　より線の素線，ケーブルの線心などのより合わせのらせんのねじり方向。より線を横から見たときＳ字形に見えるものをＳより，Ｚ字形に見えるものをＺよりという。以前我が国では，Ｓよりを右より，Ｚよりを左よりといった。

より合わせの方向

4端子法　よんたんしほう　four-terminal method　非常に小さい電気抵抗を測定するとき，測定端子と試料との接触抵抗，熱起電力及び測定回路の電線抵抗が無視できないため，電流端子1組と電圧端子1組を別々に設け電圧降下を測定し抵抗値を求める方法。電流端子から試料に測定用の電流を流し，試料の抵抗による電圧降下を電圧計で測定する。電圧計回路の入力インピーダンスを十分に大きくすることで，測定用電流に比べ電圧計回路に流れる電流を無視できるほど小さくできるため，精密な電圧測定ができる。測定電流をI，測定電圧をVとすると，抵抗値は$R = V/I$で求めることができる。

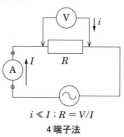
$i \ll I ; R = V/I$
4端子法

4路スイッチ　よんろ——　four way switch　2極を交差状に同時に切り換える点滅器。同一の電灯などを3か所以上から点滅する場合に用い，通常1組の3路スイッチと組み合わせて使用する。4路スイッチを増すことにより，点滅箇所数を増すことができる。

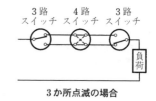
3か所点滅の場合

ラ 行

ラ

雷インパルス耐電圧試験 らい――たいでんあつしけん　lightning impulse withstand voltage test　電気機器の雷サージに対する絶縁耐力を検証するために行う耐電圧試験。試験には標準雷インパルス電圧波形 $1.2 \times 50\,\mu s$ を用い，試験電圧は機器の規格に定めており，全波試験電圧とさい断波試験電圧とがある。

雷インパルス電圧 らい――でんあつ　lightning impulse voltage　→インパルス電圧

雷過電圧 らいかでんあつ　lightning overvoltage　直撃雷又は誘導雷によって生じる過電圧。一般には波頭長が $0.1\sim20\,\mu s$，波尾長が $300\,\mu s$ 未満の波形である。

雷警報器 らいけいほうき　lightning alarm device　地表電界強度変化や電磁波を検出して雷雲の接近や状況，雷放電の状態を監視し，警報を発する装置。固定式及び携帯式がある。地表電界強度は晴天の場合は $100\,V/m$ 程度であるが，雷雲の接近で数千 V/m 以上になるので，これを検知して警報を発する。雷被害を最小限に抑えるため事前に発生状況に応じて防御策を講じるなどの目的で，遊園地，ゴルフ場などの避難誘導に用いる。

雷撃 らいげき　lightning stroke　落雷における1回の放電。

雷撃距離 らいげききょり　striking distance, final jump distance　落雷の進展過程において，先行放電が大地に接近し，最終に放電する距離。雷撃が地上のいずれの部分に吸引されるか決まる瞬間の値を示すものである。雷撃距離 R は雷撃電流 I の関数で表され，IECでは $R=10I^{0.65}$ の式を採用している。雷撃距離の概念は，雷保護システムの保護範囲を決める回転球体法の基礎となっている。

雷撃電流 らいげきでんりゅう　lightning stroke current　=雷電流

雷サージ らい――　lightning surge　雷過電圧を進行波として特徴的に捉えた表現。

ライティングダクト luminaire track system（英），lighting busway（米）　絶縁物で支持した導体を金属製又は合成樹脂製のダクトに入れ，ダクト全長にわたり連続したプラグ又はアダプタの受口を設けたもの。任意の場所から専用のプラグ又はアダプタを用いて照明具又は小形電気機器の電源を取り出すことができる。専用のプラグに取り付けた小形スポットライトなどを店舗で用いる。使用目的及び構造によって固定Ⅰ形，固定Ⅱ形及び走行形がある。

雷電磁インパルス らいでんじ――　lightning electromagnetic impulse　雷放電に伴い過渡的に短時間出現する電磁界の変化。伝導サージ及び放射パルス状電磁界現象を含む。

雷電流 らいでんりゅう　lightning current　雷撃点における電流。おおむね波高値で数k～$300\,kA$ 程度の電流を実測している。雷撃電流ともいう。⇒主放電

ライトアップ floodlighting　景観を演出するため夜間に建築物，橋，塔，樹木などを明るく浮かび上がらせる照明。景観照明又は投光照明ともいう。対象物の大きさ，形状，素材などに応じ，演色性，光の拡散，輝度などを考慮し適当な光源の選択及び配光を行う。

ライトブリッジ light bridge　=フライブリッジ

ライニング鋼管 ――こうかん　lining steel pipe　表面を合成樹脂で被覆した鋼管。主として一般のケーブル工事並びに暗きょ式及び管路式による地中電線路のケーブル保護に用いる。ポリエチレンライニング鋼管が一般的であるが，塩化ビニル被覆のもの

もあり，ほかにコーティング鋼管を含む場合もある。　⇨ケーブル保護用合成樹脂被覆鋼管

ライフサイクルエネルギーマネジメント life cycle energy management, LCEM　企画，設計，施工，運用，廃棄に至る各段階において目標を決め，ライフサイクルにおけるエネルギー消費を最小にする手法。

ライフサイクルコスト life cycle cost, LCC　企画，設計から製造，建築，完成又は竣工，運用を経て廃棄するまでの全期間（ライフサイクル）を通じて必要な全費用。機械装置，設備，建築物などの経済性を分析及び評価する手法に用いる。初期費用，ランニングコスト及び廃棄費用で構成し，一般的に初期費用は全費用に対し 1/4 程度，ランニングコスト他は 3/4 程度とされる。それぞれの費用は発生時点が異なるので適切な利率を加味し，一定時点の評価額に置き換え，資産の取得，運用，更新時などの検討に利用する。

ライフサイクル CO_2　——シーオーツー　life cycle CO_2　建築物や製造物などが製作から廃棄するまでのすべての過程で発生する二酸化炭素（CO_2）を最少にするための評価手法。それぞれの過程で使われる資材，エネルギーを地球温暖化に影響を与える CO_2 排出の量に換算して合計する。

ライフライン life-line　生活に必須となる電気・ガス・水道・電話・インターネット・交通輸送などの施設。国内の大震災を経験して，その重要性を表す言葉として「命綱」の語源から用いるようになった。

雷保護システム　らいほご——　lightning protection system, LPS　雷の影響に対して被保護物を保護するために使用するシステム。外部雷保護システム及び内部雷保護システムを含む。

雷保護領域　らいほごりょういき　lightning protection zone　雷撃による電磁界の強さの異なる領域を想定し，保護しなければならない空間を電磁的条件の異なる幾つかの領域に分割すること及び分割したもの。LPZ0A, LPZ0B, LPZ1〜LPZ3 までがある。

ラインアレイスピーカ　line-array speaker　同じ特性の単体スピーカを複数台，縦に配置し線状音源としたスピーカ群。水平方向へ集中拡散する放射特性により，床や天井からの反響が少なく，単体スピーカの減衰が距離の 2 乗に比例するのに対し，ラインアレイスピーカの減衰は距離に比例するため，遠方でも高い音圧及び明瞭度を確保できる。残響の大きい場所で，高い明瞭度が要求される会議室，体育館などに用いる。

ラインフィルタ　line filter　外来のノイズによる誤動作防止，他の機器への障害防止のために，電子機器の電源側に設置するフィルタ。コンデンサを介して接地する。

落雷　らくらい　lightning flash to earth　雲と大地との間に発生する放電。1 回以上の雷撃を含む。雷雲から先行放電が大地に向かって進展し，その先端が大地に接近したとき，大地側から上向きのストリーマが生じ，両者が結合した瞬間に大地から多量の電荷を先行放電路に注入し，いわゆる主雷撃となる。引き続いて数十〜数百 ms 後に同じ経路で数回の放電が生じることが多く，これを多重雷撃という。

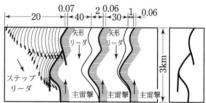

落雷の進展過程

落雷位置標定システム　らくらいいちひょうてい——　lightning location system, LLS　落雷時に発生する電磁波をセンサで検出し，警報を出すとともにそのデータから落雷時刻，落雷位置などを推定するシステム。電気事業者では，設備保全の効率化，故障対応の迅速化，雷事故率予測などの耐雷設計に活用するため，センサを複数の変電所などに設置している。

ラジエータ　radiator　＝放熱器

ラジオ共同受信設備 ──きょうどうじゅしんせつび community antenna radio system　事務所,ホテル,病院,集合住宅などの屋上や良好な電波が受信できる場所にアンテナを設置し,各室や住居にラジオ信号を分配する設備。ラジオ共同受信設備だけで施設することはほとんどなく,テレビ共同受信設備の伝送路に重畳して使用する。

ラジオ修正方式 ──しゅうせいほうしき radio correction system　電気時計設備の親時計などの時刻の誤差をラジオ放送の時報により修正をする方式。ラジオ時報音を検出し,整流及び増幅回路を介して修正信号とする。この修正信号を親時計の分周回路に入れ,秒又は分信号を電気的に修正する。

ラッチ付電磁接触器 ──つきでんじせっしょくき mechanically latched contactor　ラッチ機構を付加した電磁接触器。投入用と引外し用の2つのコイルを持つ。ラッチ付コンタクタともいう。操作は投入コイルを励磁することで接触子を閉路させ,投入後はラッチ(掛け金)により機械的に閉路状態を保持する。また,引外しコイルを励磁することでラッチを引き外し,接触子を開路する。特徴として,瞬時電圧低下や停電時にも直前の状態の保持(機械的に保持),消費電力の節約(連続励磁が不要),閉路中の無騒音化(無励磁で機械的に保持)などがある。

RADIUS ラディウス remote authentication dial in user service　ネットワーク利用の可否の認証及び利用の記録を,ネットワークサーバ上に一元化したインターネット接続プロトコル。元来はダイアルアップ接続用のプロトコルであったが,現在では常時接続,無線LAN接続などのサービス用のプロトコルとして利用している。

ラピッドスタート形蛍光ランプ ──がたけいこう── starterless fluorescent lamp (英), rapid-start fluorescent lamp (米)　低電圧巻線を持つ安定器によって電極を予熱し,スタータを用いず,速やかに始動する蛍光ランプ。即時点灯形蛍光ランプともいう。

ラピッドスタート式安定器 ──しきあんていき rapid-start ballast　電源を投入すると,2つの電極を加熱するとともに高電圧を両電極間に加えて放電させ,即時点灯するようにした蛍光灯用安定器。電極加熱用電圧は点灯中も残っており,放電電流に加わり適当な電極温度を保つ。安定器は,漏れリアクタンスを大きくして放電中の負特性を補償している(図1)。2灯用の場合は,直列ラピッドスタート式安定器を用いる。図2のようにランプを2灯直列に接続し,安定器2次電圧は始動用コンデンサ C_0 を通してランプAに掛かりAが先に放電し,次に C_0 の電圧によってBが放電する。漏れ磁路を持つ安定器とコンデンサの組合せで始動電圧を得ることによって,安定器の2次電圧は1灯用の1.3倍程度の電圧で放電できるため,安定器容量を低減できる。

図1　1灯式

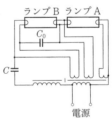

図2　2灯式

ラピッドスタート式安定器

RAM ラム random access memory　任意の番地を指定し,読書きが自由にできる揮発性ICメモリ。定期的にデータの更新が必要なダイナミック形のDRAMと必要としないスタティック形のSRAMとがあるが,いずれも電源の供給がなくなると記憶

内容を失う。電子計算機の主記憶装置などに用いる。

LAN ラン　local area network　同一構内などで電子計算機，プリンタ，サーバなどを高速広帯域の回線で結合したネットワーク。通常，LAN ケーブル又は光ファイバケーブルを用いて相互接続する。電子計算機を結合することによって分散処理が可能となるため，電子計算機単体よりも性能がよくなり，信頼性が高められる。LAN の結合方式には，スター形，バス形，リング形などがある。
□ コンピュータ

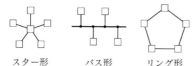

LAN の結合方式

ランキンサイクル　Rankine cycle　定圧加熱，断熱膨張，定圧放熱及び断熱圧縮の4過程からなる熱力学的サイクル。熱機関の基本となる非可逆熱サイクルで蒸気サイクルともいう。火力発電所などの蒸気タービンは，ボイラからの加熱蒸気をタービン内で断熱膨張した後，復水器で定圧放熱の冷却により飽和水とし，給水ポンプで断熱圧縮してボイラ内に送り込み，定圧加熱し，再び最初の過熱蒸気に戻る気体及び液体の相変化を利用する。

ランニングコスト　running cost　電気設備などの維持，運用に掛かる費用。運用コストともいう。維持管理費，光熱費，修繕費などを含む。

乱反射　らんはんしゃ　diffuse reflection　＝拡散反射

ランプ　lamp　光放射，通常は可視放射を発生させるために作った光源。白熱電球及び放電ランプの総称である。

ランプ効率　——こうりつ　luminous efficacy of lamp　ランプが発する全光束をそのランプの消費電力で除した値。単位はルーメン毎ワット（lm/W）。

ランプコネクタ　lamp connector　ランプは支持しないが，ランプの電源を接続するために用いるコネクタ。

ランプソケット　lampholder　口金をはめ込んでランプを保持し，電力を供給する器具。単にソケットともいう。ねじ込みソケット，差込ソケット，キーソケット，キーレスソケット，プルソケット，分岐ソケット，蛍光灯ソケットなどがある。

ランプ電圧　——でんあつ　lamp voltage　安定な点灯状態における放電ランプの電極間の電圧（交流の場合は実効値）。

ランプ電流　——でんりゅう　lamp current　安定な点灯状態において放電ランプに流れる電流。

乱流　らんりゅう　turbulent flow　流体の粒子が時間的，空間的に不規則な運動を行い種々の渦を内蔵すると見なせる流れ。レイノルズ数が大きくなる場合に起こる。

リ

リアクタンス　reactance　インピーダンスの虚数部。単位はオーム（Ω）。誘導性リアクタンスを X_L，容量性リアクタンスを X_C とするとリアクタンスは $X=X_L-X_C$ である。

リアクタンス率　——りつ　reactance factor　＝無効率

リアクトル　inductor　交流回路において電流位相を遅れさせる回路素子。導線をコイル状に巻き構成する。コイル内に鉄心を有するものと空洞のものとがある。

リアクトル始動　——しどう　reactor starting　電動機端子と電源との間にリアクトルを挿入して始動電流を抑制し，始動完了後にこのリアクトルを開閉器で短絡する始動方式。リアクトル始動器で始動電流を全電圧始動時の $1/a$ に抑制（電動機端子電圧を $1/a$ に減圧）した場合，始動トルクは全電圧始動時の $1/a^2$ になる。リアクトル始動器を用いると始動トルクが減少する欠点があるが，負荷トルクが回転速度の2乗に比例するもの（ファン，ポンプなど）や，負荷への始動時衝撃を軽減したい場合に用いる。

リアルタイム　real time　電子計算機やネットワークにおいて要求した事項が，即時に実行される状態。実時間ともいう。

REACH規制　リーチきせい　registration, evaluation, authorization and restriction of chemicals　欧州連合（EU）圏内で流通しているあらゆる化学物質について，安全性評価を義務付けるとともに，毒性情報などを登録させるため，2007年6月よりスタートした規制。

リード　leadership in energy and environmental design, LEED　建築物の格付けを行うために，米国グリーンビル協議会が提案する，建築物総合環境性能評定システム。1995年に提案があり，持続可能な敷地計画，水の利用効率，エネルギーと大気，材料と資源の保護，室内環境の質，革新性と設計プロセスの6領域の項目の評点の総合得点で，格付けを行う。米国内で評価を受ける建築物が多くなり，一部の都市では評価を義務付けている。

リーマ　reamer　金属板又は電線管の穴を拡大する又は形状を整える工具。円筒形又は円錐形の本体に直線状又はら旋状の刃を持ち，手回し又は電動で用いる。合成樹脂管などの加工の際，ハンドルがない手回しの小形のものは面取器ともいう。

リオトロピック液晶　えきしょう　lyotropic liquid crystal　親水基と疎水基の両方の性質を持つ物質と，水または他の液体とを混合して構成する液晶。サーモトロピック液晶に比べ応用範囲は限られているが，今後広い分野への応用が見込まれる。

離隔距離　りかくきょり　safety distance　導体相互間，設備相互間，設備と他の建造物などとの確保すべき距離。安全性，機能性又は点検性を考慮して，電線と通信線，弱電流電線，水道管，ガス管，植物などとの接近又は交差について規制がある。

力率　りきりつ　power factor　皮相電力のうち（有効）電力として消費される割合。力率は$\cos\varphi$で表し，次式に示す。

$$\cos\varphi = \frac{P}{S} = \frac{UI\cos\varphi}{UI}$$

P：電力，S：皮相電力，U：電圧，I：電流，φ：位相角

力率は百分率で表すこともある。

力率改善　りきりつかいぜん　power factor improvement　電動機などリアクタンス負荷のある回路の遅れ無効電力を，並列に接続したコンデンサの進み無効電力により相殺して，皮相電力を低減すること。力率を1に近づけることで線路に流れる電流が減少するので，線路の電力損失及び電圧降下を軽減することができる。

力率制御　りきりつせいぎょ　power factor control　無効電力制御と同義。狭義には，需要家において力率調整条項に対する力率改善のためのコンデンサの投入台数制御をいう。自動力率制御継電器を用いる。

力率調整条項　りきりつちょうせいじょうこう　power factor adjustment clause　電気供給約款による基本料金の力率に対する割引き又は割増しを定めた条文。一般に高圧以上の需要家に対しては，その1か月のうち毎日午前8時から午後10時までの時間における平均力率を対象として，力率が85％を1％上回るか又は下回るかによって，基本料金を1％割引き又は割増しすることとなっている。

リサージュ曲線　きょくせん　Lissajous curve　＝リサージュ図形

リサージュ図形　づけい　Lissajous figure　互いに直交する2つの単振動を座標とした点の軌跡が描く平面図形。振動の振幅，振動数，初期位相の違いによって，多様な曲線を描く。振動数の比が無理数の場合は閉曲線にはならず，軌道は有限の平行四辺形領域を稠密に埋める。

リサイクル　recycle　使用済製品などのうち有用なものを原材料として再利用すること。使用済製品又は製品の製造に伴い発生した副産物を回収し，使用した材料を別の製品の原材料として再利用する。また，焼却熱のエネルギーとして再利用を図る。⇨3R（スリーアール）

リスクアセスメント　risk assessment　潜在的に起こり得る危険性を査定し，評価する

こと。リスクの特定，分析のプロセスを踏んで評価を行う。

リスクコミュニケーション risk communication　最終消費者や地域住民，地域行政に対して企業がリスク情報を開示し，共有するための広報活動。

リスクマネジメント risk management　リスクアセスメントに基づいて，リスク一般，放射線・化学物質などの利用・管理，社会システムや制度が持つリスクに伴う危険度を一定値以下に抑えるために管理する手法。危険度管理。RM。　⇨リスクアセスメント

離脱限界電流 りだつげんかいでんりゅう　let-go threshold current, let-go current　けいれん性の筋収縮を起こさず，握っている電極を自力で離すことができる最大の人体通過電流。接触面積，電極の形状，乾湿，圧力などの接触条件及び個人差によって異なるが，平均値として約 10 mA といわれている。また，けいれん性の筋収縮によって電極を離すことができなくなる最小の人体通過電流を不随電流という。

リチウムイオン電池 ──でんち lithium-ion rechargeable battery　正極にリチウム金属酸化物，負極にグラファイトなどの炭素材，液状電解質に非水溶液系の炭酸エチレン及びヘキサフルオロリン酸リチウム（LiPF$_6$）などのリチウム塩を用いる 2 次電池。エネルギー密度が高く，自己放電特性が良いなどの特徴からハイブリッド電気自動車，ノート形パーソナルコンピュータ，携帯電話，デジタルオーディオプレーヤなどに用いる。

立体角 りったいかく　solid angle　円すいの頂点を中心とする球面から切り取られる面の表面積とその球の半径の 2 乗との比。単位はステラジアン（sr）。

リップル ripple　交流を整流して得た直流が含む脈流成分。交流の周波数に同期して現れ，その周波数（基本波周波数と呼ぶ。）は整流回路の方式によって異なる。図は整流方式による直流側の出力波形を示す。このままでは直流電源として使えないので，平滑回路によってリップルを減少させる。直流平均電圧に対する基本波周波数の実効値を含有率，無負荷直流平均電圧に対する直流側の最高電圧と最低電圧との差の比を脈動率，直流側の最高と最低の電流値の差と和との比を脈流率という。

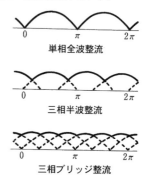

単相全波整流

三相半波整流

三相ブリッジ整流

リップルフリー直流 ──ちょくりゅう　ripple-free direct current　脈流電圧が実効値で直流成分の 10% 以下の正弦波脈流成分をもつ直流。公称電圧 120 V リップルフリー直流系統では最大ピーク値は 140 V を，公称電圧 60 V リップルフリー直流系統では 70 V を超えない。

リデュース reduce　製品の製造，建設工事などの際に廃棄物の発生を抑制すること。省資源化や長寿命化といった取組みを通じて製品の製造，流通，使用，建設工事などに係る資源利用効率を高め，廃棄物となる資源を極力少なくする。　⇨3R（スリーアール）

利得 りとく　gain　入力電力と出力電力との比。工学では比の常用対数を 10 倍した値で表す。単位は dB（デシベル）。
$$G_{ain} = 10 \log(P_{out}/P_{in})$$
電圧で表すと
$$G_{ain} = 10 \log((V_{out}^2/R_{out})/(V_{in}^2/R_{in}))$$
このとき $R_{out} = R_{in}$ ならば
$$\therefore \quad G_{ain} = 20 \log(V_{out}/V_{in})$$
同様に電流で表すと
$$G_{ain} = 10 \log((I_{out}^2 \times R_{out})/(I_{in}^2 \times R_{in}))$$
このとき $R_{out} = R_{in}$ ならば
$$\therefore \quad G_{ain} = 20 \log(I_{out}/I_{in})$$

リトマス試験紙 ──しけんし litmus paper　リトマスの発色反応を利用して試料溶液の酸性，アルカリ性の判定に用いる試験紙。赤色と青色とがあり，酸性溶液に浸すと青色試験紙は赤色に，アルカリ性溶液では赤色試験紙は青色になる。

リニアモータ linear motor　電気エネルギーを直線運動エネルギーに変換する電動機。回転形電動機の固定子及び回転子を直線状に展開した構造である。誘導電動機に対応するリニアインダクションモータ，同期電動機に対応するリニアシンクロナスモータ及び直流電動機に対応するリニアDCモータがある。超高速鉄道，エレベータ，物品搬送装置などに用いる。

リピータ repeater　ネットワーク上を流れる信号を再生し中継を行う装置。リピータを通過した信号は波形がひずむため，イーサネットでは通常，3段階程度までしか接続できない。OSI基本参照モデルの第1層（物理層）の中継器に当たる。

リミットスイッチ limit switch　物体の位置，変位，移動，通過などを検知して，これを電気的な接点の開閉動作（出力信号）に変換するためのスイッチ。一般には機械的な方法で物体の動きを検知するものを意味するが，広義には機械的に接触せず，磁気を介在して物体の接近を感知する近接スイッチや，発光器と受光器との間の光線を物体が遮ることで感知する光電スイッチなども含めて総称する場合もある。エレベータの上昇及び下降の極限位置に取り付け，極限を越えようとしたエレベータを検知して，非常停止させたり，各所ドアの開閉状態を検知して，管理室などでの遠方集中監視を行ったりすることなどに用いる。

リモコンスイッチ remote control switch　リモコンリレーの操作回路の開閉を手動で操作する点滅器。交流300V以下の電路でのリモコンスイッチ方式に用いる。

リモコンスイッチ方式 ──ほうしき remote-switching system　照明設備を遠隔点滅制御する方式。リモコン変圧器によって供給する24Vの制御回路で，リモコンスイッチによってリモコンリレーを制御して100V又は200V級の照明回路を開閉する。初期のものは制御回路が3線式であったが，最近では2線式が多用されている。リモコンリレーは，分電盤などに集中設置する場合と制御対象機器の近傍に分散配置する場合とがあり，また，リモコンスイッチを複数並列接続することによって複数箇所からの制御が可能であり，1か所に集合させたものをセレクタスイッチと呼ぶ。

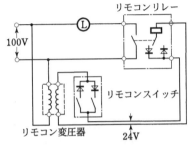

2線式リモコンスイッチ方式回路図

リモコン変圧器 ──へんあつき remote control transformer　周波数50Hz又は60Hzの交流300V以下の電路で，リモコンスイッチ方式の操作回路電源に使用する単相変圧器。

リモコンリレー remote control relay　リモコンスイッチ方式の主回路開閉に用いる継電器。操作は，交流24Vによって励磁する電磁石で行い，単極，双極及び3極がある。

粒子線 りゅうしせん particle beam　中性の原子，分子，中性子，負電荷の電子や陰イオン，正電荷の陽イオン，陽電子や原子核などの微視的粒子が，ほぼ一方向に向かう流れ。中性の粒子は大気中も通過するが，荷電粒子は到達距離が短い。CRTはガラス管の中を真空にして，電子線を利用している。

リユース reuse　使用済製品のうち有用なものを部品その他製品の一部として再利用すること。使用済製品を回収し，部品に必要な処置を施して別の製品の部品に再利用する。　⇒3R（スリーアール）

流量計 りゅうりょうけい flowmeter 液体，気体などの流体が移動する体積，質量などを計測する装置。単位は体積の場合には立方メートル毎秒（m^3/s），質量の場合にはキログラム毎秒（kg/s）。配管の途中に絞りを設けて前後の圧力差を利用する絞り流量計，配管の途中にオリフィスプレート（中央に穴の開いた板）を設けて前後の圧力差を利用する差圧式流量計，流れの中に羽根車を取り付け，羽根車の回転の速さで流量を測定する羽根車式流量計，電気伝導性液体に用いる電磁誘導を利用した電磁流量計などがある。

了解度 りょうかいど intelligibility →明瞭度

両切スイッチ りょうぎり—— double-pole switch 電灯回路などの両極を同時に開閉する点滅器。200 V回路に多く用いる。

リロケータブル形式プログラム ——けいしき—— relocatable format program ＝再配置可能形式プログラム

リング形 LAN ——がたラン ring LAN 通信ケーブルをリング状にして多数の端末装置を分散接続し，データの送受信を行うLAN。リング状に接続するので終端がなく，データの伝送方向は1方向で済む。隣接した端末装置の間隔が短い部分はメタリックケーブルを使い，間隔が長い部分には光ファイバケーブルを使うといった柔軟な構成が容易であり，ケーブルの延長が大きいLANを構築できる。

リングスリーブ ring sleeve →圧着スリーブ

リングレジューサ ring reducer ＝レジューサ

りん酸形燃料電池 ——さんがたねんりょうでんち phosphoric acid fuel cell, PAFC 電解質にりん酸溶液を用いる燃料電池。燃料極の水素イオンがシリコンカバーなどの微粒子と電解質層を移動し，空気極の酸素と反応し電子を放出して発電する。発電効率は35～45％，電池作動温度は180～210℃である。100～200 kWの容量を実用化し，中小規模分散形電源やコージェネレーションに用いる。

ル

累積度数分布図 るいせきどすうぶんぷず pareto diagram ＝パレート図

ルーズスペーサ line spacer with rotating clamp 多導体送電線の素導体間隔を規定間隔に保つ機能と，電線着氷雪時の強風異常振動を抑制する機能を有したスペーサ。

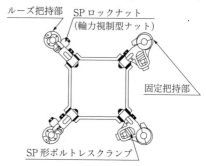

コイルスプリング方式

ルータ router コンピュータネットワークを構成するために，LANとLAN及びLANとWANなどの間の接続を行いデータの伝送経路を決定する装置。ネットワークアドレスに対しパケットの送信を行う場合に，意図的に伝送経路を選択したり，ルータ自身が経路を自律的に選択制御することもできる。また，パケットの制限（フィルタリング）や，特定のアドレスのパケットを破棄することも可能なので，不正アクセスを制限するファイアウォールの機能を持たせることができる。

ルーチン routine ①プログラム処理の決まった手続き。②決まった手続きや仕事。③日課。

ルーバ天井 ——てんじょう louvered ceiling, louverall ceiling 二重天井の天井面を薄い金属板，合成樹脂板などを格子状に組んだルーバで構成した天井。

ルーバ天井照明 ——てんじょうしょうめい louvered ceiling lighting 帯状の金属，合成樹脂，木材などを平行又は格子状に組んだルーバで天井の大部分を覆い，その上部

に光源を配置した照明。ルーバ面の輝度を一様にするため，光源の取付間隔，ルーバと光源との間の距離及び光源が直接目に入らないように遮光角に留意する必要がある。

ループアンテナ　loop antenna　導体を円や四角いループ形状にした構造で，電波の磁界の変化に応動する特性を持つアンテナ。ダイポールアンテナなどの電界応動形のアンテナと異なり，電波の磁界成分がループを横切るような方向に設置する。携帯電話，AM ラジオ，誘導無線などに用いている。

ループコイル式車体検知器——しきしゃたいけんちき　loop-coil type car detector　路面に埋設した長方形のループ状コイルを用いて，車を検知する装置。ループコイルに高周波電流を流し，発生する磁力線と車体とが鎖交することによってループコイルのインダクタンスの変化を感知する。

ループ受電——じゅでん　loop-type service system　特別高圧需要家の受電回路が電力会社のループ送電線の一部を構成する受電方式。2回線受電の形となる。受電点ごとの区間保護方式を採用し，一般に表示線継電方式を用いる。機器の定格電流などは受電回路の電力潮流によって決まる。

ループ状配電方式——じょうはいでんほうしき　loop distribution system　1供給点から1系統の配電線で複数の電気室又は分電盤などを経由し，元の供給点へ戻る環状の配電方式。構内の配電方式では常時開のループ遮断器を設けたオープンループ配電が多い。配電線や電気室などの故障で停電しても，故障箇所を切り離し短時間に健全回路への供給を継続できる。負荷側に近接して設ける分散形の電気室などへ配電する場合に用いることが多い。

ルーフヒーティング　roof heating　造営物の屋根を構成する造営材の内部又は表面に発熱線などを施設して，屋根の積雪又は氷結を防止するために加温すること。

ルーフポンド　roof pond　太陽の熱流を遮ったり，蓄熱したりするために，水を張った屋根。パッシブソーラ住宅の自然エネルギー利用手法の1つである。

ルームインジケータ　room indicator　ホテル客室のチェックイン，チェックアウト，清掃状態などを確認するための表示装置。

ルンゲ・クッタ法——ほう　Runge-Kutta method　常微分方程式の近似解を求める数値解析における，差分近似法に属する方法。既知時点 $t=t(k)$ での値より次の時点 $t=t(k+1)$ での値を求める場合，$tk \leq \tau \leq tk+1$ の中間点 τ での仮の値を計算し，それらの線形和法により $t=t(k+1)$ 値での目的値の精度を高める。中間値のとり方により，数種類の公式がある。カール・ルンゲとマルティン・ヴィルヘルム・クッタにより研究開発された。

レ

レアアース　rare earth elements　＝希土類元素

レアメタル　minor metal, rare metal　＝希少金属

零位法　れいいほう　zero method, null method　基準量と比較し測定量を得る測定方法。電位差計，ホイートストンブリッジ，天びんなどがあり，基準量の精度と同じ精度まで測定精度を上げることができる。測定対象の系に及ぼす影響をより少なくする測定法であり，高い精度を要求する測定法として用いる。

冷陰極放電ランプ　れいいんきょくほうでん——　cold cathode discharge lamp　光が，グロー放電の陽光柱で発生する放電ランプ。電極の予熱を行わず，高電圧を印加して瞬時始動させる。スリムライン形蛍光ランプ，液晶用バックライト，ネオン管などがある。

冷却塔　れいきゃくとう　cooling tower　塔の中に金属や木材などで構成した格子を充填して，上部より温水を流し，直接的又は間接的に外気と接触させて冷却する装置。クーリングタワーともいう。

励磁装置　れいじそうち　exciting apparatus　発電機を励磁し発電電圧を制御するため主回路の電圧電流を検出する変成器，電圧制

御する自動電圧調整器，整流器，励磁機などから構成する制御装置。ブラシレス励磁方式及び静止形励磁方式がある。

励磁電流 れいじでんりゅう exciting current 発電機，変圧器，電圧調整器，誘導電動機など磁気回路を有する機器で，電圧を誘起するのに必要な磁束を発生させるための電流。鉄心内に主磁束を作るための無効分と，それにより鉄心内に発生する鉄損を供給するための有効分とからなり，前者を磁化電流，後者を鉄損電流という。

励磁突入電流 れいじとつにゅうでんりゅう magnetizing inrush current 変圧器に電圧を印加した瞬間に流れる突入電流。電源の投入により鉄心内の磁束は投入前の残留磁束密度によって，投入電圧の位相との関係で，鉄心の飽和磁束密度を超える場合を生じ，過渡的に大きな電流が流れる。その波高値は，定格電流の10倍を超えることがあり，第2調波を含むもので，比率差動継電器の誤動作防止の対策を講じる必要がある。

零相 れいそう zero phase 不平衡多相交流を対称座標法で表したとき，相回転しない成分。

零相インピーダンス れいそう── zero-phase-sequence impedance 零相電圧と零相電流との比。非接地系の配電線路の零相インピーダンスのほとんどは，線路の対地静電容量 C によるもので，そのサセプタンスは $j2\pi fC$ となる。

零相基準入力装置 れいそうきじゅんにゅうりょくそうち zero phase potential device, ZPD 高圧受電設備用の地絡方向継電器の電圧要素として用いる零相電圧を検出する装置。コンデンサ分圧を利用した計器用変圧器の一種で，1次端子の一端を電路に接続し，他の一端を接地して使用する。電力会社の高圧配電線側には接地形計器用変圧器を使用しているので，配電線路に直接接続する高圧受電設備で，接地形計器用変圧器を用いると二重接地となるため，保守点検時の絶縁抵抗測定ができないことや地絡継電器の動作検出感度が低下すること

などから，この方式によって地絡検出を行う。

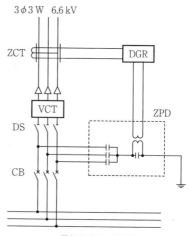

零相基準入力装置

零相電圧 れいそうでんあつ zero-phase-sequence voltage 三相不平衡電圧を対称座標法で正相分，逆相分及び零相分に分解したときの零相分の電圧。各相電圧のフェーザ和の1/3となる。

零相電流 れいそうでんりゅう zero-phase-sequence current 三相不平衡電流を対称座標法で正相分，逆相分及び零相分に分解したときの零相分の電流。一般には，零相電流は漏れ電流や地絡電流を指し，残留電流に等しい。並列2回線の線路では，それぞれ一方の電流のフェーザ和は0にならないので，理論的には零相電流であり，これを循環零相電流という。

零相変流器 れいそうへんりゅうき residual current transformer, zero-phase-sequence current transformer, ZCT 線路電流中に含まれる零相電流を検出するための変流器。特別高圧の高抵抗接地系，高圧の非接地系又は低圧回路の微小な地絡電流を検出するために用いる。1次導体としての三相又は単相の導体すべてを鉄心窓に通し，微小電流の検出のためパーマロイなどの高透磁率材料を用いる。規格では，定格零相1次電流は200 mA，定格零相2次電

流は 15 mA である。零相変流器と継電器との接続線は，こう長が長いときは外部からの誘導による誤動作防止のため，シールド線などを用いる。

レイド redundant arrays of inexpensive disks, redundant arrays of independent disks ＝RAID

レイノルズ数 ——すう Reynolds number 流体の密度と速度と長さの積を流体の粘性係数で除した無次元数。流れにおける，L を代表寸法，V を代表速度，ν を動粘性係数とすると，$Re=VL/\nu$ で表す。流体力学で用い，物体の大きさ，流速，流体の種類が異なっていても物体の形が相似であり，Re が等しければ流れの状態は変わらない。

レイヤ3スイッチ ——スリー—— layer three switch コンピュータネットワークにおける，OSI 基本参照モデルの第3層（ネットワーク層）以下で IP アドレスなどの情報を利用し，パケットを対応する出力ポートに高速に転送するスイッチ機能及びルータの機能を有するネットワーク中継装置。L3 スイッチともいう。送信先の決定をハードウエアである専用半導体 ASIC (application specific integrated circuit) で処理し高速伝送が可能である。LAN 上を流れる情報量が多くなったので開発され，複数のサブネットを連結する大規模システムの通信経路の選定を行う。

レイヤ2スイッチ ——ツー—— layer two switch ＝スイッチングハブ

レーザ laser, light amplification by stimulated emission of radiation 誘導放出によって，コヒーレントな光放射を放出する光源。コヒーレントな光放射とは，単色光で位相がそろっている放射である。計測，光通信，ディスプレイ，レーザメス，レーザ溶接，バーコード読取りなどに用いる。

レースウエイ raceway ＝2種金属製線ぴ

レギュラネットワーク方式 ——ほうしき regular network system 特別高圧又は高圧配電線の2回線以上に接続した変圧器の低圧側をネットワークプロテクタを介して格子状の配電線に接続し電力を供給する低圧配電方式。低圧ネットワーク方式ともいう。電源供給の信頼度が高く，電圧変動が少ないなどの特長があり，負荷密度の高い都市部を中心として採用している。1次電圧を 20 kV 級，2次側を 400/230 V 三相4線とした方式を多く用いる。

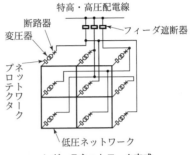

レギュラネットワーク方式

レジスタ register CPU 内部において，計算結果を一時的に保持したり，メインメモリを読み書きする際にアドレスを保持したり，CPU や周辺機器の動作状態を保持又は変更したりする記憶素子。動作は極めて高速だが容量が小さい。1つのレジスタが記憶できる情報量（レジスタ長）が n ビットであるプロセッサを n ビットプロセッサ（n ビット CPU）という。CPU 内部には数個から数十個のレジスタを，アキュムレータ，スタックレジスタ，プログラムカウンタ，割込みレジスタ，フラグレジスタなどの限定した機能を持って組み込んでいる。一方，機能を限定しない汎用レジスタもある。

レジューサ reducer 〔1〕ボックスのノックアウト径が接続する金属管径より大きい場合に，ボックスの内外両面に装着しロックナットを締め付けることによって金属管とボックスとを固定する鋼板製のリング。リングレジューサともいう。〔2〕定格電流の異なるバスダクト相互間を接続するバスダクト。〔3〕径の異なる管を直線的に接合するために用いる管継手。

レセプタクル lamp socket（英），lamp receptacle（米） 電球用などの受金を持つソ

ケットの一種。通常屋内配線に施設するものは E26 受金を持つ露出形であるが，埋込形，プルスイッチ付，S 形受金，受金サイズの異なるものなどがある。なお，広義には電流を取り出すアウトレットと同義で受口を意味するが，米国ではコンセントを指している。

レセプタクル

劣化診断 れっかしんだん deterioration diagnosis 設備や機器などの性能が経時的に劣化する状況を調査し判定すること。規定の運転条件又は使用条件下で進む劣化のほか，規定外の使用条件又は劣悪な使用環境で進む劣化があり，設備や機器などの性能を本来の水準に維持するための改善を目的として行う。診断には日常点検，定期点検，非破壊検査などの方法がある。

レッドノイズ red noise 単位周波数幅当たりのエネルギーが周波数の広い帯域で周波数の 2 乗分の 1 となる分布を持ち，時間的に規則性を持たないノイズ。$1/f^2$ ノイズともいう。可視光領域でこのような強度分布を持つ光が赤色に見えることからこの名がある。

レドックスフロー電池 ──でんち redox-flow cell, redox-flow battery 正極及び負極にバナジウムなどの金属イオンを溶解させた酸性水溶液を用いた蓄電池。正極及び負極の各電解液は，各々のタンクに貯蔵し，電池セルへ送液循環する。電解液にバナジウムを用いた場合の反応式を次に示す。

$$\text{正極}: (VO_2)_2SO_4 + H_2SO_4 + 2H^+ + 2e^- \underset{充電}{\overset{放電}{\rightleftarrows}} 2VOSO_4 + 2H_2O$$

$$\text{負極}: 2VSO_4 + H_2SO_4 \underset{充電}{\overset{放電}{\rightleftarrows}} V_2(SO_4)_3 + 2H^+ + 2e^-$$

原理が単純で長寿命である，自己放電がない，電気を出力するセル部とタンク部とが分離できる構造のため設置レイアウトの自由度が高いなどの特長がある。

レピータ repeater 放送設備で電気信号を遠距離伝送する際に，配線の途中に挿入し，増幅及び中継する装置。

連系 れんけい interconnect 発電設備等を系統へ並列接続する時点から解列する時点までの状態。

連結散水設備 れんけつさんすいせつび connected sprinkler system 建築物地階の天井部に設置した散水ヘッド，消防ポンプ車のホースと連結し，圧力水を送り込むことができる送水口及びこれらを結ぶ専用の配管からなる消火活動上必要な施設。地階での火災で消防隊が進入できなくても消火活動を可能とするために設ける。送水口は原則双口形とするが，散水ヘッドが 4 個以下の場合は単口形とすることができる。

連結式接地棒 れんけつしきせっちぼう joint type earthing rod 地中に打ち込んだ接地棒を縦に連結して更に深く打ち込めるようにした接地極用材料。通常，直径 10～15 mm，長さ 1.5 m の銅覆鋼棒を使用し，接地銅板工法よりも安価で施工も容易である。

連結送水管 れんけつそうすいかん connecting water supplying pipe 建築物内に設置した放水口，消火ポンプ車のホースと連結し圧力水を送り込むことができる送水口及びこれらを結ぶ専用の配管から成る消火活動上必要な施設。送水口は双口形とする。高層建築物などの消火活動を効果的に行うことができる。

連接引込線 れんせつひきこみせん 1 需要場所の引込線から分岐して，支持物を経ないで他の需要場所の引込口に至る部分の電線。

連続定格 れんぞくていかく continuous rating 電気機器を基準温度（一般に室温）から始めて，決められた条件のもとで，連続して許容温度値を超えることなく使用することができる定格。

連動式誘導灯設備 れんどうしきゆうどうとうせつび 信号装置を介して自動火災報知

設備と連動し，消灯，点灯，誘導音鳴動又は点滅を制御する機能を持つ誘導灯設備．点滅形誘導灯，誘導音装置付誘導灯，点滅形誘導音装置付誘導灯及び消灯方式誘導灯がある．

連動制御器 れんどうせいぎょき automatic signal transmitting controller 火災感知器連動又は火災信号連動に用いる制御器．火災発生時に防火戸，防火シャッタ，防煙垂れ壁などの防火設備又は防排煙設備を感知器又は受信機の信号で連動させる．

連絡変圧器 れんらくへんあつき tie transformer 高圧と高圧，低圧と低圧のように，同じ種別の電圧間に設置する変圧器．タイトランスともいう．系統の連絡，電圧の変成，接地系の変更などに用いる．

ロ

ロアーホリゾントライト ground cyclorama light ホリゾント幕の下部を照射するために用いるホリゾントライト．

漏えい電流 ろう——でんりゅう leakage current ＝漏れ電流

漏えい同軸ケーブル ろう——どうじく—— leakage coaxial cable, LCX 同軸ケーブルとアンテナの両方の機能を持たせたケーブル．ケーブルの外部導体上に電磁波を放射するための溝（スロット）を持つ．その溝からケーブル内で伝送する電波の一部を，ケーブル軸に沿って外部空間に放射し，これにより移動局相互間又は移動局と基地局の通信を行うことができる．陸上移動無線において，地下街又はトンネル内など電波の届きにくいところで，無線通信の補助として設備する．

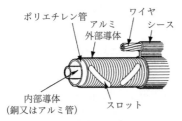

漏えい同軸ケーブル

漏水検知装置 ろうすいけんちそうち leakage detection system 水にぬれた検知線の線間抵抗の変化を検知し，信号を発する装置．電子計算機室，電気室，生産設備，重要な資産を保管している区域などを浸水や漏水から守るために設ける．

ろう付け用フラックス ——づ——よう—— 母材表面の酸化物を除去し，ろうと母材の金属面を直接接触させるための融材．

漏電 ろうでん electric leakage 電路の絶縁性能の低下又は地絡故障により大地又は電路以外の部分に電流が流れている状態．

漏電火災警報器 ろうでんかさいけいほうき electric leakage detector for fire alarm 電気設備からの漏れ電流を検出し，火災発生を未然に防止するための警報設備．受信機，零相変流器，音響装置などで構成する．零相変流器は，屋外引込線の第1支持点の負荷側又はB種接地線で点検が容易な場所などに設ける．消防法で防火対象物別に延べ面積や契約電流によって設置基準を決めている．

漏電継電器 ろうでんけいでんき residual current relay 低圧回路の地絡電流を検出する継電器．漏電警報器の作動又は電磁接触器や配線用遮断器などで漏電故障回路の遮断を行う場合に用いる．非接地式電路の場合には，検知に必要な地絡電流を流すために抵抗接地又はコンデンサ接地が必要である．

漏電遮断器 ろうでんしゃだんき residual current operated circuit breaker（英），ground fault interrupter（米） 地絡検出装置，引外し装置，開閉機構などを絶縁物の容器内に一体に組み立てたもので，通常の使用状態の電路を手動又は外部の電気操作などによって開閉することができ，地絡の際，自動的に電路を遮断する器具．ELCB（earth leakage current circuit breaker）は和製英語．IECではRCCBと表記する．交流低圧電路の地絡保護専用形のほかに，過負荷及び短絡保護を兼用できるものがある．感電保護用には，定格感度電流が30 mA以下で動作時間が0.1秒以内のものを

用いる.

漏電遮断装置用テスタ　ろうでんしゃだんそうちよう——　residual current operated circuit breaker tester　労働安全衛生規則によって取り付けた漏電遮断装置を定期的に試験する装置. 漏電遮断装置の定格感度電流又は作動時間の値が目盛又はデジタル方式で直読できる. 精密な測定はできないが, 設定条件 (定格感度電流 30 mA 以下, 作動時間 0.1 秒以下) の良否のみを判定できる簡易なテスタもある.

労働安全衛生アセスメントシリーズ　ろうどうあんぜんえいせい——　occupational health and safety assessment series, OHSAS　イギリス規格協会 (BSI) を中心とする国際的なコンソーシアムが認証用に作成した労働安全衛生マネジメントシステム (OHSMS) の規格群. オーサスともいう. 次の2つがある. ① OHSAS 18001: 労働安全衛生マネジメントシステム-仕様, ② OHSAS 18002: OHSAS 18001 実施のための指針.

労働安全衛生法　ろうどうあんぜんえいせいほう　Indnstrial Safety and Health Act　労働者の安全と健康を確保するとともに, 快適な職場環境の形成を促進することを目的とする法律. 対象は直接の事業者だけでなく, 機械設計, 製造, 流通販売業者, 建設工事の注文者, 設計者なども利害関係者として, 危害防止基準の確立, 責任体制の明確化, 企業の自主的活動の促進など労働災害防止の責務を規定している.

労働安全衛生マネジメントシステム　ろうどうあんぜんえいせい——　occupational health and safety management system, OHSMS　事業場など組織が効率的に労働災害のリスクを管理及び運営するための仕組み. 労働安全衛生について設備投資などのハード面だけでなく, 人の側面を考慮したソフト面を含めて対応し, 労働災害の事前予防を行うことができる経営管理のマネジメントシステムである. OHSMS 規格には国際的には認証用規格として OHSAS 18001, 指針として国際労働機関 (ILO) のガイドライン, 国内的には厚生労働省の労働安全衛生マネジメントシステムに関する指針がある.

漏話　ろうわ　crosstalk　通信回線の信号が他の回線へ漏れる現象. クロストークともいう. 発信側に現れるものを近端漏話, 受信側に現れるものを遠端漏話という.

ローカルエリアネットワーク　local area network　= LAN (ラン)

RoHS 指令　ローズしれい　restriction of the use certain hazardous substances in electrical and electronic equipment　電気電子機器への特定有害物質の含有を禁止するため, EU (欧州連合) が 2006 年に施行した規制. 6 つの物質 (鉛, 水銀, カドミウム, 6 価クロム, ポリ臭化ビフェニル, ポリ臭化ジフェニルエーテル) の含有率が, 指定値を超えて含まれる電気電子機器は EU 加盟国内において販売することはできない.

ロータ　rotor　= 回転子

ローテンションアウトレット　low-tension outlet fitting　フロアダクト, セルラダクトなどから弱電流電線を取り出すための器具.

ロードセンタ　load center　主回路機器, 監視・制御機器などを 1 面ごとに閉鎖した外箱に集合的に収納し, 主としてコントロールセンタ, 分電盤などに電力を供給するための装置. パワーセンタともいう.

ロードバランサ　load balancer　= 負荷分散装置

ロードヒーティング　road heating　道路, 駐車場などの路面の内部又は表面に発熱線などを施設して, 路面の積雪又は氷結を防止するために加温すること.

ローミング　roaming　携帯電話, インターネット接続サービスなどで, 利用者が契約している通信事業者のサービスを, その事業者のサービス範囲外でも, 提携している他の事業者の設備を利用して受けられるようにすること. インターネット接続の場合, 利用者のログイン ID とパスワードとを用いて, 国内ローミング提携事業者が提供する駅, 店舗などの無線 LAN アクセスポイ

ントで，電子メール及びホームページを利用できる。同様に，海外でも現地事業者の設備を使ってサービスを受けることができ，国際ローミングともいう。

ログ log 電子計算機の利用状況やデータ通信の記録。操作やデータの送受信が行われた日時と，行われた操作の内容や送受信されたデータの中身などとを記録し，不正アクセスなどトラブル解析の手掛かりとすることができる。

6相整流 ろくそうせいりゅう six-phase rectification ＝三相全波整流

6パルス変換器 ろく——へんかんき six-pulse bridge converter →三相全波整流

露出導電性部分 ろしゅつどうでんせいぶぶん exposed-conductive-part 充電部ではないが，故障時に充電するおそれがあり，人が容易に触れることができる電気機械器具の導電性部分。

露出配管工事 ろしゅつはいかんこうじ exposed conduit wiring 屋内の天井下面，壁面その他屋側のような露出場所に施設する電線管工事。

露出配線 ろしゅつはいせん exposed wiring 屋内の天井下面，壁面，屋側など展開した場所に容易に見える形態で施設する配線。

露出用ボックス ろしゅつよう—— surface mounted box 金属管工事，金属線ぴ工事，合成樹脂管工事などで，建屋構造部材への露出取付け，隠蔽部への取付け，土壁，モルタルなどへの埋込みに用いるボックス。配管工事において，照明器具，コンセント，スイッチなどの取付位置及び配管の分岐位置に設ける。金属製又は合成樹脂製で，スイッチボックス，丸形ボックス及び四角ボックスがある。

ロックウール rock wool 石灰及びけい酸を主成分とする耐熱性の高い鉱物を溶解し，急冷してできる無機質繊維。岩綿ともいう。断熱材，吸音材，保温材，吹付け用耐火被覆材などに用いる。電気設備では，防火区画貫通部の耐火充填材，耐熱配線の耐熱保護材などに用いる。

ロックナット locknut 金属製電線管を鋼板製ボックスに接続する際に，管をボックスに固定するため，ボックス面に締め付ける薄形のナット。

ロッシェル塩 ——えん Rochelle salt 強誘電体で圧電率が著しく大きい，酒石酸カリウムナトリウム。圧電素子としてピックアップなどに用いる。

ろ波器 —はき filter ＝フィルタ

ROM ロム read only memory 装置の基本動作やファームウエアなどを記憶しておく読出し専用の不揮発性ICメモリ。書換えのできるプログラマブルROMと書換えのできないマスクROMとがあり，いずれも電源の供給がなくなっても記憶内容を失わない。電子計算機の主記憶装置などに用いる。

ロングアークランプ long arc lamp 電極間距離が長く，アークが放電管全体に広がり，それによって安定化する一般に高圧力のアーク放電ランプ。発光部のうち電極部にごく近い部分を除くと，輝度分布は陽光柱でほぼ均一である。高輝度放電ランプとして一般照明用に広く利用している。

ロンワークス LonWorks 米国エシュロン社が開発した分散制御のためのネットワーク技術。専用LSI（ニューロンチップ）を使用すれば，メーカが異なる分散したセンサ及び設備機器も接続が可能である。これはロントークと呼ばれる標準通信プロトコルで統一した信号データ仕様となっているからである。その適用分野はビルディングオートメーション（BA）をはじめ，エネルギーシステム監視制御，交通システム監視制御など多岐にわたる。

論理回路 ろんりかいろ logic circuit 電子計算機などにおいて，2進法の「1」と「0」を「真」と「偽」に対応させ，論理和，論理積，否定論理などの演算を行う論理素子で構成する回路。

論理式 ろんりしき formula, well-formed formula, wff ある論理体系において，定義済みの有限個の記号及び生成規則から生成した有意味な記号列。具体的には，命題

ロンリ

や命題形式の記号列を指す。

論理積　ろんりせき　logical conjunction, AND　すべての入力が1のときだけ出力が1となり，それ以外の入力のときには出力が0となる論理演算。この演算を行う論理回路を論理積演算回路又はAND演算回路という。

真理値表

A	B	C
0	0	0
0	1	0
1	0	0
1	1	1

論理式　$C = A \cdot B$

論理積

論理積否定　ろんりせきひてい　not logical conjunction, NAND　すべての入力が1のときだけ出力が0となり，それ以外の入力のときには出力が1となる論理演算。この演算を行う論理回路を論理積否定演算回路又はNAND演算回路という。

真理値表

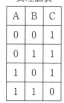

A	B	C
0	0	1
0	1	1
1	0	1
1	1	0

論理式　$C = \overline{A \cdot B}$

論理積否定

論理代数　ろんりだいすう　logical algebra　集合 $B=\{0,1\}$ に対し論理和，論理積，論理否定を定義することで体系化した代数。ブール代数ともいう。集合の元1と0を論理値の真と偽，電気回路のオンとオフに対応させて，論理回路の構成及び動作の理論解析に用いる。

論理否定　ろんりひてい　logical negation, NOT　入力が1のとき出力が0となり，入力が0のとき出力が1となる論理演算。この演算を行う論理回路を論理否定演算回路又はNOT演算回路という。

真理値表

A	C
0	1
1	0

論理式　$C = \overline{A}$

論理否定

論理和　ろんりわ　disjunction, OR　すべての入力が0のときだけ出力が0となり，それ以外の入力のときには出力が1となる論理演算。この演算を行う論理回路を論理和演算回路又はOR演算回路という。

真理値表

A	B	C
0	0	0
0	1	1
1	0	1
1	1	1

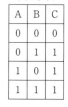　論理式　$C = A + B$

論理和

論理和否定　ろんりわひてい　not disjunction, NOR　すべての入力が0のときだけ出力が1となり，それ以外の入力のときには出力が0となる論理演算。この演算を行う論理回路を論理和否定演算回路又はNOR演算回路という。

真理値表

A	B	C
0	0	1
0	1	0
1	0	0
1	1	0

論理式　$C = \overline{A + B}$

論理和否定

ワ 行

ワ

ワード word デジタルコンピュータが扱うデータの単位。電子計算機の種類によって1ワード当たりのビット数が異なる。パーソナルコンピュータでは1ワードが初期の8ビットから16ビットに進化し，現在では32〜64ビットが主流になっている。一般に演算処理を行う情報量の単位となっており，レジスタやメモリもこれを単位として扱う。

ワードレオナード方式 ——ほうしき Ward-Leonard system 誘導電動機に直結した直流発電機の界磁を他励して発電した電圧を直流電動機の界磁に印加して直流電動機の回転速度を制御する方式。電動機と発電機の組合せで簡単に構成でき回生制動を行えるので，かつてはよく使用していたが，機器の価格が高価なこと及び直流機の保守に手間がかかること，さらに，静止レオナード方式及び誘導電動機のインバータ駆動方式が普及したことにより，使用例は少なくなっている。

ワーム worm 〔1〕電子計算機システム上で自身を複製して他のシステムに拡散する性質を持った，独立したプログラム。宿主となるファイルを必要としない点で，コンピュータウイルスと区別する。〔2〕ミミズやサナダムシなど細長い虫の俗称。

WWW ワールドワイドウェブ world wide web インターネット上で情報を共有するシステムのうちの1つ。単にWebとも表す。1990年にスイスのCERN（欧州素粒子物理学研究所）で開発されたハイパーテキストシステム（文書内にあるテキスト文字列が，さらに別のテキストやファイルにリンクしている文書システム）である。データ転送プロトコルであるHTTP，文書の所在場所を指定するURL，文書記述言語であるHTML，データの形式を指定するMIMEという4つの基本技術から成る。現在，インターネットの情報サービスといえば，WWWを指すほど一般的な存在となっている。WWWを閲覧するためのソフトをWWWブラウザ又は単にブラウザと呼ぶ。

ワイヤストリッパ wire stripper 心線サイズの小さなケーブル，コード及び絶縁電線の被覆剝ぎ取り用の工具。各導体サイズに合わせたゲージ穴が刃に刻み込んであり，心線を損傷することなく容易に被覆を剝ぎ取ることができる。

ワイヤリングダクト wireway ＝金属ダクト

ワイヤレスアンテナ wireless antenna ワイヤレスマイクなどから発信される電波を受信するためのアンテナ。ワイヤレスアンテナのエレメント長は電波の波長 λ に応じて決定され，ダイポールアンテナは $\lambda/2$，ホイップアンテナ（ユニポールアンテナ）は $\lambda/4$ である。

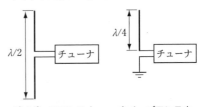

ダイポールアンテナ　　ホイップアンテナ

ワイヤレス給電 ——きゅうでん contactless power transmission, wireless energy transfer ＝非接触電力伝送

ワイヤレスマイク wireless microphone 増幅器との間の信号の授受を電波を用いた無線式で行うマイクロホン。増幅器から離れた場所で放送を行う場合に使用し，電波の届く範囲で自由に移動しながら音声を伝えられる。音楽鑑賞用の高品質形，講演用の一般形などがある。

ワイヤレスリモコン wireless remote control　電波又は赤外放射によって装置を制御する方式。照明器具の点滅，テレビジョン受像機の操作，エアコンの操作などに用いる。

話中音 わちゅうおん　busy tone　電話を掛けた相手が話し中のときに電話機から聞こえる信号音。ビジートーンともいう。被呼者が話中であることを知らせるための音で，ダイヤルトーンと同じ 400 Hz±20 Hz の正弦波を用いた 0.5 秒おきに断続する音。

割込み わりこ――　interrupt　電子計算機において，実行中の処理を一時中断し，緊急性の高い処理を実行する機能又は要求。

割込機能 わりこみきのう　interruption　〔1〕計算機処理中に外部の事象に起因して，処理を中断し，別の処理の実行後に中断した処理を再開する機能。〔2〕連続コピー中，一時中断して他のコピーをとり，その後，元の連続コピーの状態に復帰する機能。

割込許可 わりこみきょか　interrupt enable　割込み処理を実行している間，低位の割込みが発生しないようにしていた割込みを許可すること。

割込禁止 わりこみきんし　interrupt disable　特定のプログラムを実行中や優先度の高い割込み処理を実行中に新たに割込みが発生しないよう禁止すること。

割込条件 わりこみじょうけん　interrupt condition　割込み処理を開始する条件。割込みには外部割込みと内部割込み，ハードウエア割込みとソフトウエア割込みがあり，それぞれ割込みレベルに応じて割込み処理を受け付ける。

割込処理 わりこみしょり　interrupt processing　電子計算機において新たに優先して処理すべき事象が発生した場合に，実行中の処理を一時中断し新たに発生した事象を処理してから元の処理に戻る処理方法。

割込入力 わりこみにゅうりょく　interrupt input　電子計算機が周辺機器からの信号を割込処理によって行う入力。

割込要求 わりこみようきゅう　interrupt request　電子計算機の中央処理装置が作業を実行中に別の処理を実行させるため電子計算機に送る信号。

割込ルーチン わりこみ――　interrupt service routine, interrupt handler　割込み処理を実行する機能を持ったプログラムコードの集合体。

割込レベル わりこみ――　interrupt level　割込み処理の優先度。割込み処理中に発生した割込みは，処理中の割込み優先度より高い優先度の割込みだけを許可する。

WAN ワン　wide area network　通信回線を用いて本社‐支社間などで複数の LAN を接続した広域通信ネットワーク。広域通信網ともいう。1 つの企業内，ビル内など限られた地域で通信を行う LAN よりも広域で，日本国内はもとより世界全体をカバーするネットワークである。

ワンセグメント放送 ――ほうそう　one segment broadcasting　地上デジタル放送で行われる携帯電話，カーナビゲーションなどの移動体向けの放送。略してワンセグともいう。日本の地上デジタル放送方式では，1 つのチャンネルを 13 セグメントに分割し，これをいくつか束ねて映像やデータ，音声などを送信している。通常画質の放送は 4 セグメントで済むため，3 つの異なる番組を 1 つのチャンネルで同時に放送することができる。このセグメントのうち，残りの 1 つを移動体向けに利用して行うのがワンセグメント放送である。通常の固定テレビ番組のほか携帯電話のインターネットアクセス機能と連携し，緊急警報放送などの計画がある。

付　録

付録1 量及び単位

1. 国際単位系（SI）の構成

国際単位系 (SI)	SI単位	基本単位(7個)	
		組立単位	固有の名称をもつもの（21個）
			固有の名称をもたないもの（多数）
	接頭語	（20個）	
	非SI単位	併用単位	10進法でない又は実用上重要な単位（8個）
			大きさが実験的に決められる単位（2個）
		暫定単位	当分の間使用することができる単位（9個）

2. SI基本単位

量	量記号	単位の名称	単位記号	定義
長さ	l, L	メートル	m	1秒の1/299 792 458の時間に光が真空中を伝わる行程の長さ
質量	M	キログラム	kg	国際キログラム原器の質量
時間	T	秒	s	セシウム133の原子の基底状態の2つの超微細準位の間の遷移に対応する放射の周期の9 192 631 770倍の継続時間
電流	I	アンペア	A	真空中に1mの間隔で平行に置かれた無限に小さい円形断面積をもつ無限に長い2本の直線状導体のそれぞれを流れ，これらの導体の長さ1mにつき2×10^{-7}Nの力を及ぼし合う一定の電流
熱力学温度	$T, (\Theta)$	ケルビン	K	水の三重点の熱力学温度の1/273.16
物質量	$n, (\nu)$	モル	mol	0.012 kgの炭素12の中に存在する原子と同数の要素粒子を含む系の物質量。要素を指定して用いるが，それは原子，分子，イオン，電子，その他の粒子又はこの種の粒子の特定の集合体であってよい

付 録 1

量	量記号	単位の名称	単位記号	定　義
光　度	I, (I_v)	カンデラ	cd	周波数 540×10^{12} Hz の単色放射を放出し，所定の方向におけるその放射強度が $\frac{1}{683}$ W/sr である光源の，その方向における光度

備考：量記号のうち括弧内は，予備記号である．

3. 固有の名称をもつ SI 組立単位

量	量記号	単位の名称	単位記号	SI 基本単位及び SI 組立単位による表し方
平面角	α, β, γ, ϑ, φ	ラジアン	rad	$1\,\mathrm{rad} = 1\,\mathrm{m/m} = 1$
立体角	Ω	ステラジアン	sr	$1\,\mathrm{sr} = 1\,\mathrm{m^2/m^2} = 1$
周波数	f, ν	ヘルツ	Hz	$1\,\mathrm{Hz} = 1\,\mathrm{s^{-1}}$
力	F	ニュートン	N	$1\,\mathrm{N} = 1\,\mathrm{kg \cdot m/s^2}$
圧力，応力	P, σ	パスカル	Pa	$1\,\mathrm{Pa} = 1\,\mathrm{N/m^2}$
エネルギー 仕　事 熱　量	E W Q	ジュール	J	$1\,\mathrm{J} = 1\,\mathrm{N \cdot m}$
電力，放射束，仕事率，工率	P	ワット	W	$1\,\mathrm{W} = 1\,\mathrm{J/s}$
電荷，電気量	Q	クーロン	C	$1\,\mathrm{C} = 1\,\mathrm{A \cdot s}$
電位差，電圧 電　位 起電力	U, (V) V, ϕ E	ボルト	V	$1\,\mathrm{V} = 1\,\mathrm{W/A}$
静電容量	C	ファラド	F	$1\,\mathrm{F} = 1\,\mathrm{C/V}$
電気抵抗	R	オーム	Ω	$1\,\Omega = 1\,\mathrm{V/A}$
コンダクタンス	G	ジーメンス	S	$1\,\mathrm{S} = 1\,\Omega^{-1}$
磁束	ϕ	ウェーバ	Wb	$1\,\mathrm{Wb} = 1\,\mathrm{V \cdot s}$
磁束密度	B	テスラ	T	$1\,\mathrm{T} = 1\,\mathrm{Wb/m^2}$
インダクタンス	L	ヘンリー	H	$1\,\mathrm{H} = 1\,\mathrm{Wb/A}$
セルシウス温度	t, ϑ	セルシウス度	℃	$1\,\mathrm{°C} = 1\,\mathrm{K}$
光束	Φ, (Φ_v)	ルーメン	lm	$1\,\mathrm{lm} = 1\,\mathrm{cd \cdot sr}$
照度	E, (E_v)	ルクス	lx	$1\,\mathrm{lx} = 1\,\mathrm{lm/m^2}$
放射能	A	ベクレル	Bq	$1\,\mathrm{Bq} = 1\,\mathrm{s^{-1}}$
吸収線量	Z	グレイ	Gy	$1\,\mathrm{Gy} = 1\,\mathrm{J/kg}$
線量当量	H	シーベルト	Sv	$1\,\mathrm{Sv} = 1\,\mathrm{J/kg}$

付　録　1

4. 固有の名称をもたない SI 組立単位の例

備考1. SI 基本単位又は固有の名称をもつ SI 組立単位で前2項と異なる量のものも示した。

備考2. 単位の掛算を表す"・"は，省略してもよい。

4.1 電気及び磁気

量	量記号	単位の名称	単位記号
電荷の体積密度，電荷密度，体積電荷	$\rho, (\eta)$	クーロン毎立方メートル	C/m^3
電界の強さ	E	ボルト毎メートル	V/m
電束密度	D	クーロン毎平方メートル	C/m^2
電束	Ψ	クーロン	C
誘電率	ε	ファラド毎メートル	F/m
電気分極	P	クーロン毎平方メートル	C/m^2
電気双極子モーメント	$P, (P_e)$	クーロンメートル	C・m
電流密度	$J, (S)$	アンペア毎平方メートル	A/m^2
電流の線密度	$A, (a)$	アンペア毎メートル	A/m
磁界の強さ	H	アンペア毎メートル	A/m
磁位差　起磁力	$U_m, (U)$ F, F_m	アンペア	A
磁気ベクトルポテンシャル	A	ウェーバ毎メートル	Wb/m
自己インダクタンス 相互インダクタンス	L M, L_{mu}	ヘンリー	H
透磁率	μ	ヘンリー毎メートル	H/m
磁気モーメント	m	アンペア平方メートル	$A・m^2$
磁化	$M, (H_i)$	アンペア毎メートル	A/m
磁気分極	$J, (B_i)$	テスラ	T
電磁エネルギー密度	w	ジュール毎立方メートル	J/m^3
ポインティングベクトル	S	ワット毎平方メートル	W/m^2
電磁波の位相速度	c	メートル毎秒	m/s
抵抗率	ρ	オームメートル	$\Omega・m$
導電率	γ, σ	ジーメンス毎メートル	S/m
磁気抵抗	R, R_m	毎ヘンリー	H^{-1}
パーミアンス	$\Lambda, (P)$	ヘンリー	H
角周波数	ω	ラジアン毎秒	rad/s

付 録 1

量	量記号	単位の名称	単位記号
位相差	φ	ラジアン	rad
回転速度	n	毎秒 回毎分 回毎秒	s^{-1} r/min r/s
(複素)インピーダンス リアクタンス	Z X	オーム	Ω
(複素)アドミタンス サセプタンス	Y B	ジーメンス	S
損失角	δ	ラジアン	rad
有効電力	P	ワット	W
皮相電力	S, (P_s)	ボルトアンペア	V・A
無効電力	Q, P_Q	バール	var
有効電力量	W, (W_P)	ジュール ワット時	J W・h

4.2 光及び電磁放射

量	量記号	単位の名称	単位記号
振動数	f, v	ヘルツ	Hz
角振動数	ω	ラジアン毎秒	rad/s
波長	λ	メートル	m
波数	σ	毎メートル	m^{-1}
波長定数,位相定数	k	ラジアン毎メートル	rad/m
放射エネルギー	Q, W, (U, Q_e)	ジュール	J
放射強度	I, (I_e)	ワット毎ステラジアン	W/sr
放射輝度	L, (L_e)	ワット毎ステラジアン毎平方メートル	$W/(sr \cdot m^2)$
放射発散度	M, (M_e)	ワット毎平方メートル	W/m^2
放射照度	E, (E_e)	ワット毎平方メートル	W/m^2
光量	Q, (Q_v)	ルーメン秒	lm・s
輝度	L, (L_v)	カンデラ毎平方メートル	cd/m^2
光束発散度	M, (M_v)	ルーメン毎平方メートル	lm/m^2
露光量	H	ルクス秒	lx・s
発光効率	K	ルーメン毎ワット	lm/W

付 録 1

4.3 音

量	量記号	単位の名称	単位記号
周 期	T	秒	s
波 長	λ	メートル	m
密 度	ρ	キログラム毎立方メートル	kg/m³
静 圧 （瞬時）音圧	p_s $p,\ (p_a)$	パスカル	Pa
（瞬時）粒子速度	$u,\ v$	メートル毎秒	m/s
（瞬時）体積速度	$q,\ U,\ (q_v)$	立方メートル毎秒	m³/s
音のエネルギー密度	$w,\ (w_a),\ (e)$	ジュール毎立方メートル	J/m³
音響パワー	$P,\ P_a$	ワット	W
音の強さ	$I,\ J$	ワット毎平方メートル	W/m²
音響インピーダンス	Z_a	パスカル秒毎立方メートル	Pa·s/m³
機械インピーダンス	Z_m	ニュートン秒毎メートル	N·s/m
音圧レベル	L_p	ベル デシベル	B dB
吸音力，等価吸音面積	A	平方メートル	m²
残響時間	T	秒	s

4.4 空間及び時間

量	量記号	単位の名称	単位記号
面 積	$A,\ (S)$	平方メートル	m²
体 積	V	立方メートル	m³
速度，速さ	$v,\ c,\ u,\ w$	メートル毎秒	m/s
加速度 重力の加速度	a g	メートル毎秒毎秒	m/s²

4.5 力　学

量	量記号	単位の名称	単位記号
密 度	ρ	キログラム毎立方メートル	kg/m³
比体積	v	立方メートル毎キログラム	m³/kg
線密度	ρ_1	キログラム毎メートル	kg/m
慣性モーメント	$I,\ J$	キログラムメートル2乗	kg·m²

付録 1

量	量記号	単位の名称	単位記号
運動量	p	キログラムメートル毎秒	kg·m/s
力	F_g, (G), (P), (W)	ニュートン	N
運動量モーメント,角運動量	L	キログラムメートル2乗毎秒	kg·m²/s
力のモーメント 偶力のモーメント トルク	M M M, T	ニュートンメートル	N·m
垂直応力 せん断応力	σ τ	パスカル	Pa
縦弾性係数 横弾性係数,剛性率	E G	パスカル	Pa
位置エネルギー 運動エネルギー	E_p, V, $\varPhi$ E_k, T	ジュール	J
質量流量	q_m	キログラム毎秒	kg/s
流量	q_v	立方メートル毎秒	m³/s

4.6 熱

量	量記号	単位の名称	単位記号
線膨張係数 体膨張係数	α_l α_v, α, (γ)	毎ケルビン	K⁻¹
熱流	$\varPhi$	ワット	W
熱伝導率	λ, (χ)	ワット毎メートル毎ケルビン	W/(m·K)
熱絶縁係数	M	平方メートルケルビン毎ワット	m²·K/W
熱容量	C	ジュール毎ケルビン	J/K
比熱容量	c	ジュール毎キログラム毎ケルビン	J/(kg·K)
エントロピー	S	ジュール毎ケルビン	J/K
質量エントロピー,比エントロピー	s	ジュール毎キログラム毎ケルビン	J/(kg·K)
熱力学エネルギー エンタルピー	U H	ジュール	J
質量エネルギー,比エネルギー 比熱力学エネルギー 比エンタルピー	e u h	ジュール毎キログラム	J/kg

付録 1

5. SI 接頭語

乗数	名称	記号
10^{24}	ヨタ	Y
10^{21}	ゼタ	Z
10^{18}	エクサ	E
10^{15}	ペタ	P
10^{12}	テラ	T
10^{9}	ギガ	G
10^{6}	メガ	M
10^{3}	キロ	k
10^{2}	ヘクト	h
10^{1}	デカ	da
10^{-1}	デシ	d
10^{-2}	センチ	c
10^{-3}	ミリ	m
10^{-6}	マイクロ	μ
10^{-9}	ナノ	n
10^{-12}	ピコ	p
10^{-15}	フェムト	f
10^{-18}	アト	a
10^{-21}	ゼプト	z
10^{-24}	ヨクト	y

6. 併用単位

6.1 SI 単位と併用してよい単位

量	単位の名称	単位記号	定義
時間	分 時 日	min h d	1 min＝60 s 1 h＝60 min 1 d＝24 h
平面角	度 分 秒	° ′ ″	1°＝$(\pi/180)$ rad 1′＝$(1/60)$° 1″＝$(1/60)$′
体積	リットル	l, L	1 l＝1 dm³

量	単位の名称	単位記号	定義
質量	トン	t	$1\,\mathrm{t}=10^3\,\mathrm{kg}$

6.2 SI単位と併用してよい単位で，SI単位による値が実験的に得られる単位

量	量記号	単位の名称	単位記号	定義
エネルギー	Q	電子ボルト	eV	$1\,\mathrm{eV} \fallingdotseq 1.602\,177 \times 10^{-19}\,\mathrm{J}$
質量	m_u	（統一）原子質量単位	u	$1\,\mathrm{u} \fallingdotseq 1.660\,540 \times 10^{-27}\,\mathrm{kg}$

7. 暫定単位

SI以外の単位であるが，当分の間使用することができる単位で，次のものがある。

| アール（a） オングストローム（Å） 海里 キュリー（Ci） ノット（knot） |
| バール（bar） ラド（rad） レム（rem） レントゲン（R） |

付録2　関連団体・規格の略称

1. 国　内

略称	英文	団体・規格名
AIJ	Architectural Institute of Japan	(一社)日本建築学会
BAJ	Battery Association of Japan	(一社)電池工業会
BTS	Broadcasting Technical Standard	放送技術規格（日本放送協会）
CERSJ	Ceramic Society of Japan	(公社)日本セラミックス協会
CIAJ	Communications Industry Association of Japan	(一社)情報通信ネットワーク産業協会
EIMS	Electrical Insulating Materials Standard	電気絶縁材料規格
HASS	Heating Air-conditioning and Sanitary Standard	空気調和・衛生工学会規格
IEEJ	Institute of Electrical Engineers of Japan	(一社)電気学会
IEICE	Institute of Electronics Information and Communication Engineers	(一社)電子情報通信学会
IEIEJ	Institute of Electrical Installation Engineers of Japan	(一社)電気設備学会
IEIJ	Illuminating Engineering Institute of Japan	(一社)照明学会
IPSJ	Information Processing Society of Japan	(一社)情報処理学会
ITE	Institute of Image Information and Television Engineers	(一社)映像情報メディア学会
JCAA	Japanese Power Cable Accessories Makers Association	(一社)日本電力ケーブル接続技術協会
JCMA	Japanese Electric Wire & Cable Maker's Association	(一社)日本電線工業会
JCS	Japanese Cable Maker's Association Standard	日本電線工業会規格
JEA	Japan Electric Association	(一社)日本電気協会
JEAC	Japan Electric Association Code	日本電気協会電気技術規程
JEAG	Japan Electric Association Guid	日本電気協会電気技術指針
JEC	Japanese Electrotechnical Committee	電気学会電気規格調査会標準規格
JECA	Electrical Construction Association, inc.	(一社)日本電設工業協会
JEEA	Japan Electric Engineer's Association	(公社)日本電気技術者協会
JEIA	Japan Electrical Insulating and Advanced Performance Material Industrial Association	電気機能材料工業会
JEITA	Japan Electronics and Information Technology Industries Association	(一社)電子情報技術産業協会
JEM	Standard of the Japan Electrical Manufacturers' Association	日本電機工業会標準規格
JEMA	Japan Electrical Manufacturers' Association	(一社)日本電機工業会
JESC	Japan Electrotechnical Standards and Codes Committee	日本電気技術規格委員会

付 録 2

略 称	英 文	団体・規格名
JEWA	Japan Electrical Wiring System Industries Association	(一社)日本配線システム工業会
JIS	Japanese Industrial Standard	日本工業規格
JLMA	Japan Lighting Manufacturers Association	(一社)日本照明工業会
JRAIA	Japan Refrigeration and Air Conditioning Industry Association	(一社)日本冷凍空調工業会
JSAP	Japan Society of Applied Physics	(公社)応用物理学会
JSIA	Japan Switchboard & Control System Industries Association	(一社)日本配電制御システム工業会
JSME	Japan Society of Mechanical Engineers	(一社)日本機械学会
JWDS	Japan Wiring Devices Association Standard	日本配線器具工業会規格
NECA	Nippon Electric Control Equipment Industries Association	(一社)日本電気制御機器工業会
NECA	Nippon Electric Control Equipment Industries Association Standard	日本電気制御機器工業会規格
NEDO	New Energy and Industrial Technology Development Organization	(国立研究開発法人)新エネルギー・産業技術総合開発機構
NEGA	Japan (Nippon) Engine Generator Association	(一社)日本内燃力発電設備協会
NK	Nippon Kaiji Kyokai	(一財)日本海事協会
SBA	Standard of Battery Association	蓄電池工業会規格
SHASE	Society of Heating, Air-conditioning and Sanitary Engineers of Japan	(公社)空気調和・衛生工学会
TTC	The Telecommunication Technology Committee	(一社)情報通信技術委員会

付

2. 海 外

略　称	英　　文	団体・規格名
ANSI	American National Standards Institute	米国規格協会
ASHRAE	American Society of Heating, Refrigerating and Air-conditioning Engineers	米国暖房・冷凍空調工業会
ASME	American Society of Mechanical Engineers	米国機械学会
ASTM	American Society for Testing and Materials	米国材料試験協会
BSI	British Standards Institution	英国規格協会
CAN	National Standards of Canada	カナダ国家規格；カナダ標準
CCEE	China Commission for Conformity Certification of Electrical Equipment	中国電工産品認証委員会
CEN	European Committee for Standardization	欧州標準化委員会
CENELEC	European Committee for Electrotechnical Standardization	欧州電気標準化委員会
CIE	International Commission on Illumination	国際照明委員会
CSA	Canadian Standards Association	カナダ規格協会
DIN	Deutsches Institut fur Normung	ドイツ規格協会
DVB	Digital Video Broadcasting	欧州地上デジタル放送
EIA	Electronic Industries Alliance	米国電子機械工業会
EN	European Standard	欧州規格
ETSI	European Telecommunications Standards Institute	欧州電気通信標準化協会
GSC	Global Standardization Collaboration group	世界電気通信標準化協調グループ（旧ITSC）
ICLP	International Conference on Lightning Protection	雷保護国際会議
IEC	International Electrotechnical Commission	国際電気標準会議
IEEE	Institute of Electrical and Electronics Engineers	米国電気電子学会
ISO	International Organization for Standardization	国際標準化機構
ITU	International Telecommunication Union	国際電気通信連合
MIL	Military Specifications and Standards	米軍仕様書
NEMA	National Electrical Manufactures Association	米国電機工業会
NFPA	National Fire Protection Associaton	米国防火協会
SCC	Standards Council of Canada	カナダ規格委員会
TIA	Telecommunication Industry Association	米国電気通信工業会
UL	Underwriters Laboratories Inc.	米国火災保険協会

英和索引

A

abnormal contact	混触	111
abnormal voltage	異常電圧	16
abort	アボート	12
absolute format program	アブソリュート形式プログラム	12
absolute humidity	絶対湿度	179
absolute program	絶対形式プログラム	179
absolute temperature	絶対温度	179
absorbed dose	吸収線量	73
absorption refrigeration cycle	吸収冷凍サイクル	73
AC adaptor	ACアダプタ	27
ACB	気中遮断器	69
acceleration meter	加速度計	55
accent lighting	アクセント照明	7
acceptance inspection	受入検査	24
access	アクセス	7
access hole	点検口	237
access point	アクセスポイント	7
accumulator	アキュムレータ	7
	加算器	53
accuracy	精度	173
accuracy classification	確度階級	52
A class earthing	A種接地工事	27
AC load-break switch for high-voltage	高圧交流負荷開閉器	95
acoustics	音響	46
actinoids	アクチノイド	7
active component	能動素子	269
active ditection of isolated operation signal	能動信号	269
active element	能動素子	269
active filter	アクティブフィルタ	7
	能動形フィルタ	269
active infrared detector	能動赤外線検知器	269
active power	有効電力	355
active tag	アクティブタグ	7
active ventilation	強制換気	75
Act on Ensuring Fair Electric Business Practices	電気工事業の業務の適正化に関する法律	233
	電気工事業法	233
adapter	アダプタ	8
adder	加算器	53
additive colour mixing	加法混色	61
additive polarity	加極性	51
add-on	アドオン	10
ad-hoc network	アドホックネットワーク	10
admittance	アドミタンス	10
Advanced Television Systems Committee standards	ATSC規格	28
	高度テレビジョンシステムズ委員会規格	102
aerodrome light	飛行場灯火	294
aeronautical beacon	航空灯台	97
aeronautical ground light	航空灯火	97
aged deterioration	経年劣化	86
A grade reinforced concrete pole	A種鉄筋コンクリート柱	28
A grade steel pipe pole	A種鋼管柱	27
A grade steel plate assemble pole	A種鋼板組立柱	27
AI installation technician	AI工事担当者	27
air barrier	エアバリア	26
airblast circuit breaker	ABB	28
air circuit breaker	ACB	27
	気中遮断器	69
air compressor	空気圧縮機	78
air conditioner	空気調和機	79
air-core inductor	空心リアクトル	79
air electrode	空気極	79
air flow window	エアフローウィンド	26
air-handling luminaire	空調照明器具	79
air insulated swichgear	空気絶縁開閉装置	79
air termination	受雷部	148
air transport cube	エアキューブ搬送設備	26
alarming	発報	281
alarm sounding mode on the fire floor and immediate upper floor	出火直上階鳴動方式	146
alarm system	警報設備	86
alarm valve	アラームバルブ	12
alarm verification type control and indicating		

equipment　蓄積式受信機　206
alarm verification type detector　蓄積式感知器　206
algorithm　アルゴリズム　12
alkaline storage battery　アルカリ蓄電池　12
all alarm sounding mode　一斉鳴動方式　17
all day efficiency　全日効率　183
all-electrified house　オール電化住宅　43
　　　　　　　　　　全電化住宅　184
allowable frequency fluctuation　周波数許容変動範囲　143
allowable load　許容荷重　76
allowable tolerance　許容差　76
allowable voltage fluctuation　電圧許容変動範囲　230
alternating current bridge　交流ブリッジ103
alternating current conductor resistance　交流導体抵抗　103
alternating-current generator　交流発電機　103
alternating current reactor　交流リアクトル　103
alternating transmission current　交流透過電圧　103
alternator　交流発電機　103
ALU　数値演算論理装置　165
ambient temperature　周囲温度　141
amenity　アメニティ　12
American national standard code for information interchange　アスキーコード　8
amorphous　アモルファス　12
　　　　　　非晶質　295
amorphous silicon photovoltaic cell　アモルファスシリコン太陽電池　12
amorphous transformer　アモルファス変圧器　12
ampacity（米）　許容電流　76
amplification ratio　応答倍率　42
amplifier　増幅器　188
amplitude modulation　振幅変調　161
amplitude modulation broadcasting　AM放送　27
analogue　アナログ　10
analogue conversion　アナログ変換　11

analogue-digital converter　A/D変換器　28
analogue input　アナログ入力　11
analogue instrument　アナログ計器　10
analogue lighting control　アナログ調光方式　11
analogue monitor　アナログモニタ　11
analogue output　アナログ出力　11
analogue sensor　アナログセンサ　11
analogue signal　アナログ信号　11
analogue switching system　アナログ交換機　10
analogue transmission　アナログ伝送　11
analogue type automatic fire alarm system　アナログ式自動火災報知設備　10
analogue type control　アナログ式制御　11
analyzer　アナライザ　10
　　　　　解析器　49
anchor bolt　アンカボルト　13
　　　　　　基礎ボルト　69
anchor insulator　引留がいし　294
anchor insulator for drop wire　DV線引留がいし　220
AND　論理積　376
anechoic room　無響室　347
anemometer　風速計　308
angle of incidence　入射角　261
angular frequency　角周波数　52
angular velocity　角速度　52
annealed copper wire　軟銅線　258
annunciator　アナンシエータ　11
anode　アノード　11
anodic protection　アノード防食　11
antenna　アンテナ　15
　　　　空中線　79
antilogarithmic amplifier　逆対数増幅器　71
antipassback function　アンチパスバック機能　14
anti-pollution type insulator　耐塩がいし　192
antistatic agent　帯電防止剤　195
apartment automatic fire alarm system　協同住宅用自動火災報知設備　75
apparent power　皮相電力　297
application for building comfirmation　建築確認申請　92

application program アプリケーションプログラム 12
application service provider ASP 27
application store アプリケーションストア 12
applied power 入力電力 261
applied voltage test 加圧試験 48
approach light 進入灯 161
approved drawing 承認図 154
arcade lighting アーケード照明 2
arc discharge アーク放電 1
arc extinguishing method 消弧方式 151
arc heating アーク加熱 1
Architect Act 建築士法 92
architectural acoustics 建築音響 92
architectural design drawing 建築設計図 92
architectural lighting 建築化照明 92
architecture アーキテクチャ 1
archive アーカイブ 1
archorn アークホーン 1
arcing fault アーク短絡 1
arc lamp アークランプ 2
arc resistance 耐アーク性 192
arc voltage アーク電圧 1
arc welder アーク溶接機 2
arc welding アーク溶接 1
arithmetic logic unit ALU 27 数値演算論理装置 165
arm 腕金 25
armature 電機子 233
armature reaction 電機子反作用 234
armature winding 電機子巻線 234
arm's reach アームズリーチ 2
arm-tie アームタイ 2
articulation 明瞭度 349
artificial illumination 人工照明 159
artificial intelligence 人工知能 159
asbestos board 石綿版 176
as-built drawing しゅん工図 148
aspect ratio アスペクト比 8
asphalt membrane waterproofing アスファルト防水 8
assembled battery 組電池 80
assembler アセンブラ 8

assembling 装柱 187
assembly language アセンブリ言語 8
asset management アセットマネジメント 8
assistant building inspection equipment 建築設備検査資格者 92
astable multivibrator 非安定マルチバイブレータ 287
無安定マルチバイブレータ 346
Aston dark space アストン暗部 8
asymmetrical noise 非対称ノイズ 297
asymmetric digital subscriber line ADSL 28 非対称デジタル加入者回線 297
asymmetric short-circuit current 非対称短絡電流 297
asynchronous transfer mode ATM 28 非同期転送モード 298
ATM 非同期転送モード 298
atmospheric pressure 大気圧 193
atomic clock 原子時計 91
attenator アッテネータ 9 減衰器 91
attendance inspection 立会検査 200
attendance indication 出退表示器 146
A type earth electrode A型接地極 27
audible signal tone 可聴信号 55
audio device 音響装置 46
audio guidance 音声ガイダンス 46
audio mixing console 音響調整卓 46
audio visual system AVシステム 28
augmented reality 拡張現実 52
aurora machine オーロラマシン 43
autoclaved light-weight concrete panel ALCパネル 27
軽量気泡コンクリートパネル 87
auto-induction 自己誘導 133
automatic alternate and simultaneous operation 自動交互同時運転方式 137
automatic alternate operation 自動交互運転方式 137
automatic closing device 自動閉鎖装置 139

automatic control 自動制御	137	
automatic fire alarm system 自動火災報知設備	137	
automatic load cut-off device 自動負荷遮断装置	139	
automatic power factor controller 自動力率制御装置	139	
automatic power factor regulator 自動力率制御装置	139	
automatic signal transmitting controller 連動制御器	373	
automatic switch with thermal sensor 熱線センサ付自動スイッチ	264	
automatic synchronizing 自動同期投入	138	
automatic test function 自動試験機能	137	
automatic transmission equipment of receive power state 受電状態自動伝達装置	146	
automatic transport system 無人搬送設備	348	
automatic voltage reducing devices 自動電撃防止装置	138	
automatic voltage regulator AVR	28	
自動電圧調整器	138	
auto-transformer 単巻変圧器	203	
auxiliary equipment for radio communication system 無線通信補助設備	348	
auxiliary lighting 補助照明	338	
auxiliary panel 補機盤	336	
auxiliary relay 補助継電器	338	
availability アベイラビリティ	12	
可用性	62	
availability ratio 稼働率	59	
avalanche breakdown アバランシェブレークダウン	12	
雪崩降伏	257	
avalanche breakdown diode アバランシェダイオード	12	
AVR 自動電圧調整器	138	
azimuth 方位角	329	

B

BA ビルオートメーションシステム	303	
back flashover 逆フラッシオーバ	72	
background noise 暗騒音	14	
back loaded horn type enclosure バックロードホン形エンクロージャ	280	
back pressure 背圧	273	
back-pressure turbine 背圧タービン	273	
back up バックアップ	279	
back up power source 予備電源	360	
back up protection system 後備保護法式	103	
back up time 停電補償時間	224	
BACS ビル自動管理制御システム	304	
bactericidal lamp 殺菌ランプ	119	
baggage lift 小荷物専用昇降機	108	
balanced pair cable 平衡対ケーブル	325	
ballast 安定器	14	
ballast for high pressure mercury (vapour) lamp 高圧水銀灯用安定器	95	
ballcock ボールタップ	335	
ballcock valve ボールタップ	335	
ball insulator 玉がいし	200	
band elimination filter BEF	287	
帯域除去フィルタ	192	
band pass filter BPF	291	
帯域フィルタ	192	
bank バンク	284	
banking system バンキング方式	284	
bar chart progress schedule バーチャート工程表	272	
bar-code バーコード	271	
bar-code access control device バーコード式入退室管理装置	271	
bare conductor 裸電線	279	
裸導体	279	
Barkhausen effect バルクハウゼン効果	283	
Barkhausen oscillator バルクハウゼン発振器	283	
BAS ビルオートメーションシステム	303	
base (米) 口金	79	
base isolation 免震	351	
base load ベースロード	326	
基底負荷	69	
basic design 基本設計	70	

basic earthquake ground motion 基準地震動	68
basic impulse insulation level BIL 基準衝撃絶縁強度	287, 68
basic input output system BIOS バイオス	287, 273
basic insulation 基礎絶縁	69
basic temperature 基底温度	69
basic unit 原単位	91
bass reflex type enclosure バスレフ形エンクロージャ	279
batch processing バッチ処理	280
batch treatment バッチ処理	280
bath-tub curve バスタブ曲線	279
battery 電池	241
bayonet base（米）差込口金	119
bayonet-cap（英）差込口金	119
B class earthing B種接地工事	290
beam spread ビームの開き	291
bearer speed ベアラ速度	324
bearing capacity of soil 地耐力	207
bearing power of soil 地耐力	207
beat うなり	25
beat frequency うなり周波数	25
beat frequency oscillator うなり発振器	25
beat interference ビート障害	290
beat phenomenon of transition 電動機電流のビート現象	241
becquerel ベクレル	326
bed side table ナイトテーブル	256
BEF 帯域除去フィルタ	192
bellows ベローズ	327
BEMS ビルエネルギー管理システム	303
Bernoulli principle ベルヌーイの定理	326
beta particle ベータ粒子	326
beta radiation ベータ線	326
beta ray ベータ線	326
B grade reinforced concrete pole B種鉄筋コンクリート柱	290
B grade steel pipe pole B種鋼管柱	290
B grade steel plate assemble pole B種鋼板組立柱	290
BH curve BH曲線	288
bidirectional thyristor 双方向サイリスタ	189
BIL 基準衝撃絶縁強度	68
BIM 建築物情報モデリング	92
bimetallic corrosion 異種金属接触腐食	16
bimetallic element バイメタル	276
bimetallic strip バイメタル	276
bimetallic strip thermostat バイメタルサーモスタット	276
binary-coded decimal BCD	290
binary-coded decimal code 2進化10進コード	260
binary-coded decimal notation 2進化10進法	260
binary logical algebra 2値論理代数	260
binary notation 2進法	260
binding wire 結束線	89
bioclean room バイオクリーンルーム	273
biodiversity 生物多様性	174
biohazard バイオハザード	273
bioinformatics バイオインフォマティクス 273 生物情報科学	174
biological diversity 生物多様性	174
biological rhythm 生体リズム	172
biomass バイオマス	273
biomass energy バイオマスエネルギー	273
biomass power generation バイオマス発電	273
biometric identification バイオメトリック認証 273 生体認証	172
BIOS バイオス	273
Biot-Savart's law ビオ・サバールの法則	291
bipolar junction transistor BJT バイポーラジャンクショントランジスタ	290, 275
bipolar transistor バイポーラトランジスタ	276
bistable multivibrator 双安定マルチバイブレータ	185
bit ビット	298
bitmap graphics ビットマップ方式	298
bitmap image ビットマップ方式	298
bit rate ビットレート	298

BJT　バイポーラジャンクショントランジスタ	275
blackbody　黒体	107
black light lamp　ブラックライトランプ	315
blade　ブレード	318
blade server　ブレードサーバ	318
blank cap　ブランクキャップ	316
blank plate　ブランクプレート	316
blended lamp（英）安定器内蔵型水銀ランプ	14
blended lighting　混光照明	110
block diagram　ブロック線図	321
blocking coil　ブロッキングコイル	321
blower　ブロワ	321
Bluetooth　ブルートゥース	317
BMS　ビルマネジメントシステム	304
bonding　ボンディング	340
ボンド	340
bonding wire　ボンド線	340
Boolean algebra　ブール代数	308
booster　ブースタ	308
border light　ボーダライト	335
border light cable　ボーダケーブル	335
bottomup　ボトムアップ	339
box cover　ボックスカバー	338
BPF　帯域フィルタ	192
bracing　振れ止め	319
braided conductor　編組導線	328
brain-machine interface　BMI	289
ブレインマシンインタフェース	318
brake down　降伏	103
brake down voltage　降伏電圧	103
braking　制動	174
branch circuit（米）分岐回路	322
branch connection　分岐接続	322
branched cable　分岐付ケーブル	322
branching filter　分波器	323
branch wire　分岐線	322
Braun tube　ブラウン管	315
brazing filler metal　硬質はんだ	97
break contact　b接点	290
ブレーク接点	318
breakdown torque　停動トルク	224
breakdown voltage measuring equipment for insulating oil　絶縁油絶縁破壊電圧測定器	178
breaking　遮断	140
breaking current　遮断電流	140
breaking overcurrent characteristic　過電流遮断特性	57
BREEAM　ブリーム	317
bridge　ブリッジ機能	317
bridge circuit　ブリッジ回路	317
broadband　ブロードバンド	320
広帯域	100
broadcast domain　ブロードキャストドメイン	320
broadcasting by communication satellite　CS放送	125
broadcasting by satellite　BS放送	288
broadcasting satellite-intermediate frequency　BS-IF	288
browser　ブラウザ	315
brush　ブラシ	315
brush-less exciting system　ブラシレス励磁方式	315
BS antenna　BSアンテナ	288
BS tuner　BSチューナ	288
B type earth electrode　B型接地極	289
Buchholz relay　ブッフホルツ継電器	313
bug　バグ	276
building and energy management system　BEMS	287
ビルエネルギー管理システム	303
building automation and control system　ビル自動管理制御システム	304
building automation and control systems　BACS	288
building automation system　BA	288
BAS	288
ビルオートメーションシステム	303
building information modeling　BIM	287
建築物情報モデリング	92
building integrated photovoltaic array　建材一体形太陽電池アレイ	90

building management system　BMS　289
　　　　　　　　　　　　　ビルマネジメ
ントシステム　　　　　　　　　　　304
building research establishment environmental assessment method　ブリーム　317
Building Research Establishment Environmental Assessment Method　BREEM　287
building services engineer　建築設備士　92
Building Standards Act　建築基準法　92
bunched conductor　集合より線　141
　　　　　　　　　　束ねより線　200
burden　負担　　　　　　　　　　　313
burial depth　埋設深さ　　　　　　　342
burning resistance measure　耐熱措置　197
bus　母線　　　　　　　　　　　　　338
busbar trunking system　バスダクト　278
bus connection　母線連絡　　　　　　338
bushing　ブッシング　　　　　　　　313
bushing type current transformer　ブッシング形変流器　　　　　　　　　　313
business continuity management　BCM　290
　　　　　　　　　　　　　　事業継続
マネジメント　　　　　　　　　　　132
business continuity plan　BCP　　　290
　　　　　　　　　　事業継続計画　132
bus LAN　バス形 LAN　　　　　　　278
busway　バスダクト　　　　　　　　278
busy tone　ビジートーン　　　　　　294
　　　　　話中音　　　　　　　　　378
bypass circuit　商用バイパス回路　　156
bypass operation　バイパス運転　　　275
byte　バイト　　　　　　　　　　　275

C

cable box　CAB　　　　　　　　　　72
cable cutter　ケーブルカッタ　　　　87
cable drum　ケーブルドラム　　　　87
cable head　ケーブルヘッド　　　　88
cable joint　電線接続　　　　　　　240
cable ladder　ケーブルラック　　　　88
cable pit　ケーブルピット　　　　　88
cable rack　ケーブルラック　　　　　88
cable reel　ケーブルリール　　　　　88

cable television　CATV　　　　　　125
　　　　　　　有線テレビジョン放送　355
cable tension　電線張力　　　　　　240
cable through type current transformer　貫通形変流器　　　　　　　　　　　　65
cable tray　ケーブルラック　　　　　88
cable trench　ケーブルトレンチ　　　88
　　　　　　ケーブルピット　　　　88
cable trunking　線ぴ　　　　　　　184
calling equipment　呼出設備　　　　360
camera controller　カメラコントローラ　62
camera tube　撮像管　　　　　　　120
canopy switch　キャノピスイッチ　　72
cap（英）　口金　　　　　　　　　　79
capacitance　キャパシタンス　　　　72
　　　　　　静電容量　　　　　　　173
capacitance potential device　PD　290
capacitance to earth　対地静電容量　195
capacitive coupling　静電結合　　　172
　　　　　　　　　容量結合　　　　359
capacitive reactance　容量性リアクタンス　359
capacitive susceptance　容量性サセプタンス　359
capacitor　コンデンサ　　　　　　　111
capacitor-input type rectifier　コンデンサインプット形整流器　　　　　　　111
capacitor-start induction motor　コンデンサ始動誘導電動機　　　　　　　　112
capacitor voltage transformer　コンデンサ形計器用変圧器　　　　　　　　　111
capacity correction coefficient　容量換算時間　　　　　　　　　　　　　　　359
capping　土かむり　　　　　　　　249
carbon fiber reinforced plastic　炭素繊維強化プラスチック　　　　　　　　　203
carbon fiber reinforced plastics　CFRP　125
carbon neutral　カーボンニュートラル　48
carbon steel pipe　黒ガス管　　　　　83
card key　カードキー　　　　　　　　48
card reader　カードリーダ　　　　　　48
car gate　カーゲート　　　　　　　　48
car numberplate auto reading system　N システム　　　　　　　　　　　　　34

		自動	
	車ナンバ自動読取装置		137
carrier	キャリア		73
	搬送波		286
carrier sense multiple access with collision detection　CSMA/CD			125
carrier to noise ratio　C/N 比			125
cartridge fuse　筒形ヒューズ			217
CASBEE　建築物総合環境性能評価システム			93
cascade breaking system　カスケード遮断方式			54
cast iron pipe　鋳鉄管			210
catalyst plug　触媒栓			157
catalyst plug battery　触媒栓式蓄電池			157
catch-fuse　ケッチヒューズ			89
catenary lighting　カテナリ照明			56
cathode　カソード			55
cathode drop　陰極降下			20
cathode fall　陰極降下			20
cathode-ray tube　CRT			125
	陰極線管		20
cathode-ray tube oscilloscope　陰極線管オシロスコープ			20
cathodic protection　カソード防食			55
cat's eye　キャッツアイ			72
catwalk　キャットウォーク			72
cause and effect diagram　特性要因図			249
CB　遮断器			140
CCITT　国際電信電話諮問委員会			106
C class earthing　C 種接地工事			126
CCTV　閉回路テレビジョン			324
CD tube　CD 管			127
CEC　エネルギー消費係数			35
ceiling follow spotlight　シーリングフォロースポットライト			128
ceiling luminaire　シーリングライト			128
	天井灯		239
ceiling plan　天井伏図			239
ceiling rosett　シーリングローゼット			128
ceiling spotlight　シーリングスポットライト			128
cell　セル			182
	単電池		203
cell motor　セルモータ			182
cell operating temperature　電池作動温度			241
cellular metal floor duct　セルラダクト			182
Celsius temperature　セルシウス温度			182
centimetric wave　センチメートル波			184
central administration office　中央管理室			208
central control panel　総合操作盤			187
centralized extention system　事業所集団電話			132
centralized multi-building control system　ビル群監視制御システム			304
centralized supervisory and control system　集中監視制御装置			143
central monitoring and control system　中央監視制御方式			208
central processing unit　CPU			127
	中央演算処理装置		208
centrifugal pump　渦巻ポンプ			24
centrifugal reinforced concrete pipe　遠心力鉄筋コンクリート管			40
ceramic metal halide lamp　セラミックメタルハライドランプ			182
ceramic multiple duct　多孔陶管			199
ceramics　セラミックス			182
ceramics humidity sensor　セラミック湿度センサ			182
cermet　サーメット			115
certificate authority　CA			125
	認証局		261
CGS　コージェネレーションシステム			103
chain block　チェーンブロック			205
chandelier　シャンデリア			141
change-over contact　c 接点			127
	チェンジオーバ接点		205
	切換接点		77
change-over switch　チェンジオーバスイッチ			205
	切換開閉器		77
character code　文字コード			352
character CRT　キャラクタ CRT			73
characteristic impedance　特性インピーダン

ス	249	cleat クリート	82
charge-coupled device CCD	126	clevise type dead-end insulator 耐張がいし 195	
電荷結合素子	232		
charger 充電器	143	clevise type strain insulatorr 耐張がいし	195
chattering チャタリング	208	closed circuit television system CCTV	126
chemical anchor bolt ケミカルアンカボルト	89	閉回路テレビジョン	324
chief engineer 主任技術者	147	closed cycle クローズドサイクル	83
chief radio operator 主任無線従事者	147	closed loop control 閉ループ制御	325
chief radio operator system 主任無線従事者制度	147	cloud computing クラウドコンピューティング	80
chime チャイム	208	CM コンストラクションマネジメント	111
chip card チップカード	208	coarse wavelength division multiplexing CWDM	127
cholesteric liquid crystal コレステリック液晶	110	coaxial cable 同軸ケーブル	247
chopped impulse test さい断波試験	117	coaxial cable for television receiver テレビジョン受信用同軸ケーブル	228
chopped wave test さい断波試験	117		
chopper チョッパ	215	codec コーデック	104
CIE 国際照明委員会	105	code division multiple access CDMA	127
CIE 1931 standard colorimetric system XYZ表色系	32	符号分割多重接続	312
circle tube fluorescent lamp 環形蛍光ランプ	62	coefficient of energy consumption エネルギー消費係数	35
circuit breaker CB	127	coefficient of voltage drop 電圧降下率	229
遮断器	140	cogeneration system CGS	126
circuit element 回路素子	51	コージェネレーションシステム	103
circuit isolated from earth 非接地回路	296		
circuit tester テスタ	226	熱併給発電方式	266
circular polarized light 円偏光	41	cognitive science 認知科学	262
circular polarized wave 円偏波	41	coherent light コヒーレント光	108
CIS photovoltaic cell CIS系太陽電池	125	cold aisle コールドアイル	105
citizen-band radio パーソナル無線	271	cold cathode discharge lamp 冷陰極放電ランプ	369
Civil Aeronautics Act 航空法	97		
clad type battery クラッド式蓄電池	81	cold standby form コールドスタンバイ方式	105
clamp クランプ	81		
clamp meter クランプメータ	82	collective signal transmission 一括移報	17
class 0 equipment クラス0機器	81	代表信号	197
class 0I equipment クラス0I機器	81	collector ring スリップリング	169
class I equipment クラスI機器	81	集電リング	143
classification of voltage 電圧の種別	229	集電環	143
class II equipment クラスII機器	81	collision domain コリジョンドメイン	109
class III equipment クラスIII機器	81	colocation コロケーション	110
clean room クリーンルーム	82	color changer (米) カラーチェンジャ	62
clearance 空間距離	78	color scrawler (米) カラースクローラ	62

colour changer（英） カラーチェンジャ	62	community antenna radio system ラジオ共同受信設備	363
colour coded polyethylene cable　CCP	126	community antenna television system　テレビ共同受信設備	228
colour rendering　演色	40	community power receiving system　共同受電	75
colour rendering index　演色評価数	40	commutation　転流	242
colour reproduction　色再現	19	commutation reactor　転流リアクトル	243
colour scrawler（英） カラースクローラ	62	commutator　整流子	174
colour temperature　色温度	19	commutator genelator　整流子発電機	175
Colpitts oscillation circuit　コルピッツ発振回路	109	commutator motor　整流子電動機	174
combination of heat and smoke spot type detector　熱煙複合式スポット型感知器	263	compact self-ballasted fluorescent lamp　電球形蛍光ランプ	236
combination panel　総合盤	187	compact single capped fluorescent lamp　コンパクト形蛍光ランプ	113
combination starter　コンビネーションスタータ	113	compact stranded-conductor　圧縮より線	9
combination type control and indicating equipment　複合型受信機	311	compensatory lead wire　補償導線	337
combination type spot detector　複合式スポット形感知器	312	compile　コンパイル	113
combined cycle power generation　コンバインドサイクル発電	113	compiler　コンパイラ	113
		complementary metal oxide semiconductor　CMOS	128
複合サイクル発電	312	complex dielectric constant　複素誘電率	312
combustibility　可燃性	60	complex dwelling facility　複合型居住施設	311
combustion air capacity　燃焼空気量	267	complex magnetic permeability　複素透磁率	312
commercial power　商用電力	155		
commercial power service　業務用電力	75	complex permittivity　複素誘電率	312
commercial power source　商用電源	155	component loudspeaker　コンポーネントスピーカ	113
commissioning　コミッショニング	109		
性能検証	174	component signal　コンポーネント信号	113
common base　ベース接地回路	325	component wire　素線	190
common collector　コレクタ接地回路	109	composite cable　複合ケーブル	311
common difference　公差	97	composite signal　コンポジット信号	113
common emitter　エミッタ接地回路	36	compound　コンパウンド	113
common equipment power receiving system　設備共用受電	181	compound semiconductor cell　化合物太陽電池	53
common mode noise　コモンモードノイズ 109		comprehensive assessment system for building environmental efficiency　CASBEE	72
同相ノイズ	248	建築物総合環境性能評価システム	93
communication cable　通信用ケーブル	216	compression connection　圧縮接続	8
communication equipment for maintenance　電力保安設備	245	compression ignition　圧縮点火	8
communication port　通信ポート	216	compression terminal plug　圧縮端子	8
communications satellite-intermediate frequency　CS-IF	125	compression tool　圧縮工具	8

401

compressor　圧縮機	8
compressor turbine refrigerating machine　ターボ冷凍機	191
computational fluid dynamics　CFD　数値流体力学	125, 164
computer　コンピュータ　電子計算機	113, 237
computer aided design　CAD　コンピュータ支援設計	72, 113
computer aided engineering　CAE	125
computer aided manufacturing　CAM　コンピュータ支援製造	73, 113
concealed box　埋込用ボックス	25
concealed space　隠蔽場所	23
concealed wiring　隠蔽配線	22
concentrator photovoltaic system　集光型発電システム	141
concentrically-stranded conductor　同心より線	248
concrete box　コンクリートボックス	110
concrete cure heating　コンクリート養生ヒーティング	110
concrete pole　コンクリート柱	110
condenser microphone　コンデンサマイクロホン	112
condominium management system　マンション管理システム	344
conductance　コンダクタンス	111
conductivity　導電率	248
conductor　心線	160
導体	248
conduit　電線管	239
conduit elbow（米）　ノーマルベンド	269
conduit fitting　電線管用付属品	239
cone loudspeaker　コーンスピーカ	105
Conference of the Parties　COP　条約締約国会議	125, 155
confirmation device of line being no voltage　線路無電圧確認装置	185
confirm time for power failure　停電確認時限	224
connected sprinkler system　連結散水設備	372
connecting water supplying pipe　連結送水管	372
connector joint　コネクタ接続	108
conservator　コンサベータ	110
constant current characteristic　定電流特性	224
constant current charge　定電流充電	224
constant impedance load characteristics　定インピーダンス特性	220
constant power characteristics　定電力特性	224
constant time characteristic　定限時特性	222
constant voltage and constant current charge　定電圧定電流充電	223
constant voltage characteristic　定電圧特性	224
constant voltage charge　定電圧充電	223
constant voltage constant frequency power supply system　CVCF　定電圧定周波数電源装置	127, 223
construction by-products　建設副産物	91
Construction Business Act　建設業法	91
construction management　コンストラクションマネジメント	111
construction management engineer　施工管理技士	176
construction plan　施工計画	176
construction waste　建設廃棄物	91
Consultative Committee on International Telegraph and Telephone　国際電信電話諮問委員会	106
contact conductor　接触電線	179
contactless power transmission　ワイヤレス給電　非接触給電　非接触電力伝送	377, 296, 296
contact line for railcar　電車線	238
contact preventing plate　混触防止板	111

contact resistance　接触抵抗　179	coronary care unit　CCU　126
container　電槽　240	corporate social responsibility　CSR　125
contents delivery network　CDN　127	correction factor to current-carrying capacities　許容電流補正整数　76
continuous display system　常時表示方式 152	
continuous generator set　常用発電設備　156	correlated colour temperature　相関色温度　186
continuous rating　連続定格　372	
contract demand　契約電力　86	corrosion galvanic cell　腐食電池　313
contract power factor　契約力率　86	corrosion potential　腐食電位　313
control and indicating equipment　受信機 145	corrosion prevention　防食　332
control cable　制御用ケーブル　170	corrosion-proof tape　防食テープ　332
control chart　管理図　66	corrosion protection　防食　332
control & communication link　CC-Link 126	corrosion resistant type　防食形　332
control for abnormal condition　異常時制御 16	corrosion resistibility　耐食性　193
controlgear　コントロールギヤ　112	corrugated hard plastic pipe　波付硬質合成樹脂管　257
control of outdoor air intake　外気取入制御　48	
	corrugated hard polyethylene pipe　波付硬質ポリエチレン管　258
control panel　制御盤　170	
control relay　制御用継電器　170	Coulomb's force　クーロン力　79
control switch　操作用開閉器　187	Coulomb's law　クーロンの法則　79
control wire　制御線　170	counter-electromotive force　逆起電力　70
conventional current　規約電流　71	coupling　カップリング　56
conventional efficiency　規約効率　71	coupling loss　結合損失　88
conversion efficiency　変換効率　327	cove lighting　コーブ照明　104
converter　コンバータ　113	covered trolley wire　絶縁トロリー線　178
cooling control with outdoor air　外気冷房制御　48	cracker　クラッカー　81
	creep　クリープ　82
cooling method by effluent　放流冷却方式　334	creepage distance　沿面距離　42
	crest factor　波高率　278
cooling tower　クーリングタワー　79　冷却塔　369	crimped connection　圧着接続　9
	crimping tool　圧着工具　9
cool tube　クールチューブ　79	crimp-type sleeve　圧着スリーブ　9
cool white fluorescent lamp（米）白色蛍光ランプ　276	crimp-type terminal plug　圧着端子　9
	critical path　クリティカルパス　82
copper bar　銅帯　248	cross arm brace　アームタイ　2
copper brazing filler metal　銅ろう　249	cross-bonding method　クロスボンド方式 84
copper loss　銅損　248	cross current　横流　42
copper solder　銅ろう　249	crossing fader　クロスフェーダ　83
cord　コード　104	cross-liked polyethylene insulated polyvinyl chroride sheathed cable　架橋ポリエチレン絶縁ビニルシースケーブル　51
cord-operated switch　プルスイッチ　317	
cord reel　コードリール　104	
cord with modular plug　モジュラコード 352	crosstalk　クロストーク　83
core　線心　184	漏話　374
cornice lighting　コーニス照明　104	crystal clock with automatic calibration　自動校正式水晶時計　137
corona discharge　コロナ放電　110	

403

crystalline material　結晶質	89
crystalline photovoltaic cell　結晶系太陽電池	88
crystalline silicon solar cell　結晶系シリコン太陽電池	88
crystal oscillator　水晶発振器	162
crystal unit　水晶振動子	162
水晶発振子	162
CS antenna　CSアンテナ	125
CT　変流器	328
C-type plug and socket-outlet　C形差込接続器	125
cubicle　キュービクル	74
cubicle type highvoltage power receiving unit　キュービクル式高圧受電設備	74
culvert　カルバート	62
暗きょ	13
洞道	248
Curie point　キューリー点	74
Curie temperature　キューリー温度	74
current carrying capacity（英）　許容電流	76
current conversion direct transmission system　電流変換直送式	243
current decreasing resistor　限流抵抗器	94
current differential relay　電流差動継電器	242
current-limiting circuit-breaker　限流遮断器	94
current-limiting fuse　限流ヒューズ	94
current-limiting reactor　限流リアクトル	94
current relay　電流継電器	242
current ripple factor　脈流率	346
current sink input　電流シンク入力	242
current sink output　電流シンク出力	242
current source input　電流ソース入力	242
current source output　電流ソース出力	242
current transformer　CT	127
変流器	328
current transformer with tertiary winding　3次巻線付変流器	122
current-using equipment　電気使用機械器具	234
curtain wall　カーテンウォール	48
cut-in wind velocity　カットイン風速	56

cut-off　カットオフ	56
cut-off current characteristic　限流特性	94
cut-off type luminaire　カットオフ形照明器具	56
cut-out wind velocity　カットアウト風速	56
CVCF　定電圧定周波数電源装置	223
CVT　コンデンサ形計器用変圧器	111
cycle counter　サイクルカウンタ	116
cycle life　サイクル寿命	116
cyclic redundancy check　CRC	124
巡回冗長検査	148
cycloconverter　サイクロコンバータ	116
cyclorama　ホリゾント幕	339
cyclorama light　ホリゾントライト	339

D

daily report　日報	261
damping　制動	174
dark current　暗電流	15
dark fiber　ダークファイバ	191
Darrieus type windmill　ダリウス形風車	201
dart leader　矢形先行放電	354
data base　データベース	225
data center infrastructure efficiency　DCiE	219
data circuit terminating equipment　DCE	219
データ回線終端装置	224
data communication protocol for building automation and control networks　BACnet	279
data compression　データ圧縮	224
datagram　データグラム	224
data logger　データロガー	225
data transmission unit　データ伝送装置	224
daylight　昼光	209
daylight factor　昼光率	209
daylight fluorescent lamp（米）　昼光色蛍光ランプ	209
daylighting　昼光照明	209
daylight sensor　昼光センサ	209
day tank　燃料小出し槽	268
DCE　データ回線終端装置	224

D class earthing　D 種接地工事	219
DD installation technician　DD 種工事担任者	220
DDX　デジタルデータ交換網	226
dead band　不感帯	311
dead-end insulator　引留がいし	294
dead load　静荷重	170
dead lock　デッドロック	227
dead zone　不感帯	311
debag　デバッグ	227
debugging period　デバッキング期間	227
decibel　デシベル	226
deck plate　デッキプレート	226
床鋼板	358
decoding　デコード	225
復号	311
decorative lighting　装飾照明	187
deflection method　偏位法	327
delay circuit　遅延回路	205
delay time　遅延時間	205
demand factor　需要率	148
demarcation point　責任分解点	176
demarcation point of property　財産分界点 116
demilitarized zone　DMZ	219
Deming's cycle　デミングサイクル	227
管理サイクル	66
dense wavelength division multiplexing　DWDM	220
density of heat flow rate　熱流密度	267
depth of discharge　放電深度	333
desiccant system　デシカント方式	225
designated volume of hazardous materials 指定数量	136
design documents　設計図書	179
design drawing　設計図	179
designing　設計	179
destructive testing　破壊試験	276
detail drawing　詳細図	152
detection area　感知区域	65
detector　感知器	64
検電器	93
detector interlocking　感知器連動	65
deterioration diagnosis　劣化診断	372
device function number　制御器具番号	170
dew condensation　結露	89
DGR　地絡方向継電器	215
DHC　地域冷暖房	205
dial gauge　ダイヤルゲージ	198
dial indicator　ダイヤルゲージ	198
dial type thermometer　ダイヤル温度計	198
diamagnetic substance　反磁性体	285
diamagnetism　反磁性	284
diaphragm　ダイヤフラム	197
dielectric breakdown test　絶縁破壊試験	178
dielectric breakdown voltage　絶縁破壊電圧 178
dielectric constant　比誘電率	301
dielectric loss　誘電損失	355
dielectric loss tangent　誘電正接	355
dielectric material　誘電体	355
dielectric polarization　誘電分極	355
dielectric strength　絶縁耐力	177
dielectric strength test　絶縁耐力試験	177
dies　ダイス	194
Diesel engine　ディーゼル機関	219
differential aeration corrosion　通気差腐食 216
differential aeration-galvanic cell　通気差電池	216
differential amplifier　差動増幅器	120
differential relay　差動継電器	120
differential settlement　不同沈下	314
differential voltage closing control　差電圧投入	120
differentiator　微分器	300
diffused lighting　拡散照明	52
diffuse reflection　拡散反射	52
乱反射	364
diffuse sky illuminance　全天空照度	184
diffuse sky radiation　天空日射	237
diffuse solar radiation　散乱日射	124
diffusion　拡散	52
diffusion current　拡散電流	52
digital　デジタル	225
digital-analogue converter　D/A 変換器	218
digital conversion　デジタル変換	226
digital data exchange network　DDX	220

	デジタルデータ交換網	226	direct-current separately-excited motor 他励電動機	201
digital dimming control system デジタル調光方式		226	direct-current series motor 直巻電動機	213
			direct-current shunt motor 分巻電動機	324
digital input デジタル入力		226	direct-current stabilized power supply 直流安定化電源	213
digital instrument デジタル計器		225		
digital micromirror device DMD		219	direct current switch 直流スイッチ	213
digital output デジタル出力		225	direct daylight factor 直接昼光率	213
digital service unit DSU		218	direct dialing system ダイヤルイン方式	197
デジタル回線終端装置			direct digital control DDC	220
225			direct glare 直接グレア	212
回線接続装置		49	direct illuminance 直接照度	212
digital signage デジタルサイネージ		225	directional coupler 分岐器	322
digital subscriber line DSL		218	方向性結合器	331
デジタル加入者回線			directional earth-fault relay（英） 地絡方向継電器	215
225				
digital switching system デジタル交換機			directional ground relay DGR	219
225			directional ground relay（米） 地絡方向継電器	215
digital terrestrial broadcasting 地上デジタル放送		207		
			directional lighting 指向性照明	133
digital terrestrial television broadcasting system 地上デジタル放送方式		207	directional microphone 指向性マイクロホン	133
digital transmission デジタル伝送		226	directional relay 方向継電器	331
dimmer 調光器		211	direction of lay より合わせの方向	360
diode ダイオード		192	direction of strand より合わせの方向	360
diode array ダイオードアレイ		192	directivity 指向性	133
diode matrix ダイオードマトリックス		192	direct lighting 直接照明	212
dip たるみ度		201	direct lightning overvoltage 直撃雷過電圧	212
ち度		208		
dipole 双極子		187	direct lightning stroke 直撃雷	212
dipole antenna ダイポールアンテナ		197	direct operation method 直接操作方式	213
direct burying system 直接埋設式		213	direct solar radiation 直達日射	213
direct bypass circuit 直送バイパス回路		213	direct transmission system 直送式	213
direct-current component 直流分		214	disability glare 減能グレア	93
direct-current compound motor 複巻電動機		312	disaster control center 防災センタ	331
			disaster prevention communityradio 防災行政無線	331
direct current filter 直流フィルタ		214		
direct current generator 直流発電機		214	disaster prevention system 防災設備	331
direct-current motor 直流電動機		214	discharge 放電	333
direct-current permanent-magnetic motor 永久磁石電動機		26	discharge coil 放電コイル	333
			discharge current 放電電流	333
direct current reactor 直流リアクトル		214	discharge duration time 放電持続時間	333
direct current ripple voltage 直流脈動電圧 214			discharge lamp 放電ランプ	333
			discharge rate 放電率	334

discharge resistor 放電抵抗器	333
discharge voltage 制限電圧	171
discharge withstand capability 放電耐量	333
discomfort glare 不快グレア	310
disconnection 断路	205
disconnection monitor 断線監視	202
disconnector DS	218
断路器	205
discrete circuit デスクリート回路	226
discriminative breaking 選択遮断	184
disjunction OR	42
論理和	376
dispersion power source 分散形電源	322
displacement gauge 変位計	327
display device 表示装置	301
display of trend data トレンド表示	254
dissipation factor 損失係数	190
dissipative chamber 消音チャンバ	150
distance こう長	100
distortion factor ひずみ率	296
distributed constant circuit 分布定数回路 323	
distributed control system 分散制御システム	322
distributing substation 配電用変電所	275
distribution board 分電盤	323
distribution curve of luminous intensity 配光曲線	273
distribution frame 端子盤	202
distribution pillar 配電塔	274
distribution system 配電方式	274
distribution transformer 配電用変圧器	274
distributor 分配器	323
district heating and cooling DHC	218
地域冷暖房	205
diversity factor 不等率	314
diversity reception ダイバシティ受信	197
divided screen device 画面分割装置	62
divider 除算器	157
domain ドメイン	252
domain name system DNS	218
door switch ドアスイッチ	245
dose equivalent 線量当量	185
dot impact printer ドットインパクトプリン	

タ	252
dot matrix ドットマトリックス	252
double bus system 二重母線方式	259
double ceiling 二重天井	259
double-effect absorption heat pump 二重効用吸収式ヒートポンプ	259
double floor 二重床	259
double insulation 二重絶縁	259
double-pole switch 両切スイッチ	368
double skin ダブルスキン	200
double television sound 二重音声放送	259
double-throw ダブルスロー	200
double-throw magnetic contactor MCDT 37 双投形電磁接触器	188
double-throw switch 双投形開閉器	188
double transmission data compare ２連送照合方式	261
down conductor 引下げ導線	294
避雷導線	303
downlight ダウンライト	199
downlink ダウンリンク	199
drain ドレン	254
draw-in duct system 管路式	66
drawing for approval 承認図	154
drawings and specifications 設計図書	179
drencher ドレンチャ	254
dripproof 防滴形	333
droop characteristics ドループ特性	254
drooping characteristic 垂下特性	161
drop cable ドロップケーブル	255
引込線	293
dropper 負荷電圧補償装置	310
dry air composite insulation ドライエア複合絶縁	253
dry cell 乾電池	65
dry cell battery 乾電池	65
dry chemical extinguishing system 粉末消火設備	324
dry contact 無電圧接点	349
dry-type transformer 乾式変圧器	63
DS 断路器	205
DSL デジタル加入者回線	225
DSU デジタル回線終端装置	225

回線接続装置		49
dual fuel system　デュアルフュエルシステム		227
dual loop antenna　双ループアンテナ		189
dual system　デュアルシステム		227
duct line system　管路式		66
dumb waiter　ダムウエータ		201
dummy load　ダミー負荷		200
duplexing　二重化		259
duplex system　デュプレックスシステム		228
duplex transmission　全二重通信		184
dust　粉じん		323
dust-ignition-proof　粉じん防爆構造		323
dustproof　防じん形		332
dustproof glass　防じん眼鏡		332
dust respirator　防じんマスク		332
dusttight　耐じん形		194
duty cycle　デューティサイクル		227
dye-sensitized photovoltaic cells　色素増感太陽電池		131
dynamic host configuration protocol　DHCP		218
dynamic load　動荷重		246
dynamic range　ダイナミックレンジ		195
dynamo　ダイナモ		196
整流子発電機		175

E

early failure period　初期故障期間		157
early illuminance control　初期照度補正		157
earth（英）　大地		195
earth bonding strap　アースボンド		2
earth clamp（英）　アースクランプ		2
earthed voltage transformer　EVT		15
接地形計器用変圧器		180
earth electrode（英）　接地極		180
earth fault（英）　地絡		215
earth fault current（英）　地絡電流		215
earth fault protection　地絡保護		216
earth fault protection coordination　地絡保護協調		216
earth fault protective device　地絡遮断装置		215
earth fault relay（英）　地絡継電器		215
earthing（英）　接地		179
接地工事		180
earthing arrangement　接地設備		180
earthing bus-bar（英）　接地母線		181
earthing conductor（英）　接地線		180
earthing contact　接地極		180
earthing main conductor　接地幹線		180
earthing nesistance（英）　接地抵抗		181
earthing reference point　接地基準点		180
earthing-type socket-outlet　接地極付コンセント		180
earth leakage current circuit breaker　ELCB		15
earthquake early warning　緊急地震速報システム		77
earthquake energy　地震のエネルギー		134
earthquake load　地震荷重		134
earthquake wave　地震波		134
earth resistance meter　接地抵抗計		181
earth resistivity　大地抵抗率		195
earth retaining　山留め		354
earth switch　接地開閉器		180
earth terminal　アースターミナル		2
接地端子		180
ecology　エコロジー		30
eco-material　エコマテリアル		30
eco-material cable　EM電線		15
エコマテリアルケーブル		30
エコ電線		30
economizer　エコノマイザ		30
節炭器		179
eco-washer　エコワッシャ		30
eddy current　渦電流		24
eddy current loss　渦電流損		24
Edison base　エジソン口金		30
Edison battery　エジソン電池		30
Edison screw　エジソンベース		30
Edison socket　エジソンソケット		30
editor　エディタ		33
EDLC　電気二重層キャパシタ		235
EEW　緊急地震速報システム		77

ELE

effective earthing　有効接地	355
effective temperature　有効温度	354
effective touch voltage　実効接触電圧	136
effective value　実効値	136
effect machine　エフェクトマシン	35
効果器	96
efficiency　効率	103
efficiency of waste heat recovery system　排熱回収効率	275
eight four two one code　8-4-2-1コード	279
EL　エレクトロルミネセンス	39
電界発光	232
elbow　エルボ	39
Electrical Appliance and Material Safety Act　電気用品安全法	236
electrical automatic control　電気式制御	233
electrical construction　電気工事	233
electrical construction management engineer　電気工事施工管理技士	233
electrical energy storage equipment　電力貯蔵装置	244
electrical equipment　電気機械器具	232
electrical equipment for bathroom　電気浴器	236
electrical facilities for electric utility　電気事業用電気工作物	234
electrical installation　電気設備	235
electrical installation of building　建築電気設備	92
electrical piping shaft　EPS	15
電気シャフト	234
electrical safety source　安全電源	14
electric arc　アーク	1
電弧	237
electric arc furnace　アーク炉	2
電弧炉	237
electric breakdown　絶縁破壊	178
electric cable　ケーブル	87
電線	239
electric conductive floor　導電床	248
electric dipole　電気双極子	235
electric double layer capacitor　電気二重層コンデンサ	235
electric facilities　電気工作物	232
electric field strength　電界強度	231
electric field strength meter　電界強度測定器	231
electric heating　電気加熱	232
electrician　電気工事士	233
electrician reel　電工リール	237
Electricians Act　電気工事士法	233
electric insecticide device　電撃殺虫器	237
Electricity Business Act　電気事業法	234
electricity chief engineer　電気主任技術者	234
electric leakage　漏電	373
electric leakage detector for fire alarm　漏電火災警報器	373
electric line for railway　電車線路	239
electric line installed along flank　屋側電線路	44
electric line installed on ground　地上電線路	207
electric line installed on roof　屋上電線路	44
electric lock　電気錠	234
electric piping shaft　配線室	274
electric power circuit　電路	245
electric power consumption rate　電力原単位	244
electric power conversion system　電力変換装置	244
electric power evolution index　電力評価指数	244
electric power substation　変電所	328
electric room　電気室	234
electric shock　感電	65
電撃	237
electric system　電気方式	236
electric utility　電気事業者	233
electric vehicle　EV	15
電気自動車	234
electric warming bed　電気温床	232
electric water warmer　電気温水器	232
electric wire　電線	239
electrification　帯電	195
electroacoustics　電気音響	232
electrodeless discharge lamp　無電極放電ランプ	349

electrodynamic microphone　ダイナミックマイクロホン　195
electrodynamometer type instrument　電流力計形計器　243
electroluminescence　EL　15
　　　　エレクトロルミネセンス　39
electroluminescence　電界発光　232
electroluminescent lamp　ELランプ　15
electrolysis　電気分解　236
electrolysis corrosion　電解腐食　232
electrolyte　電解質　231
electrolyte solution　電解液　231
electrolytic capacitor　電解コンデンサ　231
electromagnetic compatibility　EMC　15
　　　　電磁両立性　239
electromagnetic contactor　電磁接触器　238
electromagnetic coupling　電磁結合　237
electromagnetic disturbance　電磁妨害　238
electromagnetic induction　電磁誘導　239
electromagnetic inductive noise　電磁誘導ノイズ　239
electromagnetic interference　EMI　15
　　　　電磁障害　238
electromagnetic screen（英）　電磁シールド　238
　　　　電磁遮蔽　238
electromagnetic shield（米）　電磁シールド　238
　　　　電磁遮蔽　238
electromagnetic susceptibility　EMS　15
　　　　電磁感受性　237
electromagnetic switch　MS　37
　　　　電磁開閉器　237
electromagnetic transient program　電力系統瞬時値解析プログラム　244
electro magnetic transients program　EMTP　15
electromagnetic wave　電磁波　238
electromagnetic wave absorbing material　電波吸収体　241
electromotive force　起電力　70

electronic application　電子申請　238
electronic ballast　電子安定器　237
electronic centralized security system　機械警備　66
electronic data interchange　EDI　15
electronic flash　ストロボ　167
　　　　せん光装置　183
electronic medical chart　電子カルテ　237
electronic settlement system　電子決済システム　237
electronic starter　電子スタータ　238
electronic switching system　電子交換機　238
electronic toll collection system　ETC　15
　　　　ノンストップ自動料金支払いシステム　270
electro-optic converter　E/O変換器　15
　　　　電気光変換器　236
electropolising　電解研磨　231
electroscope　検電器　93
electrostatic capacity　静電容量　173
electrostatic charge　帯電　195
electrostatic coupling　静電結合　172
electrostatic field　静電界　172
electrostatic induction　静電誘導　173
electrostatic instrument　静電形計器　172
electrostatic screen（英）　静電シールド　173
　　　　静電遮蔽　173
electrostatic shield（米）　静電シールド　173
　　　　静電遮蔽　173
electrothermal instrument　熱電形計器　264
elementary wiring diagram　展開接続図　232
elevated tank　高架水槽　96
　　　　高置水槽　100
elevation　仰角　74
elevator（米）　エレベータ　39
elevator control at earthquake　地震管制運転　134
elevator control on generating power　自家発管制運転　130
elevator group control　エレベータ群管理制御　39
ellipsoidal spotlight　エリプソイダルスポットライト　38
elliptical polarized light　楕円偏光　199

elliptical polarized wave　楕円偏波	199
ELV　特別低電圧	251
EMC　電磁両立性	239
emergency alarm system　非常警報設備	295
emergency bell　非常ベル	295
emergency exit sign　誘導標識	357
emergency generator set　非常用発電設備	296
emergency lighting system　非常用の照明装置	295
emergency power source　非常電源	295
防災電源	331
emergency public address system　非常用放送設備	296
emergency telephone　非常電話装置	295
EMI　電磁障害	238
emitter　投光器	247
emitter-coupled amplifier　エミッタ結合増幅器	36
emitter cut-off current　エミッタカットオフ電流	36
エミッタ遮断電流	36
emitter follower　エミッタフォロワ	36
EMS　環境マネジメントシステム	63
電磁感受性	237
EMTP　電力系統瞬時値解析プログラム	244
enamel single silk varnish wire　エナメル絹布単巻きニス塗り線	33
enamel varnish wire　エナメル線	33
encapsulated-winding transformer　モールド変圧器	351
enclosed fuse　包装ヒューズ	333
enclosed power unit　密閉形受電設備	346
enclosed switchboard　閉鎖配電盤	325
enclosure　エンクロージャ	40
encoder　エンコーダ	40
encoding　符号化	312
encryption　暗号化	13
end connection　終端接続	142
end connector　エンドコネクタ	41
end cover　エンドカバー	41
end ring　端絡環	204
energy conservation　省エネルギー	150

energy conservation management　省エネルギー制御	150
energy management　エネルギー管理	34
energy service company　ESCO	32
engineering ethics　技術者倫理	68
engineering workstation　エンジニアリングワークステーション	40
engine power　機関出力	67
enterprise resource planning　ERP	15
enthalpy　エンタルピー	41
entrance light for fire fighting　非常用の進入口灯	296
entropy　エントロピー	41
environmental concious materials　エコマテリアル	30
Environmental Impact Assessment Law　環境影響評価法	63
environmental management system　環境マネジメントシステム	63
epitaxial junction　エピタキシャル接合	35
EPS　電気シャフト	234
equalizing charge　均等充電	78
equilibrium noise　平衡ノイズ	325
equipment for live working　活線作業用装置	56
equipotential bonding　等電位ボンディング	248
equipotential earthing　等電位接地	248
equisignal curve　等感度曲線	246
equivalent circuit　等価回路	245
equivalent negative-phase current　等価逆相電流	245
error　誤差	107
error of current transformer ratio　変流比誤差	328
error of voltage transformer ratio　変圧比誤差	327
Esaki diode　エサキダイオード	30
トンネルダイオード	255
江崎ダイオード	30
escape sequence　エスケープシーケンス	32
ETC　ノンストップ自動料金支払いシステム	270
Ethernet　イーサネット	15

EV 電気自動車	234
evacuation system 避難設備	299
event driven イベントドリブン	18
イベント駆動	18
EVT 接地形計器用変圧器	180
excavation 根切り	262
exciting apparatus 励磁装置	369
exciting current 励磁電流	370
exclusive disjunction EX-OR	30
排他的論理和	274
exclusive fire preventing area 専用不燃区画	185
exclusive supply system for emergency power source 非常電源専用受電設備	295
exhaust air duct 排気ダクト	273
exhaust noise 排気騒音	273
exhaust pipe 排気管	273
EX-OR 排他的論理和	274
expansion coupling 伸縮カップリング	159
expansion joint エキスパンションジョイント	29
explosion-proof 耐圧防爆構造	192
explosive atmosphere 爆発性雰囲気	277
explosive dust atmosphere 爆発性粉じん雰囲気	277
explosive gas atmosphere 爆発性ガス雰囲気	277
exposed-conductive-part 露出導電性部分	375
exposed conduit wiring 露出配管工事	375
exposed wiring 露出配線	375
exposure dose 照射線量	152
expulsion fuse 放出ヒューズ	332
extension 内線	256
exteria wiring 屋外配線	43
external abnormal overvoltage 外部異常電圧	50
external combustion engine 外燃機関	50
external elbow エクスターナルエルボ	30
external lightning protection system 外部雷保護システム	50
extra-high voltage 特別高圧	251
extra-high voltage live working 特別高圧活線作業	251
extra-high voltage power line 特別高圧電線路	251
extra-low voltage ELV	15
特別低電圧	251
extraneous-conductive-part 系統外導電性部分	86
extra-terrestrial solar radiation 大気外日射	193
extremely high frequency EHF	15
extremely long wave 極超長波	107
extremely low frequency ELF	15
extremely short wave 極超短波	107

F

FA ファクトリーオートメーション	305
facade illumination ファサード照明	305
facade integrated photovoltaic array 壁材一体形太陽電池アレイ	61
facade lighting ファサード照明	305
facade material type photovoltaic array 壁材形太陽電池アレイ	61
facade mounted type photovoltaic array 壁設置形太陽電池アレイ	61
face line 法線	333
facilities management ファシリティマネジメント	305
施設管理	135
facsimile ファクシミリ	305
factory automation FA	35
ファクトリーオートメーション	305
factory energy management system FEMS	35
工場エネルギー管理システム	98
fade フェード	309
fade-in フェードイン	309
溶明	359
fade-out フェードアウト	309
溶暗	359
fader フェーダ	309
failure rate 故障率	107
failure to operate 誤不動作	109

fall of potential method　電位降下法	230	
fan　ファン	306	
送風機	188	
fan coil unit　ファンコイルユニット	306	
Faraday's law of electromagnetic induction		
ファラデーの電磁誘導の法則	306	
Faraday's law of induction　ファラデーの電気分解の法則	306	
far infrared radiation　遠赤外放射	41	
far infrared radiation heating　遠赤外加熱	40	
Farraday cage　ファラデーケージ	305	
fast breeder reactor　FBR	36	
高速増殖炉	100	
fast Ethernet　ファストイーサネット	305	
fault current　故障電流	107	
fault ride through　FRT要件	35	
事故時運転継続要件	133	
fault voltage　故障電圧	107	
FBR　高速増殖炉	100	
FD　フロッピーディスク	321	
防火ダンパ	330	
FDM　周波数分割多重化	144	
feedback amplifier circuit　帰還増幅回路	67	
feedback control　フィードバック制御	306	
帰還制御	67	
feeder　き電線	69	
feeder busway　フィーダバスダクト	306	
feeder distribution panel　き電盤	69	
分岐盤	322	
feedforward control　フィードフォワード制御	306	
feed-through capacitor　貫通コンデンサ	65	
feed water preheater　給水予熱器	74	
FELV　機能的特別低電圧	70	
FEMS　工場エネルギー管理システム	98	
femtocell　フェムトセル	309	
Ferranti effect　フェランチ効果	309	
Ferranti phenomenon　フェランチ現象	309	
ferrimagnetism　フェリ磁性	309	
ferrite　フェライト	309	
ferromagnetic substance　強磁性体	74	
ferromagnetism　強磁性	74	
FET　電界効果トランジスタ	231	
fiber reinforced plastics　FRP	35	

繊維強化合成樹脂	183	
fiber to the home　FTTH	36	
ファイバツーザホーム	305	
field effect transistor　FET	35	
電界効果トランジスタ	231	
field emission　電界放出	232	
field winding　界磁巻線	49	
file sharing software　ファイル共有ソフト	305	
file transfer protocol　FTP	36	
film resistor　皮膜抵抗器	300	
filter　フィルタ	308	
ろ波器	375	
final circuit（英）　分岐回路	322	
final jump distance　雷撃距離	361	
final voltage　放電終止電圧	333	
fingerprint check device　指紋照合装置	140	
fire alarm　火災警報	53	
fire alarm display　火災表示装置	53	
fire alarm interlocking　火報連動	62	
fire alarm signal　火災警報	53	
fire damper　FD	36	
防火ダンパ	330	
fire department connection　送水口	187	
fire door　防火戸	330	
fire door interlocking with smoke detector		
煙感知器連動閉鎖戸	89	
fire escaping floor　避難階	299	
fire extinguishing system　消火設備	151	
fire judgment　火災断定	53	
fireman's elevator（米）　非常用エレベータ	295	
fireman's lift（英）　非常用エレベータ	295	
fire preventing separation　防火区画	330	
fire preventing separation of area　面積区画	351	
fire preventing separation of heterogeneous application　異種用途区画	16	
fire preventing separation of shaft　縦穴区画	200	
fire preventing separation of upper tenth		

floor　高層区画	99
fire prevention objects　防火対象物	330
fireproof busway　耐火バスダクト	193
fireproof cable　耐火ケーブル	192
fireproof performance　耐火性能	192
fire protecting performance　防火性能	330
fire protection engineer　消防設備士	154
fire protection manager　防火管理者	330
fire pump　消火ポンプ	151
fire resistance efficiency　耐火性能	192
fire resistive cable　耐火ケーブル	192
fire resistive covering　耐火被覆	193
fire resistive performance　耐火性能	192
fire retarding equipment　防火設備	330
Fire Service Act　消防法	154
fire shutter　防火シャッタ	330
fire signal for each block　火災ブロック別信号	53
firewall　ファイアウォール	305
firmware　ファームウエア	305
first in last out　FILO	35
先入れ後出し	118
first law of thermodynamics　熱力学第一法則	266
first private pole　構内第1号柱	102
fishbone diagram　特性要因図	249
fishing wire　呼び線	359
fitness for use　使用品質	154
fixed load　固定荷重	108
fixed temperature line type heat detector　定温式感知線型熱感知器	221
fixed wireless access　FWA	35
加入者系固定無線アクセス	59
fixture stud　フィクスチュアスタッド	307
flame combination spot detector　炎複合式スポット型感知器	339
flame detector　炎感知器	339
flame-proof enclosure　耐圧防爆構造	192
flame-retardancy　難燃性	258
flammability　易燃性	18
flashbulb　ストロボ	167
せん光電球	183
flash lamp　ストロボ	167
flash memory　フラッシュメモリ	316
flashover　せん絡	185
フラッシオーバ	316
フラッシュオーバ	316
flash point　引火点	19
flat conductor cable　フラットケーブル	316
flat elbow　フラットエルボ	316
flat-rate schedule　定額電灯	221
flexible cable　可とうケーブル	58
flexible conductor　可とう導帯	58
flexible conduit　可とう電線管	58
金属性可とう電線管	78
flexible cord　コード	104
flexible disk　フレキシブルディスク	318
flexible joint　フレキシブルジョイント	318
可とう継手	58
flexible metal fitting　フレクシブルフィッチング	318
flexible stranded-conductor　可とうより線	59
flicker　フリッカ	317
flip-flop　フリップフロップ	317
floating charge　浮動充電	314
float switch　フロートスイッチ	320
flood light　フラッドライト	316
floodlight　投光器	247
floodlighting　ライトアップ	361
景観照明	84
投光照明	247
floor heating　フロアヒーティング	319
床暖房	358
floor lamp（米）　フロアスタンド	319
floor marker　フロアマーカ	319
floor socket-outlet　フロアコンセント	319
floppy disk　フロッピーディスク	321
flowmeter　流量計	368
flow switch　フロースイッチ	319
fluorescent high pressure mercury (vapour) lamp　蛍光高圧水銀ランプ	84
fluorescent lamp　蛍光ランプ	84
fluorescent luminaire　蛍光灯	84
flush plate　フラッシプレート	316
flush plate with eyelet　テレホンプレート	228

	ノズルプレート	269
flutter interference	フラッタ障害	316
fly bridge	フライブリッジ	314
fly duct	フライダクト	314
flying lead	口出線	80
flywheel effect	はずみ車効果	279
flywheel energy storage equipment	フライホイール電力貯蔵装置	314
foam fire extinguishing system	泡消火設備	13
follow current	続流	190
follow spotlight	フォロースポットライト	310
foot light	フットライト	313
form	仮枠	62
	型枠	55
format	フォーマット	309
	初期化	156
form factor	波形率	277
formula	論理式	375
foundation earth electrode	基礎接地極	69
four-stranded wire	カッドより線	56
four-terminal method	4端子法	360
four way switch	4路スイッチ	360
frame	フレーム	318
frame relaying	フレームリレー	318
free cooling	フリークーリング	317
free fader	フリーフェーダ	317
free layout	フリーレイアウト	317
free running multi-vibrator	自走マルチバイブレータ	135
frequency	周波数	143
frequency band	周波数帯	143
	周波数帯域	144
frequency changer	周波数変換装置	144
frequency characteristics	周波数特性	144
frequency division multiplexing FDM	周波数分割多重化	36, 144
frequency meter	周波数計	143
frequency modulation	周波数変調	144
frequency modulation broadcasting FM	放送	35
Fresnel lens	フレネルレンズ	319
Fresnel lens spotlight	フレネルレンズスポットライト	319
front ceiling spotlight	フロントシーリングライト	321
front maintenance type cubicle	薄形キュービクル	24
front projector	前方投影式プロジェクタ	185
front side spotlight	フロントサイドスポットライト	321
FRP	繊維強化合成樹脂	183
F type connector	F形コネクタ	35
fuel cell	燃料電池	268
fuel cell module	燃料電池モジュール	268
fuel cell stack	セルスタック	182
fuel consumption	燃料消費率	268
fuel control panel	燃料制御盤	268
fuel electrode	燃料極	267
fuel pump	燃料ポンプ	268
fuel service tank	燃料サービスタンク	268
fuel tank	燃料槽	268
fuel transfer pump	燃料移送ポンプ	267
full charge	完全充電	64
full-duplex transmission	全二重通信	184
full-voltage starting	じか入れ始動	130
	全電圧始動	184
functional earthing (英)	機能用接地	70
functional extra-low voltage FELV		35
functional extra-low voltage	機能的特別低電圧	70
functional extra-low voltage system FELV	システム	35
functional grounding (米)	機能用接地	70
furniture outlet-socket	家具用コンセント	52
fuse	ヒューズ	300
fuse for protection of motor	電動機用ヒューズ	241
fuse-link	ヒューズリンク	300
fusing factor	溶断係数	359
	溶断比	359

G

gain	利得	366
gal	ガル	62

galloping phenomenon　ギャロッピング現象	73	
galvanic corrosion　異種金属接触腐食	16	
galvanic protection　電気防食	236	
Gantt chart　ガントチャート	65	
gas alarm system　ガス漏れ火災警報設備	55	
gas circuit breaker　GCB	126	
ガス遮断器	54	
gas detector　ガス漏れ検知器	55	
gas emergency shut-off valve　ガス緊急遮断弁	54	
gas engine　ガスエンジン	54	
ガス機関	54	
gas fuel absorption refrigerating machine　ガス吸収冷凍機	54	
gas fuel absorption type refrigerator　ガス吸収冷凍機	54	
gas heat pump chiller　GHPチラー	125	
gas insulated bus　ガス絶縁母線	54	
gas insulated switchgear　GIS	125	
ガス絶縁開閉装置	54	
gas insulated transformer　ガス絶縁変圧器	54	
gas recombination on negative electrode type　負極吸収式	311	
gas-tube sign cable　ネオン電線	262	
gas turbine　ガスタービン	54	
gate drive signal　ゲートドライブ信号	87	
gate turn off thyristor　GTO	127	
ゲートターンオフサイリスタ	87	
gate valve　仕切弁	132	
gateway　ゲートウェイ	87	
gauge pressure　ゲージ圧	87	
gauss meter　磁束計	135	
GCB　ガス遮断器	54	
gear pump　ギヤポンプ	73	
歯車ポンプ	277	
general colour rendering index　平均演色評価数	324	
general diffused lighting　全般拡散照明	184	
general electrical facilities　一般用電気工作物	17	
general electric utility　一般電気事業者	17	
general emergency power supply　一般非常電源	17	
general handling facility　一般取扱所	17	
general lighting　全般照明	184	
general plan　基本計画	70	
generating efficiency　発電機効率	281	
generating power　発電電力量	281	
generator　発電機	280	
generator constant　発電機定数	281	
generator output　発電機出力	281	
generator panel　発電機盤	281	
geothermal power generation　地熱発電	208	
germicidal lamp　殺菌ランプ	119	
germicidal luminaire　殺菌灯	119	
ghost　ゴースト	104	
giant transistor　GTR	127	
gigabit Ethernet　ギガビットイーサネット	67	
GIS　ガス絶縁開閉装置	54	
glare　グレア	82	
glare by reflection　反射グレア	285	
glass break detector　ガラス破壊検知器	62	
global internet protocol address　グローバルIPアドレス	83	
global positioning system　GPS	127	
衛星測位システム	27	
global solar radiation　全天日射	184	
global warming　地球温暖化	205	
globe　グローブ	83	
gloss thermal efficiency　発電端熱効率	281	
glow discharge　グロー放電	83	
glowing phenomena　グロー現象	83	
glow starter　グロースタータ	83	
点灯管	241	
governor　ガバナ	60	
調速機	211	
GPS　衛星測位システム	27	
GP-type control and indicating equipment　GP型受信機	127	
GR　地絡継電器	215	
graded index optical fiber　グレーデッドインデックス形光ファイバ	83	

gradual decrease wiring　逓減式配線		222
graphical symbol　図記号		165
graphic display　グラフィック表示		81
地図式表示		207
graphic display CRT　グラフィックCRT		81
graphic panel　グラフィックパネル		81
graphic supervisory control board　グラフィック監視制御盤		81
gray　グレイ		82
green information technology　グリーンIT		82
grid ceiling　グリッド天井		82
grinder　グラインダ		80
gross heating value　総発熱量		188
ground（米）　大地		195
ground clamp（米）　アースクランプ		2
ground cyclorama light　ロアーホリゾントライト		373
ground electrode（米）　接地極		180
ground fault（米）　地絡		215
ground fault current（米）　地絡電流		215
ground fault interrupter（米）　漏電遮断器		373
grounding（米）　接地		179
接地工事		180
grounding bus-bar（米）　接地母線		181
grounding conductor（米）　接地線		180
grounding resistance（米）　接地抵抗		181
ground master fader　グランドマスタフェーダ		81
ground relay　GR		124
ground relay（米）　地絡継電器		215
grouping fader　グループフェーダ		82
GR-type control and indicating equipment　GR型受信機		124
GTO　ゲートターンオフサイリスタ		87
G-type control and indicating equipment　G型受信機		126
guard interval　ガードインタバル		48
guy　支線		135
guy anchor　根かせ		262
gyro-mill type windmill　ジャイロミル形風車		140

H

hacker　ハッカー		279
half-duplex transmission　半二重通信		286
halogen-free fire-resistant cable　高難燃ノンハロゲン耐火ケーブル		102
handhole　ハンドホール		286
hanger rod　つりボルト		217
hard disk　ハードディスク		272
hard-drawn copper wire　硬銅線		102
hard polyethylene pipe　硬質ポリエチレン管		98
hard solder　硬ろう		103
硬質はんだ		97
hardware　ハードウエア		272
harmonic control guideline　高調波抑制対策ガイドライン		101
harmonic filter　高調波フィルタ		101
harmonic interference　高調波障害		101
harmonics　高調波		100
harness joint box　ハーネスジョイントボックス		272
Hartley oscillation circuit　ハートレー発振回路		272
hazardous-live-part　危険充電部		67
hazardous materials　危険物		67
hazardous materials operator　危険物取扱者		67
head amplifier　ヘッドアンプ		326
headend　ヘッドエンド		326
header duct　ヘッダダクト		326
head-up display　ヘッドアップ表示装置		326
HUD		33
health officer　衛生管理者		26
heart-current factor　心臓電流係数		160
heat balance　ヒートバランス		291
熱バランス		266
熱勘定		263
heat combination spot detectorr　熱複合式スポット型感知器		266
heat conduction coefficient　熱伝導率		264
heat detector　熱感知器		263
heat element　発熱抵抗体		281

heat engine　熱機関	263	
heat exchanger　熱交換器	263	
heating board　発熱ボード	281	
heating sheet　発熱シート	281	
heating temperature curve　加熱温度曲線	60	
heating value　発熱量	281	
heat island　ヒートアイランド	290	
heat oriented operation　熱主電従運転	263	
heat power ratio　熱電比	264	
heat pump　ヒートポンプ	291	
heat pump chiller　ヒートポンプチラー	291	
heat recovery　熱回収	263	
heat recovery boiler　排熱回収ボイラ	275	
heat resistant cable　耐熱電線	196	
heat resistant distribution board　耐熱分電盤	197	
heat resistant panelboard and distribution board　耐熱配電盤等	196	
heat-resistant polyvinyl insulated wire　2種ビニル絶縁電線	260	
耐熱ビニル絶縁電線	197	
heat resistant sealing compound　耐熱シール材	196	
heat resistant wiring　耐熱配線	196	
heat resistibility　耐熱性	196	
heat storage material　蓄熱材	206	
heat storage tank　蓄熱槽	206	
heat storage type load shift contract　蓄熱調整契約	206	
heat test　温度上昇テスト	46	
温度上昇試験	46	
heat transfer coefficient　熱伝達係数	264	
heavy fault　重故障	142	
heliograph　日照計	260	
heliostat　ヘリオスタット	326	
Helmholtz coil　ヘルムホルツコイル	327	
heterojunction photovoltaic cell　ヘテロ接合形太陽電池	326	
hexadecimal number　16進数	145	
HHV　高位発熱量	96	
HID lamp　HIDランプ	33	
高輝度放電ランプ	96	
hierarchical system　階層形システム	49	
hierarchy　ハイアラーキ	273	
ヒエラルキー	291	
high bandwidth antenna　広帯域用アンテナ	100	
high colour rendering fluorescent lamp　高演色形蛍光ランプ	96	
high definition television　HDTV	33	
ハイビジョン	275	
higher heating value　HHV	33	
高位発熱量	96	
高発熱量	103	
high frequency　HF	33	
high frequency ballast　高周波点灯形安定器	98	
high-frequency coaxial cable　高周波同軸ケーブル	98	
high-frequency fluorescent lamp　Hf蛍光ランプ	33	
high intensity discharge lamp　HIDランプ	33	
高輝度放電ランプ	96	
high-level data link control procedure　HDLC	33	
high luminance exit sign　高輝度誘導灯	96	
high output fluorescent lamp　高出力蛍光ランプ	98	
high pass filter　HPF	33	
高域フィルタ	96	
high pressure mercury（vapour）lamp　高圧水銀ランプ	95	
high pressure sodium（vapour）lamp　高圧ナトリウムランプ	95	
high-rise working　高所作業	98	
high sensitivity smoke detection system　超高感度煙検知システム	211	
high-speed still picture image telephotography device　高速静止画伝送装置	100	
high-tension outlet fitting　ハイテンションアウトレット	274	
high vision broadcasting　ハイビジョン放送	275	
high voltage　高圧	94	
high-voltage distribution line　高圧配電線路		

	95	
high-voltage drop wire for pole transformer 高圧引下用絶縁電線		95
high-voltage insulated wire 高圧絶縁電線		95
high-voltage insulated wire for electrical apparatus 高圧機器内配線用電線		95
high voltage live working 高圧活線作業		95
histogram ヒストグラム		296
柱状グラフ		210
度数分布図		252
hoisting device 昇降装置		151
hoisting electric motor 巻上電動機		342
hollow insulator がい管		48
hollow metallic waveguide 導波管		248
home elevator ホームエレベータ		335
住宅用エレベータ		142
home safety and security panel 住宅情報盤 142		
homogeneous transformation 順変換		150
hook bar for disconnecting switch operation 断路器操作用フック棒		205
horizontal conductor むね上げ導体		349
horizontal illuminance 水平面照度		164
horizontal load 水平荷重		164
horizontal seismic coefficient 水平震度		164
horn loudspeaker ホーンスピーカ		335
hospital grade earth center 医用接地センタ 18		
hospital grade earth terminal 医用接地端子 19		
hospital grade outlet-socket 医用コンセント		18
hospital grade outlet-socket and plug 医用差込接続器		18
医用差込接続器		18
hospital grade plug 医用差込プラグ		18
hosting service ホスティング		338
hot aisle ホットアイル		339
hot cathode discharge lamp 熱陰極放電ランプ		263
hot dip galvanized steel pipe 白ガス管		158
hot spot ホットスポット		339

hot standby form ホットスタンバイ方式 339		
hotstick ホットスティック		339
hour rate 時間率		131
household electrical appliance 家庭用電気機械器具		56
housing elevator 住宅用エレベータ		142
howling ハウリング		276
HPF 高域フィルタ		96
hub ハブ		281
HUD ヘッドアップ表示装置		326
human error ヒューマンエラー		301
human factor ヒューマンファクタ		301
Hume pipe ヒューム管		301
humidity 湿度		136
hunting ハンチング		286
hybrid cycle ハイブリッドサイクル		275
hybrid electric vehicle HEV		33
ハイブリッド電気自動車		275
hydrant house 消火栓箱		151
hydrant indication light 消火栓表示灯		151
hydraulic accumulator アキュムレータ		7
hydrogen absorbing alloy 水素吸蔵合金		162
水素貯蔵合金		162
hydrogen cooling 水素冷却		163
hydrogen ion concentration 水素イオン濃度		162
hydrogen ion exponent 水素イオン指数		162
hypertext markup language HTML		33
hypertext transfer protocol HTTP		33
hysteresis curve ヒステリシス曲線		296
hysteresis loop ヒステリシス曲線		296

I

IC 集積回路		142
ICC ICカード		4
IC card スマートカード		168
ice core アイスコア		5
ice energy storage 氷蓄熱		104
ice sheet 氷床		302
ice sheet core 氷床コア		302
ice thermal storage 氷蓄熱		104

ICM

IC memory　ICメモリ	5
icon　アイコン	4
ICT　情報通信技術	154
IC tag　ICタグ	4
ICU　集中治療室	143
identification　ID	5
identification data　識別情報	132
identity document　ID	5
IDF　中間配電盤	209
IDS　侵入検知システム	161
IEC　国際電気標準会議	106
ignition point　着火点	208
発火点	279
IKL　年間雷雨日数	267
illuminance　照度	153
illuminance meter　照度計	153
illuminance sensor　照度センサ	153
illumination　イルミネーション	19
照明	154
電飾	239
image sensing device　撮像素子	120
immersion　防浸形	332
immunity　イミュニティ	18
impact pressure relay　衝撃圧力継電器	151
impedance　インピーダンス	22
impedance diagram　インピーダンスマップ 22	
インピーダンス図	22
impedance matching　インピーダンス整合 22	
impedance to earth（英）　接地インピーダンス	180
impedance to ground（米）　接地インピーダンス	180
impedance voltage　インピーダンス電圧	22
impulse　インパルス	21
impulse discharge inception voltage　衝撃放電開始電圧	151
impulse response　インパルス応答	21
impulse voltage　インパルス電圧	21
衝撃電圧	151
impulse wave　急しゅん波	74
impulse withstand voltage　インパルス耐電圧	21
incandescent lamp　白熱電球	277
incandescent luminaire　白熱灯	277
inching　インチング	21
寸動	170
incoming limit　着信制限	208
incoming line　引込線	293
incorrect phase relay　反相継電器	285
incorrect phase sequence　反相	285
increased safety　安全増防爆構造	14
indenter-type joint　圧着スリーブ	9
independent earth electrode（英）独立接地極	251
independent ground electrode（米）独立接地極	251
independent inspection　自主検査	134
independent power producer　IPP	6
独立系発電事業者	251
indicator　インジケータ	20
指示器	134
表示器	301
indicator lamp　パイロットランプ	276
indicial response　インディシャル応答	21
indirect daylight factor　間接昼光率	64
indirect illuminance　間接照度	63
indirect lighting　間接照明	63
indirect lightning overvoltage　誘導雷過電圧 358	
indirect lightning stroke　誘導雷	357
individal battery system　個別蓄電池方式	109
individual wire　素線	190
Indnstrial Safety and Health Act　労働安全衛生法	374
induced lightning overvoltage　誘導雷過電圧	358
induced voltage　誘導電圧	357
induced voltage test　誘導試験	356
inductance　インダクタンス	20
誘導係数	356
induction cup relay　誘導円筒形継電器	356
induction disc relay　誘導円板形継電器	356
induction generator　誘導発電機	357
induction heating　誘導加熱	356
induction machine　誘導機	356

induction motor　誘導電動機		357
induction voltage regulator　誘導電圧調整器 357		
inductive coupling　誘導結合		356
inductive noise　誘導ノイズ		357
inductive radio transmission　誘導無線		357
inductive reactance　誘導性リアクタンス		357
inductive susceptance　誘導性サセプタンス 356		
inductor　リアクトル		364
inductor-capacitor filter　LCフィルタ		38
Industrial Standardization Act　工業標準化法 97		
industrial television camera　ITVカメラ		5
industrial television system　ITV設備		5
industrial waste　産業廃棄物		121
inert gas fire extinguishing system　不活性ガス消火設備		310
INES　国際原子力事象評価尺度		105
informaion and communication technology ICT		4
information and communication technology　情報通信技術		154
information distribution panel　情報用分電盤 154		
information receptacle　情報コンセント		154
information technology　IT		5
infrared beam interruption detector　赤外線ビーム検知器		175
infrared flame detector　赤外線式炎感知器 175		
infrared heating　赤外加熱		175
infrared lamp　赤外電球		175
infrared radiation　赤外放射		175
infrared rays　赤外線		175
infrastructure　インフラストラクチャ		22
initial cost　イニシャルコスト		18
初期費用		157
initial illumination control　初期照度補正		157
initialization　イニシャライズ		18
初期化		156
inlet　インレット		23
inner outlet　インナコンセント		21
input conversion　入力換算		261

input current　入力電流		261
input impedance　入力インピーダンス		261
input output　I/O		4
input-output device　入出力装置		261
input output system　I/O		4
input power　入力電力		261
input voltage　入力電圧		261
inrush current　突流		33
突入電流		252
insertion loss　挿入損失		188
insert stud　インサートスタッド		20
inspection for completion　しゅん工検査		148
installation capacity　設備容量		182
installation technician　工事担任者		97
instantaneous element　瞬時要素		150
instantaneous interruption of service　瞬時停電		149
instantaneous power　瞬時電力		149
instantaneous release　瞬時引外し		149
instantaneous special emergency power supply　瞬時特別非常電源		149
instantaneous tripping　瞬時引外し		149
instantaneous trip type molded-case circuit breaker　瞬時遮断式配線用遮断器		148
instantaneous voltage drop　瞬時電圧低下 149		
instantaneous voltage fluctuation　瞬時電圧変動		149
instantaneous voltage regulation　瞬時電圧変動率		149
instant start ballast　瞬時始動式安定器		148
instant-start fluorescent lamp　スリムライン形蛍光ランプ		169
instruction of work procedure　施工要領書 177		
instrumentation　計装		85
計測		85
instrument screen　百葉箱		300
instrument transformer　計器用変成器		84
instrument voltage current transformer　VCT		307
計器用変圧変流器		84
insulated bus　絶縁母線		178
insulated cable　ケーブル		87

絶縁電線	178
insulated conductor　絶縁電線	178
insulated conduit bushing　絶縁ブッシング	
	178
insulated gate bipolar transistor　IGBT	4
insulated joint　絶縁継手	177
insulating barrier　絶縁防護板	178
insulating material　絶縁体	177
絶縁物	178
insulating protector　絶縁用保護具	178
insulating safeguard　絶縁用防具	178
insulating safeguard for construction site　絶縁用防護具	178
insulating varnish　絶縁ワニス	179
insulation　絶縁体	177
絶縁物	178
insulation aging　絶縁劣化	179
insulation coordination　絶縁協調	177
insulation distance　絶縁距離	177
insulation monitor　絶縁監視装置	177
insulation resistance　絶縁抵抗	177
insulation resistance tester　絶縁抵抗計	177
insulator　がいし	49
integrated ceiling　システム天井	134
integrated circuit　IC	4
集積回路	142
integrated circuit card　ICカード	4
integrated optics　光集積回路	292
integrated service digital network　ISDN	3
サービス総合デジタル網	115
integrated services digital broadcasting　ISDB	3
統合デジタル放送サービス	247
integrated services digital broadcasting-terrestrial　ISDB-T	3
integrator　積分器	176
intelligent controller　iCONT	4
intelligent transport systems　ITS	5
高度道路交通システム	102
intelligibility　了解度	368
intensive care unit　ICU	5
集中治療室	143
intercom　インタホン	20
intercom system for apartment house　集合住宅用インタホンシステム	141
interconnect　連系	372
interconnection　系統連系	86
inter-cooler　インタクーラ	20
空気冷却器	79
interface　インタフェース	20
Intergovernmental Panel on Climate Change　IPCC	6
interior permanent magnet motor　IPMモータ	6
interior wiring　屋内配線	44
内線	256
interior wiring code　内線規程	256
interior zone　インテリアゾーン	21
内部ゾーン	257
interlace scan　インタレース表示	21
飛越走査	252
interlock　インタロック	21
intermediate distribution frame　IDF	5
中間配電盤	209
intermediate frequency　中間周波数	209
intermediate frequency amplifier　中間周波増幅器	209
intermediate inspection　中間検査	208
intermediate terminal board　中間端子盤	209
intermittent operation control　間欠運転制御	63
断続運転制御	203
internal abnormal overvoltage　内部異常電圧	256
internal combustion engine　内燃機関	256
internal elbow　インタナルエルボ	20
internal illumination type liquid crystal display　内照式液晶表示器	256
internal lightning protection system　内部雷保護システム	257
International Commission on Illumination　CIE	125
国際照明委員会	105
international conference on lightning protec-	

ISO

tion ICLP	4	interrupt handler 割込ルーチン	378
International Electrotechnical Commission IEC	3	interruptible back up system 瞬断バックアップ方式	150
国際電気標準会議	106	interruptible change 瞬断切換方式	150
International Electrotechnical Vocabulary IEV	3	interrupting current 遮断電流	140
international loaming 国際ローミング	107	interrupt input 割込入力	378
international mobile telecommunication IMT-2000	4	interruption 割込機能	378
international nuclear event scale 国際原子力事象評価尺度	105	interrupt level 割込レベル	378
international system of units 国際単位系	105	interrupt processing 割込処理	378
International Telecommunication Union ITU	5	interrupt request 割込要求	378
国際電気通信連合	106	interrupt service routine 割込ルーチン	378
internet インターネット	20	intranet イントラネット	21
internet data center IDC	5	intrinsically safe circuit 本安回路	340
インターネットデータセンタ	20	本質安全回路	340
internet message access protocol IMAP	4	intrinsic safety 本質安全防爆構造	340
internet protocol IP	6	intrinsic semiconductor 真性半導体	160
internet protocol address IPアドレス	6	intruder detector 侵入検知器	161
internet protocol code IPコード	6	intruder wire detector 侵入検知線式検知器	161
internet protocol phone IP電話	6	intrusion detection system IDS	5
internet protocol private branch exchange IP-PBX	6	侵入検知システム	161
internet protocol television service IPTVサービス	6	intrusion prevention system IPS	6
		侵入防止システム	161
internet protocol version 4 IPv4	6	inverse charging 逆充電	71
internet protocol version 6 IPv6	6	inversed time characteristic 反限時特性	284
internet protocol virtual private network IP-VPN	6	inverter インバータ	21
		逆変換装置	72
internet service provider ISP	4	inverter ballast インバータ式安定器	21
インターネットサービスプロバイダ	20	inverter control インバータ制御	21
プロバイダ	321	inverter starting インバータ始動	21
internet virtual private network インターネットVPN	20	inverting amplifier 反転増幅器	286
		ionization smoke detector イオン化式煙感知器	15
interphone インタホン	20	ionizing radiation 放射線	332
interpreter インタプリタ	20	IPS 侵入防止システム	161
interrupt 割込み	378	iron-core reactor 鉄心リアクトル	227
interrupt condition 割込条件	378	iron loss 鉄損	227
interrupt disable 割込禁止	378	irradiance 放射照度	332
interrupt enable 割込許可	378	ISDB 統合デジタル放送サービス	247
		ISO 9000 family ISO 9000ファミリー	3
		ISO 14000 family ISO 14000ファミリー	3
		isokeraunic level IKL	4

423

年間雷雨日数	267
isolated horizontal conductor 独立架空地線	251
isolated lightning rod 独立避雷針	251
isolated-neutral system 非接地方式	297
isolated operation 自立運転	158
単独運転	203
isolating transformer 絶縁変圧器	178
isolation 断路	205
isolator 切分器	77
断路器	205
isometrical drawing アイソメ図	5
等角投影図	245
ISP インターネットサービスプロバイダ	20
IT 情報通信技術	154
ITS 高度道路交通システム	102
IT system IT系統	5
ITU 国際電気通信連合	106
ITU-D 国際電気通信連合電気通信開発部門	106
ITU-R 国際電気通信連合無線放送部門	106
ITU-Radio Communication Sector ITU-R	5
国際電気通信連合無線放送部門	106
ITU-T 国際電気通信連合電気通信標準化部門	106
ITU-Telecommunication Development Sector ITU-D	5
国際電気通信連合電気通信開発部門	106
ITU-Telecommunication Standardization Sector ITU-T	5
国際電気通信連合電気通信標準化部門	106
i-type semiconductor i形半導体	4

J

Japan Accreditation Board for Engineering Education JABEE	129
日本技術者教育認定機構	261
jar 電槽	240
JET certification system JET認証制度	129
jetproof 防噴流形	334
joint box ジョイントボックス	150
Joint Photographic Experts Group JPEG	129
joint type earthing rod 連結式接地棒	372
Josephson effect ジョセフソン効果	157
Josephson junction ジョセフソン接合	157
Joule heat ジュール熱	144
Joule's first law ジュールの第一法則	144
Joule's laws ジュールの法則	145
Joule's second law ジュールの第二法則	144
jumper ジャンパ	141
junction box ジャンクションボックス	141
junction transistor 接合形トランジスタ	179

K

Kelvin double bridge ケルビンダブルブリッジ	89
Kinbara's phenomenon 金原現象	78
kink of wire キンク	77
Kirchhoff's current law キルヒホッフの第一法則	77
Kirchhoff's law キルヒホッフの法則	77
Kirchhoff's voltage law キルヒホッフの第二法則	77
knife switch ナイフスイッチ	256
刃形開閉器	276
knife switch with cover カバー付ナイフスイッチ	60
knob insulator ノブがいし	269
knockout ノックアウト	269
knockout punch ノックアウトパンチ	269
Kohlrausch bridge コールラウシュブリッジ	105
Kondorfer starting コンドルファ始動	112
krypton lamp クリプトン電球	82
Ku band Kuバンド	88

L

LA アレスタ	13
避雷器	302
lagging power factor operation 遅相運転	207
laminar flow 層流	189
lamp ランプ	364
lamp connector ランプコネクタ	364

lamp current　ランプ電流	364
lampholder　ソケット	190
ランプソケット	364
lamp receptacle（米）レセプタクル	371
lamp socket（英）レセプタクル	371
lamp voltage　ランプ電圧	364
lamp wire　電球線	236
large scale integrated circuit　LSI	38
large scale integrated circut　大規模集積回路	193
laser　レーザ	371
last in first out　LIFO	38
last in first out stuck　後入れ先出しスタック	10
law of energy conservation　エネルギー保存の法則	35
law of increasing entropy　エントロピー増大の法則	41
law of reflection　反射の法則	285
law of thermal equilibrium　熱平衡の法則	266
law of thermodynamics　熱力学の法則	267
layer cell　積層電池	176
layer three switch　レイヤ3スイッチ	371
layer two switch　レイヤ2スイッチ	371
lay of S type　Sより	32
lay of Z type　Zより	181
LBS　高圧交流負荷開閉器	95
LCC　ライフサイクルコスト	362
LCD　液晶ディスプレイ	29
液晶表示器	29
LCD projector　液晶プロジェクタ	29
LCEM　ライフサイクルエネルギーマネジメント	362
LC filter　LCフィルタ	38
LCX　漏えい同軸ケーブル	373
lead-acid storage battery　鉛蓄電池	257
leader　先行放電	183
leadership in energy and environmental design　LEED	38
リード	365
leader stroke　先行放電	183
leading-in pole　引込柱	294
leading power factor operation　進相運転	160

lead-on ducting　引込管路	293
lead-through capacitor　貫通コンデンサ	65
leakage coaxial cable　LCX	38
漏えい同軸ケーブル	373
leakage current　漏えい電流	373
漏れ電流	353
leakage detection system　漏水検知装置	373
leakage inductance　漏れインダクタンス	353
leap second　うるう秒	25
least squares method　最小二乗法	116
LED　発光ダイオード	280
LEED　リード	365
legal amortization period　法定耐用年数	333
let-go current　可随電流	54
離脱限界電流	366
let-go threshold current　離脱限界電流	366
level　水準器	162
LHV　低位発熱量	220
life cycle CO$_2$　LCCO$_2$	38
ライフサイクルCO$_2$	362
life cycle cost　ライフサイクルコスト	362
life cycle costing　LCC	38
life cycle energy management　ライフサイクルエネルギーマネジメント	362
life expectancy　耐用年数	198
life-line　ライフライン	362
life rope　命綱	18
lift（英）エレベータ	39
lifting pump　揚水ポンプ	359
light　光	291
light amplification by stimulated emission of radiation　レーザ	371
light bridge　ライトブリッジ	361
light compensation device　光補償装置	293
light emitting diode　LED	38
発光ダイオード	280
light emitting diode downlight　LEDダウンライト	38
light fault　軽故障	85
lighting　照明	154
lighting busway（米）ライティングダクト	361
lighting control　照明制御	155

調光	211
lightning alarm device　雷警報器	361
lightning arrester　LA	38
アレスタ	13
避雷器	302
lightning current　雷電流	361
lightning electromagnetic impulse　LEMP	38
雷電磁インパルス	361
lightning flash to earth　落雷	362
lightning impulse voltage　雷インパルス電圧	361
lightning impulse withstand voltage test　雷インパルス耐電圧試験	361
lightning location system　落雷位置標定システム	362
lightning overvoltage　雷過電圧	361
lightning protection system　LPS	39
雷保護システム	362
lightning protection transformer　耐雷変圧器	198
lightning protection zone　LPZ	39
雷保護領域	362
lightning rod　突針	252
避雷針	303
lightning stroke　雷撃	361
lightning stroke current　雷撃電流	361
lightning surge　雷サージ	361
light pollution　光害	291
light receiving element　受光素子	145
lightweight directory access protocol　LDAP	38
limelight（英）　スポットライト	168
limit switch　リミットスイッチ	367
linear circuit　線形回路	183
linear load　線形負荷	183
linear motor　リニアモータ	367
linear polarized light　直線偏光	213
linear polarized wave　直線偏波	213
line-array speaker　ラインアレイスピーカ	362
line current　線電流	184
line fault　線路障害	185
line fault alarm　断線警報	202
line filter　ラインフィルタ	362
line length　こう長	100
線路延長	185
line lock　電源同期方式	237
line of magnetic force　磁力線	158
liner expansion coefficient　線膨張係数	185
線膨張率	185
line spacer with rotating clamp　ルーズスペーサ	368
line voltage　線間電圧	183
lining steel pipe　ライニング鋼管	361
link fuse　つめ付ヒューズ	217
liquefaction　液状化現象	29
liquefied natural gas　液化天然ガス	28
liquefied petroleum gas　液化石油ガス	28
liquid crystal　液晶	28
liquid crystal display　LCD	38
液晶ディスプレイ	29
液晶表示器	29
liquid crystal display projector　液晶プロジェクタ	29
liquid crystal on silicon projector　LCOSプロジェクタ	38
反射形液晶プロジェクタ	285
liquid level control　液面制御	29
liquid level electrode stick　液面電極棒	29
liquid-level relay　液面制御継電器	29
Lissajous curve　リサージュ曲線	365
Lissajous figure　リサージュ図形	365
lithium-ion rechargeable battery　リチウムイオン電池	366
litmus paper　リトマス試験紙	367
live part　充電部	143
live working　活線作業	55
LLS　落雷位置標定システム	362
LNG　液化天然ガス	28
load alternately close method　負荷順次投入	310
load alternately starting　負荷順次始動	310
load balancer　ロードバランサ	374
負荷分散装置	310
load-break switch　LBS	39

負荷開閉器 310	loop antenna　ループアンテナ　369
load center　ロードセンタ　374	loop-coil type car detector　ループコイル式
load control on generating power　自家発運	車体検知器　369
転負荷制御　130	loop distribution system　ループ状配電方式
load current　負荷電流　310	369
load curve　負荷曲線　310	loop-type service system　ループ受電　369
load duration curve　負荷持続曲線　310	loss factor　損失係数　190
load factor　負荷率　311	損失率　190
load leveling　電力負荷平準化　244	loss probability　呼損率　107
load loss　負荷損　310	loudness　音の大きさ　44
load sharing　負荷分担　311	loudness level　音の大きさのレベル　45
load test　負荷試験　310	loudspeaker　スピーカ　167
load unbalance ratio　設備不平衡率　181	拡声器　52
local area network　LAN　364	loudspeaker enclosure　スピーカエンクロー
ローカルエリアネット	ジャ　167
ワーク　374	loudspeaker selector　スピーカセレクタ　167
local audible alarm equipment　地区音響装	loudspeaking equipment　拡声設備　52
置　205	louverall ceiling　ルーバ天井　368
local bell　地区ベル　206	louvered ceiling　ルーバ天井　368
local corrosion　局部腐食　76	louvered ceiling lighting　ルーバ天井照明
local-galvanic cell　局部電池　76	368
localized alarm sounding mode　区分鳴動方	low-carbon society　低炭素社会　223
式　80	low electrolyte level alarm　減液警報　90
localized general lighting　局部的全般照明 76	low energy circuit　小勢力回路　153
local lighting　局部照明　76	lower heating value　LHV　38
local operation　機側操作　69	低位発熱量　220
local switch　手元開閉器　227	低発熱量　224
locked rotor protection　拘束保護　100	low frequency　LF　38
locknut　ロックナット　375	low frequency starting　低周波始動　223
log　ログ　375	low head hydro power　マイクロ水力発電
根かせ　262	341
logalithmic amplifier　対数増幅器　194	low noise transformer　低騒音変圧器　223
logger　自動記録器　137	low output generating equipment　小出力発
logical algebra　論理代数　376	電設備　153
logical conjunction　AND　15	low pass filter　LPF　39
論理積　376	低域フィルタ　219
logical negation　NOT　269	low pressure sodium vapour lamp　低圧ナト
論理否定　376	リウムランプ　218
logic circuit　論理回路　375	low pressure water tank　減圧水槽　90
long arc lamp　ロングアークランプ　375	low-tension outlet fitting　ローテンションア
longitudinal mode noise　縦ノイズ　200	ウトレット　374
long-lod insulator　長幹がいし　211	low voltage　低圧　217
long wave　長波　212	low voltage live working　低圧活線作業　217
LonWorks　ロンワークス　375	low voltage network system　低圧ネットワ

ーク方式	218	
low voltage wiring　低圧配線	218	
LPG　液化石油ガス	28	
LPS　雷保護システム	362	
LSI　大規模集積回路	193	
lubricating oil pump　潤滑油ポンプ	148	
luggage elevator　荷物用エレベータ	261	
luminaire　照明器具	154	
luminaire efficiency　照明器具効率	155	
luminaire for emergency exit sign　誘導灯	357	
luminaire for emergency general lighting　非常用照明器具	295	
luminaire for emergency staircase sign　階段通路誘導灯	49	
luminaire for explosive gas-atmospheres　防爆照明器具	334	
luminaire for public building lighting　公共施設用照明器具	96	
luminaire track system（英）ライティングダクト	361	
luminance　輝度	70	
luminance meter　輝度計	70	
luminous ceiling　光天井	292	
luminous efficacy of lamp　ランプ効率	364	
luminous efficiency　発光効率	280	
luminous exitance　光束発散度	100	
luminous flux　光束	100	
luminous flux maintenance factor　光束維持率	100	
luminous intensity　光度	102	
lumped constant circuit　集中定数回路	143	
lyotropic liquid crystal　リオトロピック液晶	365	

M

machine hatch　マシンハッチ	343	
macrocell　マクロセル	342	
macro-galvanic cell　マクロ電池	342	
macroshock　マクロショック	342	
magnet hydro dynamics power generation MHD　電磁流体発電	37, 239	
magnetic blow-out circuit breaker MBB 磁気遮断器	38, 131	
magnetic card　磁気カード	131	
magnetic circuit　磁気回路	131	
magnetic dipole　磁気双極子	131	
magnetic disk　磁気ディスク	131	
magnetic field　磁界	129	
magnetic flux　磁束	135	
magnetic flux conservation law　磁束の保存則	136	
magnetic flux density　磁束密度	136	
magnetic moment　磁気モーメント	132	
magnetic permeability　透磁率	247	
magnetic resonance imaging unit　MRI装置	36	
magnetic saturation　磁気飽和	132	
magnetic screen（英）磁気シールド 磁気遮蔽	131, 131	
magnetic shield（米）磁気シールド 磁気遮へい	131, 131	
magnetic substance　磁性体	135	
magnetic susceptibility　磁化率	131	
magnetic valve　電磁弁	238	
magnetism　磁気 磁性	131, 135	
magnetization　磁化	129	
magnetization curve　磁化曲線	130	
magnetizing inrush current　励磁突入電流	370	
magnetomotive force　起磁力	68	
magnitude　マグニチュード	342	
main audible equipment　主音響装置	145	
main circuit　回路	147	
main circuit breaker　主遮断装置	145	
main contact　主接触子	146	
main distribution frame　MDF 局線用端子盤 本配線盤	37, 76, 340	
main frame　メインフレーム	349	
main line　幹線	64	
main line protection relay system　母線保護継電方式	338	
main memory　主記憶装置	145	

mainprogram メインプログラム	349	
主プログラム	148	
main stroke 主放電	147	
主雷撃	148	
main-switch 主開閉器	145	
maintenance bypass circuit 保守バイパス回路	337	
maintenance factor 保守率	337	
maintenance telephone 保安電話	329	
make contact a接点	28	
メーク接点	349	
malfunction 誤動作	108	
management 管理	66	
manhole マンホール	345	
manifold マニホールド	343	
manual fire alarm box 発信機	280	
mark for buried cable ケーブル埋設標	88	
marking 墨出し	169	
marking and identification of conductors 電線識別表示	239	
mark sheet for buried cable ケーブル標識シート	88	
martingale 弓支線	358	
masking マスキング	343	
master clock 親時計	45	
master clock system 電気時計設備	235	
master console マスタコンソール	343	
master fader マスタフェーダ	343	
master switch 主幹スイッチ	147	
material requirement planning MRP 資材所要量計画	36, 134	
matrix control マトリックス制御	343	
maximum demand 最大需用電力	117	
maximum demand ammeter 最大需要電流計	116	
maximum demand control 最大需要電力制御	117	
maximum demand watt meter 最大需要電力計	117	
maximum discharge current 最大放電電流	117	
maximum electric power 最大電力	117	
maximum permissible conductor temperature 導体最高許容温度	248	
maximum power point tracking 最大出力点追従制御	116	
maximum service voltage 最大使用電圧	117	
maximum short-circuit current 最大短絡電流	117	
maximum torque 最大トルク	117	
maximum voltage 最高電圧	116	
MBB 磁気遮断器	131	
MCCB 配線用遮断器	274	
MCFC 溶融炭酸塩形燃料電池	359	
mean operating time between failures 平均故障間動作時間	324	
mean time between failure MTBF	37	
mean time between failures 平均故障間隔	324	
mean time to failure MTTF 故障までの平均時間	37, 107	
mean time to failure 平均故障寿命	325	
mean time to repair MTTR 平均修復時間	37, 325	
measurement 計測	85	
測定	189	
Measurement Act 計量法	87	
measurement magnitude of sound 音量測定	47	
measure of penetration of fire preventing separation 防火区画貫通工法	330	
measures to poor reception area 難視聴対策	258	
mechanical anchor bolt メカニカルアンカボルト	349	
mechanically latched contactor ラッチ付電磁接触器	363	
mechanical parking system 機械駐車設備	66	
mechanical smoke exhaust method 機械排煙方式	67	
mechanical strength 機械的強度	66	
mechanical termination 成端	172	
mechanical ventilation 機械換気	66	
Medevedev-Sponheuer-Karnik scale MSK 震度階	37	
media access control address MACアドレ		

ス		37
	マックアドレス	343
media converter　メディアコンバータ		351
medical earthing system　医用接地方式		19
medical electrical equipment　医用電気機器		19
	ME 機器	37
medium frequency　MF		37
medium wave　中波		210
megohm meter　絶縁抵抗計		177
melting splice　融着接続		355
memory　記憶装置		66
memory device　メモリ		351
memory effect　メモリ効果		351
mercury luminaire　水銀灯		162
mesh electrode　メッシュ電極		350
mesh method　メッシュ法		350
message　メッセージ		350
messenger wire　ちょう架用線		211
metal-enclosed control-gear　閉鎖形コントロールギヤ		325
metal-enclosed switch-gear　閉鎖形スイッチギヤ		325
metal halide lamp　メタルハライドランプ		349
metal molding　1種金属製線ぴ		17
	メタルモールディング	350
	金属線ぴ	78
metal-oxide-semiconductor　MOS		37
metal-oxide semiconductor field effect transistor　MOSFET		352
metering outfit　MOF		37
meter reading system　自動検針装置		137
meter with transmitter　発信装置付計量器		280
method of symmetrical coordinates　対称座標法		193
MHD　電磁流体発電		239
microcell　ミクロセル		345
micro electromechanical systems　MEMS		37
micro-galvanic cell　ミクロ電池		345
micro gas turbine　マイクロガスタービン		341
microgrid system　マイクログリッド		341
microphone　マイクロホン		341
microphone cord　マイクロホンコード		341
micro processer unit　マイクロプロセッサ		341
micro processing unit　MPU		38
microshock　ミクロショック		345
microwave　マイクロ波		341
microwave detector　マイクロ波式検知器		341
microwave heating　マイクロ波加熱		341
middle fault　中故障		209
midnight demand　深夜電力		161
mid-point　中間点		209
mid-point conductor　中間線		209
millimetric wave　ミリメートル波		346
mimic bus　模擬母線		352
mineral insulated metal sheathed cable　MIケーブル		36
minimum clearance　保有距離		339
minimum distance　保有距離		339
minor actinoid　マイナアクチノイド		342
minor metal　レアメタル		369
	希少金属	68
mixer　ミキサ		345
	混合器	110
mnemonic code　ニーモニックコード		258
mobile communication　移動体通信		18
mobile luminaire　移動灯器具		18
modeling　モデリング		352
modem　モデム		352
modular jack　モジュラジャック		352
modular plug　モジュラプラグ		352
modulation　変調		328
modulator demodulator　変復調装置		328
module　モジュール		352
moistureproof　防湿形		332
mold　仮枠		62
	型枠	55
molded case circuit breaker　MCCB		37
	配線用遮断器	274
molded case circuit breaker for motor protection　モータブレーカ		351

電動機保護用配線用遮断器 241
molding 線ぴ 184
molten carbonate fuel cell MCFC 37
　　　　溶融炭酸塩形燃料電池 359
moment モーメント 351
momentary parallel running 瞬時並行運転 149
moment of inertia 慣性モーメント 63
monitor loudspeaker モニタスピーカ 353
monostable multivibrator 単安定マルチバイブレータ 201
motion detector モーションディテクタ 351
motor contribution モータコントリビューション 351
motor contribution current 寄与電流 76
motor control center コントロールセンタ 112
motor control-gear 動力制御盤 249
motor damper モータダンパ 351
moulded capacitor モールドコンデンサ 351
mouse マウス 342
movable load 積載荷重 176
movable wiring 移動電線 18
moving-coil type instrument 可動コイル形計器 58
moving-iron type instrument 可動鉄片形計器 58
moving picture experts group MPEG 38
moving spotlight ムービングスポットライト 346
MPPT 最大出力点追従制御 116
MPU マイクロプロセッサ 341
MRP 資材所要量計画 134
MS 電磁開閉器 237
MTBF 平均故障間動作時間 324
MTTF 故障までの平均時間 107
　　　平均故障寿命 325
MTTR 平均修復時間 325
muffler 消音器 150
multi-bladed type windmill 多翼形風車 201
multi-building control system 群管理システム 84
multi-channel access radio system MCA無線システム 37
　　マルチチャネルアクセス無線 343
multichannel access system MCAシステム 37
multichannel television sound 音声多重放送 46
multi-crystalline silicon solar cells 多結晶シリコン太陽電池 199
multi-junction solar cell 多接合太陽電池 199
multi-loudspeaker マルチスピーカ 343
multimedia マルチメディア 344
multi-mode optical fiber マルチモード光ファイバ 344
multipath マルチパス 343
　　多重路伝搬 199
multipath disturbance マルチパス妨害 344
multiple packaged air conditioner ビルマルチ 304
　　ビル用マルチパッケージ型空調システム 304
multiple protection relay 複合継電器 311
multiple stroke 多重雷 199
　　多重雷撃 199
multiple transformer control 変圧器台数制御 327
multiple unit control 台数制御 194
multiplexing 多重化 199
multiplex wiring 複式配線 312
multiplier 乗算器 152
multipurpose internet mail extension MIME 342
multi-relay マルチリレー 344
multivendor マルチベンダ 344
multivendor organization マルチベンダ構成 344
multivibrator マルチバイブレータ 343
multiwinding transformer 多巻線変圧器 200
Munsell colorimetric system マンセル表色系 344
mutual conductance 相互コンダクタンス 187
mutual inductance 相互インダクタンス 187

N

nacelle　ナセル		257
NAND　論理積否定		376
narrow angle luminaire　狭照形照明器具		75
narrowband　ナローバンド		258
狭帯域		75
National Television System Committee NTSC		34
natural energy　自然エネルギー		135
natural light　自然光		135
natural lighting　自然採光		135
natural refrigerant　自然冷媒		135
natural smoke exhaust method　自然排煙方式		135
natural ventilation　自然換気		135
navigation satellite system　衛星測位システム		27
navigation system　ナビゲーションシステム		257
negative characteristic　負特性		314
negative damping phenomenon　負制動現象		313
negative feedback　負帰還		311
negative glow　負グロー		312
negative-grow lamp　ネオンランプ		262
negative-phase-sequence current　逆相電流		71
negative-phase-sequence impedance　逆相インピーダンス		71
negative-phase-sequence voltage　逆相電圧		71
negative resistance characteristic　負抵抗特性		314
nematic liquid crystal　ネマティック液晶		267
neonatal intensive care unit　NICU		33
neon transformer　ネオン変圧器		262
neon tube　ネオン管		262
net heating value　真発熱量		161
net thermal efficiency　送電端熱効率		188
network bus line　ネットワーク母線		266
network camera　ネットワークカメラ		265
network control unit　NCU		34
network management system　ネットワーク管理装置		265
network progress schedule　ネットワーク工程表		265
network protector　ネットワークプロテクタ		265
network relay　ネットワーク継電器		265
network security　ネットワークセキュリティ		265
network topology　ネットワークトポロジー		265
ネットワーク構成		265
網構成		351
network transformer　ネットワーク変圧器		266
neutral conductor　中性線		210
neutral earthing system（英）　中性点接地方式		210
neutral grounding system（米）　中性点接地方式		210
neutral point　中性点		210
neutral reactive coil　中性点リアクトル		210
neutral white fluorescent lamp　昼白色蛍光ランプ		210
nickel-cadmium alkaline battery　ニッケルカドミウムアルカリ蓄電池		260
night purge　ナイトパージ		256
night table　ナイトテーブル		256
nitrogen gas enclosure seal type transformer　窒素ガス封入密封形変圧器		207
nitrogen oxides　NO_x		34
窒素酸化物		207
no-bolt stud　ノーボルトスタッド		269
noise　ノイズ		268
雑音		119
騒音		186
noise control equipment　騒音防止装置		186
noise criteria curves　NC 曲線		34
noise criteria number　NC 値		34
noise figure　雑音指数		119
noise filter　ノイズフィルタ		268
noise level　騒音レベル		186
noise rating curves　NR 曲線		33
noise rating number　NR 数		33

noise reduction ノイズリダクション	268
no-load loss 無負荷損	349
no-load voltage 無負荷電圧	349
nominal discharge current 公称放電電流	98
nominal voltage 公称電圧	98
noncombustible material 不燃材料	314
non-contact access control system 非接触式入退室管理装置	296
non-contact type sequential control 無接点シーケンス制御	348
non-cut-off type luminaire ノンカットオフ形照明器具	269
non destructive inspection 非破壊検査	299
non-directivity 無指向性	347
non-effective earthing 非有効接地	300
non-flame propagating pliable plastics conduit 合成樹脂製可とう管	98
non-industrial waste 一般廃棄物	17
non-inverting amplifier 非反転増幅器	300
nonlinear load 非線形負荷	297
nonlinear resistor 非直線抵抗	297
non-supercharged engine 無過給機関	346
non-utility electrical facilities 自家用電気工作物	130
non-von Neumann type computer 非ノイマン型コンピュータ	299
NOR 論理和否定	376
normal bend（英）ノーマルベンド	269
normal distribution 正規分布	170
normal illuminance 法線照度	333
normal line 法線	333
normally close contact 常時閉路接点	152
normally closed loop system 常時閉路ループ方式	152
normally open contact 常時開路接点	152
normally opened loop system 常時開路ループ方式	152
normal mode noise ノーマルモードノイズ	269
NOT 論理否定	376
not disjunction NOR	268
論理和否定	376
not logical conjunction NAND	258
論理積否定	376
no-voltage closing control 無電圧投入	349
NO$_x$ ノックス	269
n-type semiconductor n形半導体	34
nuisance trip 不要動作	314
迷惑動作	349
null method 零位法	369
number of poles 極数	75
numerical control NC	34
数値制御	164
nurse call ナースコール	256
nurse station ナースステーション	256
N-value N値	34
Nyquist diagram ナイキスト線図	256

O

object program 目的プログラム	352
obstacle light 航空障害灯	97
occupational health and safety assessment series OHSAS	43
オーサス	43
occupational health and safety assessment series 労働安全衛生アセスメントシリーズ	374
occupational health and safety management system OHSMS	43
労働安全衛生マネジメントシステム	374
ocean current power generation 潮流発電	212
ocean thermal energy conversion 海洋温度差発電	51
OCR 過電流継電器	57
光学式文字読取装置	96
octet オクテット	44
OEL 有機エレクトロルミネセンス	354
OFDM 直交周波数分割多重	215
off delay switch 消し遅れスイッチ	88
official verification 安全管理審査	13
official verification before commercial operation 使用前安全管理審査	154
off-line オフライン	45
offset antenna オフセットアンテナ	45

ohmic loss　抵抗損	223	器動作時間特性	85
OHP　オーバヘッドプロジェクタ	43	operating time coordination　動作時限協調	
OHSAS　オーサス	43	247	
労働安全衛生アセスメントシリーズ	374	operational amplifier　オペレーション増幅器	45
OHSMS　労働安全衛生マネジメントシステム	374	operational amplifier　演算増幅器	40
oil alternative energy　代替エネルギー	194	operation by turn　交互運転	97
oil circuit breaker　OCB	43	operation chief of pressure vessel　圧力容器取扱作業主任者	10
oil-immersed enclosure　油入防爆構造	358	operation guidance　オペレーションガイダンス	45
oil-immersed transformer　油入変圧器	358		
oil pan　潤滑油槽	148	operations chief　作業主任者	118
oil tank　オイルタンク	42	operation stand-by system　運転待機方式	26
omnidirectivity　全指向性	183	operation switch　操作用開閉器	187
one-point earthing system　1点接地方式	17	operation test　動作試験	247
one segment broadcasting　ワンセグメント放送	378	operator console　オペレータコンソール	45
		操作卓	187
one to N facing system　1：N対向方式	17	optical character reader　OCR	43
one to one facing system　1：1対向方式	17	光学式文字読取装置	96
on-line　オンライン	47	optical connector　光コネクタ	292
on-load tap changer　負荷時タップ切換器	310	optical disk　光ディスク	292
		optical fiber　光ファイバ	292
on-off control　オンオフ制御	46	optical fiber cable　光ファイバケーブル	292
on-site heat operation test　現地ヒートラン試験	93	optical fiber cable relay method　光ファイバケーブル中継方式	293
on-site heat running test　現地ヒートラン試験	93	optical fiber connector　光ファイバコネクタ	293
on-site power system　オンサイト電源	46	optical fiber cord　光ファイバコード	293
open cycle　オープンサイクル	43	optical flat cable　光フラットケーブル	293
開放サイクル	51	optical integrated circuit　光IC	291
open-delta connection　V結線	307	optical integrated circuit　光集積回路	292
opening reinforcement　開口補強	49	optical network unit　ONU	43
open network　オープンネットワーク	43	回線終端装置	49
open-phase operation　欠相運転	89	optical radiation　光	291
open-phase protection　欠相保護	89	光学的放射	96
open systems interconnection　OSI	42	optical radiation　光放射	293
open type power substation　開放形受電設備	50	optical reflected attenuation value　反射減衰量	285
open type specific apartment house　開放型特定共同住宅等	51	optical switch　光交換機	292
		optical switchboard　光交換機	292
operating duty　動作責務	247	audio level　オーディオレベル	43
operating system　OS	42	optical time domain reflectometer　OTDR	43
operating time　応動時間	42	光ファイ	
operating time characteristic of a relay　継電			

バアナライザ		292	過電流保護器	57
optical transmission system 光伝送システム		292	overcurrent relay OCR	43
optimum control 最適制御		118	過電流継電器	57
optimum start and stop control 最適始動停止制御		117	over discharge 過放電	62
			overexcitation 過励磁	62
opto-electric converter O/E 変換器		42	overflow オーバフロー	43
光電気変換器		292	overhead earthed wire（英） 架空地線	51
optoelectronic element 光電素子		102	overhead electric line 架空電線路	51
OR 論理和		376	overhead ground wire（米） 架空地線	51
orchestra pit オーケストラピット		43	overhead projector OHP	43
organic electro-luminescence 有機 EL		354	オーバヘッドプロジェクタ	43
有機エレクトロルミネセンス		354	overhead service drop wire 架空引込線	51
organic photovoltaic cell 有機太陽電池		354	overheat protection ballast 過熱保護形安定器	60
orifice flow meter オリフィス流量計		45	overlapping factor 重畳率	211
orthogonal frequency division multiplexing OFDM		43	overload capacity 過負荷耐量	60
			overload characteristic 過負荷特性	60
直交周波数分割多重		215	overload current 過負荷電流	60
oscillator 発振器		280	overloading 過負荷運転	60
oscilloscope オシロスコープ		44	overload protection 過負荷保護	60
OTDR 光ファイバアナライザ		292	overload relay 過負荷継電器	60
outdoor indicator 戸外表示器		105	overshoot オーバシュート	43
outdoor weatherproof polyvinyl chloride insulated wire 屋外用ビニル絶縁電線		44	overtravel characteristic 慣性特性	63
			overtravel operating time 慣性動作時間	63
outdoor wiring 屋外配線		43	overvoltage 過電圧	56
outlet アウトレット		7	overvoltage closing control 過電圧投入	57
outlet box アウトレットボックス		7	overvoltage earth-fault relay（英） 地絡過電圧継電器	215
outlet-socket（英） コンセント		111		
outline font アウトラインフォント		6	overvoltage ground relay OVGR	43
output impedance 出力インピーダンス		146	overvoltage ground relay（米） 地絡過電圧継電器	215
overall safety and health controller 統括安全衛生責任者		246		
			overvoltage protection 過電圧保護	57
overburden 土かむり		249	overvoltage relay OVR	43
overcharge 過充電		54	過電圧継電器	56
overcurrent 過電流		57	OVGR 地絡過電圧継電器	215
overcurrent constant 過電流定数		57	OVR 過電圧継電器	56
overcurrent intensity 過電流強度		57	oxygen deficiency 酸欠	122
overcurrent lock system 過電流ロック方式		57	酸素欠乏	123
overcurrent protection co-ordination 過電流保護協調		57	oxygen meter 酸素測定器	123
overcurrent protective device 過電流遮断器		57		

P

packaged air conditioner パッケージ形空気調和機		280
packet パケット		278
packet internet groper ピング		304
packet mode terminal パケット携帯端末 278		
packet multi-plexer パケット多重化装置 278		
packet switching パケット交換		278
PAFC りん酸形燃料電池		368
paging system ページング設備		325
pair wire ペア線		324
PAL 年間熱負荷係数		267
PAM パルス振幅変調方式		283
panelboard 配電盤		274
panzer mast パンザマスト		284
parabolic aluminized reflector light パーライト 272		
parabolic antenna パラボラアンテナ		282
parallel off 解列		51
parallel operation 並行運転		325
parallel processing パラレルプロセッシング 282		
parallel redundant running 並列冗長運転 325		
paramagnetic substance 常磁性体		152
paramagnetism 常磁性		152
parametric excitation パラメータ励振		282
parametron パラメトロン		282
pareto diagram パレート図		283
	累積度数分布図	368
parity check パリティチェック		282
parking control system 駐車管制設備		210
parking indicator 在車表示装置		116
parking lot indicator 満空車表示灯		344
PAR light パーライト		272
part fader パートフェーダ		272
partial discharge 部分放電		314
partial discharge test 部分放電試験		314
particle beam 粒子線		367
particle swarm optimization パーティクル		
	スワーム	272
pass band attenuation factor 通過帯域損失 216		
passive component 受動素子		147
passive element 受動素子		147
passive filter パッシブフィルタ		280
	受動形フィルタ	147
passive infrared detector 受動赤外線検知器 147		
	赤外線パッシブ検知器	175
paste type battery ペースト式蓄電池		326
patch code パッチコード		280
patch panel パッチパネル		280
PBX 構内交換機		102
PCS パワーコンディショナ		284
peak factor 波高率		278
peak-load cut operation ピークカット		289
peak shift ピークシフト		290
PEFC 固体高分子形燃料電池		107
pel 画素		55
Peltier effect ペルチエ効果		326
PELV 保護特別低電圧		337
PEN conductor PEN 導体		287
percentage system パーセンテージ法		271
percent impedance パーセントインピーダンス		271
perception threshold current 感知限界電流 65		
performance shaping factor PSF		288
	行動形成要因	102
perimeter annual load factor PAL		283
	年間熱負荷係数	267
perimeter zone ペリメータゾーン		326
periodic duty 反復使用		287
periodic verification 定期点検		222
permalloy パーマロイ		272
permanent magnet synchronous motor PMS モータ 289		
	永久磁石同期電動機	26
permanent supplementary artificial lighting in interiors PSALI		288

プサリ	313	phese-voltage unbalance 相電圧不平衡率	188
permanent supplementary artificial lighting in interiors 常時補助人工屋内用照明	152	phosphoric acid fuel cell PAFC りん酸形燃料電池	288 368
permeability 透磁率	247	photocoupler フォトカプラ	309
permissible load 許容荷重	76	photo-detectorr 受光素子	145
permittivity 誘電率	355	photo detector 受光器	145
persistence oscilloscope 残像形オシロスコープ	123	photoelectric control unit PC スイッチ 光電式自動点滅器	290 101
persistence scope 残像形オシロスコープ	123	photo-electric conversion 光電変換	102
personal computer PC パーソナルコンピュータ	290 271	photoelectric effect 光電効果	101
personal computer パソコン	279	photoelectric smoke detector 光電式スポット型煙感知器	101
personal computer communication パソコン通信	279	photoluminescence フォトルミネッセンス	310
personal digital assistants PDA 携帯情報端末	290 85	photometer head 受光器	145
personal handyphone system PHS	288	photomultiplier tube PMT フォトマル 光電子増倍管	289 309 102
personal identification 個人認証	107	phototransistor フォトトランジスタ	309
personal radio パーソナル無線	271	phototube 光電管	101
perspective drawing 透視図	247	photovoltaic array 太陽電池アレイ	198
per-unit impedance パーユニットインピーダンス	272	photovoltaic cell 太陽電池 太陽電池セル	198 198
per-unit system パーユニット法 単位法	272 202	photovoltaic cells 光電池	292
PF 電力ヒューズ	244	photovoltaic effect 光起電力効果	291
phase 位相	16	photovoltaic module 太陽電池モジュール	198
phase advance capacitor 進相コンデンサ	160	photovoltaic panel 太陽電池パネル	198
phase angle 位相角	16	photovoltaic power generation 太陽光発電	198
phase array 相配列	188	picture element 画素	55
phase current 送電流	188	PID control PID 制御	287
phase difference feeding antenna 位相差給電形アンテナ	16	piezoelectric ceramic filter 圧電セラミックフィルタ	9
phase indication 相表示	188	piezoelectric effect ピエゾ効果 圧電効果	291 9
phase-loss protection 欠相保護	89	piezoelectric resistance effect ピエゾ抵抗効果	291
phase number 相数	187	pigtail joint 終端接続	142
phase rotation 相回転	186	pillar box ピラーボックス	302
phase-rotation indicator 相回転表示器	186	pilot lamp パイロットランプ	276
phase sequence 相順	187		
phase-sequence indicator 検相器	91		
phase voltage 相電圧	188		
phasor フェーザ	309		

運転表示灯　26	差込接続器　119
pilot lamp　表示灯　301	plug adaptor　プラグアダプタ　315
pilot wire relay　表示線継電器　301	plug fuse　プラグインヒューズ　315
pilot wire relaying system　表示線継電方式　301	plugging　逆相制動　71
pin base（米）　ピン口金　304	plug-in　プラグイン　315
pin cap（英）　ピン口金　304	plug-in busway　プラグインバスダクト　315
ping　ピング　304	plug-in device　プラグイン器具　315
pink noise　ピンノイズ　304	plugin hybrid electric vehicle　PHEV　288
pin-point spotlight　ピンスポットライト　305	プラグインハイブリッドカー　315
pin type insulator　ピンがいし　304	plug-in switch　プラグインスイッチ　315
pipe for frame-work　フレームパイプ　318	plunger　プランジャ　316
pipe frame-work　パイプフレーム　275	可動鉄心　58
pipeline heating　パイプラインヒーティング　275	plutonium　プルトニウム　318
pipe shaft　パイプシャフト　275	plutonium thermal use　プルサーマル　317
pipe strap　サドル　120	plutonium-uranium mixed oxide fuel　MOX燃料　352
piping in concrete slab　スラブ配管　169	PM　予防保全　360
piping sleeve　スリーブ　169	PMT　光電子増倍管　102
piston　ピストン　296	pneumatic control　空気式制御　79
pit　ピット　298	pneumatic dispatch tube　気送管　69
pitot relay　ピトー継電器　298	pneumatic dispatch tube equipment　気送管設備　69
pixel　画素　55	pneumatic post cylinder　気送子　69
PL　製造物責任　172	pneumatic start　空気始動　79
place which a person can be accessible　人が触れるおそれがある場所　298	pneumatic tube　空気管　79
place which a person can be easily accessible　人が容易に触れるおそれがある場所　299	pocket type battery　ポケット式蓄電池　336
Planckian radiator　プランクの放射体　316	point by point method　逐点法　206
planoconvex lens spotlight　平凸レンズスポットライト　303	point of sales system　POS　289
plasma display　プラズマディスプレイ　315	販売時点情報管理　287
plastic coated steel pipe for cable-way　ケーブル保護用合成樹脂被覆鋼管　88	polarity　極性　76
plastic conduit　合成樹脂管　98	polarization　分極　322
plastic raceway　合成樹脂線ぴ　99	polarized light　偏光　328
plastic raceway wiring work　合成樹脂線ぴ工事　99	polarized wave　偏波　328
platform　プラットホーム　316	pole brace　支柱　136
PLC　プログラマブルコントローラ　320	pole change induction motor　極数変換形誘導電動機　76
電力線搬送通信　244	pole-mounted switch　柱上開閉器　210
pliable plastics conduit　合成樹脂製可とう電線管　98	pole-mounted transformer　柱上変圧器　210
plug　差込プラグ　119	polling　ポーリング　335
	polychlorinated biphenyl　PCB　290
	ポリ塩化ビフェニル　339
	polyethylene insulated vinyl sheath city pair

cable　CPEV	127
polyethylene lining steel pipe　ポリエチレンライニング鋼管	339
polymer electrolyte fuel cell　PEFC 固体高分子形燃料電池	287 / 107
polyphase rectification system　多相整流方式	200
polyviniyl chloride insulated and sheated flexible cables　キャブタイヤケーブル	72
polyviniyl chloride insulated flexible cord　キャブタイヤコード	72
polyvinyl chloride insulated and sheathed cable　ビニル絶縁ビニルシースケーブル	299
polyvinyl chloride insulated drop service wire　引込用ビニル絶縁電線	294
polyvinyl chloride insulated wire　ビニル絶縁電線	299
pop-up floor outlet-socket（英）　アップコンセント	9
pop-up floor receptacle（米）　アップコンセント	9
porcelain bushing　がい管	48
pork-through system　ポークスルー方式	335
portable equipment for live working　活線作業用器具	56
portal bridge　ポータルブリッジ	335
portal bridge light　ポータルブリッジライト	335
portal site　ポータルサイト	335
portal tower　ポータルタワー	335
portal tower light　ポータルタワーライト	335
POS　ポス 販売時点情報管理	338 / 287
positive column　陽光柱	359
positive feedback　正帰還	170
positive phase　正相	171
positive-phase-sequence current　正相電流	172
positive-phase-sequence impedance　正相インピーダンス	172
positive-phase-sequence voltage　正相電圧	172
positive-sequence mode noise　正相ノイズ	172
post office protocol　POP	289
potable sealed nickel-cadmium battery　密閉ニッケルカドミウム蓄電池	346
potential current transformer　PCT	290
potential gradient　電位の傾き	231
potential profile　電圧プロフィール	229
potential transformer　PT	290
power　電力	243
power amplifier　パワーアンプ	284
power center　パワーセンタ	284
power conditioning subsystem　PCS パワーコンディショナ	290 / 284
power consumption　消費電力	154
power demand control　デマンド制御	227
power demand monitoring　デマンド監視	227
power distribution voltage　配電電圧	274
power factor　力率	365
power factor adjustment clause　力率調整条項	365
power factor control　力率制御	365
power factor improvement　力率改善	365
power failure control　停電制御	224
power failure/restoration control　停復電制御	224
power flow　電力潮流	244
power frequency discharge inception voltage　商用周波放電開始電圧	155
power fuse　PF 電力ヒューズ	288 / 244
power gain　電力利得	245
power generation capacity factor　発電設備利用率	281
power line　電線路	240
power line communication　PLC 電力線搬送通信	289 / 244
power loss　電力損失	244
power loss factor　電力損失率	244
power receiving and transforming equipment	

受変電設備 148	principle of superposition　重ね合わせの理 53
power receiving equipment　受電設備 146	
power receiving system　受電方式 147	printed circuit board　PCB 290
power recovery　復電 312	private branch cable　構内ケーブル 102
power restoration control　復電制御 312	private branch exchange　PBX 291
power semiconductor device　電力用半導体素子 245	構内交換機 102
	private finance initiative　PFI 288
power station　発電所 281	privately-owned generator set　自家発電設備 130
power usage effectiveness　PUE 291	
prealarm　プレアラーム 318	process control　プロセス制御 320
pre-amplifier　プリアンプ 317	processor　プロセッサ 320
preceding works　先行工事 183	production drawing　製作図 171
precision watt-hour meter　精密電力量計 174	production management system　生産管理システム 171
precombustion type　予燃焼室式 359	product liability　PL 289
predicted mean vote control　PMV制御 289	製造物責任 172
prefocus lamp　定焦点形電球 223	professional engineer　技術士 68
preliminary design　基本設計 70	profile spotlight　プロファイルスポットライト 321
preliminary design drawing　基本設計図 70	
premises　構内 102	program　プログラム 320
preset fader　プリセットフェーダ 317	programmable logic controller　PLC 289
pressure detector　圧力検出器 10	プログラマブルコントローラ 320
pressure reducer　減圧弁 90	
pressure relay　圧力継電器 9	programmable timer　プログラムタイマ 320
pressure relief device　放圧装置 329	programming language　プログラミング言語 320
pressure switch　圧力スイッチ 10	
pressure vessel　圧力容器 10	progressive scan　プログレス表示 320
pressurized enclosure　内圧防爆構造 256	順次走査 149
prestressed concrete　プレストレストコンクリート 319	progress schedule　工程表 101
	projected beam type smoke detector　光電式分離型煙感知器 101
preventive maintenance　PM 289	
予防保全 360	projector　プロジェクタ 320
preventive material against fire spreading　ケーブル延焼防止材 87	投射器 247
	projector incandescent lamp　反射形投光電球 285
pre-wiring system　先行配線システム 183	
primary battery　1次電池 16	propagation velocity　伝搬速度 242
primary cell　1次電池 16	propeller type windmill　プロペラ形風車 321
primary energy　1次エネルギー 16	proscenium　プロセニアム 320
primary memory　1次記憶装置 16	proscenium light　プロセニアムライト 321
primary substation　1次変電所 16	proscenium loud-speaker　プロセニアムスピーカ 321
primary voltage　1次電圧 16	
prime mover　原動機 93	prospective touch voltage　推定接触電圧 164
principal safety and health supervisor　元方安全衛生管理者 352	protected extra low voltage　保護特別低電圧 337

protection against direct contact	直接接触保護	212	pull out	同期外れ	246
protection against indirect contact	間接接触保護	63	pull out torque	脱出トルク	200
			pulsation factor	脈動率	346
protection co-ordination	保護協調	336	pulse	パルス	283
protection level	保護レベル	337	pulse amplitude modulation PAM		288
protection system against lightning	避雷設備	303		パルス振幅変調方式	283
protection type of electrical apparatus for explosive atmospheres	防爆構造	334	pulse noise	パルスノイズ	283
			pulse transducer	パルス変換器	283
protective angle	保護角	336	pulse width modulation PWM		290
protective angle method	保護角法	336		パルス幅変調方式	283
protective barrier	保護バリア	337	push button switch	押しボタンスイッチ	44
protective conductor	保護導体	337	push-pull amplifier	プッシュプル増幅器	313
protective earthing（英）	保安用接地	329	PWM	パルス幅変調方式	283
	保護用接地	337	pyranometer	全天日射計	184
protective enclosure	保護エンクロージャ	336		日射計	260

Q

protective extra-low voltage system	PELVシステム	288
protective filter mask	防じんマスク	332
protective grounding（米）	保安用接地	329
	保護用接地	337
protective obstacle	保護オブスタクル	336
protective relay	保護継電器	336
protector	保安器	328
protector circuit breaker	プロテクタ遮断器	321
protector fuse	プロテクタヒューズ	321
protocol	プロトコル	321
proximity effect	近接効果	77
proximity switch	近接スイッチ	77
PSALI	プサリ	313
PSF	行動形成要因	102
P-type control and indicating equipment	P型受信機	289
P-type manual fire alarm box	P型発信機	289
p-type semiconductor	p形半導体	289
public address system	PAシステム	288
	構内放送設備	102
pull box	プルボックス	318
pulling-in wire	呼び線	359
pulling out of synchronism	同期外れ	246

QC	品質管理	304
QC circle	QCサークル	73
QC technique	QC手法	73
qualified person for energy management	エネルギー管理士	35
qualified person for specified electric work	特種電気工事資格者	249
quality assurance	品質保証	305
quality control	QC	73
	品質管理	304
quality control circle	QCサークル	73
quality of design	設計品質	179
quality of service	QoS	73
quality performance evaluation for disaster prevention	防災性能評価	331
quantum tunneling	トンネル効果	255
quartz crystal clock	水晶時計	162
quartz resonator	水晶振動子	162
	水晶発振子	162
quasi-noncombustible material	準不燃材料	150
quick charge	急速充電	74

R

raceway　2種金属製線ぴ		259
レースウエイ		371
raceway　金属線ぴ		78
線ぴ		184
radiant heating　ふく射暖房		312
放射暖房		332
radiation　放射		332
radiation dose　放射線量		332
radiator　ラジエータ		362
放熱器		334
Radio Act　電波法		242
radio correction system　ラジオ修正方式		363
radio disturbance due to reflection　反射障害		285
radio frequency identification　RFID		2
無線ICタグ		348
radio operator　無線従事者		348
radio wave　電波		241
radio wave clock　電波時計		241
radiowave interference　電波障害		241
rainproof　防雨形		329
rainproof type　耐雨型		192
raised access floor　アクセスフロア		7
raised box cover　塗代カバー		262
random access memory　RAM		363
Rankine cycle　ランキンサイクル		364
rapid spanning tree protocol　RSTP		2
rapid-start ballast　ラピッドスタート式安定器		363
rapid-start fluorescent lamp（米）　ラピッドスタート形蛍光ランプ		363
即時点灯形蛍光ランプ		189
rare earth elements　レアアース		369
希土類元素		70
rare metal　レアメタル		369
rated burden　定格負担		222
rated capacity　定格容量		222
rated current　定格電流		221
rated interrupting time　定格遮断時間		221
rated making current　定格投入電流		221
rated output　定格出力		221
rated overcurrent constant　定格過電流定数		221
rated power　定格電力		221
rated residual non-operating current　定格不動作電流		222
rated residual operating current　定格感度電流		221
rated voltage　定格電圧		221
rate-of-rise line type heat detector　差動式分布型熱感知器		120
rate-of-rise spot type heat detector　差動式スポット型熱感知器		120
rates of fatal and injury per 1000 workers　年千人率		267
rating　定格		221
ratio differential relay　比率差動継電器		303
ratio error　比誤差		294
RC filter　RCフィルタ		3
RC structure　RC構造		3
RCT　逆導通サイリスタ		72
reactance　リアクタンス		364
reactance factor　リアクタンス率		364
reactive factor　無効率		347
reactive power　無効電力		347
reactive power control　無効電力制御		347
reactive power meter　無効電力計		347
reactive volt-ampere-hour meter　無効電力量計		347
reactor starting　リアクトル始動		364
read only memory　ROM		375
real time　リアルタイム		365
reamer　リーマ		365
面取器		351
rear projector　後方投影式プロジェクタ		103
receiver　受光器		145
receiver outlet　直列ユニット		215
receiving circuit breaker　受電用遮断器		147
receiving frequency band　受信帯域		146
receiving point　受電点		146
receiving thermal efficiency　受電端熱効率		146
receiving voltage　受電電圧		147

receptacle（米） コンセント	111
receptacle and connector 差込接続器	119
recessed luminaire 埋込形照明器具	25
reciprocating engine 往復動内燃機関	42
reclosing 再閉路	118
recognized pursuer for electric work 認定電気工事従事者	262
recovery charge 回復充電	50
rectification 順変換	150
rectifier 整流器	174
rectifier type instrument 整流形計器	174
rectifying circuit 整流回路	174
recycle リサイクル	365
red-green-blue RGB	3
red green blue colorimetric system RGB表色系	3
red noise レッドノイズ	372
redox-flow battery レドックスフロー電池	372
redox-flow cell レドックスフロー電池	372
reduce リデュース	366
reduced-voltage starting 減電圧始動	93
reducer レジューサ	371
reducing agent of earthing resistance 接地抵抗低減材	181
reduction factor to current-carrying capacities 許容電流減少係数	76
reduction of environmental impact 環境負荷低減	63
redundancy 冗長性	153
redundant arrays of independent disks RAID レイド	2 / 371
redundant system 冗長システム	153
reference capacity 基準容量	68
reference current 基準電流	68
reference impedance 基準インピーダンス	68
reference of throwing on load 負荷投入率	310
reference voltage 基準電圧 動作開始電圧	68 / 247
reflectance 反射率	285
reflected solar radiation 反射日射	285
reflection 反射	285
reflector 反射がさ	285
reflector incandescent lamp 反射形投光電球	285
reflector lamp 反射形ランプ	285
reformer 改質器	49
refuge floor 避難階	299
regenerative braking 回生制動	49
register レジスタ	371
registered architect 建築士	92
registered jack-45 RJ-45	3
registration, evaluation, authorization and restriction of chemicals REACH規制	365
regular network system レギュラネットワーク方式	371
regular reflection 正反射	174
regulate the use of certain hazardous substances directive 特定有害物質使用規制指令	251
reignition 再発弧	118
reinforced concrete structure 鉄筋コンクリート構造	226
reinforced insulation 強化絶縁	74
relative humidity 相対湿度	187
relative storey displacement 層間変位	187
relaxation oscillator circuit 弛張発振回路	136
relay 継電器	85
relay terminal board 中継端子盤	209
relay tester 継電器試験器	85
relocatable binary format program 再配置可能形式プログラム	118
relocatable format program リロケータブル形式プログラム 再配置可能形式プログラム	368 / 118
remanent magnetism 残留磁気	124
remote authentication dial in user service RADIUS	363
remote continuous supervisory and control system 遠隔常時監視制御方式	39
remote control 遠隔制御	40
remote control relay リモコンリレー	367
remote control station 制御所	170

remote control switch　リモートスイッチ　367	residual voltage　残留電圧　124
remote control transformer　リモコン変圧器　367	resistance　抵抗　222
	resistance earthing system（英）抵抗接地方式　222
remote indicator lamp　室外表示灯　136	resistance grounding system（米）抵抗接地方式　222
remote inspection function　遠隔試験機能　39	
remote measuring　遠隔測定　40	resistance heating　抵抗加熱　222
remote operation　遠隔操作　40	resistance loss　抵抗損　223
遠方操作　42	resistance method　抵抗法　223
remote supervisory control　遠方監視制御 42	resistance starting　抵抗始動　222
remote-switching system　リモコンスイッチ方式　367	resistance temperature detector　測温抵抗体　189
renewable energy　再生可能エネルギー　116	resistivity　体積抵抗率　194
renewable energy certificates　グリーン電力証書　82	抵抗率　223
	resistor-capacitor filter　RCフィルタ　3
repeater　リピータ　367	resolution　解像度　49
レピータ　372	resonance　共振　75
replacement　盛り替え　353	resonance frequency　共振周波数　75
repulsion motor　反発電動機　287	resonant earthing system by arc-suppression coil　消弧リアクトル接地方式　152
repulsion-start type induction motor　反発始動誘導電動機　287	respiratory care unit　RCU　3
residential automatic fire alarm system　住戸用自動火災報知設備　142	response control　免震　351
	response magnification factor　応答倍率　42
residential fire alarm device　住宅用火災警報器　142	responsibility point　責任分界点　176
	restriction of the use certain hazardous substances in electrical and electronic equipment　RoHS指令　374
住宅用防災警報器　142	
residential gateway　RGW　3	restrike　再点弧　118
住宅用ゲートウェイ 142	retightening　増締め　343
residual　残差　122	return stroke　帰還雷撃　67
residual circuit　残留回路　124	reuse　リユース　367
residual current　残留電流　124	reverberation　残響　121
residual current operated circuit breaker　漏電遮断器　373	reverberation chamber　残響室　121
	reverberation room　残響室　121
residual current operated circuit breaker tester　漏電遮断装置用テスタ　374	reverberation time　残響時間　121
	reverberation unit　残響付加装置　121
residual current relay　漏電継電器　373	reverberator　エコーマシン　30
residual current transformer　零相変流器　370	残響付加装置　121
	reverse conducting thyristor　逆導通サイリスタ　72
residual electric charge　残留電荷　124	
residual magnetic flux　残留磁束　124	reverse coupling loss　逆結合損失　70
residual magnetism　残留磁化　124	reversed beam　逆ばり　72
残留磁気　124	reverse phase　逆相　71
residual operating current　感度電流　65	reverse power breaking　逆電力遮断　72

reverse power flow 逆潮流	71
reverse power relay 逆電力継電器	72
Reynolds number レイノルズ数	371
RGW 住宅用ゲートウェイ	142
rigid steel conduit 鋼製電線管	99
ring LAN リング形 LAN	368
ring reducer リングレジューサ	368
ring sleeve リングスリーブ	368
ripple リップル	366
ripple-free direct current リップルフリー直流	366
rise and fall pendant 昇降式つり下げ灯	151
risk assessment リスクアセスメント	365
risk communication リスクコミュニケーション	366
risk management リスクマネジメント	366
rms 実効値	136
road heating ロードヒーティング	374
road lighting 道路照明	249
roaming ローミング	374
Rochelle salt ロッシェル塩	375
rock wool ロックウール	375
岩綿	65
rolling sphere method 回転球体法	50
roof heating ルーフヒーティング	369
roof integrated photovoltaic array 屋根材一体形太陽電池アレイ	354
roof material type photovoltaic array 屋根材形太陽電池アレイ	354
roof mounted type photovoltaic array 屋根置き形太陽電池アレイ	354
roof pond ルーフポンド	369
room index 室指数	136
room indication 在室表示	116
room indicator ルームインジケータ	369
root-mean-square value 実効値	136
rotor 回転子	50
rotor resistance control 2次抵抗制御	258
rotor resistance starting 2次抵抗始動	258
rough service lamp 耐振電球	194
round-shaped lamp ボール電球	335
router ルータ	368
routine ルーチン	368
R-type control and indicating equipment R型受信機	2
R-type manual fire alarm box R型発信機	3
rubber insulated flexible cable キャブタイヤケーブル	72
rubber insulated flexible cord キャブタイヤコード	72
rules and rates for electricity supply servic 電気供給約款	232
Runge-Kutta method ルンゲ・クッタ法	369
running cost ランニングコスト	364
運用コスト	26
runway edge light 滑走路灯	56

S

sacrificial anode 犠牲アノード	69
sacrificial electrode 犠牲電極	69
safety and health committee 安全衛生委員会	13
safety and health education 安全衛生教育	13
safety and health education for foremen 職長教育	157
safety and health meeting 安全衛生協議会	13
safety and health promoter 安全衛生推進者	13
safety and health supervisor 安全衛生責任者	13
safety belt 安全帯	14
safety committee 安全委員会	13
safety distance 離隔距離	365
safety extra-low voltage 安全特別低電圧	14
safety extra-low voltage system SELVシステム	31
safety management regulations 自家用電気工作物保安管理規程	131
safety officer 安全管理者	13
safety regulation 保安規程	328
safety services 安全設備	14
safety valve 安全弁	14
salt pollution 塩害	39
satelite broadcasting 衛星放送	27
satelite communication 衛星通信	27
Savonius type windmill サボニウス形風車	

121
saw tooth wave　のこぎり波	269
scan converter　スキャンコンバータ	165
scattering　散乱	124
scatter plot　散布図	123
scheduled control　スケジュール制御	165
schematic design　基本計画	70
scintillation　シンチレーション	160
Scott-connected transformer　スコット結線変圧器	166
screen　遮蔽	141
screened room（英）　シールドルーム	129
screening（英）　遮蔽	141
screw base（米）　ねじ込口金	263
screw cap（英）　ねじ込口金	263
screw-on pigtail connector　ねじ込形電線コネクタ	262
SD　防煙ダンパ	329
sealant　シール材	128
sealed beam lamp　シールドビーム電球	129
sealed type alkaline battery　シール形アルカリ蓄電池	128
sealing compound　シーリングコンパウンド	128
シール材	128
sealing fitting　シーリングフィッチング	128
secondary battery　2次電池	259
secondary cell　2次電池	259
secondary current　2次電流	259
secondary-excitation control system　2次励磁制御方式	260
secondary resistance control　2次抵抗制御	258
secondary resistance starting　2次抵抗始動	258
secondary substation　2次変電所	259
secondary voltage　2次電圧	259
second law of thermodynamics　熱力学第二法則	266
sectional detail drawing　かな計り図	59
secure sockets layer　SSL	31
security lighting　防犯灯	334
security system　セキュリティシステム	176
防犯設備	334
Seebeck effect　ゼーベック効果	175
seek error　シークエラー	126
seek time　シークタイム	126
segment　セグメント	176
seismic coefficient for design　設計用標準震度	179
seismic coefficient　震度	160
seismic design　耐震設計	194
seismic diagnosis　耐震診断	194
seismic energy　地震のエネルギー	134
seismic force　地震力	134
seismic intensity　震度	160
seismic monitoring system　地震監視装置	134
seismic snubber　耐震ストッパ	194
seismic wave　地震波	134
seismograph　地震計	134
seismometer　地震計	134
selecting　セレクティング	182
selective breaking　選択遮断	184
selector switch　セレクタスイッチ	182
self-action synchronism indicator　自動同期検定装置	138
self-ballasted mercury lamp（米）　安定器内蔵型水銀ランプ	14
self-bonding insulation tape　自己融着性絶縁テープ	133
self-diagnosis function　自己診断機能	133
self-discharge　自己放電	133
self-discharge characteristics　自己放電特性	133
self-excitation　自己励磁	133
self-extinction type element　自己消弧形素子	133
self-holding circuit　自己保持回路	133
self-inductance　自己インダクタンス	132
self-induction　自己誘導	133
self-supporting outdoor telephone wire TOV-SS	219
self-synchronizing motor　シンクロ電機	159
selsyn receiver　シンクロ受信機	158
selsyn transmitter　シンクロ発信機	159
SELV　安全特別低電圧	14
semiconductor　セミコンダクタ	182

半導体 286	バ 30
semiconductor switching device 半導体スイッチ 286	setting 設定 181
semi-cut-off type luminaire セミカットオフ形照明器具 182	setting depth 根入れ 262
semi-direct lighting 半直接照明 286	settling 整定 172
semi-indirect lighting 半間接照明 284	set top box STB 32
sensible temperature 感覚温度 62	セットトップボックス 181
体感温度 193	seven-step guide セブンステップガイド 182
有効温度 354	SFD 防煙防火ダンパ 330
sensor センサ 183	shackle type insulator シャックルがいし 141
検出端 91	茶台がいし 208
sequence diagram シーケンス図 126	shade セード 175
sequencer シーケンサ 126	shading coil くまどりコイル 80
sequential control シーケンス制御 126	shading coil type induction motor くまどり巻線形誘導電動機 80
sequential starting control 順次始動制御 148	shaft power 軸出力 132
series box セーリスボックス 175	軸動力 132
series capacitor 直列コンデンサ 214	shaped stranded-conductor 成形より線 171
series reactor 直列リアクトル 215	sheathed thermocouple シース熱電対 126
series sequence rapid start ballast 直列ラピッドスタート式安定器 215	sheathing 山留め 354
server サーバ 115	sheet-applied membrane waterproofing シート防水 127
service cap サービスキャップ 115	sheet molding compound SMC 31
service entrance 引込口 293	shield シールド 128
service entrance cap エントランスキャップ 41	遮蔽 141
service entrance equipment 引込口装置 293	shielded enclosure（米） シールドルーム 129
service entrance piping 引込管路 293	shielded twisted pair cable STP 32
service head エントランスキャップ 41	シールド対よりケーブル 129
service life 耐用年数 198	shielding（米） 遮蔽 141
service system with main and stand-by line 常用予備受電 156	shielding angle 遮光角 140
本線予備線受電 340	shielding wire シールド線 128
service tank 燃料小出し槽 268	shift coupling connection 送りカップリング接続 44
service voltage 供給電圧 74	shipping inspection 受渡検査 24
使用電圧 153	shop inspection 工場検査 98
service wire 引込線 293	short arc lamp ショートアークランプ 156
service wire anchoring point 引込線取付点 294	short-circuit 短絡 204
servo amplifier サーボ増幅器 115	short-circuit allowable current 短絡時許容電流 204
servomechanism サーボ機構 115	short-circuit capacity 短絡容量 205
サーボ制御系 115	short-circuit current 短絡電流 204
servo motor サーボモータ 115	
session initiation protocol server SIPサー	

short-circuit impedance 短絡インピーダンス	204
short-circuit protection 短絡保護	204
short-circuit protection circuit breaker 短絡保護専用遮断器	204
short-circuit protection fuse 短絡保護専用ヒューズ	205
short-circuit ratio 短絡比	204
short-circuitting and earthing tool 短絡接地器具	204
short link ショートリンク	156
short-time allowable current 短時間許容電流	202
short-time duty 短時間使用	202
short-time rating 短時間定格	202
short wave 短波	203
shunt reactor 分路リアクトル	324
shutter detector シャッタ検知器	141
siamese connection サイアミーズコネクション	116
siamese connection 送水口	187
sick house syndrome シックハウス症候群	136
side flash 側撃雷	189
side lightning flash 側撃雷	189
side spotlight サイドスポットライト	118
sievert シーベルト	128
signal-to-noise ratio SN 比	31
信号対雑音比	159
signal transmission contact 移報接点	18
silencer サイレンサ	118
消音器	150
silencer chamber 消音チャンバ	150
silicone rubber insulated glass braided wire けい素ゴム絶縁ガラス編組電線	85
silicon photovoltaic cell シリコン太陽電池	158
silver brazing filler metal 銀ろう	78
silver solder 銀ろう	78
simple mail transfer protocol SMTP	31
simple network management protocol SNMP	31
simple sound source 点音源	231
simplified electric work 簡易電気工事	62
sine wave 正弦波	171
single bus system 単一母線方式	201
single cell 単セル	202
single crystal silicon solar cell 単結晶シリコン太陽電池	202
single floodlight バンチライト	286
single mode optical fiber シングルモード光ファイバ	158
single-phase induction motor 単相誘導電動機	202
singlephase three-wire system 単相3線式	202
single-phase two-wire system 単相2線式	202
single-pole snap switch 片切スイッチ	55
single reflector luminaire 片反射がさ付器具	55
single-throw switch 単投形開閉器	203
singlevendor organization シングルベンダ構成	158
sintered type battery 焼結式蓄電池	151
sinusoidal wave 正弦波	171
siren サイレン	118
site representative 現場代理人	93
SI units SI 単位	30
six-phase rectification 6相整流	375
six-pulse bridge converter 6パルス変換器	375
skeleton diagram スケルトン	165
単線結線図	202
skeleton infill スケルトンインフィル	165
skelton drawing く体図	79
skelton drawing line cord patching system 強電パッチ方式	75
skin effect 表皮効果	302
sky cyclorama light アッパホリゾントライト	9
skylight スカイライト	165
天空光	237
sky luminance 天空輝度	237
slave clock 子時計	108
sleeve 貫通スリーブ	65
sleeve connection スリーブ接続	169
sleeve joint スリーブ接続	169

slidac　スライダック	169
slip　滑り	168
slip ring　集電リング	143
集電環	143
small current breaking　小電流域遮断	153
small volume of hazardous materials　少量危険物	156
smart card　スマートカード	168
smart grid　スマートグリッド	168
smart meter　スマートメータ	169
smart phone　スマートフォン	169
smectic liquid crystal　スメクティック液晶	169
SMES　超伝導電力貯蔵装置	212
smoke and fire damper　SFD	31
防煙防火ダンパ	330
smoke barrier　防煙垂れ壁	329
smoke combination spot detector　煙複合式スポット型感知器	89
smoke control by pressurization system　加圧排煙方式	48
smoke control system　防排煙設備	334
smoke damper　SD	32
防煙ダンパ	329
smoke detector　煙感知器	89
smoke eliminating equipment　排煙設備	273
smoke machine　スモークマシン	169
smoke shutter　防煙シャッタ	329
smoke tester　加煙試験器	51
smooth body type stranded-conductor　SB形より線	32
smoothing circuit　平滑回路	324
snap switch　スナップスイッチ	167
snow noise　スノーノイズ	167
social network　ソーシャルネットワーク	189
society with an environmentally-sound material cycle　循環型社会	148
socket　ソケット	190
socket-outlet for fire fighting　非常コンセント	295
socket-outlet with earthing terminal　接地端子付きコンセント	181
socket with key switch　キーソケット	66
sodium sulfur battery　NaS電池	257
ナトリウム硫黄電池	257
SOFC　固体酸化物形燃料電池	108
soft solder alloy　はんだ	286
soft start function　ソフトスタート機能	190
software　ソフトウエア	190
solar noise　太陽雑音	198
solar thermal application　太陽熱利用	198
solenoid valve　電磁弁	238
solid angle　立体角	366
solid earthing system（英）　直接接地方式	213
solid electrolyte fuel cell　固体電解質形燃料電池	108
solid grounding system（米）　直接接地方式	213
solid insulated bus　固体絶縁母線	108
solid insulated switchgear　固体絶縁スイッチギヤ	108
solid oxide fuel cell　SOFC	31
固体酸化物形燃料電池	108
solid-state image sensing device　固体撮像素子	107
sound　音響	46
sound absorbing box　消音ボックス	150
sound absorbing coefficient　吸音率	73
sound absorbing material　吸音材	73
sound field　音場	47
sound insulation　防音	330
sound insulation wall　遮音壁	140
sound intensity　音の強さ	45
sound intensity level　音の強さのレベル	45
sound level　騒音レベル	186
sound-level meter　騒音計	186
sound pressure　音圧	45
sound pressure level　音圧レベル	46
source code　ソースコード	189
source program　ソースプログラム	189
原始プログラム	91
SO_x　ソックス	190
spacer　スペーサ	168
span　径間	84
spanning tree protocol　STP	32

spare part 予備品	360	
spare piping 予備配管	360	
spark discharge 火花放電	300	
spark ignition 火花点火	299	
SPD サージ保護装置	115	
special emergency power supply 特別非常電源	251	
special fire defense equipment 特殊消防用設備等	249	
special fire protection object 特定防火対象物	250	
special type of protection 特殊防爆構造	249	
specification 仕様書	153	
specific conductivity 比導電率	298	
specific contractor 特定元方事業者	251	
specific electric equipment 特定電気用品	250	
specific electric utility 特定電気事業者	250	
specific gravity meter 比重計	294	
specific size electric utility 特定規模電気事業者	250	
specific supply 特定供給	250	
specified apartment 特定共同住宅	250	
specified apartment with two-way exits 二方向避難型特定共同住宅等	261	
specified building 特殊建築物	249	
specified building business 特定建設業	250	
specified electric work 特殊電気工事	249	
spectral luminous efficiency (for the CIE standard photometric observer) 標準比視感度	302	
標準分光視感効率	302	
spectral luminous efficiency 比視感度	294	
分光視感効率	322	
spectrum スペクトル	168	
周波数帯	143	
specular reflection 鏡面反射	75	
speech recognition device 音声認識装置	46	
speed control 速度制御	189	
speed light スピードライト	168	
spherical aberration 球面収差	74	
splashproof 防まつ形	334	
splice 直線接続	213	
splice box スプライスボックス	168	
splicing sleeve スリーブ	169	
splitbolt type connector ボルト形コネクタ	340	
split-core-type current transformer 分割形変流器	321	
split-phase start induction motor 分相始動誘導電動機	323	
splitter 分岐器	322	
分配器	323	
SPM motor SPMモータ	32	
表面磁石電動機	302	
spool insulator 多溝がいし	200	
spool type insulator シャックルがいし	141	
茶台がいし	208	
spotlight (米) スポットライト	168	
spot network receiving system スポットネットワーク受電方式	168	
spot type analogue heat detector アナログ式スポット型熱感知器	11	
spot type combination heat detector 補償式スポット型熱感知器	337	
spot type fixed temperature heat detector 定温式スポット型熱感知器	221	
spot type heat detector スポット型熱感知器	168	
spring operation ばね操作	281	
spring pressure type wire connector 差込形電線コネクタ	119	
sprinkler of fire extinguishing equipment スプリンクラ消火設備	168	
sprite スプライト方式	168	
stand-by power supply system SPS	32	
spy-ware スパイウエア	167	
squawker スコーカ	166	
SQUID 超伝導量子干渉素子	212	
squirrel-cage induction motor かご形誘導電動機	53	
SRC structure SRC構造	30	
S structure S構造	32	
stabilizing power source 安定化電源	14	
stacked cell 積層電池	176	
stacked loop antenna 双ループアンテナ	189	

stacked photovoltaic cell	多接合太陽電池	199
stage lighting system	舞台照明設備	313
stage monitor loudspeaker	ステージスピーカ	166
	はね返りスピーカ	281
stage side spotlight	ステージサイドスポットライト	166
standard definition	SD	32
standard lamp（英）	フロアスタンド	319
standard time and frequency broadcast	標準電波	302
standard voltage	標準電圧	301
stand-by power source	予備電源	360
stand-by UPS on redundant system with by-pass	商用待機冗長方式	155
standing wave	定在波	223
star-delta starting	スターデルタ始動	166
star-delta starting of closed transition method	クローズド切換式スターデルタ始動	83
star LAN	スター形 LAN	166
star network	星状配線網	337
star quad	星形カッド	337
start button switch	運転ボタン	26
starter	スタータ	166
	始動器	137
starterless fluorescent lamp（英）	ラピッドスタート形蛍光ランプ	363
	即時点灯形蛍光ランプ	189
starting capacity	始動容量	139
starting characteristic	始動特性	139
starting compensator	始動補償器	139
starting current	始動電流	138
starting method	始動方式	139
starting motor	始動電動機	138
starting power factor	始動力率	139
starting time	始動時間	137
starting torque	始動トルク	139
starting with motor	始動電動機始動	138
start-up wind velocity	起動風速	70
static conductive noise	静電誘導ノイズ	173

static electricity	静電気	172
static excitation system	静止形励磁方式	171
static induction thyristor	SI サイリスタ	30
	静電誘導サイリスタ	173
static induction transistor	SIT	30
	静電誘導トランジスタ	173
static Leonard system	静止レオナード方式	171
static relay	静止形継電器	171
static transfer voltage	静電移行電圧	172
stationary battery	据置蓄電池	165
station service transformer	所内用変圧器	158
stator	固定子	108
stator core	固定子鉄心	108
stator winding	固定子巻線	108
stay	支線	135
STB	セットトップボックス	181
steady short-circuit current	定常短絡電流	223
steam cycle	蒸気サイクル	151
steam reforming	水蒸気改質法	162
steel construction	鋼構造	97
steel encased reinforced concrete structure	鉄骨鉄筋コンクリート構造	227
steel plate assemble pole	鋼板組立柱	103
steel structure	鉄骨構造	226
step-by-step dimming	段調光	203
step index optical fiber	ステップインデックス形光ファイバ	166
step out	脱調	200
stepped leader	階段状先行放電	49
step response	ステップ応答	166
step voltage	歩幅電圧	339
stone mark	標石	302
stone monument	標石	302
stop button switch	停止ボタン	223
storage	記憶装置	66
storage battery	蓄電池	206
storage facility of hazardous materials	危険物貯蔵所	67
stored program control	蓄積プログラム制	

御	206	subtransient short circuit current	次過渡短	
STP　シールド対よりケーブル	129	絡電流		130
straight connection　直線接続	213	subtransient short circuit current	初期過渡	
strain insulator　引留がいし	294	短絡電流		156
strain meter　ひずみ計	296	sulfur oxides　SO_x		31
stratification　層別	189	硫黄酸化物		15
stray current　迷走電流	349	sunlight　直射日光		212
stray current corrosion　電食	239	sun-light sensor　日照センサ		261
stress relief cone　ストレスコーン	167	sunshine duration　日照時間		260
striker　ストライカ	166	supercharger　過給機		51
striking distance　雷撃距離	361	supercomputer　スーパコンピュータ		165
striplight　ストリップライト	167	superconducting magnet　超伝導磁石		212
strobo light　ストロボ	167	superconducting magnetic energy storage		
stroboscope　せん光装置	183	equipment　SMES		31
stroboscope light　ストロボライト	167	superconducting magnetic energy storage		
structural drawing　構造図	99	equipment　超伝導電力貯蔵装置		212
structure　工作物	97	superconducting quantum interference device　SQUID		
strut　支柱	136			165
stuck　スタック	166	superconducting quantum interference device　スキッド磁束計		
stud　スタッドボルト	166			165
植込みボルト	23	superconducting quantum interference device　超伝導量子干渉素子		
stud bolt　スタッドボルト	166			212
植込みボルト	23	superconductivity object　超伝導体		212
S type recessed luminaire　S形埋込式照明器具		superconductor element　SIS素子		30
	31	superconductor insulator　SIS素子		30
S type small recessed luminaire　S形ダウンライト		super heterodyne　スーパヘテロダイン方式		
	32		165	
sub-control panel and indicating equipment　副受信機		super heterodyne receiver　スーパヘテロダイン受信機		
	312			165
subject illuminance　被写体照度	294	super high frequency　SHF		31
submaster fader　サブマスタフェーダ	121	super luminosity LED　高輝度LED		96
submerged pump　水中ポンプ	163	super turnstile antenna　スーパーターンスタイルアンテナ		
submersion　水中形	163			164
sub-millimetric wave　サブミリ波	121	supervising　監理		66
subprogram　サブプログラム	121	super vision equipment of interconnection　系統連系スーパービジョン		
subroutine　サブルーチン	121			86
substracter　減算器	90	super vision equipment　スーパービジョン		
sub-switch　分岐開閉器	322		165	
subtractive colour mixing　減法混色	94	supervisor　監理技術者		66
subtractive polarity　減極性	90	supervisory zone　警戒区域		84
subtransient reactance　次過渡リアクタンス 130		supplementary insulation　付加絶縁		310
		補助絶縁		338
subtransient reactance　初期過渡リアクタンス		supply and demand contract　需給契約		145
	156	supply chain management　SCM		32

supply voltage　供給電圧	74
support wire　ちょう架用線	211
メッセンジャワイヤ	350
surface metal raceway　１種金属製線ぴ	17
surface mounted box　露出用ボックス	375
surface mounted luminaire　じか付け形照明器具	130
surface permanent magnet motor　SPMモータ	32
表面磁石電動機	302
surge　サージ	115
surge absorber　サージアブソーバ	115
surge absorbing capacitor　サージ吸収コンデンサ	115
surge impedance　サージインピーダンス	115
surge protection device　SPD	32
サージ保護装置	115
surge tank　サージタンク	115
survival wind velocity　耐風速	197
susceptance　サセプタンス	119
suspension fly duct　サスペンションフライダクト	119
suspension spotlight　サスペンションライト　119	
sustained overvoltage　持続性過電圧	136
Swan base　スワン口金	170
sweep　掃引	186
sweep cycle　掃引サイクル	186
sweep frequency　掃引周波数	186
sweep generation　掃引発振器	186
sweep time　掃引時間	186
sweep voltage　掃引電圧	186
swing defence　振れ止め	319
switch　開閉器	50
switchboard　配電盤	274
switch box　スイッチボックス	163
switch for property distinction　区分開閉器　80	
switchgear　スイッチギヤ	163
switch-gear and control-gear assembly　配電盤	274
switching　開閉	50
switching algebra　スイッチング代数	163
switching circuit　点滅回路	242
switching hub　スイッチングハブ	163
switching impulse voltage　開閉インパルス電圧	50
switching overvoltage　開閉過電圧	50
switching regulator　スイッチングレギュレータ	164
switching surge　開閉サージ	50
switch with flame-proof enclosure　耐圧防爆形タンブラスイッチ	192
symmetrical noise　対称ノイズ	193
synchro control transformer　シンクロ制御変圧器	158
synchronizing　シンクロ	158
synchronizing close control　同期投入	246
synchronizing signal　同期信号	246
synchronous control with commercial line　商用同期制御	155
synchronous generator　同期発電機	246
synchronous impedance　同期インピーダンス	246
synchronous machine　同期機	246
synchronous motor　同期電動機	246
synchronous reactance　同期リアクタンス　246	
synchronous speed　同期速度	246
synchronous starting　同期始動	246
synchro system　シンクロ	158
system earthing（英）　系統接地	86
system grounding（米）　系統接地	86
system integration　システムインテグレーション	134
System Integration　SI	30
system locked to power supply frequency　電源同期方式	237
system splitting breaking　系統分離遮断方式	86

T

TA　端末アダプタ	203
tact progress schedule　タクト工程表	199
tandem photovoltaic cell　多接合太陽電池　199	

tangent delta　tan δ	202	tesla meter　磁束計	135
タンデルタ	203	thermal balance　熱平衡	266
tapered pole　テーパポール	225	thermal class　耐熱クラス	196
tapping　分岐接続	322	thermal conduction　熱伝導	264
tap voltage　タップ電圧	200	thermal conduction coefficient　熱伝導率	264
task and ambient air conditioning system　タスクアンビエント空調	199	thermal efficiency　熱効率	263
		thermal equilibrium　熱平衡	266
task and ambient lighting　タスクアンビエントライティング	199	thermal expansion　熱膨張	266
		thermal fuse　温度ヒューズ	46
taxiway edge light　誘導路灯	358	thermal insulation coefficient of thermal insulation　熱絶縁係数	264
TBM　ツールボックスミーティング	217		
T-branch　T分岐	220	thermal relay　サーマルリレー	115
TDM　時分割多重化	139	熱動形継電器	265
technical requirements guidelines of interconnection line　系統連系技術要件ガイドライン	86	thermal resistance　熱抵抗	264
		thermal runaway　熱暴走	266
		thermionic generation　熱電子発電	264
Technical Standards of Electric Installation　電気設備の技術基準	235	thermistor　サーミスタ	115
		thermit welding　テルミット溶接	228
telecommunication chief engineer　電気通信主任技術者	235	thermocouple　熱電対	264
		thermocouple type heat detector　熱電対式熱感知器	264
telecommunication construction　電気通信工事	235	thermodynamic temperature　熱力学温度	266
Telecommunications Business Act　電気通信事業法	235	thermoelectric conversion　熱電変換	265
		thermoelectric conversion module　熱電変換モジュール	265
telecommunications carrier　電気通信事業者	235	thermoelectric effect　熱電効果	264
telemetering　テレメータ	228	thermoelectric generation　熱電気発電	264
television broadcast received interference　受信障害	146	熱電発電	264
		thermoelectromotive force　熱起電力	263
television conference system　テレビ会議システム	228	thermo-indication label　サーモラベル	116
		thermostat　サーモスタット	115
temperature-rise test　温度上昇テスト	46	thermotropic liquid crystal　サーモトロピック液晶	116
temperature sensor　温度センサ	46		
temporary overvoltage　短時間過電圧	202	thick steel conduit　厚鋼電線管	8
tension member　テンションメンバ	239	thin film photovoltaic cell　薄膜太陽電池	277
tentanization threshold current　不随電流	313	thin film silicon solar cells　薄膜シリコン太陽電池	277
terminal adapter　TA	218	thin steel conduit　薄鋼電線管	24
terminal adapter　端末アプブタ	203	third generation mobile telecommunications　第3世代携帯電話	193
terminal cap（英）ターミナルキャップ	191		
terminal fitting（米）ターミナルキャップ	191	third generation mobile telecommunication systems　第3世代移動通信システム	193
terminating resistor　終端抵抗器	142	third law of thermodynamics　熱力学第三法則	266
termination　端末処理	203		

Thomson effect トムソン効果		252
threadless coupling ねじなしカップリング		
263		
threadless steel conduit ねじなし電線管		263
three-band fluorescent lamp 3波長域発光形蛍光ランプ		123
three cycle circuit breaking 3サイクル遮断		
122		
three elements relay 3E リレー		121
3-level fire alarm signal 3段階火災信号		123
three-line diagram 3線結線図		122
3線接続図		122
three-phase four-wire system 三相4線式		
123		
three-phase full wave rectification 三相全波整流		123
three-phase induction motor 三相誘導電動機		123
three-phase non-segregated phase bus 三相一括形母線		122
three-phase short-circuit 三相短絡		123
three-phase three-wire system 三相3線式		
123		
three primary colours 三原色		122
three-way switch 3路スイッチ		124
three-way valve 三方弁		124
three-winding transformer 3巻線変圧器		124
thrust bearing スラスト軸受		169
thyristor サイリスタ		118
thyristor frequency converter サイリスタ周波数変換装置		118
thyristor starting サイリスタ始動		118
thyristor-type excitation system サイリスタレオナード方式		118
tidal-power generation 潮汐発電		211
潮力発電		212
tie transformer タイトランス		195
連絡変圧器		373
tie wire バインド線		276
tilted type elevator 斜行エレベータ		140
tilt-switch detector 傾斜検知器		85
time coordination 時限協調		132
time delay switch 遅延スイッチ		205
time division multiplexing TDM		220

時分割多重化		139
time-lag fuse タイムラグヒューズ		197
time lapse video recorder タイムラプスビデオ		197
time limit characteristic 限時特性		90
time limit differential relay system 時限差継電方式		132
time limit element 限時要素		91
time limit relay 限時継電器		90
time setting 時限整定		132
tint saturation and luminance colorimetic system TSL 表色系		218
TL 透過損失		246
TLD 遮音等級		140
TN system TN系統		218
toggle switch トグルスイッチ		251
toilet alarm system トイレ呼出表示装置		245
tolerance 公差		97
toolbox meeting TBM		220
ツールボックスミーティング		217
topology トポロジー		252
top runner standard トップランナー方式		
252		
tormentor spotlight トーメンタルスポットライト		249
torolley busway トロリーバスダクト		255
torque トルク		254
total building management system ビル管理システム		303
total harmonic distortion ひずみ率		296
totalizing current transformer 合成変流器		
99		
total quality control activity TQC活動		219
touch panel タッチパネル		200
touch voltage 接触電圧		179
tower light タワーライト		201
TQC activity TQC活動		219
traceability トレーサビリティ		254
tracking トラッキング		253
tradable green certificates グリーン電力証書		82
trade-off トレードオフ		254
traffic トラヒック		253

traffic intensity 呼量		109	tree breakdown トリー破壊	253
transducer トランスデューサ		253	tree-like distribution system 樹枝状配電方	
変換器		327	式	145
transfer cut-off device 転送遮断装置		240	trench duct トレンチダクト	254
transfer function 伝達関数		240	trend recording トレンド記録	254
transformation ratio 変圧比		327	triac トライアック	253
transformer bank バンク単位		284	trickle charge トリクル充電	253
transformer bank capacity バンク容量		284	triode 三極管	122
transformer kiosk 変圧塔		327	三極真空管	122
transformer protective measure 変圧器保護			triode AC switch トライアック	253
方式		327	trip coil トリップコイル	254
transient overvoltage 過渡過電圧		59	trip-free 引外し自由	294
transient phenomena 過渡現象		59	tropical daylight fluorescent lamp（英）昼	
transient reactance 過渡リアクタンス		59	光色蛍光ランプ	209
transient short circuit current 過渡短絡電			trough トラフ	253
流		59	trumpet-type loudspeaker トランペット形	
transistor トランジスタ		253	スピーカ	253
transistor transistor logic TTL		220	truth table 真理値表	161
トランジスタ・ト			truth value 真理値	161
ランジスタ論理		253	TTL トランジスタ・トランジスタ論理	253
transistor transistor logic level TTL レベル			TT system TT系統	220
220			T-type manual fire alarm box T型発信機	
transmission 透過		245	219	
transmission bit rate 伝送速度		240	tumbler switch タンブラスイッチ	203
transmission control protocol TCP		219	tungsten halogen lamp タングステンハロゲ	
transmission control protocol/internet proto-			ン電球	202
col TCP/IP		219	ハロゲン電球	283
transmission current 透過電流		246	tunnel diode トンネルダイオード	255
transmission line 伝送路		240	tunnel lighting トンネル照明	255
transmission-line capacity 伝送容量		240	turbine タービン	191
transmission loss 伝送損失		240	turbulent flow 乱流	364
透過損失		246	turnbuckle ターンバックル	191
transmission loss difference 遮音等級		140	turn-off time ターンオフ時間	191
transmission signal 移報信号		18	turn-on time ターンオン時間	191
transmissive liquid cristal projector 透過形			turnstile antenna ターンスタイルアンテナ	
液晶プロジェクタ		245	191	
transmissive liquid crystal display 透過形液			tweeter ツイータ	216
晶表示器		245	twelve-phase rectification 12相整流	143
transmitter 中継器		209	twelve-pulse bridge converter 12パルス変	
transponder トランスポンダ		253	換器	143
transportation equipment 搬送設備		286	twin loop antenna 双ループアンテナ	189
transposition ねん架		267	twisted pair cable 対よりケーブル	216
transverse mode noise 横ノイズ		359	twisted pair wire 対より線	216
travelling wave 進行波		159	twist locking ceiling rose（英）引掛シーリ	

ングローゼット 297
twist locking rosette（米）引掛シーリングローゼット 297
twist locking socket-outlet ツイストロックコンセント 216
引掛形コンセント 297
twist-tite socket-outlet 抜止形コンセント 262
two elements relay 2E リレー 258
two position control 2 位置制御 258
two-signal type control and indicating equipment 2 信号受信機 260
two way acuation route 二方向避難 261
two-way CATV 双方向 CATV 189
type A fuse A 種ヒューズ 28
type B fuse B 種ヒューズ 290
type of protection "d" 耐圧防爆構造 192
type of protection "e" 安全増防爆構造 14
type of protection "i" 本質安全防爆構造 340
type of protection "o" 油入防爆構造 358
type of protection "p" 内圧防爆構造 256

U

ubiquitous network ユビキタスネットワーク 358
UJT ユニポーラジャンクショントランジスタ 358
ultra high frequency UHF 354
ultralong wave 超長波 212
ultrashort wave 超短波 211
ultrasonic detector 超音波式検知器 210
ultrasonic wave 超音波 210
ultraviolet and infrared rays spot type flame detector 紫外線赤外線併用式スポット型炎感知器 130
ultraviolet cut luminaire 紫外放射防止用照明器具 130
ultraviolet flame detector 紫外線式炎感知器 129
ultraviolet light-emitting diode UV-LED 358
ultraviolet radiation 紫外放射 130
ultraviolet rays 紫外線 129

under carpet cable アンダカーペットケーブル 14
underfloor duct（英）フロアダクト 319
underfloor raceway（米）フロアダクト 319
underground air switch UAS 354
underground box 地中箱 207
underground duct line 地中管路 207
underground electric line 地中電線路 207
underground gas switch UGS 355
underground retreat method 地中引込方式 207
undertaking electrical facilities 事業用電気工作物 132
under-voltage relay UVR 358
不足電圧継電器 313
underwater lighting 水中照明 163
unearthed voltage transformer 非接地形計器用変圧器 297
unenclosed fuse 非包装ヒューズ 300
unequilibrium noise 平平衡ノイズ 314
uniform resource locator URL 354
uninsulated conductor 非絶縁導体 296
uninterruptible change 無瞬断切換方式 347
uninterruptible power supply system UPS 358
無停電電源装置 348
uninterruptible synchronous transfer to by-pass 商用同期無瞬断切換方式 155
union coupling ユニオンカップリング 358
unipolar junction transistor UJT 355
ユニポーラジャンクショントランジスタ 358
unipolar transistor ユニポーラトランジスタ 358
unipole antenna ユニポールアンテナ 358
unit cell 素電池 190
universal design ユニバーサルデザイン 358
universal elbow ユニバーサル 358
universal serial bus USB 354
unlike capacity open-delta connection 異容量 V 結線 19
unplasticized polyvinyl chloride conduit 硬質塩化ビニル電線管 97

英語	日本語	ページ
unshielded twisted pair cable UTP	非シールド対よりケーブル	355, 294
unwanted fire alarm	非火災報	291
unwanted operation	誤動作 / 不要動作	108, 314
uplink	アップリンク	9
upper and lower limit monitoring	上下限監視	151
UPS	無停電電源装置	348
urban mine	都市鉱山	252
urban mining	アーバンマイニング	2
urban oriented CATV	都市型CATV	252
useful life	耐用年数	198
user datagram protocol UDP		355
utility box	スイッチボックス	163
utility tunnel	共同溝 / 洞道	75, 248
utilization factor（英）	照明率	155
UTP	非シールド対よりケーブル	294
UVR	不足電圧継電器	313

V

英語	日本語	ページ
vacuum circuit breaker VCB	真空遮断器	307, 158
vacuum tube	真空管	158
valance lighting	バランス照明	282
valve regulated lead-acid storage battery	制御弁式鉛蓄電池	170
varhour meter	無効電力量計	347
variable air volume system VAV	可変風量方式	306, 61
variable pitch device	可変ピッチ装置	61
variable speed control	可変速制御	61
variable voltage autotransformer	可変電圧単巻変圧器	61
variable voltage variable frequency converter VVVF	可変電圧可変周波数変換装置	308, 61
variable water volume system	VWVシステム / 可変水量方式	307, 61
varistor	バリスタ	282
VAV	可変風量方式	61
VCB	真空遮断器	158
VCT	計器用変圧変流器	84
vector locus	ベクトル軌跡	326
vehicle control system	車路管制設備	141
vented battery	ベント形蓄電池	328
ventilation	換気	62
ventilation air capacity	換気空気量	62
ventilation capacity	必要換気量	298
vent pipe	通気管	216
ventricular-fibrillation threshold current	心室細動限界電流	159
verification for disaster prevention performation	防災性能評価	331
vertical cable	垂直ケーブル	163
vertical illuminance	鉛直面照度	41
vertical load	垂直荷重	163
vertical luminous intensity distribution curve	鉛直配光曲線	41
vertical seismic coefficient	鉛直震度	41
vertual local area network	仮想LAN	55
vertual private network	仮想私設通信網	55
very high bit rate digital subscriber line VDSL		307
very high frequency VHF		306
very large scale integrated circuit VLSI	超大規模集積回路	306, 211
very low frequency VLF		306
vibration control	制振	171
vibration isolation base	防振基礎	332
vibration isolation device	防振装置	332
vibration meter	振動計	161
video graphics array VGA		307
video on demand VOD	ビデオオンデマンド	307, 298
video tape recorder VTR		307
videotex VTX	ビデオテックス	307, 298
virtual local area network VLAN		308
virtual private network VPN		307
virtual router redundancy protocol VRRP		306

英語	日本語	頁
virtual water　バーチャルウォータ		272
	仮想水	53
visible radiation　可視放射		54
visible rays　可視光線		53
visual telephone　テレビ電話		228
vitrified-clay multiple duct　多孔陶管		199
VLSI　超大規模集積回路		211
VOC　揮発性有機化合物		70
VOD　ビデオオンデマンド		298
voice alarm system　音声警報装置		46
voice call continuity　VCC		307
voice over internet protocol　VoIP		306
voice over internet protocol gateway　VoIP ゲートウエイ		306
void　ボイド		329
volatile organic compounds　VOC		307
揮発性有機化合物		70
voltage bands　電圧バンド		229
voltage conversion direct transmission system　電圧変換直送式		229
voltage drop　電圧降下		228
voltage flicker　電圧フリッカ		229
voltage fluctuation　電圧変動		230
voltage gain　電圧利得		230
voltage regulation　電圧変動率		230
voltage regulator　電圧調整器		229
voltage relay　電圧継電器		228
voltage to earth　対地電圧		195
voltage transformer　VT		307
計器用変圧器		84
voltage-unbalance factor　電圧不平衡率		229
不平衡率		314
volume controller　ボリュームコントローラ		340
volume resistivity　体積抵抗率		194
volume unit-level meter　VUメータ		308
volute pump　ボリュートポンプ		340
von Neumann architecture computer　ノイマン型コンピュータ		268
von Neumann type computer　ノイマン型コンピュータ		268
VT　計器用変圧器		84
VTX　ビデオテックス		298
VVVF converter　可変電圧可変周波数変換装置		61

W

英語	日本語	頁
walk in function　ウォークイン機能		24
wall luminaire　ブラケット灯		315
wall tap　直列ユニット		215
wall washer lighting　ウォールウォッシャ		24
Ward-Leonard system　ワードレオナード方式		377
warm white fluorescent lamp　温白色蛍光ランプ		47
電球色蛍光ランプ		236
waste　廃棄物		273
waste heat recovery　排熱回収		275
water atomization cooling　水噴霧冷房		346
water hammering　ウォータハンマ		24
水撃作用		162
water level control　水位制御		161
water mist cooling　水噴霧冷房		346
waterproof　防水形		332
waterproof cast iron pipe　防水鋳鉄管		332
water refilling　補水		338
water rheostat　水抵抗器		345
water seal unit　水切り		345
Water Supply Act（米）　水道法		164
water tank　受水槽		146
watertight　耐水形		194
water treatment plant　水処理設備		345
water tree　水トリー		346
Waterworks Act（米）　水道法		164
watt-hour meter　電力量計		245
wave activated power generation　波力発電		283
wavelength division multiplexing　WDM		200
波長分割多重化		279
WDM　波長分割多重化		279
weak current apparatus　弱電設備		140
weather cap　ウェザキャップ		23
Web　ウェブ		23
Web application ploglam　ウェブアプリケー

ションプログラム 23
Web camera ウェブカメラ 23
Weber-Fechner's law ウェーバー-フェヒナーの法則 23
well-formed formula 論理式 375
Wenner's resistivity method ウェンナーの四電極法 23
wff 論理式 375
Wheatstone bridge ホイートストンブリッジ 329
whip antenna ホイップアンテナ 329
whisker ウイスカ 23
white balance ホワイトバランス 340
white fluorescent lamp（英） 白色蛍光ランプ 276
white light emitting diode 白色 LED 276
　　　白色発光ダイオード 276
white noise ホワイトノイズ 340
whole-sale electric utility 卸電気事業者 45
wide angle luminaire 広照形照明器具 98
wide area Ethernet 広域イーサネット 96
wide area network WAN 378
　　　広域通信網 96
winding wire 巻線 342
winding wire type current transformer 巻線形変流器 342
wind load 風荷重 55
windmill 風車 308
windowless floor 無窓階 348
window material type photovoltaic array 窓用太陽電池アレイ 343
wind power generation 風力発電 308
wind pressure load 風圧荷重 308
wire connecting tool 電線接続工具 240
wire connection 電線接続 240
wire connector 電線コネクタ 239
wireless antenna ワイヤレスアンテナ 377
wireless energy transfer ワイヤレス給電 377
wireless energy transfer 非接触電力伝送 296
wireless LAN 無線 LAN 348
wireless local loop WLL 200

wireless microphone ワイヤレスマイク 377
wireless multihop network マルチホップネットワーク 344
wireless remote control ワイヤレスリモコン 378
wire stripper ワイヤストリッパ 377
wireway ワイヤリングダクト 377
　　　金属ダクト 78
wiring 配線 274
wiring device 配線器具 274
wiring in conduit 金属管工事 78
wiring in metal molding 金属線ぴ工事 78
wiring installed along flank 屋側配線 44
wiring on insulators がいし引き工事 49
wiring pit 配線ピット 274
wiring terminal 集積装置 142
wiring trench 配線ピット 274
withdrawable mechanism ドローアウト機構 254
　　　引出機構 294
withstand voltage test 耐電圧試験 195
witness inspection 立会検査 200
woofer ウーハ 23
word ワード 377
working design 実施設計 136
working diagram 施工図 177
working drawing 実施設計図 136
working near extra-high voltage live conductor 特別高圧活線近接作業 251
working near high voltage live conductor 高圧活線近接作業 95
working near live conductor 活線近接作業 55
working near low voltage live conductor 低圧活線近接作業 217
workplace of hazardous materials 危険物取扱所 67
world clock 世界時計 175
world wide web WWW 377
worm ワーム 377
wound-rotor induction motor 巻線形誘導電動機 342

X

xenon flash lamp キセノンせん光ランプ		69
xenon lamp キセノンランプ		69
X-ray computed tomography scanner X線CTスキャナ		32
X-ray inspection apparatus X線診断装置		32

Z

ZCT 零相変流器		370
Zener breakdown ツェナー降伏		217
Zener diode ツェナーダイオード		217
Zener effect ツェナー効果		217
zenith luminance 天頂輝度		241
ZERI ゼロエミッション研究構想		183
zero emission ゼロエミッション		182
zero emissions research initiative ZERI		181
ゼロエミッション研究構想		183
zero energy building ZEB		181
ゼロエネルギービル		182
zero method 零位法		369
zero phase ゼロ相		183
零相		370
zero phase potential device ZPD		181
零相基準入力装置		370
zero-phase-sequence current 零相電流		370
zero-phase-sequence current transformer ZCT		181
零相変流器		370
zero-phase-sequence impedance 零相インピーダンス		370
zero-phase-sequence voltage 零相電圧		370
zeroth law of thermodynamics 熱力学第零法則		266
zinc oxide element ZnO		181
酸化亜鉛素子		121
zone indication lamp 地区表示灯		206
zone of protection 保護区域		336
zone protection relay system 区間保護継電方式		79
zoning ゾーニング		189
ZPD 零相基準入力装置		370

- 本書の内容に関する質問は，オーム社ホームページの「サポート」から，「お問合せ」の「書籍に関するお問合せ」をご参照いただくか，または書状にてオーム社編集局宛にお願いします．お受けできる質問は本書で紹介した内容に限らせていただきます．なお，電話での質問にはお答えできませんので，あらかじめご了承ください．
- 万一，落丁・乱丁の場合は，送料当社負担でお取替えいたします．当社販売課宛にお送りください．
- 本書の一部の複写複製を希望される場合は，本書扉裏を参照してください．

電気設備用語辞典（第 3 版）

2003 年 9 月 20 日	第 1 版第 1 刷発行
2010 年 12 月 25 日	第 2 版第 1 刷発行
2016 年 9 月 10 日	第 3 版第 1 刷発行
2024 年 7 月 30 日	第 3 版第 6 刷発行

編 者 一般社団法人 電気設備学会
発行者 村 上 和 夫
発行所 株式会社 オ ー ム 社
　　　　郵便番号　101-8460
　　　　東京都千代田区神田錦町 3-1
　　　　電 話　03(3233)0641（代表）
　　　　URL　https://www.ohmsha.co.jp/

© 一般社団法人 電気設備学会 *2016*

印刷・製本　中央印刷
ISBN978-4-274-21939-9　Printed in Japan